空调器维修技能实物图解

覃守生　覃建平　主　编
胡照周　谭洪丽　毛玉丽　副主编

机 械 工 业 出 版 社

本书以丰富的图示结合简明的文字，详细介绍了传统定频空调器和新型节能变频空调器（含使用新环保制冷剂的空调器）的基本原理、检修工具及使用方法、拆卸方法、部件认识与检测、维修工艺、检修思路、检修方法、典型示例，以及空调器安装和移机的方法。

本书适合初学、自学空调器维修人员阅读，也适合部分空调器维修、售后服务人员用作提高知识与技能水平的读物，还可以作为职业院校制冷与空调等相关专业师生的参考书。

图书在版编目（CIP）数据

空调器维修技能实物图解/覃守生，覃建平主编．—北京：机械工业出版社，2021.4

ISBN 978-7-111-67780-2

Ⅰ.①空…　Ⅱ.①覃…②覃…　Ⅲ.①空气调节器－维修－图解
Ⅳ.①TM925.120.7－64

中国版本图书馆CIP数据核字（2021）第047061号

机械工业出版社（北京市百万庄大街22号　邮政编码100037）
策划编辑：刘星宁　责任编辑：刘星宁
责任校对：肖　琳　封面设计：马精明
责任印制：常天培
北京虎彩文化传播有限公司印刷
2021年5月第1版第1次印刷
184mm×260mm·20.5印张·544千字
标准书号：ISBN 978-7-111-67780-2
定价：59.90元

电话服务	网络服务
客服电话：010－88361066	机　工　官　网：www.cmpbook.com
010－88379833	机　工　官　博：weibo.com/cmp1952
010－68326294	金　　书　　网：www.golden-book.com
封底无防伪标均为盗版	机工教育服务网：www.cmpedu.com

前　言

当前，空调器已成为工作和生活的必需品，随着生产和销量的迅速增加，特别是在使用旺季，空调器的安装、维修量非常大。社会需要不断有新人加入这一领域，也要求现有维修人员进一步提高维修技能和维修速度，并且保证维修质量。本书正是为满足这一要求而编写的。

本书具有以下特点：

1）能够紧跟时代步伐，内容包含传统定频空调器和新型节能变频空调器（含使用R410A、R32等新环保制冷剂的空调器）的基本原理、通用工具和专用工具、拆卸方法、各部件的认识与检测、维修工艺、检修思路、检修方法、典型示例，以及安装和移机的方法等，可以较好地满足家用空调器维修人员在提升知识与技能方面的需要。

2）充分考虑初学者的文化程度和理解能力，遵循了循序渐进、逐步提高、注重实用的原则。

3）在表现方式上，使用了大量现场拍摄的实物图和实际操作图，每图均配以简明文字，降低了阅读难度和视觉疲劳，力求使具有初中以上文化水平的读者一看就懂、一学就会。

4）由于空调器品牌、类别、型号众多，受本书篇幅所限，难以全部涉及，故赠送以下资料：空调器维修基本功（技能）操作视频教程，其中包含部分工具的使用方法、空调器的分解以及部分典型维修实例；市面上常见主流品牌的家用空调器、模块机、天井机、多联机、风管机、中央空调的安装维修手册、故障代码及诊断手册等实用资料。资料获取方式：可通过邮箱3261141928@qq.com与编者联系来获取。

本书适合打算从事空调器维修、安装的人员自学以及专业维修人员学习、提高，也适合职业院校学生和空调器用户阅读，拓宽知识面。

本书由长阳职教中心覃守生、覃建平担任主编，长阳职教中心胡照周、谭洪丽、毛玉丽担任副主编，参编人员有高光俊、汪小林、何应俊。

由于编者水平有限，书中难免有不妥和错漏之处，敬请广大读者提出宝贵意见和建议。

编　者

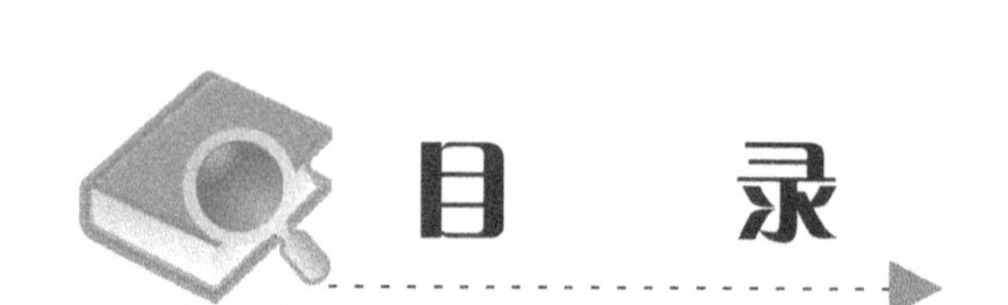

目录

前言

第1篇 基础篇

第2篇 定频空调器维修篇

第3篇　变频空调器维修篇

第1篇

基 础 篇

第1章 了解空调器的制冷和制热原理及其分类

本章导读

学习空调器维修，首先必须要对空调器的制冷和制热原理、制冷系统的基本构成以及空调器的常见类型有一定的了解。本章根据维修需要，重点对这些内容进行简明介绍。

1.1 空调器的制冷原理及制冷循环过程

1. 制冷原理

(1) 物态变化

自然界中，物质的状态通常可分为固态、液态、气态。这三种状态在一定的条件下可相互转化并同时伴有热量转移，如图1-1所示。

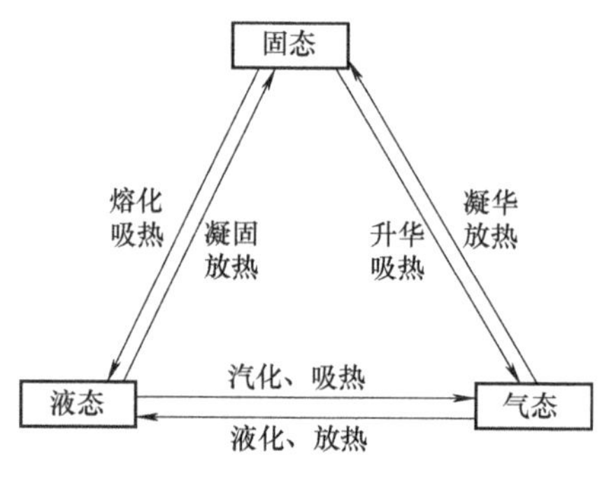

图1-1 物态变化及能量转移

(2) 制冷原理

空调器的制冷系统中使用了一个叫作制冷剂（俗称冷媒）的物质，空调器制冷运行时，使低温低压液态制冷剂在蒸发器中蒸发（汽化），吸收周围空间的热量，使周围空间温度下降，从而实现了制冷。

2. 制冷循环过程

1）电磁四通换向阀（见图1-2）及其作用：冷暖型空调器是通过一个电磁四通换向阀来实现制冷和制热两种模式的相互转换。四通阀的各管口与其他部件的连接关系是，管口1与压缩机的排气管相连，管口4与压缩机的吸气管相连，管口2与室内热交换器相连，管口3与室外热交换器相连。在制冷模式，四通阀的线圈处于失电状态，内部的滑块静止在左端，其结果是使管口1和管口3相连通，管口2和管口4相连通。

2）制冷循环过程示意图：制冷运行时制冷剂的循环流动、状态循环变化及各部件的连接关系如图1-2和图1-3所示。

看图提示：在图1-2中从压缩机的排气管出发，沿箭头方向弄清制冷时制冷剂的流向，并掌握连接关系是检修入门的关键之一。与第4章图4-1的⑧中的实物结合起来看，学习效果更佳。

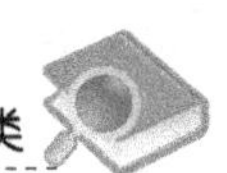

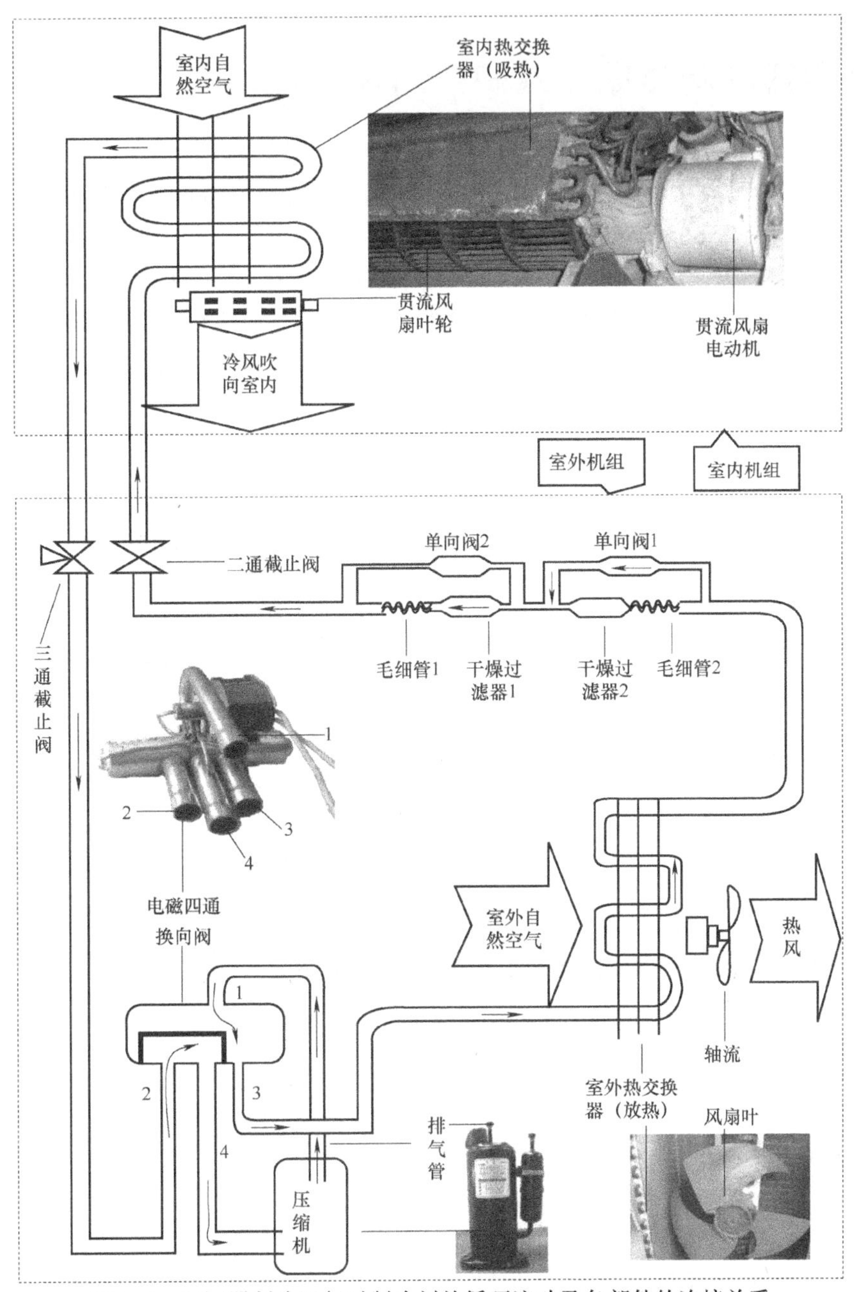

图1-2　空调器制冷运行时制冷剂的循环流动及各部件的连接关系

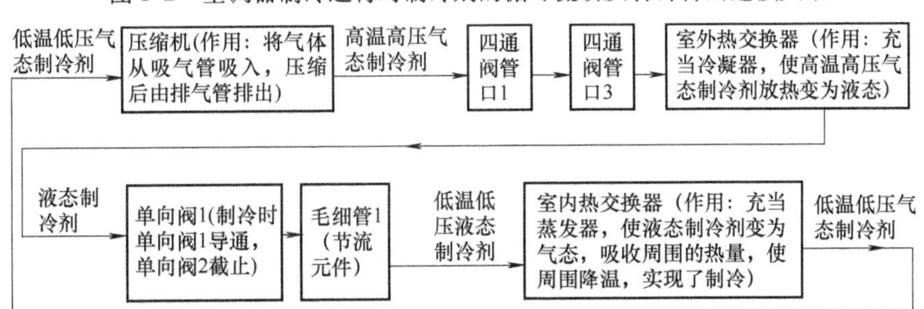

图1-3　空调器制冷运行时制冷剂的循环流动与状态循环变化示意图

1.2 空调器的制热原理及制热循环过程

1. 制热原理

气态制冷剂在冷凝器里变为液态，放出热量，周围温度上升，从而实现制热。

2. 制热循环过程

如图1-4所示，制热时，四通阀线圈处于通电状态而产生磁场，吸引阀内衔铁，使相关部件动作，滑块向右运动而静止在右端，导致四通阀的管口1和管口2连通，管口3和管口4连通。

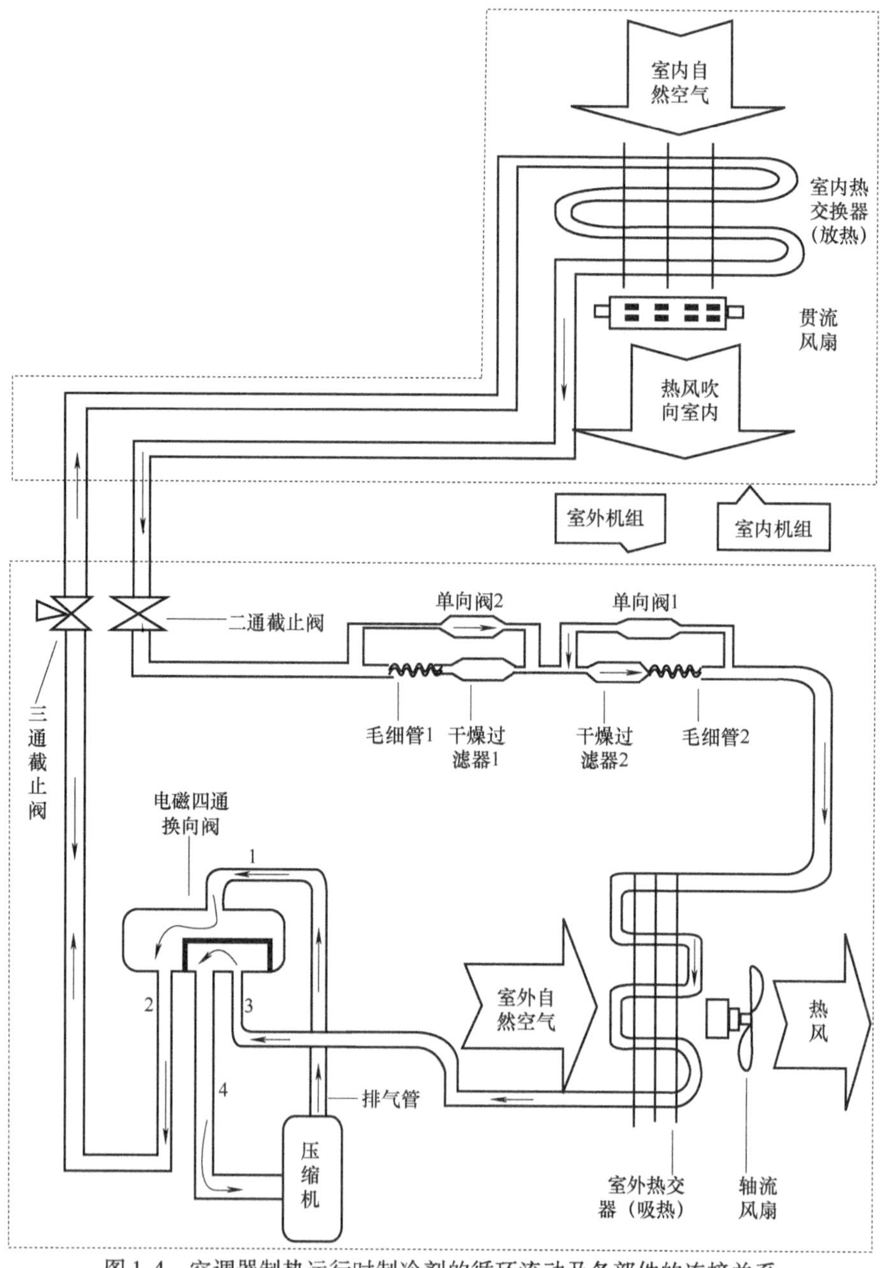

图1-4 空调器制热运行时制冷剂的循环流动及各部件的连接关系

气态制冷剂经压缩机压缩、排出，流经四通阀的管口1、管口2，在室内热交换器内冷凝成液态，放热，实现了室内制热。由于制热时单向阀1截止，单向阀2导通，液态制冷剂经单向阀2、干燥过滤器2，再经毛细管2节流后在室外热交换器内蒸发吸热，变为气态，气态制冷剂再经四通阀的管口3、管口4，被压缩机吸入。接着周期性地重复该过程。

看图提示：从压缩机的排气管出发，沿箭头方向弄清制热时制冷剂的流向，是检修入门的关键之二，可与第4章的图4-1的⑧中的实物结合、对照起来，学习效果更好。

由上可知，制冷的实质是制冷剂在循环过程中，从室内吸热，转移到室外释放。同理，制热的实质是从室外吸热，转移到室内释放。

1.3　空调器的分类

1. 按结构分类

空调器按结构可分为整体式和分体式。

（1）整体式

家用整体式空调器一般为窗式，现已基本不用。目前市面上新出现的移动空调器也是整体式。

移动空调器是将空调器的室内机和室外机制造成一个整体，放在室内使用，如图1-5所示。移动空调器通过软管与外墙（需开一个圆孔）或外窗相连，制冷过程冷凝器释放热气，以及制热过程需从室外吸收热量都是通过这个软管来传输的。空调器底部设有4个万向轮，可以方便地在房间内移动。当要将空调器放在新的地方使用时，就需在新的地方安装软管，如图1-6所示。

a) 安装效果

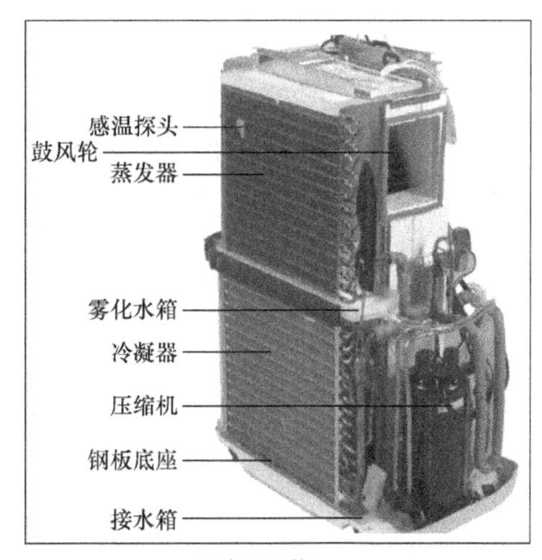

b) 内部结构

图1-5　移动空调器

移动空调器的优点：安装简单，无须安装室外机，插电就可使用；灵活可移动；适用场所多，如出租房、临时办公区等；局部降温效果比普通空调器要好；风量循环可以保持室内及室外的空气交流，在降低室内温度的同时，又可以吸进室外新鲜空气，能够避免“空调器病”的发生；维修也简单方便一些。

移动空调器的缺点：①噪声相对要高一些。移动空调器相当于是把空调的室内机和室外机拼装在了一起，包括压缩机等在内的部件在工作过程中产生的噪声都能明显感受到，不仅如此，因为很多移动空调器都用的是定频压缩机，压缩机在开启和关闭的过程中还会产生比较明显的

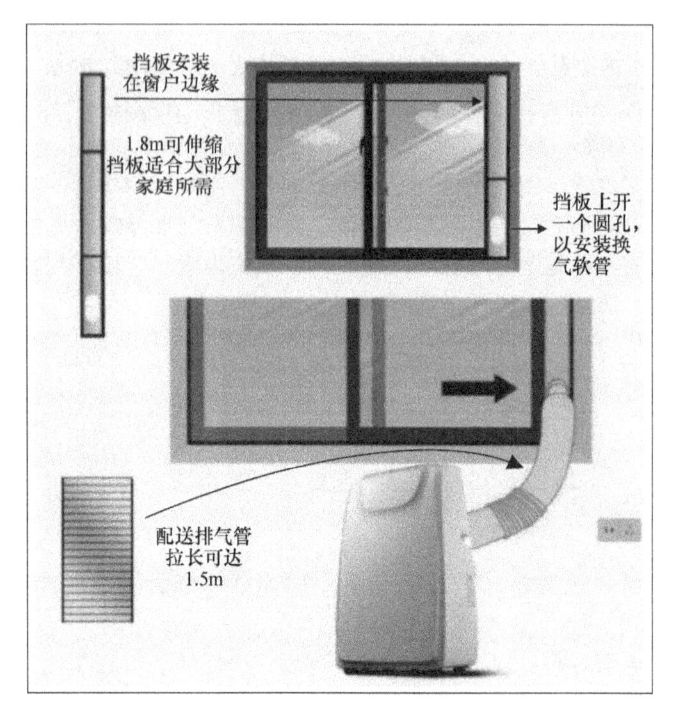

图 1- 6　移动空调器的安装过程示意图

噪声，如果放在卧室，睡觉时会感觉比较吵。②整体制冷效果要差一些。移动空调器对于房间整体的降温效果会弱一些，适合局部制冷。

（2）分体式

分体式空调器由室内机和室外机两部分构成，室内、外机之间由两根铜管、若干电线连接成一个完整的系统。分体式空调器按室内机的安装方式主要分为分体壁挂式、分体柜式、分体吊顶式和座吊两用式四类。下面分别进行介绍。

1）分体壁挂式：分体壁挂式空调器室内机安装在墙壁上，如图 1-7 所示。

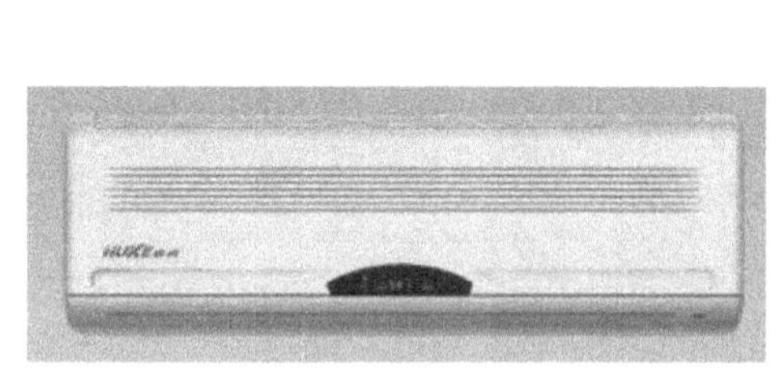

a) 室内机

b) 室外机

图 1-7　分体壁挂式空调器（室内机和室外机通过两根铜管和若干电线连接）

2）分体柜式：分体柜式空调器的室内机放在室内的地上，就像柜子一样，如图 1-8a 所示。室外机（见图 1-8b）外形和分体壁挂式基本相同。

3）分体吊顶式：分体吊顶式空调器的室内机安装在天花板上，不仅可节省空间，还可起装饰作用。安装方式有暗装和明装两种。

① 分体吊顶式空调器室内机采用暗装的方式，如图 1-9 所示。其特点是机组安装后，仅有风

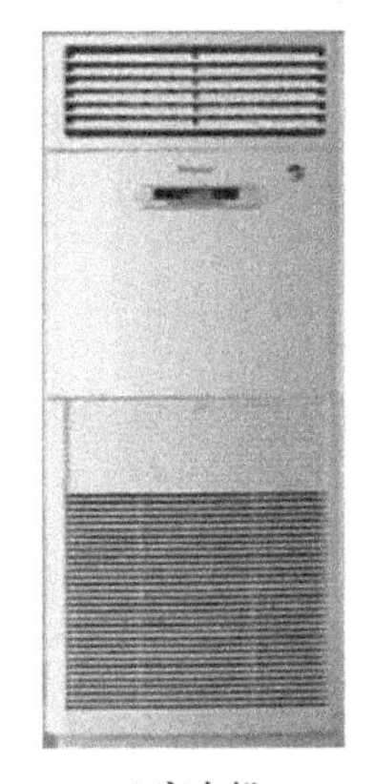

a) 室内机

b) 室外机

图 1-8　分体柜式空调器

口暴露于视线，不会破坏室内布置的和谐。

图 1-9　分体吊顶式空调器暗装室内机

② 分体吊顶式空调器室内机采用明装的方式，如图 1-10 所示。

4）座吊两用式：室内机既可悬吊安装，也可落地安装，完全可以根据室内空间和装饰情况选择最佳安装方式，尤其适合客厅、卖场使用，如图 1-11 所示。

图 1-10　分体吊顶式空调器明装室内机

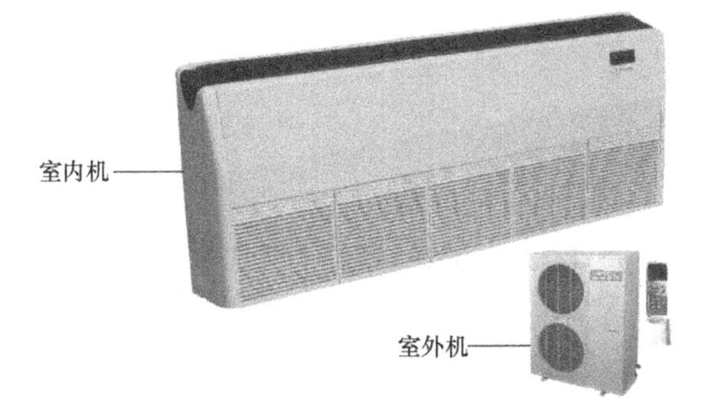

图 1-11　座吊两用式空调器

2. 按压缩机及其控制方式分类

按压缩机及其控制方式来分类，可以分为定频空调器（压缩机转速固定不变，通过自动开、停机来调节温度）和变频空调器（通过压缩机转速的升高或降低来自动调节温度，以适应工作环境的变化）。该内容将在后续章节详细介绍。

3. 按功能分类

按功能可分为单冷型和冷暖型。单冷型只能制冷，制冷方式为热泵式，即将室内的热量吸收、转移到室外释放，使室内降温。冷暖型既可制冷又可制热。冷暖型又可分为以下几种：

1）热泵型：制冷方式和单冷型一样。制热方式也是热泵式，即吸收室外的热量，转移到室内释放，使室内升温。但室外温度在 -5℃以下时效率较差，甚至有可能起动不了。

2）电热型：电热型空调器是在单冷型空调器结构的基础上，在室内机的空气循环系统安装了电热元件，制热运行时，依靠电热元件产生的电热加热空气，并通过风扇将热空气吹向室内。电热型空调器结构简单，使用方便，并且不受室外环境温度影响；缺点是耗电量较大。

3）电辅热泵型：电辅热泵型空调器即在热泵型空调器的基础上，增加电热元件，它将热泵型空调器和电热型空调器的优点结合起来，用少量的电加热来补充热泵制热时能量不足的缺点，既可有效地降低用单纯电加热方式带来的功率消耗，又克服了单纯热泵型在低温时不易起动的缺点。

4. 按使用的制冷剂类型分类

按使用的制冷剂类型可将空调器分为传统含氟空调器和环保型无氟空调器。

1）传统含氟空调器：传统的空调器以 R22（分子式中含有氯原子）作为制冷剂。这种空调器现阶段应用仍然较广泛。该制冷剂泄漏后，所包含的氯原子会对臭氧层产生破坏，危害人类的居住环境和整体生态环境。按照有关规定，R22 制冷剂于 2020 年前逐步淘汰。

2）无氟空调器：热泵型空调器制冷、制热必须有制冷剂，它是实现空调器对热量吸收和释放的关键。现阶段空调器的无氟环保制冷剂有 R410A、R407C、R134A 等，其中 R410A、R407C 为 R22 的替代品，R134A 为 R12 的替代品。所以用无氟环保制冷剂的空调器就称为无氟空调器。

5. 按通风功能分类

空调器按通风功能可分为有氧式、环绕风式、绿色空调器等几种。

（1）有氧式空调器

有氧式空调器不仅能进行温度调节，而且还可以为室内提供充足的氧气，从而可提高室内空气的质量。

（2）环绕风式空调器

环绕风（自然风）式空调器室内的导风电动机（也叫摆风电动机）采用步进电动机或交流同步电动机，利用微处理器控制电动机的转速，可随时调节室内风机吹出的风量和方向，实现自然风的效果，从而解决了普通空调器送风范围窄、送风不均匀的问题。新型空调器多采用该技术。

（3）绿色空调器

所谓绿色空调器，是指有附加净化或鲜化室内空气功能的空调器。例如，运用负氧离子、静电除尘活性炭、冷触媒、光触媒及换新风技术，清除空气中的尘粒、细菌、异味及有害气体，并补充自然空气。

1）采用静电除尘技术。这类空调器室内机的过滤网采用了静电处理技术，对空气中的烟尘及其他有害化学物质具有较强的过滤作用。

2）采用活性炭技术。这类空调器室内机的过滤网利用活性炭技术对空气中的微尘、异味进

行吸收，从而改善了室内空气的质量。

3）采用负氧离子技术。装有负氧离子发生器的空调器，工作时能产生一定浓度的负氧离子。负氧离子是通过高压线包产生电晕使空气中的氧气分解而产生的，它必须借助风力散布到空气中，可使空气中的烟雾、细菌以及化学物质产生的异味被清除，有清新空气的作用。但负离子容易被异性电荷中和，影响了它的使用效果。

4）采用冷触媒技术。冷触媒技术采用低温吸附的材料，在常温下就能对有害物质进行分解。这种触媒不需要再生，不需更换，具有使用寿命长等特点。

5）采用光触媒技术。光触媒块上涂有化合物，通过微弱的光合作用产生气体，对空气中的醛、氰、有机酸等有害物质进行吸收和分解，杀灭有害细菌，但光触媒的有效期不长，被尘埃、微粒覆盖后会直接影响其功效，需及时更换或清洗。

6）采用静电除尘活性炭技术。静电除尘过滤网的滤芯经特殊静电处理，能吸附空气中的尘埃、花粉及微尘等。同样，活性炭过滤网中的活性炭亦可滤除0.01μm的细小尘埃及异味。

7）采用换新风技术。在使用空调器的房间里，人们需要不断消耗氧气，同时还会产生大量的二氧化碳。通过换新风技术，可清除空气中的尘粒、细菌、异味及有害气体，补充室内氧气，排出室内污浊空气，从而达到改善室内空气质量的目的。在诸多的“净化”技术中，换新风技术的作用较为明显，每小时约有25%的室内空气被排出，同时补充自然空气，形成良性循环。

所谓换新风技术，就是在柜式空调器的底盘上安装了换气扇，室内空气通过换气扇排到了室外，而室外的空气在外界气压的作用下进入室内，实现了换新风的目的。

6. 按供电方式分类

按供电方式可分为单相供电的空调器和三相供电的空调器。小功率的空调器采用单相异步电动机，所以采用单相电源供电（220V、50Hz，有一根相线和一根零线）。部分功率较大的空调器采用三相异步电动机，所以采用三相电源供电（有三根相线，任意两根相线之间的电压是380V）。

知识链接

1. 与空调器制冷和制热相关的基本概念

（1）饱和温度和饱和压力

汽化有蒸发和沸腾两种形式。蒸发是在液体表面进行的汽化现象，可以在任何温度和压强下发生。沸腾是在液体内部和表面同时发生的剧烈汽化，沸腾时的温度叫饱和温度或沸点，此时液体表面的压强叫饱和压力。当压强固定时，1种液体只有1个固定的饱和温度（例如，水在1atm下，饱和温度是100℃），压强增大，饱和温度升高，反之减小。同一压强下，不同液体的饱和温度不同。

（2）蒸发温度和蒸发压力

在制冷领域，往往把沸腾称为蒸发，把发生蒸发现象的容器叫蒸发器，把饱和温度（即沸点）、饱和压力（即沸腾时的压力）称为蒸发温度和蒸发压力。制冷系统通过调节蒸发压力来调节蒸发温度。

（3）临界温度和临界压力

使气体液化有降低温度和增大压力两种方法。当气体的温度高于某一定值时，无论压力增大到什么程度，都不能使气体液化，这个定值称为临界温度。在临界温度下，使气体液化所需的最小压力称为临界压力。所以，要使气体液化，气体的温度必须低于临界温度。

(4) 制冷常用的压力单位

制冷常用的压力单位有兆帕(MPa)、千克力/厘米^2(kgf/cm^2)、巴(bar)、磅力/英寸^2(lbf/in^2)、标准大气压(atm)。其中，kgf/cm^2、bar、lbf/in^2、atm 为非法定计量单位。维修空调器的压力表刻度盘上有多种单位的刻度线，需要知道这些单位的换算关系：1atm = 0.10108MPa≈0.1MPa，1atm = 14.7lbf/in^2，1bar = 0.1MPa，1bar = 1.0197kgf/cm^2。

(5) 冷凝和冷凝器

在制冷领域，把气体液化（冷凝放热）的过程叫冷凝，发生冷凝现象的容器叫冷凝器。

(6) 节流

由于蒸发压力越小，蒸发温度也就越低，所以需要把从冷凝器出来的高温高压液态制冷剂减压后送入蒸发器，获得所需的蒸发温度。该减压过程是通过节流来实现的。所谓节流就是一定压力的流体在管道内流动时，若管道的某处内径突然明显变小，流体通过后，压力减小、温度降低的现象。

(7) 节流元件

单冷式小型空调器只用一根毛细管作为节流元件，热泵式空调器因制冷、制热工况不同，换热器不同，故采用两根毛细管（或一只膨胀阀）节流；大型空调器因制冷量大，一般采用膨胀阀来节流。节流元件一般设在室外机组，也有的设在室内机组。

(8) 显热和潜热

物体吸收或放出热量，温度也随之升高或降低，但状态不变，这种方式传递的热量叫显热。显热可以用温度计测量出来，例如，把0℃的水加热到100℃，水吸收的热就是显热。

物体的温度不变但状态发生变化时，吸收或放出的热称为潜热。潜热用温度计也测量不出来，例如，100℃的水变成100℃的水蒸气，吸收的热就是潜热，它无法直接测量。

(9) 能效比

空调器的名义制冷量（制热量）与运行功率之比，即 EER 和 COP。EER 是空调器的制冷性能系数，表示空调器的单位功率制冷量；COP 是空调器的制热性能系数，表示空调器的单位功率制热量。EER = 制冷量/制冷消耗功率；COP = 制热量/制热消耗功率。

(10) 制冷剂

具有比较低的温压饱和区，蒸发潜热大的化学制剂，俗称雪种、冷媒等。常见有 R12、R22、R134a、R407C、R410A 等。

(11) 排气量

压缩机曲轴运转一周从汽缸排出的制冷剂气体容积，通常以 cc（即 mL）为单位。一般所说的排气量为理论排气量。

(12) 过冷度和过热度

过冷度是指冷凝器出口（节流前）液态制冷剂与饱和液体的温度差；过热度是指蒸发器出口（吸气前）气态制冷剂与饱和气体的温度差。

2. 空调器的型号说明

空调器的型号是选用和维修空调器的重要依据。国产空调器的型号是根据 GB/T 7725—2004 的标准编制的，一般由 8 部分组成，各部分的含义如图 1-12、表 1-1 所示。

3. 空调器的铭牌和主要参数

(1) 铭牌示例

空调器的铭牌记录了型号和重要的参数，是选用和维修的重要依据。铭牌的典型示例如图 1-13所示。

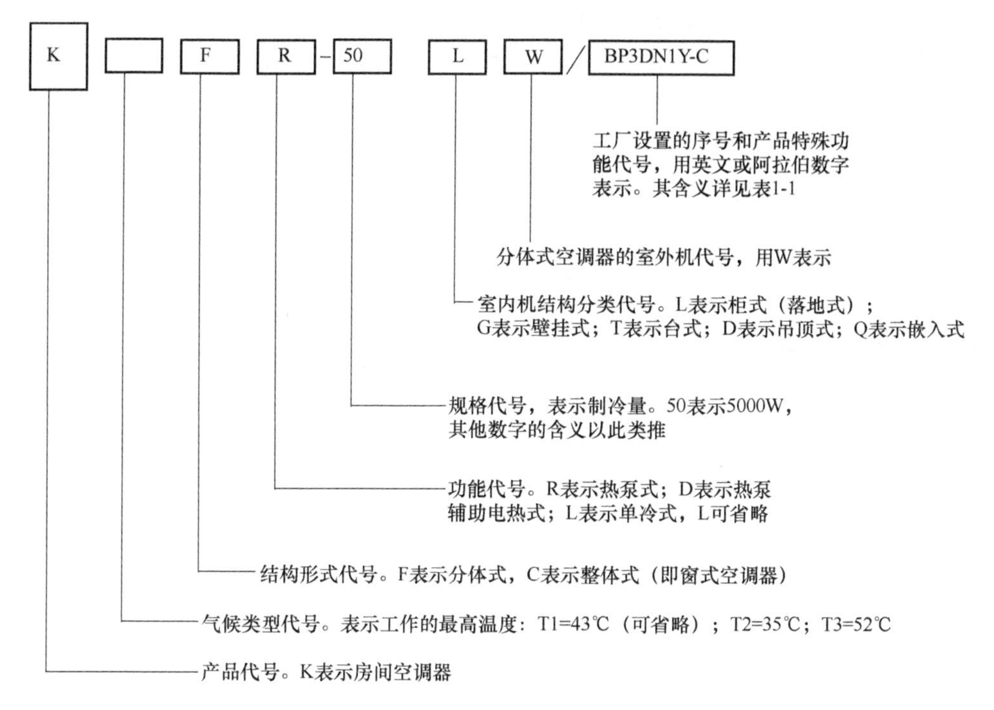

图 1-12　空调器型号的含义

表 1-1　空调器型号中特殊功能代号部分字符的含义

功能代号字符	S	—	M	H	R1
含义	三相供电电源	低静压风管	中静压风管	高静压风管	制冷剂为 R407C
功能代号字符	R2	BP	BDP	Y	J
含义	制冷剂为 R410A	变频	直流变频	氧吧	高压静电集尘
功能代号字符	Q	X	F		
含义	加湿功能	换新风	空气负离子		

注：特殊功能代号由工厂自行规定，所以表中内容仅供参考。

TCL空调　　分体落地式空调器（室内机）

<table>
<tr><td colspan="2">整机型号</td><td>KFRd-52LW/E</td><td></td><td>制冷</td><td>热泵</td><td>电热</td><td>防触电保护类型</td><td>I类</td></tr>
<tr><td colspan="2">室内机型号</td><td>KFRd-52L/E</td><td>额定输入功率</td><td>1900W</td><td>1800W</td><td>1200W</td><td>循环风量</td><td>850m^3/h</td></tr>
<tr><td colspan="2">室外机型号</td><td>KFR-52W1</td><td>额定电流</td><td>9.0A</td><td>8.5A</td><td>5.5A</td><td colspan="2" rowspan="4">SSE
A003254</td></tr>
<tr><td colspan="2">额定电压</td><td>220V~</td><td>额定制冷量</td><td colspan="3">5200W</td></tr>
<tr><td colspan="2">额定频率</td><td>50Hz</td><td>热泵制热量</td><td colspan="3">5800W</td></tr>
<tr><td colspan="2">制冷剂名称/注入量</td><td>R22/1500g</td><td>电热制热量</td><td colspan="3">1200W</td></tr>
<tr><td rowspan="2">质量</td><td>室内机</td><td>34kg</td><td>最严酷条件下输入电流</td><td colspan="3">14.1A</td><td colspan="2" rowspan="2">出厂编号（见机身条形码）</td></tr>
<tr><td>室外机</td><td>38kg</td><td>最严酷条件下输入功率</td><td colspan="3">3000W</td></tr>
<tr><td rowspan="2">噪音</td><td>室内侧</td><td>43dB(A)</td><td>吸气侧最高工作压力</td><td colspan="3">0.7MPa</td><td colspan="2" rowspan="2">TCL空调器（中山）有限公司</td></tr>
<tr><td>室外侧</td><td>55dB(A)</td><td>排气侧最高工作压力</td><td colspan="3">3MPa</td></tr>
</table>

图 1-13　空调器的铭牌示例

(2) 选用和维修空调器需关注的主要参数

选用需关注的参数主要有下面的1)~6);维修需关注的主要为下面的1)、2)、3)、7)。

1) 额定电压。

2) 输入功率。

3) 额定电流。

4) 最大制冷量和制热量。

空调器在进行制冷(热)运行时,单位时间内从(向)密闭的房间、空间或区域内除去(送入)的热量称为空调器的制冷(热)量。制冷量和制热量的单位在国内用瓦(W)表示,而在国外常用马力,俗称匹(用字母"P"表示)。

我国空调器国家标准不使用"匹"作为制冷量的单位。空调器通常所说的"匹(P)"是指压缩机的输出功率,而不是制冷量。1P≈735W。折算下来,1匹机的制冷量为2200~2500W。

注意:制冷量W与P之间没有绝对的换算关系,通常制冷量为2500W、3500W、5000W、7500W、12000W时对应着1P、1.5P、2P、3P、5P,其余规格的制冷量则分别对应着"小×P"、"大×P",例如,制冷量为3200W、3600W的空调器,与1.5P最接近,则分别叫小1.5P、大1.5P。

由于热泵空调器是通过吸收室外热量来制热的,所以热泵制热能力随室外温度的变化而变化,一般室外气温为0℃时,其制热量为名义制热量的80%。室外气温为-5℃时,其制热量为名义制热量的70%。

信息扩展

在选购空调器时,可根据房间面积的大小来选择空调器的制冷量。一般15m^{2}以下的房间可选1P以上的空调器,20m^{2}以下的房间可选1.5P以上的空调器,30m^2、40m^{2}以下的房间可选2P、2.5P以上的空调器。

5) 能效比。能效比是一台空调器的名义制冷量与运行功率的比值。通常,空调器的能效比应接近或大于3。

6) 循环风量。循环风量就是每小时空调器出风口吹出的空气的体积。空调器循环风量越大,空调器的制冷、制热速度也就越快。

7) 制冷剂种类及充注量。充注制冷剂时要用铭牌标注的制冷剂,一般不要用其他制冷剂来替换。对于变频空调器,要求充注量准确,宜采用定量充注法。

4. 双级压缩机空调器系统简介

双级压缩机空调器系统由双级增焓压缩机、蒸发器、冷凝器、闪蒸器、一级节流装置和二级节流装置构成。

来自蒸发器的低压制冷剂蒸气(设压力为P0)先进入低压压缩机,在其中压缩到中间压力,经过中间冷却后再进入高压压缩机,将其压缩到冷凝压力,排入冷凝器中。

采用双级变频压缩机的双级变频空调器可以实现在零下30℃的极限工况下强劲制热,在54℃的高温环境中快速制冷,冬季制热量提升40%以上,夏季制冷量提升35%以上,而最低功率仅需15W,解决了低温制热和高温制冷效果差的问题。格力双级压缩机空调器系统如图1-14所示。

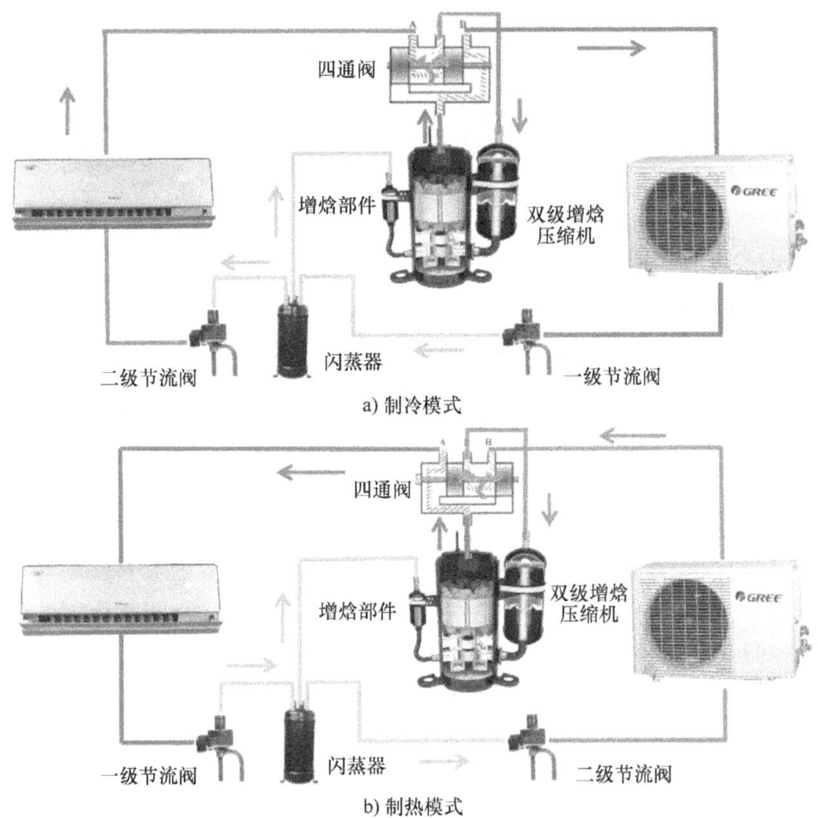

图 1-14　格力双级压缩机空调器系统

复习检测题

1. 热泵式空调器由哪几部分组成？画出框图。
2. 热泵式空调器制冷循环过程是怎样的？画出框图。
3. 热泵式空调器制热循环过程是怎样的？画出框图。
4. 四通阀的作用是什么？
5. 什么是无氟空调器？
6. 变频空调器与定频空调器有什么不同？
7. 从空调器的型号能看出哪些信息？
8. 选用和维修空调器须关注哪些主要参数？
9. 简答

① 热泵式制冷和制热原理。

② 制冷量及单位。

③ 制热量及单位。

④ 制冷常用的压力单位及换算关系。

⑤ 蒸发器的概念。

⑥ 冷凝器的概念。

⑦ 节流的概念。

⑧ 能效比的概念。

第2章

维修空调器的工具器材

本章导读

阅读本章，可以对维修空调器的各种工具（含通用工具和制冷设备维修的专用工具）、器材的实物、特点、使用方法有系统的了解。这样，在学习后续章节（具体检修内容）的过程中，当看到这些工具、器材时就不会感到突然，就不会出现难懂的现象。本章介绍的工具较全面、系统。某些工具并不是必需的，读者在维修实践中可灵活选用。

本章阅读的重点是制冷维修的专用工具识别、掌握其功能和基本使用方法。

2.1 维修空调器的工具

维修空调器所需的工具主要有简单的通用钳工工具、测量仪表、空调器安装工具、制冷维修专用工具等。

1. 简单的通用钳工工具

（1）拆卸螺钉、螺母和螺栓的工具

其工具有各种规格的一字和十字螺丝刀[⊖]、活扳手、梅花扳手、叉子扳手（呆扳手）等。除此之外，还需一套内六角扳手（横截面是正六边形，见图2-1a），其功能是用于开启或关闭空调器上的截止阀（见图2-1b），也可以用于旋松或旋紧内六角螺栓（见图2-1c）。

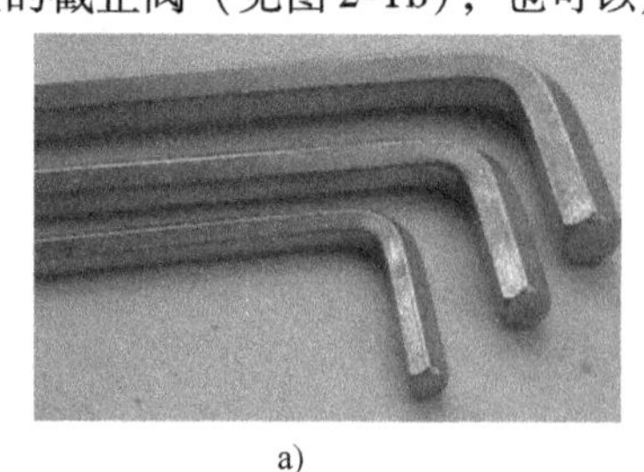

a)

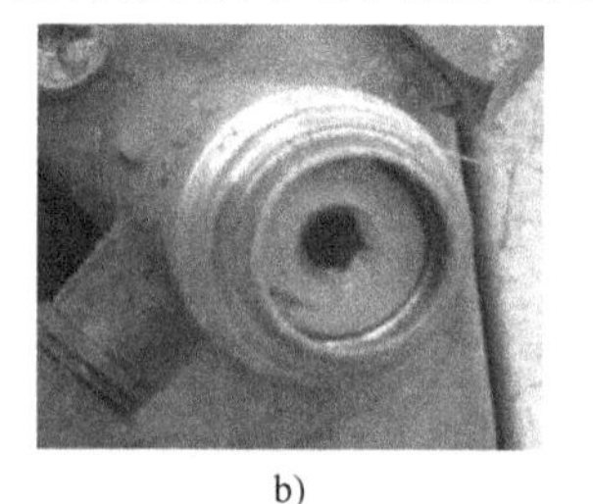

b)

c)

图2-1 内六角扳手、截止阀、内六角螺栓

（2）钳类

钢丝钳（克丝钳）用于环切毛细管、剪断电源线等，如图2-2a所示。尖嘴钳用于夹持较小

⊖ 标准名称应为螺钉旋具，俗称螺丝刀，本书统一用螺丝刀。

的垫片和弯制较小的导线等，如图2-2b所示。鲤鱼钳的钳嘴张开的幅度较大，用于夹持待焊接或待拆下的管子，如图2-2c所示。

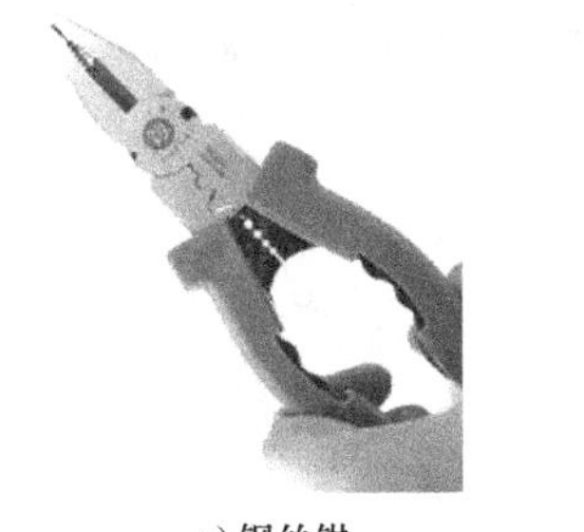
a) 钢丝钳

b) 尖嘴钳

c) 鲤鱼钳

图2-2　钳类

(3) 手电钻

1) 实物：如图2-3所示。

2) 作用：用于对金属板钻孔，安装螺钉。

(4) 手砂轮

1) 实物：如图2-4所示。

2) 作用：当室外机壳上的某些螺钉锈蚀、无法拆卸时，可用手砂轮将螺钉磨掉。

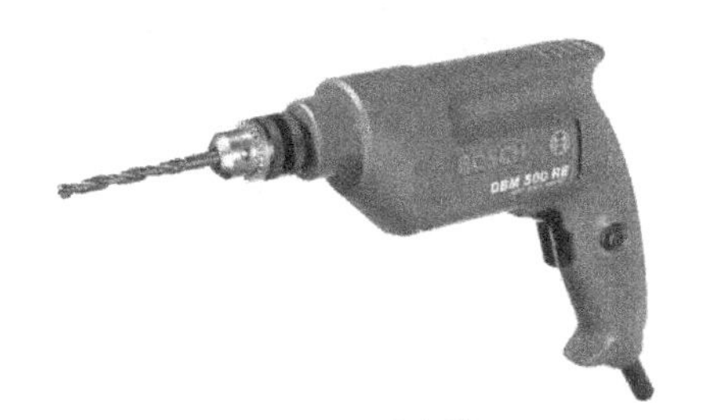
图2-3　手电钻

图2-4　手砂轮

2. 安装空调器的打孔工具

(1) 电锤

1) 实物：如图2-5所示。

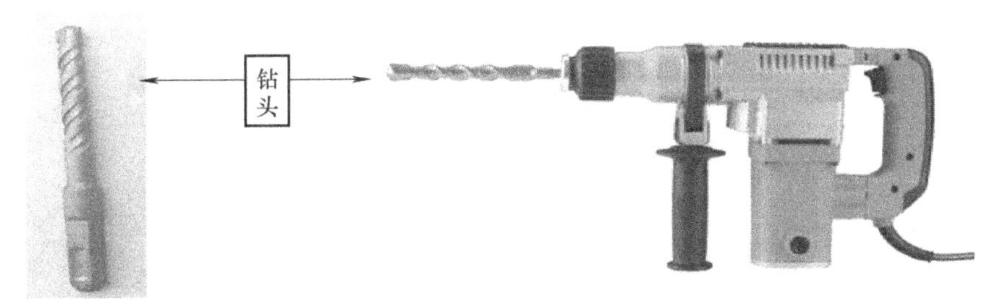

图2-5　电锤

注：常用钻头的直径为ϕ8mm、ϕ10mm、ϕ12mm等。

2) 作用：安装空调器时，需使用电锤对外墙打孔，在孔内安装膨胀螺栓来固定室外机的支架，也是打穿墙的必备工具。

3) 使用方法：见表2-1。

表 2-1　电锤的使用方法

名　　称	图　　示	
装钻头的方法	① 将夹头向下压	② 当将夹头向下压到底时，插入钻头，再松开夹头即可
对墙体打孔	① 先用冲子在待打孔处打出小凹坑，然后将钻头对准凹坑 说明：打一小凹坑，可防止电锤打飘	② 按下开关，开始冲击、打孔

（2）錾子、手锤

1）实物：如图 2-6 所示。

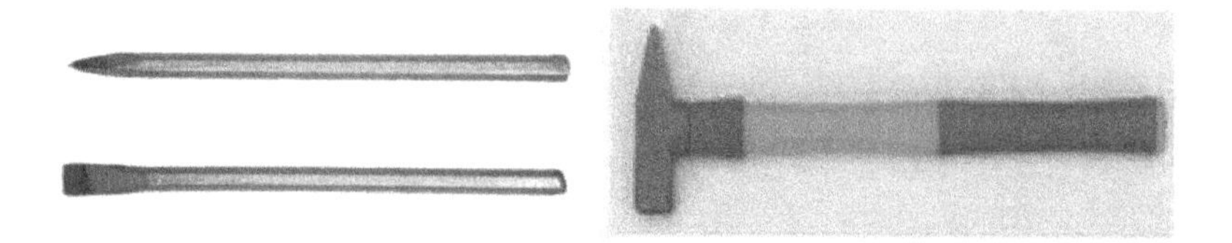

图 2-6　錾子、手锤

2）作用：打穿墙孔时，先用电锤打几个小孔，再用錾子和手锤将孔扩大成形。

3. 测量仪表

（1）温度计

1）实物：如图 2-7 所示。

2）功能：用于检测空调器室内机的进、出风温差和室外机的排风温度等。

3）使用方法：将探头置于待测温处，就会在显示屏上以数字形式显示被测温度。

（2）万用表

万用表是检修空调器电气部分的必备仪表，可用它来测量交、直流供电、元器件的电阻、引脚的电压等，进而判断故障部位和故障元器件。

1）实物：如图 2-8 所示。

2）测电阻的方法：下面以指针式万用表为例介绍测电阻的方法，如图 2-9 所示。

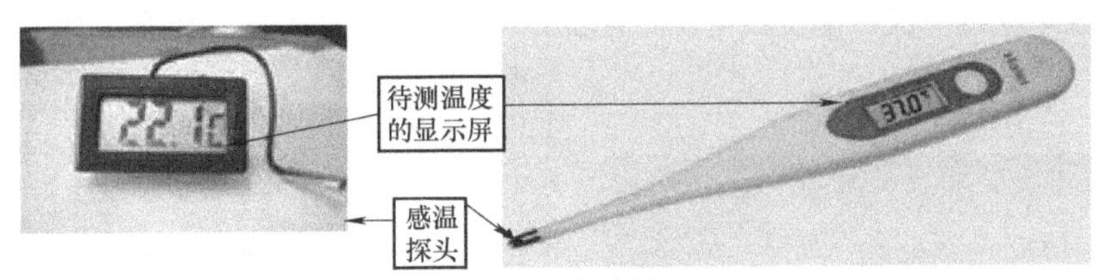

图2-7　温度计

<table>
<tr><th>指针式万用表</th><th>数字式万用表</th></tr>
<tr><td>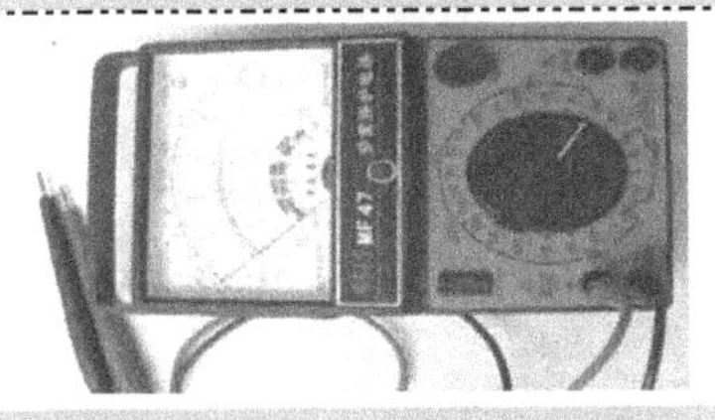</td><td>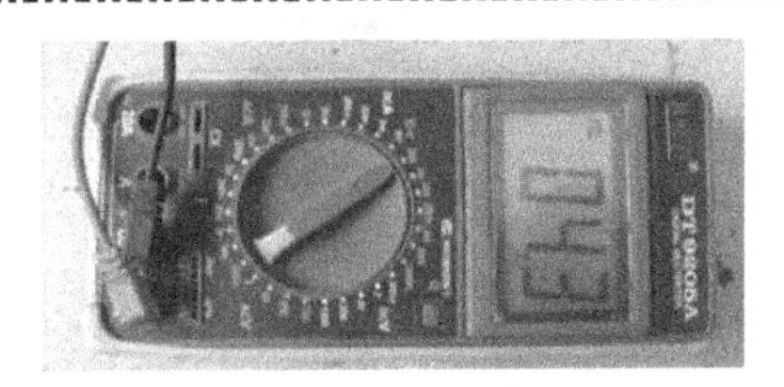</td></tr>
<tr><td>特点：通过指针指在刻度盘上的示数和所选的档位、量程来确定测量值的大小</td><td>特点：通过显示屏上的数字和量程来确定测量值的大小</td></tr>
</table>

图2-8　万用表的实物图

<table>
<tr><td>① 选量程</td><td>② 调零</td></tr>
<tr><td></td><td>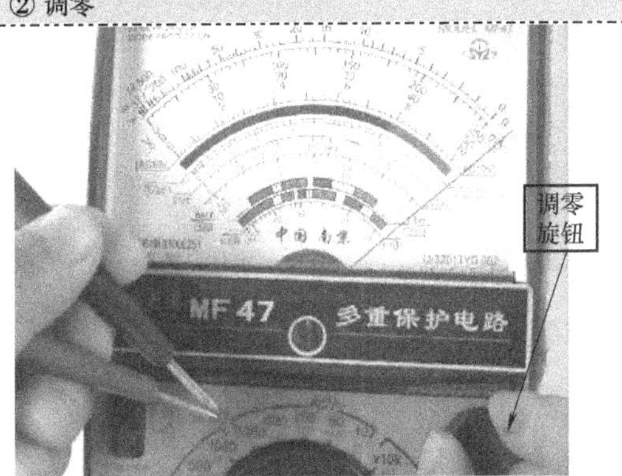
</td></tr>
<tr><td>方法：用手转动选择开关，指向“Ω”范围的某一量程
说明：测同一电阻，若所选量程不同，则指针指的位置也不同，若指针指在最右端或最左端附近，则读数误差较大；选量程的原则是使指针不指在最右端或最左端附近</td><td>方法：将两表笔短接，看指针是否指在0Ω刻度，若不是，可转动调零旋钮，使指针指在0Ω刻度（注：对测量导线的通、断或粗测绝缘电阻，可以不调零）</td></tr>
<tr><td>③ 测量</td><td>④ 读数</td></tr>
<tr><td>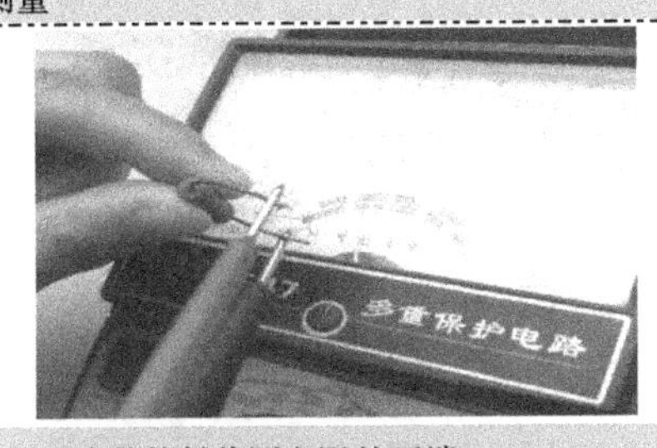</td><td>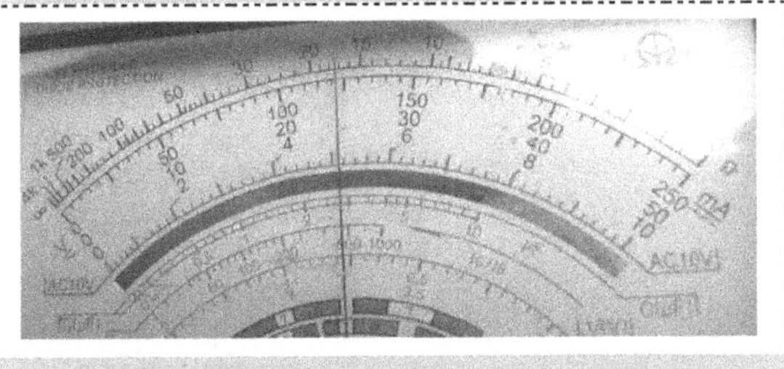</td></tr>
<tr><td>方法：两表笔接触待测电阻的两端
说明：手不要接触表笔的金属杆，若接触了，则示数是待测电阻和人体电阻并联后的总电阻，导致电阻档位测量不准确</td><td>方法：指针所指的数值乘以量程，为待测电阻的阻值
说明：使用完毕，将档位开关拨到OFF档或交流电压最高档，以防再次使用时不选量程直接测量而损坏仪表；若长期不用，应取出电池</td></tr>
</table>

图2-9　万用表测电阻的方法

3）测交流电压的方法：测交流电压的方法（以测单相市电为例）如图 2-10 所示。

① 选量程

方法：转动选择开关，指向交流电压“ACV ~”范围的某一量程。原则是，量程要比待测电压大，同时又要尽量接近（例如，要检测单相市电，可选交流 250V 档或 500V 档。现在选的是交流 250V 档）

② 测量

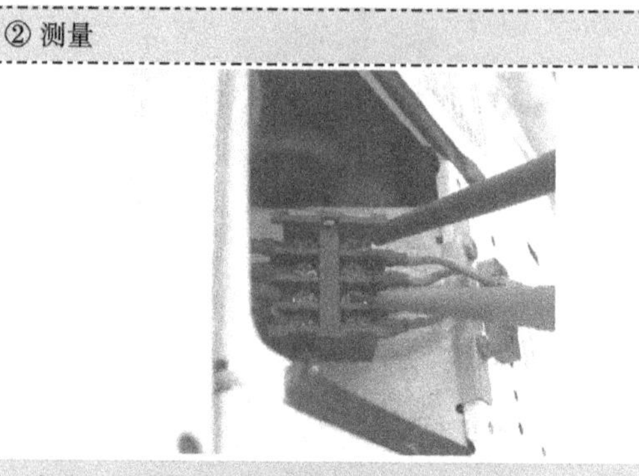

方法：两表笔分别接触被测的电源线

③ 读数

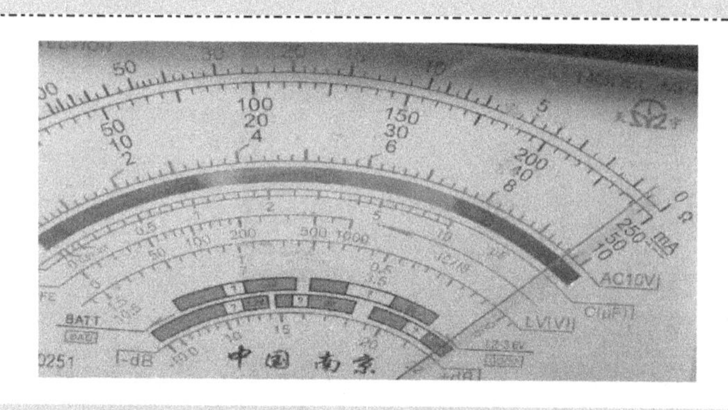

方法：所选的量程是多少伏，则满刻度就是多少伏。该读数约为 240V

图 2-10　万用表测交流电压的方法

4）测直流电压的方法：①将选择开关拨到直流电压档；②红表笔接电源的正极或高电位，黑表笔接电源的负极或低电位；③选量程测量，读数方法与测交流电压相同。

（3）钳形电流表

1）实物：如图 2-11 所示。

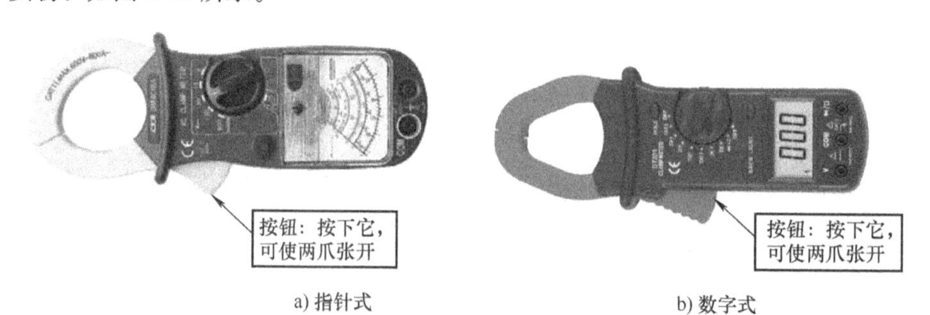

a) 指针式　　b) 数字式

图 2-11　钳形电流表

2）功能：用于检测空调器（或其他电气设备）的工作电流（见图 2-12），从而判断空调器是否过载、短路，缺乏制冷剂等。钳形电流表一般还带有测电压、电阻等功能。

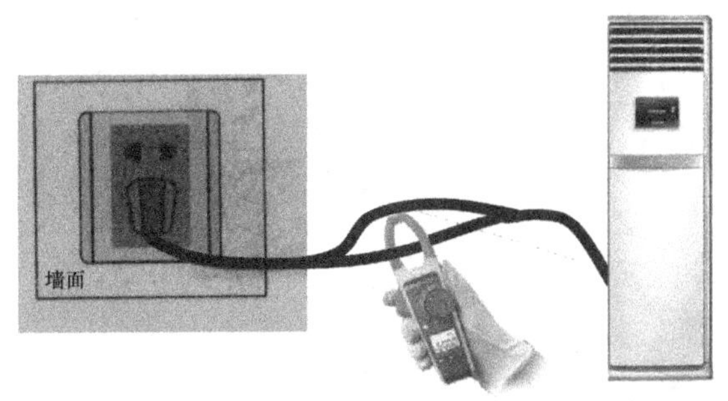

图2-12 用钳形电流表检测空调器的工作电流

3）使用方法：首先以指针式钳形电流表测电流为例进行介绍，如图2-13所示。

① 选择量程

方法：可根据空调器所标识的额定电流值来选择量程。量程要比待测电流大（以保证仪表的安全），同时也不要大得过多（大得过多会导致读数不准）。量程一般选50A

② 用手按下按钮，张开两爪，使被测电流的那一根导线位于爪中

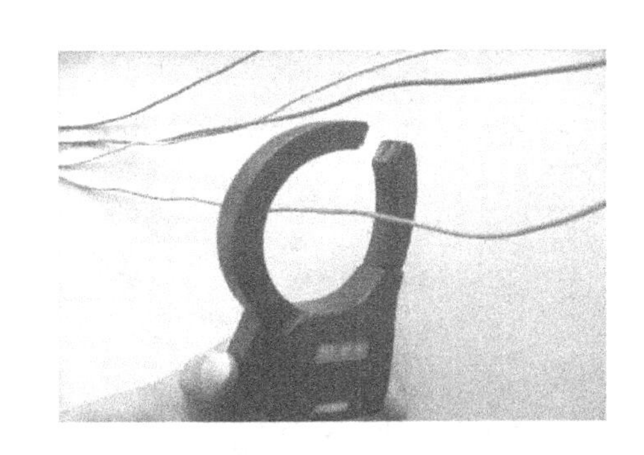

③ 合上两爪

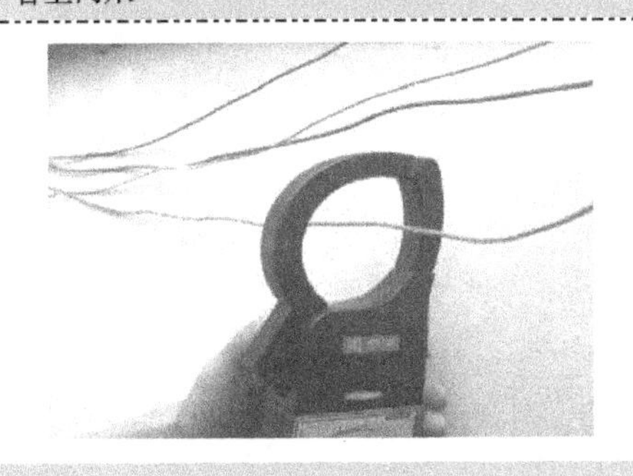

④ 读数

方法：与万用表测交流电压的读数方法相同

⑤ 如果指针偏转太小，不便读数，可将导线在爪上缠绕数圈，以增大指针偏转角度

说明：读数除以导线缠绕的圈数，就是导线中电流的测量值

图2-13 指针式钳形电流表的使用方法

对于数字钳形电流表测量的示数直接以数字的形式显示在仪表的液晶屏上，读数更方便。其使用方法如图 2-14 所示。

① 选择量程

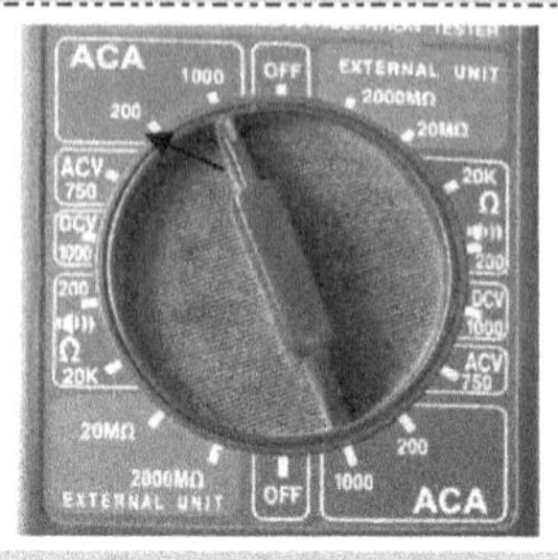

将档位开关旋至“AC 200A”档

② 将待测电流的导线（只能是一根）置于爪内。让保持开关（HOLD）处于松开状态，进行测量，再读数

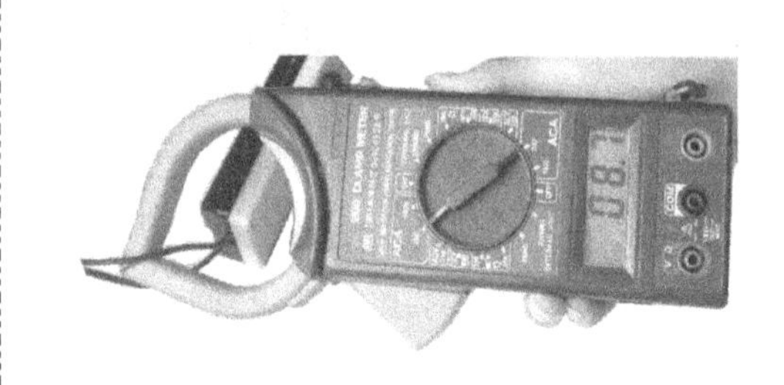

图 2-14　数字钳形电流表的使用方法

（4）风速仪

1）实物：如图 2-15 所示。

2）功能：测量从空调器热交换器吹出的空气流速。

3）使用方法：将风速仪的叶轮端靠近热交换器的出风口，即可从显示屏上读出空气流速。

（5）绝缘电阻表

绝缘电阻表用于测量空调器（或其他电气设备）的绝缘程度，如图 2-16 所示。

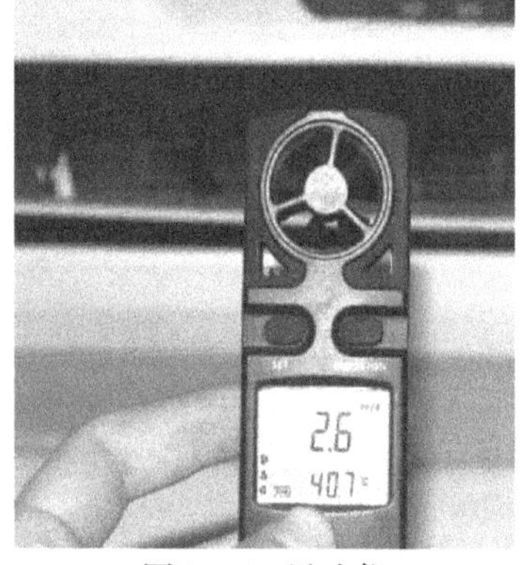

图 2-15　风速仪

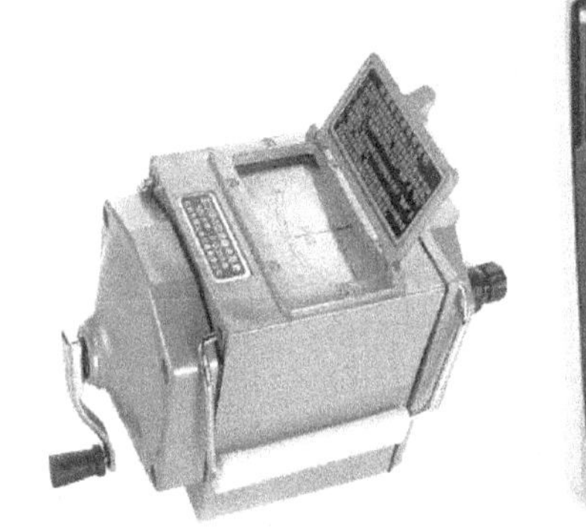

图 2-16　绝缘电阻表

4. 焊接工具（电烙铁与吸锡器）

1）实物：如图 2-17 所示。

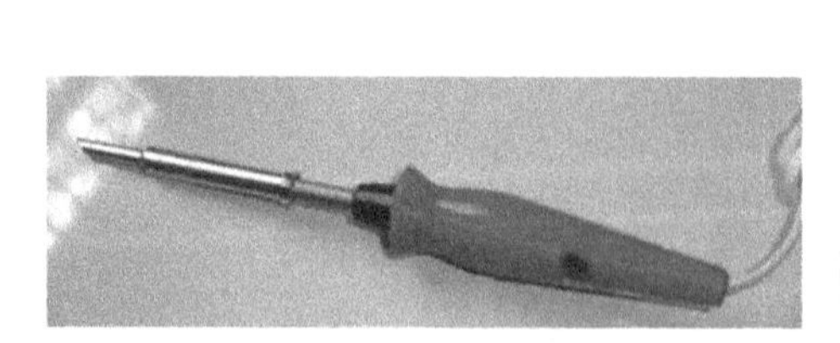

a) 内热式电烙铁（烙铁头为斜面式）

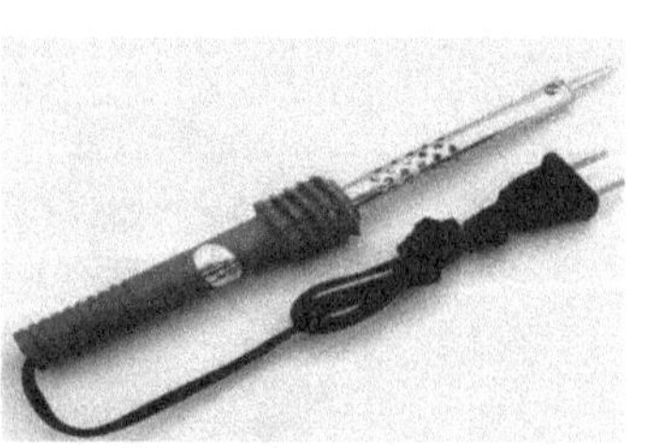

b) 外热式电烙铁（烙铁头为尖头式）

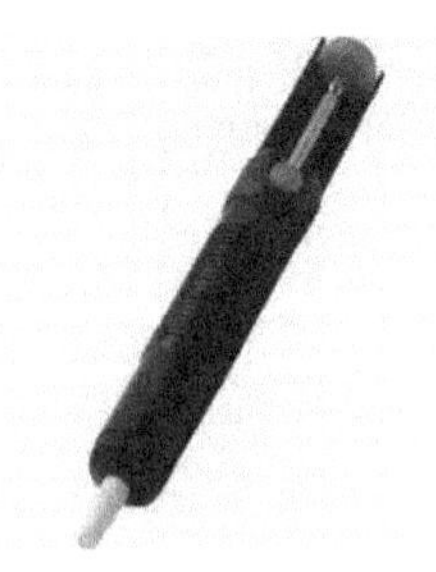

c) 吸锡器

图 2-17　电烙铁与吸锡器

2）作用：用于电气控制板上电子元器件的拆、装，以及导线的焊接。

3）使用方法：

① 用电烙铁焊接电子元器件的方法如图2-18所示。

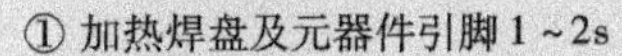

① 加热焊盘及元器件引脚1～2s

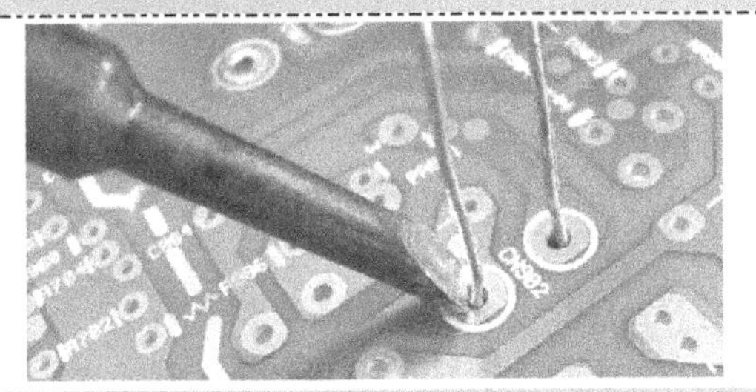

说明：若加热时间太长，容易使焊盘翘起；加热时间太短，焊锡不易浸润整个焊盘，容易形成虚焊

② 送焊锡丝至焊盘

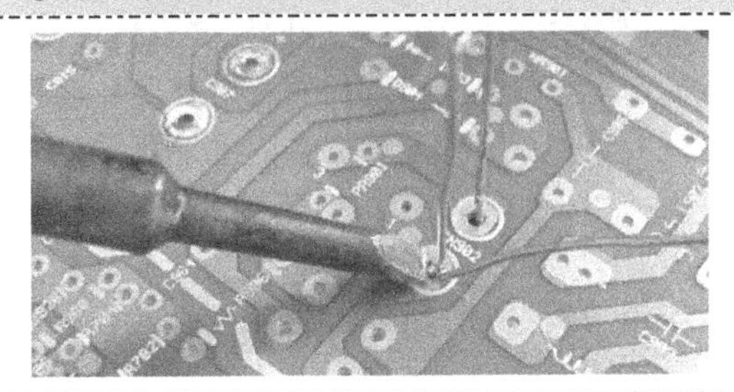

说明：若送到烙铁上，焊锡丝中的助焊剂会迅速挥发，导致焊接质量下降

③ 焊锡熔化、浸润整个焊盘后，撤走焊锡丝

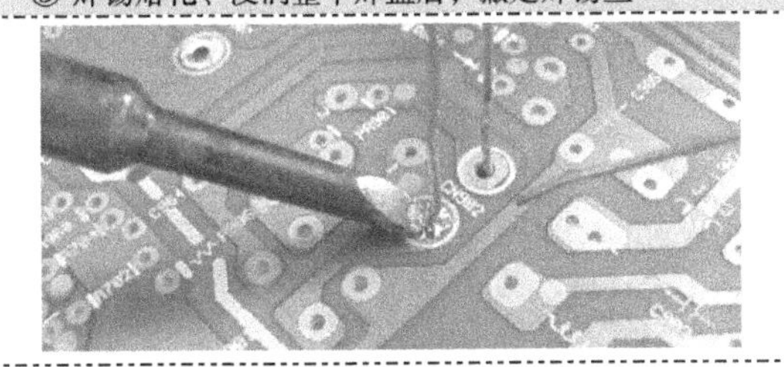

④ 撤烙铁（沿与板面成45°角的方向撤离）

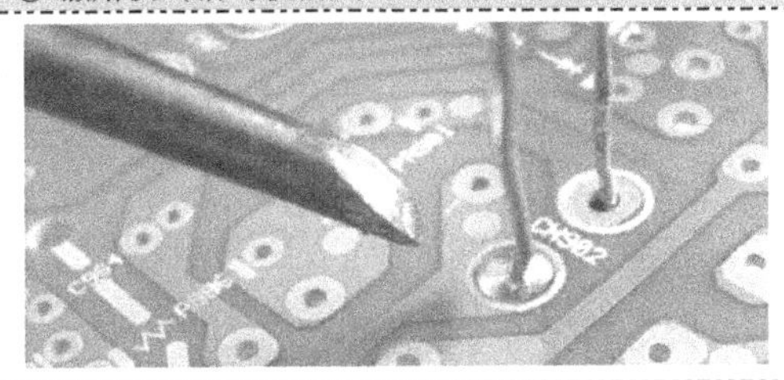

图2-18　焊接电子元器件的方法

② 用电烙铁和吸锡器拆卸电子元器件的方法，如图2-19所示。

① 按下推杆

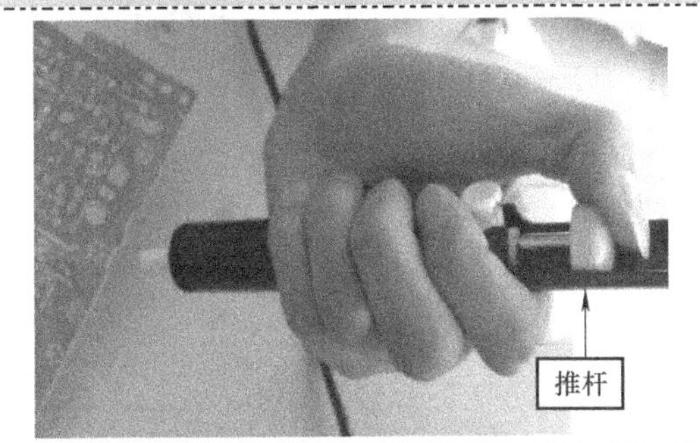

② 加热待拆元器件引脚周围的焊料，同时用吸锡器的吸头接触焊料

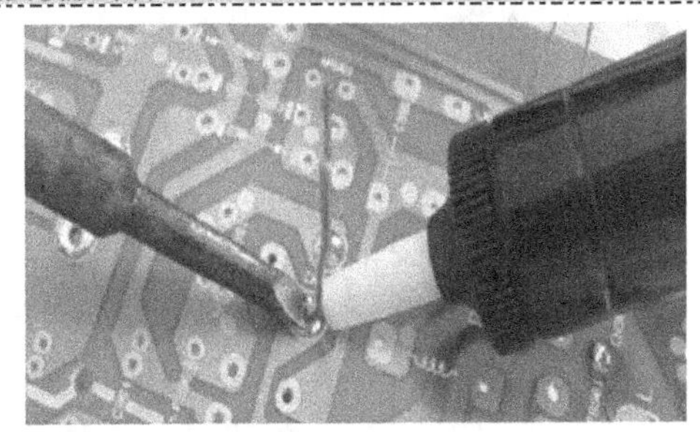

③ 当焊料熔化时，按下吸锡器的按钮，内部活塞动作，将焊料吸入吸锡器内

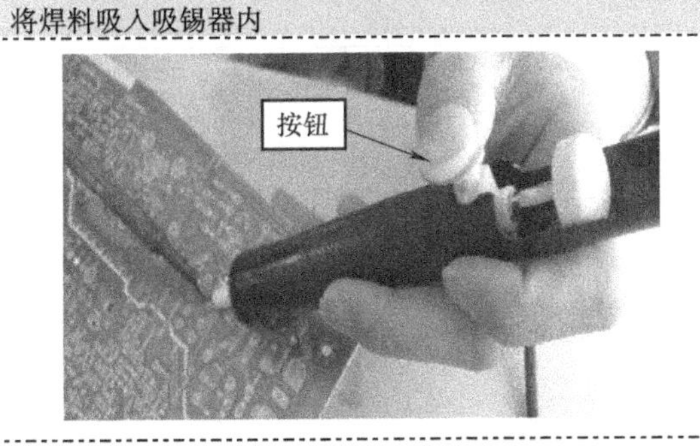

④ 按下推杆，将吸入的焊锡推出

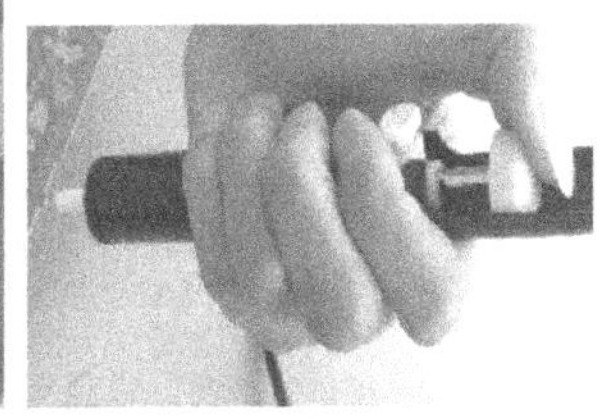

说明：用同样的方法吸去元器件其他引脚的焊锡，就可取下元器件

图2-19　拆卸电子元器件的方法

5. 安全带

1）实物：某舒适型安全带如图2-20所示。

2）作用：预防高处作业时不慎坠落而造成事故，由带子、绳子和金属配件组成。

3）使用方法：无论何时使用安全带，即便是新产品，在使用前也一定要对安全带进行必要的外观检查。在使用过程中，也要定期检验，如发现有破损变质情况，应立即停止使用，以保证操作安全。其使用方法详见使用说明书。

图 2-20　安全带

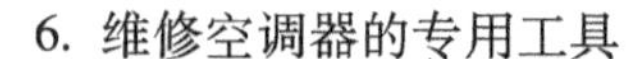

6. 维修空调器的专用工具

专用工具主要是检修制冷系统所专门使用的工具，其使用方法须结合具体的检修过程才容易讲清和领会，请阅读后续章节。

本章首先以使用 R22 传统制冷剂的空调器的维修专用工具为例进行介绍。

（1）复合压力表和三通真空压力表

复合压力表和三通真空压力表的实物、特点和作用见表 2-2。

表 2-2　复合压力表和三通真空压力表的实物、特点和作用

名称	复合压力表	三通真空压力表
实物	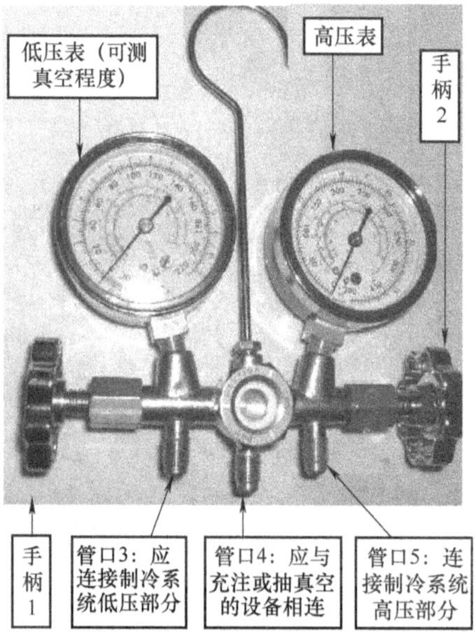 低压表（可测真空程度） 高压表 手柄2 手柄1 管口3：应连接制冷系统低压部分 管口4：应与充注或抽真空的设备相连 管口5：连接制冷系统高压部分	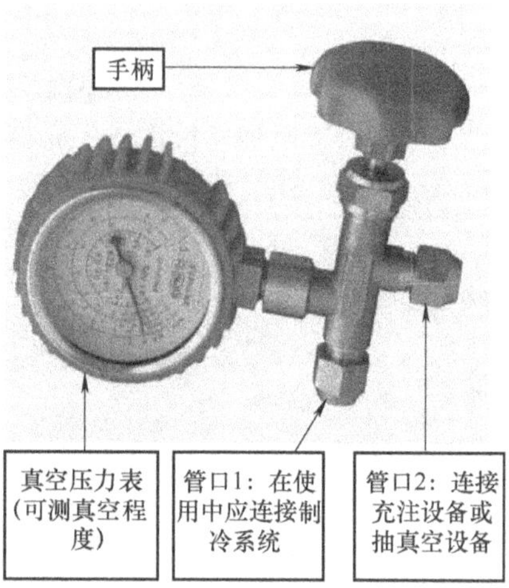 手柄 真空压力表（可测真空程度） 管口1：在使用中应连接制冷系统 管口2：连接充注设备或抽真空设备
特点	① 低压表量程为 −0.1 ~ 0.9MPa；高压表量程为 0 ~ 3.4 MPa ② 手柄 1 顺时针（图中向右看）旋到底即关闭时，低压表与管口 3 之间能通气（利用该特点，可以测量制冷系统低压部分的压力），低压表与管口 4 之间不通气。逆时针转动即开启时，低压表、管口 3 与管口 4 三者之间能通气 手柄 2 关闭时，高压表与管口 5 之间能通气（利用该特点，可以测量制冷系统高压部分的压力），高压表与管口 4 之间不能通气。逆时针转动即开启时，高压表、管口 4 与管口 5 三者之间能通气 ③ 该表所有管口均为英制螺纹	① 量程为 −0.1 ~ 1.5MPa ② 手柄顺时针旋紧（关闭）时，管口 1 与压力表能通气，手柄逆时针打开时，管口 1、管口 2 和压力表三者之间能通气（所以该阀叫三通阀） ③ 该表所有管口均为米制螺纹

（续）

名称	复合压力表	三通真空压力表
作用	① 对家用空调器、汽车空调器，单独在低压侧或者高压侧测量制冷剂压力，或者在高、低压侧同时测量制冷剂压力 ② 对家用空调器、汽车空调器，单独在低压侧或者高压侧抽真空，或者在高、低压侧同时抽真空 ③ 对家用空调器、汽车空调器充注制冷剂	用于对电冰箱高、低压部分，空调器低压部分进行压力检测、抽真空、充注制冷剂等操作（不能用于空调器的高压部分，因为三通真空压力表的最大量程低于空调器高压部分的压力）

注意：

1）对压力表，在阀门关闭、开启这两个状态各管口的连通关系要搞清楚。这是正确使用该表的关键。

2）表中气体的绝对压力 = 表压力（即表指示的压力） + 大气压。本书后续章节所述的压力是指表压力。

3）使用新型环保制冷剂的空调器的维修专用工具与使用 R22 的空调器的维修专用工具相比，结构、外形、工作原理和使用方法是基本一样的。但大小尺寸、管口直径有所不同，制造材料也有所不同，在后续章节会结合具体的应用进行介绍。

4）压力表有多条刻度线，每条刻度线对应着不同的压力单位，也对应着该压力表能够使用的各种制冷剂的类型。所以应根据使用的制冷剂类型选定相应的压力单位和刻度线。R22 一般选 MPa 或 kgf/cm^2 为单位，R410A 一般选 lbf/in^2 为单位，其换算关系为 $1bar = 1atm = 1kgf/cm^2 = 0.1MPa = 14.7lbf/in^2$。现以图 2-21 所示的低压表为例简介刻度盘的结构。

图 2-21　空调器维修用压力表刻度盘（示例）

图 2-21 中，标示①的两条刻度线为压力刻度线，单位为 kgf/cm^2 和 lbf/in^2，标示②的三条刻线从内到外依次为 R22、R12、R502 这三种制冷剂在不同压力时对应的温度刻度线。维修中通过该表可看出 R22、R12、R502 中任一种制冷剂的压力和该压力下的温度。

（2）连接管

连接管的实物和作用见表 2-3。

表 2-3　连接管的实物和作用

名称	两端均不带顶针的连接管	一端带顶针，另一端不带顶针的连接管
实物	米制螺母	米制螺母　英制螺母
作用	用于连接三通真空压力表、制冷剂钢瓶或真空泵的米制接头	带顶针端与空调器的维修工艺口（英制螺纹）相连接，顶针可顶开工艺口内的气门销，使制冷系统管道与外界连接管之间能通气，不带顶针端可连接三通真空压力表、制冷剂钢瓶、真空泵等

(3) 用于充注制冷剂的转换接头

1) 实物：如图 2-22 所示。

a) 汽车空调器维修用

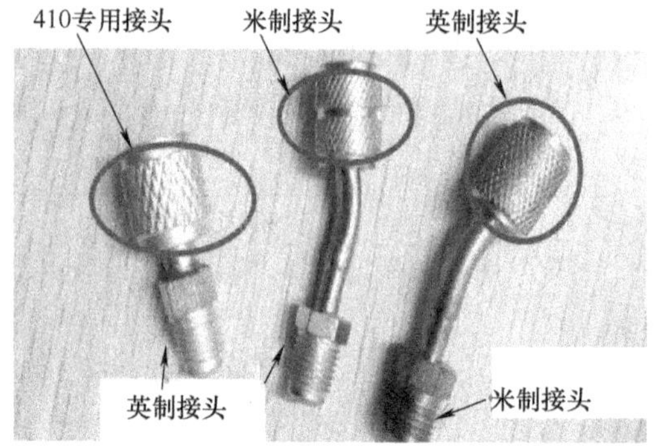

b) 家用空调器维修用

图 2-22 充注制冷剂的接头

注：米制和英制螺纹的不同处见本书资料。

2) 作用：配合连接管使用，可以给不同类型的空调器（注意，不同空调器设置的用于充注制冷剂的工艺口的直径不同）充注制冷剂。

3) 使用方法：一端接在连接管上，另一端接在空调器的维修工艺口上。

(4) 开启阀

开启阀用于开启听装制冷剂。不同类型制冷剂开启阀的口径不同。常用的 R22、R134A 开启阀的实物、用法和作用见表 2-4。

万能开启阀可用于开启各种类型的听装制冷剂，如图 2-23 所示。

表 2-4 开启阀的实物、用法和作用

名称	R22 听装制冷剂的开启阀	R134A 听装制冷剂的开启阀
实物	用尖刺刺破瓶体后可从这里放出制冷剂 尖刺 听装制冷剂	输出制冷剂的出口 开关手柄 尖刺
用法	① 逆时针（从上向下看）转动手柄，使转动杆的尖刺端退回皮垫内 ② 开启阀套在制冷剂瓶体上并适当旋紧（只要在使用中无漏气的声音即可。旋得太紧，容易损坏开启阀内的密封皮垫） ③ 顺时针（从上向下看）转动手柄，转动杆的尖刺端就会刺破瓶体；逆时针（从上向下看）转动手柄，可放出瓶中的制冷剂	与 R12 听装制冷剂的开启方法相同
作用	开启 R12、R22 听装制冷剂	开启 R134A 听装制冷剂

图2-23 万能开启阀

（5）真空泵与自制的简易“抽空打气两用泵”

真空泵与自制的简易“抽空打气两用泵”的实物、特点和作用见表2-5。

表2-5 真空泵与自制的简易“抽空打气两用泵”的实物、特点和作用

名称	真 空 泵	简易“抽空打气两用泵”
实物	注润滑油口 吸气口 电动机	较粗管口为吸气端，另一管口则为排气端
特点	所用电动机为单相电容运转式电动机	用封闭式压缩机改装而成（用气焊将工艺管封闭），在没有真空泵时，可用它来应急代替
作用	用于对制冷管道系统抽真空，效果很好	吸气管可用来抽真空，效果略逊于真空泵，但可通过二次抽真空来弥补。它的排气管可以方便地对系统充入（短时充入）干燥空气进行试漏、检漏

（6）检漏仪

1）实物：如图2-24所示。

2）作用：检测制冷剂是否泄漏。现阶段新型无氟制冷剂已大量使用。传统含氟制冷剂和新型无氟制冷剂各有相应的检漏仪，它们的结构、外形基本相同，但传感器不同，所以不能互换使用。

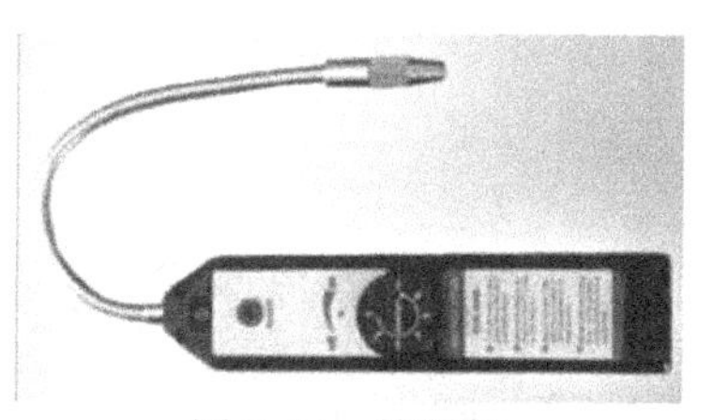

图2-24 检漏仪

3）使用方法：启动开关，使探头靠近空调器制冷系统可能泄漏的地方。若有泄漏，则会出现声光报警。

（7）力矩扳手

1）实物：如图 2-25 所示。

2）作用：可以保证用恰当的力矩紧固喇叭口活接头，使螺母既能旋紧，又不致因用力过大造成接头损坏（出现裂纹），导致制冷剂泄漏。

3）使用方法：根据铜管的尺寸和喇叭口螺母的大小来进行选择；在旋紧过程中，当听到“咔嗒”声后，螺母的紧度就合适了。

（8）毛细管剪刀

毛细管剪刀用于切割各种规格的毛细管，如图 2-26 所示。

图 2-25　力矩扳手

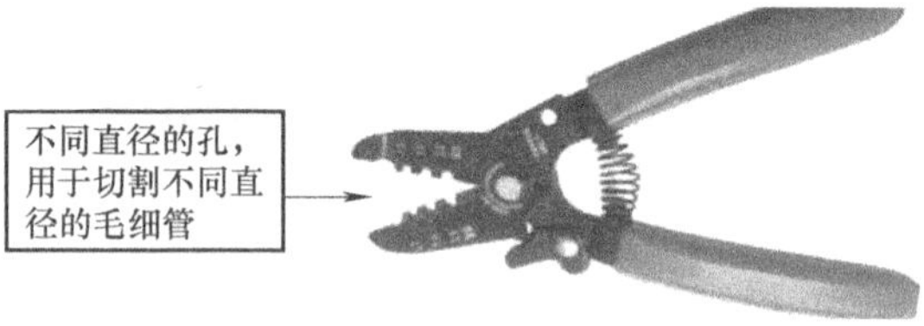

图 2-26　毛细管剪刀

（9）变频空调器测试仪

将变频空调器测试仪与变频空调器设置的专用接线柱相连，通过按下测试仪的相应按键，就能将变频空调器的通信情况、压缩机的运行频率以及故障代码显示出来，极大地方便了变频空调器的维修。具体的使用方法可阅读产品的说明书。注意：变频空调器测试仪不能通用，不同品牌的变频空调器须用相对应的测试仪。某变频空调器测试仪如图 2-27 所示。

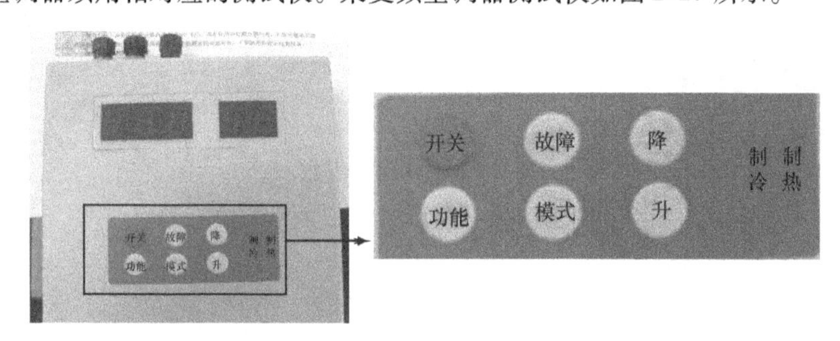

图 2-27　变频空调器测试仪

（10）管道加工和气焊的工具

详见第 3 章。

2.2　维修空调器的常用耗材和配件

1. 气焊所用的耗材

耗材有氧气、乙炔气或液化石油气、铜焊条、银焊条等，详见第 3 章的气焊部分。

2. 检漏用的耗材

对空调器进行检漏时，一般都用氮气（应急时，也可以用干燥的空气）。典型氮气瓶如图 2-28所示，一般最大可充入 15MPa 的氮气，可反复充、放氮气。

3. 电气配件

主要有：压缩机的起动与运转电容器（功率不同，电容量也不同，一般为几十μF）；室内、外风机电动机的起动与运转电容器（机型不同，电容量也不同，一般为2~4μF）；电解电容器、二极管、晶体管、电阻、7805和7812三端稳压器、晶体振荡器、感温探头等；壁挂式和柜式空调器的通用代换板。以上内容具体见后续章节。

4. 检修制冷系统所需的耗材和配件

检修制冷系统所需的耗材和配件如图2-29所示。

除上述已介绍的耗材和配件外，检修空调器制冷系统还需要的耗材和配件有：

1）接头和接头螺母（又叫纳子）：其螺纹有米制和英制两种规格，作用是制作管道的活接头，如图2-30所示。

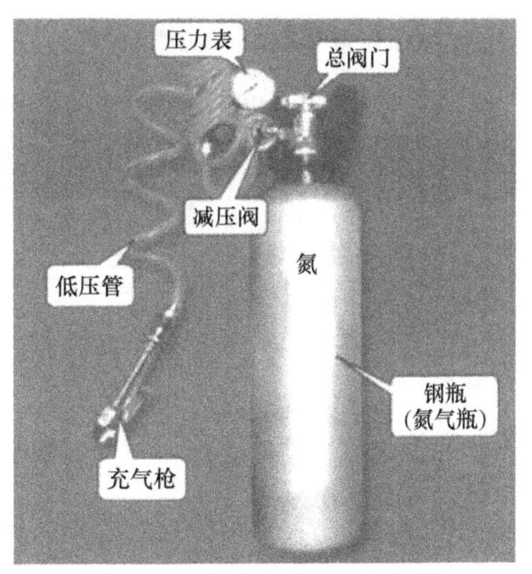

图2-28 制冷维修用的氮气瓶

① R12听装制冷剂（二氯二氟甲烷）	② R22听装制冷剂（二氟一氯甲烷）
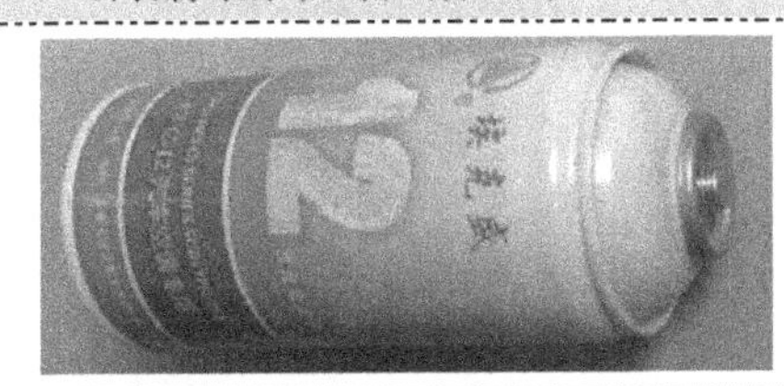	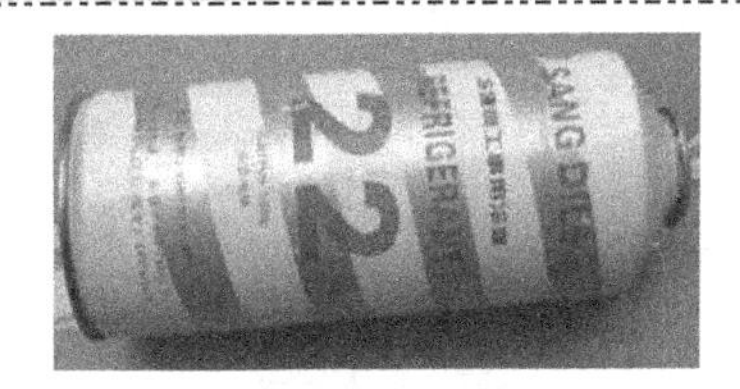
说明：常用于电冰箱、汽车空调器中的传统制冷剂（瓶子是一次性的，下同）。泄漏后，其中的氯原子对大气臭氧层有破坏作用。遇到明火会燃烧	说明：目前家用空调器中使用较广的传统制冷剂，泄漏后，其中的氯原子对大气臭氧层有破坏作用。遇到明火会燃烧
③ R410A无氟制冷剂	④ R407C无氟制冷剂

说明：R410A是不破坏臭氧层的环保制冷剂，用于家用空调器、中小型商用空调器等中，是国际公认的取代R22的最佳选择 1）优点：由于相对制冷能力高，有可能将制冷设备小型化；由于优良的热传导性、较低的压力损失、较高的压缩效率，有可能提高系统的效率 2）缺点：由于压力是R22的1.6倍，所以系统耐压部件强度须比R22增加。例如各种阀（四通阀、高低压阀、单相阀、电磁阀等）的耐压强度须增加，动作压力增加；弯曲部、焊接部、应力集中部等薄弱处的耐压强度都须增加	说明：R407C是由R32和R125再加上R134A按一定的比例混合而成，是一种不破坏臭氧层的环保制冷剂

图2-29 检修空调器制冷系统所需的耗材和配件

3）R410A 和 R22 的物理、化学性质不同，压缩机的冷冻润滑油也不同，所以对原来使用 R22 的空调器，维修后重新充注制冷剂时不能充注 R410A。使用 R410A 的空调器在维修后也不能充注 R22

4）R410A 是一种化学稳定性高、不可燃、低毒性的制冷剂。但制冷剂的密度比空气大，如果制冷剂在密封的房间里大量泄漏，会积聚在房间的底部，引起缺氧；如果遇到明火，也会产生有毒物质

5）R410A 是由 R32 和 R125 各 50% 组成的非共沸制冷剂，两者不相溶、密度不一样，如果采用气态充注，密度轻的先进入系统，导致 R32 和 R125 的比例不恰当，制冷或制热效果差，因此必须采用液态充注

R407C 由于与 R22 有着极为相近的特性和性能，所以成为 R22 的长期替代物，使用于各种空调器系统和非离心式制冷系统中

R407C 可用于原 R22 的系统，不用重新设计系统，只需更换原系统的少量部件，以及将原系统内的矿物冷冻油更换成能与 R407C 互溶的润滑油（POE 油），就可直接充注 R407C，实现原设备的环保升级

由于 R407C 是混合非共沸工质，为了保证其混合成分不发生改变，所以 R407C 必须液态充注。如果 R407C 的系统发生制冷剂明显泄漏，其系统内剩余的 R407C 不能回收循环使用，必须放空系统内的剩余 R407C，重新充注新的 R407C，且必须以液态形式充注

⑤ R134A 听装无氟制冷剂（四氟乙烷）

说明：不含氯原子，对臭氧层无破坏作用，具有良好的安全性能（不易燃、不爆炸、无毒、无刺激性、无腐蚀性），其制冷量和效率与 R12 非常接近，所以它是 R12 的良好替代品

但是 R134A 的物理、化学性质与 R12 有很多不同，在使用 R12 的制冷系统中不能直接将制冷剂更换为 R134A

⑥ R600A 听装无氟制冷剂（异丁烷）

说明：R600A 是一种性能优异的新型碳氢制冷剂，取自天然成分，易燃易爆，不破坏臭氧层。其特点是蒸发潜热大，冷却能力强；流动性能好，输送压力低，耗电量低；与各种压缩机润滑油兼容（注：R600A 在制冷系统中含量不足时，会造成压力值过大，机器声音异常，压缩机寿命缩短）。在常温下为无色气体，在自身压力下为无色透明液体，是 R12 的替代品

⑦ R32 新型环保无氟制冷剂

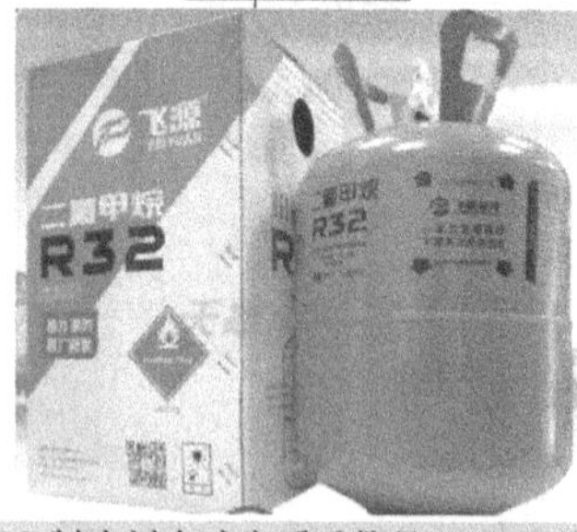

说明：R32 制冷剂全球变暖系数是 R410A 的 1/3，较传统的 R410A、R22 制冷剂环保，但 R32 具有一定的可燃性；与 R410A 制冷剂相比，R32 饱和压力高约 3%，排气温度高 8～15℃，功率高 3%～5%，能效比高约 5%。

同工况、同压缩机、同运行频率下，R32 系统制冷量、能效比比 R410A 系统高约 5%。缺点是具有可燃性，在检漏、抽真空等操作项目需要使用专用的工具。使用该制冷剂的空调器的安装、维修的不同点见第 10 章

⑧ R290 新型环保无氟制冷剂

说明：R290 完全环保，取自天然成分丙烷，来源于自然，其全球变暖潜能（GWP）为 3，臭氧消耗潜能（ODP）为 0，既不破坏臭氧层，也无温室效应；经济实惠，用量只有 R22、R410A 的 40%～55%；凝固点低，蒸发潜热大，节能率可达 15～35%；制冷性好，可缩短空调器压缩机的制冷时间，制冷效果和 R22 一样；应用范围广，可用于冰箱、家用空调器、冷藏车等制冷系统中

缺点是具有可燃性，在检漏、抽真空等操作项目需要使用专用的工具。详见作者附赠的《资料》

图 2-29　检修空调器制冷

R22、R134A、R410A 钢瓶装制冷剂	铜管
 	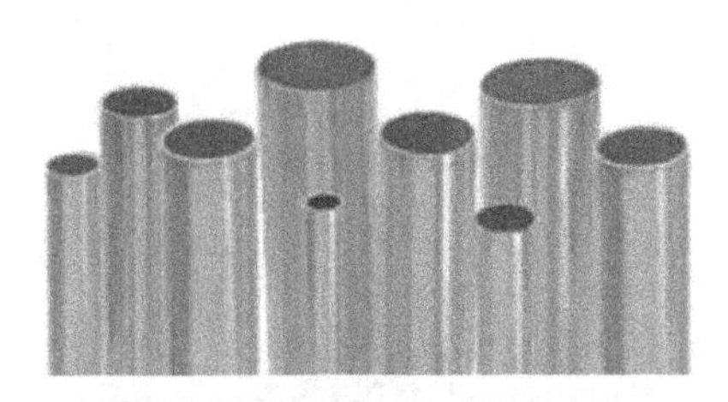 
说明：瓶体上标有最大充装量，常见有 1.5kg、3kg、5kg、10kg 等。不同制冷剂瓶体颜色不同：R22、R134A、R410A、R407A 分别为浅绿色、浅蓝色、粉红色、褐色	说明：常用 ϕ6mm、ϕ8mm、ϕ10mm、ϕ12mm 及直径更大的铜管。当制冷系统的管道被腐蚀或有其他严重损伤后，可用新铜管进行更换
⑨ 过滤器	⑩ 毛细管
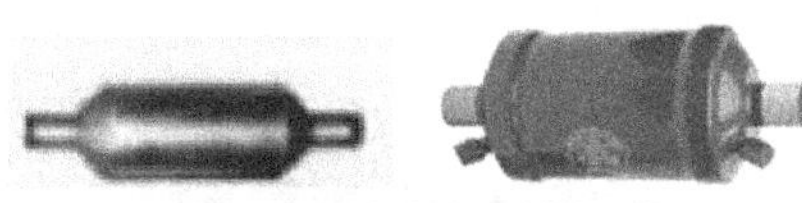 a）通过焊接方式接入制冷系统 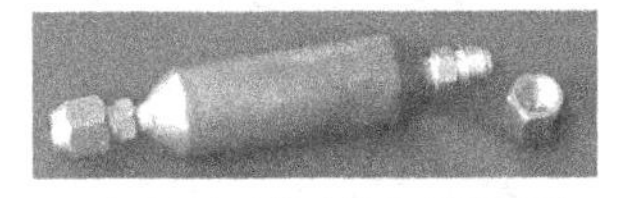 b）通过活接头接入制冷系统 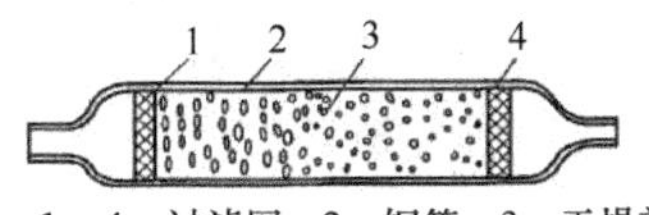 1、4—过滤网　2—铜管　3—干燥剂 c）不可拆卸式过滤器结构示意图 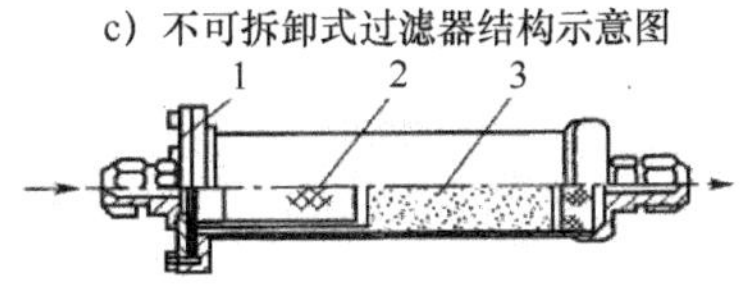 1—端盖　2—过滤网　3—干燥剂 d）可拆卸式过滤器结构示意图	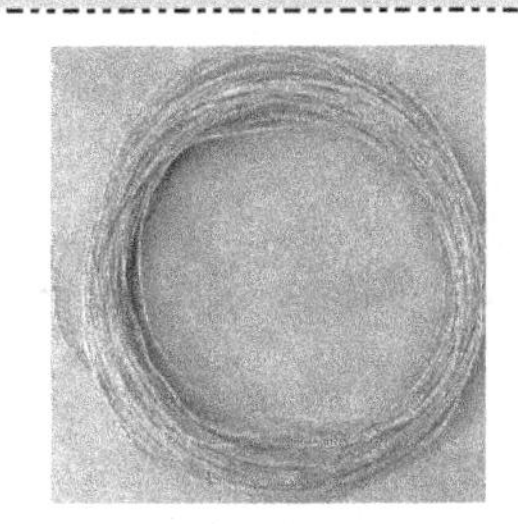 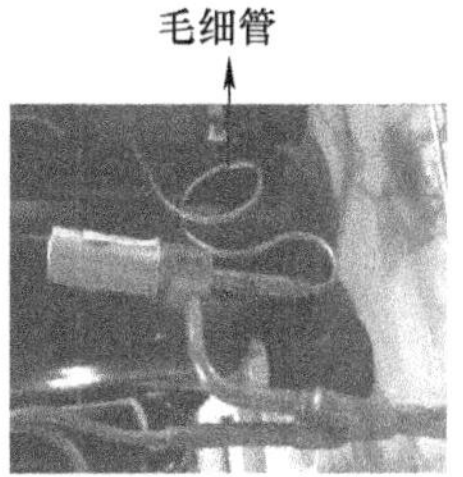 a）通过焊接方式接入制冷系统 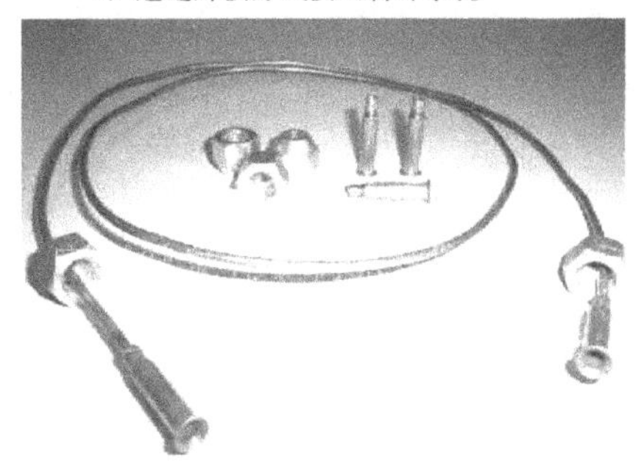 b）通过活接头接入制冷系统
说明：内有两重过滤网，过滤网间分布着干燥剂，可过滤制冷剂中的杂质、吸收制冷剂中的水分	说明：毛细管为中空的细铜管，起节流作用

系统所需的耗材和配件（续）

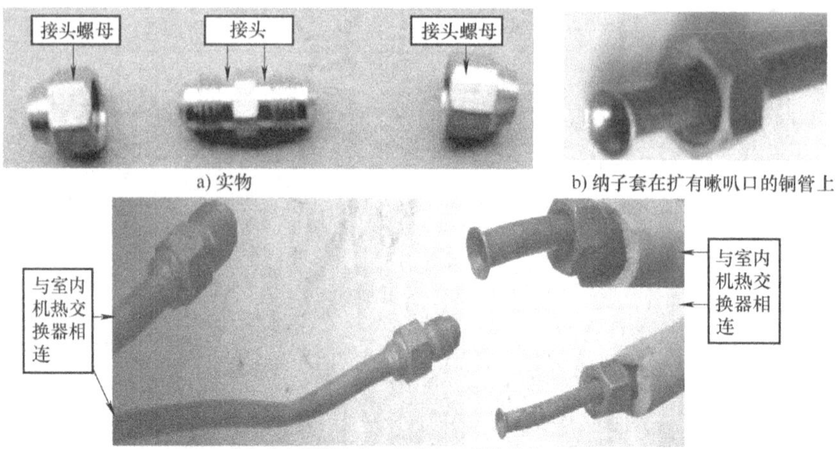

a) 实物　　b) 纳子套在扩有喇叭口的铜管上

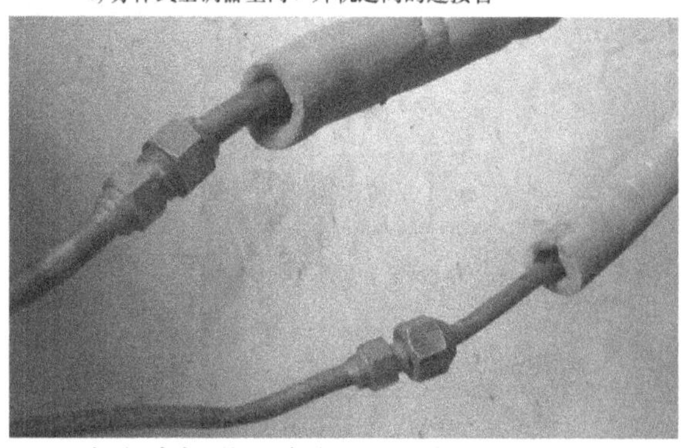

c) 分体式空调器室内、外机之间的连接管

d) 空调器室内、外机之间由喇叭口、纳子制成的活接头

图 2-30　接头和接头螺母

2）保温管：如果室内机和室外机的连接铜管裸露在空气中，会造成能量损失，影响制冷制热效果，所以铜管需要套上如图 2-31 所示的保温管。

图 2-31　保温管

3）快速接头：适用于分体式空调器、移动式空调器室内机与室外机连接，可多次带压拆卸，快速安装，方便移机。通常由快速接头（公）和快速接头（母）组成一套，配合使用。其中一个连接空调器室内机，另一个连接空调器室外机，安装时只要将两个快速接头端部连接成一体即可工作，拆卸时将两个快速接头端部松开即可。快速接头如图 2-32所示。

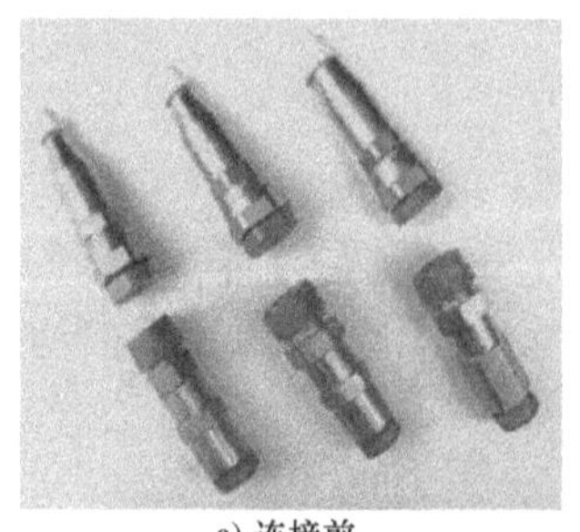

a) 连接前

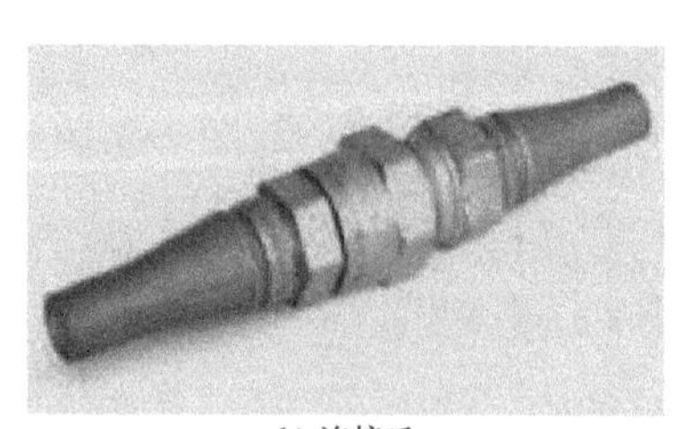

b) 连接后

图 2-32　快速接头

复习检测题

1. 在阀门开启和关闭的两种状态，三通压力表和复合压力表的各管口之间有哪些连通关系？
2. 气体压力的单位有哪些？转换关系是什么？
3. 维修空调器的专用工具有哪些？各有什么特点？
4. 干燥过滤器的作用是什么？
5. 毛细管的作用是什么？
6. 怎样利用接头和接头螺母将铜管连接起来？
7. 常用的制冷剂有哪几种？各用于什么场合？
8. R410A 制冷剂有什么特点？为什么不能以气态的形式充注？

第3章

空调器维修涉及的管道加工和气焊

本章导读

本章详细介绍维修空调器必须要具备的钳工和焊工技能。这两项技能看似简单，但却是保证维修质量的根本。

3.1　掌握空调器维修涉及的管道加工方法

空调器的各部件之间一般由铜管连接而成，维修空调器涉及的管道加工主要是铜管的割断、扩口、弯管等。

1. 认识维修空调器的管道加工工具

维修空调器的管道加工工具详见表3-1。

表3-1　维修空调器的管道加工工具

名　称	图　示	说　明
割刀（用于割断铜管）	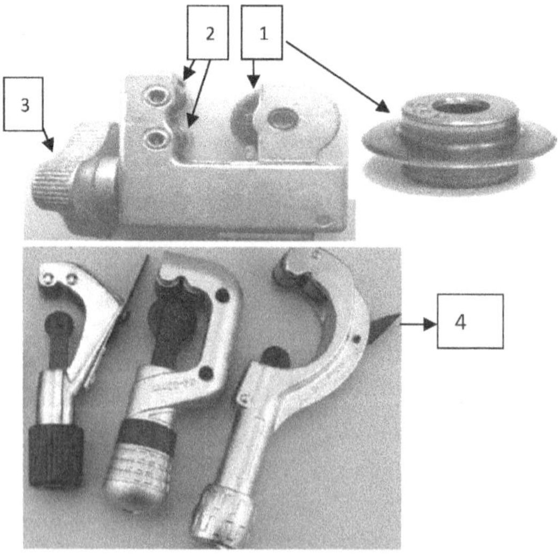 2 1 3 4	图中标号的意义为： 1—切轮（刀片） 2—滚轮 3—松紧调整钮手柄，顺时针转动该手柄，切轮和滚轮间的距离减小，反之则增大 4—用于刮掉割管后管口的毛刺

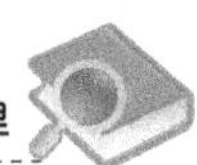

（续）

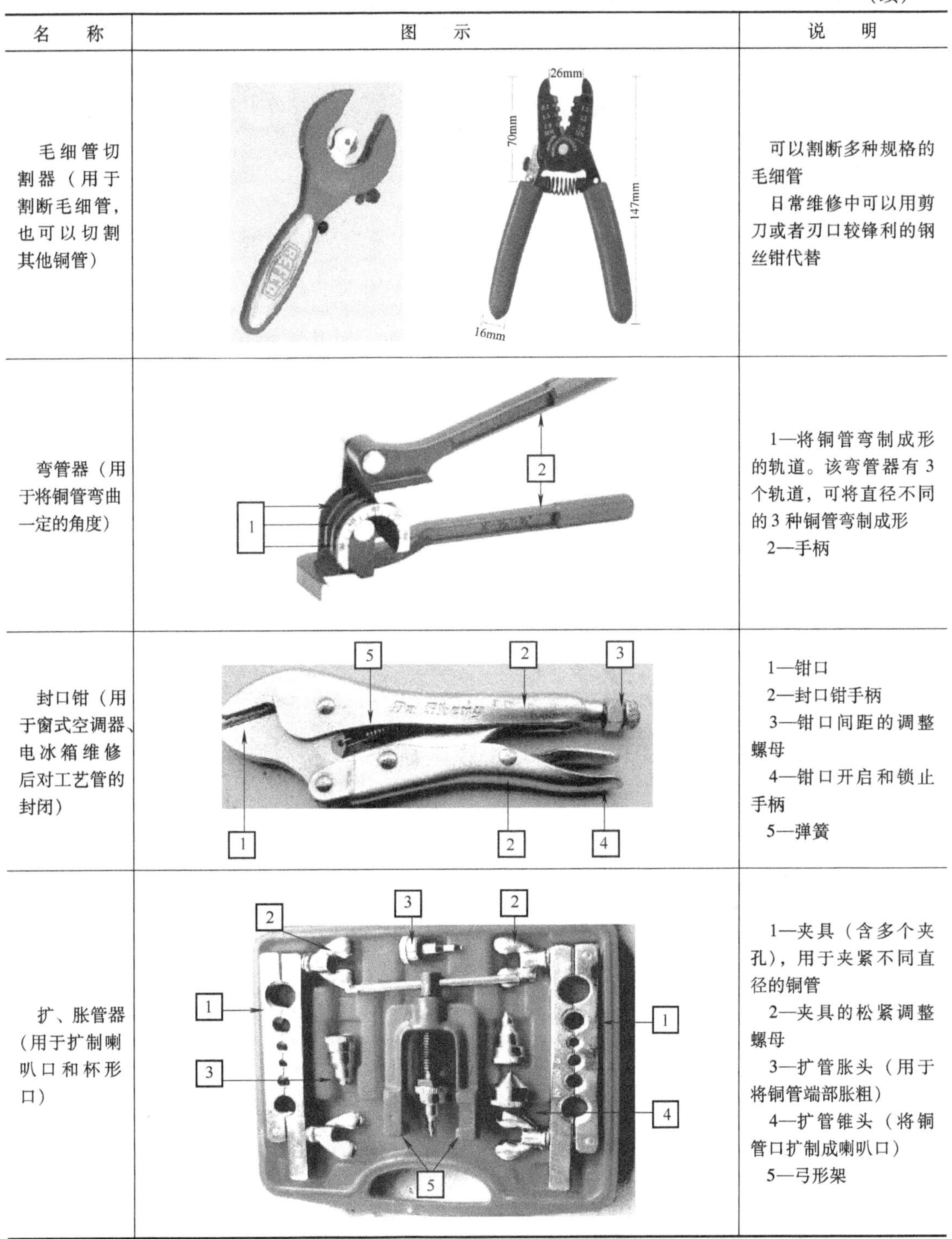

名　称	图　示	说　明
毛细管切割器（用于割断毛细管，也可以切割其他铜管）	26mm 70mm 147mm 16mm	可以割断多种规格的毛细管 日常维修中可以用剪刀或者刃口较锋利的钢丝钳代替
弯管器（用于将铜管弯曲一定的角度）	1 2	1—将铜管弯制成形的轨道。该弯管器有3个轨道，可将直径不同的3种铜管弯制成形 2—手柄
封口钳（用于窗式空调器、电冰箱维修后对工艺管的封闭）	5 2 3 1 2 4	1—钳口 2—封口钳手柄 3—钳口间距的调整螺母 4—钳口开启和锁止手柄 5—弹簧
扩、胀管器（用于扩制喇叭口和杯形口）	2 3 2 1 3 1 4 5	1—夹具（含多个夹孔），用于夹紧不同直径的铜管 2—夹具的松紧调整螺母 3—扩管胀头（用于将铜管端部胀粗） 4—扩管锥头（将铜管口扩制成喇叭口） 5—弓形架

2. 掌握割管方法

（1）铜管的割断

用割刀将铜管割断的方法如图3-1所示。

① 逆时针（沿箭头方向）转动割刀的松紧调整钮，使切轮与滚轮间的距离大于待割铜管的直径

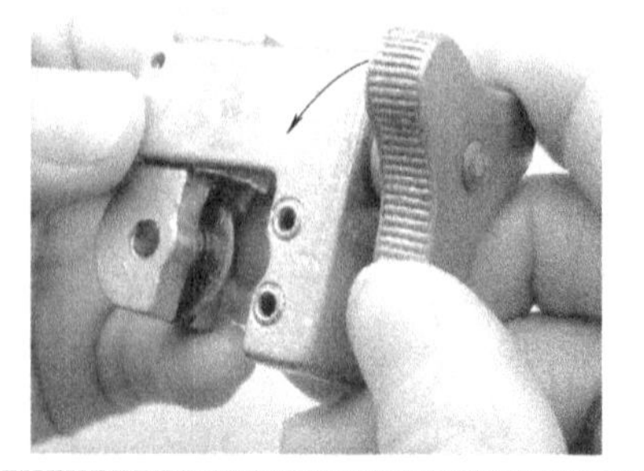

② 移动割刀，使铜管位于切轮与滚轮之间，顺时针转动割刀的松紧调整钮，使切轮的刀口垂直压紧铜管

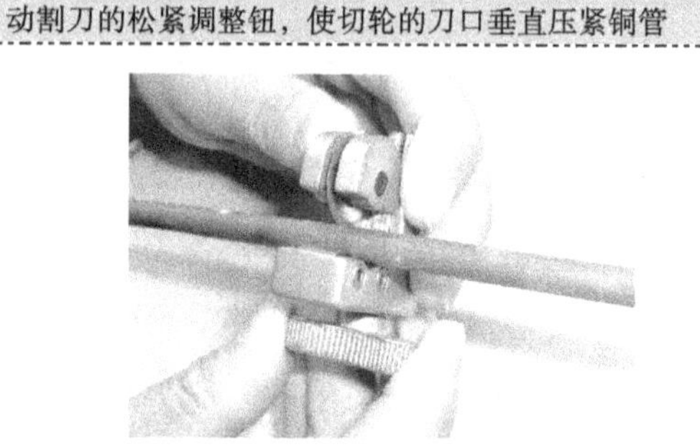

③ 将割刀旋转一圈

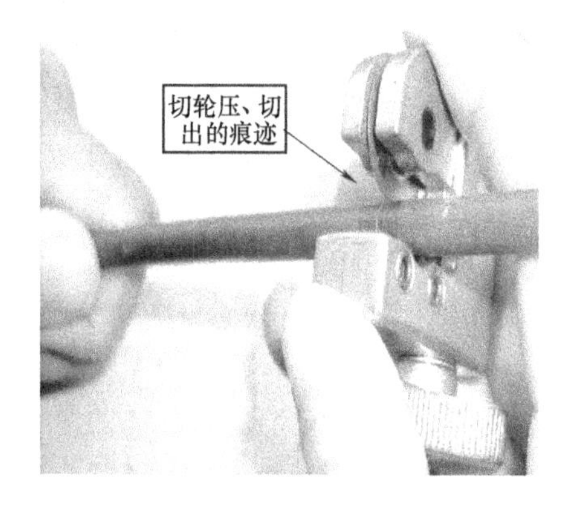

④ 将松紧调整钮顺时针转 1/4 圈，然后割刀旋转一圈，重复该过程，直到快要切断时，取下割刀，用手掰断

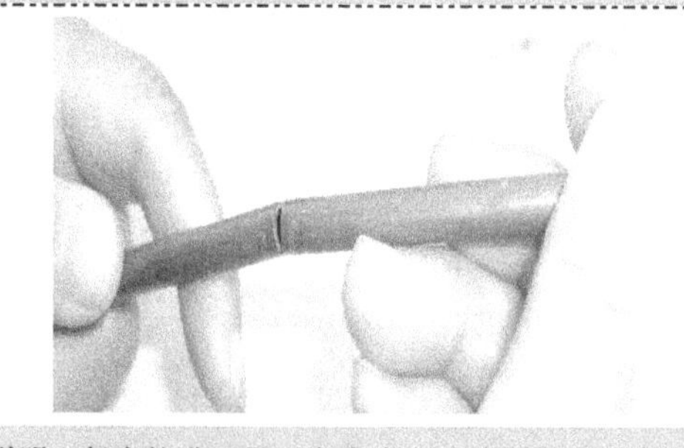

说明：每次的进刀量不宜太大（太大易损坏切轮，也容易将铜管夹扁），所以每次进刀，松紧调整钮只顺时针转 1/4 圈

⑤ 必要时，用铰刀修整内管口

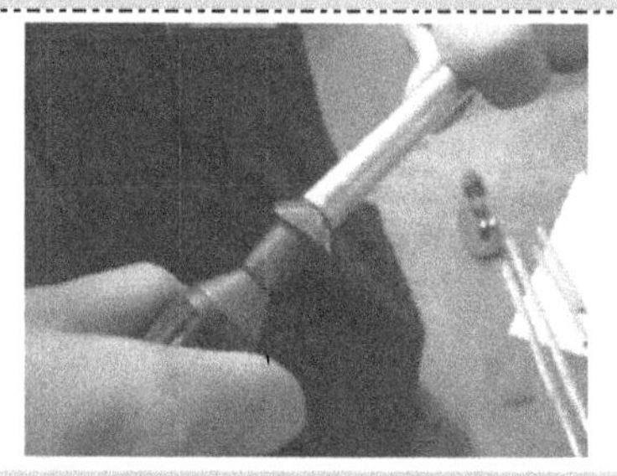

说明：管口要向下，以防碎屑掉入铜管内

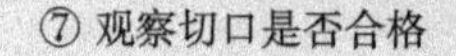

⑥ 若管口不平，可用锉刀锉平

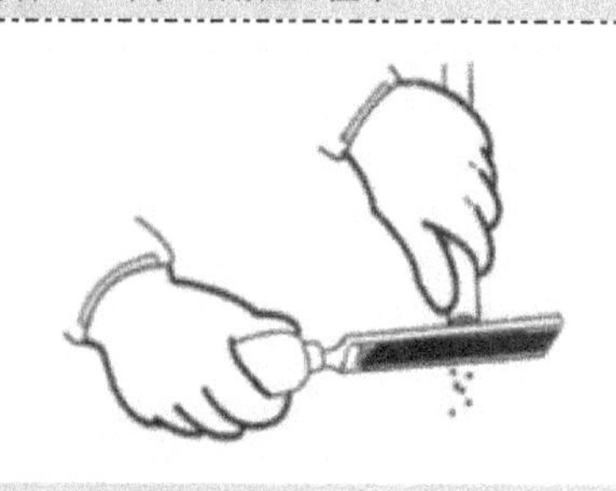

⑦ 观察切口是否合格

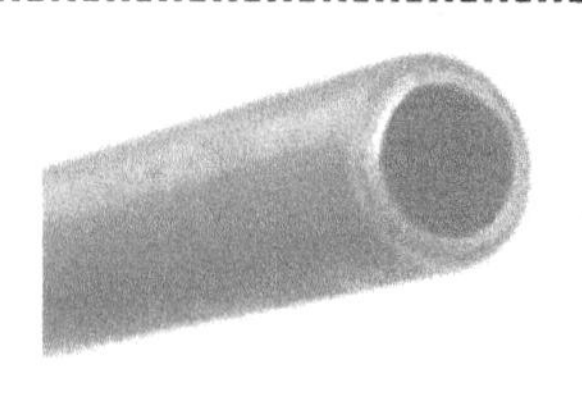

a)有缩口

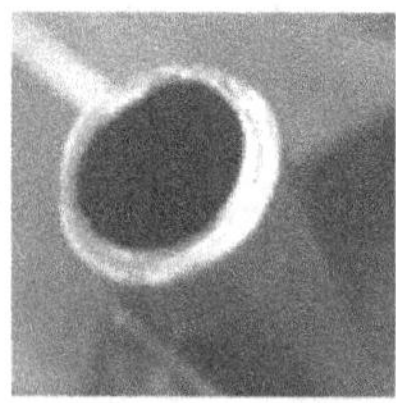

b) 管口不正

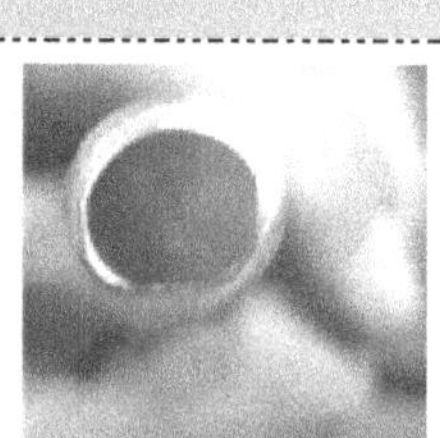
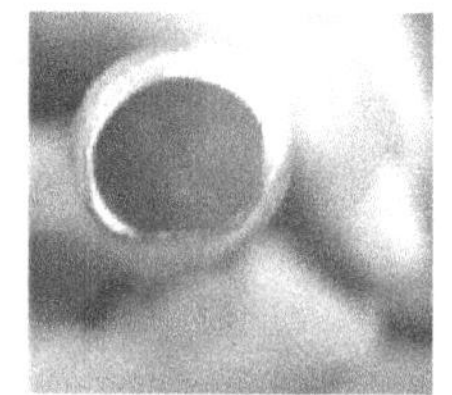

c)毛刺大

说明：合格的切口是切面呈圆形，无毛刺、裂纹、缩口现象

图 3-1　铜管的割断

（2）毛细管的切断

毛细管管径小、管壁薄，可以使用专用割刀切割。日常维修中可用剪刀（或刃口较锋利的

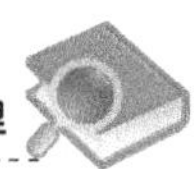

钢丝钳）在毛细管外壁上旋转、划出一定深度（1mm 以内）的环状槽痕，再掰断，具体操作如图 3-2 所示。

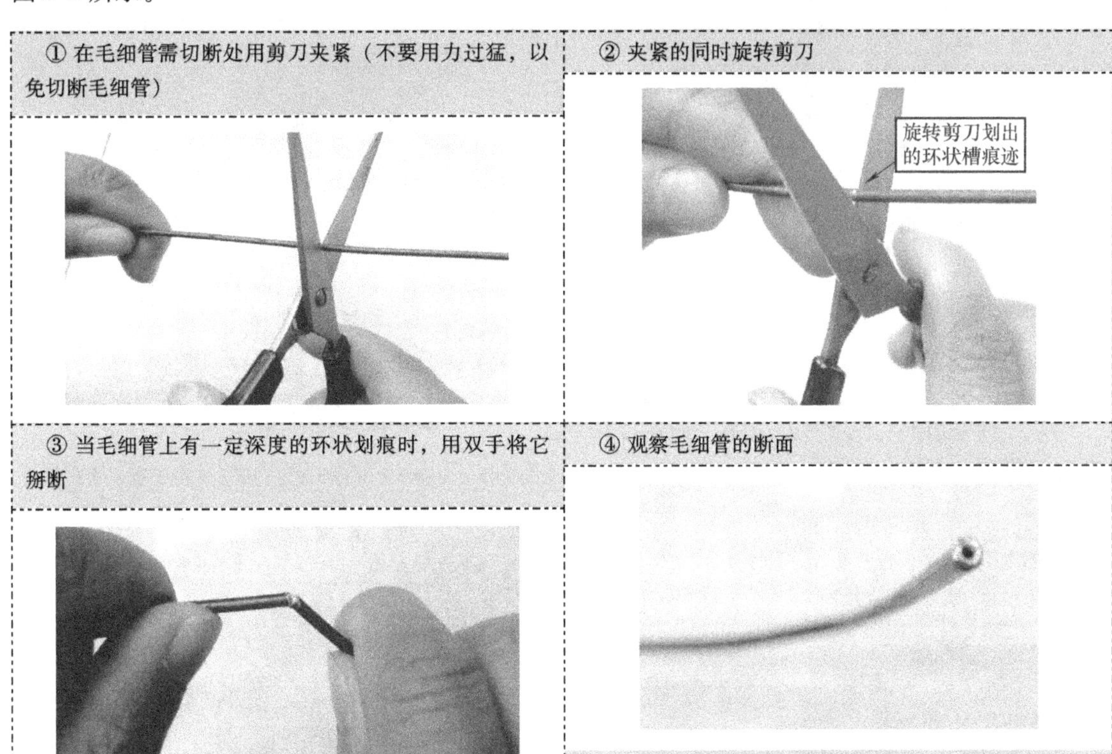

图 3-2　毛细管的切断

注：若使用毛细管专用剪刀来切割毛细管，操作更方便，切割的管口质量更好。

3. 掌握扩管方法

（1）扩制喇叭口

制冷部件的连接常用喇叭口活接头，喇叭口的制作方法如图 3-3 所示。

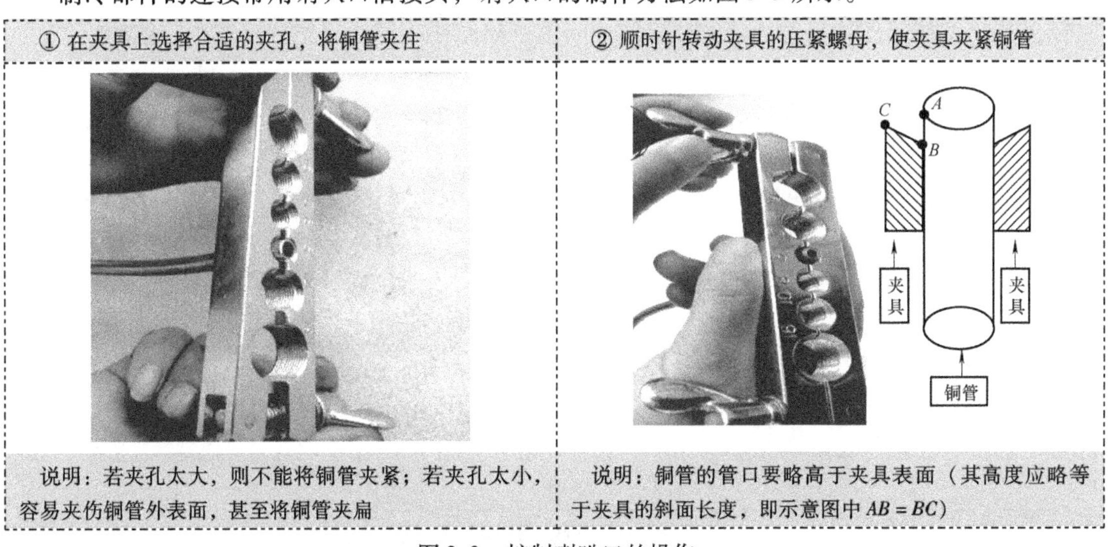

图 3-3　扩制喇叭口的操作

③ 将弓形架套在夹具上

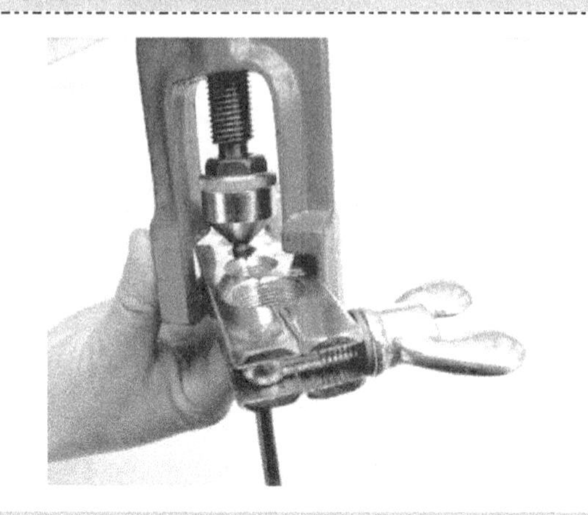

说明：弓形架的螺杆要与夹具表面垂直，锥头的尖部大致对准铜管横截面的圆心

④ 顺时针（从上向下看）转动螺杆上的手柄，使螺杆转动，锥头逐渐压入铜管的管口

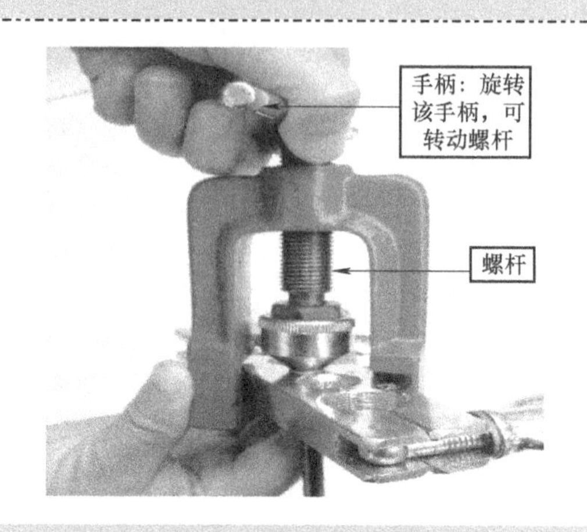

说明：一般每旋进3/4圈，后退1/4圈，重复操作，直到扩制成形

⑤ 当螺杆上的手柄转不动时，逆时针转动螺杆上的手柄，取下弓形架；旋松夹具的压紧螺母，取下夹具

⑥ 观察喇叭口是否合格

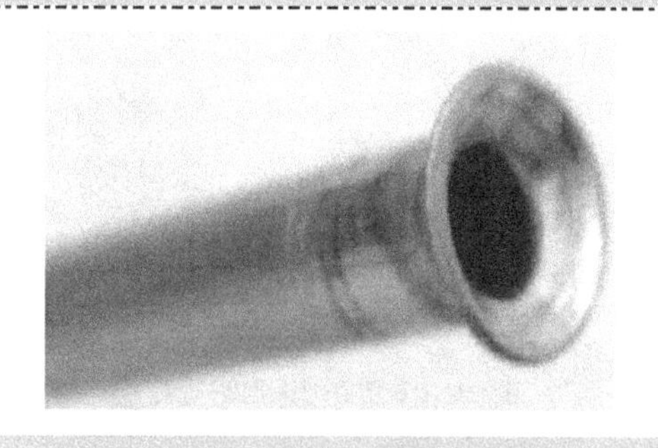

说明：合格的喇叭口的特征是光滑、圆正、无毛刺、无裂纹

⑦ 给喇叭口涂上少许冷冻润滑油。制作活接头时可起一定的密封作用

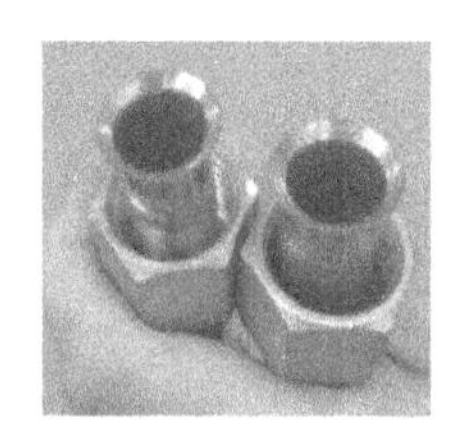

⑧ 认识不良扩口

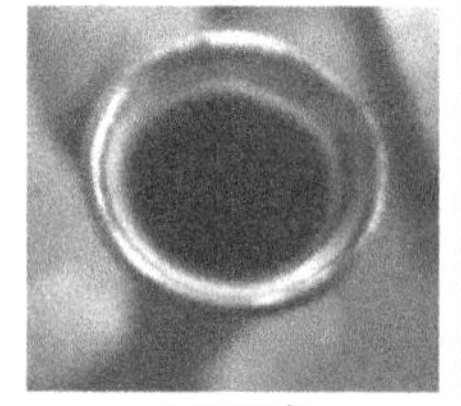

a) 双眼皮

b) 裂口

图3-3　扩制喇叭口的操作（续）

（2）扩制杯形套口

同直径的两根管道进行焊接时，需将其中一根的管口胀粗，将两管进行套接，才能保证焊接质量。扩制杯形套口的操作如图3-4所示。

① 将弓形架螺杆端部原来的锥头（或其他粗细不合适的胀头）旋松并取下

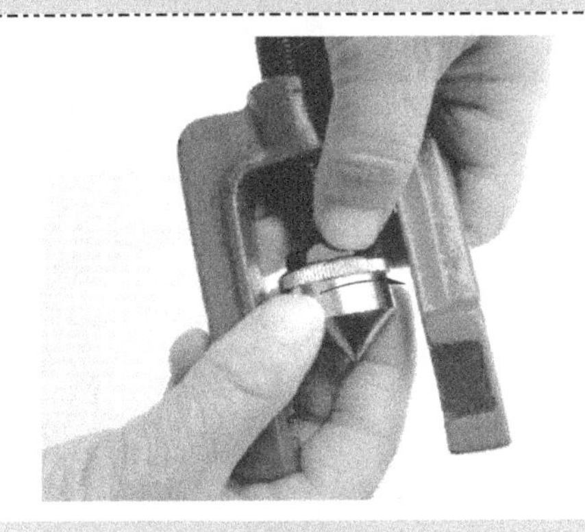

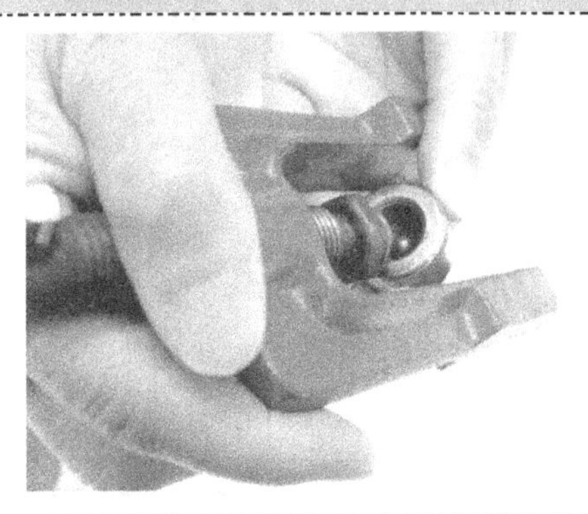

说明：该螺纹为“反丝”，即逆时针转，为旋紧；顺时针转，为旋松。注意不要把锥头里的滚珠弄丢了

② 选择合适的胀头，并把滚珠放在胀头内

③ 将胀头在弓形架螺杆端部旋紧。扩制杯形套口的操作过程，与扩制喇叭口的步骤③、步骤④、步骤⑤完全相同

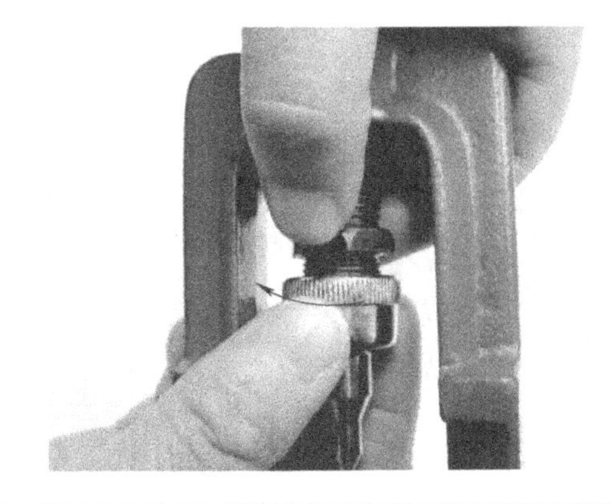

说明：逆时针转，为旋紧

④ 观察胀好的杯形套口是否合格

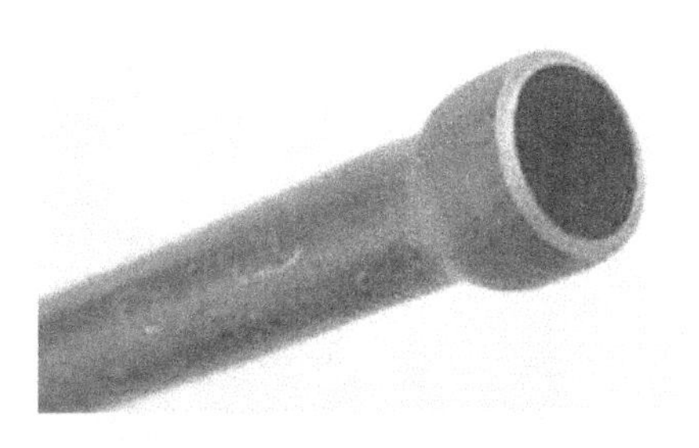

说明：合格的杯形套口的特征是光滑、圆正、无毛刺、无裂纹

图3-4　扩制杯形套口的操作

4. 掌握铜管的弯管方法

铜管的弯管操作如图 3-5 所示。

① 退火

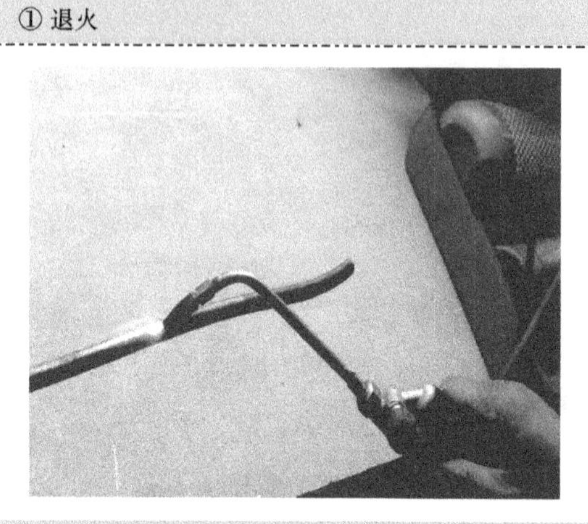

说明：用气焊的中性焰将待弯处烧得略发红，进行退火，以使铜管变柔软

② 将铜管放入弯管器相应的轨道沟槽中

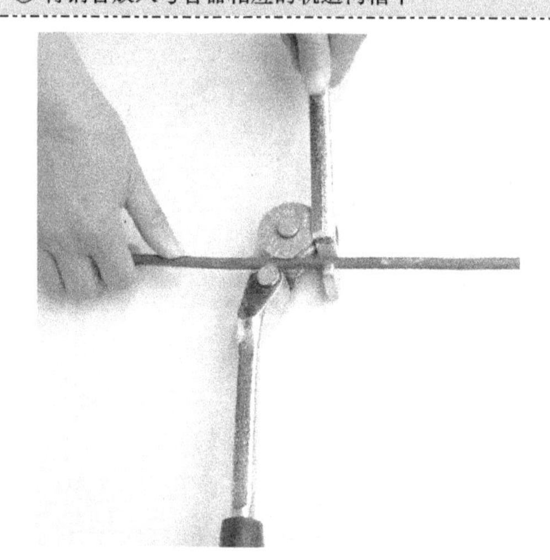

③ 慢慢转动手柄，直至弯成所需的角度

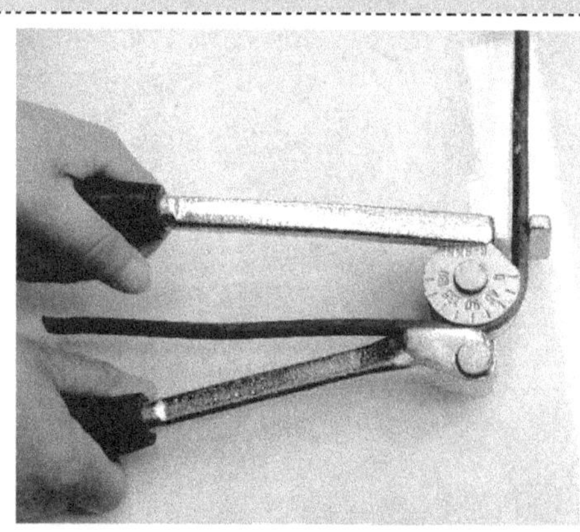

说明：转动要慢，以免导致铜管变瘪。另外，在铜管内穿入一根弹簧，可防止弯管时铜管变瘪

④ 取出观察

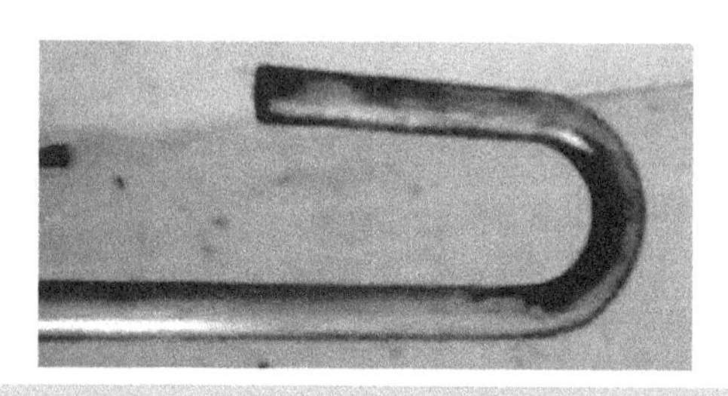

说明：弯曲部分应圆润、平滑，基本上没有变瘪的现象

图 3-5　弯管的操作

注：对较细管（直径 8mm 以下），可以不退火，不用弯管器，直接用手弯，比较方便。

5. 掌握封口方法

窗式空调器（或电冰箱）的管道系统维修后，常常需要进行封口，其操作如图3-6所示。

① 按动封口钳的钳口开启手柄，使钳口张开

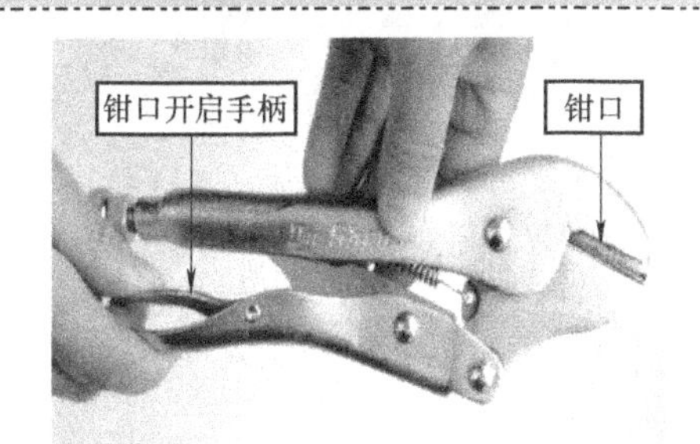

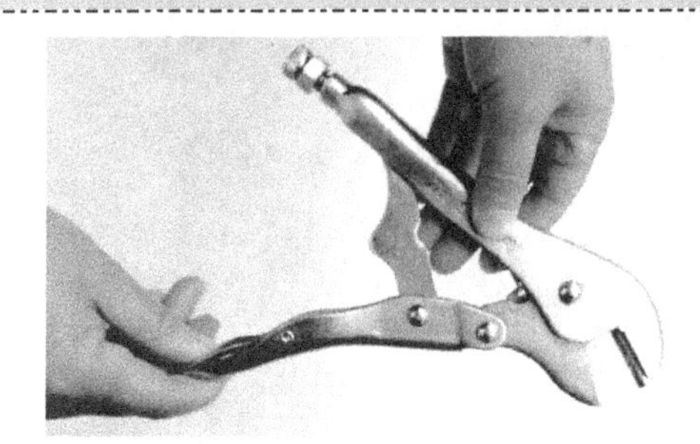

② 移动封口钳，使待封口的管道位于钳口之间

③ 用力握紧封口钳的手柄，使钳口合拢、夹紧、夹扁铜管

④ 若夹得不太紧、管道封闭不严，可顺时针旋紧钳口间距调整螺母，再次握紧手柄夹紧铜管，在附近再封口1次

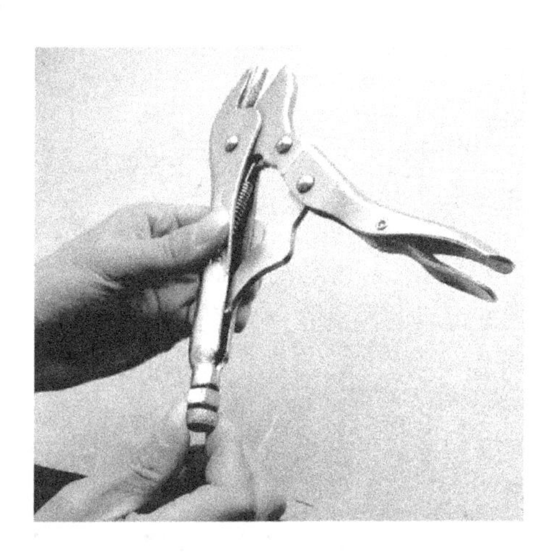

图3-6 封口的操作

⑤ 在封口处附近将铜管切断（用钢丝钳）

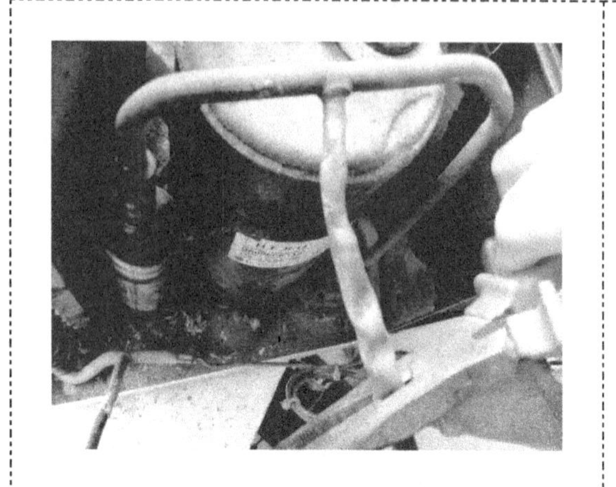

⑥ 用气焊火焰、低银焊条将切断处封闭

⑦ 对封口处用肥皂水检漏，如果不冒气泡，说明不泄漏，封口成功

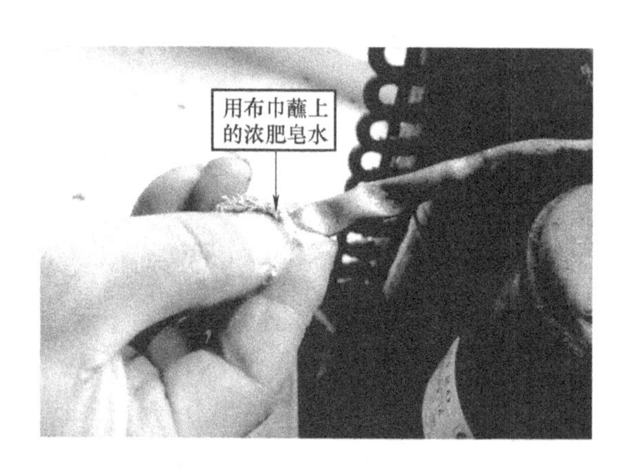

图 3-6　封口的操作（续）

3.2　掌握维修空调器所需的气焊方法

制冷系统管道的焊接一般采用气体火焰钎焊（为气焊的一种方式）。气体火焰钎焊是采用比母材熔点低的金属作为焊料（钎料），用火焰将待焊处加热到温度低于焊件的熔点但高于焊料的熔点时，将焊料送入待焊处，使焊料熔化，利用液态焊料的湿润作用，填充接头间隙并与母材相互扩散，实现焊件的连接。

气体火焰钎焊的特点是：①设备简单，耗材来源广；②焊件接头变形小；③接头平整光滑、美观；④适用于焊接较薄、较细的材料或粗细、厚薄相差较大的钢材及有色金属；⑤根据实际需要，可以将接头拆开，经加工后再重新钎焊连接。

气体火焰钎焊易学易用。学习该焊接方法，首先要从认识和正确使用气焊设备入手。

1. 认识常用气焊设备

常用气焊设备的实物见表 3-2。

表3-2　常用气焊设备的实物

名　称	较大型气焊设备	制冷维修专用小型气焊设备
图示	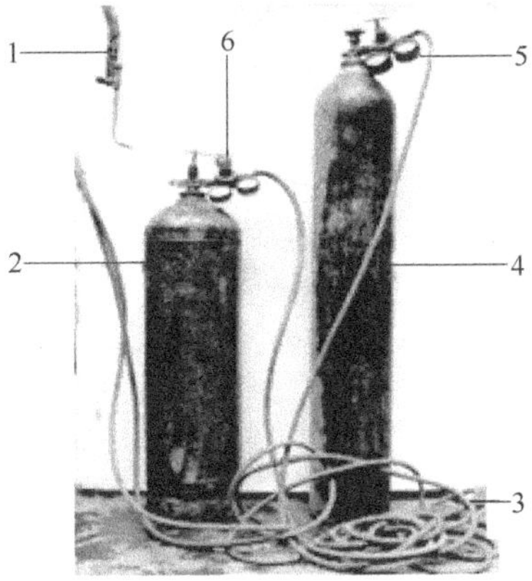 1 6 5 2 4 3	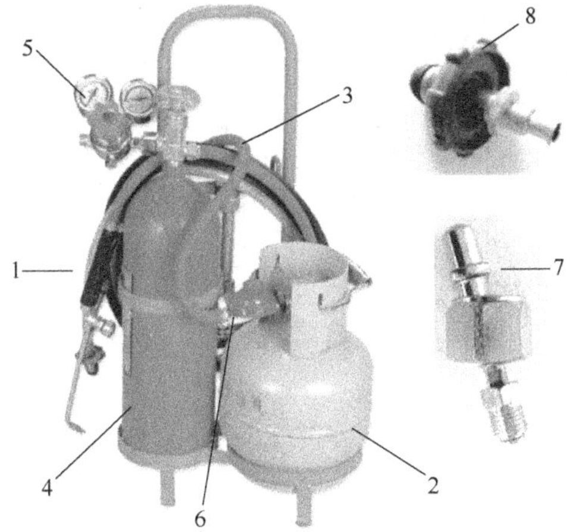 5 8 3 1 7 4 6 2
编号说明	1—焊炬　2—乙炔瓶　3—输气胶管　4—氧气瓶　5—氧气减压器　6—乙炔减压器	1—焊炬　2—液化石油气瓶　3—输气胶管　4—氧气瓶　5—氧气减压器　6—液化石油气减压器　7—氧气充气接头　8—液化气充气接头
特点	储气量较大，但上门维修时不便携带	储气量较小，但上门维修便于携带
应用场所	工厂、维修店内	上门维修制冷设备时使用

2. 气焊设备各部件说明

气焊设备各部件说明见表3-3。

表3-3　气焊设备各部件说明

名称	图　示	作　用
氧气瓶（瓶体为天蓝色）	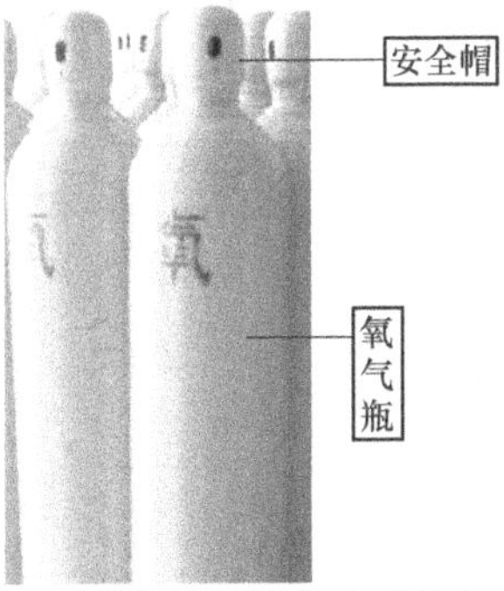  安全帽　氧气瓶　开关手柄　瓶口，接减压器	可存储15MPa的氧气 安全帽的作用：带上了安全帽，可防止搬运时碰伤开关手柄及阀门
氧气减压器	 低压表（指示焊、割的工作气压）　高压表（即总压表，指示瓶内氧气的压力）　工作时低压氧气的输出口　与氧气瓶接口　开关手柄	使瓶内高压氧气转变为工作用的低压氧气，焊接一般用0.1～0.4MPa（表压）的氧气

（续）

名称	图　示	作　用
乙炔瓶（瓶体为白色）及开关手柄	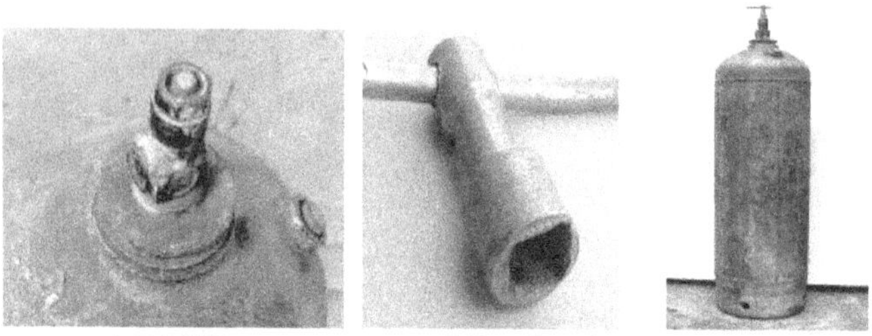 a) 乙炔瓶体　b) 乙炔瓶开启套筒　c) 开关套筒安装在瓶体上	存储乙炔气，满额时压力达1.5MPa
乙炔减压器	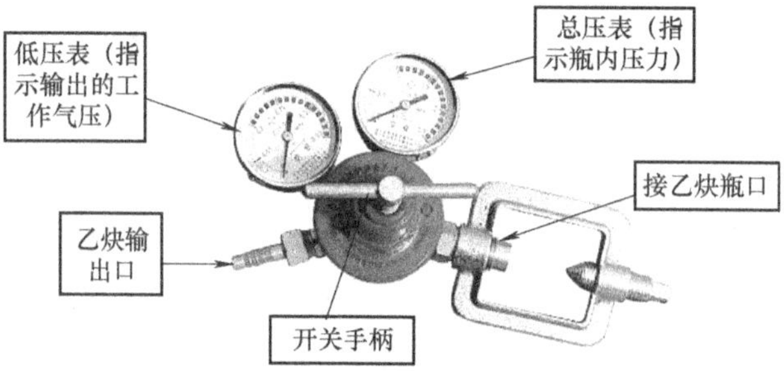 低压表（指示输出的工作气压） 总压表（指示瓶内压力） 接乙炔瓶口 乙炔输出口 开关手柄	通过减压器，使瓶内乙炔压力降为工作所需的压力(不超过0.15MPa)后输送给焊炬
输气胶管	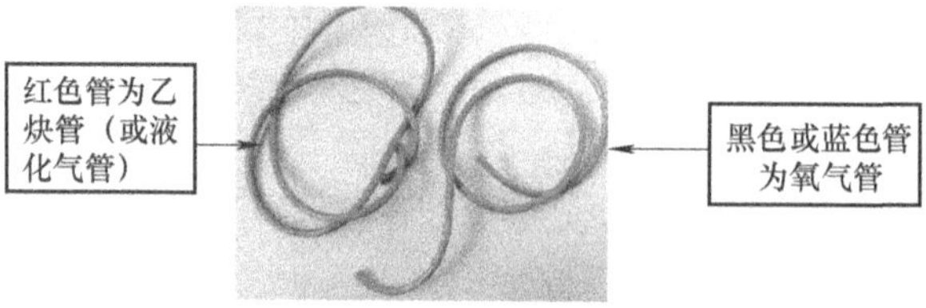 红色管为乙炔管（或液化气管） 黑色或蓝色管为氧气管	把减压器减压后的氧气和乙炔气输送到焊炬，再经焊炬送到焊嘴外燃烧
焊炬（焊枪）	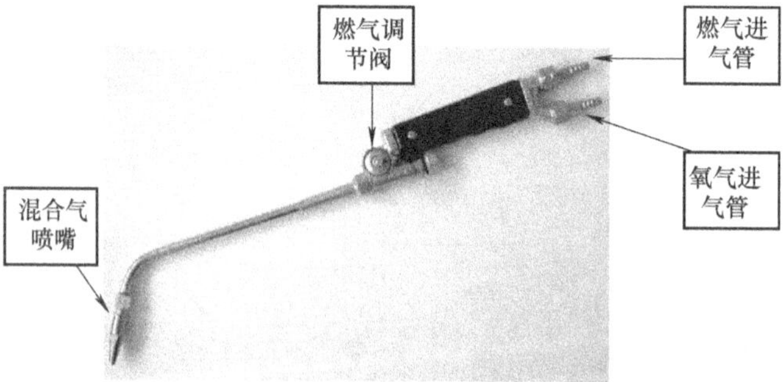 燃气调节阀 燃气进气管 氧气进气管 混合气喷嘴	通过氧气调节阀和乙炔（或液化气）调节阀，使两种气体按需要的比例在焊炬中均匀混合，并由一定孔径的喷嘴喷出，燃烧并形成所需的火焰

3. 气焊设备的使用方法及充气操作

(1) 气焊设备的使用方法

气焊设备的使用方法（以较大型为例），如图3-7所示。

① 开启氧气瓶阀	② 检查氧气瓶内的气压是否在正常值范围内

方法：逆时针（从上向下看）转动手柄。动作要柔和，不要过快	方法：查看高压表，若氧气压力低于0.2MPa（详见表3-11所述的压力值），则要充气后使用，以防工作时乙炔气流入氧气瓶内
③ 开启氧气减压器阀门	④ 检查焊炬的射吸能力
	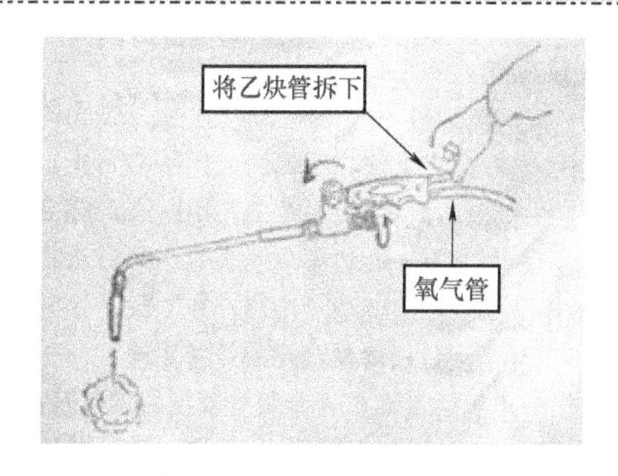
方法：顺时针（从上向下看）转动氧气减压器开关调节杆，向焊炬输出0.1～0.4MPa的氧气。动作要柔和，不要过快过猛	方法：打开乙炔调节阀和氧气调节阀，当氧气从喷嘴射出时，用手指堵住焊炬上的乙炔进气口，若感到有明显的吸力，则表明焊炬的射吸能力正常，可以使用
⑤ 开启乙炔瓶阀	⑥ 检查乙炔瓶内的气压是否在正常值范围

方法：缓慢地逆时针（从上向下看）转动开关手柄	方法：查看总压表，若压力低于表3-11所述的压力值，则要充气后使用，以防工作时氧气流入乙炔瓶内

图3-7　气焊设备的使用方法

<table>
<tr><td>⑦ 开启乙炔减压器的阀门</td><td>⑧ 检漏</td></tr>
<tr><td></td><td>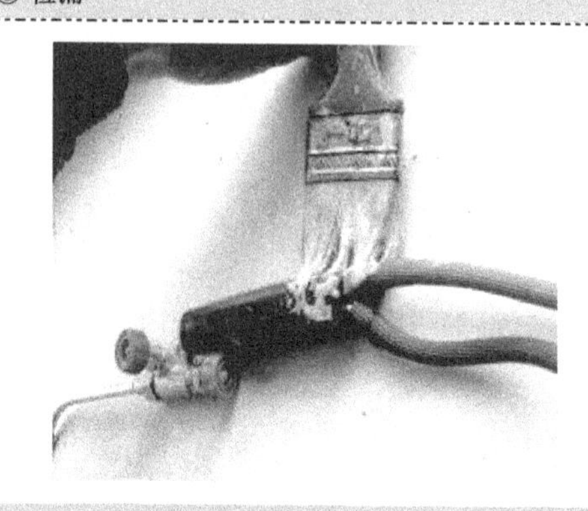</td></tr>
<tr><td>方法：缓慢地顺时针（从上向下看）转动乙炔减压器的开关手柄，输出气压小于0.15MPa的乙炔气</td><td>方法：可以听有无漏气的声音，并在各接头处涂肥皂水检漏，看是否冒气泡，若有气泡，说明漏气。漏气不仅造成浪费，而且遇明火易燃烧，造成事故</td></tr>
<tr><td>⑨ 打开焊炬的氧气调节阀，送氧</td><td>⑩ 打开乙炔调节阀，输出乙炔气</td></tr>
<tr><td>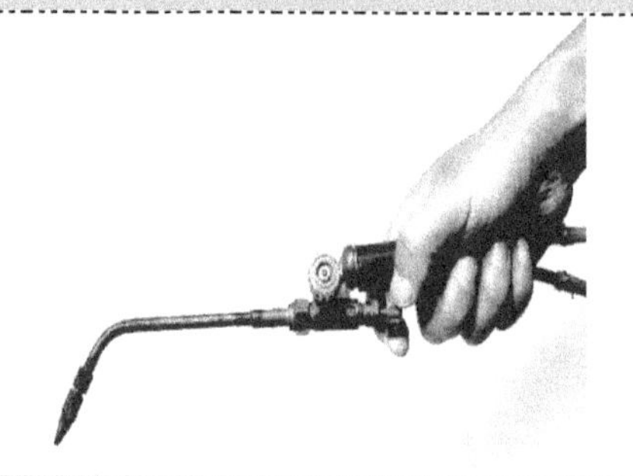</td><td>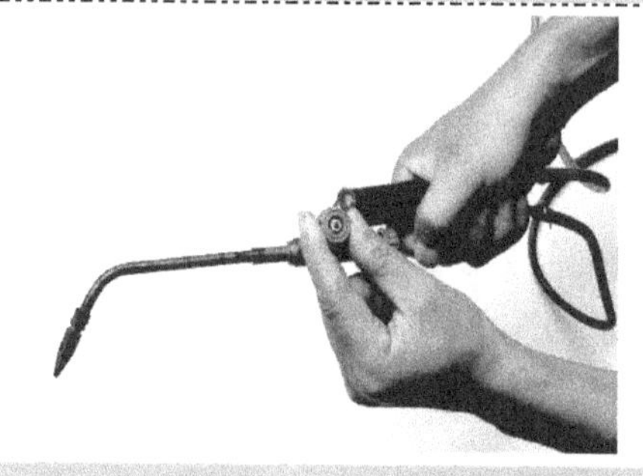</td></tr>
<tr><td>方法：先缓慢地逆时针（在图中从右向左看）转动氧气调节阀，使焊炬输出很小的氧气流量</td><td>方法：先慢慢地逆时针（在图中垂直纸面向里看）转动乙炔调节阀，输出适量的乙炔气</td></tr>
<tr><td>⑪ 点火</td><td>⑫ 细调，以求得到合适的火焰</td></tr>
<tr><td></td><td></td></tr>
<tr><td>方法：用火柴、打火机或点火枪点燃。点火时，焊枪不能对准他人和自己，以避免烧伤</td><td>方法：细调氧气和乙炔流量直到火焰合适（合适的火焰是指焊接所需的中性焰、氧化焰或碳化焰）</td></tr>
<tr><td colspan="2">⑬ 关闭设施
按开启的反方向旋转各阀门。先关闭焊炬的乙炔调节阀，再关闭焊炬的氧气调节阀（这样的顺序可防止回火和产生黑烟灰），然后再关闭各气瓶和减压器的阀门</td></tr>
</table>

图3-7　气焊设备的使用方法（续）

注：制冷维修用小型气焊设备的使用方法与较大型气焊设备相同。

（2）给小型气焊设备充气的操作

空调器维修中使用的小型气焊设备，使用方便，易于携带，但气瓶体积小，储气量不大（可存储15MPa的氧气），用完后可将大气瓶中的气体转入小瓶中。

1）给小型气焊设备充氧气的操作：充氧气的操作如图3-8所示。

① 用扳手拆下封闭螺母

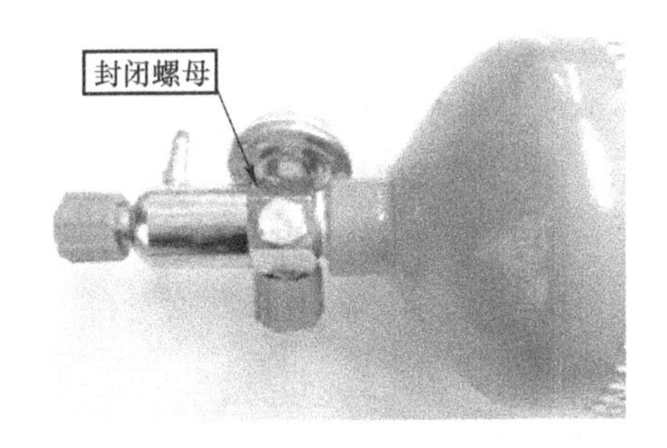

说明：两阀应均处于关闭状态

② 用手旋上充氧气的连接接头

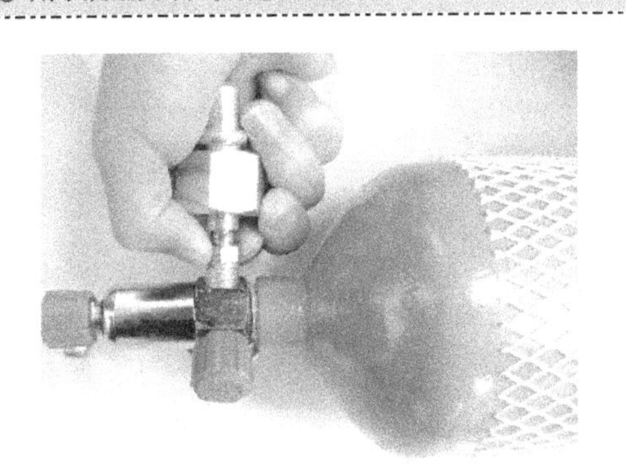

说明：旋上接头时，螺纹不一定能吻合，若直接用扳手旋，会损伤螺纹

③ 用扳手旋紧

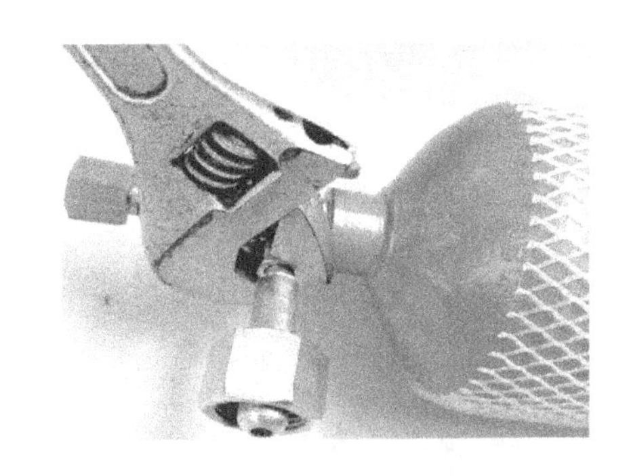

说明：基本旋紧即可。若旋得太紧，有可能损伤密封处的皮垫

④ 将接头的另一端安装在大氧气瓶口

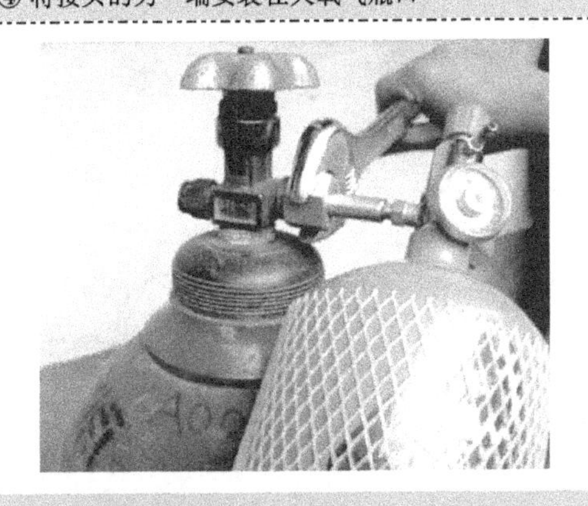

说明：先用手基本旋紧，后用扳手彻底旋紧

⑤ 开启小瓶的总压力阀门（逆时针）

说明：开启该阀后，大瓶中的氧气才能进入小瓶

图3-8　给小型气焊设备充氧气的操作

⑥ 开启大瓶的总压力阀门，氧气进入小瓶

说明：当没有进气声时，充气结束关闭各阀，拆下器材

⑦ 旋松、取下充气接头，旋上封闭螺母

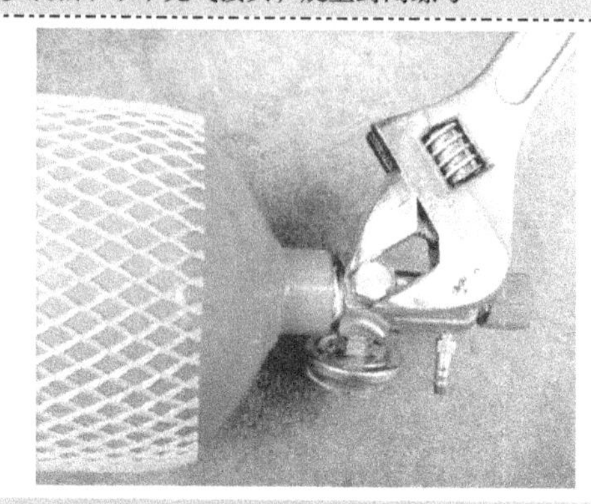

说明：若不旋上封闭螺母，当开启总压力阀门时，氧气会从充气口喷出

图 3-8　给小型气焊设备充氧气的操作（续）

2）给小型气焊设备充液化石油气的操作：给小型气焊设备充液化石油气时，要防止漏气，严禁烟火，其操作如图 3-9 所示。

① 逆时针转动连接螺母，取下连接管的接头

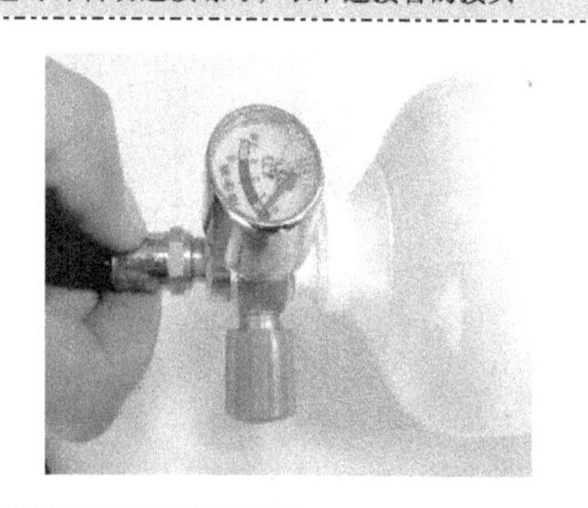

说明：必须先关闭阀门

② 用手旋上充气接头并旋紧

说明：用手旋紧可以达到密封要求，也不会损坏密封皮垫

③ 将充气接头的另一端在液化石油气瓶上旋紧，然后将大瓶倒置，开启大瓶阀门和小瓶阀门，使液态燃气进入小瓶。充气结束后，关闭两阀门，拆下器材

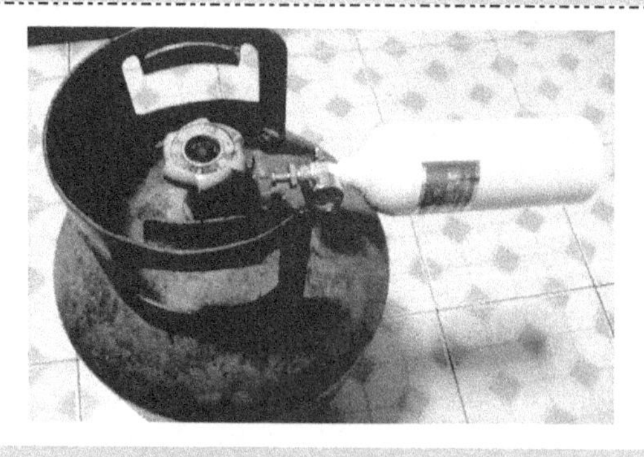

说明：若直立充气，充入小瓶的是气态燃气，使用时间短（一般只够焊 3～5 个接头）

图 3-9　给小型气焊设备充液化石油气的操作

（3）气焊火焰及其选择

焊接火焰的大小可通过调节焊炬的氧气调节阀和乙炔调节阀进行控制，气焊火焰有碳化焰、中性焰、氧化焰三种，它们都由焰心、内焰、外焰三部分构成，内焰是整个火焰温度最高的部分，制冷设备维修中多用内焰焊接，所以内焰又叫焊接区。气焊的三种火焰的详情见表3-4。

表3-4　气焊火焰

名称	图示	特征	调节方法	应用说明
碳化焰	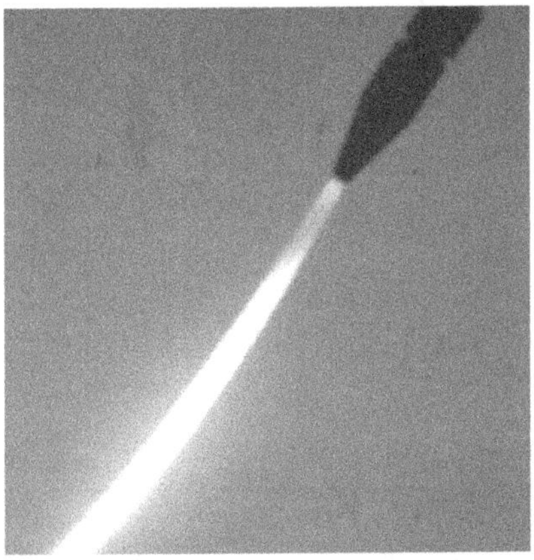	乙炔偏多的火焰。最高温度为2700～3000℃，火焰较长，焰心、内焰、外焰没有明显的轮廓。乙炔过多时，火焰尖部冒黑烟	点燃焊炬后，一般乙炔流量较大，所以得到的就是碳化焰	较薄管和较细管可适当使用碳化焰，防止烧穿管道
中性焰	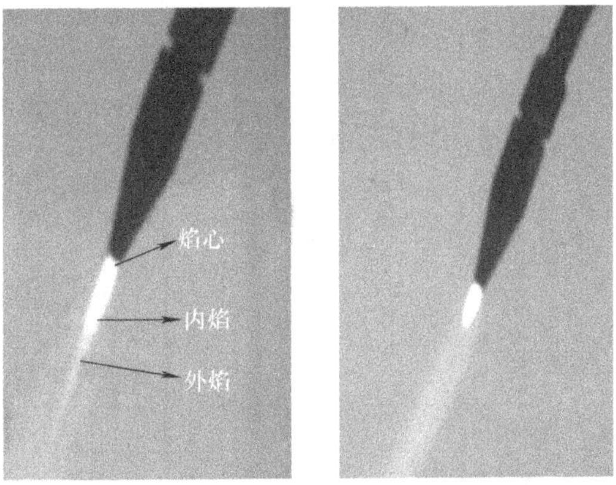 a）介于碳化焰和氧化焰之间　b）标准中性焰的火焰	由氧气和乙炔按(1.1～2)：1的比例混合燃烧而形成，内焰温度最高为3150℃左右，整个内焰是蓝白色，制冷维修时一般用内焰焊接	在碳化焰基础上逐渐增加氧气流量，火焰由长变短，内焰逐步变得很小，焰心、外焰轮廓很清楚（看起来好像只有两层火焰），这时就是标准中性焰	家用制冷设备维修的焊接一般都使用中性焰
氧化焰	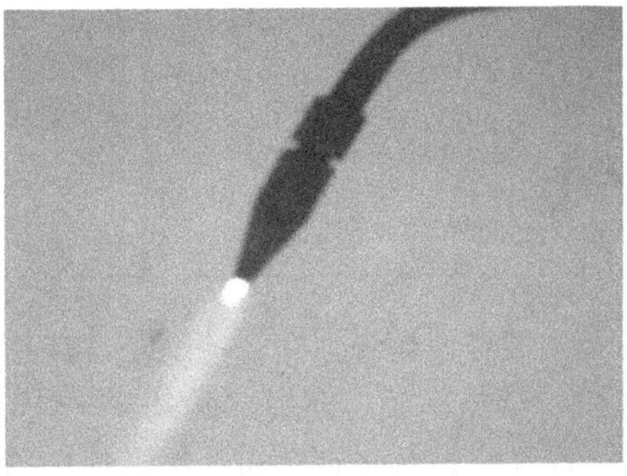	氧气偏多的火焰。最高温度可达3500℃。氧化焰对待焊接金属有一定的氧化作用	在中性焰的基础上逐渐增加氧气流量，火焰由长变得更短，且发出“嘶嘶”的响声，此时即为氧化焰	较厚管可酌情使用氧化焰，以提高焊接速度和质量

三种气焊火焰的外焰、内焰、焰心的形状对比如图3-10所示。

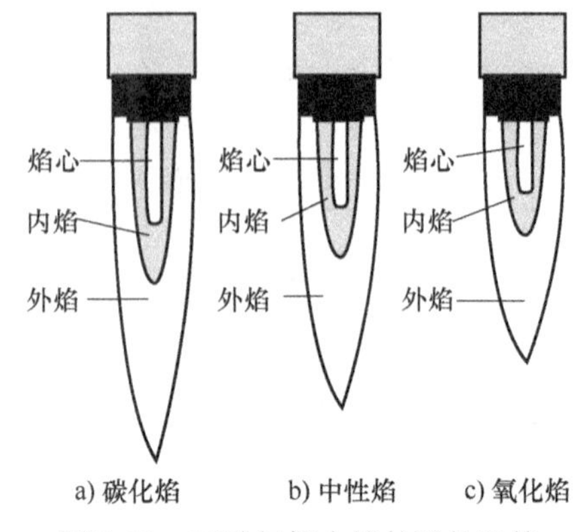

图3-10　三种气焊火焰外形的比较

（4）焊料（俗称焊条）与焊剂

1）焊料：焊料被气焊火焰熔化后，渗入并填满焊件连接处，从而达到牢固连接的目的。常见制冷维修用焊料见表3-5。

表3-5　常见制冷维修用焊料

名称	图　示	常见规格	特点及用途
铜磷焊条、低银焊条（俗称“银焊条”）		焊丝系列：φ0.8mm、φ0.3mm盘丝 焊条系列：φ0.8mm、φ2.5mm直条，厚1.3mm×宽3.15mm扁焊条	特点：熔化温度较低，多为800~900℃以下，焊接温度要略高一些。可用于接触钎焊和气体火焰钎焊。有良好漫流、填缝和湿润性，不需助焊剂（这样的焊料称为自钎性焊料） 用途：常用于铜管与铜管的焊接，不能用于焊接黑色金属
铜银焊条、铜锌焊条（俗称“铜焊条”）		长1m、直径3.0mm 长90cm、直径2.5mm	熔化温度为900~1100℃ 用于铜管与钢管、钢管与钢管以及铜管与铜管的焊接，比银焊条差，所以需要助焊剂，焊接完毕后要清理焊口附近的残留焊剂，以防腐蚀

2）焊剂：焊剂也叫焊药、焊粉。制冷维修主要涉及铜管与铜管的焊接（使用“铜焊条”或“银焊条”皆可）、铜管与钢管的焊接（须使用“铜焊条”）。使用“铜焊条”时，要配合使用铜焊剂（以硼砂为主要成分）。焊剂的作用是，有效除去氧化物杂质，增强焊料的流动性和浸润性。铜焊剂的实物及使用方法见表3-6。

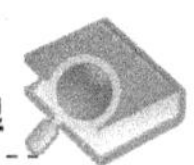

表3-6 铜焊剂的实物及使用方法

名　称	图　示
实物	铜焊剂 说明：铜焊剂为白色粉末状，主要成分是硼砂
使用方法一	a）根据焊接量的大小，取少量焊剂，用酒精将其调成稀糊状（没有严格的比例） b）将适量稀糊状的焊剂涂于待焊处
使用方法二	见图3-14

4. 管道焊接方法

（1）焊接前的准备

1）了解管道颜色与温度的关系：要确保制冷系统管道接头的焊接质量，掌握焊接温度十分关键（焊接时，根据管道的颜色就可以粗略知道它的温度）。纯铜管升温后温度和颜色的关系，见表3-7。

表3-7 铜管的温度和颜色

颜色	温度/℃	颜色	温度/℃
微红色	525	亮银色	1000
暗红色	700	亮白色	1400
樱红色	900	眩目	1500

2）正确处理接头：

① 清洁接头：用砂纸打磨接头，除掉其表面的氧化物，使焊接处显露出金属本色，如图3-11所示。

② 两管的套接：两管套接时，若直径相等，需用胀管器将其中一管胀粗，再将较细管插入较粗管内，如图3-12所示。内、外管间隙过大时，焊料难以均匀渗入，易出现毛孔，导致漏气；若间隙过小，则渗进间隙的焊料过少，造成焊口强度低或虚焊。插入深度、细管外表面与粗管内表面之间的间隙，见表3-8。

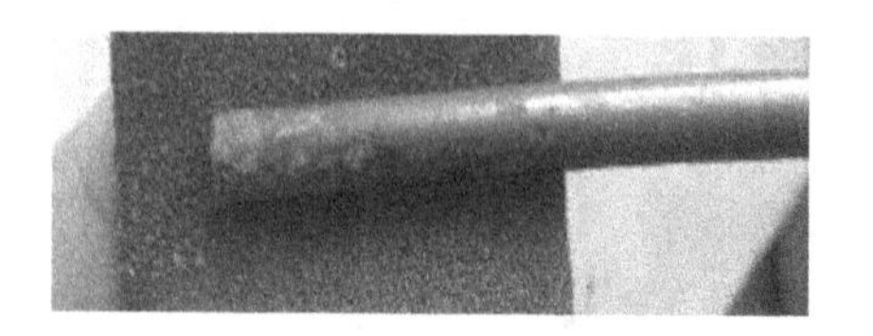

图 3-11　除掉接头表面的氧化物

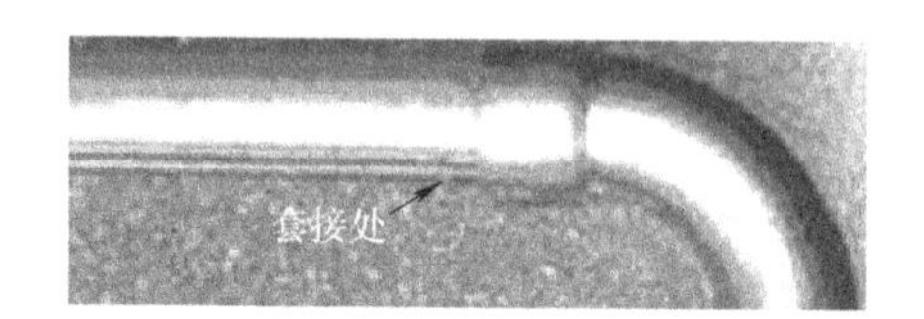

图 3-12　两管的套接

表 3-8　铜管套接深度与间隙

管径/mm	<10	10～20	>20	20～25
间隙/mm	0.06～0.10	0.06～0.20	0.06～0.26	0.06～0.55
插入深度/mm	6～10	10～15	>15	>15

焊毛细管与干燥过滤器时，毛细管的插入深度以 15mm 左右为宜，其操作如图 3-13 所示。

a）以毛细管的端部为起点，量取 20mm 的长度，用螺丝刀或笔轻轻做好标记

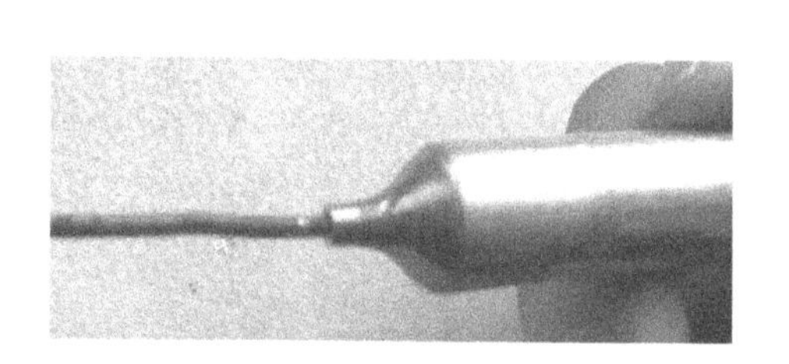

b）慢慢插入，当标记接近干燥过滤器端部 5mm 左右时，停止插入（插入深度已基本正确）

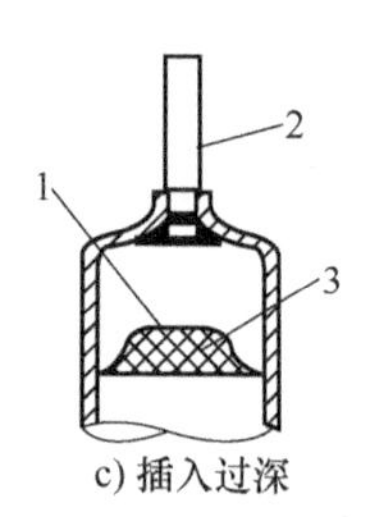

c）插入过深

d）插入过浅

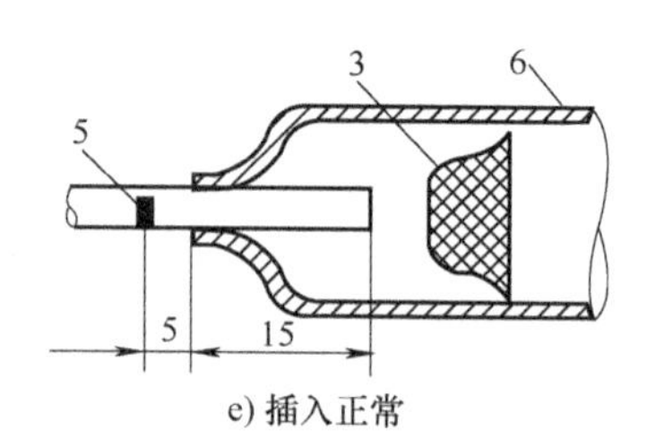

e）插入正常

说明：1—毛细管碰撞过滤网　2—毛细管　3—过滤网　4—焊料堵塞毛细管　5—标记　6—过滤器

图 3-13　毛细管插入干燥过滤器的方法

（2）焊接操作

铜管与铜管的焊接可使用低银焊条，无需焊剂，方法简单（注意：焊枪要在焊缝附近适当晃动，以求均匀加热），焊接容易成功。本章以较难焊接的铜管与钢管为例进行示范，如图 3-14 所示。

① 用气焊中性焰略微加热铜焊条的一端	② 将铜焊条的受热端插入助焊剂里
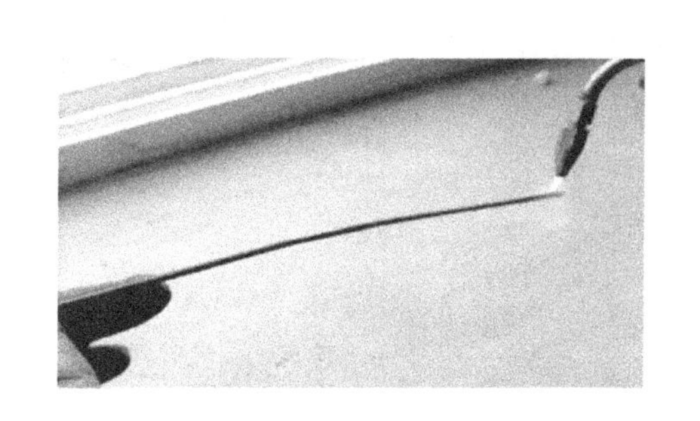	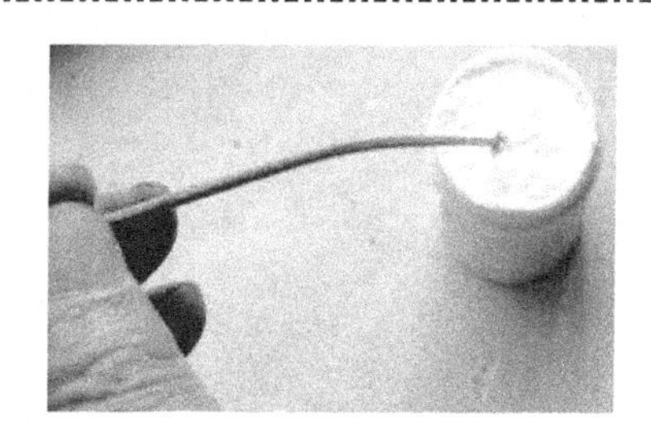 说明：目的是使升温后的焊条能粘上一些助焊剂

③ 加热待焊处	
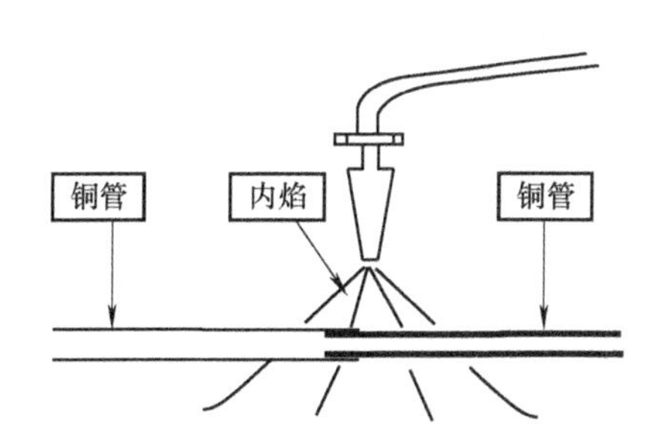	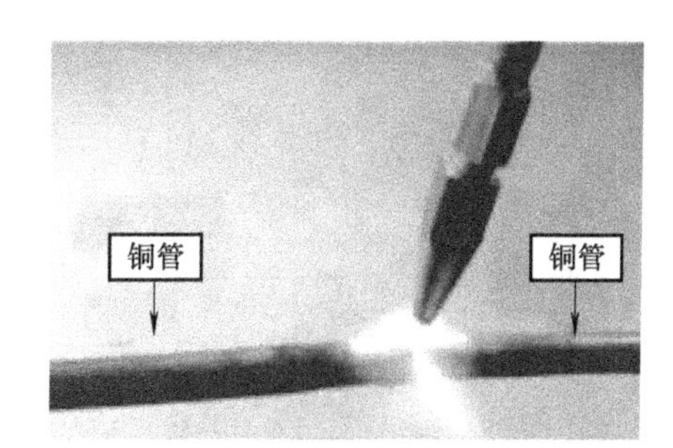
说明：用中性焰内焰加热待焊处，火力主要集中在钢管，顺带加热铜管（因为铁的熔点比铜高）。为了使材料受热均匀，火焰要适当晃动	

④ 送焊条到待焊处，施行焊接。然后关闭设备	
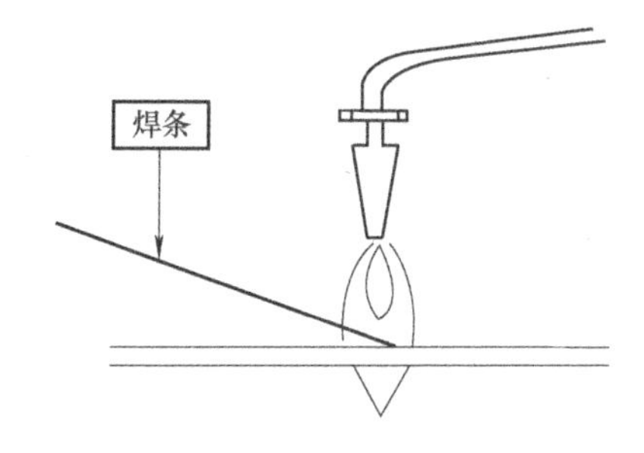	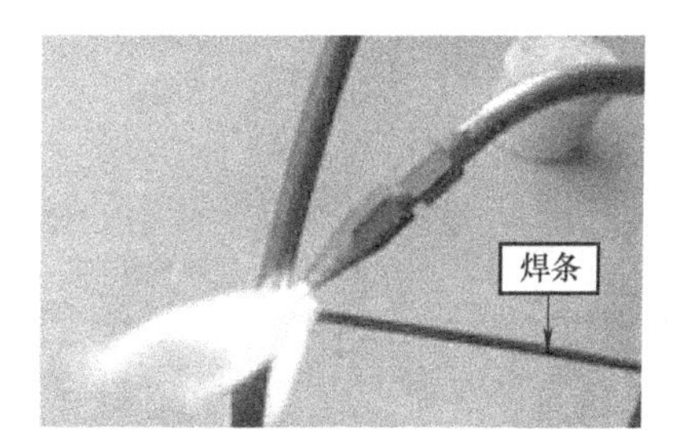
说明：当钢管发红并且铜管成暗红到亮银色时，即可送焊料到焊接口（焊料与管道接触），内焰继续加热焊缝周围，外焰适当加热焊料，使它熔化，自动流满一圈，达到焊接目的。若只流满半圈，可在没焊住的地方加焊一次。如果怀疑有气孔，则可以再次短时加热焊接处，使焊料再次熔化，必要时可适当补充焊料	

图3-14　铜管与钢管的焊接示例

（3）优良的接头和部分有缺陷的接头

优良的接头和部分有缺陷的接头示例，见表3-9。

表 3-9　优良的接头和部分有缺陷的接头

名　称	图　示	说　明
优良的接头	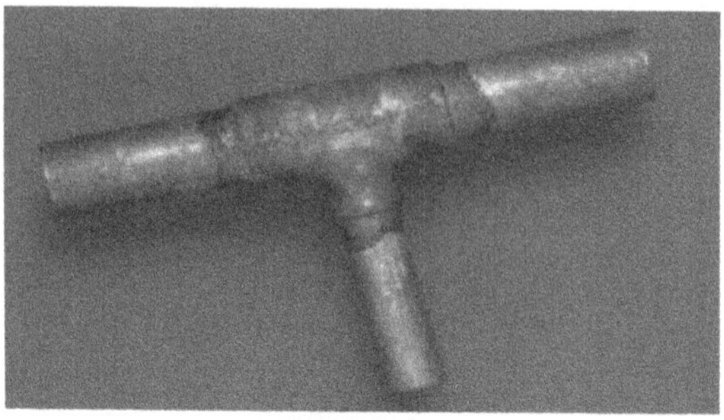 a) 使用"银焊条"  b) 使用"铜焊条"	特点：焊接时间恰当，焊面光滑、圆润，焊料不多不少，无气泡、砂眼，无半堵或全堵现象
不合格的接头	 a) 使用"铜焊条"	无泄漏和内部堵塞，能勉强使用。其缺陷是焊接时间较长，使用焊料和焊剂较多，会出现接头腐蚀、渗透性泄漏
	 b) 使用"铜焊条"	有砂眼，泄漏。补焊后可以使用
	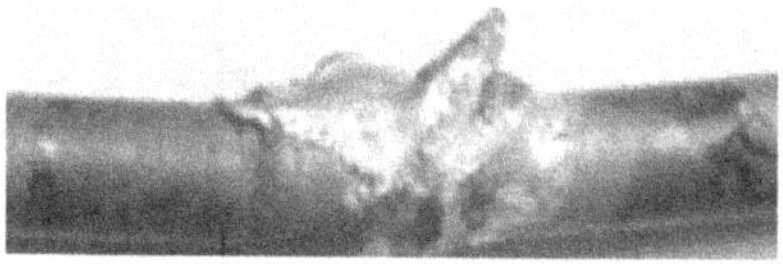 c) 使用"铜焊条"	焊剂用量过少，温度不够，有毛刺。可适当补充焊剂，再次加热，使之熔化，用火焰的气流适当吹动毛刺和不平处，使之平滑圆润

5. 焊接经验

气焊的焊接经验（或技巧）见表 3-10。

表 3-10　焊接经验

经　验	解　释
焊料没凝固前，焊口绝对不能振动	若振动，会导致接头强度下降，易出现气孔
加热时间不能太长（时间的长短主要看管道的颜色变化，要在铜管变为亮白色、眩目之前完成焊接）。尽量避免反复加热	时间太长，管内会产生氧化物，它脱落后易堵塞管道。焊料凝固后，其质地疏松，强度低，易出现泄漏或渗透性泄漏

（续）

经　　验	解　　释
焊接温度不能过高（所谓温度过高，就是焊接时间过长，导致铜管变为亮白色、眩目），应该注意管道颜色的变化	温度过高，熔化的焊料不易聚集在焊缝处，而往往流向焊缝两边的管道，也容易使焊接处熔化塌陷而导致焊接失败
需要焊剂时，用量要适当	焊剂过多，易形成夹渣，导致泄漏
一般焊接，使用中性焰	有利于提高焊接质量和速度

6. 使用气焊设备的安全注意事项

使用气焊设备，切忌疏忽大意，要严格遵守安全规则，见表3-11。

表3-11　气焊设备的安全注意事项

名称	安全注意事项
气焊设备整体	① 不得靠近热源和电气设备，夏季要防止曝晒，远离高温区，要离熔融金属及明火10m以上。氧气瓶和乙炔瓶尽量不要靠太近 ② 严防漏气（漏气后易产生燃烧等安全事故） ③ 防止气焊设备沾油 ④ 气焊设备出现故障后，需修复后才能使用，不能带“病”使用 ⑤ 严禁把点燃的焊枪搁置而人离开 ⑥ 瓶内气体严禁用尽，必须留有以下规定的剩余压力，以防气体倒流入瓶内发生事故： 环境温度/℃　< 0　0～15　15～25　25～40 剩余压力/MPa　0.05　0.1　0.2　0.3
氧气瓶	① 按国家规定须将氧气瓶漆成天蓝色，以区别其他气瓶 ② 直立放在专用支架上，并固定。个别情况下需卧放时，要把瓶颈垫高，并用木块垫紧。一般禁止将氧气瓶平放，因为气流会把瓶内锈末带入减压器，造成减压器损坏 ③ 装上减压器前，应将瓶阀缓缓打开，吹掉瓶口灰尘和金属物质，操作员不要站在气瓶出气口前方，以免气流射伤人体 ④ 气瓶应有防振胶圈，搬运前应检查气瓶的安全帽是否拧紧
乙炔瓶	① 瓶身必须直立，切勿倒放，因为倒放会使瓶内丙酮随乙炔流出，甚至流入胶管和割、焊炬内，这是非常危险的。搬运后，须静置10多分钟再使用 ② 严禁乙炔气瓶曝晒和靠近热源，瓶体温度不能超过30～40℃，否则有可能发生爆炸事故
减压器	① 开启减压器时，操作者不要站在减压器正面或氧气瓶出气口前方 ② 气焊操作时，氧气低压表示数应在0.1～0.4MPa，乙炔低压表示数一般不超过0.05MPa ③ 减压器冻结时，严禁用火烤，但可用40℃以下的温水解冻

复习检测题

1. 说明扩制喇叭口的步骤和方法。自己动手割管、制作几个喇叭口，直到合格为止。
2. 说明胀管的方法和步骤，并动手操作。
3. 说明气焊设备开启、关闭的步骤。
4. 说明气焊的安全注意事项。
5. 说明铜管和铜管焊接的方法和步骤。
6. 进行铜管和铜管气焊的操作，要求达到怎样的标准才合格？

第 2 篇

定频空调器维修篇

拆卸定频空调器、认识与检测各部件

本章导读

压缩机使用的电源电压和频率固定、压缩机的转速也固定的空调器叫作定频空调器。这类空调器在今后一段时期内社会拥有量和维修量仍然很大。其维修简单易学，也是学习维修变频空调器的基础。

通过对第1章的学习，已经从理论上对空调器的基本构成和各部件有了一定的认识，本章再结合实物进行具体的介绍，可使读者的认识更深刻。本章的表现方法是先整体（宏观）再局部（微观），通过对本章的学习和训练，可以掌握定频空调器的拆卸方法，认识这类空调器的总体结构，认识各部件的实物、作用及相互连接关系以及掌握检测这些部件的方法，为在后续章节里学习快速、准确地判断故障的部位、更换不良部件从而修复空调器奠定良好的基础。

这一章也是学习维修变频空调器的必备基础。所以对初学者来说非常重要。

4.1　拆卸室外机的机壳、熟悉内部结构

分体式空调器的室外机是指图1-2和图1-4的下部点画线框内的部分，是检修的重点。不同品牌的空调器的结构基本相同。其主要故障有阀门、管道接头泄漏，干燥过滤器、毛细管堵塞，压缩机及其起动电容器损坏，四通阀损坏等。现以某分体壁挂式空调器为例讲述拆卸方法，并在拆卸过程中认识与检测各部件，这样有利于读者快速入门。

4.1.1　分体式空调器的拆卸技巧

分体式空调器的拆卸技巧见表4-1。

表4-1　分体式空调器的拆卸技巧

项　目	内　容
部件的固定、连接方式	① 用螺钉固定。如电气部件等是用螺钉安装、固定在支撑体上 ② 用螺栓和螺母连接。如压缩机是用螺栓和螺母固定在机座上 ③ 卡扣连接。如导线、塑料件 ④ 粘接 ⑤ 焊接。制冷循环系统的各部件采用焊接来连接

（续）

项　目	内　容
安全事项	① 必须在断电后进行拆卸，以免引起触电事故 ② 在可能导致人员坠落的场合，操作者必须系好安全带，同时采用有效措施，确保不出现工具、器材等物品坠落的现象 ③ 遇到某些部件拆卸困难，不能强行拉、扯、敲、撬，以免损坏连接部位。要通过观察，了解部件之间的连接方式，再确定拆卸方式 ④ 拆部件的最后一颗螺钉时，要防止部件跌落导致损坏
善于观察	① 螺钉是否全部拆下 ② 部件之间是否有卡扣连接，若有，是否松开、脱离 ③ 导线的插接件之间是否有卡扣，是否松开、脱离 ④ 记住各导线的颜色、编号（若没有编号，必要时也可自行编号）及安装位置（有些接线柱也有编号），以便准确、快速安装。更简单的方法是拆卸前拍下照片，安装时根据照片所示的连接关系进行安装

4.1.2　拆卸室外机的机壳，观察内部结构、各部件的安装位置及连接关系

拆卸室外机的机壳后，就能观察内部的各部件及各部件的安装位置及连接关系，并能够对各部件进行检修。所以该操作是维修中经常涉及的。其具体操作如图4-1所示。

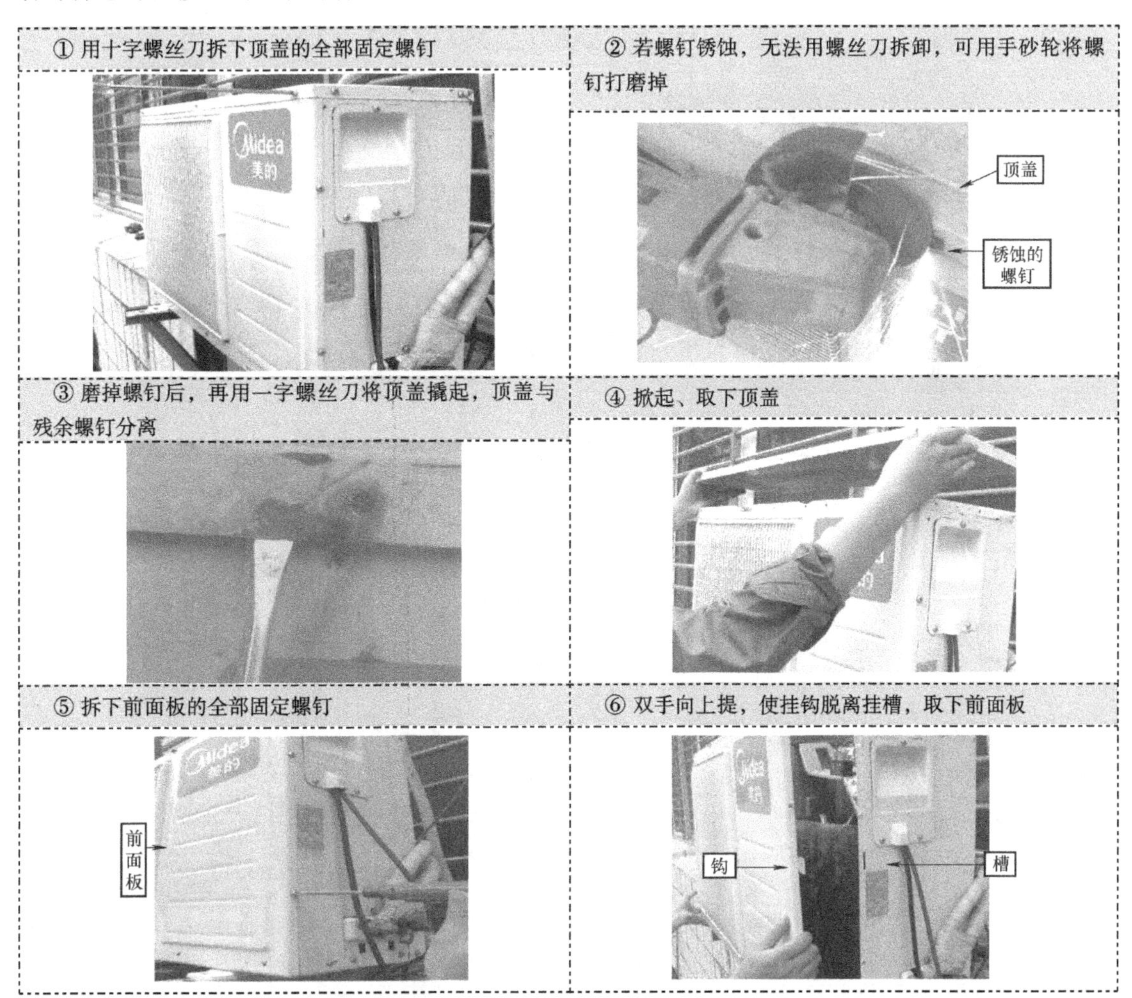

图4-1　拆卸室外机的机壳，观察内部结构、各部件的安装位置及连接关系

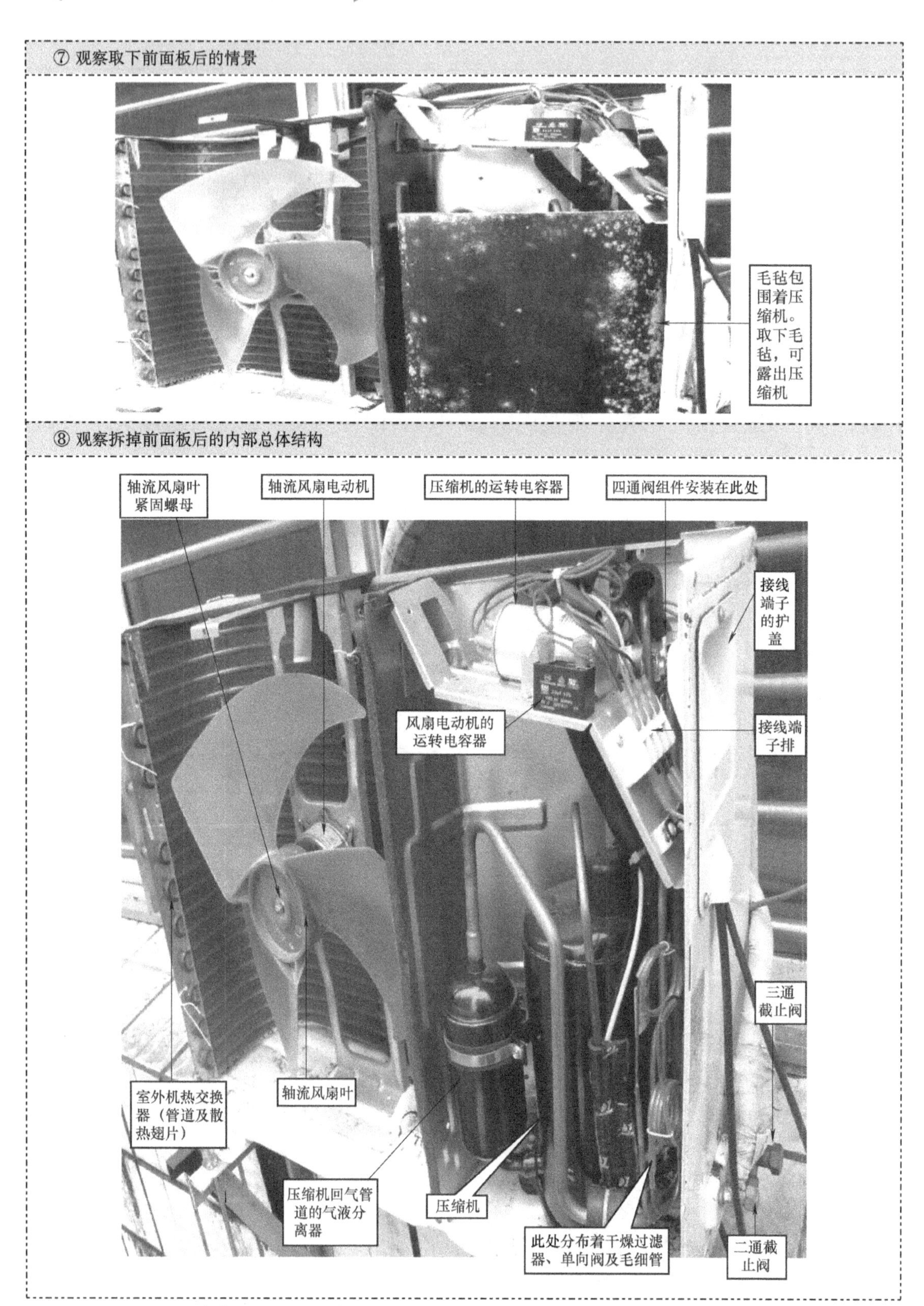

图 4-1　拆卸室外机的机壳，观察内部结构、各部件的安装位置及连接关系（续）

看图提示：把该图中的各部件的实物与图1-2和图1-4的各部件一一对应起来，就能了解室外机的各组成部件、弄懂各部件的实物之间的连接关系，以及制冷和制热时制冷剂在各部件中的流动顺序，是维修入门的关键。

4.2 室外机各部件的拆卸、认识与检测

4.2.1 接线端子和电容器的拆卸、认识与检测

1. 接线端子和电容器的拆卸与认识

室外机的接线端子、压缩机的运转电容器、风扇电动机的运转电容器等安装在压缩机上方的一块镀锌板上。其拆卸与认识如图4-2所示。

① 拆下接线端子的护盖固定螺钉，取下护盖，就可看见接线端子

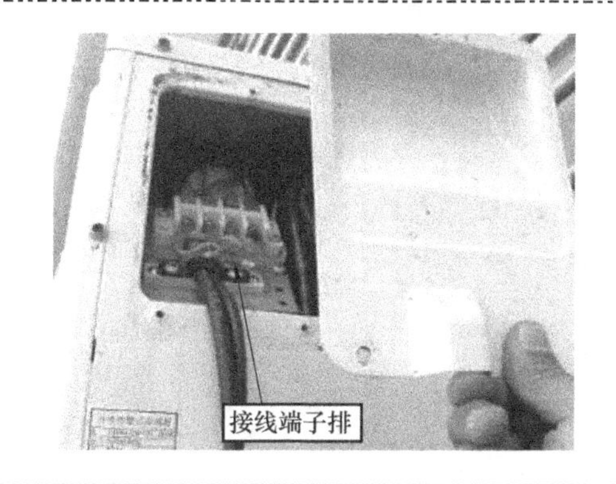

说明：接线端子为阻燃材料，不变形、不燃烧

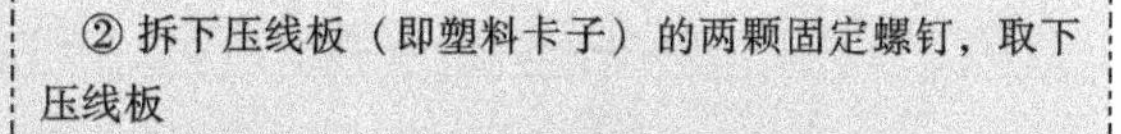

② 拆下压线板（即塑料卡子）的两颗固定螺钉，取下压线板

压线板

说明：压线板用于压住和固定室内、外机的连接导线

③ 旋松连接室内、外机的四根导线及搭铁线的全部固定螺钉，就可取下这些导线

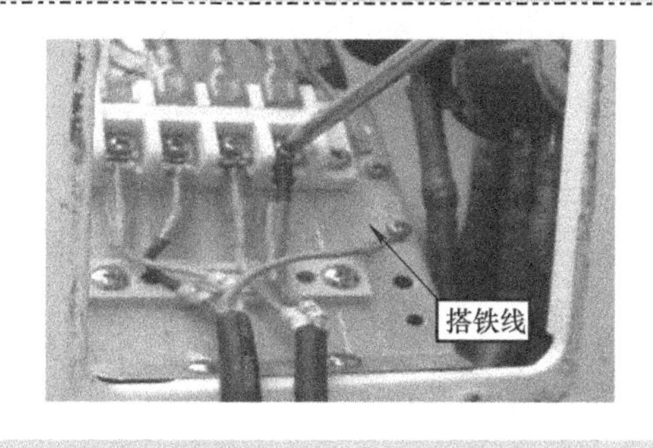

说明：导线上有编号，与接线柱的编号一一对应；搭铁线为半黄半绿色，用于将室内、外机机壳的金属部分连通，再通过供电系统的接地线可靠接地

④ 取下通向压缩机、四通阀、风扇电动机的电线插子

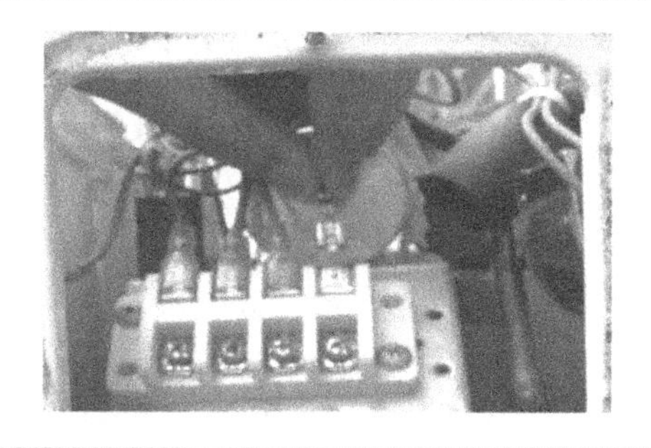

说明：这些插子大多带有锁扣，要松开锁扣后才能拔下；图中各端子从左到右依次为到压缩机的相线、公共零线、四通阀的相线、风机的相线

图4-2 接线端子和电容器的拆卸与认识

⑤ 拆下接线端子的固定螺钉，取下接线端子排

说明：它的编号与导线的编号是一一对应的。有的端子排上没有编号，但接线处有不同的四种颜色，与相应的导线颜色一一对应，以免接线错误

⑥ 拔下压缩机电容器上的两个电线插子

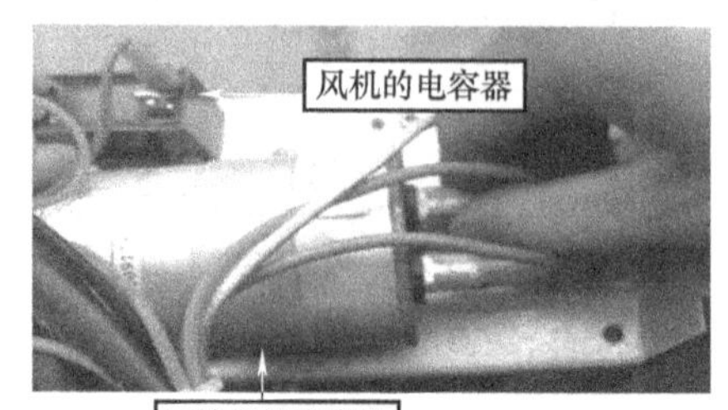

说明：如果压缩机电动机是三相电动机，则没有该电容器

⑦ 拆下用于固定压缩机运转电容器的铁片或螺钉，取下并认识压缩机运转电容器

这是电容器的铭牌，它给出了重要的参数，其中主要的参数有电容量和耐电压。该电容器的主要参数：35μF为电容器的电容量；450V为电容器的耐电压值；AC为可用于交流电

说明：电容器是单相电动机的关键起动元件，2P 以下的空调器压缩机和风扇电动机都是采用单相电动机。电容器的检测方法见图 4-4

⑧ 用同样的方法拆下、认识室外风机的运转电容器（电容量为 2.5μF 左右，耐电压为 450V）

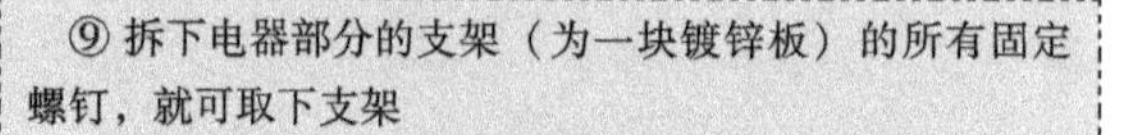

⑨ 拆下电器部分的支架（为一块镀锌板）的所有固定螺钉，就可取下支架

图 4-2　接线端子和电容器的拆卸与认识（续）

2. 接线端子、导线和电容器的检测

（1）接线端子和导线的检测

用目测的方法。接线端子应该清洁、干燥，若灰尘、油污等脏物过多，可用毛刷清扫，用干净的布擦去油污。关于导线，要检查端部是否断裂或部分断裂（指多股导线中断了几股，但没有全部断裂，见图 4-3），若有，应重新接好。

（2）电容器的检测

检测方法和过程如图4-4所示。

对检测结果的说明：指针逐渐向右摆至某一角度后，又逐渐返回到接近原处（∞处），交换表笔测量时，指针偏角更大再回到原处，说明电容器具有充/放电的能力，则电容器基本上是好的；若阻值为0，说明电容器已击穿短路；若阻值为∞，说明电容器已断路。维修中一般只做这样的检测就行了，因为压缩机和风机电动机的电容器容量下降的现象较少见。至于要测电容量是否下降，可用专门的电容表来测量，也可以用带电容检测功能的数字万用表（不过精确度要比电容表稍低）。

图4-3　部分断裂的导线

方法：用一个数百欧的电阻将两极短路，放掉电容器存储的电荷，以免测量时损坏万用表

a) 给电容器放电

b) 用万用表的电阻档（较大容量电容器选择较小档，较小容量电容器选择较大档），表笔接触电容器的两脚

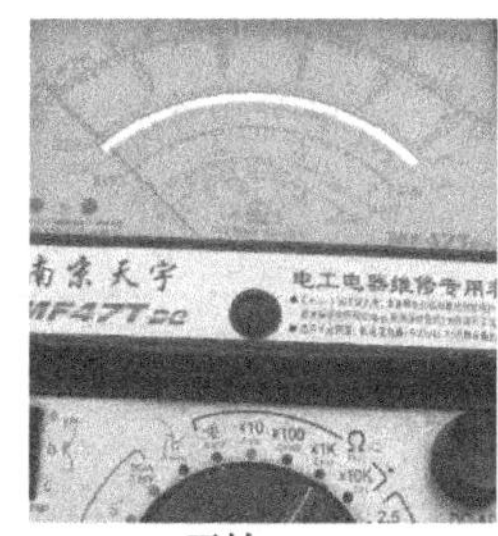

开始

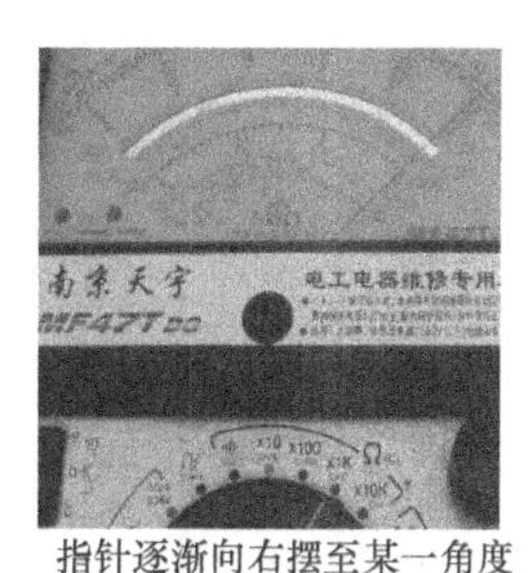

指针逐渐向右摆至某一角度

逐渐返回到接近原处

c) 观察指针的变化

图4-4　单相电动机电容器的检测

4.2.2　压缩机的拆卸、认识与检测

1. 拆卸方法

压缩机在空调器中属贵重部件，确认损坏后才能拆卸它。拆卸时需要放掉制冷剂，需要用气焊将焊接在一起的管道脱开，这一内容将在第9章中介绍。

2. 认识压缩机

空调器使用的压缩机主要有以下三类。

（1）往复活塞式压缩机

往复活塞式压缩机的工作方式是由电动机带动曲轴旋转，曲轴通过连杆使活塞在气缸内作往复运动。曲轴旋转一周，依次进行一次压缩、排气、膨胀、吸气的过程。电动机连续运转，压缩机不断重复上述过程。其实物如图 4-5 所示。

图 4-5　往复活塞式压缩机

注：压缩机的铭牌上标明了制冷剂的种类（如 R22、R410A、R502 等）、额定电压（交流 220V 或交流 380V）、额定功率、额定频率等。

这类压缩机的优点是，活塞与气缸相对运动时无侧向力，主要运动部件受力均匀，磨损、振动和噪声小，寿命长，功率范围宽，故障较少，可以开壳手工维修。小冷量压缩机用于冰箱，大冷量用于冷库。缺点是体积较大。

（2）旋转式压缩机

旋转式压缩机又叫转子式压缩机，有单转子和双转子两种。其实物如图 4-6 所示。

单转子压缩机由气缸、环形转子、曲轴（偏心轴）、滚动活塞等组成。偏心轴与电动机转子共用一根主轴，环形转子套在偏心轴上。于是，当电动机转子转动时，就会带动环形转子做类似内啮合齿轮的运转轨迹，沿气缸内壁运转，形成密封线，从而将气缸分成高压、低压两个密封腔，当低压腔的容积增大时，通过回气管吸入制冷剂；当低压腔的容积减小时，通过排气管排出制冷剂。

双转子运行时朝两个相反的方向产生离心力，可相互抵消，所以运行更平稳（见图 4-7）。双转子压缩机内有两个气缸，所以制冷量大、效率高。

与往复活塞式相比，旋转式结构简单、体积小、重量轻、效率高。缺点是机件加工和装配精度较高；开壳维修难度很大。在中、小制冷量的家用空调器中应用较广，在电冰箱中也有广泛应用。

（3）涡旋式压缩机

涡旋式压缩机的内部有两个带涡旋形叶片的涡旋卷。其中一个是固定的，叫涡旋定子；另一个是可动的，叫涡旋转子，由压缩机的电动机驱动旋转。随着涡旋转子绕涡旋定子的中心做半径很小的平面转动，低压气体从涡旋定子上开设的吸气口进入工作腔，随着涡旋转子绕涡旋定子中心做半径很小的平面转动，工作腔容积及腔内气体的体积相应地发生变化，使吸入的气体被压缩。经压缩的空气最后由涡旋定子中心处的排气口排出。压缩机周期性地重复该过程，从而完成吸气、压缩和排气的过程。其实物如图 4-8 所示。

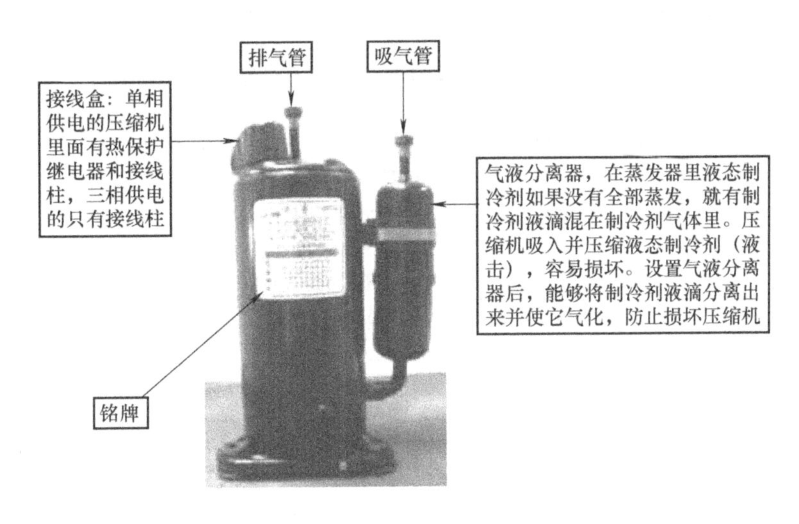

图4-6　旋转式压缩机

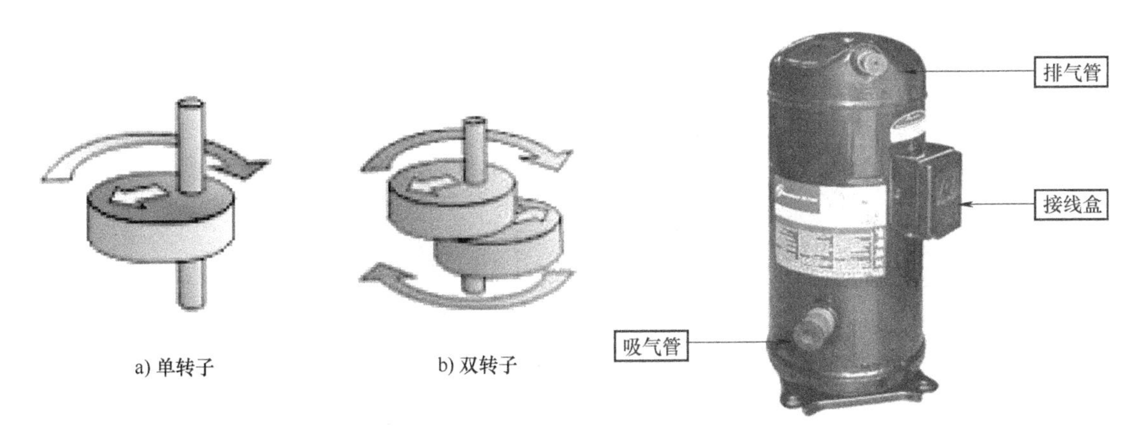

图4-7　旋转式压缩机的转子示意图

图4-8　涡旋式压缩机

涡旋式压缩机的优点一是结构简单、重量轻、体积小，运动部件少且运动部件受力变化小、运转平稳、振动小、噪声低，可靠耐用，维护费用低；容积效率达98%，绝热效率、机械效率高等。二是未设吸、排气阀，避免了因吸、排气阀损坏而引起的故障。

涡旋式压缩机总体性能比旋转式压缩机高，尤其在环境温度较低时，也能较好地工作在制热状态。缺点是机件加工和装配精度很高；开壳维修难度很大，损坏后一般只能更换。主要用于大冷量的家用和商用空调器。

各类压缩机在接线时，要注意不能使压缩机反转，特别是涡旋式压缩机，要加相序保护器以防止压缩机反转。

3. 压缩机的常见故障及原因

压缩机的常见故障及原因详见表4-2。

表 4-2 压缩机的常见故障及原因

类别	故障表现	故障原因
压缩机堵转或卡缸	压缩机不动，且发出“嗡嗡”声	① 有异物进入，曲轴、活塞、气缸等运动部件卡死 ② 高低压侧的压力不平衡 ③ 电动机烧损 ④ 电压过低（单相低于 187V，三相低于 323V） ⑤ 压缩机缺油或过载运行，机械部件研磨 ⑥ 机油劣化，机械部件研磨 ⑦ 低温制热时，压缩机附近温度过低（低于 -15℃） ⑧ 压缩机电容损坏或衰减 ⑨ 定转子间隙不良
压缩机不能持续运转	压缩机可以动作，但在很短的时间内停止运行（排气压力低）	① 压缩机吸入液体 ② 冷凝器故障 ③ 保护器动作 ④ 管道阻力大
	压缩机可以动作，但因电流逐渐增加而停机（排气压力高）	① 保护器动作 ② 吸气压力过高 ③ 压缩机的机械部分受到损伤
异常运行	压缩机运转电流大	① 蒸发器、冷凝器故障 ② 制冷系统堵塞 ③ 过载运行（制冷剂量多、电压高） ④ 风机电动机转速很慢（电容衰减、风机故障） ⑤ 定子烧损（线圈短路、过载、断相运行、制冷剂泄漏、泵磨损引起的烧损） ⑥ 制冷剂充注量过多造成功率高 ⑦ 系统是否有堵塞情况，导致高压过高、低压过低的情况发生 ⑧ 环境温度过高 ⑨ 系统其他部件（主要是电动机、电控）工作是否正常
	噪声大	① 压缩机起动时，3 ~5min 内，由于系统不稳定，会有声音偏大现象 ② 管道振动声、电动机和风叶声、钣金共振声 ③ 系统内有空气混入时，会有气流声 ④ 系统内有杂质或铜屑时，会发生金属撞击阀片声 ⑤ 定转子间隙不良 ⑥ 阀片与泵体间隙过小 ⑦ 泵磨损、压痕、螺钉损伤、阀片与活塞撞击、储液罐异声 ⑧ 缺少冷冻机油 ⑨ 液态制冷剂进入压缩机，产生液压缩 ⑩ 压缩机脚垫与压缩机地脚固定螺母之间必须保证 0.5 ~2mm 的间隙，否则会产生共振 ⑪ 当声音比正常高出许多或持续有异声时，可能为压缩机质量不合格

4. 压缩机的检测

（1）单相压缩机电动机绕组的检测

压缩机电动机绕组的检测如图 4-9 所示。

① 拆下接线柱的塑料护盖的固定螺钉

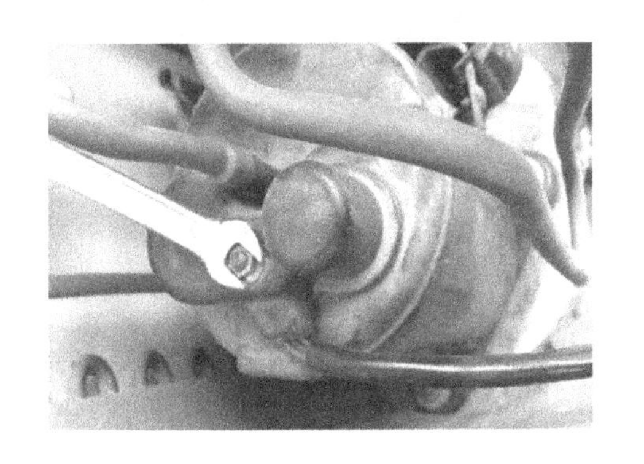

② 用手取下接线柱的护盖

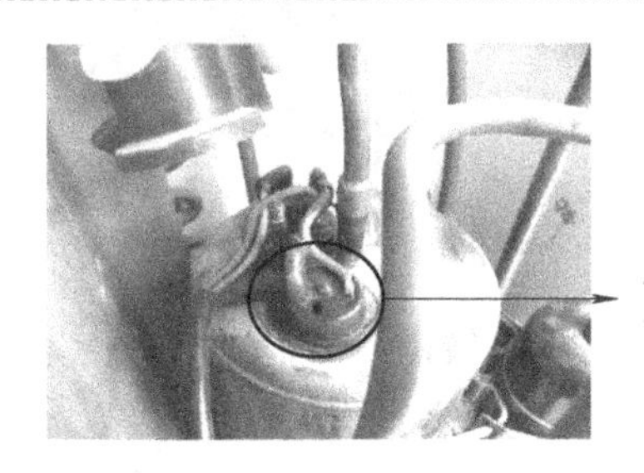

说明：取下护盖后，可以看见压缩机的三个接线柱。有些空调器压缩机没有设置热保护继电器，靠完善的过电流保护电路进行保护，有些压缩机将热保护继电器串联接入压缩机的供电电路

③ 了解热保护继电器接入电路的方法

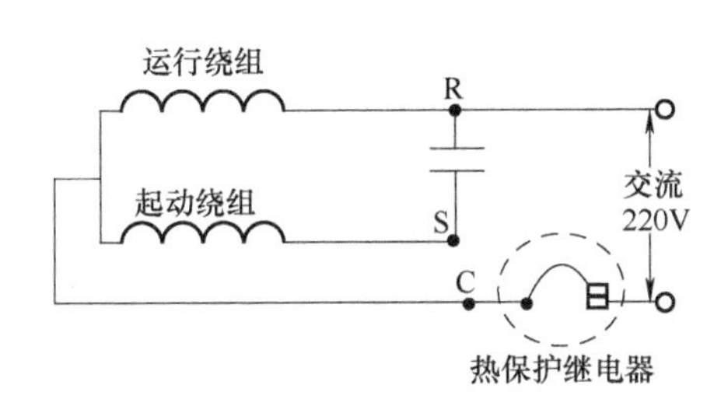

④ 认识热保护继电器的实物和结构示意图

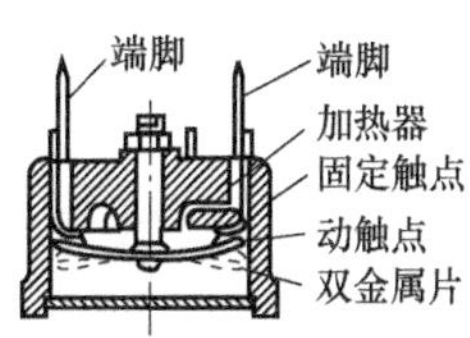

说明：安装在压缩机顶部壳体上，感受壳体的温度。当温度超过规定值或通过的电流过大，双金属片动作，原来处于闭合状态的触点断开，切断了压缩机的供电电路

⑤ 用手向上拆下三个接线柱上的导线插子

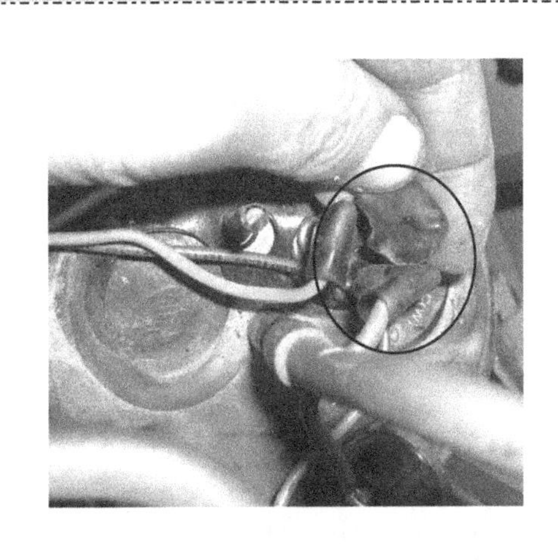

⑥ 看清各接线柱的名称

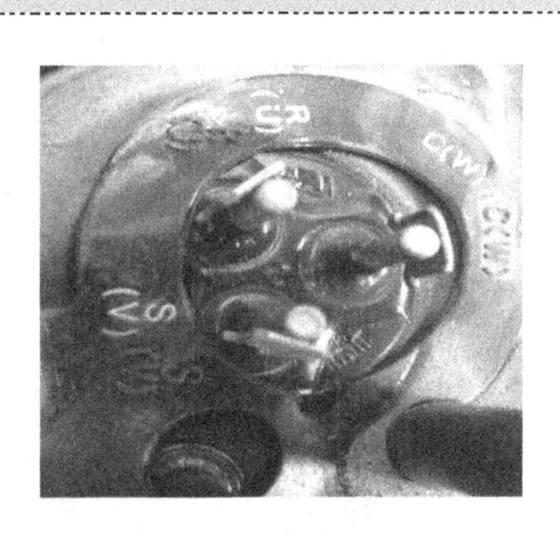

说明：三个接线柱一般有 R、S、C 或 U、V、W 标记

图 4-9　单相压缩机电动机绕组的检测

⑦ 测任一端子与外壳之间的电阻（绝缘电阻）

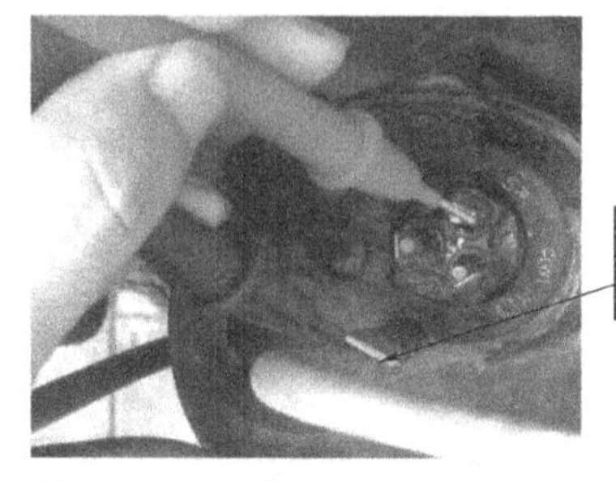

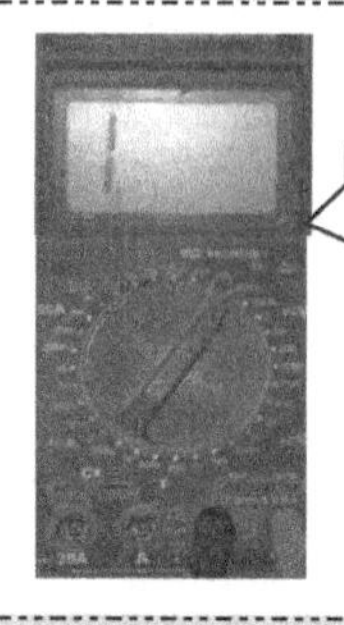

⑧ 测 R、C 间的电阻 R_{CR}

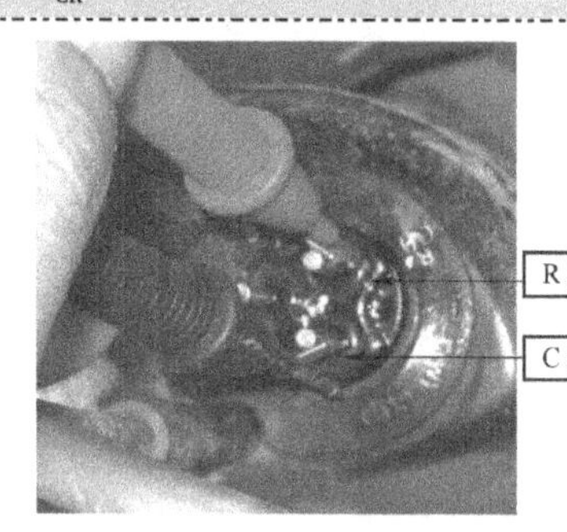

⑨ 测 S、C 间的电阻 R_{CS}

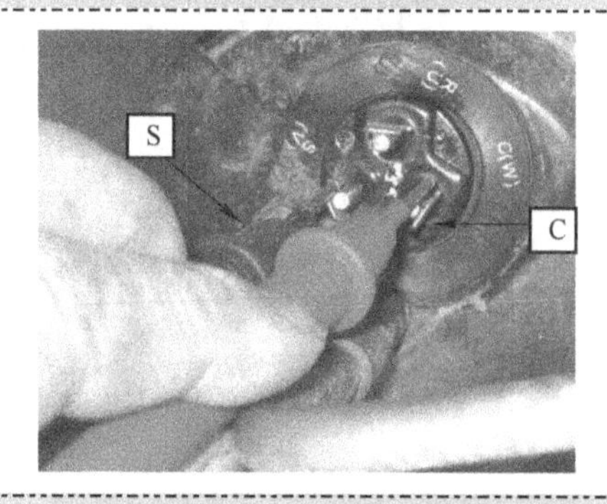

⑩ 测 R、S 间的电阻 R_{SR}

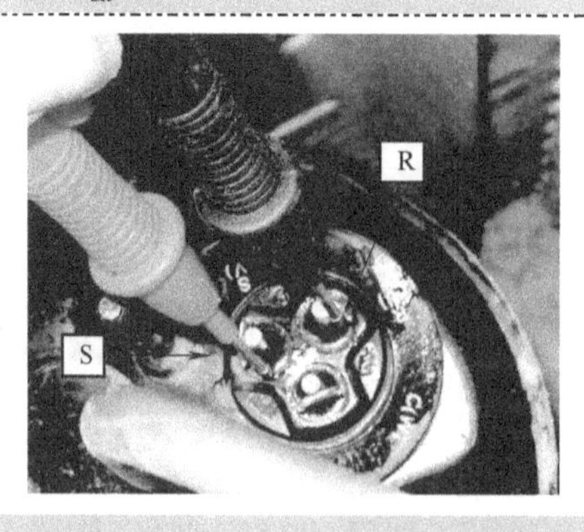

测量结果分析：$R_{CR} < R_{CS} < R_{SR}$ 且 $R_{CR} + R_{CS} = R_{SR}$，且绝缘电阻正常，所以电动机的绕组是正常的

图 4-9　单相压缩机电动机绕组的检测（续）

(2) 三相供电的压缩机内的电动机绕组的检测

压缩机内的三相电动机和常用的三相异步电动机绕组结构是一样的。三相异步电动机绕组有Y接法和△接法两种，详见表4-3。

表4-3　三相异步电动机绕组的接法

名　称	图　示	说　明	检　测
Y接法	U_1 V_1 W_1 U_2 V_2 W_2	① U_1、V_1、W_1是三相异步电动机的一组同名端（通俗说法把它叫作“首”），U_2、V_2、W_2是另一组同名端（把它叫作“尾”） ② Y接法就是将任一组同名端连接在一起，另一组同名端接三根相线	① 用万用表的最小电阻档（因为压缩机电动机绕组的电阻值较小，只有几欧）测三个引出线端子中任两个之间的电阻，共测三次，阻值应相等且在正常范围内，否则绕组损坏 ② 再测绕组的绝缘电阻。用500V的绝缘电阻表进行测量，其绝缘电阻值应不低于2MΩ。若低于2MΩ，说明压缩机的电动机绕组与铁心之间发生漏电，不能继续使用 也可以用万用表测量，其测量值应为∞ 注意：有些压缩机在机壳内设有过热保护器，当压缩机过热时过热保护器会断开，因此应等压缩机温度降到与环境温度相同后再测量绕组电阻值
△接法	1 2 3 U_2 V_1 U_1 V_2 W_2 W_1	① U_1、V_1、W_1和U_2、V_2、W_2的含义同上 ② △接法就是，一相的“首”和另一相的“尾”连接在一起，三个连接点接三根相线	

造成压缩机电动机绝缘不良有以下几种原因：

1）电动机绕组绝缘层破损，造成绕组与铁心局部短路。

2）组装或检修压缩机时因装配不慎，致使电线绝缘受到摩擦或碰撞，又经冷冻油和制冷剂的侵蚀，导致绝缘性能下降。

3）因绕组温升过高，致使绝缘材料变质、绝缘性能下降等。

若出现绝缘不良，应更换相同规格、型号的压缩机。

(3) 压缩机的机械部分的检测

1）根据表现出的现象判断：如果电动机绕组正常、电容器等起动元件正常、压缩机供电正常，但只有“嗡嗡”声而排气管无气体排出，说明压缩机机械部分损坏（可能是运动部件卡死了，电动机不能起动或者内部排气管断裂、排气阀片损坏等），应更换压缩机。

2）检测压缩机的吸、排气能力：最简单的方法是，用手指分别按住压缩机的吸、排气口，起动压缩机，检查是否有明显的吸气能力和排气能力（手指用劲也堵不住排气管），若没有，可以肯定压缩机效率下降，应更换。

精确的方法是给压缩机的排气端接上压力表，起动压缩机，排气压力应能达到2.0MPa以上。排气压力低于1.8MPa或者更低（是由于压缩机内部机件磨损、间隙大造成的），则制冷、制热的效果差，应更换压缩机。

4.2.3　四通换向阀组件的拆卸、认识与检测

1. 拆卸

拆卸需要放掉制冷剂，用气焊使管子脱离。只有在确诊四通阀机械部分损坏后才需要拆卸（其方法详见第9章）。

2. 认识

四通阀组件的作用是实现制冷和制热两种模式的相互转换，它的工作原理以及各管口与其

他部件的连接关系在1.1节和1.2节中已详细介绍了。它在空调器中的安装位置如图4-10所示。

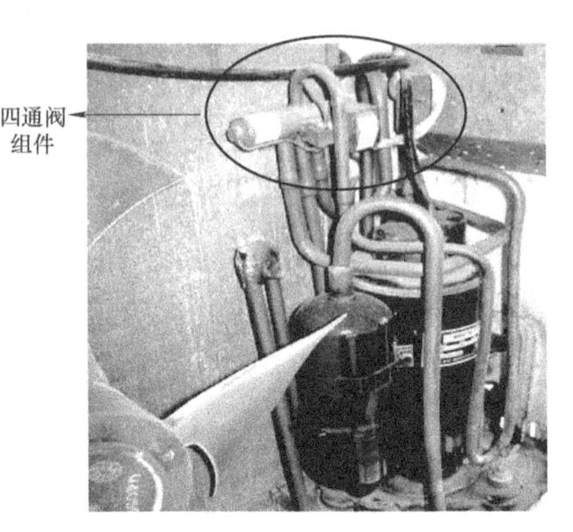

图4-10　四通阀组件在空调器中的安装位置

3. 常见故障及检测

（1）四通阀不能正常换向的主要原因

四通阀不能正常换向，导致制冷和制热模式不能相互转换，其主要原因有以下几点：

① 电磁线圈损坏，先导阀不起作用。

② 四通阀内滑阀被系统内部的赃物（氧化皮、杂物、劣化油脂）等卡住或粘住，一部分可用木棒或胶棒轻击四通阀阀体解决。

③ 阀体受外力冲击损坏（阀体凹）造成滑阀不能换向，从外观可判断。

④ 由于系统内部的液击使阀滑导向架断裂、端盖损坏变形，无法换向。

⑤ 四通阀内部间隙过大，阀座焊接时轻微烧坏泄漏量超标，造成串气，使滑阀两端压力平衡，无法推动滑阀换向。

⑥ 系统压力带来四通阀主滑块破碎，导致主滑块不能换向。

⑦ 先导阀内腔脏堵，导致先导阀不能工作。

⑧ 因系统原因，开机时主滑块就处在阀体中间，通电时两端压差无法建立起来，导致不能换向。这种故障有一部分可通过敲击阀体和加充制冷剂来解决。

⑨ 系统有慢漏，制冷剂较少，不能建立换向需要的压力差。

（2）四通阀常见故障的检测

1）检测四通阀绕组：用万用表电阻档测绕组两引线间的阻值，如图4-11所示。正常情况应为1～1.5kΩ。若测量值明显变小，说明绕组有短路现象；若测量值为∞，说明绕组断路。绕组的故障会导致不能从制冷状态转换到制热状态。

2）四通阀阀体故障的检测及处理：

① 泄漏的检测。若四通阀阀体、毛细管或焊点表面有很多油脂，通常表明此处有制冷剂泄漏，这时可在阀体表面涂上肥皂水，看是否有气泡产生。如果在阀体、毛细管或毛细管焊接处有气泡，需要更换四通阀；如果在与压缩机、热交换器的连接处（扩口处）有气泡，可通过补焊解决。

② 触摸法：这是检测四通阀机械部分的常用方法。需要触摸的管道编号标注如图4-12所示。四通阀正常时和异常时这6根管子的温度详见表4-4。

图4-11　四通阀绕组的检测

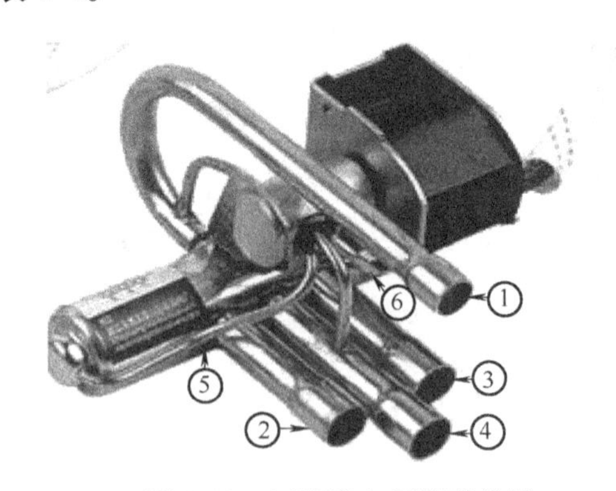

图4-12　四通换向阀管道编号

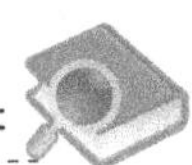

表4-4　触摸法检测四通阀的机械部分

阀的工作状态	管道表现出的特征						原　因
	1（与压缩机排气管相连）	4（与压缩机吸气管相连）	2（与室内热交换器相连）	3（与室外热交换器相连）	5（左侧毛细管）	6（右侧毛细管）	
制冷正常时	热	冷	冷	热	凉	暖	
制热正常时	热	冷	热	冷	暖	凉	
从制冷到制热不换向	热	冷	冷	热			绕组无供电或阀体内部故障
从制热到制冷不换向	热	冷	热	冷			绕组无供电或阀体内部故障
制冷剂不足、流量不够造成制热时不能完全换向	热	暖	暖	热	温	热	由于排气压力低，导致四通阀上毛细管高、低压力差不足以推动滑块实现彻底换向，四通阀会串气
阀内两个导向孔开启造成制热时不能完全换向	热	暖	暖	热	热	热	
阀体损坏导致明显泄漏	热	热	热	热			

③ 在制热状态听四通阀断电时的声音：使空调器断电或使四通阀绕组断电时，如果能听见较大的气流声，说明四通阀正常，否则，四通阀阀体有故障。

4.2.4　轴流风扇叶的拆卸、认识与检测

1. 拆卸与认识

轴流风扇叶一般用铝材压制而成或用ABS塑料注塑而成，常见有3片、4片、5片扇叶。其优点是效率高、风量大、较省电；缺点是风压较低，有一定的噪声。其作用是强迫空气沿轴向流动，流过热交换器，提高热交换器的换热效率。其拆卸与认识如图4-13所示。

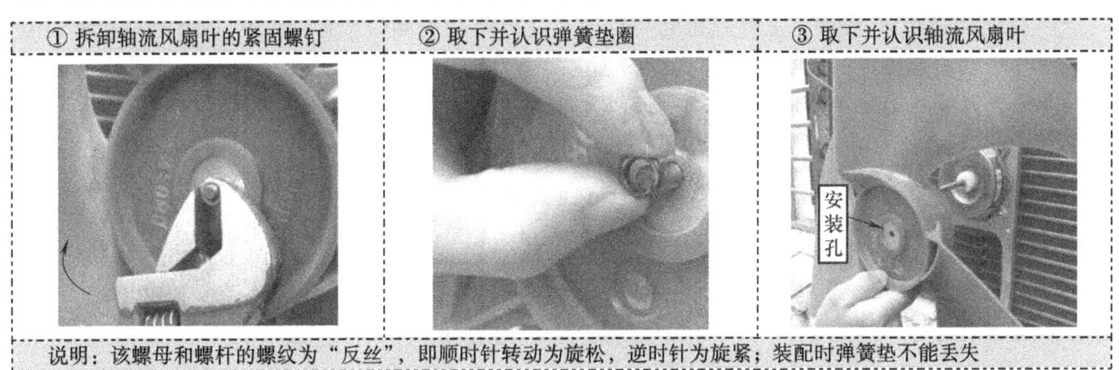

图4-13　轴流风扇叶的拆卸与认识

2. 检测

目测风扇叶是否变形，摇动风扇叶以检查安装孔与轴之间是否有松动、空旷感。如果有松动、空旷感（即间隙大），应在轴上加套或更换风扇叶。

4.2.5　室外风机及支架的拆卸、认识与检测

1. 拆卸与认识

室外风机是用轴流风扇电动机来驱动轴流风扇叶转动的。由于负荷和起动阻力小，所以采

用起动力矩较小、但效率较高的单相电容运转式电动机。其拆卸与认识如图4-14所示。

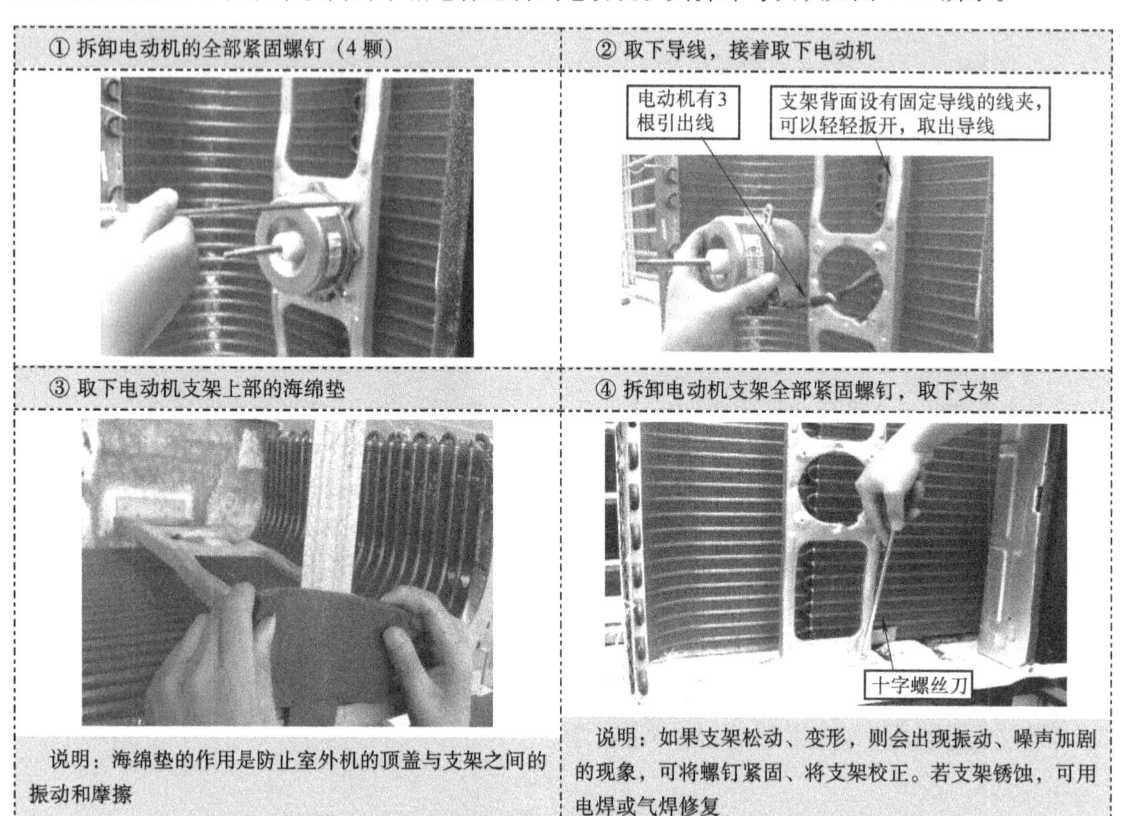

图4-14　室外风机及支架的拆卸与认识

2. 检测（含电动机没有标记的引出线端子的辨别）

1）电动机绕组的检测：室外风机电动机和压缩机单相电动机一样，也是单相电容运转式电动机。其绕组的检测方法和检测压缩机单相电动机基本一样。不同之处是，室外风机的引出线一般是3根，但也有的是4根，并且各端子的名称一般都没有标注，所以需要通过检测来确定。现以稍复杂的有4根引出线的室外风机为例进行检测，详见表4-5。

表4-5　室外风机电动机的检测

步　骤	图　示	说　明
① 给4根引出线分别编号（1、2、3、4），测1、2间的电阻		测量结果为640Ω

（续）

步　　骤	图　　示	说　　明
② 测 1 与 3 间的电阻		测量结果为316Ω
③ 测 1 与 4 间的电阻		测量结果：1和4间的电阻为1Ω，实质为0Ω，所以1和4实际上是一个端子的两个引出线（这样设置是为了接线方便）
④ 测 2 与 3 间的电阻		测量结果为324Ω

对以上绕组的检测结果说明：

① 接线端子辨别：用电阻档分别测量任意两个接线柱间的电阻值。阻值最大的那一次测量（即步骤①）中，空置的那个端子是公共端子C（所以3就是公共端子C）；再分别测C与另两个端子间的电阻，阻值较小的那一次测量（即步骤②）中，和C一起接入万用表的那个端子是运转绕组端子R（所以1是R端子，4是和1直接相连的一根引出线），剩下的那个就是起动绕组端子S（2是S端子）。

注意：该方法适用于任何单相电动机（有3根引出线）的引出线名称的辨别，当然也可以用来辨别压缩机单相电动机的3个端子。

② 该电动机绕组和结果符合“$R_{CR}<R_{CS}<R_{SR}$且$R_{CR}+R_{CS}=R_{SR}$”，说明该电动机绕组是好的。

2）电动机机械部分的检测：对室外风机电动机的机械部分的检测，如图4-15所示。

图4-15　电动机机械部分的检测

4.2.6 室外热交换器、截止阀、干燥过滤器、单向阀、毛细管的认识与检测

这些部件的拆卸、安装涉及放掉和充注制冷剂、管道加工和气焊，只有在确认有故障时才能拆卸，详见第9章，对它们的认识及检测如下。

1. 室外热交换器、截止阀的认识与检测

室外热交换器、截止阀的认识与检测详见表4-6。

表4-6 室外热交换器、截止阀的认识与检测

名　　称	图示及说明	结构特点和作用	检　　测
室外热交换器		① 采用传热系数高、结构紧凑的翅片盘管式（即优质铜管外面套有帮助散热的铝制翅片） ② 设有轴流风扇，强迫空气流过热交换器，提高换热效率 ③ 作用是制冷时，充当冷凝器；制热时，充当蒸发器	① 目测表面是否有灰尘、脏物过多、大量翅片倒塌的现象。若有，应清洗、清洁、复原翅片 ② 目测焊接等处是否有油迹。若有，则该处有泄漏，应放掉制冷剂后进行补焊
二通截止阀和三通截止阀	1—二通截止阀的管口，用带喇叭口的铜管（相对较细）与室内机组相连（采用活接头） 2—二通截止阀的管口，通过铜管和毛细管与室外热交换器相连 3—二通截止阀的保护螺母盖，拆下它，里面是可用内六角扳手开启与关闭的阀门 4—维修工艺口的保护螺母盖，拆下它，里面是带气门销的维修工艺口 5—三通截止阀的保护螺母盖，拆下它，里面也是可用内六角扳手开启与关闭的阀门 6—三通截止阀的管口，用带喇叭口的铜管（相对较粗）与室内机组相连（采用活接头） 7—三通截止阀的管口，通过铜管与室外机组的四通阀相连通	① 拆下螺母3，用内六角扳手顺时针转动调节杆，可关闭二通截止阀，使管口2与管口1间断流，逆时针转动则开启，管口2与管口1相通，所以叫二通截止阀 ② 拆下螺母5，用内六角扳手顺时针转动调节杆，可关闭三通截止阀，此时管口6与工艺口是相通的，但与管口7断流，逆时针转动则开启，管口7、管口2、工艺口三者相通，故叫三通截止阀 ③ 作用是空调器移机时，利用二通截止阀和三通截止阀，可实现“收氟”，即将制冷剂收在室外机组。利用工艺口，可对空调器的制冷管道系统进行充气检漏、抽真空、充注制冷剂等操作	主要用目测的方法： ① 若有裂纹，则应更换 ② 若活接头处有油迹，则要进一步检测活接头是否漏气，若有漏气，则要检查活接头是否没旋紧或者活接头密封性不好，应用规定的力矩旋紧或重新制作活接头 另外用内六角扳手转动阀芯时，看是否漏气。如果漏气，要修复或更换

注：很多3P以上的空调器，在粗管侧和细管侧都设有三通截止阀，都带有维修工艺口，可以同时对高、低压侧检测压力、抽真空和充注制冷剂，这给大功率空调器的维修带来了很大的方便。

2. 干燥过滤器、单向阀和毛细管的认识与检测

(1) 干燥过滤器、单向阀和毛细管在空调器中的安装位置及连接关系

干燥过滤器、单向阀和毛细管在空调器中是相互关联的，其安装位置、连接关系以及配件如图4-16所示。

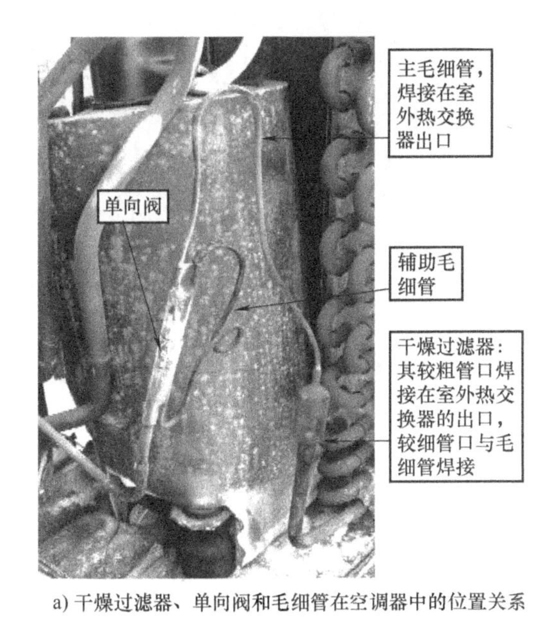

a) 干燥过滤器、单向阀和毛细管在空调器中的位置关系

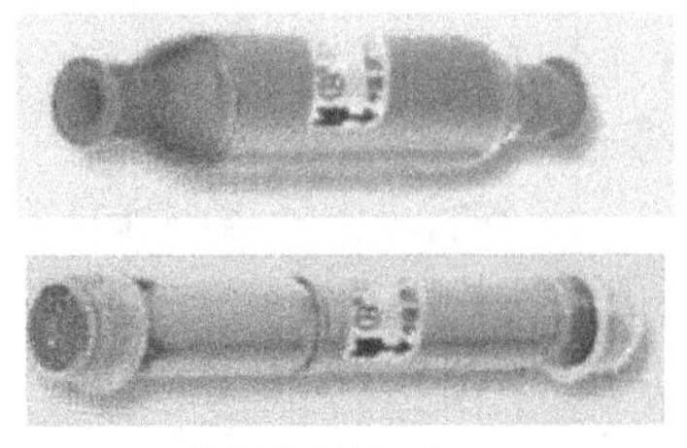

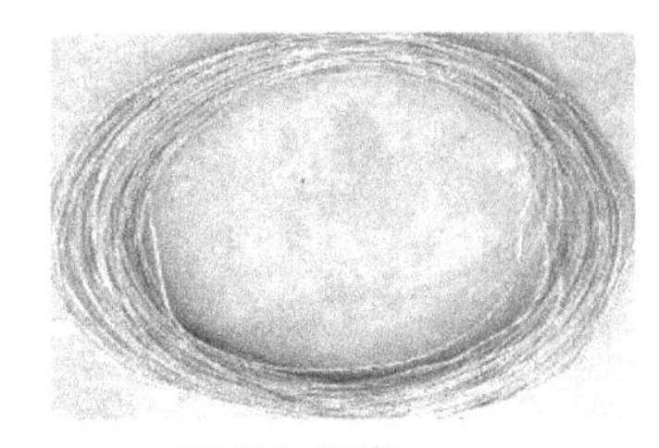

b) 单向阀(配件)

c) 毛细管(配件)

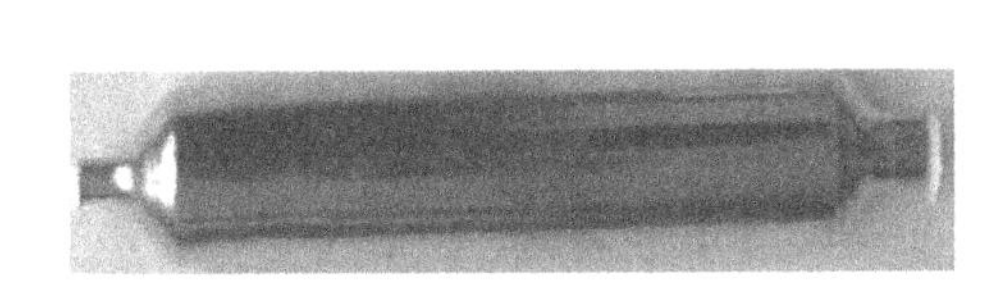

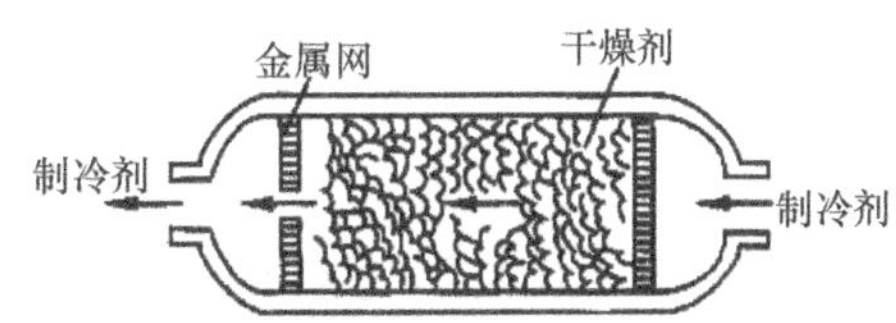

d) 干燥过滤器(配件，较粗端接冷凝器出口，较细端接毛细管)

图4-16 干燥过滤器、单向阀和毛细管

(2) 干燥过滤器的认识与检测

内部装有干燥剂（一般为分子筛）和过滤网。干燥剂的作用是可以吸收制冷剂中的水分，以防止制冷系统出现“冰堵”（即水分在毛细管或膨胀阀的节流处结冰、堵塞管道）。过滤网的作用是滤掉混在制冷剂中的杂质，防止杂物堵塞毛细管或膨胀阀。

贮藏时必须两头用胶柱盖紧，再外加包装密封，防止空气和水分进入，拆去封装后要尽快安装。

检测方法：一般可根据空调器的表现来检测。若制冷时干燥过滤器及后面的毛细管结霜、结露，说明干燥过滤器内有堵塞现象，应更换；若空调器表现出“冰堵”现象，则说明管道系统内有水分且干燥过滤器失效，应更换。

(3) 单向阀的识别与检测

1) 认识：单向阀上标有箭头，只能沿箭头方向导通，安装时注意，以免安装错误。

由于制冷时高、低压部分的压差较小，制热时高、低压部分的压差较大，所以需设置单向阀，使它在制冷时导通，把辅助毛细管短路，在制热时截止，使主、辅毛细管串联，毛细管总长度大于制冷时总长度，这样就可以满足制冷和制热时不同工况的需要。

2) 单向阀易出现的故障及检测方法如下：

① 制热时关闭不严，导致高压部分压力下降，制热效果差。其检测方法是，用压力表测高、低压部分的压力。在制冷剂量正常的情况下，如果制冷正常，但制热时高压压力低，则可能是单向阀关闭不严（当然也有可能是四通阀串气等，可分别检查加以确认）。

② 单向阀堵塞：如果发现单向阀有结霜的现象，则说明单向阀堵塞，应更换。更换单向阀时，要注意降温冷却阀体，防止阀体的内尼龙阀芯变形，造成制热效果差。

（4）毛细管的认识与检测

1）认识：毛细管是内径很小（1～1.6mm）的细长紫铜管，结构简单、成本低廉，不易发生故障，是空调器常用节流部件。节流过程是，从冷凝器出来的高温高压液态制冷剂流过毛细管时，由于阻力较大，所以压力会逐渐降低。当流出毛细管进入蒸发器时，制冷剂已降为蒸发压力，这样就能使制冷剂充分蒸发。在室温变化不太大的条件下，毛细管能满足空调器对节流的要求。

增大管径或减小长度，制冷剂流过时阻力减小，流量增大；反之，阻力增大，流量减小。

缺点：随负荷变化而自动调节流量的能力相对较差。

2）毛细管的检测：在空调器中检测毛细管的方法主要是根据故障现象来判断。

① 脏堵、油堵：是由于细小脏物或油堵塞了毛细管，表现为压缩机排气压力增大、吸气压力下降甚至接近于真空，蒸发器不制冷。应用氮气吹通或者更换毛细管。

② 冰堵：是由于制冷管道系统中混入过量的水分，以致在毛细管的膨胀口结冰、堵塞管道，造成不制冷，但当膨胀口结的冰融化后，管道通畅了，制冷剂就又能循环、制冷。总之，冰堵的表现是一会儿制冷、一会儿不制冷。应放掉制冷剂，更换干燥过滤器，重新抽真空后再充注制冷剂。

4.3 分体壁挂式空调器室内机各部件的拆卸、认识与检测

室内机由微处理器控制板、室温和管温传感器、遥控接收部分、空气过滤网、热交换器、贯流风扇及其电动机、摆风叶片及摆风电动机组成。其功能是在微处理器控制板的控制下，电动机得电转动，驱动贯流风扇运转，将室内空气吸入，当流经过滤网时，空气中的灰尘等杂物被吸附在过滤网上，被过滤后的空气流经室内热交换器并与它发生热交换（制冷时，空气流变冷，制热时空气流变热），再经过蜗壳式风道吹向室内，实现室内的制冷或制热，如图4-17所示。

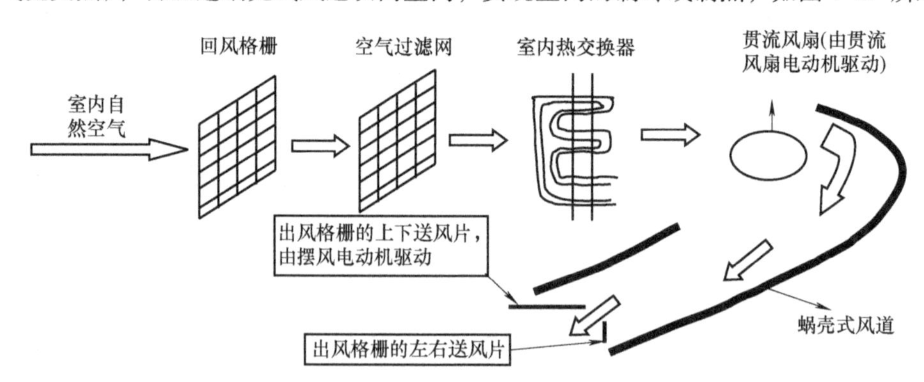

图4-17 分体壁挂式空调器室内机的组成和工作过程示意图

注意：在壁挂式空调器室内机的拆卸过程中，要结合图4-17，理解室内机的热交换过程。

4.3.1 空气过滤网的拆卸、认识与检查

空气过滤网积尘过多，会导致制冷制热效果变差，所以要定期检查、清洗。其拆卸、认识与检查如图4-18所示。

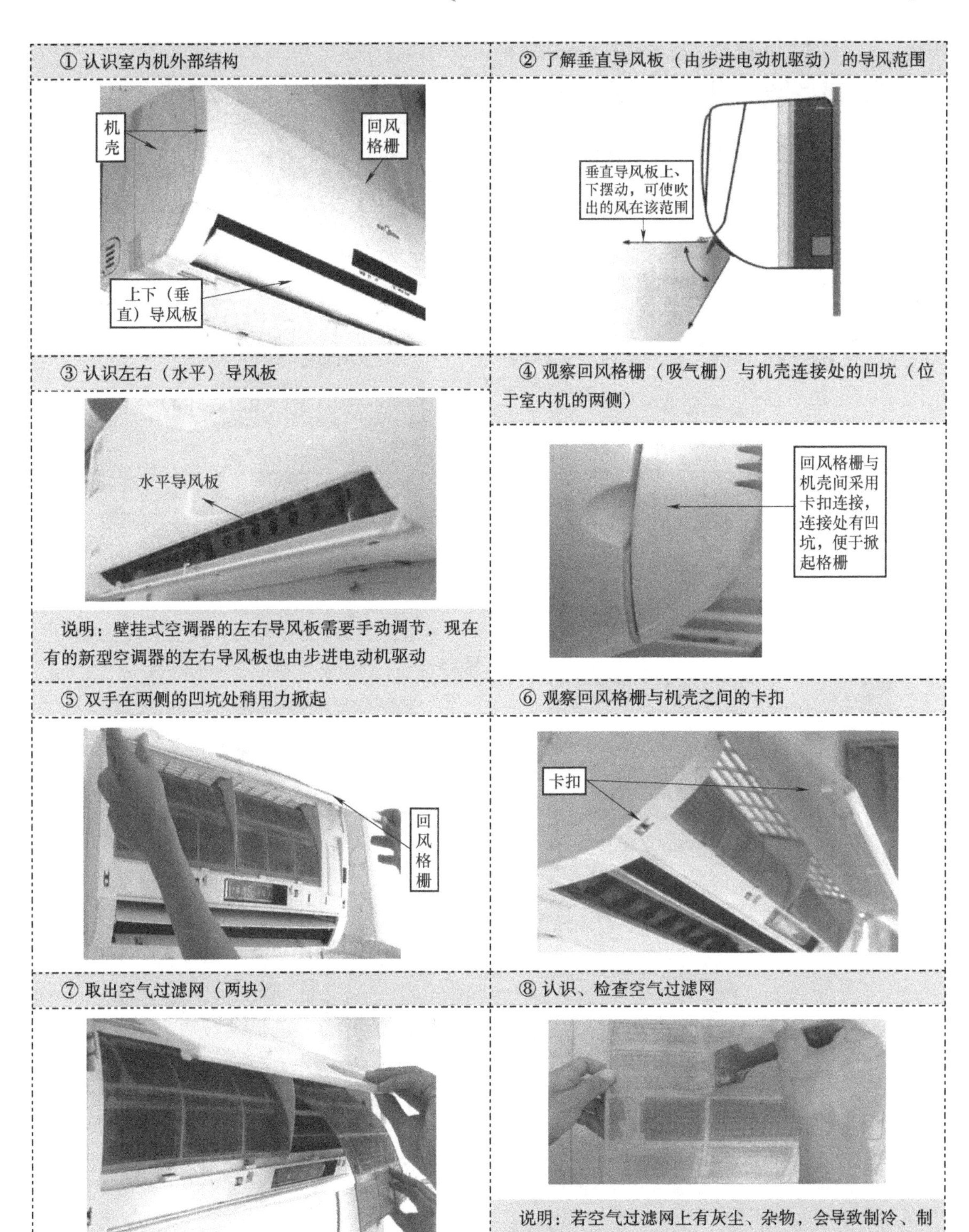

图4-18 空气过滤网的拆卸、认识与检查

4.3.2 机壳的拆卸及热交换器等相关部件的认识与检查

检修电气控制部分一般需要拆卸机壳。拆卸机壳时要注意导线的排列和位置，安装时要将

导线复位。机壳的拆卸及热交换器等相关部件的认识与检查如图 4-19 所示。

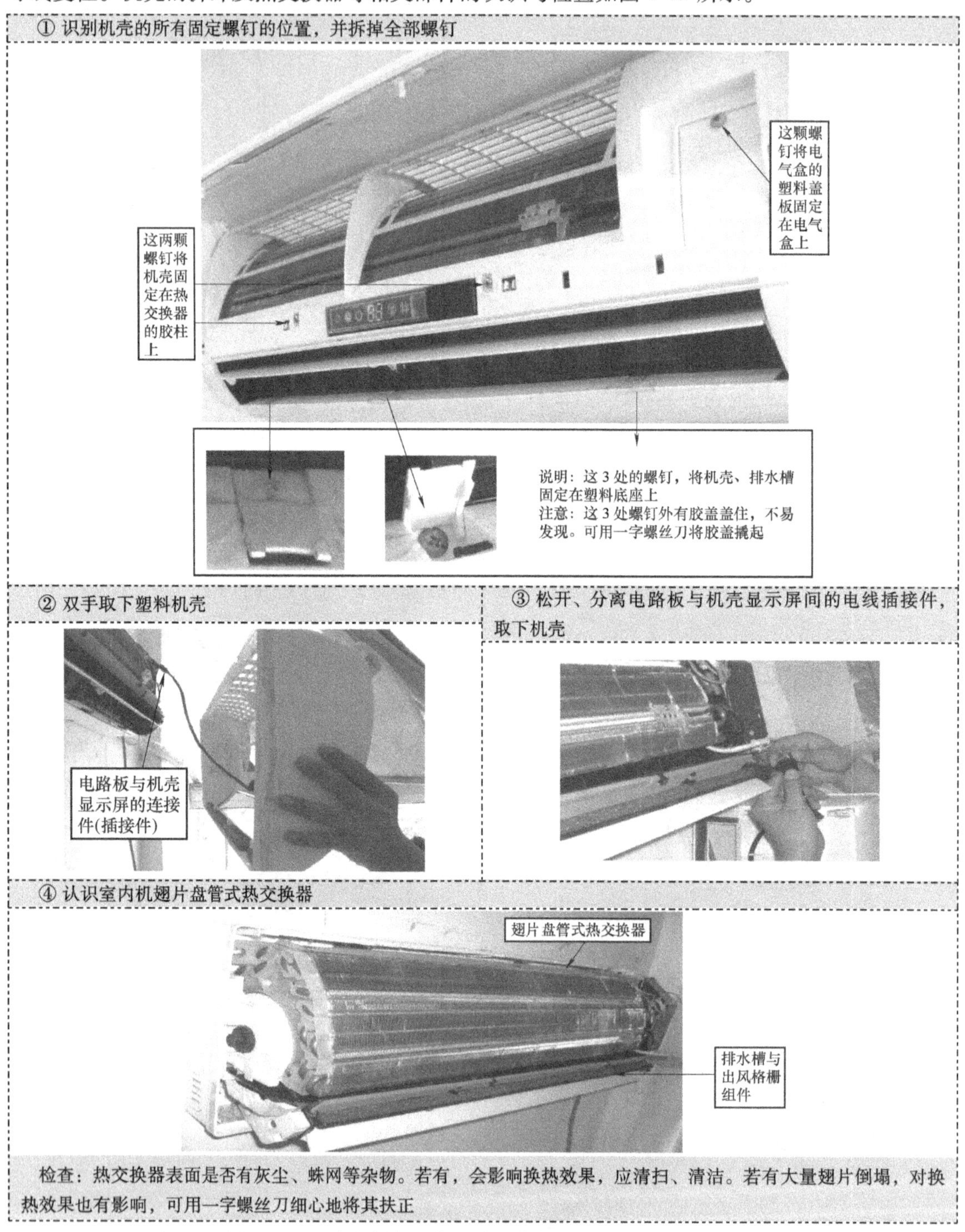

图 4-19　机壳的拆卸及热交换器等相关部件的认识与检查

4.3.3　排水槽和出风格栅组件的拆卸、认识与检查

排水槽和出风格栅是一个整体组件，摆风电动机安装在该组件上，其拆卸、认识与检查如图 4-20 所示。

① 用手取出组件的左端，将组件右端和排水管（将水排出室外的管道）分离

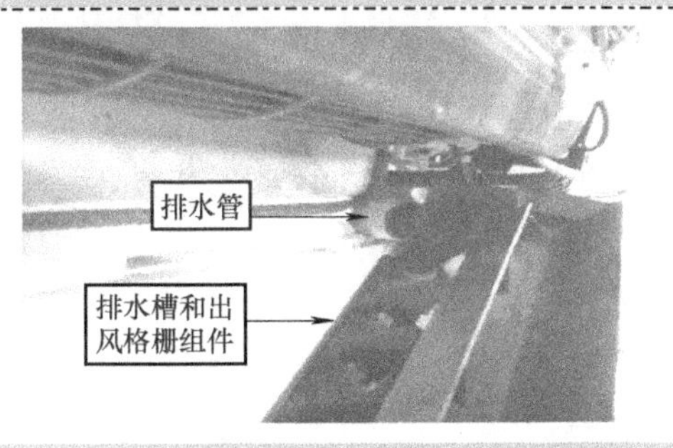

说明：排水槽和排水管的作用是在制冷状态时将热交换器（蒸发器）上吸附的水分排出到室外

检查：排水槽与排水管之间是否脱离、断裂，排水槽内是否有杂物。这些现象会导致制冷时室内漏水

② 拆下摆风电动机的两颗固定螺钉，就可使排水槽和出风格栅组件与摆风电动机（步进电动机）分离

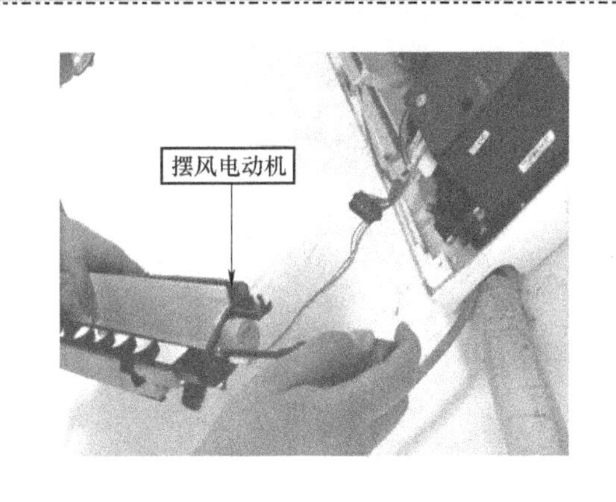

③ 观察蜗壳式风道

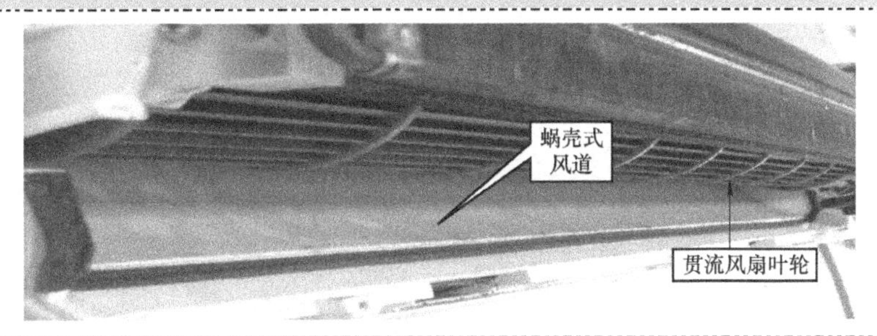

图 4-20　排水槽和出风格栅组件的拆卸、认识与检查

4.3.4　电气部分（分布在室内机组的右侧）的拆卸及相关部件认识与检测

电气部分是故障的高发部位，是检修的重点之一，本章着重介绍部件的拆卸、实物认识及部分部件的检测。电气控制板的检修较复杂，将在第 5 章专门介绍。

1. 电路板、摆风电动机、温度传感器（感温探头）的拆卸、认识与检测

（1）电路板、摆风电动机、感温探头的拆卸与认识（见图 4-21）

① 拆下电路板的护盖的固定螺钉，取下护盖，露出电路板

② 拆下搭铁线的固定螺钉，取下搭铁线

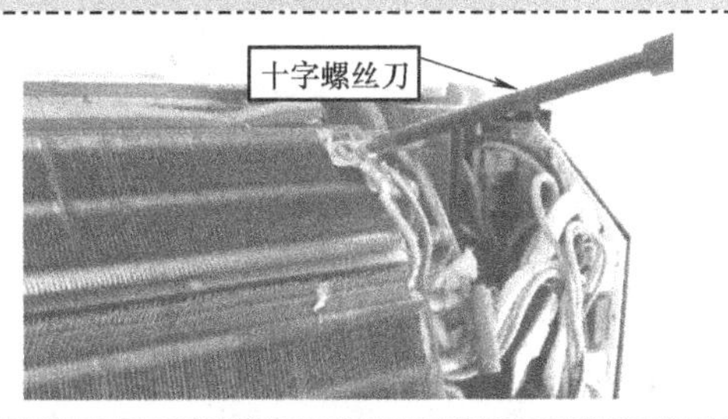

说明：搭铁线为半黄半绿色，一端接室内机热交换器上，另一端与室外机的搭铁线相连并接地。防止机壳带电时对人身造成伤害

图 4-21　电路板、摆风电动机、感温探头的拆卸与认识

③ 从热交换器的翅片间抽出室温探头

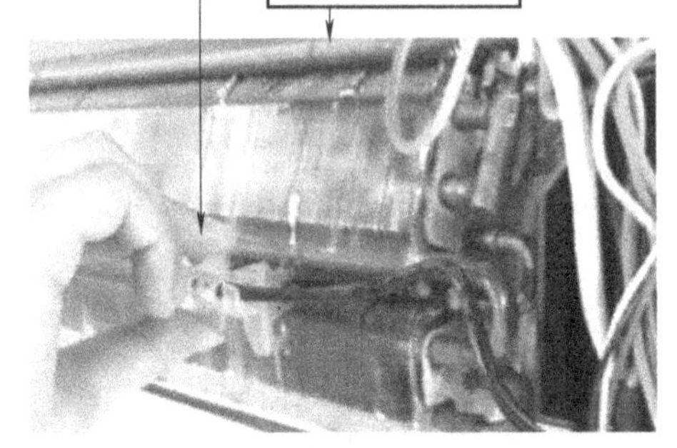

④ 打开室温探头的固定夹，取出、认识探头

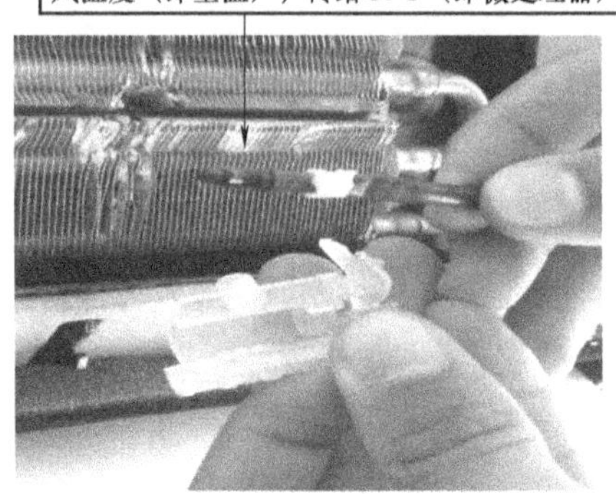

⑤ 取下热交换器的管温探头

⑥ 从电气盒内抽出电气控制板

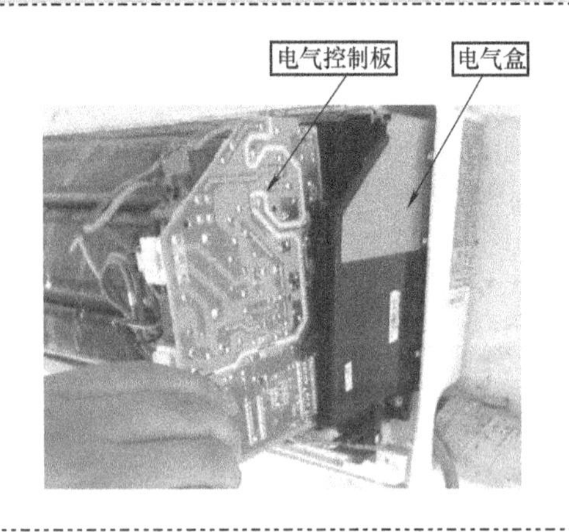

⑦ 用手拔下降压变压器一、二次侧引线在电路板上的两个插头（一般都是采用插头）

图 4-21　电路板、摆风电动机、

⑧ 松开电路板与电加热器连接的插接件	⑨ 拔下摆风电动机引线插头，取下摆风电动机
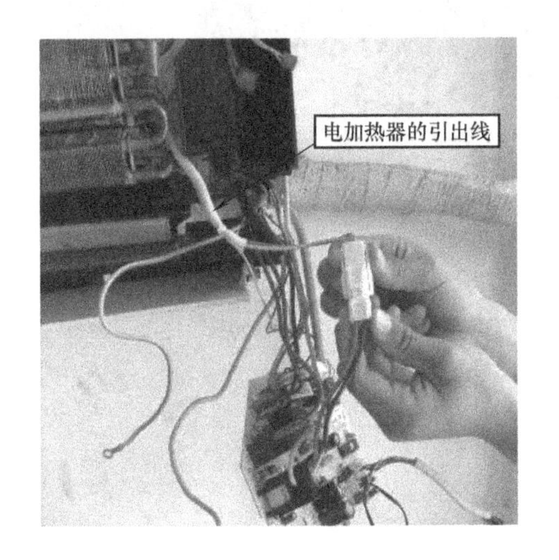	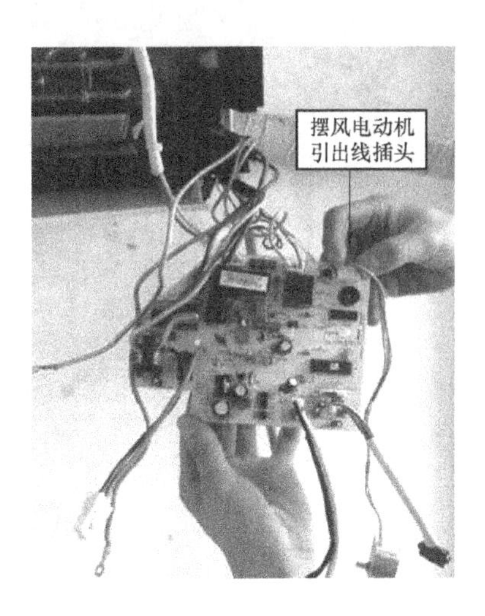
⑩ 认识摆风电动机	⑪ 拔下室温、管温探头引线插头，认识感温探头
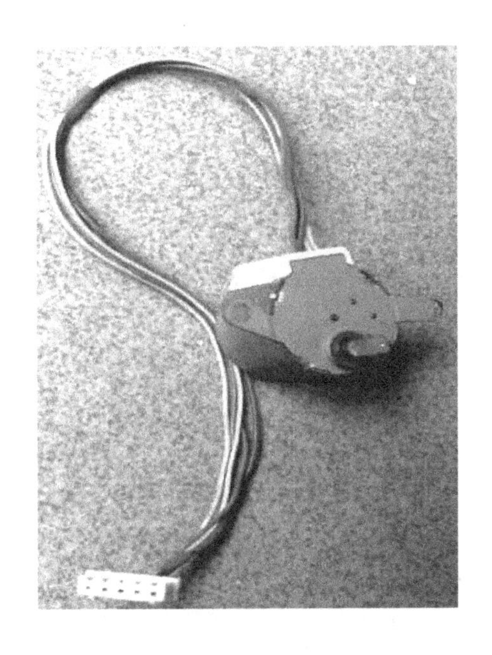	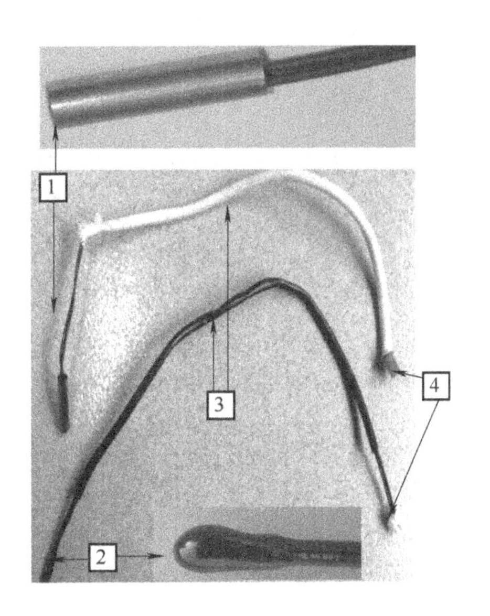
说明：摆风电动机为脉冲步进电动机，电动机可以只转动一定的角度，在壁挂式空调器中用于驱动送风叶片的上下摆动，在柜式空调器中用于驱动送风叶片的左右摆动	说明：1—管温探头，外表为金属铜壳，用于检测室内热交换器铜管的温度；2—室内空气温度探头；3—导线；4—插头 感温探头的感温部分是负温度系数（即若温度升高，则电阻值减小，温度降低则电阻值增大）热敏电阻

感温探头的拆卸与认识（续）

⑫ 用手在控制板上拔下其余所有的插子，就可以取下电路板

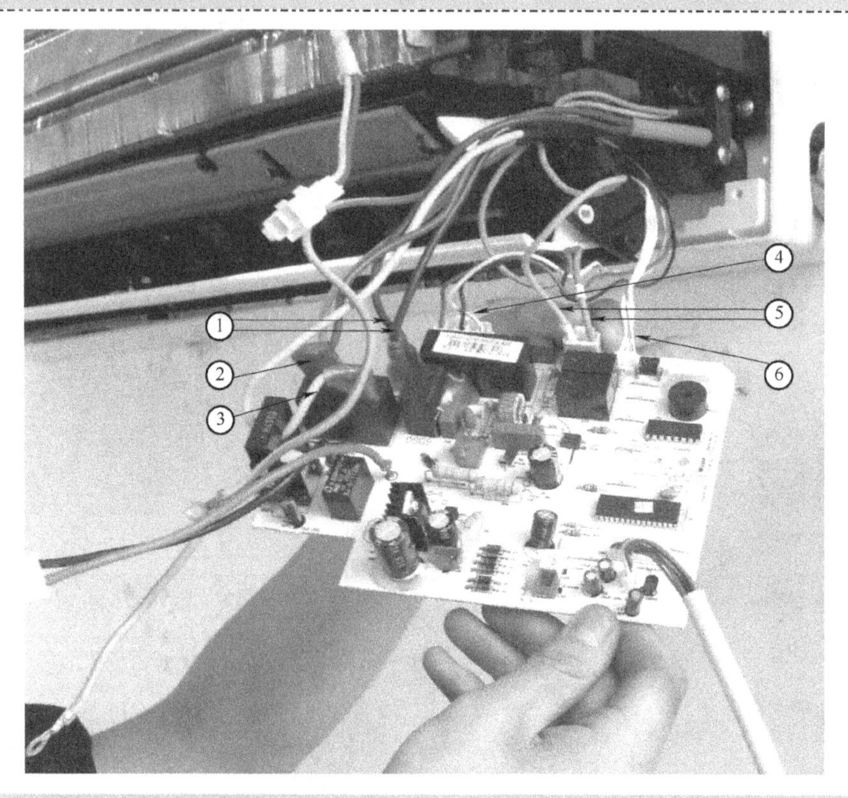

说明：1—电源的零线；2—电源进线的相线；3—给室外机压缩机供电的相线；4—控制板驱动室内风扇电动机运行的3根导线；5—控制板与室内风机测速的霍尔元件之间的3根连接导线（一根为供电，一根为接地，另一根将霍尔元件检测到的转速信号传送给微处理器）；6—给室外机四通换向阀、室外风机供电的相线

图4-21　电路板、摆风电动机、感温探头的拆卸与认识（续）

（2）摆风电动机、感温探头的检测

1）检测摆风电动机的方法如图4-22所示。

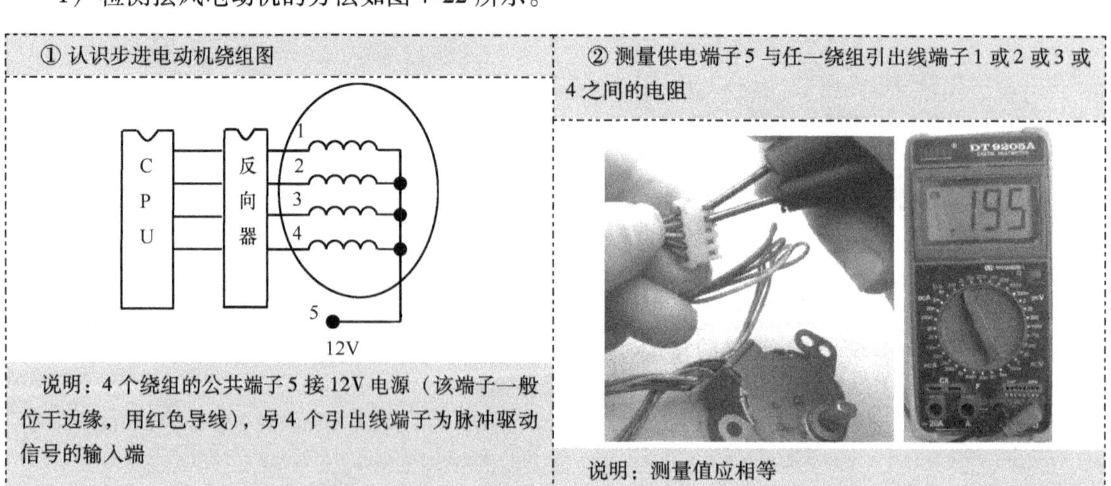

图4-22　摆风电动机（步进电动机）的检测

③ 测量绕组的任意两个引出线端子间的电阻（如1与2、1与3、1与4、2与3、2与4、3与4）

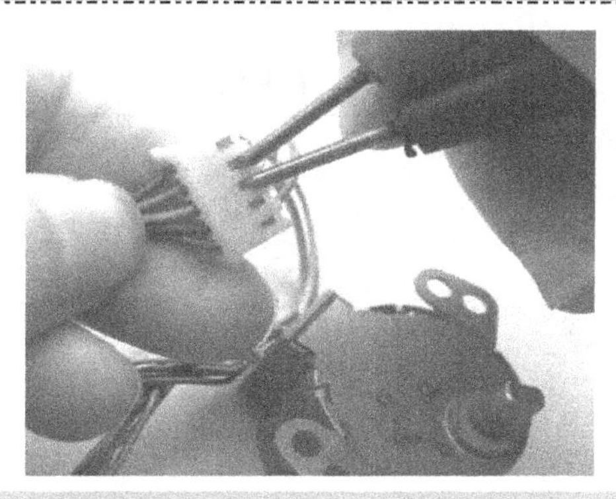

检测结果说明：如果步骤③测得的电阻值相等且等于步骤②测量值的2倍，则为正常。若某次测量阻值较小，说明绕组短路；若测量值为∞，则绕组有断路故障，均应更换电动机

对于机械部分的检测可用排除法：若12V供电正常、绕组阻值正常，而电动机不转，一般可说明电动机的机械部分有故障，可换新

图4-22　摆风电动机（步进电动机）的检测（续）

2）感温探头的检测：

① 感温探头插接件接触不良的检测与排除，如图4-23所示。

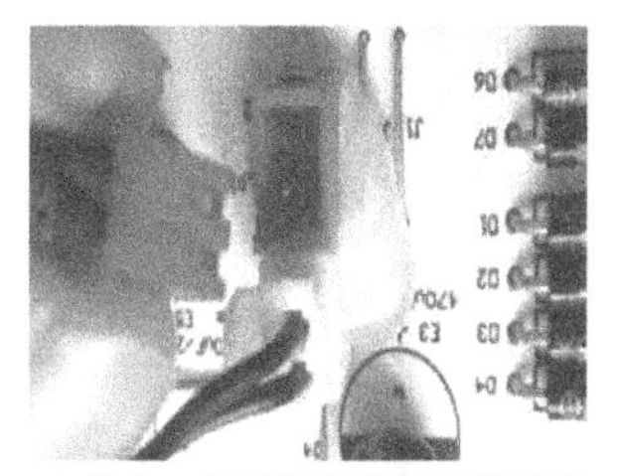

a) 拔出一传感器的插接件的插头

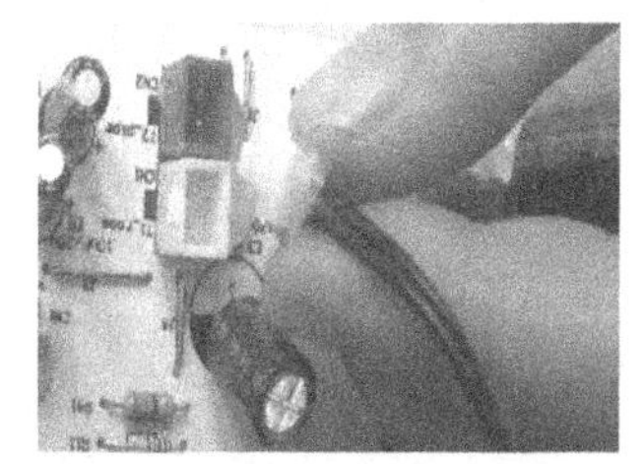

b) 拔出另一探头插接件的插头

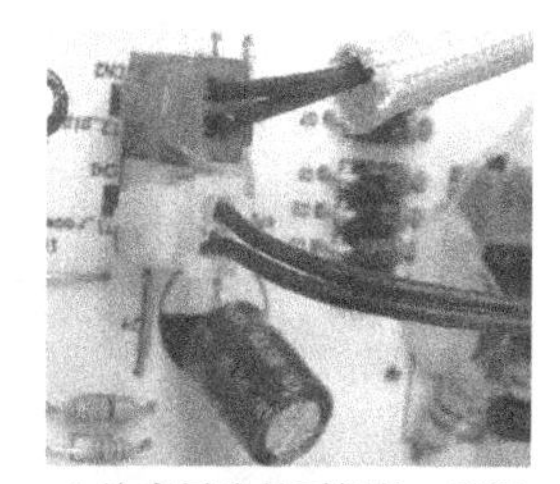

c) 检查插头是否氧化、脏污，清洁后重新插好

图4-23　感温探头插接件接触不良的检测与排除

② 感温探头阻值的检测：感温探头是负温度系数热敏电阻，即当温度升高时其阻值会下降，反之则会上升。感温探头的阻值不准，会导致CPU不能准确地感知当前温度，而错误地控制空调器。其阻值的检测分两步：

第一步：测量25℃时，感温探头的电阻值是否正常。其方法是将感温探头浸入25℃的热水中，再用万用表电阻档测其电阻值，如图4-24所示。

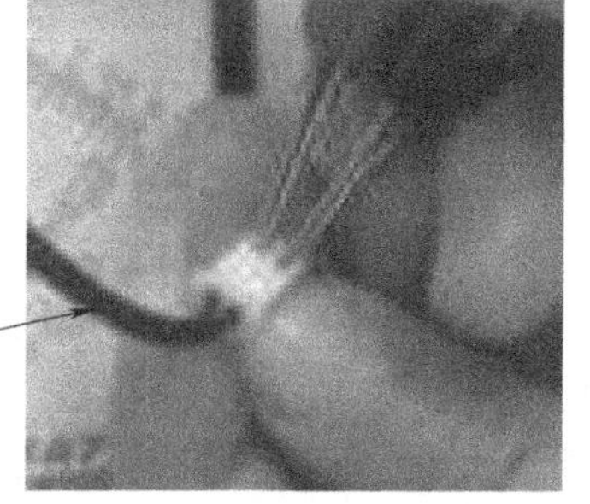

图4-24　检测感温探头

在25℃时，空调器感温探头的正常阻值可查阅相关资料。部分常见空调器的感温探头的阻值，见表4-7。

表4-7　25℃时常见空调器的感温探头的阻值

传感器阻值	封装形式	使用部位	适用品牌
5kΩ	环氧树脂封装	室温	海信、春兰、格力、东宝、三菱、海尔、日立、志高、科龙、TCL、乐声、东芝、大金、星星、皮尔卡、长虹、松下等
5kΩ	铜管封装	管温	
10kΩ	环氧树脂封装	室温	美的、华宝、新科、海尔、华凌、长虹、三星、新飞、日立、飞歌、松下等
10kΩ	环氧树脂封装	室温	
15kΩ	铜管封装	管温	松下、格力大柜机等
50kΩ	铜管封装	管温	
50kΩ	铜管封装	管温	海尔、飞歌、华宝大柜机等
20kΩ	铜管封装	管温	
50kΩ	铜管封装	管温	飞歌、长虹、格力等

关于25℃时感温探头的正常值，有一个经验，就是约等于与该探头连接的分压电阻的阻值，该阻值可通过读色环或者用万用表R×1k档测量出来，如图4-25所示。

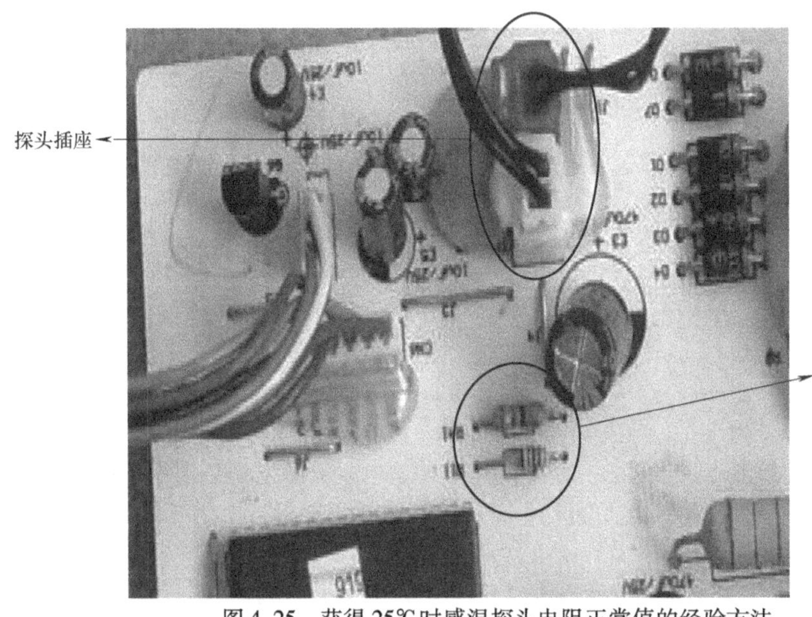

图4-25　获得25℃时感温探头电阻正常值的经验方法

测量的阻值只要与正常值基本相等，就可认为基本正常。例如，测量的分压电阻的阻值为4.7kΩ，则传感器的型号为5kΩ/25℃（常见于海信等大多数品牌）；若测量的阻值为8.8kΩ，则传感器的型号为10kΩ/25℃（常见于美的等品牌）。

再进行第二步检测。

第二步：测量温度上升或下降后，感温探头的阻值是否正常变化。若在25℃的基础上每上升或下降1℃，各类感温探头的电阻值减少或增加约5%，则可断定感温探头是好的；否则，说明感温探头不准确，应更换。

2. 电气盒、变压器的拆卸与认识

具体操作如图4-26所示。

① 取下电气盒的所有固定螺钉

② 取下电气盒

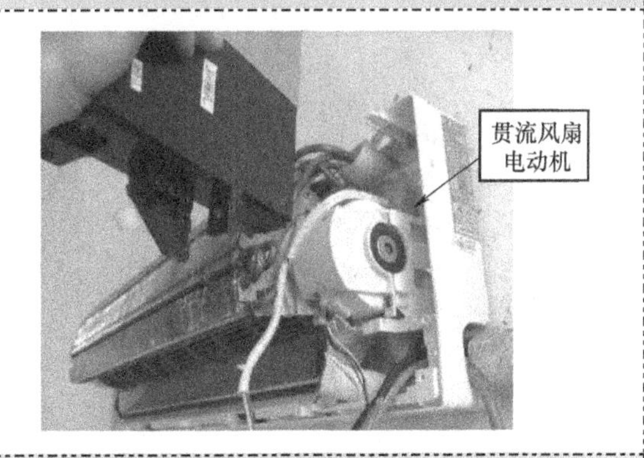

③ 拆下变压器的两颗固定螺钉（变压器通过螺钉固定在电气盒上）

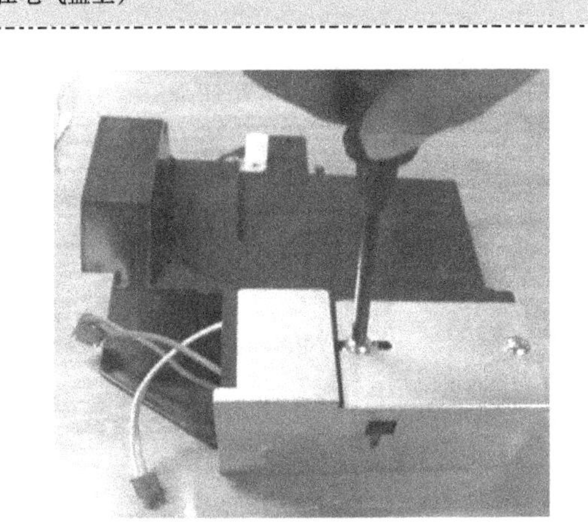

④ 取出、认识变压器

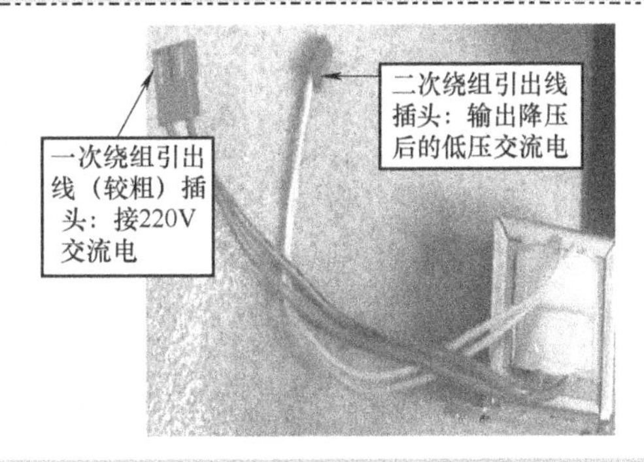

说明：变压器的一次绕组通常串接一个温度保险电阻，当一次绕组的电流过大、温度过高时，保险电阻会烧断。维修时可剥开绝缘纸，换新保险电阻，或去掉保险电阻，将导线直接连接（应急处理）

图 4-26　电气盒、变压器的拆卸与认识

3. 贯流风扇叶轮及电动机的拆卸与认识

具体操作如图 4-27 所示。

① 拆下贯流风扇电动机转轴胶护盖的所有固定螺钉

② 取下贯流风扇电动机的支撑体（护盖）

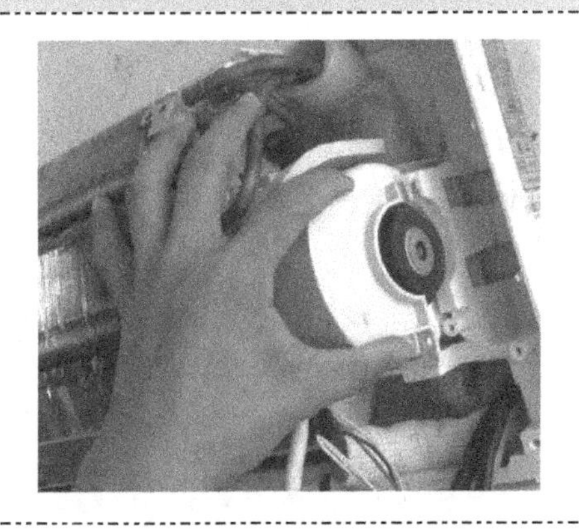

图 4-27　贯流风扇叶轮及电动机的拆卸与认识

③ 双手取下贯流风扇电动机和风扇叶轮组件

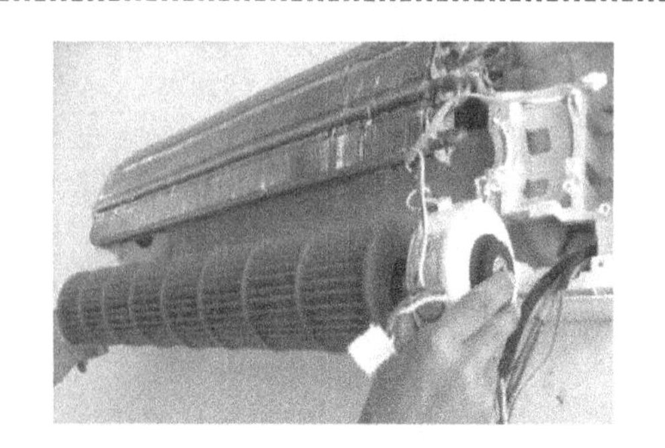

④ 拆下贯流风扇电动机与叶轮连接处的紧固螺钉后，将两者分离

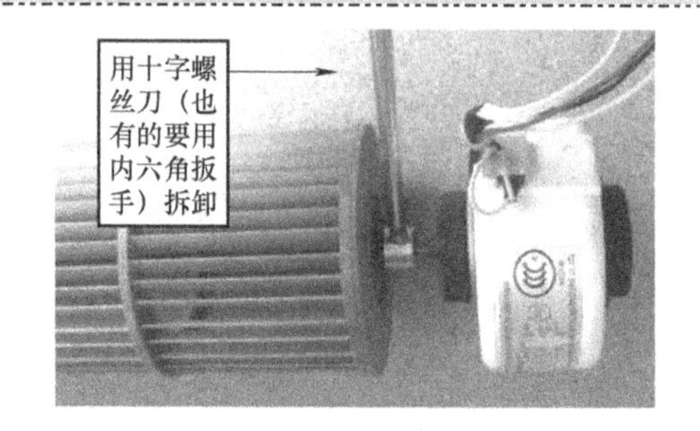

⑤ 取出并认识贯流风扇电动机

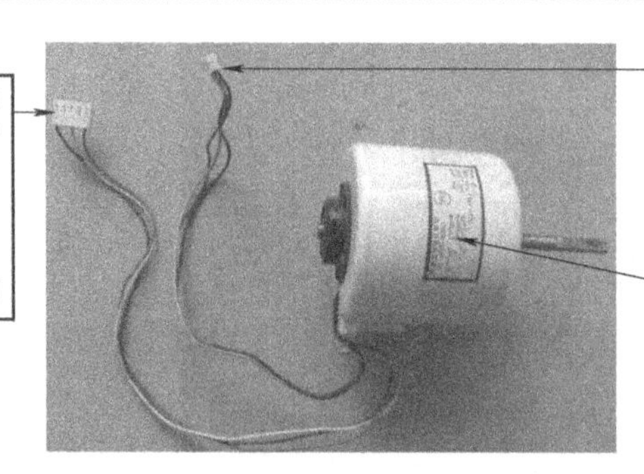

说明：这种有速度传感器的电动机叫 PG 电动机，室内风机还有一种抽头式电动机，检测方法将在第 5 章介绍

图 4-27　贯流风扇叶轮及电动机的拆卸与认识（续）

4. 显示屏、遥控接收头的拆卸与认识

显示屏的作用是显示空调器的工作状态。遥控接收头是用于接收遥控器发出的遥控信号，将其转化为电信号，传给微处理器，控制空调器的运行。本例中两者成一组件，在有的空调器中两者是分立立件。拆卸与认识的具体操作如图 4-28 所示。

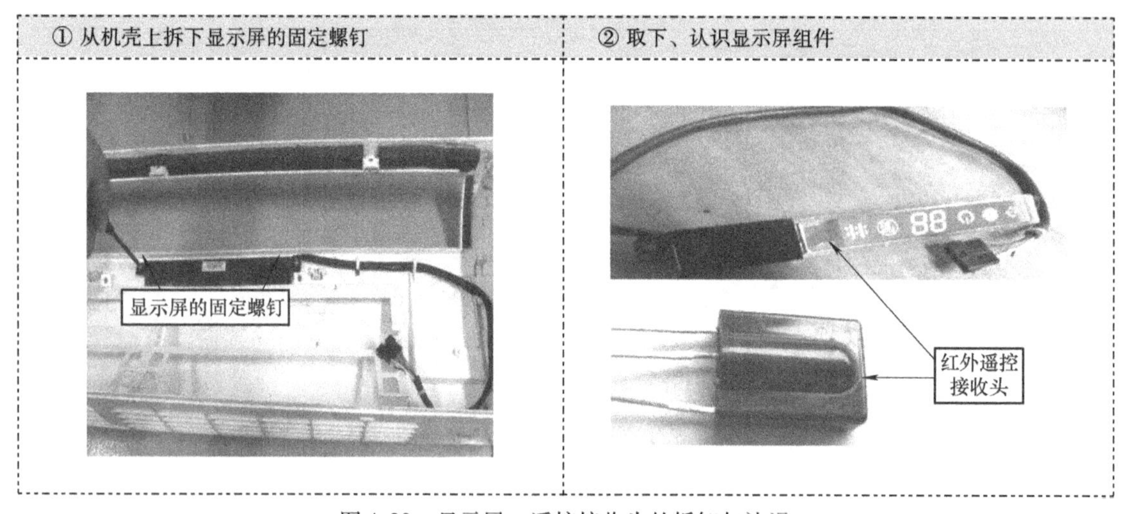

图 4-28　显示屏、遥控接收头的拆卸与认识

4.4　分体柜式空调器制冷制热部件的拆卸与认识

分体柜式空调器（简称柜机）与分体壁挂式空调器（简称挂机）有很多相同之处，但也有一些不同点，具体见表4-8。

表4-8　柜机与挂机的比较

名　称	内　容
相同处	① 制冷、制热原理和电气控制原理基本相同 ② 室外机的外形、功能、安装方式基本相同。结构也基本相同，但柜机要复杂一些 ③ 室内机的组成部分、功能也基本相同
不同处	① 柜机的室内机外形与挂机不同。柜机的室内机很多部件（如回风格栅、出风格栅、空气过滤网、热交换器等）的外形也与挂机不同 ② 柜机的室内机安装方式与挂机不同，柜机像柜子一样直立，底脚由膨胀螺栓固定于地面 ③ 柜机的室内机风扇不同（采用离心式风扇） ④ 柜机的耗电功率、制冷制热量大于挂机。挂机在2P以下，柜机则在2P以上。功率大于2kW的柜机一般采用三相交流电源。由于柜机的工作电流较大，所以柜机的室外机一般设有交流接触器给压缩机供电，也有很多柜机设有压力开关等 ⑤ 有些柜机的室外机也设有微处理器控制板，与室内机微处理器控制板之间有通信线

4.4.1　分体柜式空调器室外机的分解、部件认识与检测

柜机室外机的分解方法与前面讲述的挂机基本相同。柜机室外机的结构和挂机的室外机相比，大部分相同，但也不同之处：对于早期的空调器和现在5P以上的空调器，室外机内部一般还另设有一块电路板，其主要功能是检测室外机关于温度、压力、电流等参数并与室内机进行通信，控制压缩机、室外风机、四通阀的工作。对于涡旋式压缩机，防止反转的相序保护器一般也设在室外机。

1. 柜机室外机结构示例

某柜机（KFR-70LW/E2dS）的室外机结构如图4-29所示。

图4-29中各编号的说明如下：

①—交流接触器。用于给压缩机的三相电动机供电。

②—电气控制板。

③—接线端子排。市电3根相线和1根零线接在该端子排上，再从该端子排输出接至电气控制板上，其中3根相线穿过电流互感器后接到交流接触器的3个输入端子上，再经交流接触器的3个输出端子给压缩机提供三相电（3根相线）。

④—风扇电动机的电容器。

⑤—压力继电器。空调器中有排气压力继电器和吸气压力继电器两种。用于监控吸气压力和排气压力。当吸气压力过低时，低压继电器就会动作（触点断开），切断压缩机的供电；当排气压力过高时，高压继电器就会动作（触点断开），切断压缩机的供电。

⑥—压缩机外部电加热器。在冬季由于室外温度较低，制冷剂与压缩机润滑油相溶混合，导致压缩机通电后难以起动，甚至有可能损坏压缩机，所以在压缩机的外部需要电加热器，使制冷剂从润滑油中析出，使润滑油流动性变好。

⑦—室外机热交换器。

图 4-29　柜机室外机结构（示例）

2. 柜机室外机部分部件（与挂机不同的部件）检测

对于制冷量在 5kW 以上的空调器，由于压缩机工作时额定电流较大，继电器不能胜任压缩机的起动和停止工作，必须使用交流接触器。

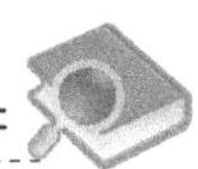

（1）交流接触器的检测

1）控制单相供电的交流接触器有单极型（见图4-30）和双极型（见图4-31）。

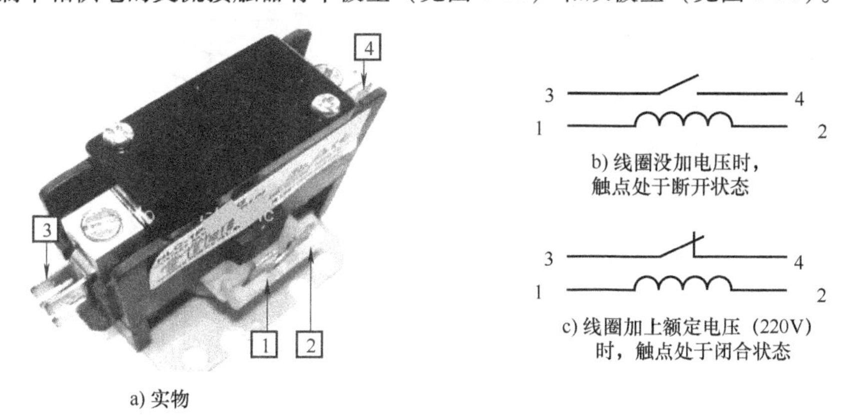

图4-30　单极型交流接触器

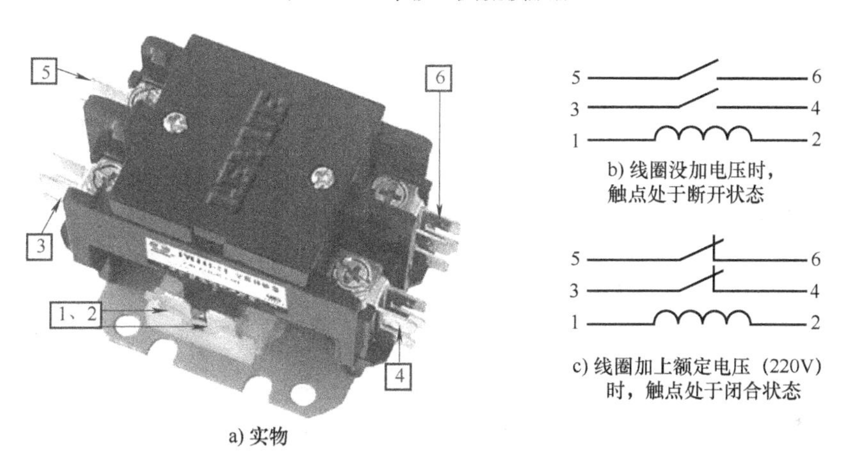

图4-31　双极型交流接触器

单极型交流接触器的工作原理是，当线圈1、2两端子之间不加电压时，端子3、4处于断开状态，当加上220V电压时，线圈产生磁力，衔铁被吸引而动作，使端子3、4之间闭合。单极型用于控制1根相线的通、断。双极型的原理与此相同，线圈没加电压时，端子3、4之间及端子5、6之间处于断开状态，线圈加上额定电压后，端子3、4之间及端子5、6之间都处于闭合状态。双极型用于同时控制相线和零线的通、断。

2）控制三相供电的交流接触器为三极型，如图4-32所示。

三极型交流接触器的工作原理与单极、双极型交流接触器完全一样。线圈没加电压时，端子3、4之间和端子5、6之间及端子7、8之间处于断开状态，线圈加上额定电压后，端子3、4之间和端子5、6之间及端子7、8之间都处于闭合状态。三极型用于同时控制3根相线的通、断。

3）交流接触器的检测：

① 用万用表测线圈的阻值。不管是哪一类型，首先检测线圈的电阻值，正常一般为几百欧至1000多欧（不同类型交流接触器的阻值有差异）。若测得阻值为0或∞，说明线圈短路或断路。要更换接触器。

② 测接触器各触点的分断性能。线圈不加电压时，测各端子之间的电阻，都应为∞。

a) 实物

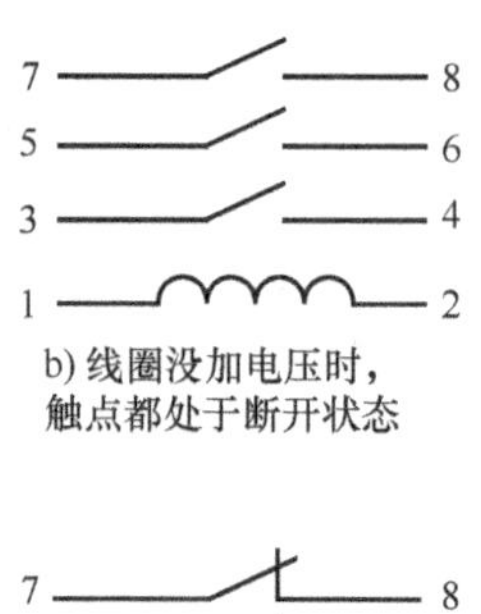

b) 线圈没加电压时，触点都处于断开状态

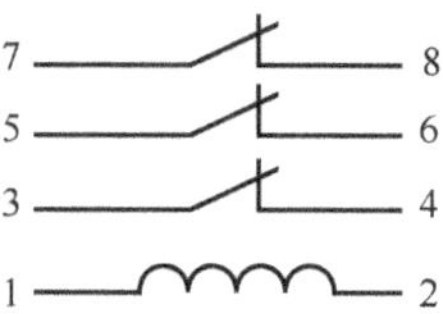

c) 线圈加上额定电压（一般为220V，也有很多是380V，铭牌上有标注）时，触点都处于闭合状态

图4-32　三极型（控制三相供电）交流接触器

③ 测触点的接触性能。用手将接触器的衔铁按下去或者给线圈加上额定电压使衔铁动作，测相应各端子间的电阻是否为0。若为0或接近于0，则正常；否则，触点接触不良，可用细砂纸打磨触点后再检测，或者更换接触器。

4）交流接触器的主要参数和选用注意事项：详见表4-9。

表4-9　交流接触器的主要参数和选用注意事项

名　　称	解　　释	选用时注意事项
额定电压	指触点工作的额定电压，空调器的交流接触器额定电压有220V和380V两种	在空调器维修中，选用交流接触器时，主要依据这几个参数：极数、额定电压、额定电流、线圈的额定电压，还要考虑外形尺寸的大小是否便于安装
额定电流	指接触器触点在额定工作条件下的电流值。380V三相电动机控制电路中，额定工作电流可近似等于控制功率的2倍。常用额定电流等级为5A、10A、20A、40A、60A、100A、150A、250A、400A、600A	
吸引线圈的额定电压	接触器正常工作时，吸引线圈上所加的电压值有220V和380V两种。一般该电压值以及线圈的匝数、线径等数据均标于线包上，而不是标于接触器外壳铭牌上，使用时应加以注意	
通断能力	可分为最大接通电流和最大分断电流。最大接通电流是指触点闭合时不会造成触点熔焊时的最大电流值；最大分断电流是指触点断开时能可靠灭弧的最大电流。一般通断能力是额定电流的5~10倍。当然，这一数值与开断电路的电压等级有关，电压越高，通断能力越小	
动作值	可分为吸合电压和释放电压。吸合电压是指接触器吸合前，缓慢增加吸合线圈两端的电压，接触器可以吸合时的最小电压。释放电压是指接触器吸合后，缓慢降低吸合线圈的电压，接触器释放时的最大电压。一般规定，吸合电压不低于线圈额定电压的85%，释放电压不高于线圈额定电压的70%	
操作频率	接触器在吸合瞬间，吸引线圈需消耗比额定电流大5~7倍的电流，如果操作频率过高，则会使线圈严重发热，直接影响接触器的正常使用。为此，规定了接触器的允许操作频率，一般为每小时允许操作次数的最大值	

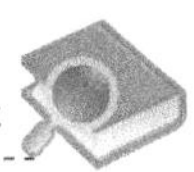

（2）压力继电器的检测

当空调器的高压和低压部分压力在正常值范围内时，用万用表测压力继电器两接线柱或两引线间的电阻，阻值应为0或者接近于0；否则，继电器损坏，或者继电器调整不当导致压力在正常的情况下其触点断开了。

4.4.2　分体柜式空调器室内机的分解和部件认识

1. 分体柜式空调器室内机的工作过程

位于柜机下部的电动机转动后，驱动离心式风扇转动，使室内空气从回风格栅进入，经过滤网除尘，然后被离心式风扇叶轮吸入、压缩后，由蜗壳式风道送出，再通过热交换器换热，通过出风格栅吹至室内，实现制冷或制热，如图4-33所示。

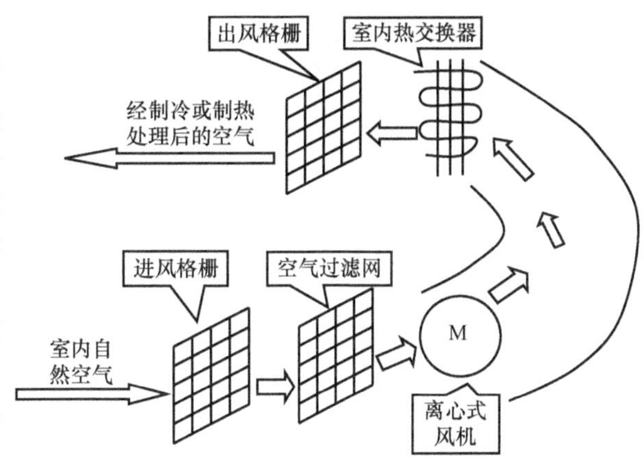

图4-33　分体柜式空调器室内机的空气循环系统

2. 分体柜式空调器室内机各部件的拆卸与认识

（1）进风格栅（吸气格栅或叫回风格栅）和空气过滤网的拆卸与认识

具体如图4-34所示。

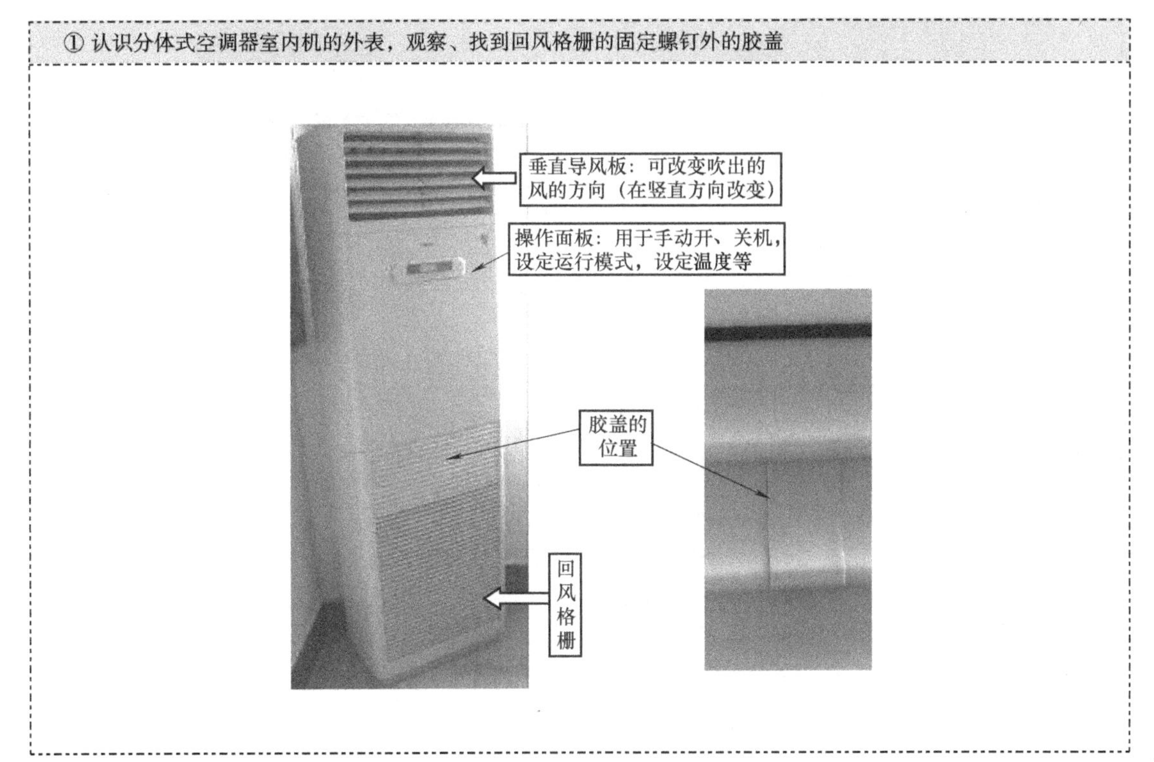

图4-34　进风格栅和空气过滤网的拆卸与认识

② 撬起、取下胶盖

说明：取下胶盖，就能看见回风格栅的固定螺钉；很多柜机的回风格栅与柜体之间采用卡扣连接

③ 拆下进风格栅的固定螺钉

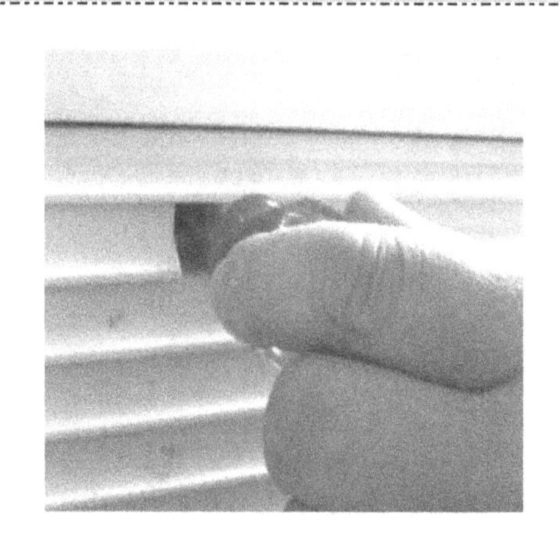

④ 取下进风格栅

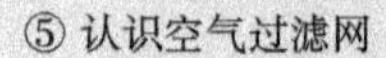

⑤ 认识空气过滤网

⑥ 空气过滤网的拆卸及维护

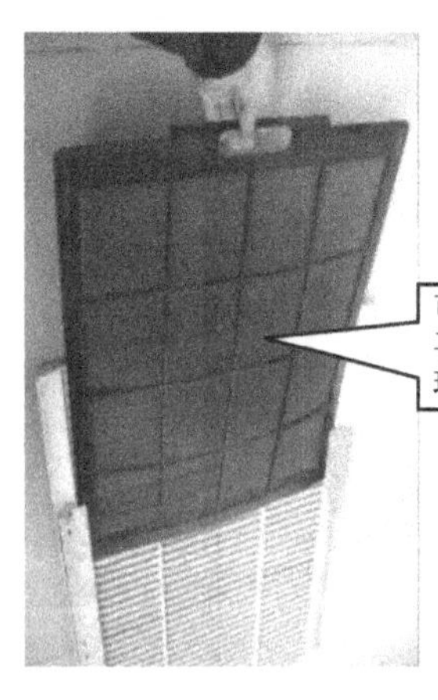

图 4-34　进风格栅和空气过滤网的拆卸与认识（续）

（2）其他部件的拆卸与认识（见图 4-35）

① 顺时针或逆时针转动一下胶圈，脱离卡扣，取下胶圈

② 用扳手拆下离心式风扇叶轮的固定螺母

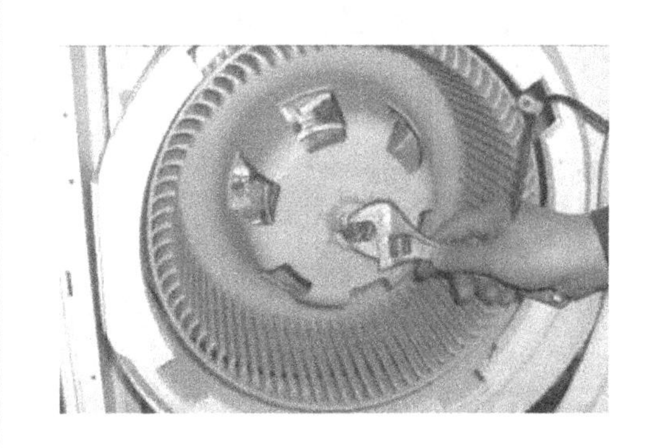

③ 取出离心式风扇叶轮

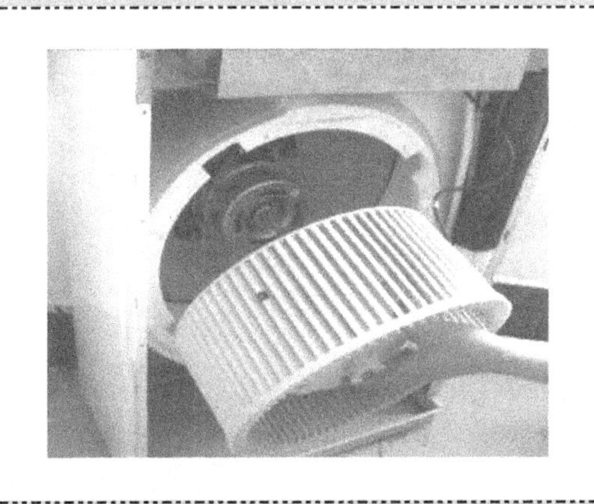

④ 认识离心式风扇电动机和蜗壳式风道

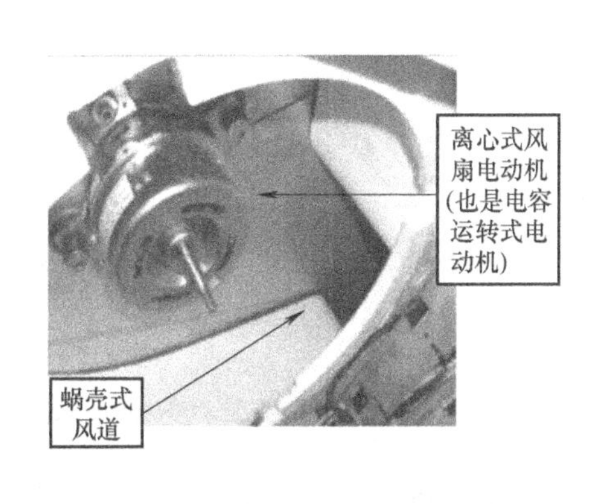

⑤ 认识室内机电气控制板、室内机和室外机连接管的活接头、排水管

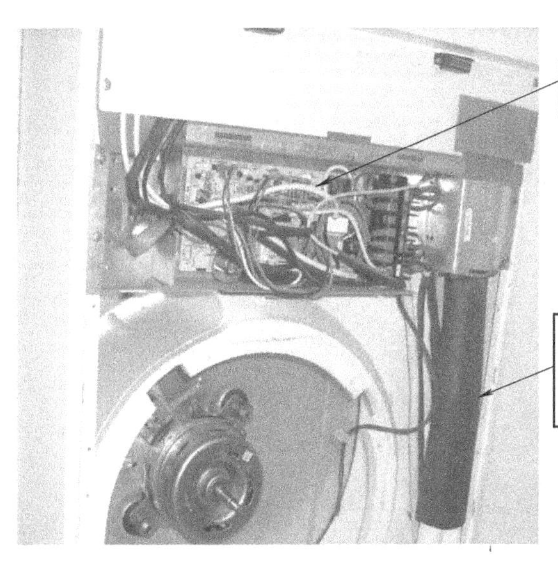

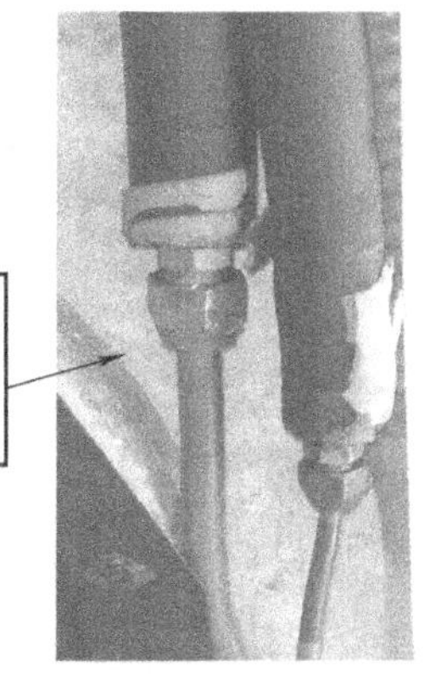

图 4-35　离心式风扇叶轮的拆卸与认识

⑥ 拆下垂直导风板，就可以清晰地观察水平导风板、热交换器（盘管翅片式）及空气负离子发生器

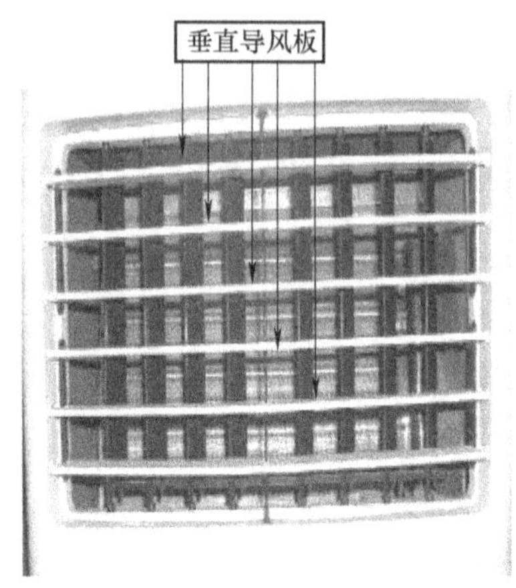

a）垂直导风板

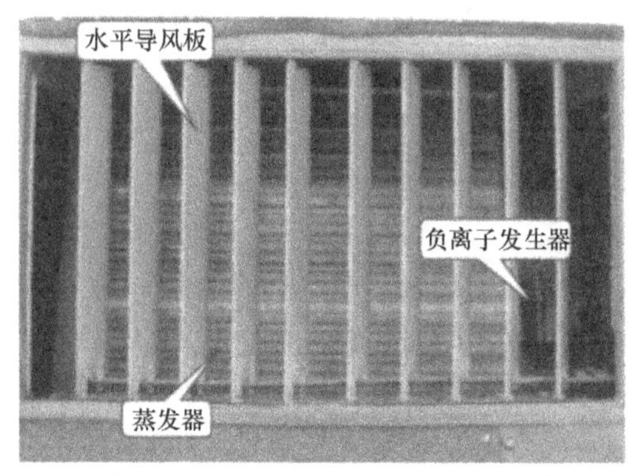

b) 拆下垂直导风板组件后的情景

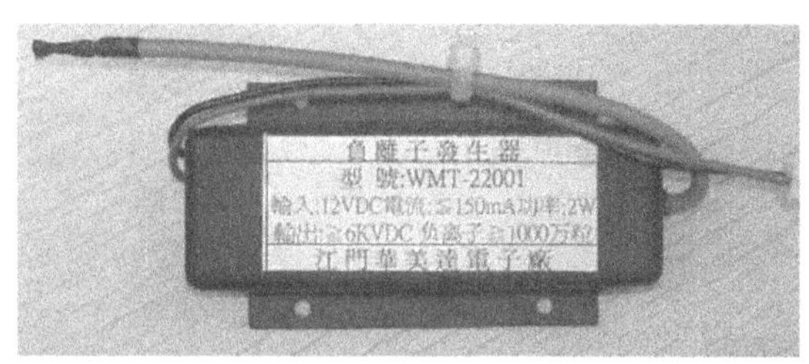

c）负离子发生器

说明：负离子发生器是一种生成空气负离子的装置，该装置将输入的直流电或交流电经一系列电路处理后升为交流高压，然后通过特殊等级电子材料整流滤波后得到纯净的直流负高压，将直流负高压连接到金属或碳元素制作的释放尖端，利用尖端直流高压产生高电晕，高速地放出大量的电子，而电子无法长久存在于空气中，立刻会被空气中的氧分子（O_2）捕捉，从而生成空气负离子。空气负离子可使人感觉清新、舒爽，起到保健作用

⑦ 观察另一种进风格栅（进风格栅在两旁）

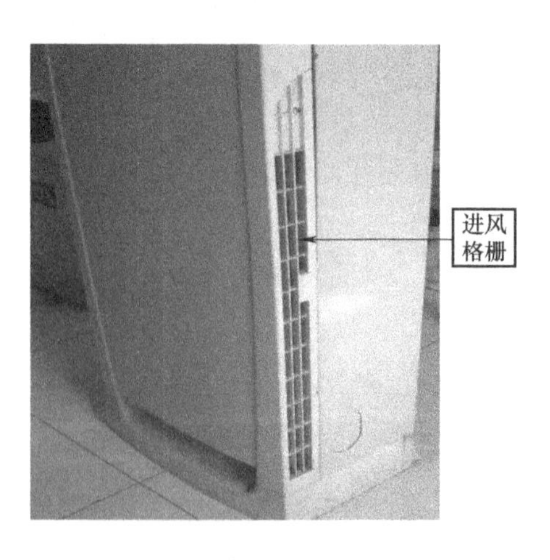

图 4-35　离心式风扇叶轮的拆卸与认识（续）

知识链接

1. 其他常用制冷部件（见表4-10）

表4-10　其他常用制冷部件

名　　称	图　　示	说　　明
干燥过滤器（单向）	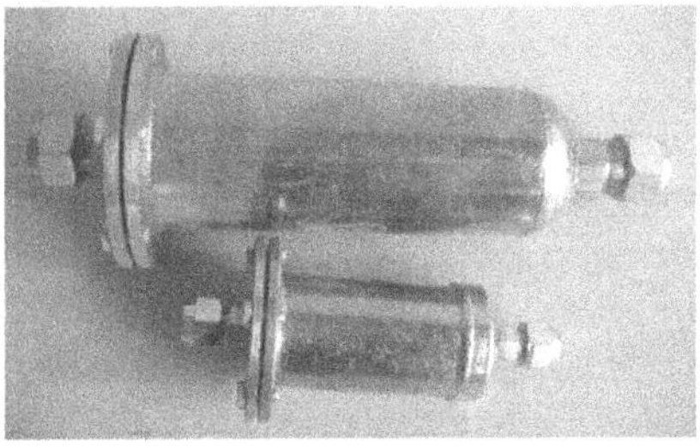	两端用活接头连接在管路中 可拆卸后更换内部的干燥剂，清洗过滤网 用于较大型的空调器等制冷设备中
干燥过滤器（双向）		内部单向阀使流动和过滤在任一方向都可以进行 高溶解水分和去除酸的能力强 安装位置不受限制 能有效防止集结在一个方向的污染物在流向改变时流回来
油分离器	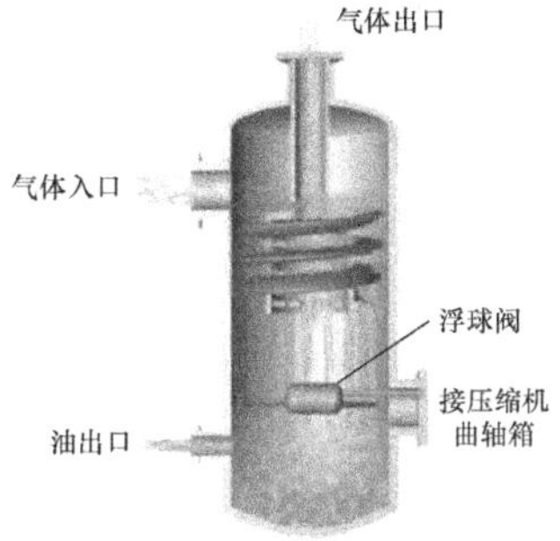 气体出口 气体入口 浮球阀 接压缩机曲轴箱 油出口	压缩机排出的制冷剂气体里不可避免地含有一定的冷冻油。该混合物进入油分离器后，流过一个过滤器和挡板装置，使油的细粒聚集并跌落到底部，基本不含油的制冷剂气体则通过出口，进入冷凝器，提高了热交换器的效率 聚集在油分离器底部的油，通过一个由浮球操作的针形阀开启，让油回到压缩机中
气液分离器		安装在压缩机进气口。由于蒸发器出口的制冷剂气体里混有制冷剂液滴，当气液混合物进入气液分离器底部后，气体就会上升到顶部回到压缩机。液体在气液分离器的底部渐渐气化，再回到压缩机中 用于防止液态制冷剂被压缩机吸入

（续）

名　称	图　示	说　明
热力膨胀阀	毛细管 管口2 感温包：里面充满制冷剂，安装（紧贴）在蒸发器出口水平管道上 管口1 管口1和管口2是制冷剂的进、出口，阀体上用箭头标明了制冷剂的流向 拆下该螺母盖，可以看见一个方形调节杆。顺时针转动调节杆，阀的开口缩小，反之增大 a）热力膨胀阀实物图 毛细管 p_1 波纹管 感温包 p_1 p_2+p_3 p_3 蒸发器 节流阀针 顶杆 定值弹簧 调节螺钉 b）热力膨胀阀原理图	有3个力作用在阀内的波纹管上： ① 感温包感受蒸发器出口的温度变化后，包内制冷剂的压力 p_1 也发生变化，该压力通过毛细管传到波纹管，方向向下 ② 阀内弹簧的预紧弹力 p_2，方向向上 ③ 蒸发后气态制冷剂的压力 p_3，方向向上；室温变化后，p_1 和 p_3 都发生变化，这3个力共同作用在波纹管上，使波纹管变形，带动顶杆和节流阀针上下移动，使阀门的开启程度增大或减小，从而调节制冷剂的流量 热力膨胀阀是较大型空调器和其他制冷设备的节流器件 随负荷的变化而自动调节制冷剂流量的能力较好
电辅热加热器	a) PTC加热器 b) 电热管加热器	① 作用。室温度较低时，空调器启动电加热功能，与热泵式制热共同工作 ② 电热管加热器。在早期空调器使用较多，特点是面积较大，所以在出风口框处感觉到热量均匀，缺点是发热慢，能耗较多，通常安装在蒸发器的前面 ③ PTC加热器。优点是发热快，在出风口温度升高时发热功率能自动降低，所以恒温性较好，安装在蒸发器的后面 ④ 为了防止超温损坏，设有可恢复式温度开关和一次性超温熔断器
压力继电器	接线端 接线端	一端可通过螺纹安装在管道系统中，另一端为接线端 有高压继电器和低压继电器两种 当压缩机吸气压力过低和排气压力过高时，压力继电器的一对触点断开，从而可切断压缩机的供电，起保护作用

（续）

名　称	图　示	说　明
双通电磁阀		双通电磁阀是一种电动控制的“通断截止阀”，主要用于“一拖多”空调器或部分三相电源供电的空调器中
单向阀		单向阀又称止回阀，它只允许制冷剂向一个方向流动，而不允许反流。主要用于空调器、冷冻机等制冷设备，使系统中压缩机停止时防止高压逆流和制热时控制制冷剂量，达到制热的目的，在分体热泵型空调器中使用的比较普遍。 特性：采用不锈钢锥度或尼龙阀芯，密封性能好，导向稳定，阀芯在阀座内滑动灵活，无卡死现象，工作时无噪声，工作时间越长密封性能越好，泄漏量越小，使用寿命长，更换时需要采取冷却措施焊接 适用介质：R22、R407C、R410A 通径：2.8～10mm
单向阀组件		毛细管：内径为1.2～2.0mm、外径为3mm的紫铜管

2. 定频空调器的工作模式简介

定频空调器的工作模式是使用和维修空调器所必须掌握的。空调器的工作模式可用遥控器进行设置。

（1）自动模式

当将空调器设为自动模式时，空调器的微处理器会根据室内温度传感器检测到的室内温度，自动选择是工作在制冷模式还是工作在制热模式，自动选择风机的最佳转速。例如，若室温高于默认的温度（一般为20℃），则工作在制冷模式；若低于默认温度，则工作在制热模式。用户希望达到的温度不能设置（电控系统在出厂时已设置好了，用户不能更改）。

（2）制冷模式

在该模式下首次为空调器上电，压缩机会立即起动。若断电后立即上电，压缩机会延迟3min再起动。用户希望达到的温度可以通过遥控器来设定，调节范围是16～30℃。

当室内温度降到其设定温度时，其压缩机会停止工作，但室内机送风电动机会驱动轴流风扇以低速档运行。在室内温度较低的情况下，即便压缩机已停止工作，但是，在室内机送风状态下，会感到凉爽。

当室温上升，高于设定温度时，压缩机又自行起动，进行制冷。

（3）制热模式

制热模式不一定只允许在冬季使用。

在该模式下首次为空调器上电，压缩机会立即起动。若断电后立即上电，压缩机会延迟3min再起动。但刚上电时室内风机不会运转，以免吹出冷风。只有当室内机的管道温度传感器的温度上升到一定值（一般为70℃以上），室内风机才会运转。

用户希望达到的温度可以通过遥控器来设定，调节范围是16~30℃。

当室内温度升到其设定温度时，其压缩机会停止工作，微处理器延迟几十秒后切断室内风机和四通阀的供电，以将室内机热交换器上的热量全部吹出。

（4）除霜模式

在制热模式，室外机的热交换器上会结上一层霜。这一层霜对室外机的吸热起到了阻碍作用。所以需要定时除霜或自动除霜。

（5）除湿模式

该模式是为了除去室内机热交换器上面的露水，以免室内温度过低，使人不舒适。

（6）送风模式

该模式下，只有室内风机和风门以设定的状况运行。

3. 空调器使用注意事项

1）电源电压不可波动太大（允许±10%的波动），且空调器应专线供电，确保电源线各处接触良好。

2）室内机组的外壳要经常清洁处理，一般可用清洁的干布拭擦干净或用中性洗涤剂拭擦，不允许用水直接冲洗，如果使用布擦拭时也要在断电后进行。

3）室内温度不可调得太低，否则对人体不利，应适当调节设定温度。

4）房间门窗不可频繁开关，人员不可频繁进出，以免冷气损失。

5）空气过滤器应定期清洗，否则气流受阻，造成风量不足，室温升高。

6）机组安装要牢靠，减少振动和噪声；冷凝器的吸、排风口前要留有足够空间以利通风，若风力受阻，冷凝压力升高将会导致停机。

7）室内机组前也不应有障碍物，否则影响出风。

8）空调器不使用时应及时切断电源。

9）空调器停机后必须待3min后再次起动，以保护压缩机。

10）遥控器（不应放在小孩易取之处）不要被小孩当成玩具操作，以免损坏机器。

复习检测题

1. 拆解分体式定频空调器需注意哪些问题？
2. 画出分体壁挂式空调器室内机的原理示意图。
3. 画出分体柜式空调器室内机的原理示意图。
4. 定频空调器的压缩机有哪几种类型？各有什么特点？
5. 怎样检测压缩机的电动机部分？怎样检测压缩机的机械部分？
6. 空调器的电容器起什么作用？怎样检测？
7. 定频空调器有哪几个温度传感器？怎样检测？
8. 空调器的三通截止阀有什么特点？起什么作用？
9. 怎样检测交流接触器？
10. 定频空调器有哪几种工作模式？

第5章

定频空调器的电控系统原理及检测

本章导读

定频空调器的电气控制部分故障较多，其维修有一定的难度，因为和维修制冷系统相比，一是不容易找到思路；二是检修受空间位置的限制，不便操作。

在学习、掌握了第4章的基本内容后，可以学习本章。本章的目的就是为了使初学者顺利突破这一难点。本章注重实用性，采用由微观到宏观、由简到繁的编写顺序，注重原理图与实物图相结合，详细分步介绍了不同品牌、型号空调器电气控制部分的共同点和不同点，以及检修思路和方法。

5.1 定频空调器电控系统的组成

定频空调器电控系统由以下几部分组成（见图5-1）：

1）CPU——即微处理器，是电控系统的核心。空调器的各种工作状况都是在CPU控制下实施的。

2）CPU的三要素电路——为CPU正常工作提供外部条件。

3）信号输入部分电路——将用户设定的工作方式信息传给CPU，还将各种传感器探头探测的空调器的工作状态信号、环境状态信号传给CPU。这些信号是CPU做出判断的依据。

4）信号输出部分电路——CPU根据各种输入信号，做出正确的判断后输出相应的控制信号，传给执行机构，控制空调器的运行。

下面分别详细介绍定频空调器各个组成部分的原理及检测。

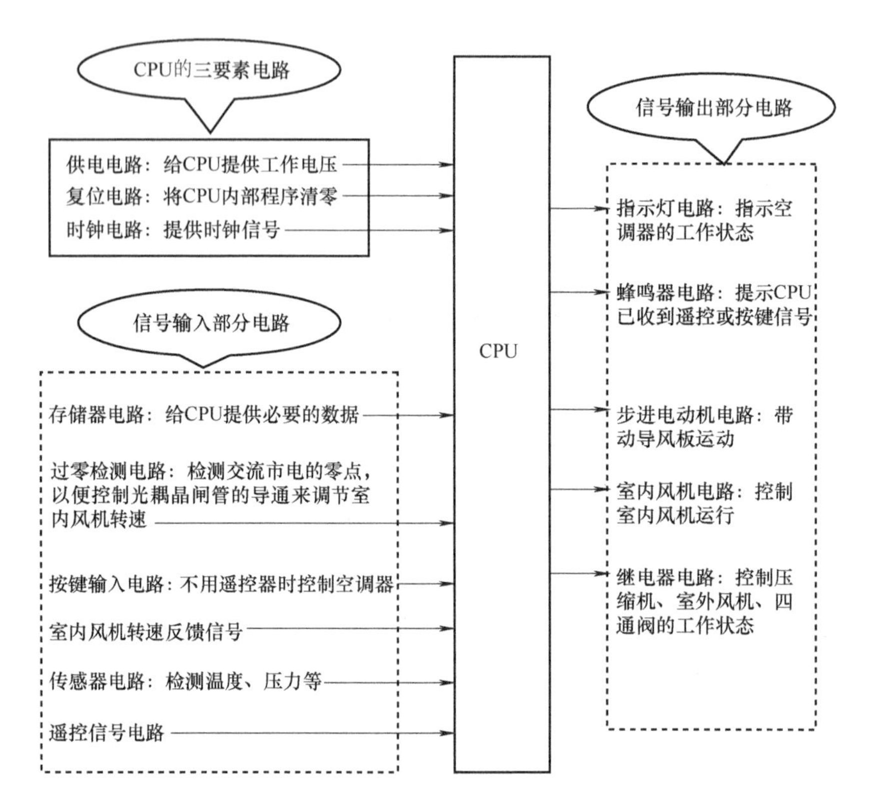

图 5-1　定频空调器电控系统结构框图

5.2　定频壁挂式空调器的整机供电部分

5.2.1　典型电路

各种品牌的整机供电部分基本相似。它包括给电子元器件供电的弱电部分和给压缩机等供电的强电部分。某典型 1.5P 分体式定频壁挂式空调器控制电路的整机供电部分如图 5-2 所示。

5.2.2　典型电路解释

1. 过电压保护部分

压敏电阻 RV 跨接于相线和零线之间，正常情况电阻为无穷大，当有雷电等高电压窜入或市电电压过高时，压敏电阻会被击穿短路，熔断器 FU 烧断，切断了电源，起保护作用。

2. 弱电部分

1）+12V（直流 12V）电压的获得：220V 市电经变压器 Tr 降压，再经整流二极管 VD1 ~ VD4 桥式整流，变为脉动直流电，经滤波电容器 C1 滤波后，再经 7812 三端稳压器的 1 脚输入，从 3 脚输出 12V 直流电压给各负载（压缩机、四通阀、电加热器等）的供电继电器（J1 ~ J4）的线圈供电，控制继电器触点的闭合与断开，从而控制各负载的运行与停止。一般来说，继电器线圈对 12V 电压的稳定性和精确度的要求不高，10 ~ 15V 范围内均可。有些空调器没有设置 7812，经整流滤波后，直接获得 12V 电压。

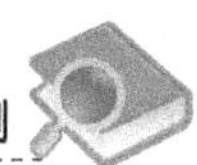

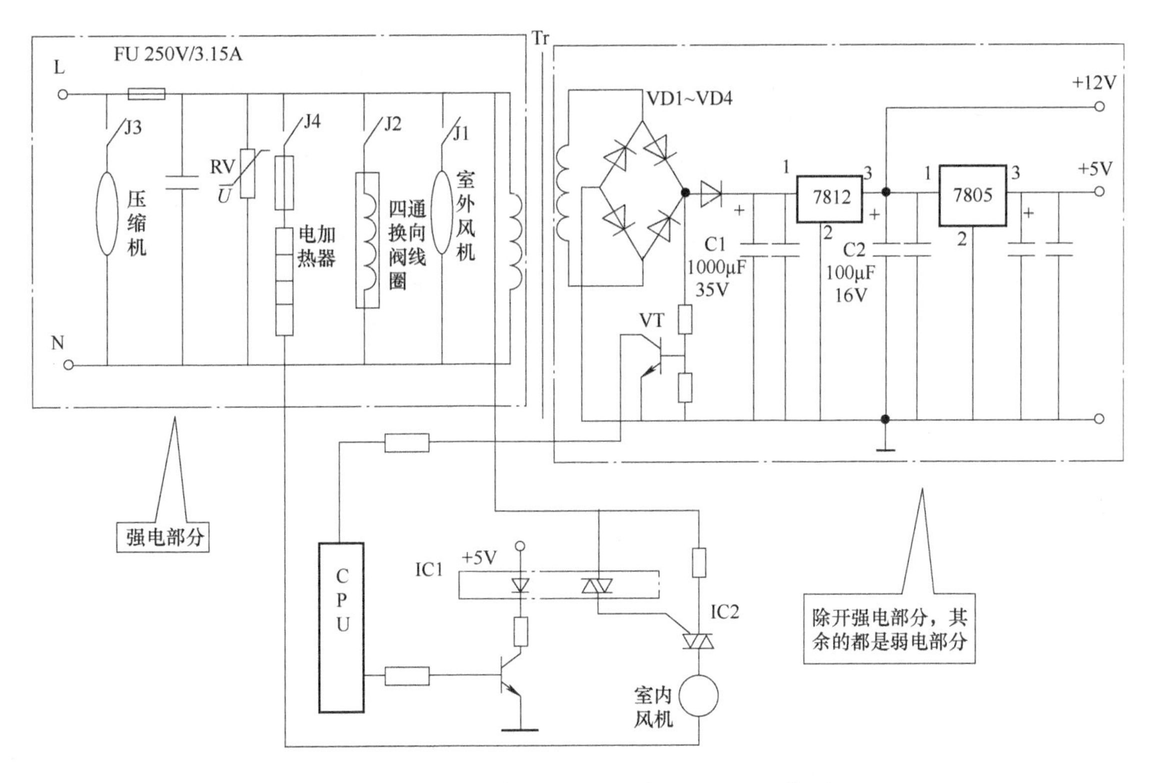

图5-2　某典型分体式定频壁挂式空调器整机供电图

2）稳定的+5V（直流5V）电压的获得：7805三端稳压器的2脚接地（即接公共的负极），不是很稳定的+12V直流电压由1脚输入，3脚就有稳定的+5V电压输出，给CPU和遥控部分等供电。

3. 强电部分

1）压缩机、室外风机、四通换向阀、电加热器等采用公共的零线，相线各自独立。

2）压缩机的相线：由于电路板上对压缩机设有过电流保护电路，压缩机绕组短路不会烧熔丝，并且压缩机的电流较大，所以在熔断器前给相线设一分支线，经继电器J3给压缩机供电。

3）室外风机、四通换向阀、电辅热加热器的相线：在熔断器后设三个分支线，经各自的继电器，给压缩机、四通阀、电辅热加热器供电。

4）室内风机（即贯流风扇电动机）的相线：在熔断器后设一分支，经光耦IC1、双向晶闸管IC2等调速器件后加到电动机上。

5.2.3　整机供电电路元器件的认识与检测

压缩机、四通阀、电辅热加热器的供电（需用220V）需结合CPU的输出电路来介绍，才有利于理解（见5.5节）。这一节着重介绍整机弱电产生电路的元器件的识别与检测。弱电产生电路的整体元器件（机型不同，有所差异，但差异不大，现以美的KFR-32GW/Y为例）如图5-3所示。

看图提示：按序号顺序看图，并将该图与图5-2对照认识，使得理论和实践相结合。

下面分别介绍各元器件的识别、功能与检测方法。

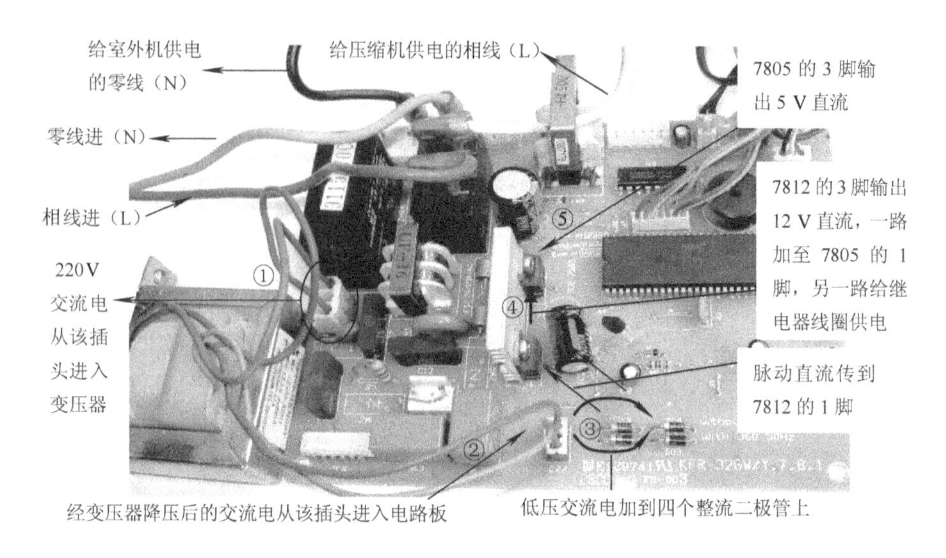

图 5-3　壁挂式空调器产生 12V 和 5V 直流电的电路元器件整体

1. 熔断器

(1) 熔断器的结构和作用

熔断器起短路保护作用。熔丝与两端的金属壳相连，外壳中部为玻璃壳。其额定电流标在两端的金属壳上。家用空调器熔断器一般有“250V，8A”“250V，10A”“250V，12A”三种，更换时一定要选用额定电流相同的熔断器。对熔断器的认识如图 5-4 所示。

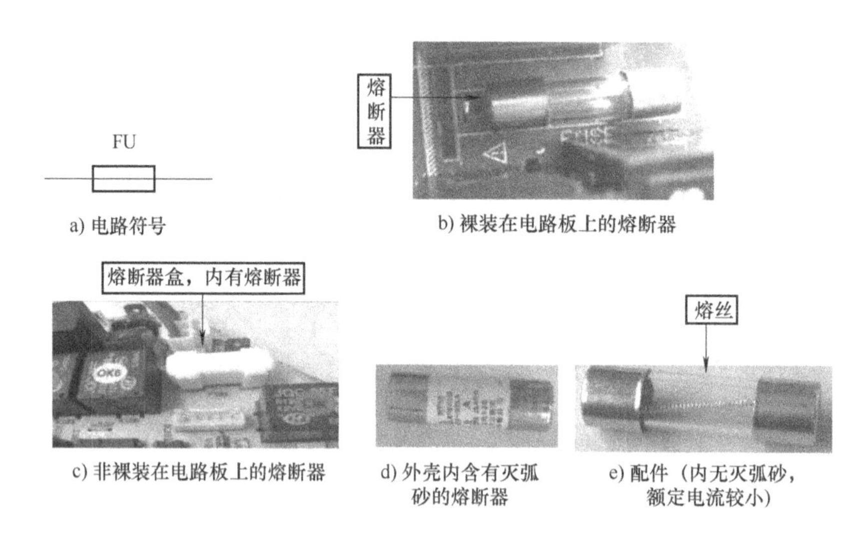

a) 电路符号　b) 裸装在电路板上的熔断器　c) 非裸装在电路板上的熔断器　d) 外壳内含有灭弧砂的熔断器　e) 配件（内无灭弧砂，额定电流较小）

图 5-4　认识熔断器

(2) 熔断器的检测

检测熔断器有目测和用万用表检测两种。

1）目测：若看见玻璃管内的熔丝已断，则说明已损坏，如图 5-5 所示。

2）用万用表检测：用万用表检测熔断器的方法如图 5-6 所示。

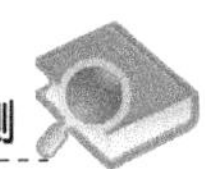

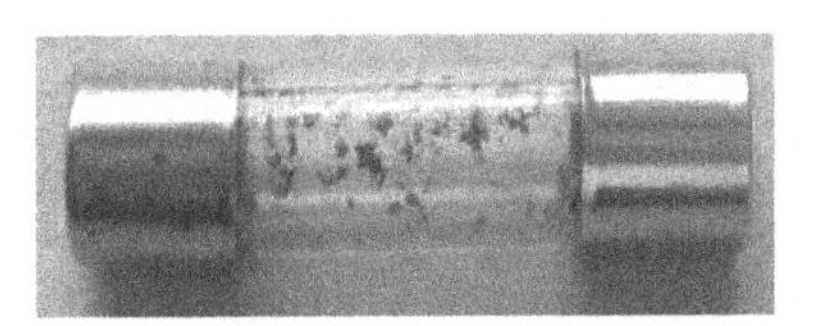

a) 熔丝已熔断，并有乌黑的残留物，这是由于熔断器以后的电路严重短路，被大电流烧毁

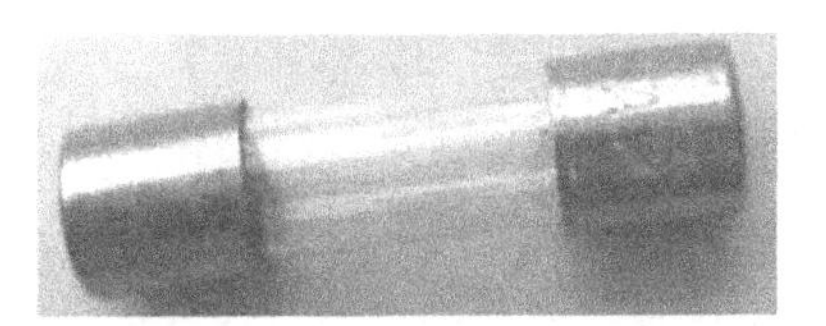

b) 熔丝已熔断，但没有黑色产物，是由于负载轻微过载，电流超过熔断器的极限而烧毁

图 5-5　目测熔断器

① 将万用表档位开关拨到电阻档	② 测量熔断器两端之间的电阻
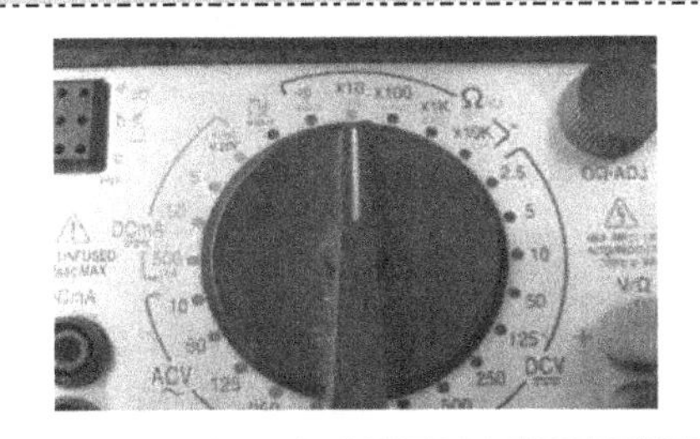	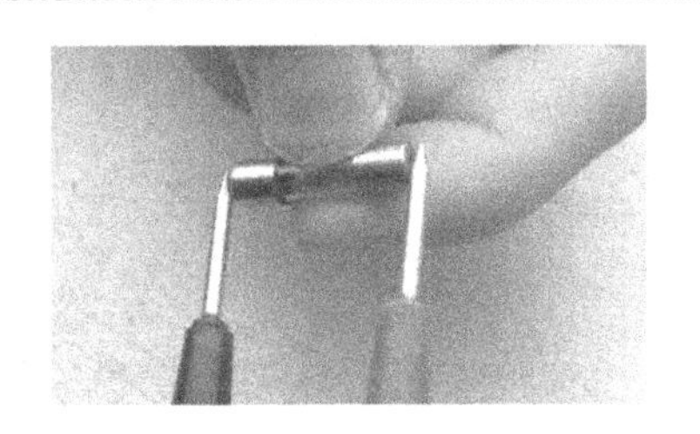
说明：有符号“Ω”的档是电阻档	说明：测得阻值为零，说明熔断器是好的；若阻值为无穷大，说明已熔断

图 5-6　检测熔断器

2. 压敏电阻

压敏电阻的认识与检测如图 5-7 所示。

① 认识实物与电路符号

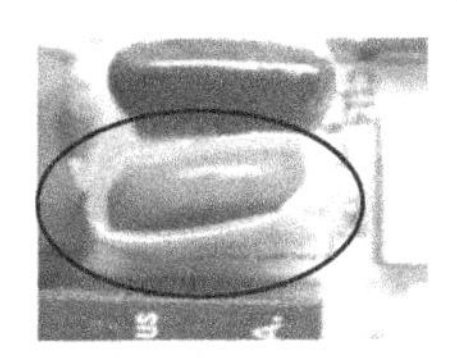

a) 装在电路板上的压敏电阻

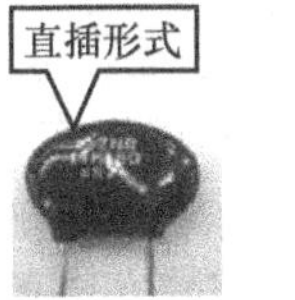

b) 拆机后的压敏电阻

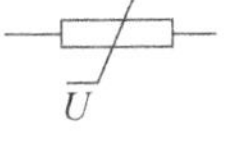

c) 电路符号

② 检测压敏电阻的方法

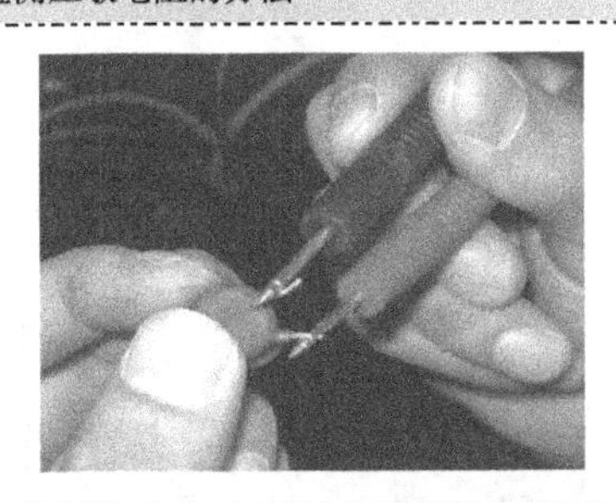

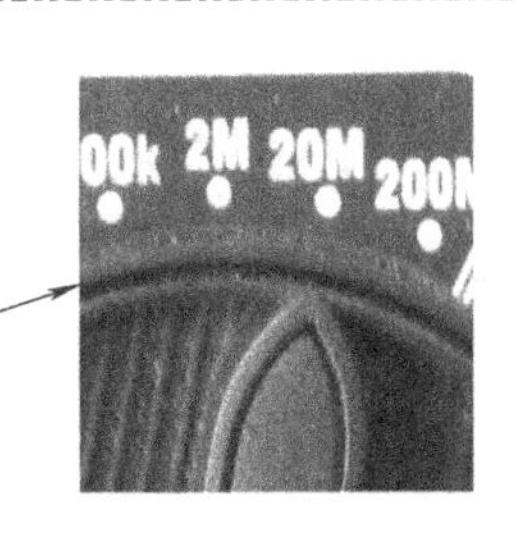

说明：拆卸后，用数字万用表测量或用指针式万用表的 R×10k 档，测两脚间的电阻，若为∞，则正常；否则，说明已损坏。不能在电路板上检测，因为该元件和变压器的一次绕组并联，测量不准确。压敏电阻是一次性元件，烧坏后应及时更换

图 5-7　压敏电阻的认识与检测

3. 变压器

空调器整机供电系统变压器的作用是将输入的交流电压降低为十几伏，再加到桥式整流电路上。它常见的故障是绕组与电路板的焊盘间接触不良、脱焊、一次绕组断路、二次绕组短路（导致屡烧熔断器）。其认识与检测如图 5-8 所示。

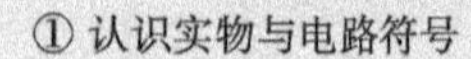

① 认识实物与电路符号

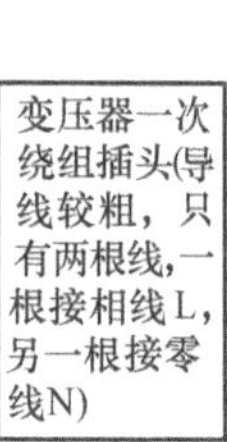
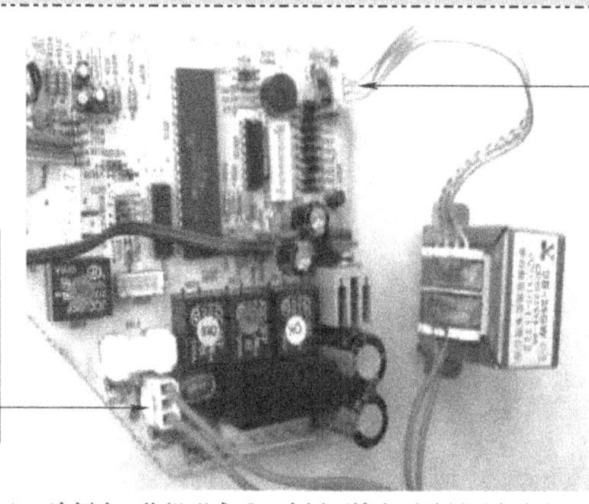

a) 二次侧为二绕组形式［二次侧可输出两种低压交流电，经各自的整流电路产生相应的直流电（一般是12V和5V）。这种形式较少］

b) 二次侧为单绕组形式（只能输出一种低压交流电）

② 松开插接件锁扣，拔下、插上插头几次，检测各插针和插孔是否松动、锈蚀、接触不良

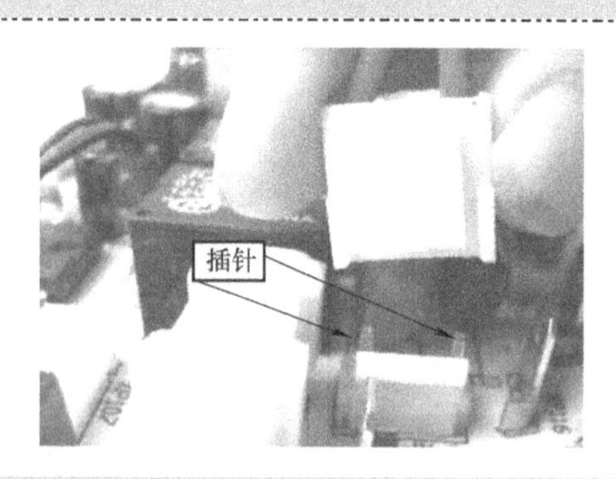

说明：若有，应清除锈蚀、氧化物，确保接触良好，并用绝缘硅脂密封、固定

③ 检测一次绕组（本例用数字万用表 2kΩ 档，测得为 326Ω）

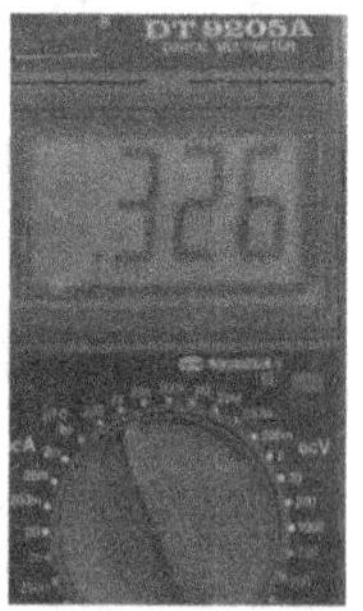

说明：正常值为 200 ~ 600Ω。若测得阻值为∞，可能是一次绕组串接的温度保险电阻烧坏。可剥开变压器的绝缘层，更换保险电阻

图 5-8　变压器的认识与检测

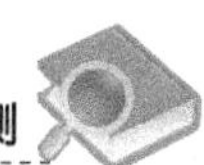

④ 检查二次绕组（本例用数字万用表 200Ω 档，测得阻值为 19.1Ω）

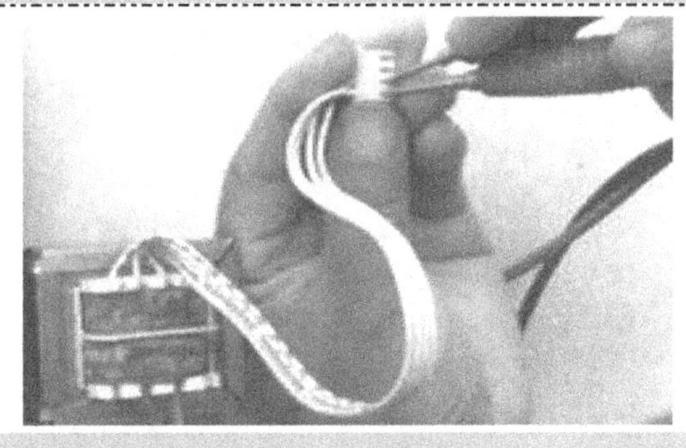

说明：不同机型的变压器，测得的阻值不一定相同。无论是一次绕组还是二次绕组，若测得的阻值为∞，说明绕组断路；若测得的阻值为 0 或接近于 0，则绕组短路，应更换变压器

图 5-8　变压器的认识与检测（续）

4. 整流二极管

基本功能是单向导电性。采用四个二极管组成的桥式电路，可以将交流电转化为脉动直流电。二极管常见的故障是由于反向电压过高将其击穿、导致短路，也有内部 PN 结断路的情况。其认识与检测如图 5-9 所示。

① 认识二极管的实物和电路符号

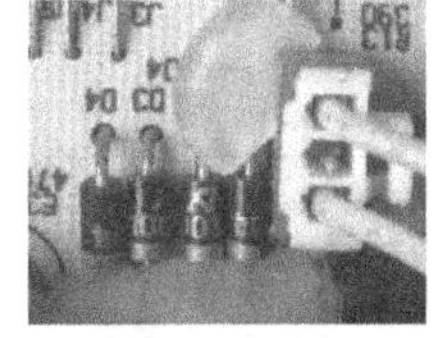

a) 电路板上的四个整流二极管

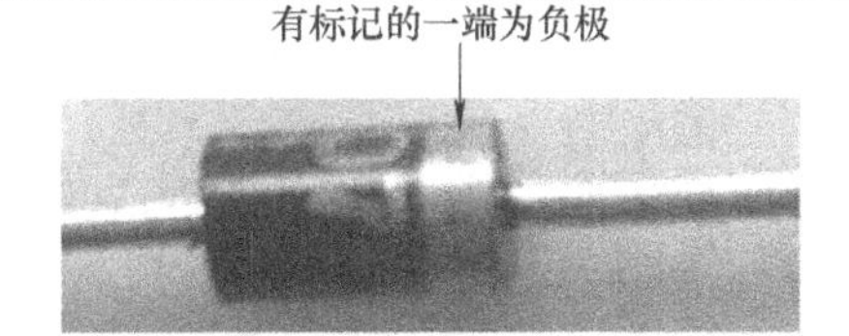

b) 拆机后的二极管

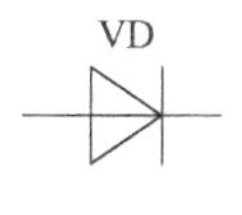

c) 电路符号

② 在路检测（在路检测方便一些）

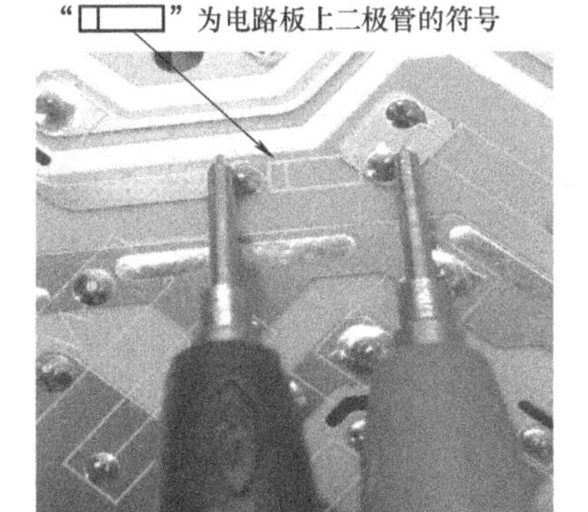

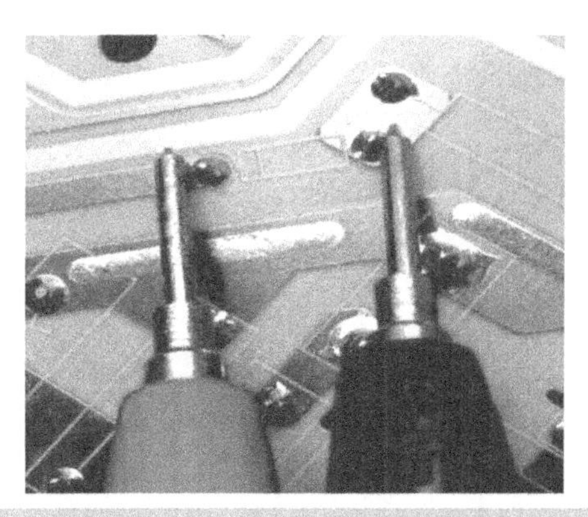

方法：找到二极管的两引脚在电路板上的对应焊点，用指针式万用表电阻档或数字万用表二极管档测两脚间的电阻，交换表笔再测两脚间的电阻。

检测结果说明：若两次测得的阻值不相等（一次大、一次小），则说明二极管正常；如果两次测得的阻值均为∞，说明二极管断路；如果两次测量值均为 0 或接近于 0，则二极管可能短路，需从电路板上拆下来检测加以确诊（因为二极管的外围电路也可能造成两次的测量值均为 0 或接近于 0）

图 5-9　整流二极管的认识与检测

③ 拆卸后（或者没装机时）检测二极管

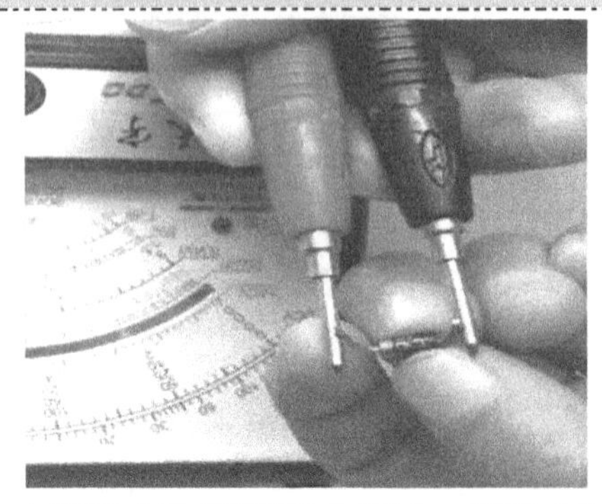

a) 测正向电阻（若用指针式万用表，应该黑表笔接表内电池正极，若用数字万用表，则红表笔接表内电池正极）。说明：正常情况，正向电阻较小，一般为500Ω左右

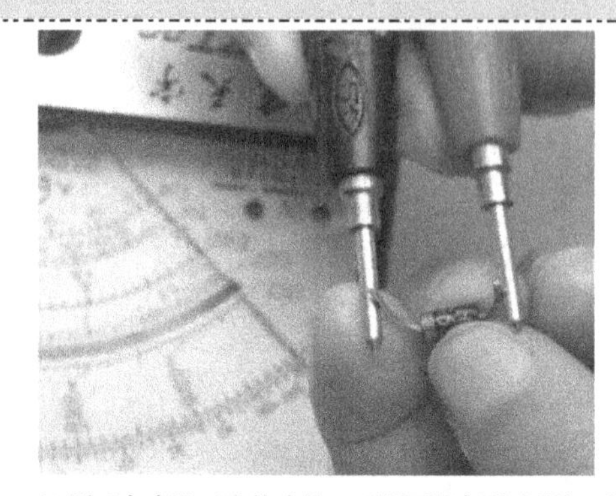

b) 测反向电阻（交换表笔，再测两脚间的电阻）。说明：反向电阻较大，比正向电阻大几百倍，一般为几百千欧以上

图 5-9　整流二极管的认识与检测（续）

5. 电阻

电阻起限流或分压作用，它可能的故障是阻值变大或断路（不存在电阻本身阻值变小的情况），其认识与检测如图 5-10 所示。

① 认识电阻实物及电路符号

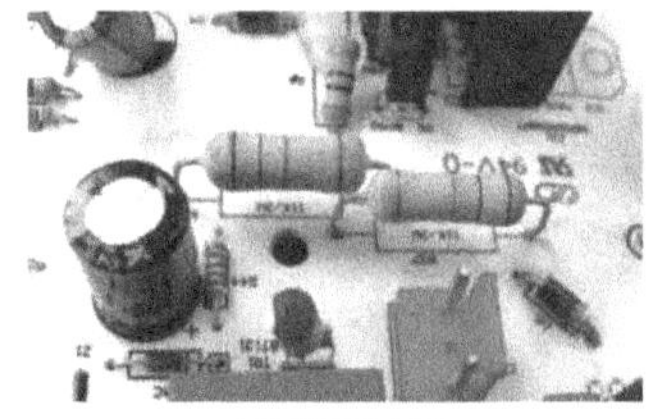

a) 四色环电阻

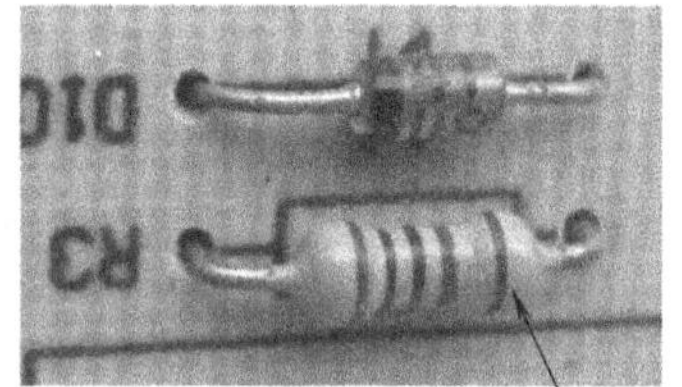

b) 五色环电阻

c) 电路符号

说明：

a）电阻上的各色环都表示数字，含义是黑（0）、棕（1）、红（2）、橙（3）、黄（4）、绿（5）、蓝（6）、紫（7）、灰（8）、白（9）、金（表示误差为 ±5%）、银（表示误差为 ±10%）、无色（表示误差为 ±20%）

b）读数方法：对四道色环，前两道表示数值，第三道表示数值后加零的个数，第四道表示误差。例如某电阻的色环是“绿棕红金”，则其阻值是 5100Ω，即 5.1kΩ，误差为 ±5%

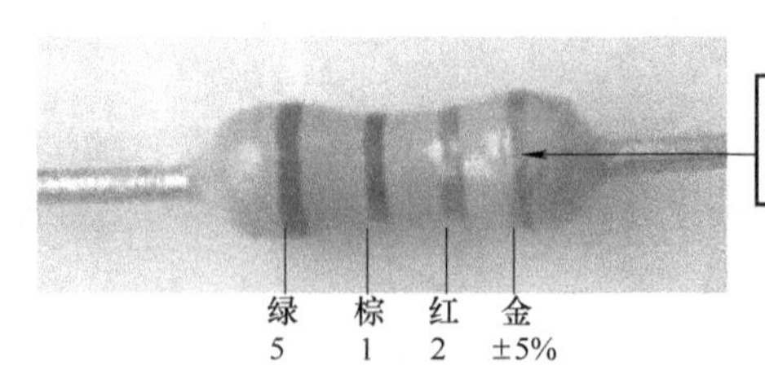

对五色环电阻（精密电阻），前三道表示数字，第四道表示加零的个数，第五道色环较特殊（与相邻色环的间隔较大），表示误差。有时较难辨别哪道色环是第五道，可以用万用表测量其阻值，然后把最右端色环当作第五道，读一次阻值，再把最左端色环当作第五道，又读一次阻值，哪一次的读数与测量值最接近，则这次读数是正确的

图 5-10　色环电阻的认识与检测

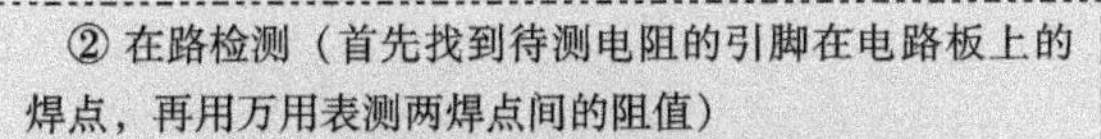

② 在路检测（首先找到待测电阻的引脚在电路板上的焊点，再用万用表测两焊点间的阻值）

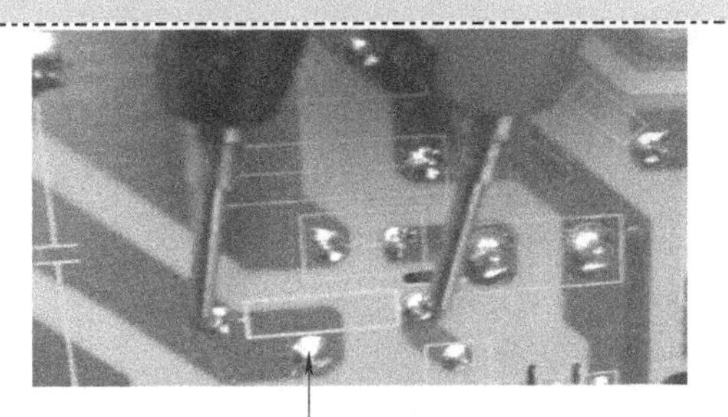

检测结果说明：若测得的电阻值比标称值小，不能说明什么问题，因为有其他电路与电阻并联；若测得的电阻值比标称值大，则说明电阻已开路或阻值变大

③ 拆卸后的检测

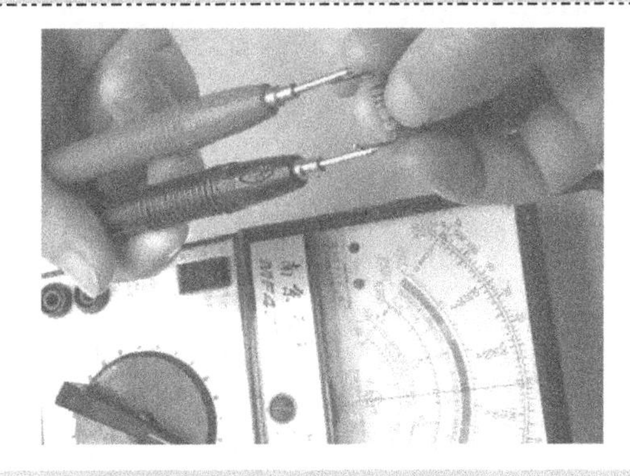

说明：只要测量值和标称值大致相等，就可认为电阻值正常，因为万用表测量电阻是有一定误差的

图5-10　色环电阻的认识与检测（续）

6. 滤波电容

滤波电容为电解电容器（有正、负极），其基本功能是隔（即隔断）直流、通（即通过）交流，通高频（即对高频交流电的阻碍小）、阻低频（即对低频交流电的阻碍大）。利用该特性可滤掉脉动直流电中的交流成分。电解电容器常见故障是容量下降、失去容量、击穿短路、断路。电解电容器的认识如图5-11所示。

a) 电路板上的电解电容器

b) 未装的电解电容器

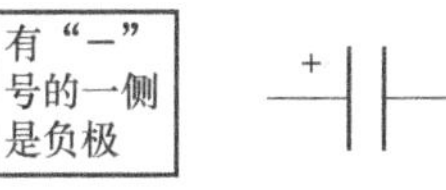

c) 电路符号

说明：和压缩机、风扇电动机的电容器一样，更换时需关心的参数为“耐压值”和“电容量”

图5-11　电解电容器的认识

电解电容器的检测如图5-12所示。

① 给电容器放电

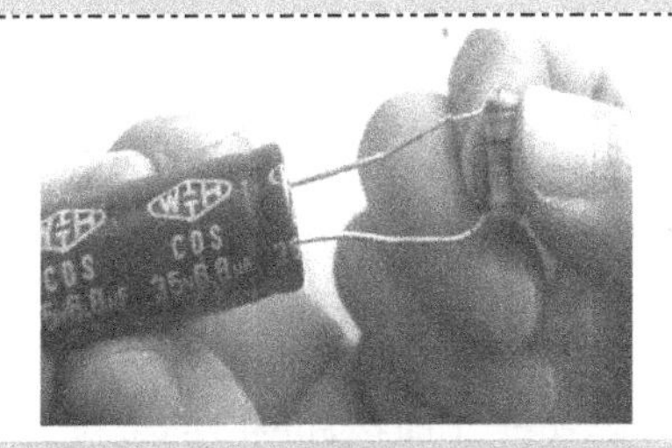

方法：用一个百欧左右的电阻接触两电极，进行放电（不管电容器是否储有电荷，必须先放电，以免损坏万用表）；应急时也可以直接将电容器的两极短接，进行放电

② 用指针式万用表电阻档，将两表笔接触电容器的两极

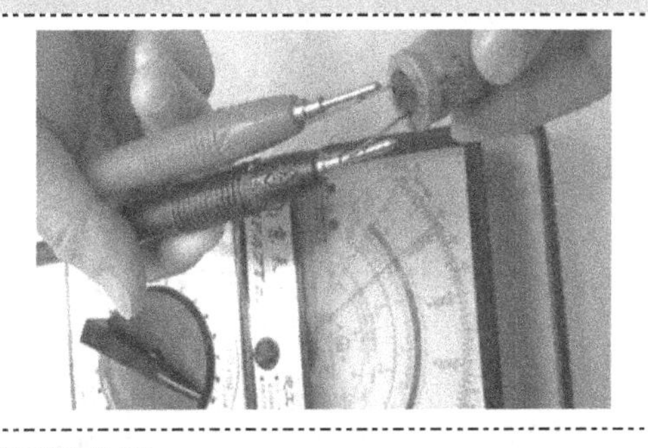

图5-12　电解电容器的检测

③ 电容器正常的测量结果

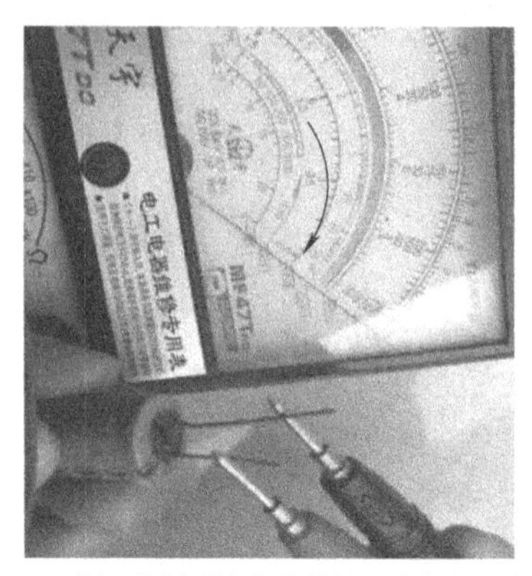

a) 开始，指针逐渐向右偏转一个角度（这是表内电池给电容器充电的过程）

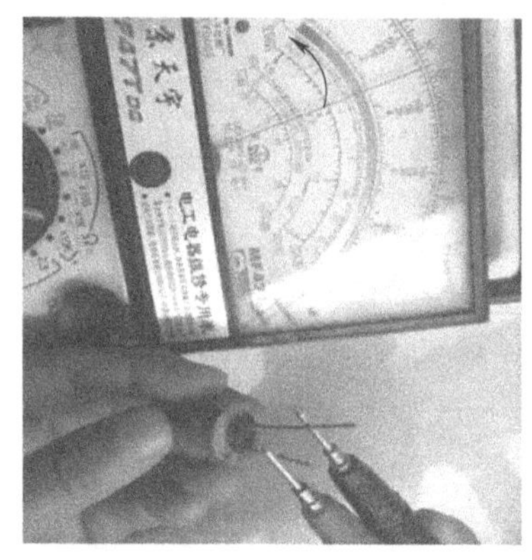

b) 然后，指针逐渐返回到原处（这是充电完毕的状态）

检测结果说明：若指针向右偏转一个角度后又返回到原处（即无穷大处），则无断路、短路，即基本正常；若指针指向零，不返回原处，则已击穿、短路；若指针始终不偏转，则已断路；若怀疑电容器的容量下降，可采用数字万用表的电容档测量或采用代换法更换

图 5-12　电解电容器的检测（续）

7. 不可调的 7812 和 7805 三端集成稳压器

（1）三端稳压器型号介绍

三端稳压器的型号及含义如图 5-13 所示。

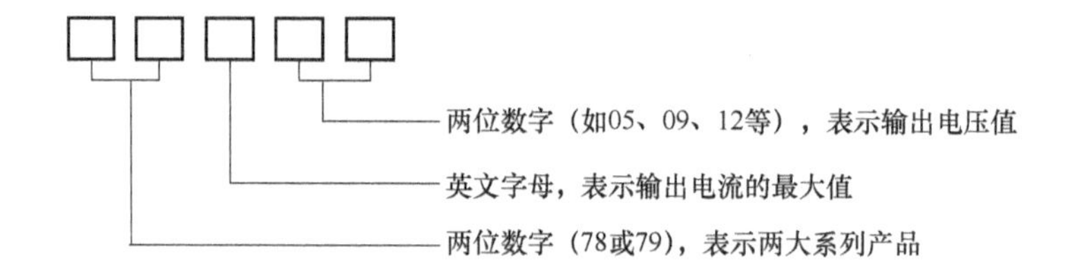

图 5-13　三端稳压器的型号及含义

（2）空调器控制板上的三端稳压器介绍

不可调的三端稳压器主要有 78××和 79××两大系列，78××系列输出的是正电压，79××系列输出的是负电压。例如，7812 输出的是稳压后的 +12V 电压（“+”表示输出脚的电位比地高），7805 输出的是稳压后的 +5V 电压，7905 输出的是稳压后的 -5V 电压（“-”表示输出脚的电位比地低）。

在空调器控制板上使用较多的是 7812 和 7805，它们的封装方式有直插式和表面安装方式。直插式如图 5-14 所示，其 1 脚输入不稳定的直流电压，2 脚接地（即接直流电的负极），3 脚为稳定直流电压的输出端，为 CPU 等器件提供稳定的直流供电。

表面安装方式的 78××三端稳压器的实物和引脚功能如图 5-15 所示。

三端稳压器的输出电流有多种，电流的大小与型号中的字母有关，见表 5-1。

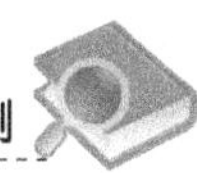

a) 电路板上的稳压器
(TO-92封装)

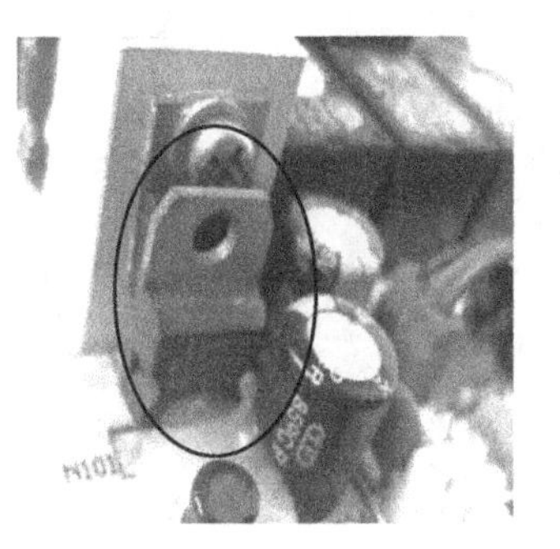

b) 电路板上的稳压器
(TO-202封装)

c) 配件
(TO-202封装)

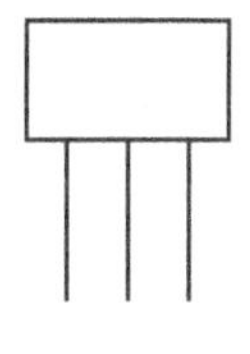

d) 电路符号

图 5-14　直插式三端稳压器

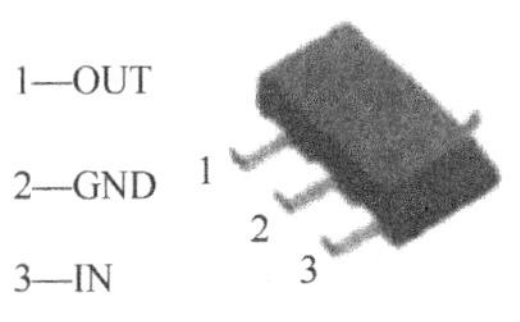

SOT-89

图 5-15　表面安装方式的三端稳压器

表 5-1　三端稳压器输出电流与字母的关系

字　母	L	N	M	无字母	T	H	P
最大电流/A	0. 1	0. 3	0. 5	1. 5	3	5	10

例如，78L05 的最大输出电流是 0. 1A，LM7805 的最大输出电流是 1. 5A（注：该型号中表示电流的字母缺失，所以为 1. 5A）。

（3）三端稳压器的检测

三端稳压器的检测宜采用测电压法。

1）7805 三端稳压器的检测方法如图 5-16 所示。

① 选用直流 50V 档（或大于 12V 的量程）

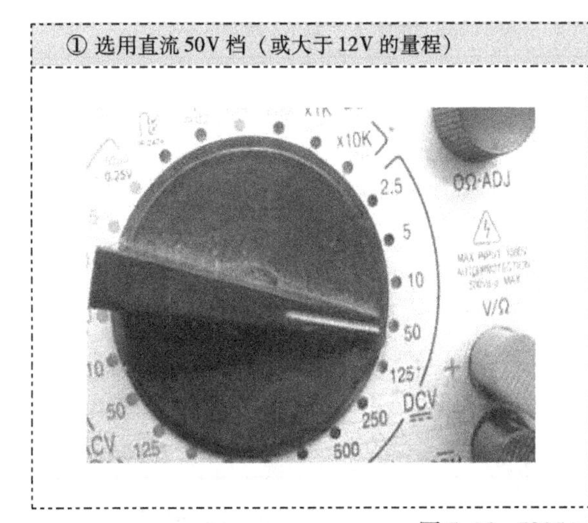

② 测输入电压是否正常

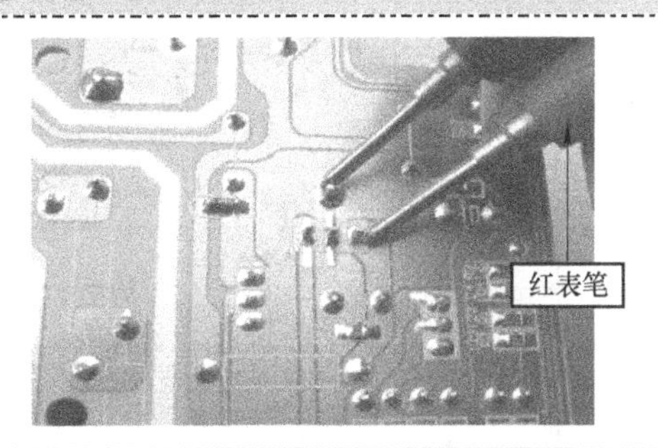

方法：找到稳压器在电路板上的 3 个焊点，红表笔接 1 脚，黑表笔接地（直流电的负极，可以接 2 脚），测 1 脚的电压，就是输入电压

图 5-16　7805 三端稳压器的检测

③ 测输出电压是否正常

红表笔

方法：红表笔接3脚，黑表笔接地

检测结果说明：若1脚有+12V左右的直流电压输入，而3脚电压为零，说明该三端稳压器已损坏，应更换；若电压较低，有可能是负载短路引起的，可断开负载，通常可用吸锡器将3脚的焊锡吸干净，使3脚悬空，再测3脚电压，若为+5V或略高于+5V，则断定负载短路，三端稳压器正常；若电压仍然低，则是三端稳压器损坏

图5-16　7805三端稳压器的检测（续）

2）7812三端稳压器的检测方法与7805相同，也是先检测有无虚焊、脱焊的情况，再分别检测输入电压和输出电压，如果输入电压正常而没有输出电压，则断定三端稳压器损坏。

注意：若三端稳压器空载输出电压正常，而接上负载时输出电压下降，则说明负载电流过大或三端稳压器的带负载能力差。可检查负载电路或更换三端稳压器后再通电试机。

5.3　微处理器及其正常工作的三个条件（三要素）电路

5.3.1　微处理器简介

微处理器（CPU）是一个大规模的集成电路，其作用是，开机后接收到使用者设定（操作遥控器或面板的按键）的工作信号、室温和管温传感器等输入的信号，经运算后确定空调器的工作状态（如制冷、制热、化霜、送风、停机等），输出控制信号作用于相应的执行电路。CPU各引脚有专门的功能。某空调器CPU（HMS87C1304A）各引脚功能见表5-2。

表5-2　CPU（HMS87C1304A）主要引脚的功能（示例）

引　脚	功　能	引　脚	功　能
1	过电流保护信号输入脚，其电压与压缩机的工作电流成正比	12、13、14	分别输出给室外风机、室外四通阀、压缩机的供电和断电的信号，加至反相器来控制相应继电器的闭合和断开
2	室内热交换器管温信号输入脚	15、16	外接晶振
3	室内环境温度信号输入脚	19	收到遥控信号后，该脚输出脉冲信号，使蜂鸣器鸣响
4	CPU复位信号输入脚	20	室内风机的转速反馈信号输入脚
5	CPU的供电脚（5V电压的输入脚）	21、22	CPU通过这两引脚从存储器读取数据
6、7、8、11	输出摆风电动机驱动信号，加至反相器	23	维修开关信号输入脚
9	输出控制信号，控制室内风机的转速	24	应急开关信号输入脚

注意：由于不同品牌空调器控制板的CPU各引脚的功能不一样，所以不需要记忆，维修时可以查阅相关资料或者通过具体电路CPU的输入、输出电路的特征看出来。

5.3.2　微处理器三要素电路原理图与实物图对照认识

稳定的 +5V 直流电压、正常的复位信号和时钟信号，是微处理器（CPU）工作的 3 个基本条件，三者缺一不可，否则，CPU 死机，或者工作紊乱。不同品牌、不同机型空调器的 CPU 三要素电路大同小异。现以某空调器为例对 CPU 三要素电路的原理图和实物图进行对比认识，见表 5-3。

表 5-3　CPU 三要素电路的原理图和实物图对比认识

名称	图　示	复位过程
原理图	+5V　R1　C1　18 复位　42 电源　XATL　19 晶振输入　R2　20 晶振输出 a) 采用电阻、电容器构成的复位电路（海信 KFR-23GW/56 机型）	R1 和 C1 构成复位电路，5V 直流经 R1 为 C1 充电，C1 的电压逐步上升到 5V，使复位脚的电压比电源脚的电压延迟一段时间（几十毫秒）变为 5V，实现了将 CPU 内部程序清零（复位）
	+5V　KIA7042　1　3　2　VD1　C1　27 复位　28 电源　XATL　1 晶振输入　2 晶振输出 b) 采用复位集成块构成的复位电路	① 当复位集成块 1 脚电压高于 4.6V 时，它的 3 脚才输出一个高电平（有一个上升沿）给复位脚，实现了对 CPU 的复位 ② 用复位集成块构成的复位电路性能较稳定，应用较多
实物图	KIA70 42AP 252　1　2　3　复位块　7812 稳压器　7805 稳压器　NOVA　CPU　晶振	① 常见的复位集成块型号有“KIA7042”“MC34064”“HT7044”等，形状都与小功率晶体管相似 ② 晶振上面的数字表示它的谐振频率 ③ CPU 引脚的编号方法：看着有字的那一面，从紧挨缺口的那个脚开始，按照逆时针方向，依次为 1、2、3、4、5…脚，其他集成块引脚编号的辨认方法与此相同

5.3.3 微处理器三要素电路关键元器件的认识与检测

1. +5V 直流电压

CPU 的电源脚必须有非常稳定的+5V 直流电压，否则 CPU 容易死机或工作紊乱。对 CPU 供电电压的检测方法：可从特征鲜明的 7805 稳压器的 3 脚入手，沿印制线可轻松找到 CPU 的电源脚（见图 5-17 中的箭头），再用万用表的直流电压档（大于且接近于 5V 的量程），红表笔接 CPU 的电源脚，黑表笔接地，即可测出，如图 5-17 所示。

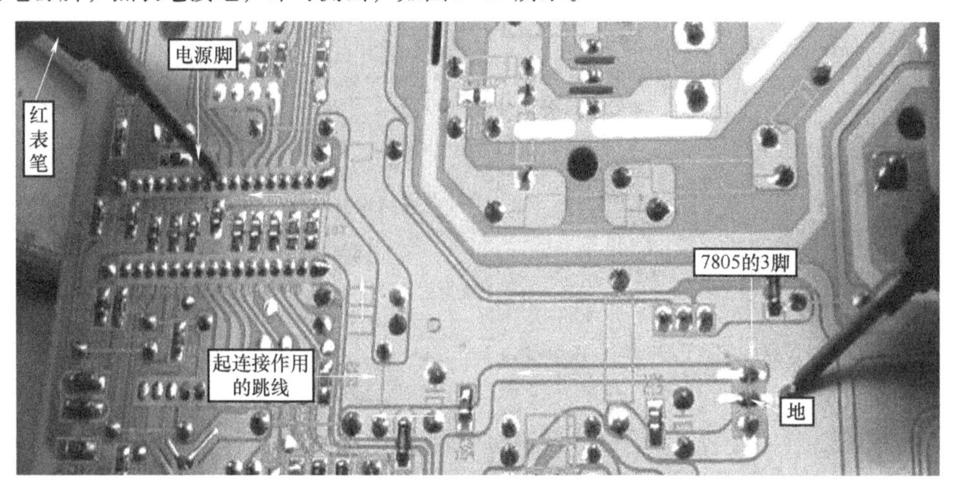

图 5-17　CPU 的供电检测

2. 复位电路

在开机后，CPU 的复位脚应为低电平，随后跳变为 5V 的高电平，其作用是使 CPU 的程序处于起始状态。若 CPU 的复位电路内置，就无法检测；若 CPU 的复位电路外置，其检测方法如图 5-18 所示。

① 查资料找到复位（reset）脚，或者沿复位块的输出脚出发，找到 CPU 的复位脚，给空调器上电，取万用表的某一表笔，将表笔一端接地

② 将表笔的另一端瞬间接触一下复位脚（先接地，再瞬间触及复位脚，操作较方便）

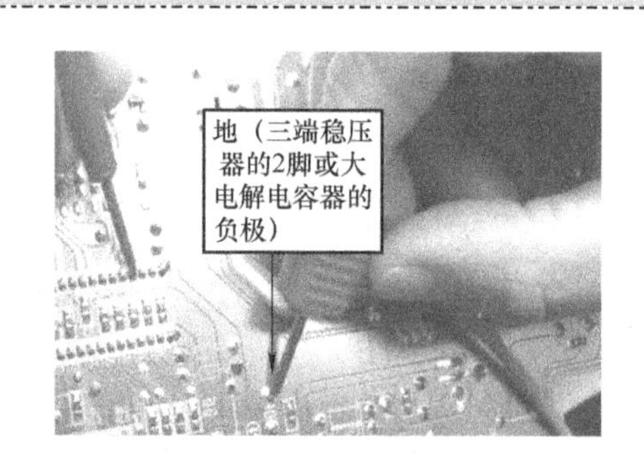

说明：这样处理后，若空调器能起动，说明复位电路有故障（通常是复位脚外接的电容漏电、电阻变值或复位集成块损坏），应更换。若仍不能起动，则需检测时钟信号

图 5-18　CPU 的复位电路检测

3. 时钟电路

时钟电路的主要器件是石英晶体振荡器（晶振）。它的原理是，在两端加上交变电压时，晶

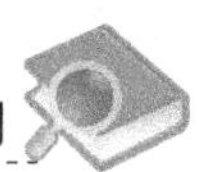

片随交变信号的变化而产生机械振动，当交变电压的频率与晶片的固有频率（取决于晶片的几何尺寸）相等时，就会产生谐振，此时晶片的机械振动最强，电路中电流也最大。

由晶振、瓷片电容器和CPU内部的部分电路构成了时钟电路，其作用是为CPU提供基准时钟信号，使CPU按步骤、有条不紊地工作。

（1）晶振的实物和电路符号

晶振的实物和电路符号如图5-19所示。

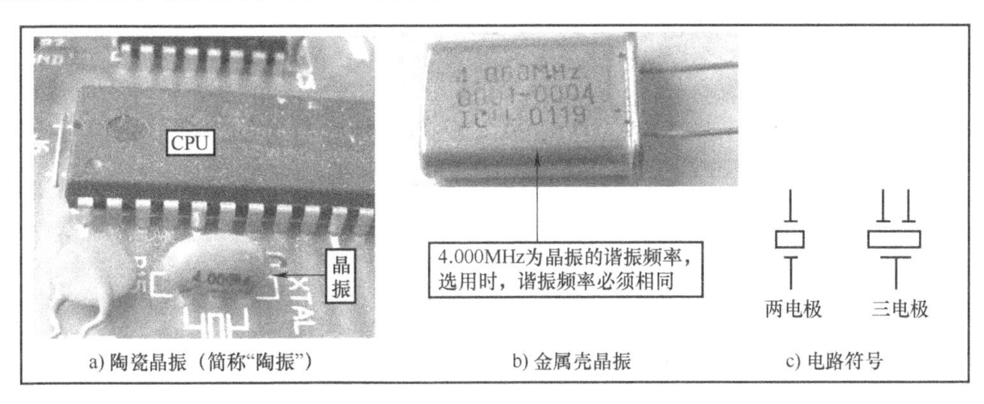

图5-19　晶振的实物和电路符号

（2）晶振的检测

时钟电路的故障主要是晶振损坏，也有可能是CPU内部振荡电路损坏，这都会导致CPU失去时钟信号而不能工作。用万用表只能检测明显的晶振漏电故障，对于晶振频率不准确的现象，最实用的方法是用代换法。晶振的检测方法见表5-4。

表5-4　晶振的检测方法

方　法	操作内容	检测结果说明
① 测电压法	通电开机，正常时用万用表测量石英晶振的两脚电压	正常情况为2.2V左右。若小于1.5V，则为电路停振，故障可能是晶振或者CPU内部振荡电路损坏，可用方法②进一步检测加以判别
② 测电阻法	将晶振从电路板上拆下，用万用表测两个引脚之间的电阻（正常阻值为∞）	若测得阻值为0或有一定阻值，说明晶振已击穿或漏电，需更换 若测得的阻值为∞，只能说明晶振未击穿、不漏电。至于是否正常，可用方法③进行确认
③ 代换法	用正常的新器件代换	这是简单、有效、常用的方法

注意：在空调器控制板不工作（即上电后，任何功能都不能实现）的故障维修中，应本着先易后难的原则，先查电源电路和复位电路，然后检测、更换晶振，最后才考虑更换CPU。因为CPU引脚多、更换较难且价格相对较高，更重要的是CPU损坏概率较低，所以不要轻易更换CPU。

5.4　微处理器的输入电路

微处理器的输入部分主要有红外遥控和按键输入的信号、各传感器输入的信号、过零检测输入信号、室内风机转速反馈输入信号、保护电路输入的信号等，微处理器根据这些信号经运算后输出相应信号控制空调器的运行。

5.4.1 红外遥控信号的接收、传送电路

1. 作用

接收遥控器发出红外线控制信号，并转换为电信号，传给 CPU，CPU 综合遥控信号和其他输入信号后发出控制指令，控制相应的部件动作。

2. 原理图与实物图对照认识

（1）原理图

1）红外遥控信号的接收、传送电路的原理图如图 5-20 所示。

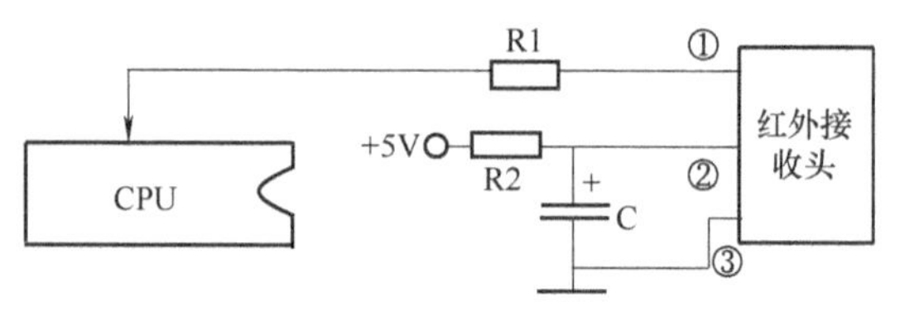

图 5-20 红外遥控信号的接收、传送电路的原理图

2）原理图解释：+5V 直流电压经限流电阻 R2、滤波电容器 C 加在红外接收头的 2 脚；红外接收头的 3 脚接地（接直流电的负极）；红外接收头的 1 脚为输出脚（红外接收头将遥控器发射的红外线信号接收后，转化为电信号，由 1 脚输出、经电阻 R1 传给 CPU）。滤波电容器为电解电容器。

3）实物图：空调器红外接收头有小号和大号两种。其外形和引脚功能如图 5-21 所示。

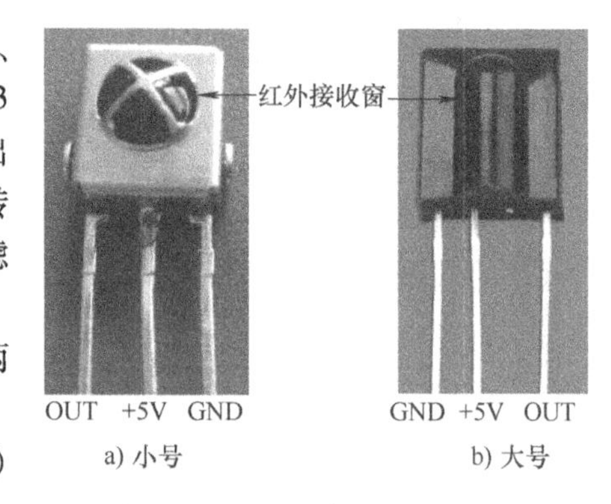

a) 小号　　b) 大号

图 5-21 空调器常见红外接收头

红外遥控信号的接收、传送电路的实物图（示例）如图 5-22 所示（可与图 5-20 对照认识）。

说明：接收头各引脚的功能也可以从印制电路板上看出。其技巧是，与滤波电容正极相连的是接收头的供电脚，与滤波电容负极相连的是接地脚，进一步沿着印制线可以确定插接件的 +5V 供电线和接地线。接收头剩下的引脚就是信号输出脚，从该脚出发沿着印制线可找到插接件中传送遥控信号的那根导线，如图 5-23 所示。

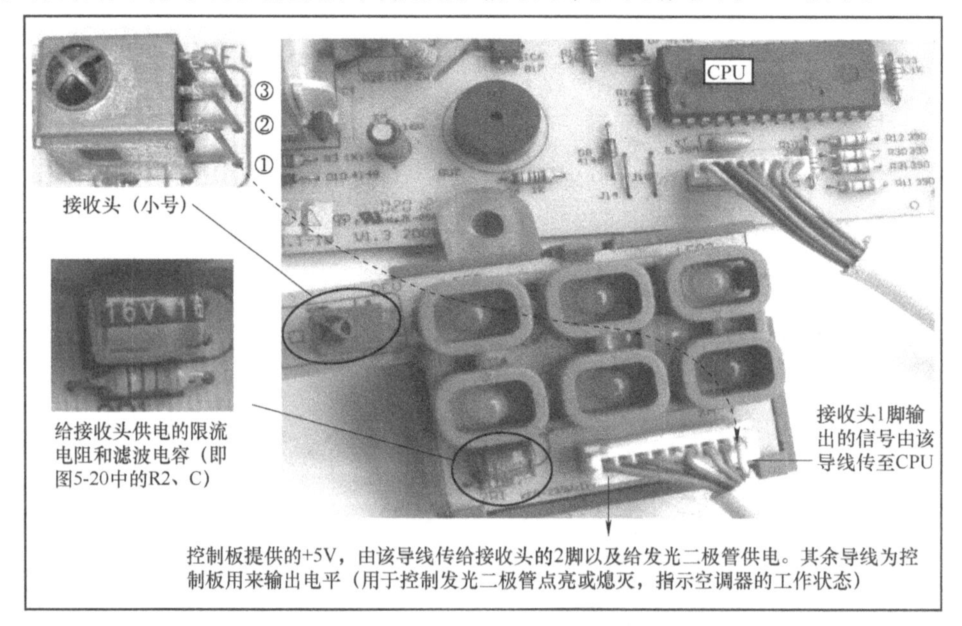

图 5-22 红外遥控信号的接收、传送电路的实物图

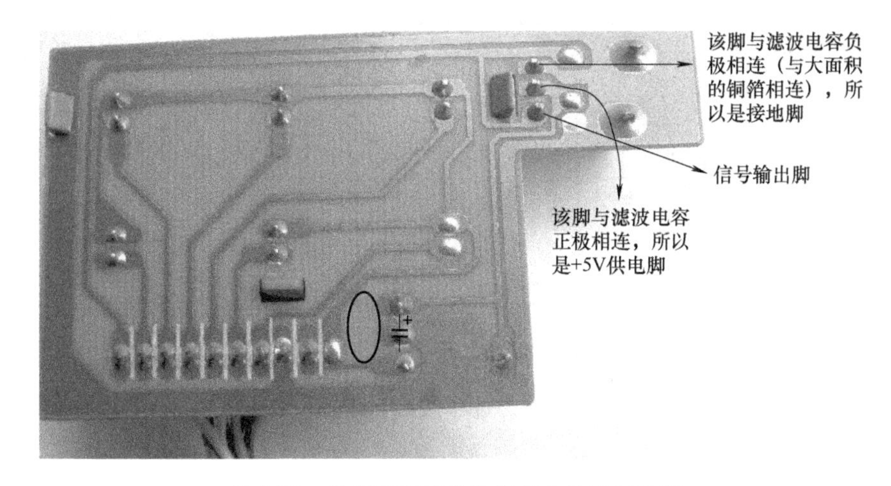

图 5-23　根据印制导线确定接收头引脚功能

（2）检测

红外遥控信号的接收、传送电路的常见故障是接收头脏污，插接件氧化、接触不良，电解电容器漏电或容量下降，接收头损坏或老化，其检测方法如下：

第一步：直观检测，如图 5-24 所示。

a) 检查接收窗表面是否有灰尘等脏物，若有，则要擦干净，因为可能会挡住红外线信号

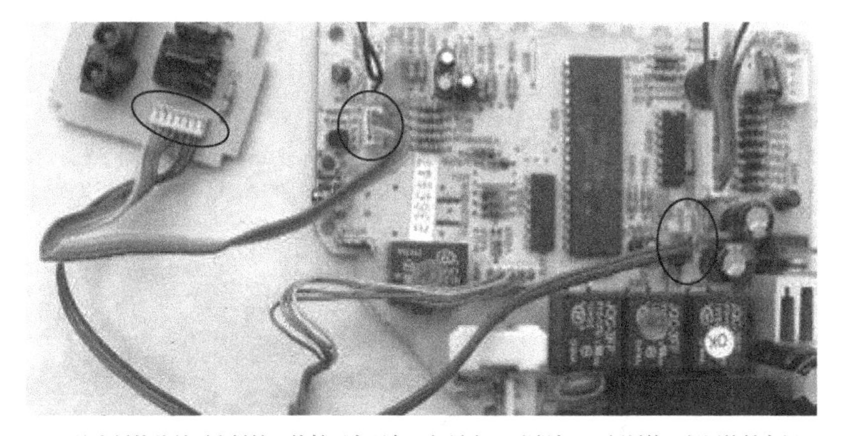

b) 检查插接件是否有锈蚀、接触不良现象，如果有，要清洁、重新插接，保证接触良好

图 5-24　红外遥控信号的接收、传送电路的直观检测

如果经过第一步未排除故障，则需进行第二步。

第二步：在路检测接收头（可以在电路板正面或者反面测量），如图 5-25 所示。

① 识别接收头（该接收头为大号）各引脚功能

发光二极管
滤波电容器
接地脚
供电脚
信号输出脚

a) 遥控接收板的正面

信号输出脚
接地脚
供电脚

b) 遥控接收板的反面

② 测 +5V 供电是否正常

说明：若没有 +5V 电压，应沿着供电线路检测供电部分；若有，则进行下一步

③ 用直流电压最小档，红表笔接信号输出脚，黑表笔接地，按动遥控器

说明：若示数有抖动性变化，说明遥控接收头有信号输出，是好的；否则，接收头有故障，应更换

图 5-25　红外接收头的在路检测

5.4.2　传感器输入电路

1. 原理

空调器的温度传感器有室温、管温等，都为负温度系数热敏电阻（即温度升高，电阻减小；温度降低，电阻增大），它们的电路原理图基本相同。现以图 5-26 所示的室温传感器电路为例进行说明。

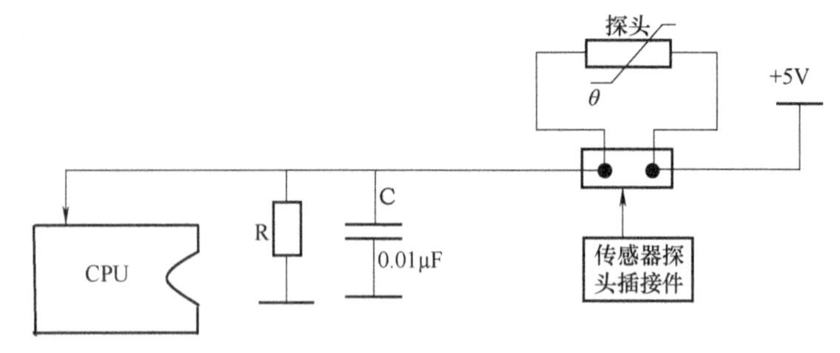

图 5-26　室温传感器电路原理图（示例）

传感器探头与电阻 R 的分压值传给 CPU 的 3 脚。室温越高，传感器的电阻就越小，从而 3 脚的电压就越高。CPU 根据 3 脚的电压就能判断当前的室温，再根据内部程序和人为的设定来控制空调器的运行状态。

2. 检测

传感器输入电路常见故障及检测见本书 4.3.4 节相关内容。

5.4.3　应急开关（按钮）输入电路

1. 作用

当遥控器不能正常使用时，按动（点动）一下此按钮，会导致 CPU 的 24 脚电平由高变为低，CPU 收到该信号后输出控制信号，控制空调器以强制制冷运行（有一部分空调器是这样），或者以自动模式运行（有很多空调器是自动模式，也就是温度自动设置为 25℃，微处理器根据室内温度与设定温度的差值，自动确定运转方式：当室内温度大于或等于设定温度时，进入制冷运转状态；当室内温度小于设定温度时，进入制热模式。在自动模式，室内风机的转速是不能调节的）。再按动一下，则停机，可以重复操作。

2. 应急开关的输入电路原理图和实物图（见图 5-27）

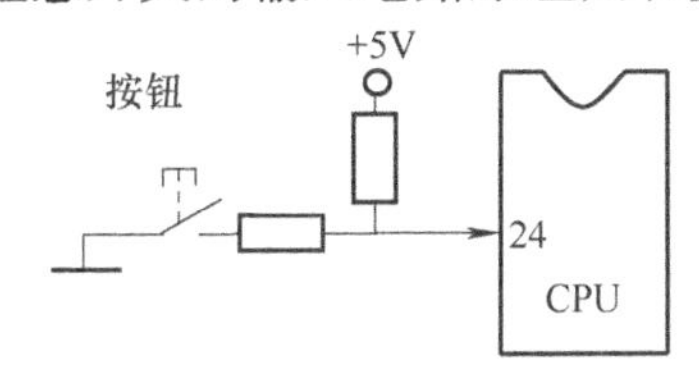

a) 应急开关电路原理图

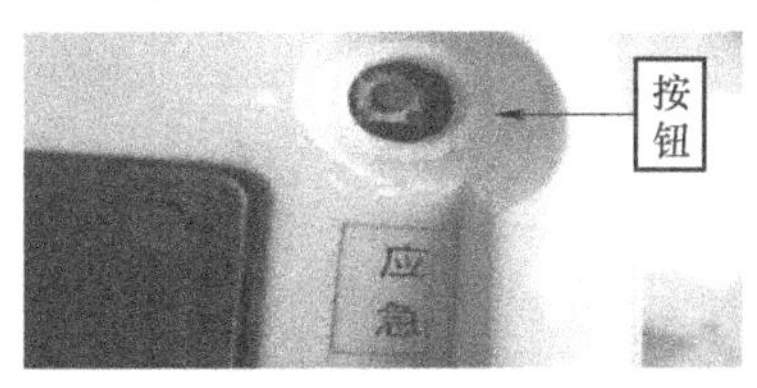

b) 应急开关的位置（掀起回风格栅后，可看见应急开关）

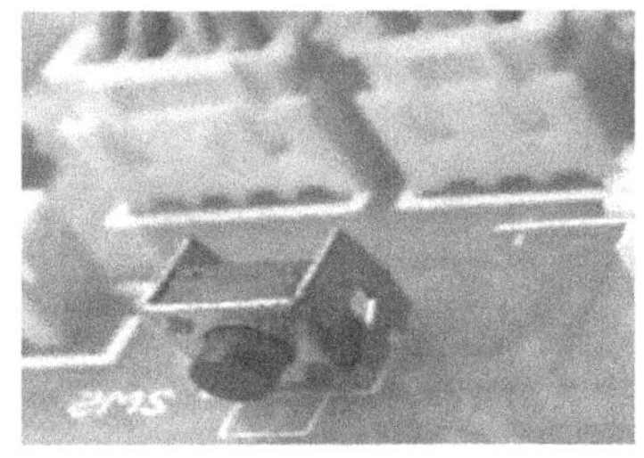

c) 电路板上的应急开关

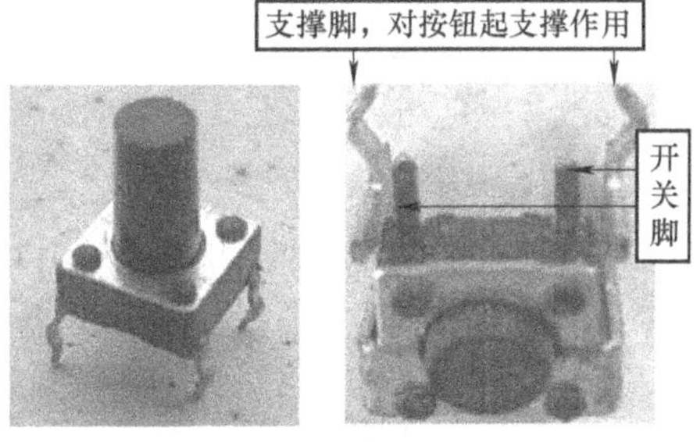

d) 配件

图 5-27　应急开关的输入电路原理图和实物图

3. 按钮的检测（见表 5-5）

表 5-5　按钮的检测

步　骤	图　示	说　明
① 用万用表电阻档测两个开关脚之间的电阻（不按按钮）		若阻值为 0 或不为∞，说明按钮已短路或两开关脚之间漏电 若阻值为∞，需进行步骤②确诊

（续）

步　骤	图　示	说　明
② 按下按钮时，测两开关脚之间的电阻		按下按钮时阻值应为0，松开后阻值为∞，则为正常；否则，说明按钮已损坏，应更换

4. 应急开关常见故障及检测、排除（见表5-6）

表5-6　应急开关常见故障及检测、排除

故障现象	原　因	检　测	排　除
应急开关失灵	应急开关内部触点损坏	按下按钮时，两引脚（触点）之间的阻值为∞，见表5-5	更换后故障排除
空调器不定时地自动开、关机	应急开关内部触点漏电	没有按下按钮时，两引脚（触点）之间的阻值不为∞，则有漏电	

5.4.4　过电流保护电路

1. 原理

过电流保护电路的原理图和实物图的对照认识（示例）如图5-28所示。压缩机的一根电源线（相线）穿过电流互感器，压缩机工作时，互感器便有感应电压输出，经整流、滤波后，输入到CPU的3脚（用于监测压缩机的工作电流），该脚的电压与压缩机的工作电流成正比。例如，海信KFR-25GW空调器，当运行电流为额定电流时，CPU的电流监测引脚（即图中的3脚）电压为2.5V。若压缩机电流过大而达到保护值（即3脚电压超过2.5V）时，则CPU输出控制信号，切断压缩机的供电（即继电器的触点断开）而停机，实现了保护。若过电流保护电路出现故障，会引起误保护（即不需要保护而实施了保护）。

2. 检测

对出现保护停机的空调器，为了确定是压缩机电流过大引起的保护还是保护电路有故障引起的误保护，可以在重新开机，并同时测CPU的用于监视压缩机电流的那个脚（注：该脚可以从电流互感器的引脚出发沿PCB印制线朝整流二极管、CPU方向寻找而找到）的电压，如果电压高于正常值，说明保护电路动作了，再用钳形电流表测量重新起动空调器后的压缩机的运行电流，如图5-29所示。如果运行电流过大，说明是压缩机的过电流故障；如果运行电流正常，则是保护电路有故障，引起了误保护，主要是电阻R124、R129变值、电容器C115容量下降或失效，应更换。

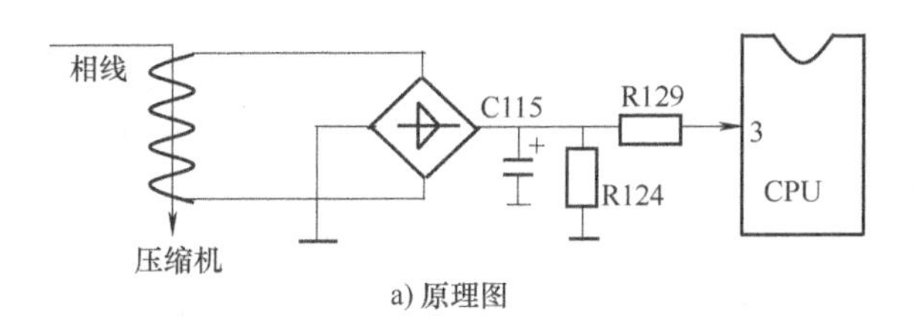

a) 原理图

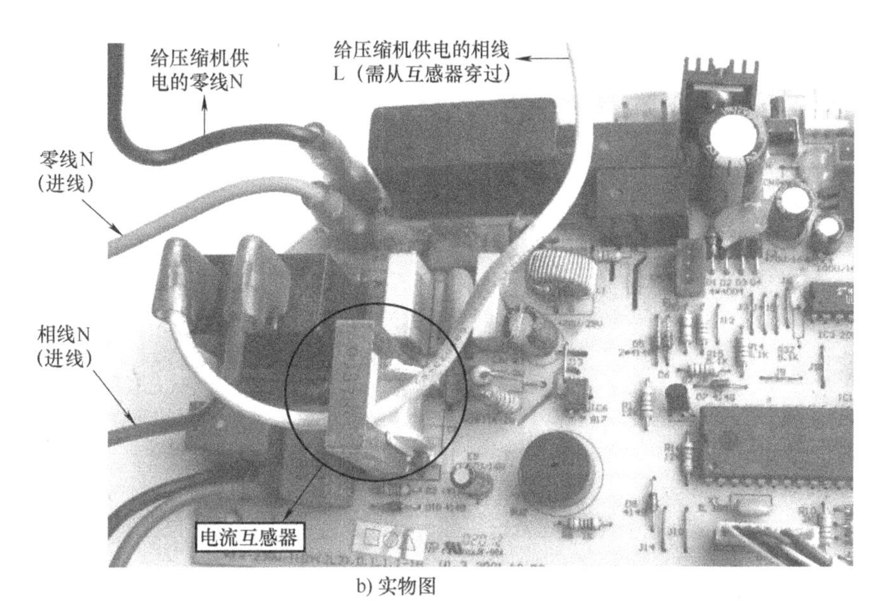

b) 实物图

图5-28　过电流保护电路的原理图和实物图的对照认识

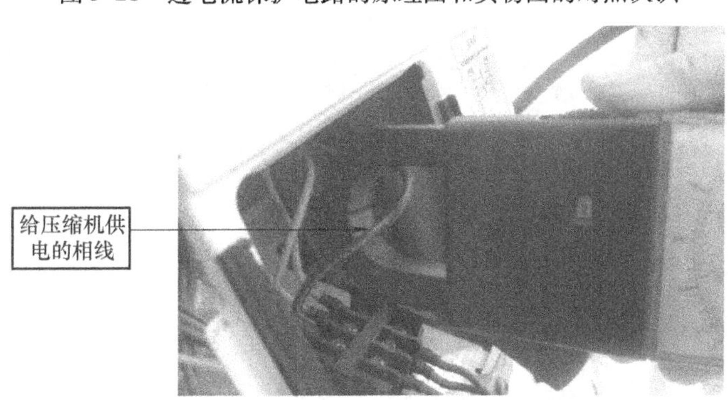

图5-29　用钳形电流表检测压缩机工作电流的方法

5.5　微处理器的输出电路

CPU根据输入信号和内部固化程序的比较、运算后，会从某些引脚输出控制信号，作用于相关的执行电路并使相应动作部件动作，改变空调器的运行状态，从而实现对空调器的控制。下面详细介绍CPU的输出电路的几个类型。

5.5.1　压缩机、室外风机、四通阀、电加热器的控制电路

1. 原理图和实物图的对照认识

不同品牌、型号的空调器的压缩机、室外风机、四通阀、电加热器的控制电路原理都是基本

相同的（使用三相电的压缩机以及涡旋式压缩机的控制电路用了交流接触器和相序保护器，将在本章5.6节介绍），现以某品牌KFR-32GW/56空调器为例进行介绍。其原理图如图5-30所示，实物图如图5-31所示。

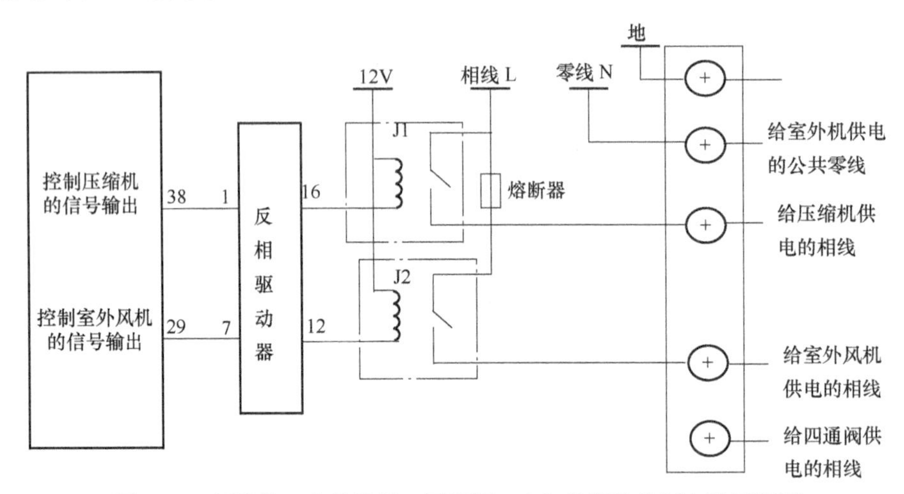

图5-30　压缩机、室外风机、四通阀、电加热器的控制电路原理图
（两个点画线框内的电路分别是给压缩机、室外风机供电的继电器）

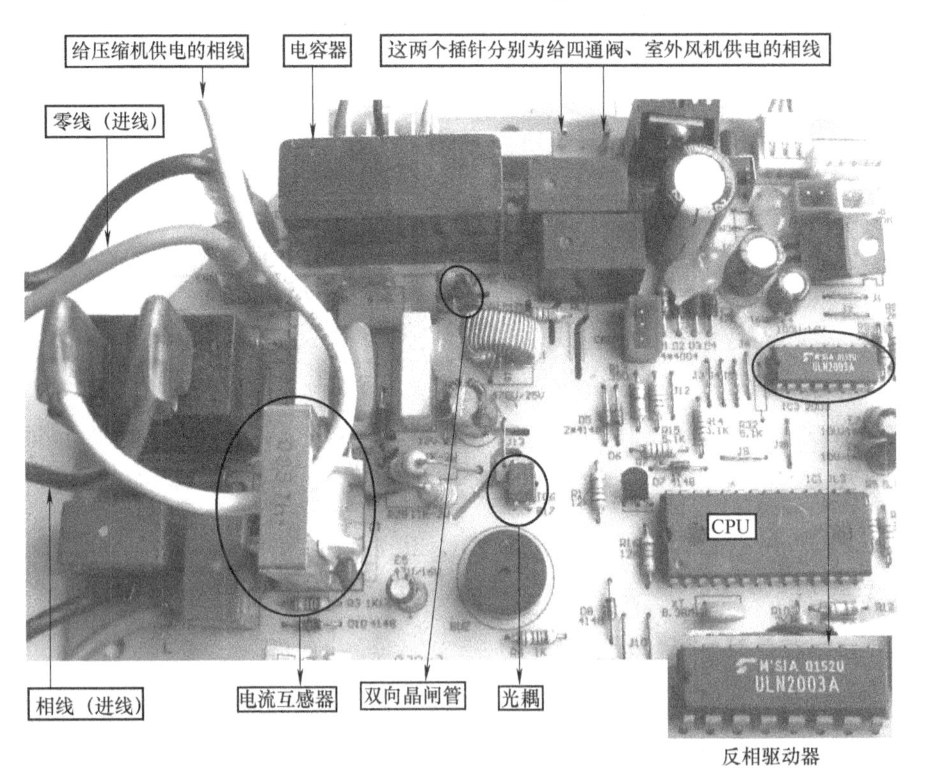

图5-31　压缩机、室外风机、四通阀、电加热器的控制电路实物图

2. 原理图解释

1）压缩机的控制：如图5-30所示，当CPU认为需要起动压缩机时，38脚输出高电平

(5V) →反相驱动器的1脚输入高电平→其对应端16脚则输出低电平（0.2V以下）→继电器J1的线圈两端形成电位差→线圈中有电流通过，线圈产生磁力、吸合触点→给压缩机供电的相线形成通路→压缩机起动、运行。当CPU认为需要停止压缩机时，则CPU的38输出低电平→反相驱动器的1脚输入低电平→经反相驱动器反相放大后，其对应端16脚对地处于高阻状态→继电器J1线圈中就没有电流通过，线圈磁力消失→触点断开→给压缩机供电的相线通路→压缩机停止。

2）室外风机、四通阀、电加热器的控制与压缩机的控制方式相同，不再赘述。

3. 电路元器件的检测

1）控制室外风机、四通阀、电加热器的继电器识别与检测：室外风机、四通阀、电加热器等的继电器实物共有5个引脚，如图5-32所示。1、3为线圈的两端；线圈不加电时触点2、4闭合，触点2、5断开；线圈加上额定电压时，触点2、5闭合，触点2、4断开。

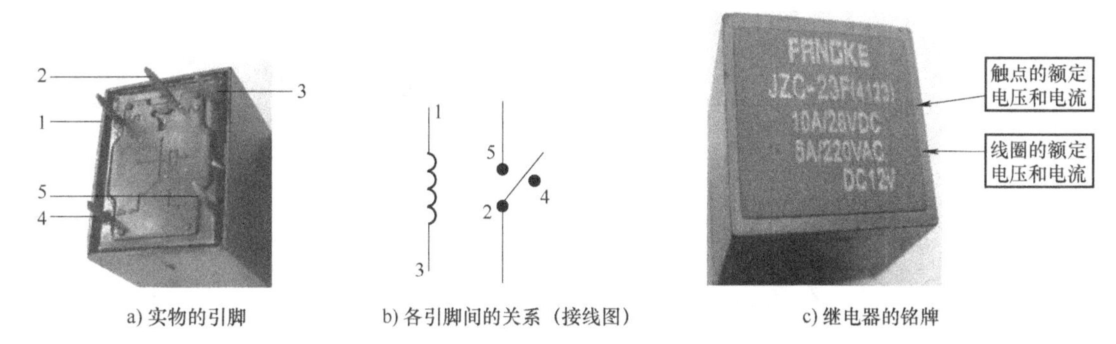

a) 实物的引脚　　b) 各引脚间的关系（接线图）　　c) 继电器的铭牌

图5-32　室外风机、四通阀、电加热器的继电器

这类继电器内有动作部件，损坏率较高。其检测方法见表5-7。

表5-7　5脚继电器的检测

步　骤	图　示	说　明
① 检测线圈的电阻值		线圈的正常阻值约为100Ω或数百欧。测得阻值若为∞，说明线圈断路；若很小或接近于0，说明线圈短路，均应更换继电器
② 检测线圈不加电时，触点2和4间是否闭合	方法：用万用表的电阻档（一般用R×1档）	线圈不加电时，触点2和4之间的阻值应为0，否则，说明继电器触点损坏，应更换

（续）

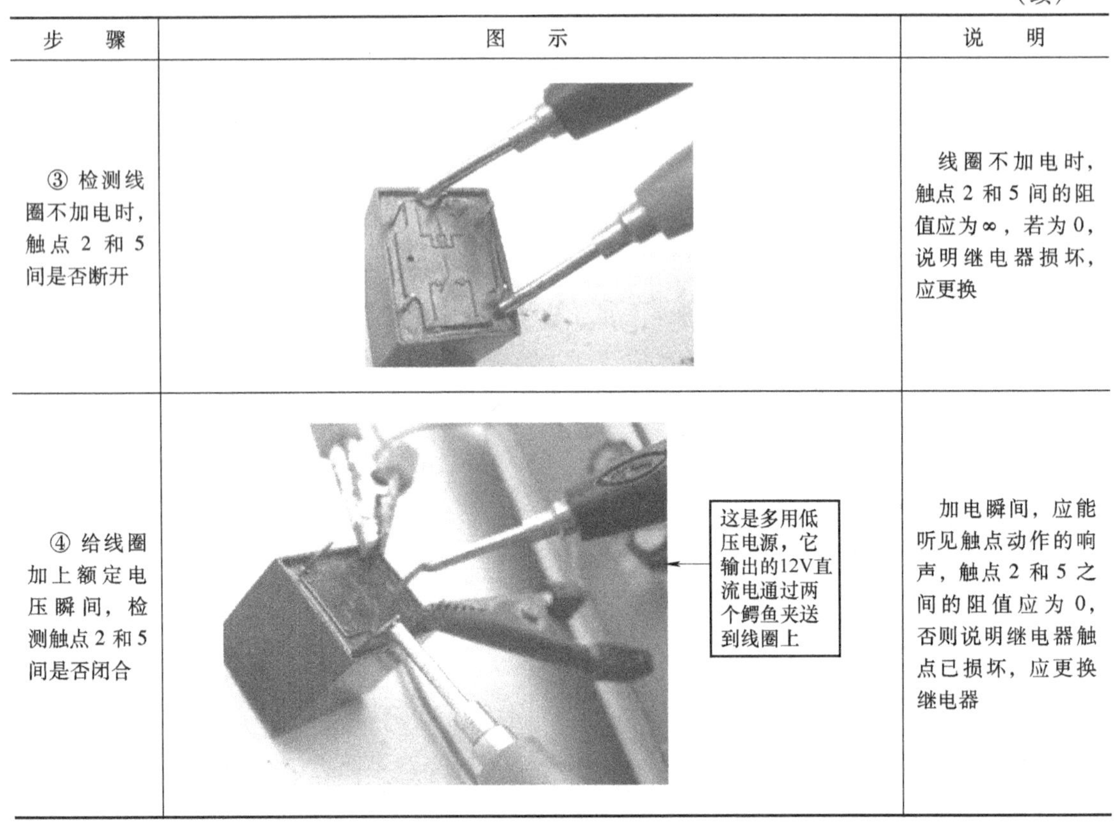

步　骤	图　示	说　明
③ 检测线圈不加电时，触点 2 和 5 间是否断开		线圈不加电时，触点 2 和 5 间的阻值应为∞，若为 0，说明继电器损坏，应更换
④ 给线圈加上额定电压瞬间，检测触点 2 和 5 间是否闭合	这是多用低压电源，它输出的12V直流电通过两个鳄鱼夹送到线圈上	加电瞬间，应能听见触点动作的响声，触点 2 和 5 之间的阻值应为 0，否则说明继电器触点已损坏，应更换继电器

2）控制压缩机的继电器识别与检测：控制压缩机的继电器顶部的两个接线柱，底部有 4 个引脚，如图 5-33 所示。

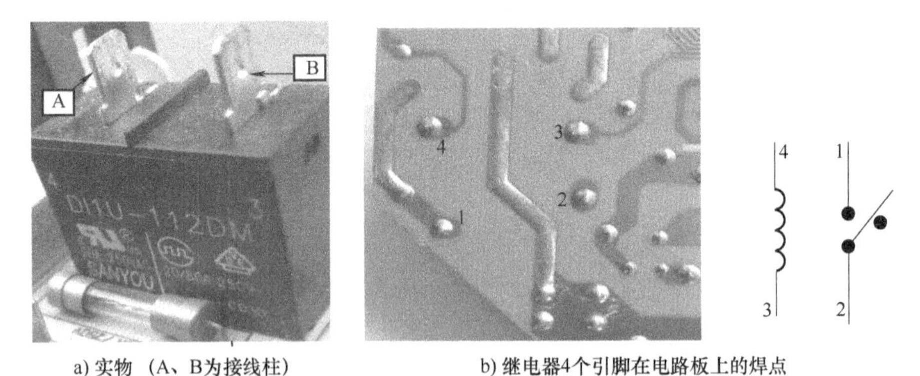

a) 实物（A、B为接线柱）　　b) 继电器4个引脚在电路板上的焊点

图 5-33　控制压缩机的继电器

说明：A、B 是与继电器内部两个触点相连通的接线柱，1、2 是与继电器内部两个触点相连的引脚，2 是孤立的焊点。与孤立焊点相连通的接线柱（注：可用万用表 R×1 档检测、确定）上应接给压缩机供电的相线，另一个接线柱则接给电路板供电的相线（进线）。

4 脚继电器的检测方法与 5 脚继电器的检测完全一样。

3）反相驱动器的识别与检测，如图 5-34 所示。

① 认识常用的反相驱动器

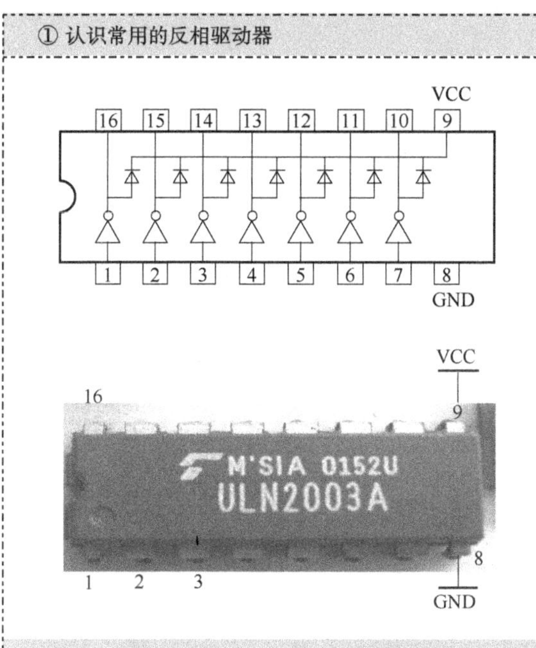

说明：ULN2003 的 9 脚接 +12V，8 脚接地，1 ~ 7 脚为输入脚，接收微处理器的信号，反相后由 16 ~ 10 脚输出，驱动继电器、步进电动机、蜂鸣器等

空调器控制板常用的反相驱动器有 ULN2003、μPA81C、μPA2003、TDA62003AP、KID65004，由 7 个非门电路构成，它的 7 个非门的输入脚对接地脚（或电源脚）的阻值是相等的，7 个输出脚对接地脚或电源脚的阻值也是相等的。另外还有 ULN2803、TD62083AP，原理与 ULN2003 相同，只是多了一路非门

② 检测 ULN2003 反相驱动器

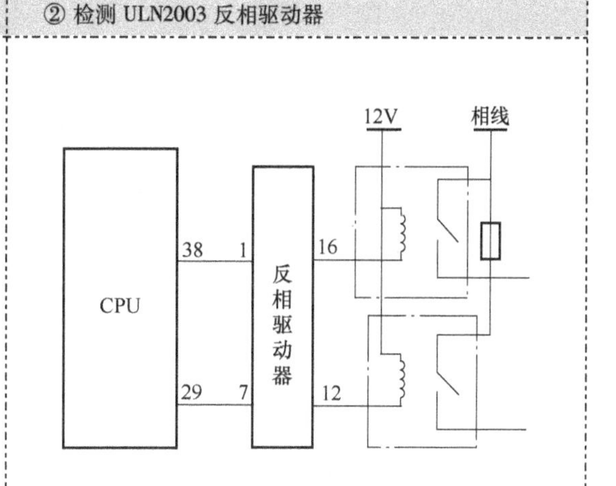

说明：对于拆机后的集成电路，可首先测 VCC 与 GND 间的阻值（9 脚与 8 脚之间），判断是否短路；然后测输入端 1 ~ 7 脚与 8 脚间的阻值，应该是相等，或者相差很小，否则为损坏；再测输出端 10 ~ 16 脚与 8 脚间的阻值，应该是相等，或者相差很小，否则为损坏

在路检测：在控制板上反相驱动器供电和接地正常的前提下，分别给每个输入端（如 1 脚）加上高电平（+5V），测对应的输出端（16 脚）是否为低电平（0V），再给 1 脚加上低电平，测 16 脚是否变为高电平，即 12V 电源电压（12V 电源电压经负载传过来）。若是，则说明反相器是好的；否则，反相驱动器已损坏，应更换

图 5-34　反相驱动器的识别与检测

5.5.2　步进电动机的控制电路

1. 原理图和实物图对照认识

某空调器步进电动机（摆风电动机）控制电路原理图与实物图对照认识如图 5-35 所示。

2. 原理图解释

从 CPU 的 1 ~ 4 脚输出控制信号（脉冲信号），经反相驱动器反相放大后驱动步进电动机（即室内机的摆风电动机），使导风叶片上、下摆动，把冷空气或热空气以不同的方向送到室内（注：制冷时吹出的空气潮湿，会自然下沉，宜将导风叶片设为水平，避免直吹人体。制热时吹出的空气干燥会自然向上漂移，应将导风叶片设置为向下倾斜）。

3. 检测

首先检测步进电动机的插接件有无松动、接触不良，若正常，再在路检测 12V 的直流供电是否正常，如图 5-36 所示。若不正常，则需检测直流供电通路，若正常，则应检测步进电动机绕组，其方法如图 4-22 所示。最后检测反相驱动器是否正常（见图 5-34）。

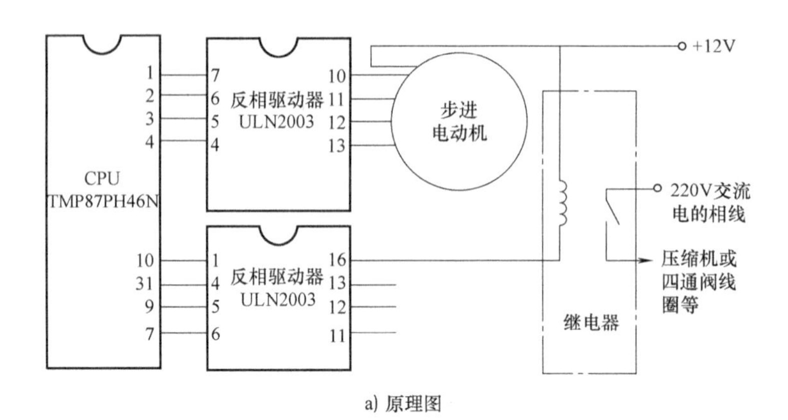

a) 原理图

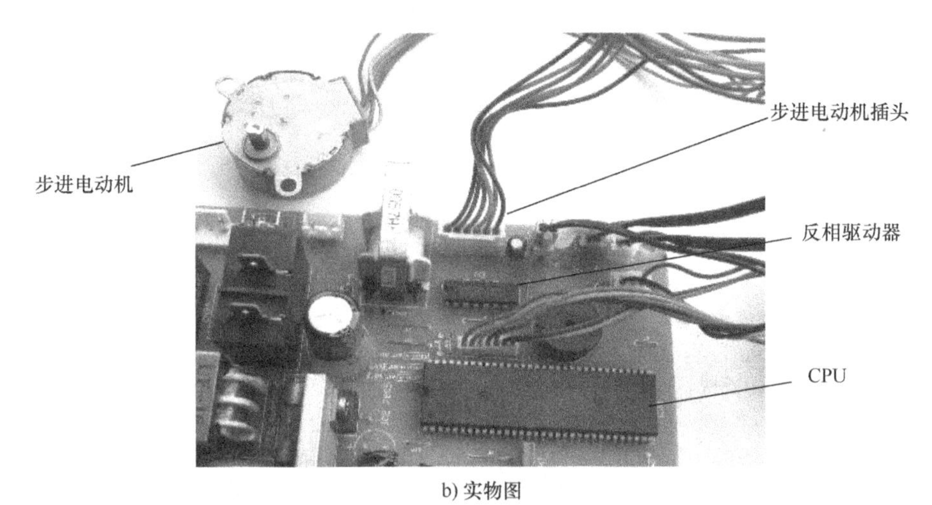

b) 实物图

图 5-35　步进电动机控制电路

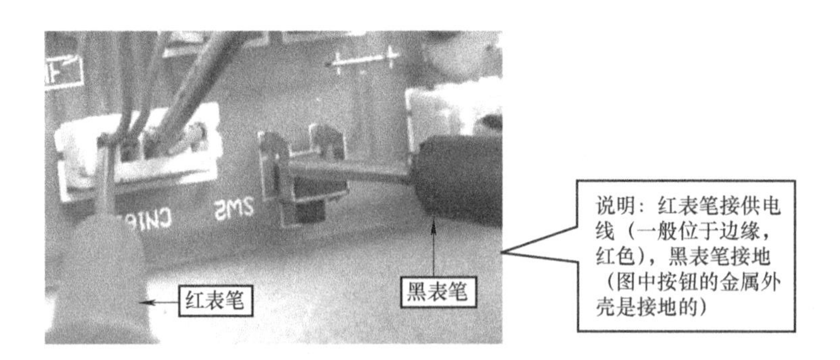

图 5-36　检测步进电动机的直流供电是否正常

5.5.3　室内风机的控制电路

1. 原理图和实物图的对照认识

现在室内风机一般为有转速反馈部件的电子调速电动机（即所谓 PG 电动机），抽头式室内风机主要用于早期的空调器中。本章主要介绍 PG 电动机的控制电路。该控制电路共有以下两类：

（1）采用集成光耦晶闸管调速的控制电路

其电路原理图如图5-37所示，实物图如图5-38所示。

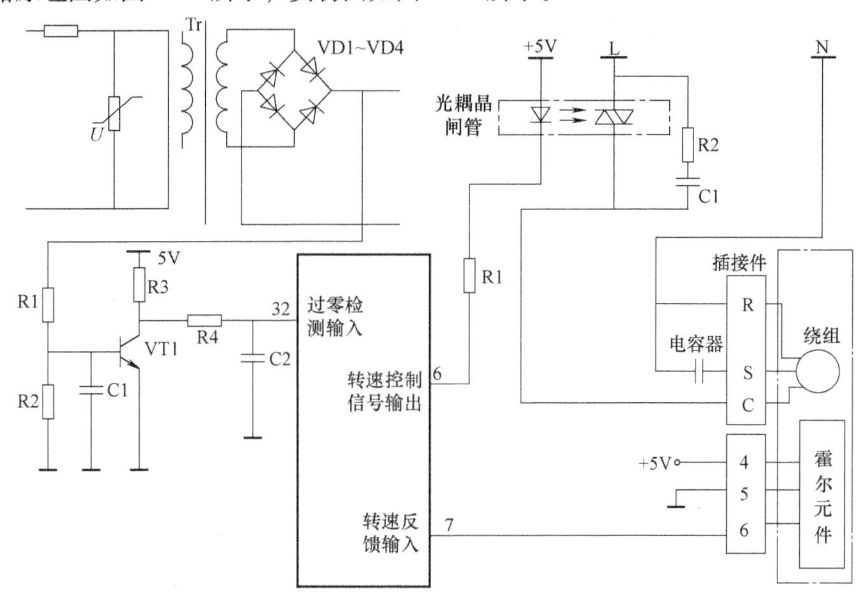

图5-37　室内风机控制电路原理图（类型1）

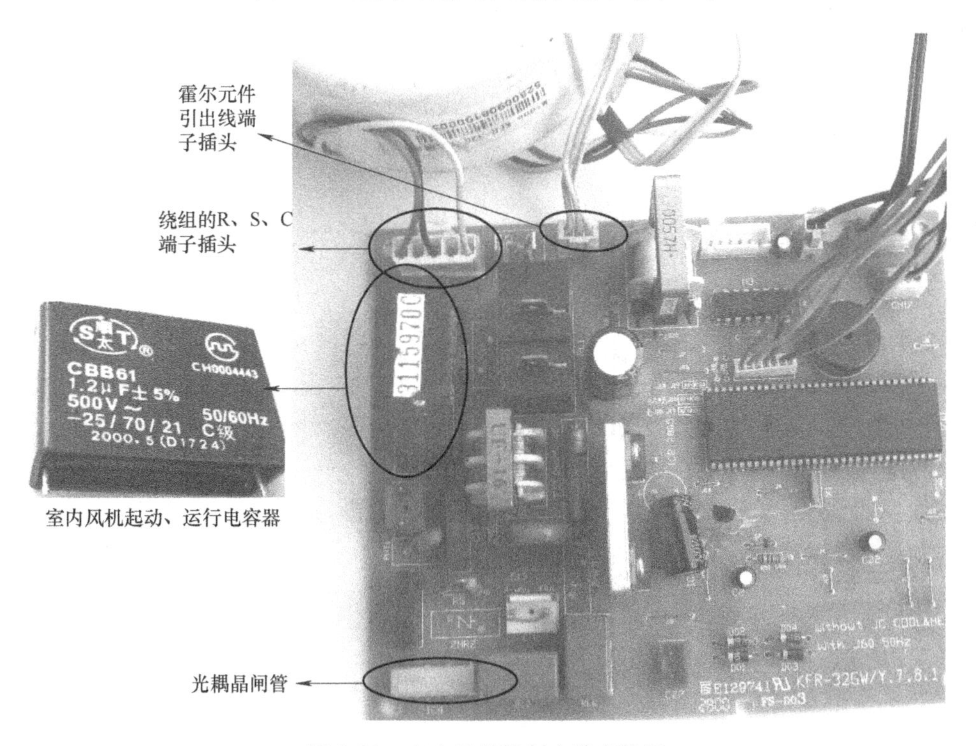

图5-38　室内风机控制电路实物图

原理解释：

1）过零检测电路：由于CPU需要在交流电的零点附近驱动光耦晶闸管，过零检测信号就是为CPU提供零点位置参考信号，同时还作为CPU检测输入电源是否正常的参考信号。

该电路由电阻R1～R4，电容器C1、C2，晶体管VT1以及CPU的32脚的内部电路构成。桥式整流输出的脉动直流电压，其中的一路经R1和R2分压后加到VT1的基极，在脉动直流电的零点附近（也就是交流市电的零点附近），晶体管截止，CPU的32脚变为高电平，于是CPU知道此时为交流电的零点。

检修技巧

过零检测电路故障较少。出现故障后的表现是风机的转速忽高忽低，并容易烧坏光耦晶闸管。

2）室内风机（PG电动机）的6根引出线的端部做成两个插头，其中绕组的R、S、C端子做成了一个插头，霍尔元件（用于探测风机的转速）的三个引出线做成了另一个插头，插在电路板的插座上。

3）当需要室内风机起动时，CPU根据零点检测信号从交流电的零点开始，延迟一段时间t（小于交流电的1/4周期）后，CPU的6脚输出驱动电压，光耦内的红外线二极管有电流通过而发光，光耦内双向晶闸管导通，电动机绕组得到供电，电动机转动。CPU通过改变延迟的时间t的大小，来改变晶闸管的导通程度，从而改变加到电动机绕组上的电压，实现电动机转速的改变。

检修技巧

测量风机工作电压时，要将PG电动机的插头插在控制板的插座上后再进行测量，这样测得的才是PG电动机的实际工作电压。

4）霍尔元件位于电动机内部，其作用是检测电动机的转速。转速越快，则单位时间内霍尔元件输出端输出的脉冲个数就越多，传送到CPU的7脚，CPU根据脉冲个数经过计算就知道了电动机的实际转速，CPU将实际转速与目标转速相比较，若转速过高，则CPU通过改变晶闸管导通程度来减小电动机两端的电压，从而降低转速，反之，则增大电动机两端的电压，提高转速。开机后，CPU若没收到反映转速的脉冲，则输出控制信号，室内风机停转或者转速失控。

（2）使用单独的光耦和双向晶闸管调速的控制电路

PG电动机的控制电路还有一种使用单独的光耦和双向晶闸管构成的类型，其原理图如图5-39所

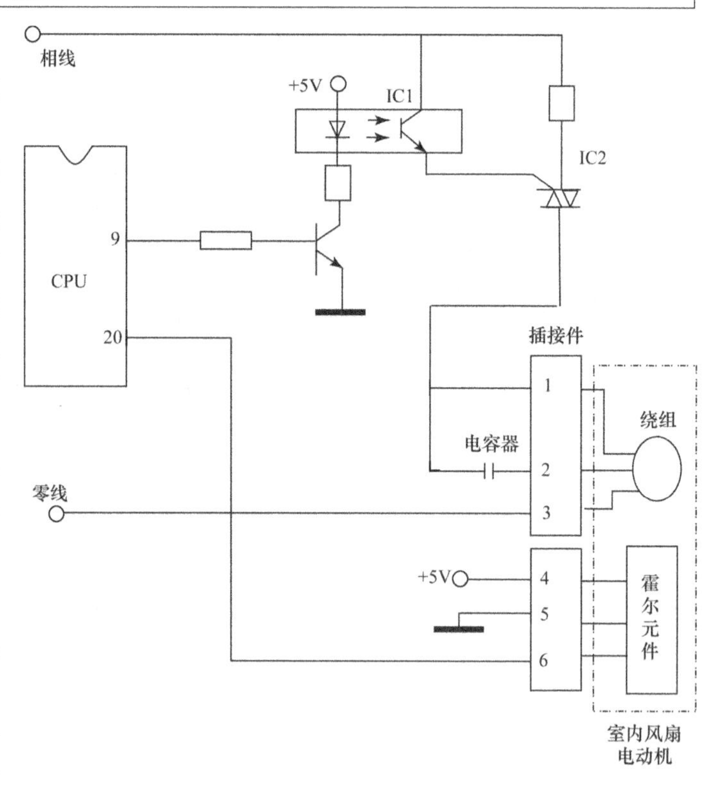

图5-39　室内风机控制电路原理图（类型2）

示。其工作原理和采用集成光耦晶闸管的控制电路基本相同，当CPU的室内风机控制脚（9脚）输出低电平（0V）时，晶体管截止，光耦（IC1）内的红外二极管不发光，光耦内的光敏晶闸管截止，双向晶闸管（IC2）无触发信号而截止，电动机绕组无供电，不会转动。

当需要室内风机起动时，CPU根据零点检测信号，从交流电的零点开始，延迟一段时间t（小于交流电的1/4周期）后，9脚输出高电平，NPN型晶体管导通，光耦IC1内的红外二极管有电流通过而发光，光耦内的光敏器件导通，双向晶闸管IC2有触发信号而导通，电动机绕组得到供电，电动机转动。CPU改变延迟的时间t的大小，来改变双向晶闸管IC2的导通程度，从而改变加到电动机绕组上的电压，实现电动机转速的改变。

2. 主要元器件检测

（1）光耦晶闸管的认识与检测

1）认识光耦晶闸管的实物：空调器常用光耦晶闸管型号有多种，但内部结构和原理是一样的，如图5-40所示。

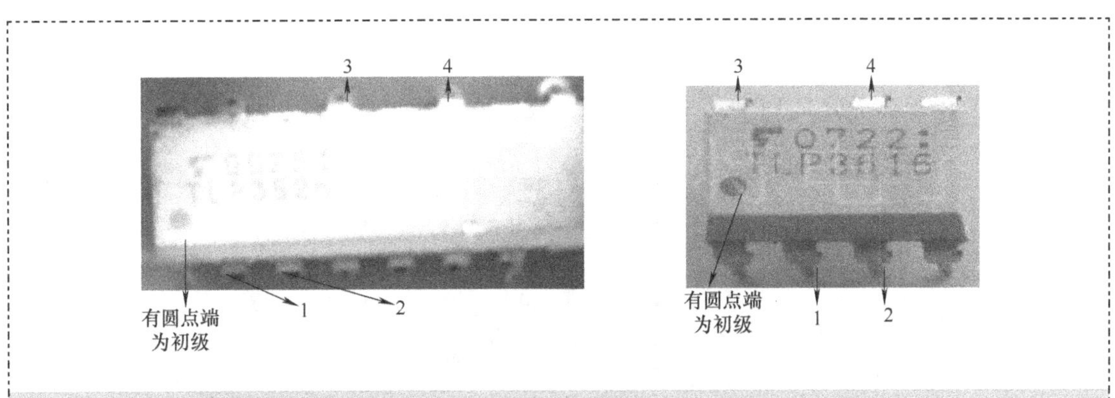

说明：1—接5V直流供电的引脚，2—接CPU输出用于控制PG电动机转速信号的引脚，3—接电源相线L端的引脚，4—接PG电动机绕组公共端子的引脚，其余为空脚

图5-40　光耦晶闸管

光耦晶闸管类型较多，如果不清楚其引脚功能，可以用指针式万用表电阻档或数字万用表的二极管档找出初级的两个脚，方法是测任意两个脚之间的正、反向电阻，发现哪两个脚之间具有二极管的单向导电性，则这两个脚为初级，二极管的正极端接5V直流电源的正极，负极端接CPU控制PG电动机信号的输出端。当给初级加上5V直流电压时（要串接一个100Ω左右的限流电阻），测次级哪两个脚之间是导通状态，则这两个脚就是双向晶闸管的两个输出端。

还可以在印制电路板上观察光耦晶闸管各引脚与其他元器件的连接情况来确定各引脚的作用（观察哪个脚与5V供电相连、哪个脚与CPU控制信号输出端相连、哪个脚与相线相连、哪个脚与PG电动机的绕组相连，就可确定各引脚的作用了）。

2）光耦晶闸管的检测：以某空调器的光耦晶闸管（型号TSA3100J）为例进行介绍，如图5-41所示。

① 检测光耦晶闸管内部的二极管的正、反向电阻

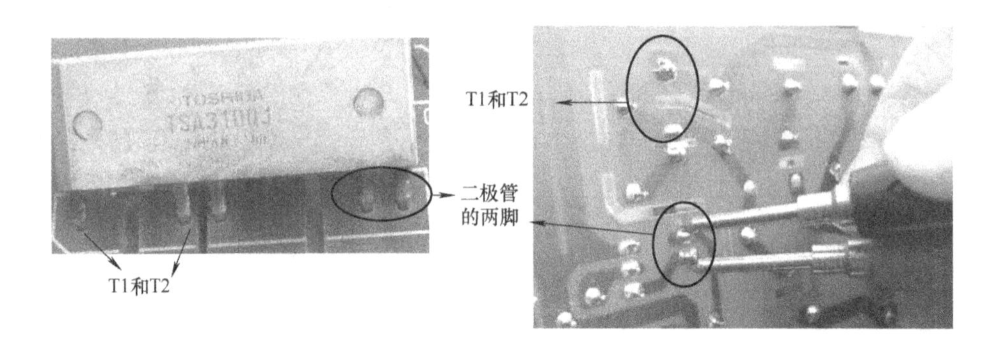

说明：T1 和 T2 两引脚应接强电，用于接通和断开风机的供电。二极管的两引脚须接弱电。

若二极管两端具有单向导电性，说明二极管正常；否则，应更换

② 测双向晶闸管能否被触发、导通

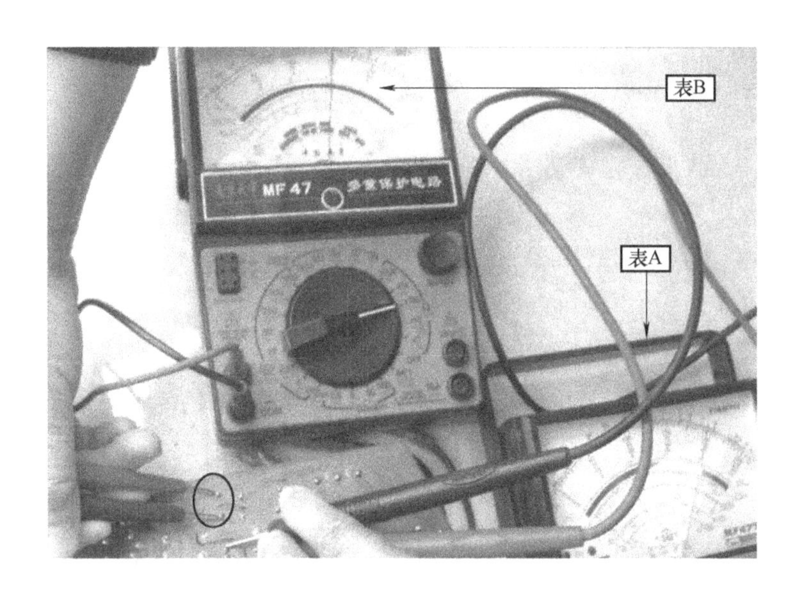

方法：用一块指针式万用表（表 A）的 R×1 档，两表笔接触光耦内的二极管并使它导通（黑表笔接二极管的正极），用另一块指针式万用表（表 B）的电阻档，检测晶闸管两主电极 T1 和 T2 间的电阻

检测结果说明：表 B 的阻值为数百欧，说明晶闸管已导通；若为无穷大，说明光耦不导通，已损坏

图 5-41　光耦晶闸管的检测

（2）光耦的识别与检测

1）认识光耦的实物：光耦的型号有多种，但内部结构和原理是一样的，空调器控制板上使用的光耦一般有 4 脚、6 脚两种，初级为发光二极管，次级为光敏器件。空调器常用光耦如图 5-42所示。

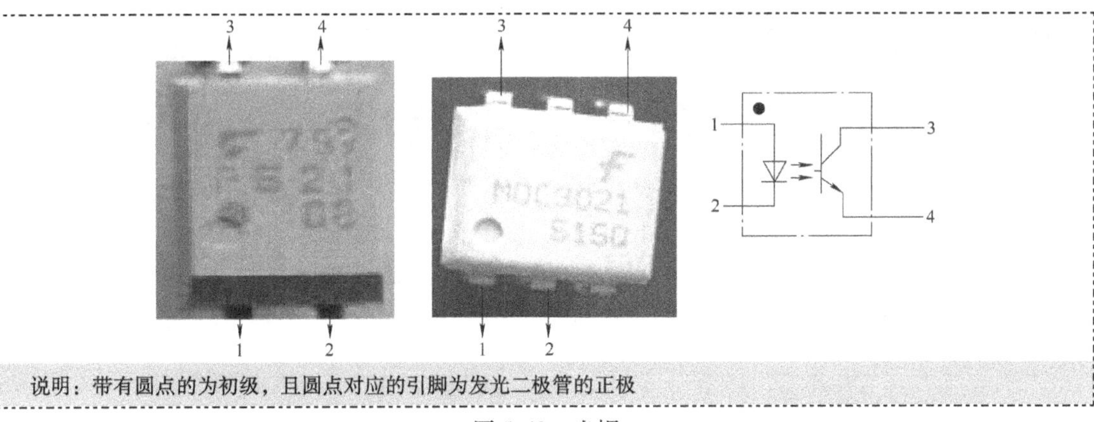

说明：带有圆点的为初级，且圆点对应的引脚为发光二极管的正极

图5-42　光耦

2）光耦的检测：检测方法与光耦晶闸管一样。

（3）双向晶闸管的认识与检测

双向晶闸管的认识与检测如图5-43所示。

① 认识双向晶闸管及其各引脚名称

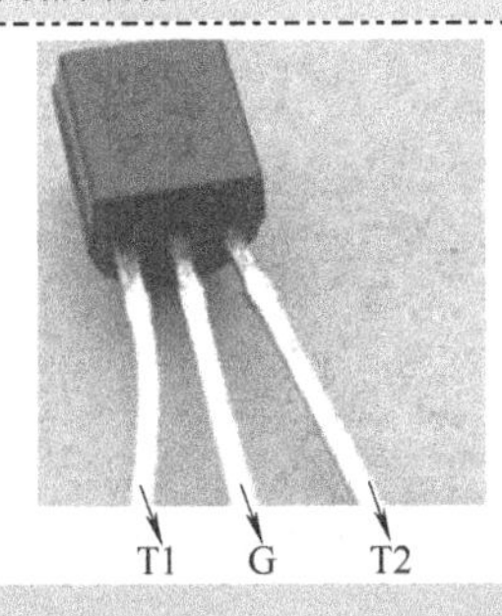

说明：

T1接PG风机的公共端，T2接电源相线，G接光耦的次级。

一般小功率管的引脚名称如图中所示。也可用万用表电阻档鉴别各引脚功能。

a）找出T2：用R×1或R×10档，分别测3个脚之间的正、反向电阻，若某个脚与其他两个脚的正、反向电阻均为∞，则该脚就是主电极T2

b）找出T1和G：在剩下的两脚中，假设某一脚是T1，另一脚是G，用任一表笔接触T1，另一表笔接触T2，指针应不动，当用导体将T2和G短路时，指针指向10Ω左右，拆下短路导体后，指针仍指向10Ω左右，说明对引脚的假设是正确的

② 测量T2与T1、T2与G间的正向和反向电阻

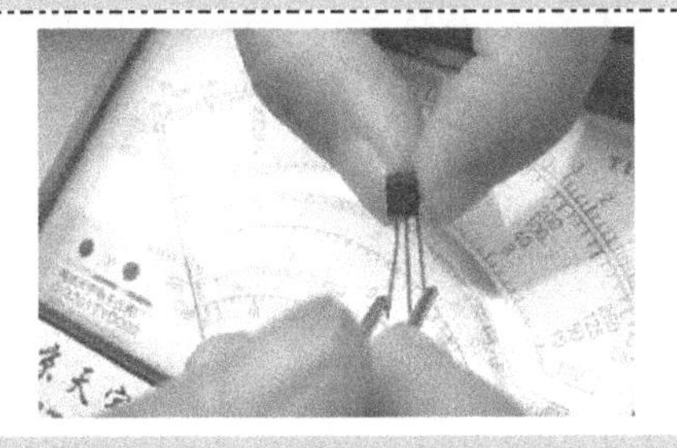

说明：用R×1或R×10档，测得的阻值均应为∞，否则，说明已损坏

③ 测量T1与G间的正向和反向电阻

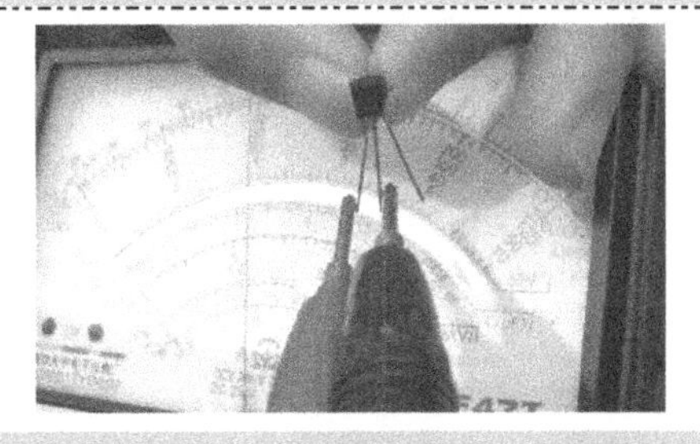

说明：用R×1或R×10档，测得的阻值均应为几十欧至几百欧之间；若为∞，说明已损坏

图5-43　双向晶闸管的认识与检测

④ 检测双向晶闸管能否被触发导通

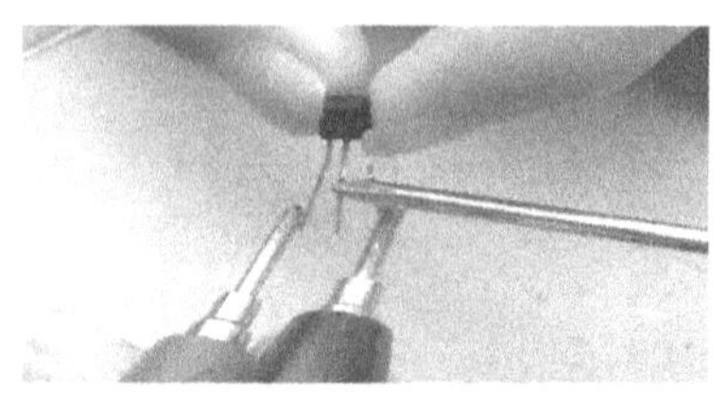

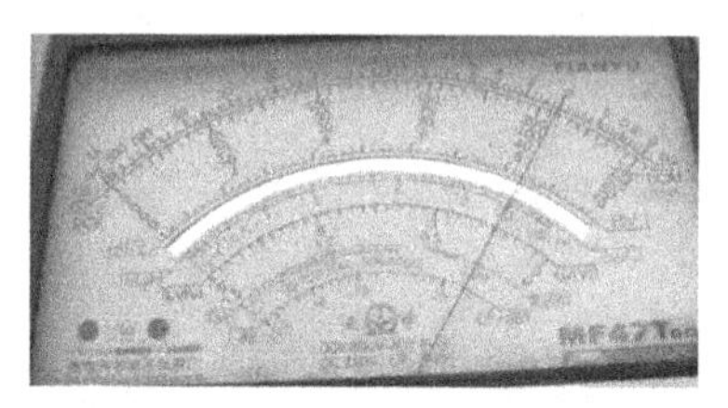

a) 用万用表的R×1档，两表笔接触T1和T2(指针指在∞)，再将导体T2和G短路（加上了触发电压），若指针指在数十欧或100Ω左右，说明已导通

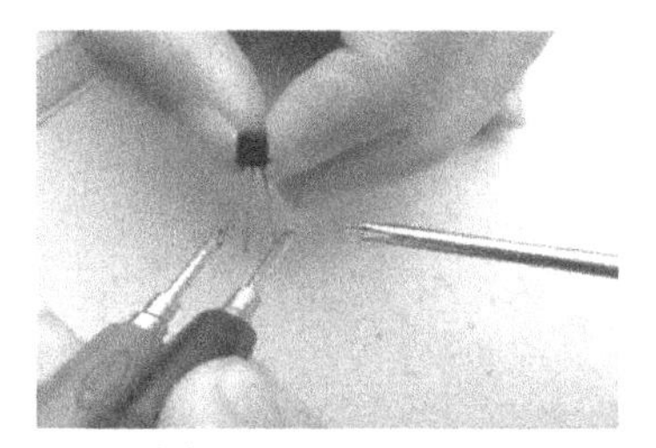

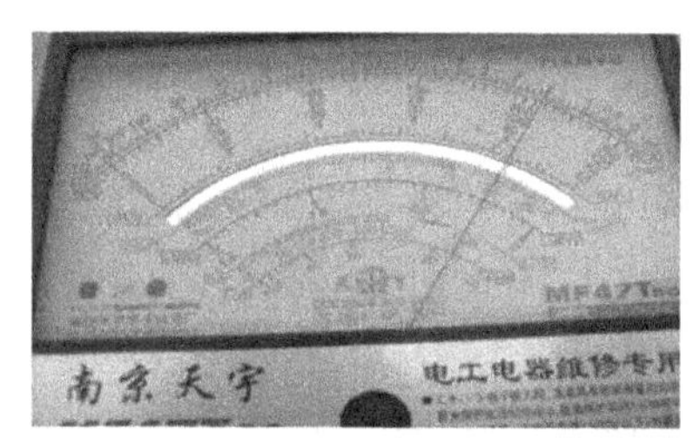

b) 移走用来短路的导体，T1和T2之间仍应维持在低电阻状态，否则晶闸管有故障，应更换
说明：经步骤②、步骤③、步骤④后，就可确定晶闸管是否正常

图 5-43　双向晶闸管的认识与检测（续）

（4）霍尔元件的检测

霍尔元件的检测如图 5-44 所示。

① 用万用表直流电压最小档，红表笔接 PG 电动机霍尔元件的脉冲信号输出脚，黑表笔接地（注：在 PG 电动机与主板之间的连接插座上，用红表笔接霍尔反馈端，方便一些）

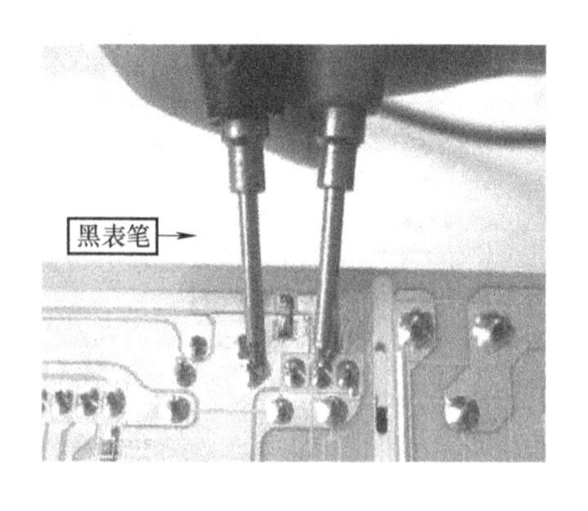

② 关机但不断开电源，在待机状态，用手转动风机，同时观察有无脉冲电压输出（看指针式万用表的指针是否有一定的往复摆动，或看数字万用表的示数是否为 0～5V～0～5V～0 周期性变化），若有，说明有脉冲输出，霍尔元件正常；若为 5V 或 0V，则说明霍尔元件损坏，应更换风机电动机

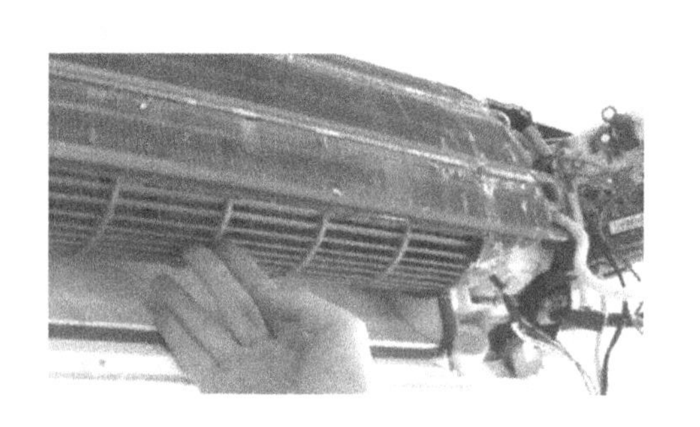

图 5-44　霍尔元件的检测

（5）NPN 型晶体管的检测

NPN 型晶体管的检测见表 5-8。

表 5-8　NPN 型晶体管的检测

名　称	图　示	说　明
NPN 型晶体管		引脚的辨认：① 对多数小功率晶体管，将引脚朝下，面对有字的一面，从左到右依次为 e、b、c；② 用万用表也可辨别晶体管的引脚（见有关书籍） 检测好坏：用万用表的电阻档（一般不用 R×1 和 R×10k 档），测 b 与 c、b 与 e、c 与 e 间的正、反向电阻值。b 与 c、b 与 e 间应有类似二极管的单向导电性，c 与 e 间电阻很大，没有单向导电性。不符合此规律，说明已损坏

5.5.4　辅助电加热的控制电路

当室外环境温度较低时，热泵式空调器的制热效果较差，所以，冷暖型热泵式空调器都设有辅助电加热器，用于改善冬季制热效果。现以科龙 KFR-26GW/N2F 空调器为例进行介绍，其他空调器的辅助电加热电路可参考该空调器。

1. 辅助电加热开启条件

CPU 检测到以下 5 个因素后会启动辅助电加热：①压缩机运行 5min 以上；②室内风机在运行；③非除霜阶段；④设定温度比房间实际温度高 3℃以上；⑤蒸发器温度低于 40℃。

2. 辅助电加热关闭条件

以下条件只要满足任一个，则关闭辅助电加热：①不是制热模式；②室内风机没有运行；③压缩机运行没有达到 5min 或 5min 以上；④设定温度与房间实际温度小于 2℃；⑤蒸发器温度高于 50℃。

3. 电路结构和原理

辅助电加热部分由控制电路和电加热器组成，现以科龙 KFR-26GW/N2F 空调器为例进行介绍，如图 5-45 所示。

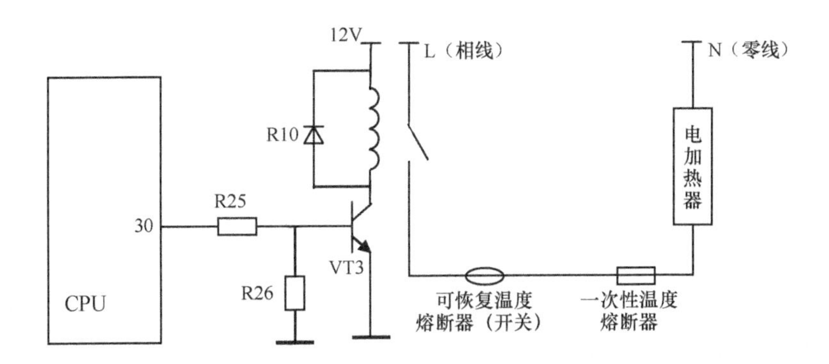

图 5-45　科龙 KFR-26GW/N2F 空调器辅助电加热控制电路原理图

注：该图所示的方法也可以用来驱动压缩机、四通阀等负载，但不需设置熔断器。

工作原理：CPU 的 30 脚用于控制辅助电加热器的开启与关闭。当满足启动辅助电加热器的条件时，30 脚输出高电平（5V），经电阻 R25 送到晶体管 VT3 的基极，VT3 导通，继电器线圈有电流通过，触点被吸合，电加热器得到220V电压而加热。当满足关闭辅助电加热器的条件时，CPU的30脚输出低电平（0V），晶体管截止，继电器线圈失电，触点分开，电加热器失电而停止加热。

4. 常见故障

常见故障为冬季气温较低、需要辅助电加热时，辅助电加热器却不工作。其检测方法见表5-9。

表5-9　辅助电加热控制电路故障检测方法

步　骤	检测结果分析	处理措施
① 在空调器断电后，在电加热器与主板之间的插头（见图5-46）上测电加热器的电阻值	若为100Ω左右，则为正常；若为∞，则电加热器回路有断路，可能的原因有电加热器开路、可恢复温度熔断器开路、一次性温度熔断器开路	需进行第2步 更换损坏部件
② 启动制热模式，在电加热器与主板之间的插头上测电加热器的供电电压	若为220V，则正常；若为0V，则可能的原因有继电器线圈损坏，触点接触不良，晶体管损坏，管温、室温传感器失灵（导致CPU不能判断启动辅助电加热器的条件）	更换损坏部件

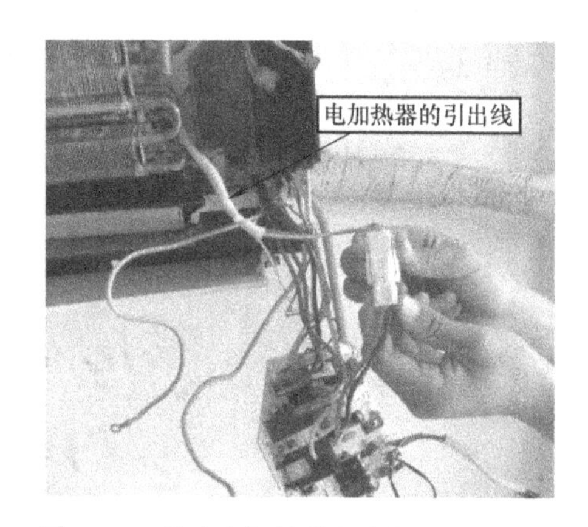

图5-46　辅助电加热器与主板的连接插头

5.6　分体柜式空调器的电控系统

柜式空调器（简称柜机）的电控系统与壁挂式空调器（简称挂机）相比，+12V和+5V直流电的取得、CPU的工作条件、CPU的输入电路、CPU的输出电路在原理上和挂机是一样的，其结构、检测方法也相同（不再赘述），但也还是有不同之处，主要体现在以下几点：

1）有些柜机室外机也有主板（多见于早期的空调器或者现在的5P以上空调器）。

2）目前柜机最常见的显示方式为液晶显示屏（LCD），早期柜机采用真空荧光显示屏（VFD）；在低档次的柜机中采用发光二极管（LED）指示灯指示工作状态；显示屏和按键一般制造在一块板上。当不用遥控器时，可手动操作按键控制空调器的状态。

3）柜机的室内风机采用离心式风机，采用抽头式调速。

5.6.1 柜式空调器电控系统主板介绍

1. 柜机的电控系统主板示例

柜机的电控系统主板大同小异，现以TCL的KFRd-52LW/E电控系统主板为例进行介绍，如图5-47所示。

图5-47 柜机的电控系统主板（示例）

2. 柜机主板与挂机的主要区别

从图5-47可以看出，它与挂机的主要区别是室内机采用抽头式离心风机。

抽头式风机控制电路原理图（示例）如图5-48所示。其工作原理与挂机CPU输出电路相同，例如，当设为低风时，CPU的7脚输出高电平给反相器，反相器的16脚输出低电平，继电器J1的线圈1两端得到了合适的电压，线圈中有电流通过，吸合触点，给风机低风档供电的相线接通（给高、中风档供电的相线断开），风机以低风运行。

柜机抽头式风机控制电路的常见故障见表5-10。

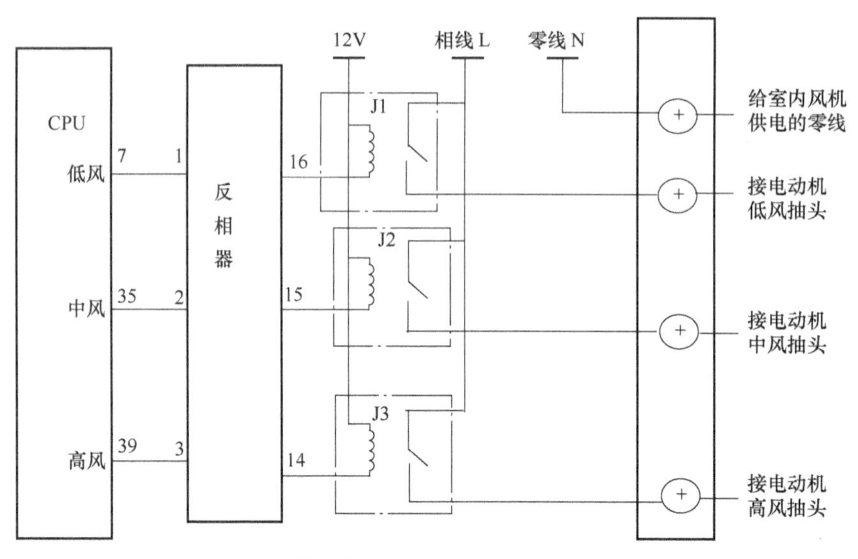

图 5-48　抽头式风机控制电路原理图（示例）

表 5-10　柜机抽头式风机控制电路的常见故障

故障现象	故障原因	处　理
某个档风机不转	给该档位供电的线路接线柱处断开、脱落	重新接好（或焊好）
	该档位供电的继电器没有吸合	通电的情况下，检测对应的继电器。例如中风档不转，则应检测图 5-48 中的 J2 线圈引脚的电压，在正常情况，一个脚的电压为 12V，另一个脚的电压为低电平（接近 0V） ①若没有 12V，则检测 12V 的直流产生电路。②若一脚为 12V，另一脚不是低电平，则应检测反相器等。③若两脚电压正常，则检测中风档接线柱与零线之间是否有 220V 电压，若有 220V，说明继电器触点接触良好，故障为风机电动机中风档绕组烧坏；若没有 220V，则说明继电器触点接触不良，应更换
所有档风机都不转	①风机电动机绕组损坏 ②风机电容器损坏 ③给风机供电的相线线路不通	①更换风机电动机 ②更换电容器 ③检测线路（焊接处、接线柱处）

5.6.2　柜式空调器中用交流接触器控制压缩机的电路

对于一些功率比较大的柜机，由于供电电流较大，所以使用交流接触器代替继电器来给压缩机供电。

1. 交流接触器控制单相压缩机的电路

典型示例电路如图 5-49 所示。CPU 的 17 脚输出高电平→反相器的 16 脚输出低电平→继电器线圈通电→触点吸合→使交流接触器的线圈得到 220V 交流电→交流接触器的触点吸合→给压缩机供电的相线接通，压缩机起动。CPU 的 17 脚输出低电平→反相器的 16 脚输出高电平→继电器线圈无电流通过→其触点断开→交流接触器线圈无电压→触点断开→压缩机停机。

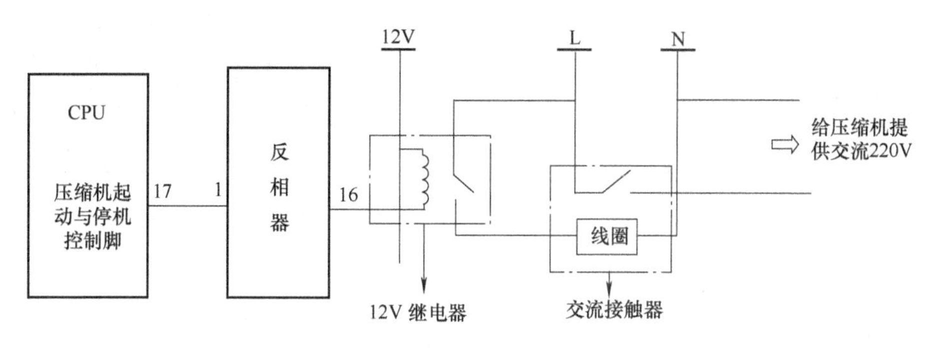

图5-49　用交流接触器控制单相压缩机的电路

2. 交流接触器控制三相压缩机的电路

典型示例电路如图5-50所示。其原理与图5-49的单相压缩机的相同。

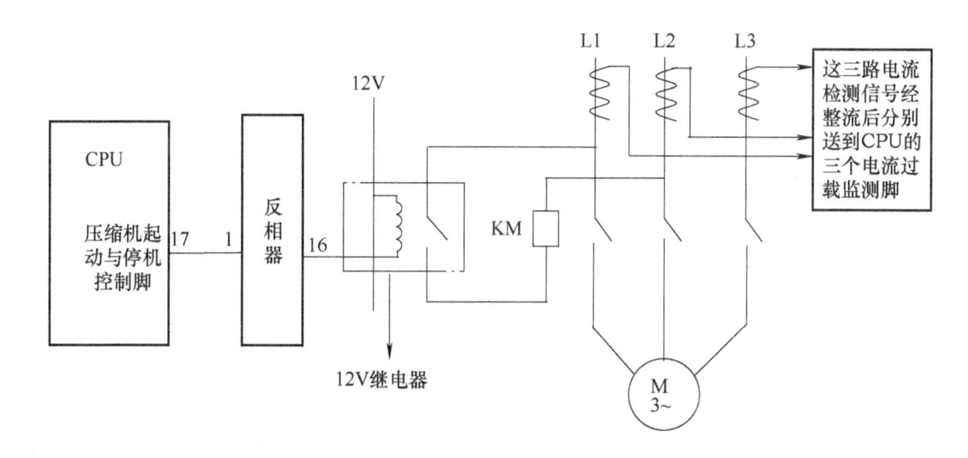

图5-50　用交流接触器控制三相压缩机的电路（图中的KM为交流接触器线圈）

5.6.3　相序保护器

1. 相序保护电路的控制方式

现阶段有很多柜机使用了性能更优越的三相供电的涡旋式压缩机。由于该压缩机不能反转，所以必须设有相序保护电路。相序保护电路有以下两种控制方式：

（1）继电器控制方式

当三相电的相序符合压缩机的工作要求时，继电器线圈的电压为220V，触点被吸合（相当于产生了一个相序正确的控制信号），使压缩机运转。当相序不符合压缩机工作要求或者断相时，继电器线圈的电压大幅下降，产生的吸引力不足以吸合触点，触点断开（相当于产生了一个相序不正确的控制信号），压缩机停机，起到保护作用。其原理如图5-51所示，实物如图5-52所示。

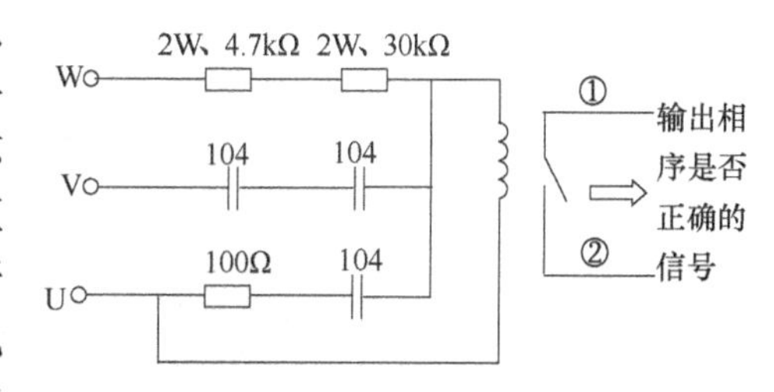

图5-51　继电器控制方式的相序保护器原理图

（2）CPU 控制方式

当 CPU 认为需要起动压缩机时，三相电经光耦后送到 CPU 的三个检测脚，由 CPU 进行分析、判断，当检测到的相序与 CPU 内程序设定的相序相同时，CPU 认为压缩机能正常运转，于是 CPU 相序保护脚输出控制信号（低电平），使光耦晶闸管导通，相当于图 5-52 中的继电器吸合（即产生了一个相序正确的控制信号），使压缩机运转。

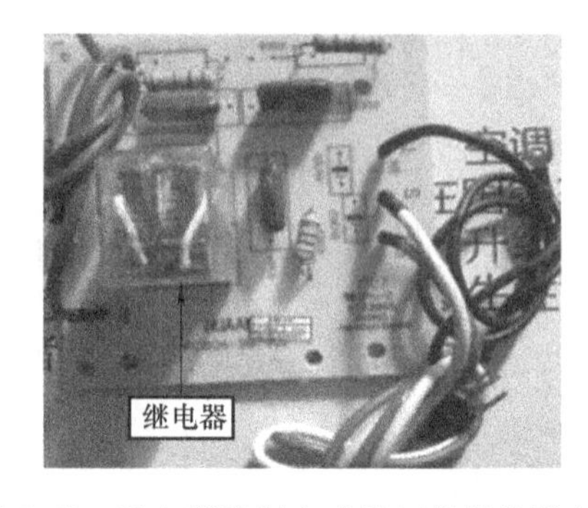

图 5-52　继电器控制方式的相序保护器实物

如果 CPU 检测到的相序不正确，则 CPU 相序保护脚不输出控制信号，光耦晶闸管不导通，相当于图 5-52 中的继电器不吸合（即产生了一个相序不正确的控制信号），使压缩机不运转，实现了相序保护。其原理如图 5-53 所示，实物如图 5-54 和图 5-55所示。

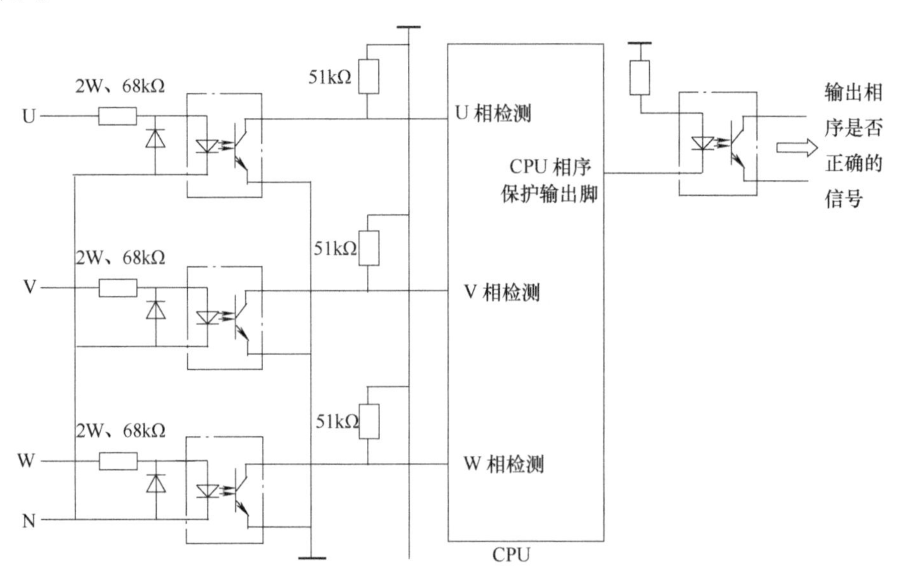

图 5-53　CPU 控制方式的相序保护器原理图

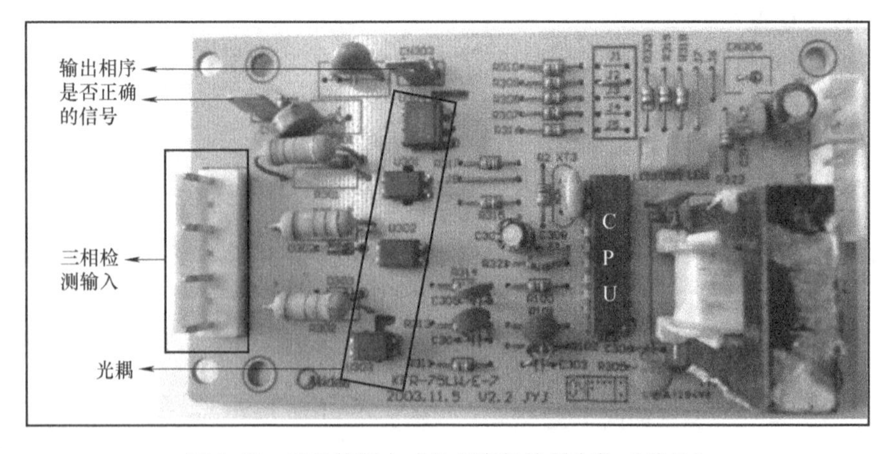

图 5-54　CPU 控制方式的相序保护器实物（美的）

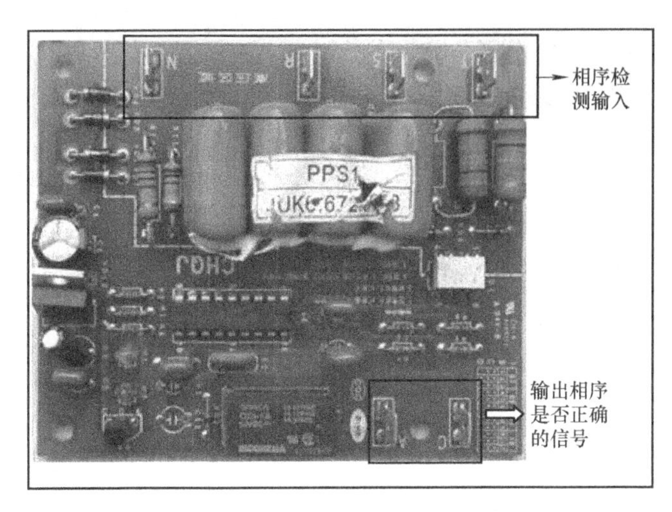

图5-55 CPU控制方式的相序保护器实物（长虹）

2. 空调器常见相序保护的连接方式

不同厂家，相序保护的连接方式不一样，出现相序保护时表现出的故障现象也不相同。空调器常见相序保护的连接方式见表5-11。

表5-11 空调器常见相序保护的连接方式

类别	接入方式	当相序错误时的故障表现
方式一	将相序保护电路的继电器或光耦的两个输出脚（注：由两个脚输出的相序是否正确的信号，如图5-51的①、②脚）串联接入压缩机交流接触器线圈的供电回路中，如海尔、海信的部分空调器	继电器（光耦）的两个输出脚之间是断开（截止）的，压缩机交流接触器不能吸合，压缩机不起动；室内机不报故障代码
方式二	将相序保护电路的继电器或光耦的两个输出脚串联接入室外机保护电路中，如美的等空调器	室外风机和压缩机都不起动，室内机显示“室外机保护”的故障代码
方式三	将相序保护继电器或光耦的两个输出脚串联接入室内机保护电路中，如早期的科龙等空调器	室内机不起动

3. 判断相序保护故障及排除方法

对采用涡旋式压缩机的空调器，如果出现室内风机运转，而室外压缩机不运转的故障，很有可能是出现了相序保护，其故障原因和排除方法见表5-12。

表5-12 判断相序保护故障和排除方法

类别	故障的可能原因	排除方法
对于新装空调器、移机的空调器	接线时将三相电的相序接得不正确	可在室外机三相供电的接线端子处将任意两根相线的位置对调，看压缩机是否起动。若能起动，则断定相序控制电路无故障
对于原来能正常运转，没有改动三相接线的空调器	很有可能是相序控制电路出了故障	将相序保护电路的继电器或光耦的两个输出脚短接，看压缩机是否起动。若能起动，则断定是相序控制电路故障，应维修或更换

4. 通用三相电动机相序保护器

当空调器中的相序保护电路板损坏后，若无配件，可用通用的三相电动机相序保护器（见图5-56）代替。

通用相序保护器一般由L1、L2、L3三个相位端子和一组常开（指在自然状态处于断开状态）、一组常闭（指自然状态为闭合状态）触点组成，常规接法是L1、L2、L3三个相位端子分别对应接到电源的三相上，保护器常开触点串联接入交流接触器的线圈回路中。当电源相序与保护器一致时，相序保护器的继电器动作，常开触点保持闭合状态，控制回路通路可正常工作；当电源相序与保护器不一致时，保护器常开触点动作、断开，控制回路处于开路状态而不能工作。具体接线时可参考说明书。

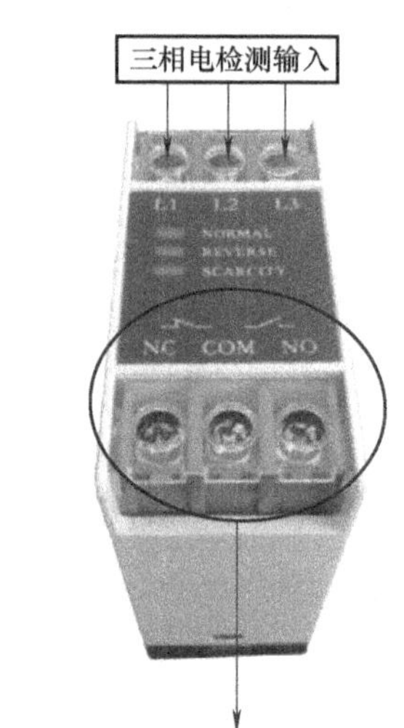

图5-56 相序保护器

复习检测题

1. 画出空调器电控系统中产生12V和5V直流电压的电路简图。简述如果没有5V直流电压，应怎样检修？

2. 说明CPU正常工作的三个条件。

3. CPU的输入信号有哪些？

4. CPU的输出信号有哪些？

5. 简述PG风机的调速过程。

6. 画出CPU控制单相压缩机、四通阀的电路图。

7. 画出CPU通过交流接触器控制单相压缩机的电路图。

8. 画出CPU通过交流接触器、相序保护器控制三相压缩机的电路图。

9. 指出图5-57中的空调器控制板上的微处理器、给压缩机供电的继电器、给四通阀供电的继电器、给室外风机供电的继电器、室内风机的电容器、驱动室内机风门电动机（步进电动机）的反相驱动器、晶振、蜂鸣器、整流二极管、熔断器。

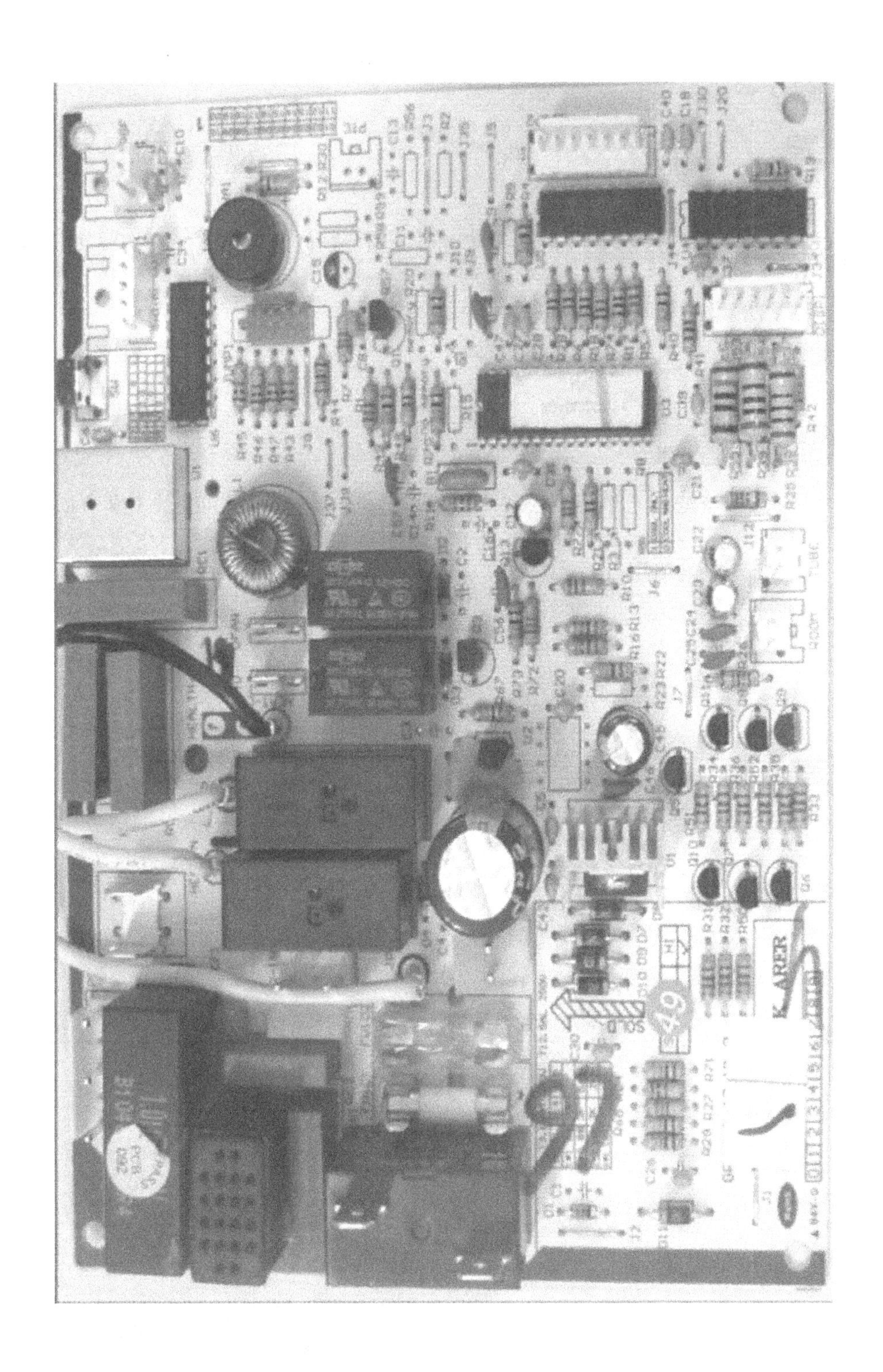

图 5-57　某空调器电气控制主板

空调器的检漏、抽真空和充注制冷剂

本章导读

空调器的检漏、抽真空和充注制冷剂等工艺，是维修空调器的最常用、最基本的操作，但它是决定空调器制冷系统维修质量的关键。本章首先以使用 R22 传统制冷剂的空调器为例详细介绍这些工艺，然后再介绍使用 R410A 新型制冷剂的空调器在检漏、抽真空和充注制冷剂操作上的不同点和注意事项。

本章阅读难度很小，易学易用，初学者可以按照图示的方法进行“按图索骥”式的操作。阅读重点是操作步骤、方法和技巧。

6.1 检漏

空调器制冷剂泄漏的后果是，空调器虽然运转，但完全不制冷或制冷效果差，该类故障发生率极高。因此在维修制冷系统时，必须对空调器进行试漏、检漏，继而对泄漏点进行针对性处理，确保无泄漏后再使用。具体的检漏的操作方法如下：

步骤一：测量空调器停机状态制冷剂的压力，然后根据测量值来确定检漏方案。

具体的测量方法示范（以使用三通真空压力表测量为例）见表 6-1。

表 6-1 测量空调器停机状态制冷剂压力的操作示范

操作顺序	图示及说明
① 在低压截止阀上，拆下工艺口的保护螺母盖，露出维修工艺口	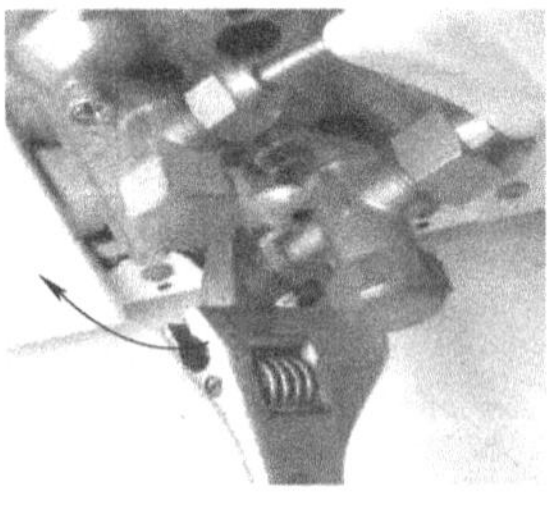 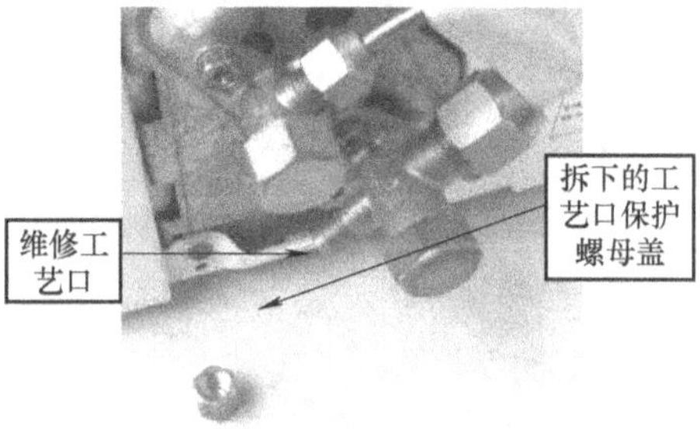 维修工艺口 拆下的工艺口保护螺母盖

（续）

操作顺序	图示及说明
② 在工艺口安装三通真空压力表	① 将连接管不带顶针的一端在三通压力表的管口螺纹上旋紧，并将三通压力表阀门关闭 ② 将连接管带顶针的一端螺母在工艺口的螺纹上旋紧，顶开工艺口内的气门销，管道内的气体扩散到表内，就可以通过压力表测出系统内的气压
③ 读数	方法：正对指针所指的刻度线、垂直于仪表面向下看。该表的示数为0.55 MPa
④ 对测量结果进行分析与处理	① 室外环境温度为30℃时，压力为0.85MPa左右，为正常，说明不泄漏（注意：随着环境温度的升降，压力表示数略有增减） ② 压力若为零，则制冷剂全部泄漏；压力明显低于正常值，但不为零，则有一部分制冷剂泄漏 ③ 对全部泄漏，可进行步骤二；对部分泄漏，若系统内残余制冷剂压力较低时（一般0.3MPa以下，没有严格的数值），也可进行“步骤二”，即给系统充入氮气并检漏；若系统剩余制冷剂压力高于一定程度（一般高于0.4MPa），则直接进行“步骤三”检漏

注：若采用复合压力表测量，仪表的连接如图6-1所示。对测量结果的处理同上。

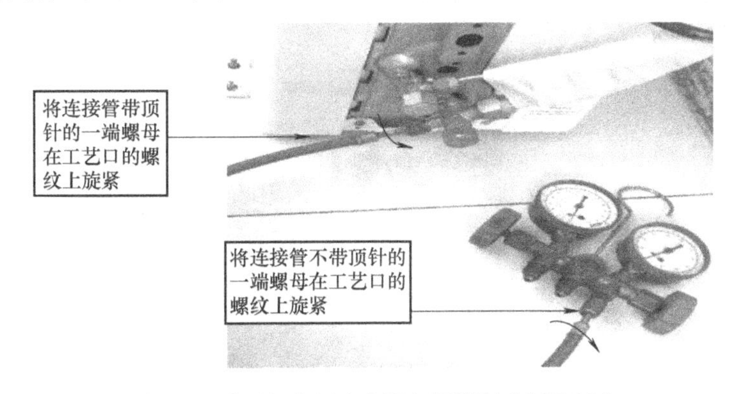

图6-1　采用复合压力表测空调器制冷剂的压力

注：若压力有可能超过表的量程，则须用高压表（图中用的高压表）；如果不会超过量程，也可以用低压表。

步骤二：给制冷系统充入氮气（若现场没有充氮设备，也可短时充入干燥空气）。

给管道内充入氮气或干燥空气（晴天、无明显尘埃的空气）的作用是，利用充入的气体会从气密性不合格处泄漏出来的特点，来发现泄漏处。

1. 充氮气

充氮设施的种类很多，但使用方法大同小异。现以某小型充氮设施为例介绍充氮气的方法，操作示范如图6-2所示。

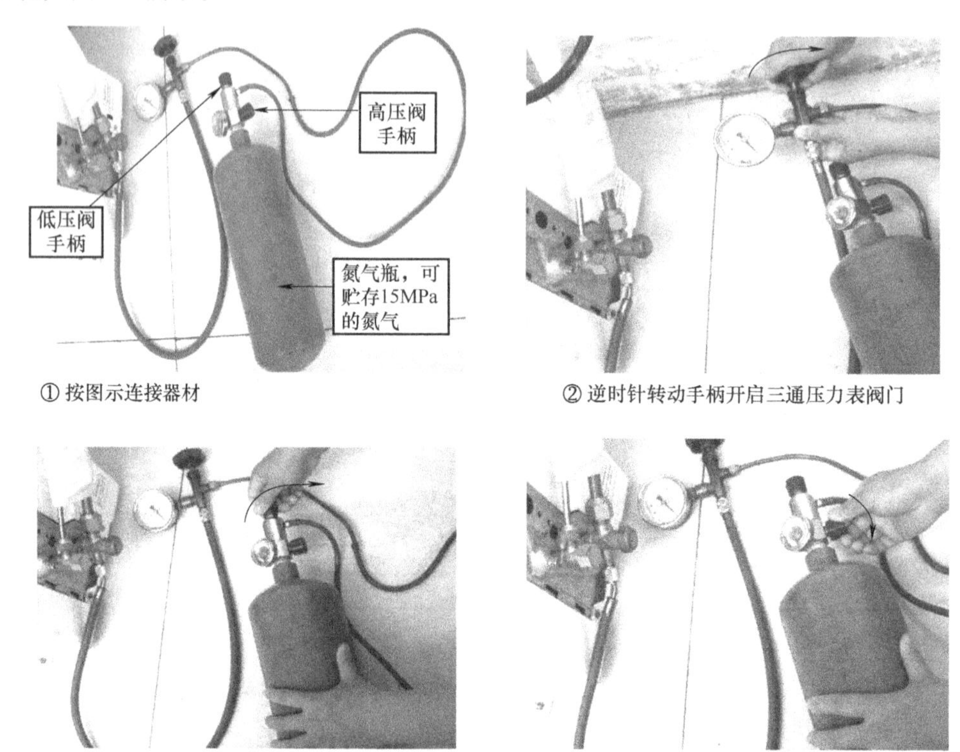

① 按图示连接器材　② 逆时针转动手柄开启三通压力表阀门

③ 逆时针转动手柄开启低压阀门　④ 逆时针转动手柄开启高压阀门

图6-2　给制冷系统充氮气的操作

当表压为1.2MPa左右时，按照开启的相反方向转动手柄，关闭氮气瓶的高压阀、低压阀和压力表阀门，充注结束，可以进行检漏了。

对于室外机有两个三通截止阀（即有两个工艺口）的空调器，也可以同时从两个工艺口充入，如图6-3所示。

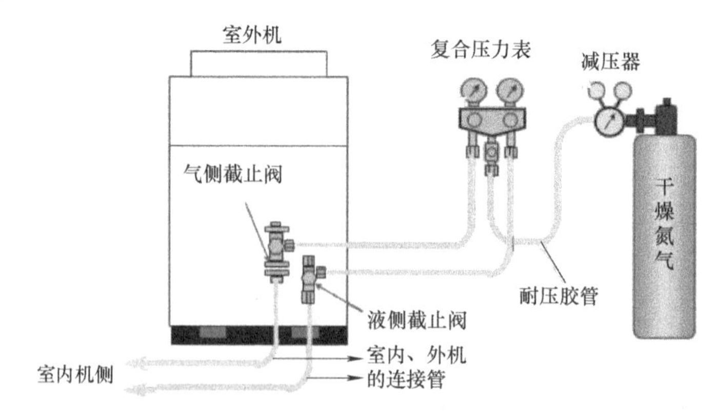

图6-3　充氮气检漏

2. 充入干燥空气

若没有充氮设备，也可短时充入干燥、干净的空气检漏，具体见表6-2。

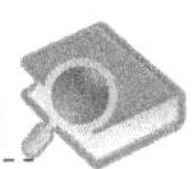

表6-2 给空调器短时充入干燥空气的操作示范

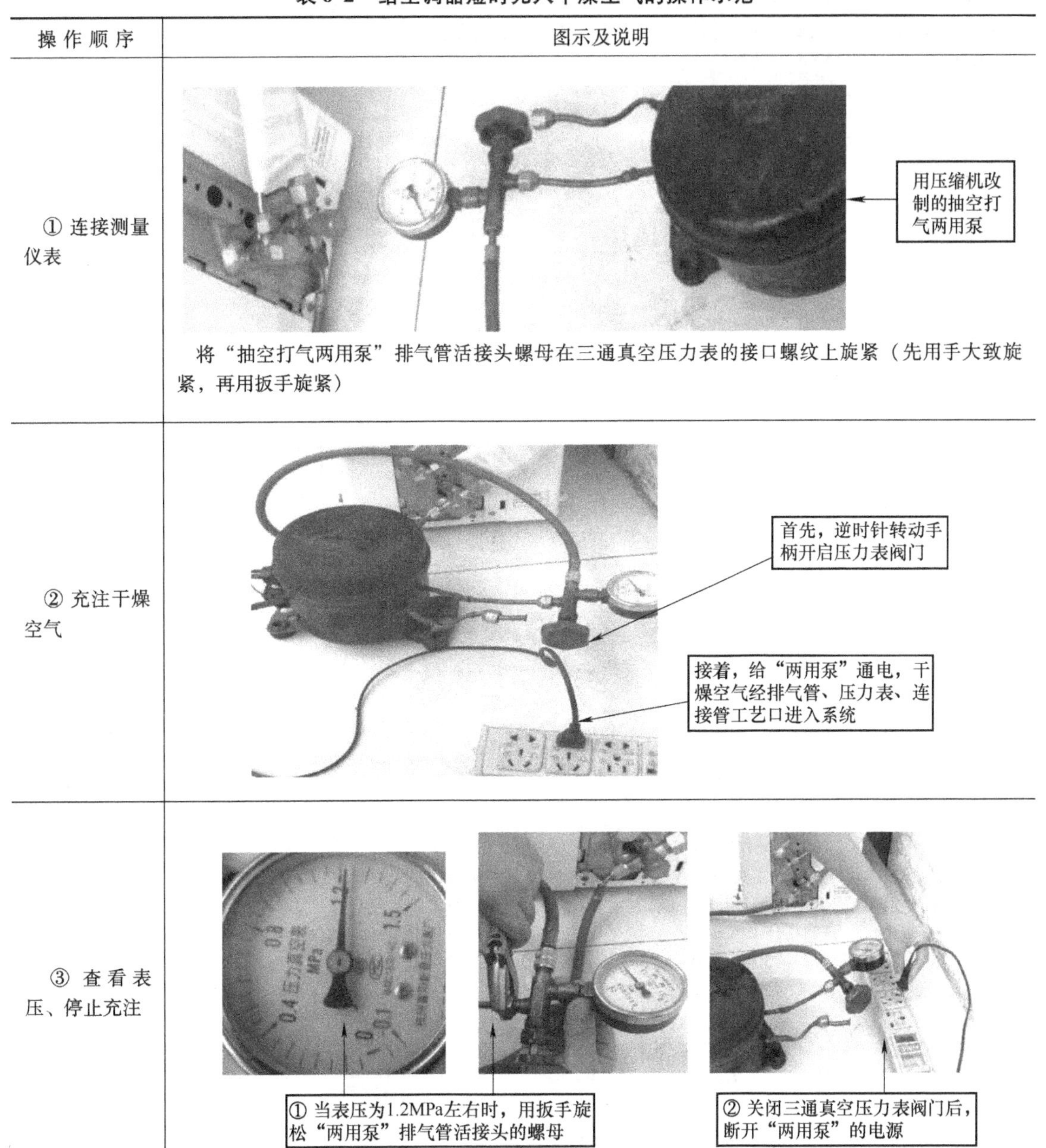

操作顺序	图示及说明
① 连接测量仪表	将“抽空打气两用泵”排气管活接头螺母在三通真空压力表的接口螺纹上旋紧（先用手大致旋紧，再用扳手旋紧）
② 充注干燥空气	
③ 查看表压、停止充注	

3. 给系统内充气的注意事项

1）使用三通真空压力表或者复合压力表的高压表皆可。

2）充气后不能起动空调器的压缩机，以免损坏压缩机。

3）因为干燥空气里仍有少量水分，所以空气在系统内的停留时间越短越好。要尽快（一般不超过30min）完成检漏，并接着进行抽真空等操作。

4）绝对不能给系统充入氧气。若充入氧气，容易出现安全事故（氧和系统内的润滑油反应生成易爆物质）。

5）充入的气体压力过低，不易检漏（因为压力越低，泄漏越缓慢）；过高，有可能使原来不泄漏但比较脆弱的部位（如衬垫、活接头等）受损而泄漏。一般 1 ~ 1.2MPa 即可。

步骤三：进行检漏

1. 了解空调器容易发生泄漏的部位

空调器容易发生泄漏的部位见表 6-3。

表 6-3　空调器容易发生泄漏的部位

名　　称	图示及相关说明	泄 漏 原 因
① 室内、外机的连接活接头	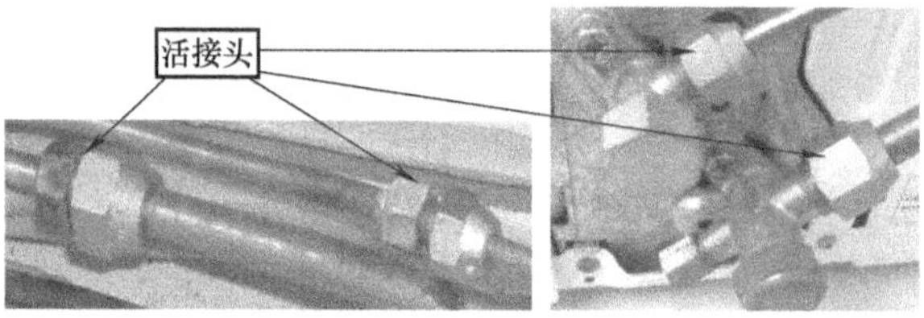 活接头	① 活接头的接触面有尘埃 ② 安装时在接触面未涂冷冻油 ③ 管道被不恰当地扳动
② 管道所有的焊缝	 焊缝很多，该图为示例图片	① 焊接质量不高 ② 受外力作用（因为焊缝的强度比管道弱） ③ 腐蚀
③ 各种阀门（主要有二通截止阀、三通截止阀、四通阀、膨胀阀、电磁阀）	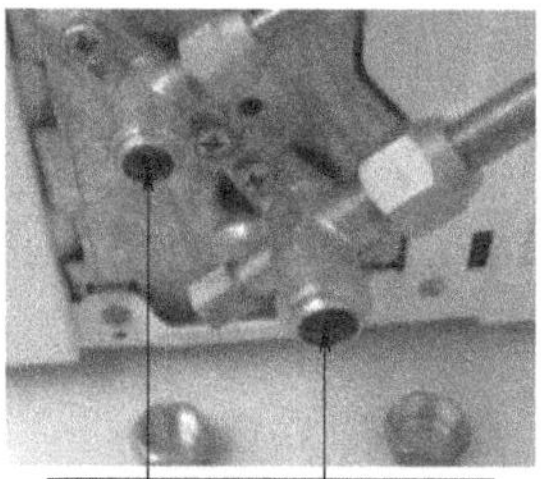 有可用内六角扳手调节的阀芯，有泄漏的可能 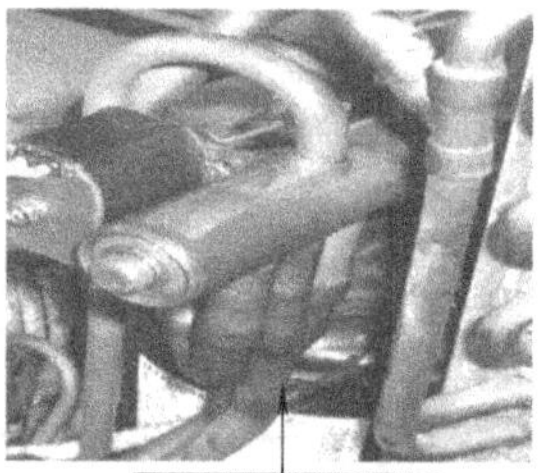 阀体的各结合面有泄漏的可能性	阀门内有动作部件，易出现密封不良而导致泄漏的现象
④ 管道的变形、磨损处		变形处、磨损处有可能使管道出现裂纹、穿孔

注意：空调器泄漏点大多会出现变色并有油迹，因为制冷剂和冷冻油能互相溶解，泄漏制冷剂时也有少量的油泄漏出来。

2. 常用的检漏方法

常用的检漏方法见表 6-4。

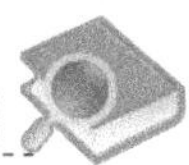

表 6-4　空调器的检漏方法

名　　称	图示及方法说明	结　　果
① 肥皂水检漏（无论管道系统内是制冷剂还是干燥空气，都可采用该方法）	 a) 在可能泄漏的部位涂上浓肥皂水 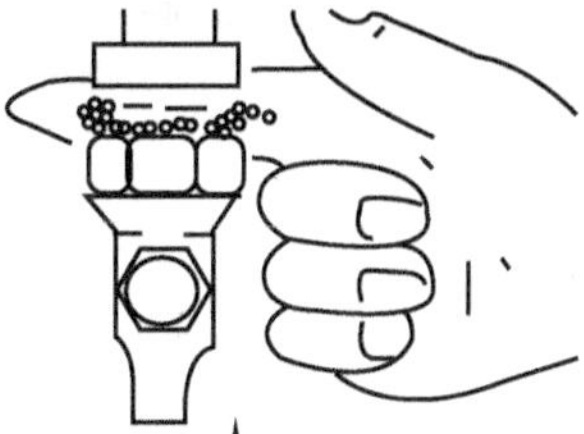 b) 如果背面泄漏，不易检查，可在涂肥皂水后，用手指从背面抹过来，使气体的泄漏从背面转到前面 注意：对不易观察的地方，可借助小镜子  漏点气泡 焊点慢泄漏 c) 焊点泄漏产生的明显气泡 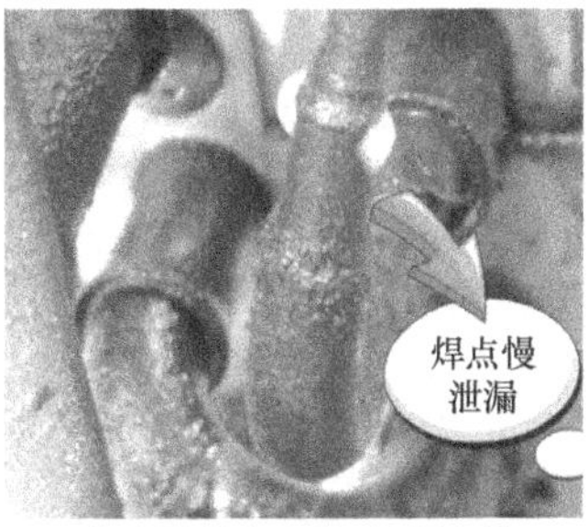　d) 焊点泄漏产生的不明显气泡	观察 1min 以上，若有气泡产生，则该处一定泄漏，无气泡产生，则该处不泄漏
② 电子检漏仪检漏（该方法适用于系统内制冷剂仍有一定压力的情况）	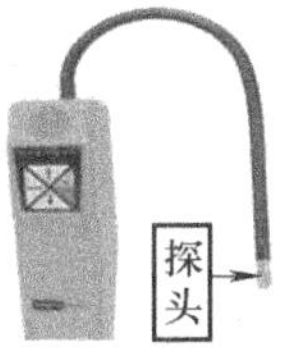 探头 使用电池的电子检漏仪  使用220V交流电压的电子检漏仪 使用方法：接通检漏仪电源，探头在可能泄漏的部位缓慢移动（速度小于50mm/s），探头与被检处保持3～5mm的距离。注意：电子检漏仪的灵敏度很高，检漏时必须保持通风和空气清洁，以防外界卤素或其他气体的干扰	若探头移到某处时，出现声、光报警，则该处一定有制冷剂泄漏
③ 其他检漏方法简介	① 看：有油污的地方，基本上可以断定该处泄漏，因为制冷剂与冷冻油可互相溶解或部分互相溶解，制冷剂泄漏时会把冷冻油携带出来 ② 浸水检漏：对较小部件，充入氮气或干燥空气后，将管口封闭，整体浸入水中 1min 以上，有气泡产生处一定泄漏 ③ 压力检漏：对某些部件，通过压力表充入氮气或干燥空气后，封闭各管口，经过一段时间，若压力不降，则可排除该部件泄漏的可能性	

3. 对泄漏处的处理

1）若焊缝泄漏，管道有裂纹、破损，可放掉管内残余气体后补焊。

2）若活接头处泄漏，可以重新制作活接头的喇叭口（见3.1节）。若活接头的螺母裂损，则需更换。

3）若阀门泄漏，只有放掉制冷剂后更换新件。

6.2 抽真空

系统管道内若混进空气，由于空气在冷凝器中不能像制冷剂那样液化（所以空气又叫不凝气体），占据了冷凝器的容积，会使压缩机过载，也会使热交换器换热系数下降，导致制冷或制热效果差；若有水分，则会造成：①节流装置冰堵；②水分与制冷剂反应生成酸，腐蚀压缩机线圈，在压缩机的机件表面产生镀铜现象，缩短压缩机的使用寿命。所以，充灌制冷剂之前，必须对系统严格抽真空。其操作方法有两种。

6.2.1 低压单侧抽真空

适用于只有一个维修工艺口（注：该工艺口在粗管侧）的空调器，其抽真空的过程和方法如图6-4所示。

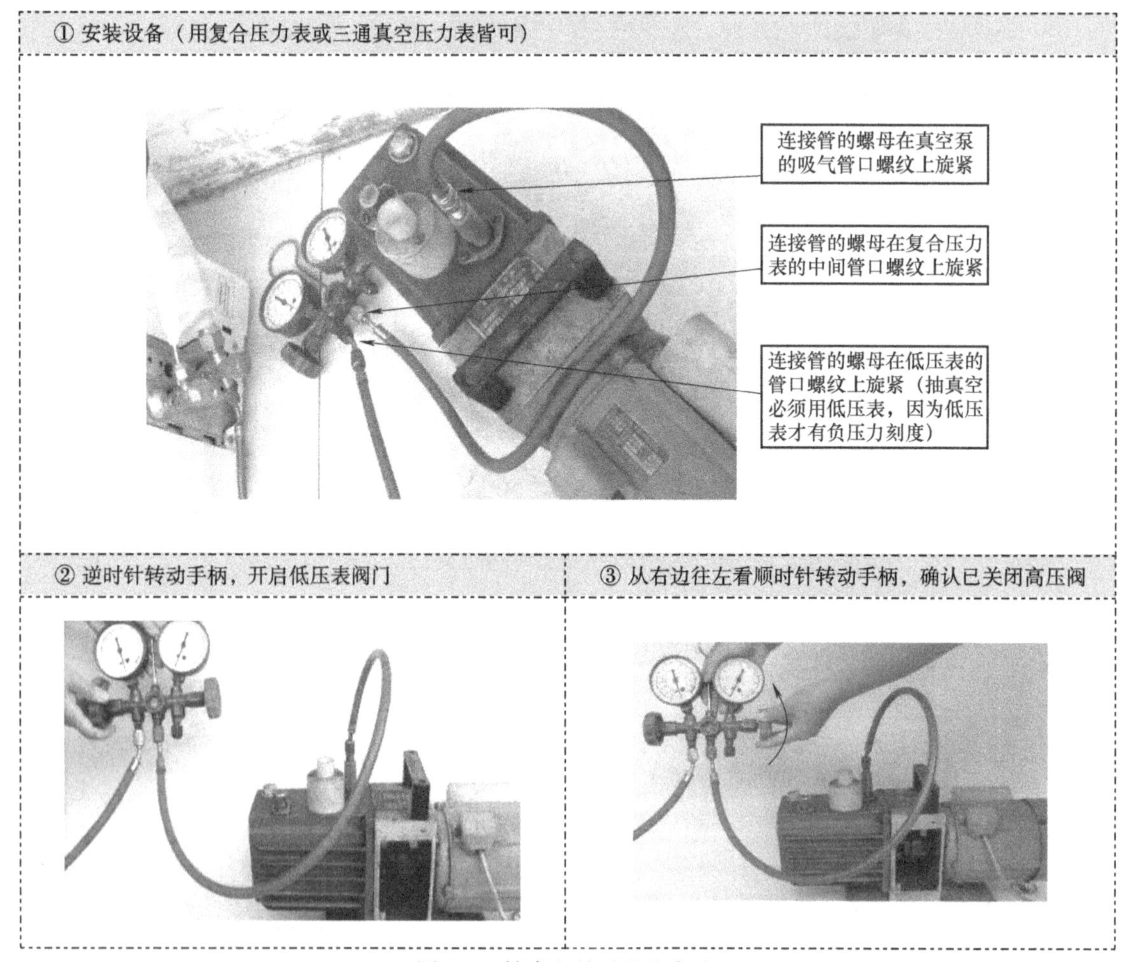

图6-4 抽真空的过程和方法

④ 接通真空泵的电源，真空泵工作

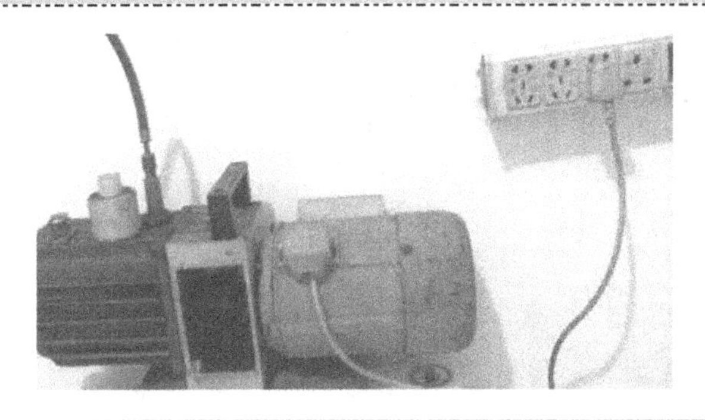

⑤ 观察压力表显示的压力，真空度达到要求时，结束抽真空

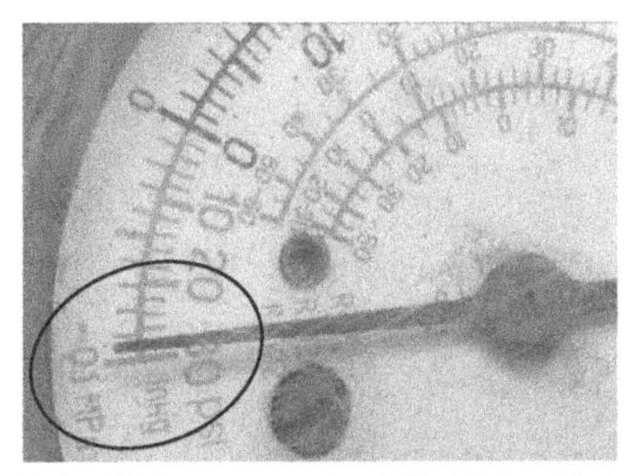

a）当示数为－0.1MPa时，酌情再抽20～30min，顺时针转动手柄关闭低压表阀门

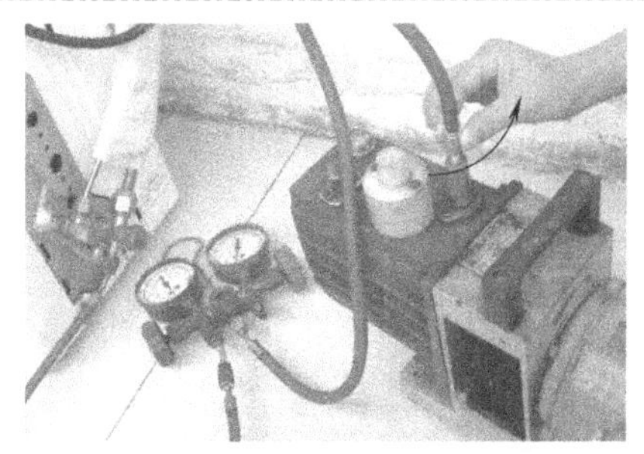

b）逆时针旋松连接管与真空泵的连接螺母，再切断真空泵电源，撤离真空泵

⑥ 若没有真空泵，也可以用自制的“抽空打气两用泵”进行抽真空

操作方法与步骤：与真空泵相同。只是抽空效果不及真空泵，但可以在第一次抽空结束后，给系统充入少许制冷剂（使表压由负压变为0～0.1MPa就可以了），启动空调器运转数十秒钟，停机几分钟，再进行第二次抽空，真空度基本达到要求

图6-4 抽真空的过程和方法（续）

6.2.2 高、低压双侧抽真空

对于一些3P或5P以上的空调器，低压和高压部分的截止阀都带有维修工艺口，可以采用低压和高压部分同时抽真空，压力表、真空泵、连接管和空调器的连接如图6-5所示。将压力表的低压阀、高压阀都打开后，就可以起动真空泵抽真空了。

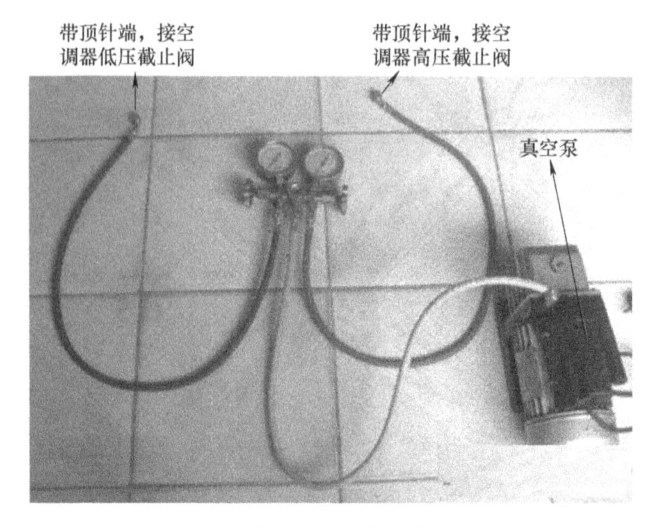

图 6-5　高低压双侧抽真空器材连接图

6.3　充注制冷剂

方法一：控制低压压力配合观察法充注

1）步骤一：连接器材

所需的压力表可用复合压力表或三通真空压力表，制冷剂可用钢瓶装（便宜一些）或听装的。其连接方法共有四种：①使用复合压力表和制冷剂钢瓶进行连接（见图 6-6a）；②使用三通真空压力表和听装制冷剂进行连接（见图 6-6b）；③使用复合压力表和听装制冷剂进行连接；④使用三通真空压力表和钢瓶装制冷剂进行连接。

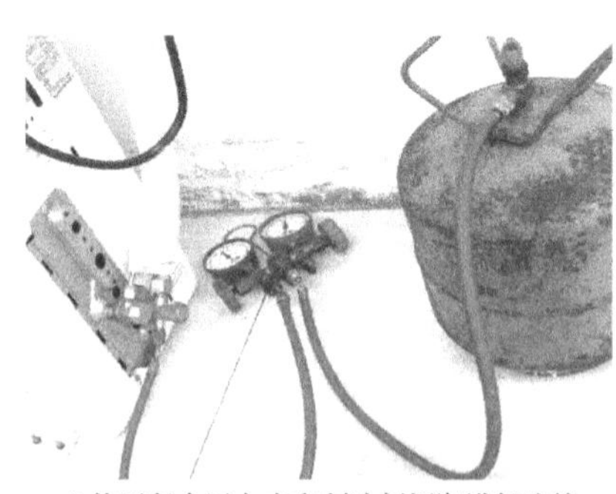

a) 使用复合压力表和制冷剂钢瓶进行连接

b) 使用三通真空压力表和听装制冷剂进行连接

图 6-6　使用复合压力表或三通真空压力表和制冷剂钢瓶充注制冷剂

2）步骤二：排除连接管内空气

抽真空后，从压力表到工艺口的连接管，以及制冷系统内的真空度达到了要求。但从制冷剂钢瓶到压力表之间的连接管内仍有空气，可以用放出少许制冷剂冲走管内空气的方法排出，如图 6-7 所示。

① 将螺母 A 顺时针旋紧

② 将连接螺母 B 逆时针旋松

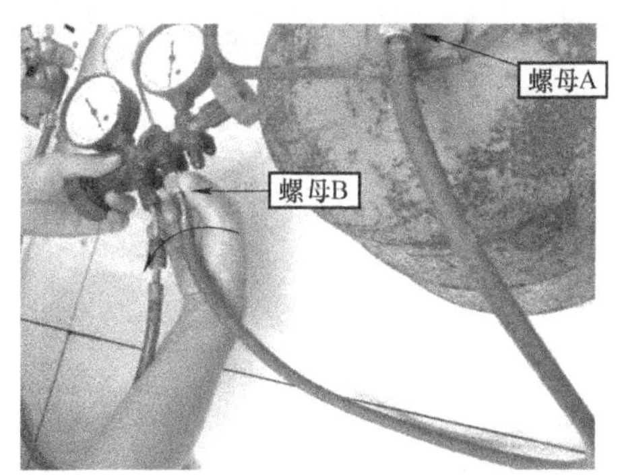

③ 打开制冷钢瓶阀门，放出制冷剂

④ 当螺母 B 处有气体溢出时，再过几秒钟，旋紧螺母 B，排空气结束

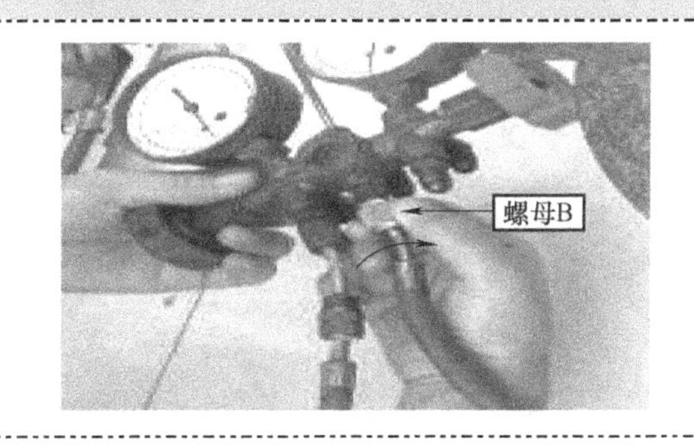

图 6-7　排出连接管内空气

3）步骤三：进行充注（见图 6-8）

① 开启低压压力表阀门和制冷剂的钢瓶阀门，加入少许制冷剂

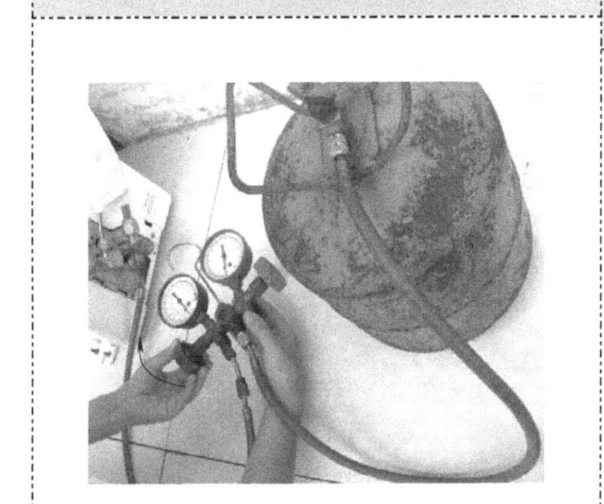

② 当低压表压力为 0.1 ~ 0.4MPa 时，关闭制冷剂瓶阀门。在制冷模式下，启动空调器室内机，风量设为最大状态

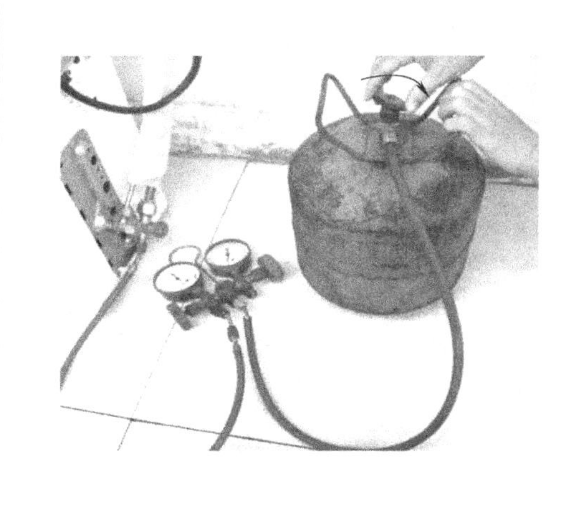

图 6-8　充注制冷剂的方法

③ 开启制冷剂钢瓶阀门，逐步加入制冷剂，直到剂量准确［方法：开启制冷剂瓶阀门，加入制冷剂（每次少量充入，充入一次，应关闭阀门停 1min 左右，观察表压、气管结露情况和制冷效果，再重复以上操作），直到空调器满足表 6-5 所示的特征时，制冷剂量已充注准确。可关闭各阀门，结束充注］

a) 注意观察充注基本准确时表压（0.85MPa左右时已基本正常）

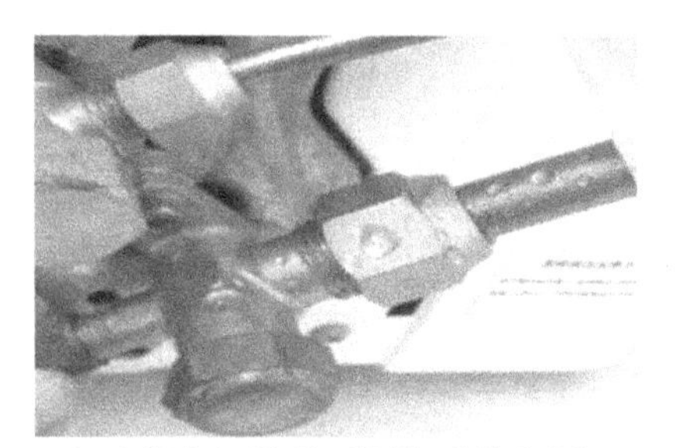

b) 充注准确时气管（粗管）的结露现象

图 6-8 充注制冷剂的方法（续）

4）步骤四：撤除工具器材（见图 6-9）

① 快速逆时针旋松螺母 1 并取下，若速度不够快，则系统内的制冷剂会喷出

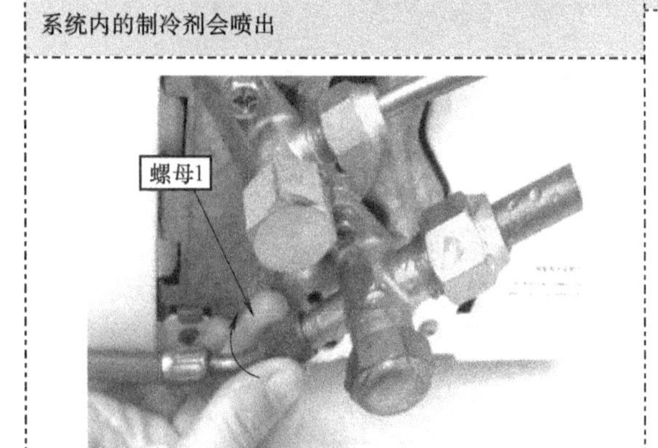

② 逆时针旋松螺母 2，则可取下连接管

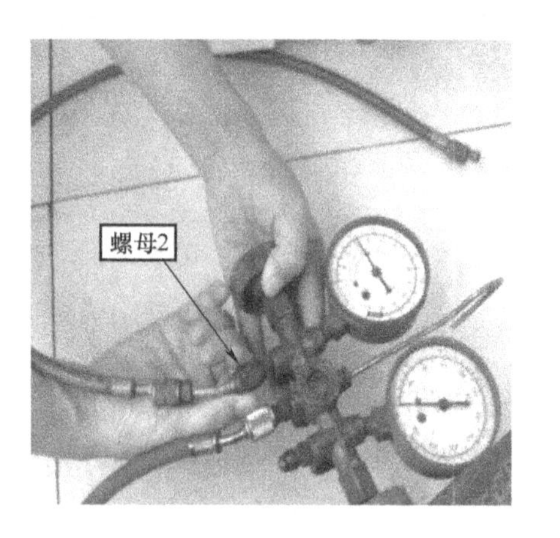

③ 在工艺口安装保护螺母

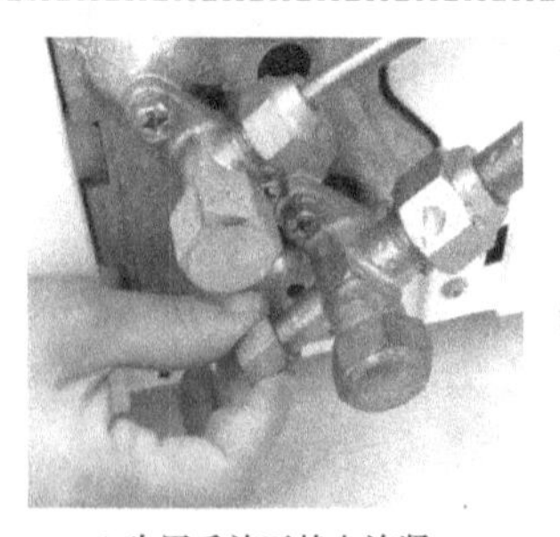

a) 先用手旋至基本旋紧

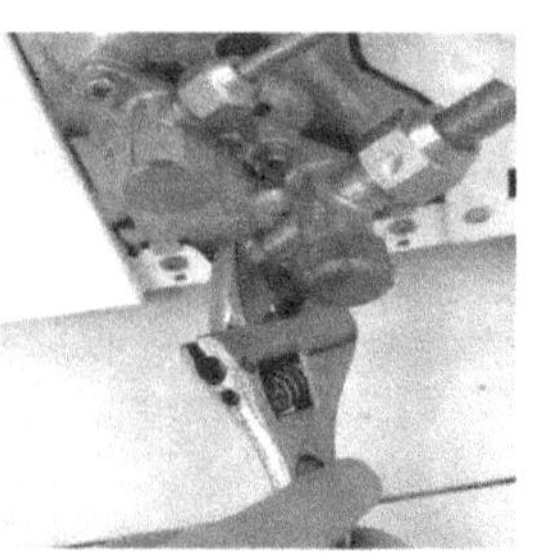

b) 再用扳手旋紧

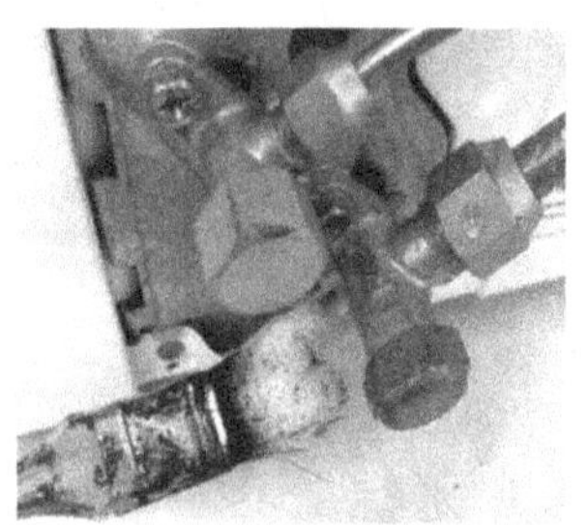

c) 用肥皂水检查，确保不泄漏

图 6-9 撤除工具器材

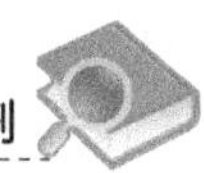

④ 对连接管的两个端口及压力表的端口进行密封处理，以防水分、灰尘进入

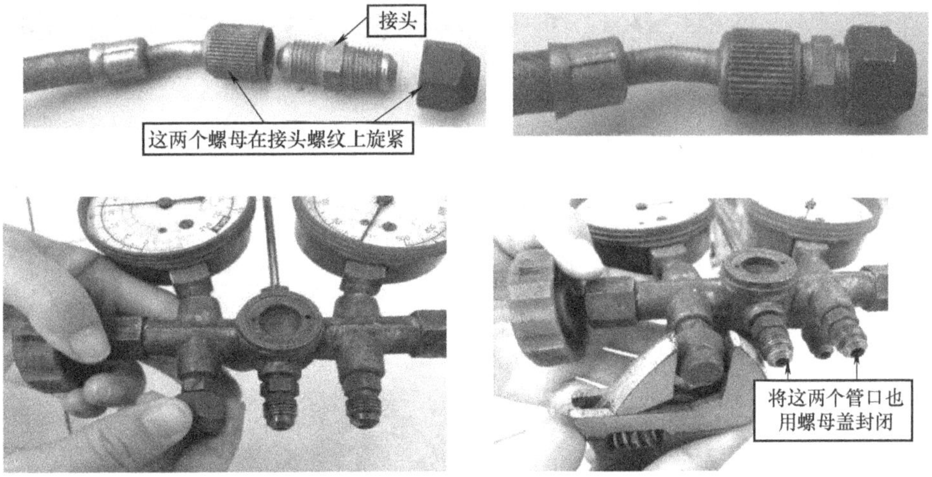

接头

这两个螺母在接头螺纹上旋紧

将这两个管口也用螺母盖封闭

图6-9　撤除工具器材（续）

注意：

1）空调器设为制冷状态，制冷剂充注准确时表现出来的特征（主要看低压侧压力、停机平衡时压力、结露、排水管滴水情况和制冷制热效果），详见表6-5。

表6-5　空调器设为制冷状态时制冷剂充注准确所表现出来的特征

名　称	特征（室外环境温度为30℃）
低压侧压力	0.45～0.5MPa
高压侧压力	1.8～2.0 MPa
停机平衡时压力	0.85～0.9MPa
压缩机吸气管温度	较凉，有结露
排气管温度	80℃左右
过滤器温度	比环境温度低2～5℃
毛细管	常温
室内热交换器	全部结露、蒸发声均匀低沉
气管侧截止阀	结露
排水管	滴水连续不断
制冷效果	良好，即室内热交换器的进、出风口温差大于12℃
环境温度变化后，高压和低压压力的变化	室外环境温度升、降后，低压侧和高压侧的正常压力都有所升降，实践中要注意

2）在冬季，无法启动制冷模式时，可把感受室温的探头浸入30℃左右的热水中，模拟夏天的温度，让空调器做制冷运行。

方法二：定量充注法

该方法可以较准确地给制冷系统充入制冷剂。通常有使用定量充注器、称量法等方法。现以称量法（设备简单、操作容易）为例进行阐述，见表6-6。

表 6-6　称量法充注制冷剂

步　骤	内　　容	方　　法
①	连接工具器材	制冷剂瓶、压力表、连接管和空调器的连接方法与“控制低压压力充注法”相同 另外还需要台秤，把台秤水平放置，制冷剂钢瓶放在台秤上
②	未充注时，称取制冷剂及钢瓶的总重量 G_1	由台秤读出
③	读出空调器的标准充注量 G_2	由空调器的铭牌读出 辅助电加热输入电流　3.65A 恶劣工况下消耗功率　2700(3500电热)W 最大输入电流　14(17.65电热)A 排气侧工作过压　≤2.7MPa 吸气侧工作过压　≤0.7MPa 制冷剂　R22 制冷剂注入质量　1550g 室内、外机组噪声　≤50/60dB(A) 室内机组型号　KFR-51G/D 循环风量　≥780m³/h 铭牌位于室内、外机外壳上。从铭牌上可读出空调器的各种重要参数
④	排空气	与“控制低压压力充注法”相同
⑤	充注制冷剂	开始充注，制冷剂进入空调器管道内，台秤示数逐渐减小，当示数接近于 G_1-G_2 时，关闭压力表阀门或制冷剂钢瓶阀门，停止充注（充注量已基本达到），观察制冷或制热效果，若效果略差，可酌情加减制冷剂量

综述：制冷系统制冷剂不足而需补充时，宜采用控制低压压力配合观察法充注；检漏、抽真空后充注制冷剂，可用定量充注法，也可用控制低压压力配合观察法充注。

6.4　R410A 制冷系统的检漏、抽真空、充注制冷剂

6.4.1　R410A 制冷系统的专用配件和检修工具

1. R410A 制冷系统的专用配件

R410A 制冷剂的热力学性能和化学性质与传统的 R22 有很大的不同，所以使用 R410A 的空调器制冷系统的材料也与传统空调器有很多不同之处：

1）主要是由于 R410A 的压力比 R22 高出 60%，所以 R410A 制冷系统的耐压部件（如四通阀，二、三通截止阀，单向阀，四通电磁换向阀等）强度明显增大。

2）管道壁要厚一些。

3）R410A 的压缩机及其冷冻油与 R22 不同。但这些配件的外形、工作原理与 R22 制冷系统的完全一样。

所以，R410A 制冷系统的专用配件（压缩机、四通阀、截止阀、单向阀、四通换向电磁阀、膨胀阀、干燥过滤器）都有明显的标记（R410A），以区别其他的制冷系统配件，如图 6-10 所示。其余配件在满足压力的情况下可以与 R22 的通用。

2. R410A 制冷系统的专用检修工具

由于 R410A 制冷系统固有的特性，所以其检修工具有一部分（主要是制冷剂充注瓶、压力表、压力软管、真空泵等）在制造材料、耐压、口径等方面与 R22 的不能通用，详见表 6-7。

a) R410A专用四通阀(标有R410A)

b) R410A专用二通、三通截止阀

图6-10　R410A制冷系统专用配件的标志（示例）

表6-7　R410A空调器专用检修工具

名　称	图　示	说　明
专用连接管	R22连接管接头螺母　R410A连接管接头螺母	R22的充注口较小，为英制7/16″-20UNF[①]螺纹 R410A的充注口较大，为英制1/2″-20UNF螺纹 因此在给R410A系统抽真空或加制冷剂时要采用专用的软管
制冷剂瓶	虹吸管　液态制冷剂　电子秤	要观察制冷剂瓶上的指示确定是否配备虹吸管 R410A制冷剂瓶内部如果有虹吸管，充注时瓶只能正放，绝对不能倒置；如果没有虹吸管，则只能倒置充注，以保证充入的是液态制冷剂，这样可保证充入的制冷剂各组成成分的比例恰当 要采用定量充注法
真空泵		吸入口规格：与R410A制冷系统的连接管相吻合 要配置单向阀，防止泵内润滑油向充注管倒流。R410A制冷系统中一旦混入真空泵的润滑油（矿物油），将会产生油泥，导致损伤空调器
压力表		高压表：－0.1～5.3MPa（－76cmHg～53kg/cm^2） 低压表：－0.1～3.8MPa（－76cmHg～38kg/cm^2） 压力表的密封部分的耐压强度、螺纹口径与R22不同，所以维修R410A制冷系统时要采用专用的压力表

（续）

名　　称	图　　示	说　　明
检漏仪	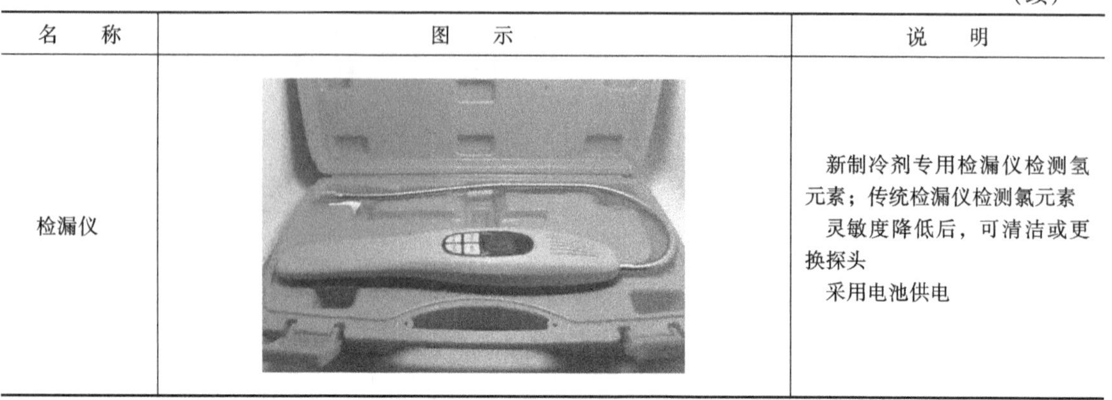	新制冷剂专用检漏仪检测氢元素；传统检漏仪检测氯元素 灵敏度降低后，可清洁或更换探头 采用电池供电

① 7/16″-20UNF 为英制螺纹，7/16″为螺纹直径（寸），20 为每寸的牙数。

6.4.2　R410A 制冷系统的检漏、抽真空和充注制冷剂的方法

1. 检漏

对于完全泄漏的，要采用充氮气后用肥皂水对可疑泄漏点进行检漏，这和 R22 的检漏一样。对于内部充有制冷剂的系统，可用 R410A 专用检漏仪检漏，或者用肥皂水对可疑泄漏点进行检漏。

2. 抽真空

对空调器整个制冷系统抽真空操作的器材连接如图 6-11 所示。此时，二通阀和三通阀要全部开启。抽真空 30min 以上，有加长管的要增加抽真空的时间 5min 以上，且真空泵指针读数 ≤ -0.1MPa时，先关闭压力表低压阀门后关闭真空泵观察压力表指针 5min，看指针是否回转。如果指针有回转，即系统有泄漏；若指针没有回转，则真空度符合要求。

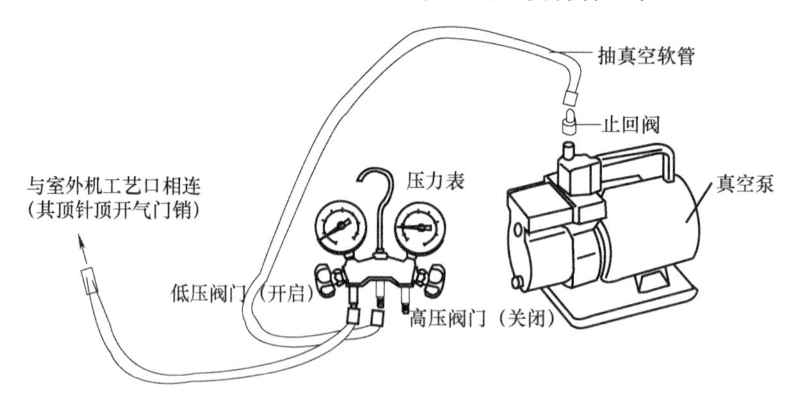

图 6-11　R410A 制冷系统抽真空的器材连接

3. 充注制冷剂

由于 R410A 是一种近共沸混合制冷剂，充注或添加一定要以液体方式，若使用气体方式时，充入的制冷剂组成成分的比例会发生变化，导致空调器的性能变差。

R410A 空调器系统充注制冷剂的器材连接如图 6-12 所示；充注方法和步骤见表 6-8。

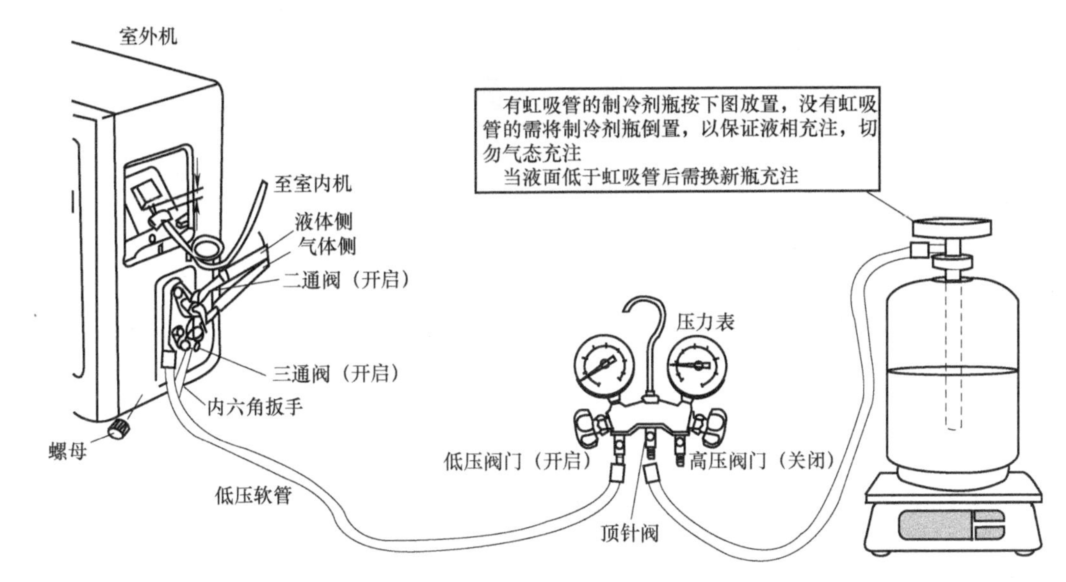

图6-12　R410A空调器系统充注制冷剂的器材连接

表6-8　R410A的充注方法和步骤

名　　称	适用情形	充注方法	步　　骤
全额充注制冷剂	① 空调器的制冷剂全部泄漏 ② 发生了大量的气体性泄漏（须放掉制冷剂经检漏、抽真空后）	可根据空调器铭牌上的R410A充注量进行充注，采用定量充注法，充注量的误差不超过2%	① 稍微打开制冷剂瓶的开关，立刻关闭 ② 轻按顶针阀，让气体从顶针处喷出，立刻放开（按顶针阀的时间不能太长，轻按一下就放开），以排除制冷剂瓶到压力表之间连接管内的空气 ③ 重复①、②操作2~3次 ④ 打开压力表的低压阀门，然后再打开制冷剂瓶的开关进行充注 ⑤ 根据需要增加的制冷剂重量，观察电子秤的读数；当充注量足够时，关闭制冷剂瓶的开关或压力表的低压阀门开关 注意不要一次充注大量的制冷剂，因为在工艺口（气体侧低压）充注过量的液态制冷剂，被压缩机吸入，会损坏系统 ⑥ 快速旋下连接工艺口的压力表软管；如果动作太慢，会造成大量的制冷剂泄漏甚至冻伤皮肤 ⑦ 装上工艺口的螺母，再用肥皂水检查制冷剂有没有泄漏
补充一部分制冷剂	如果空调器的制冷剂以液态形式泄漏或者较少量以气态形式泄漏，不必放掉空调器内原有剩下的制冷剂	对于变频空调器，宜在强制制冷的模式下充注制冷剂，这个时候压缩机频率固定不变，吸气压力相对稳定，便于判定充注量是否合适	启动空调器，慢慢地添加，边添加边观察制冷效果。如果制冷效果良好（进、出风口温差达8~12℃）、运行电流基本等于额定电流、低压部分的压力正常，可以确定添加量准确

复习检测题

1. 空调器维修有哪些常用的检漏方法?
2. 检漏的重点部位有哪些?
3. 抽真空不彻底有什么危害?
4. 简述

   ① 控制低压压力充注制冷剂的方法。

   ② 定量充注制冷剂的方法。
5. 判断题

   ① 对空调器进行检漏可以充入氮气或者干燥空气或者氧气。（　）

   ② 传统空调器（R22）的检漏仪也可用于新型空调器（R410A）。（　）

   ③ 抽真空的作用是把管道系统内的空气和水分抽出来。（　）

   ④ 对空调器的泄漏点可用 AB 胶进行粘补，简单快捷。（　）

   ⑤ 充注的制冷剂越多，空调器的制冷效果越好。（　）

   ⑥ 高、低压侧同时抽真空的效果要比单侧抽真空好。（　）

   ⑦ 对变频空调器要用定量充注法。（　）

   ⑧ R410A 的充注可以以气态形式充注，也可以以液态形式充注。（　）

第7章 空调器的安装和移机

本章导读

空调器正确地安装或者移机，既能使空调器发挥最佳效果，也能减少故障，达到或超过正常的设计寿命。安装是非常重要的。本章首先用图解的方式详细介绍了常用的传统空调器（使用R22的定频空调器）安装、移机的方法及注意事项，能使读者轻松掌握和应用，然后再介绍新型空调器（如使用R22的变频空调器、使用R410A的变频空调器）在安装和移机操作时的不同之处和注意事项。

7.1 安装空调器的管路设置

7.1.1 认真阅读安装使用说明书

不同型号、规格和功能的空调器对安装的要求不完全相同，所以安装前应仔细阅读随机所附的安装说明书，并按规定操作。

7.1.2 空调器安装的管路设置注意事项

1. 连接管长度

一般家用小型空调器的室内、外机连接管不超过5m为宜。当需要超过5m时，每超过1m需补充20g的制冷剂，否则，空调器的效果会变差。连接管的长度不应过长，以免压缩机过载并且制冷制热效果差。

2. 室内、外机高度差

一般家用小型空调器室内、外机的高度差不应超过5m；高度差越小、连接管越短，制冷制热效率也就越高。一般宜将室外机安装在低于室内机处，如图7-1a所示。如果根据场地的限制，需将室外机安装在高于室内机处，则需在室内机的引入管外设置一个回水弯，保证最低点在室外（见图7-1b），防止雨水顺着管道流入室内。

注意，有些变频空调器的连接管的长度和高度差可以较大一些，如制冷量小于7000W的空调器，连接管高度差小于5m，长度小于10m；制冷量大于或等于7000W的空调器，连接管高度差小于10m，长度小于20m。

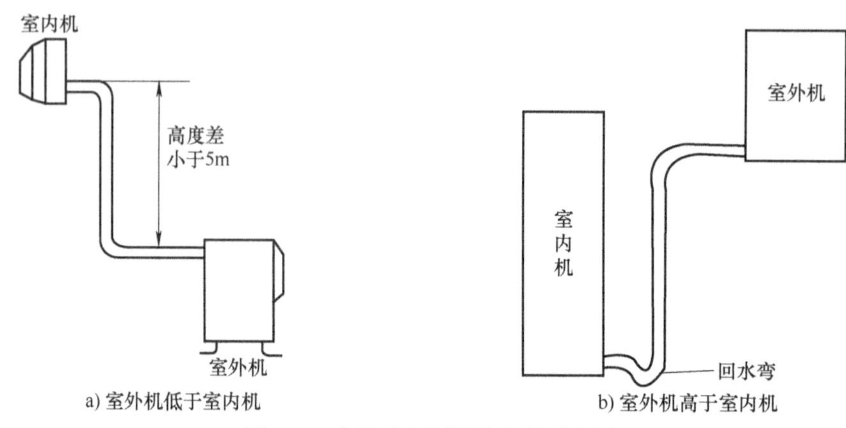

图 7-1　分体式空调器的安装示意图

3. 注意必要时需设置回油弯

(1) 回油弯概念

冷冻油和制冷剂是可以互相溶解的，制冷剂气化时，冷冻油呈雾状。雾状冷冻油受制冷剂流速的影响，也会在配管中随制冷剂运动。但在管径较粗或压缩机排气量减少的情况下，一部分油就容易积存在吸气管的下部，不易返回压缩机内，不利于压缩机的润滑，时间长了以后，容易损坏压缩机。因此，需在吸气回路设置回油弯，让气化的制冷剂从回油弯内滞留的冷冻油内强行通过，携带油返回压缩机。回油弯如图 7-2 所示。

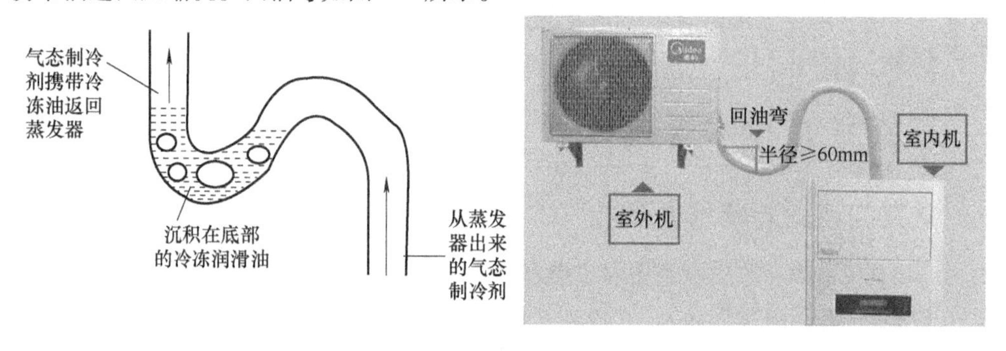

图 7-2　回油弯示意图

(2) 关于压缩机吸气管路回油弯的设置

当室外机高于室内机蒸发器时，蒸发器到主吸气管之间有一段上升立管，因为冷冻油在蒸发器中不会蒸发、气化，故容易积存在底部，当蒸发器底部积存，使蒸发器的传热效率下降时，也会影响压缩机的润滑效果，缩短压缩机的寿命。所以可在回气管（粗管）的立管底部与水平管交叉处做一个回油弯，向上每提高 6 ~ 8m 则再做一个回油弯，在立管的顶端做一个止回弯。回油弯的高度一般为管径的 3 ~ 5 倍。

在这个回油弯里面的油存量不会太多。假设该弯头即将被油堵塞，此时弯头两端的压差足以将弯头内有限的冷冻油“泵”出来，直至顶端的水平吸气管，然后顺管道的下坡被压缩机吸回，如图 7-3 所示。

当室外机低于蒸发器且高差较大时，虽然不用回油弯也可使冷冻油自动顺坡回到压缩机，但这时担心回油量太大引起主机“液击”，所以主吸气管每隔一定高差距离（比如 8m）就设置一个回油弯，使冷冻油分段逐步地返回主机。

(3) 关于压缩机排气管路回油弯的设置

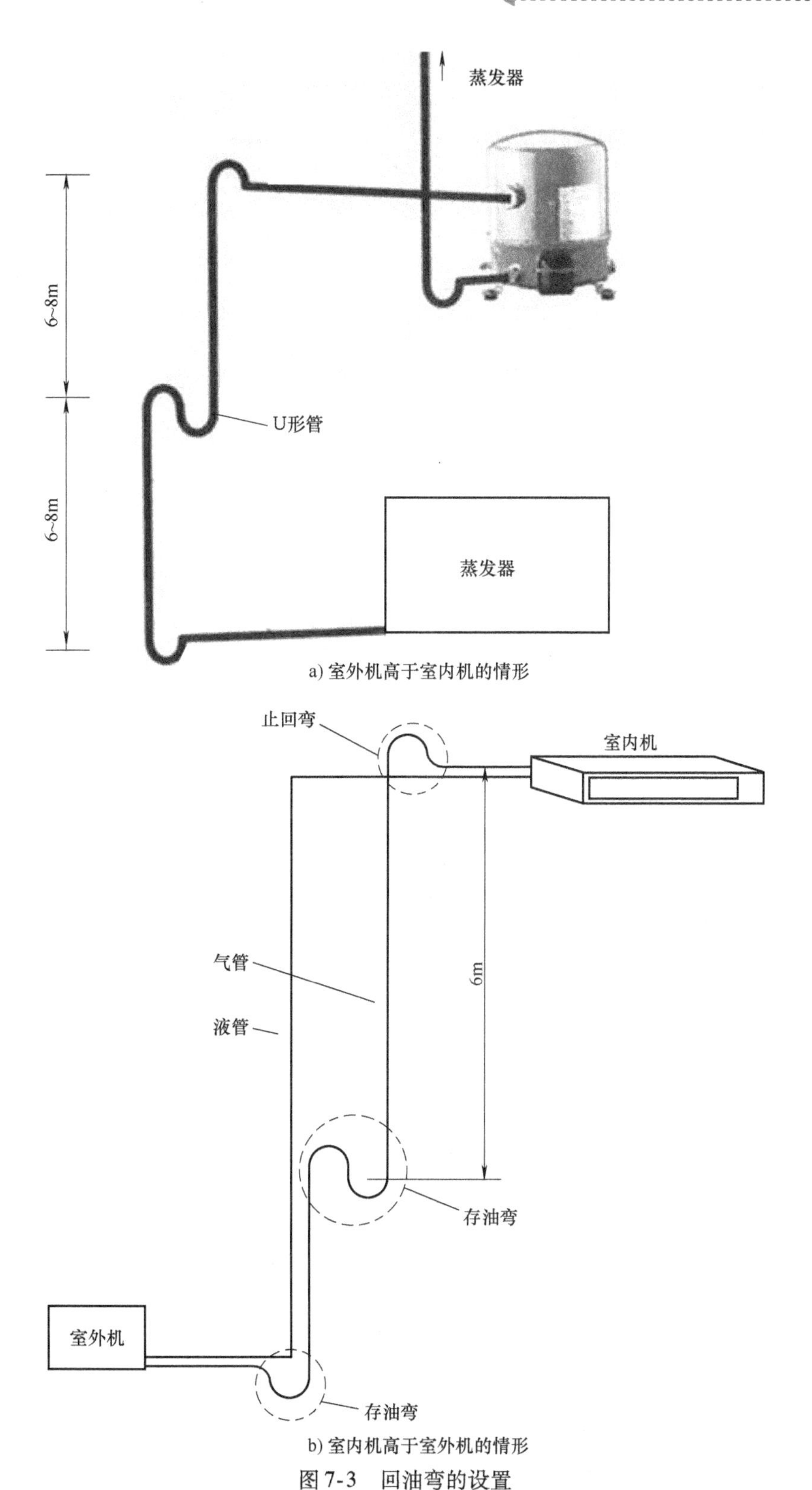

a) 室外机高于室内机的情形

b) 室内机高于室外机的情形

图 7-3　回油弯的设置

为了避免突然停机时制冷剂和冷冻油向压缩机回流，压缩机通向冷凝器的排气管应有一段按下行坡度配制，如图 7-4 所示。

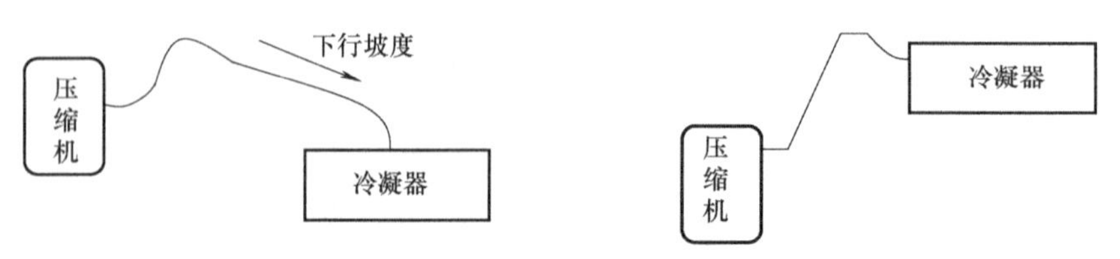

图 7-4　压缩机排气管路的设置

注意：

1）回油弯、止回弯制作要求如图 7-5 所示。

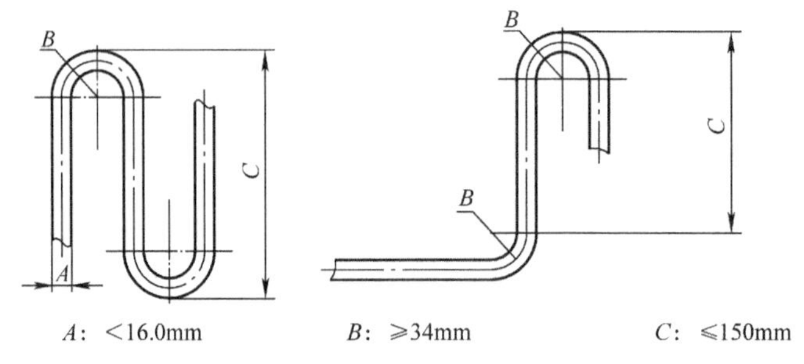

图 7-5　回油弯、止回弯制作要求

2）对连接管不超过 5m 的情况，一般不必深究回油弯问题，可酌情将室外的两根连接管弯成一个圆圈即可。

4. 室内机的安装位置

1）室内机的安装示意图：如图 7-6 所示。

2）确定室内机的安装位置，要遵循以下几个原则：①选择空气流畅的位置；②进、出风口无障碍物；③避免阳光直射，远离热源；④距离无线电设备大于 1m；⑤要有利于排水；⑥安装在牢固的墙体上。

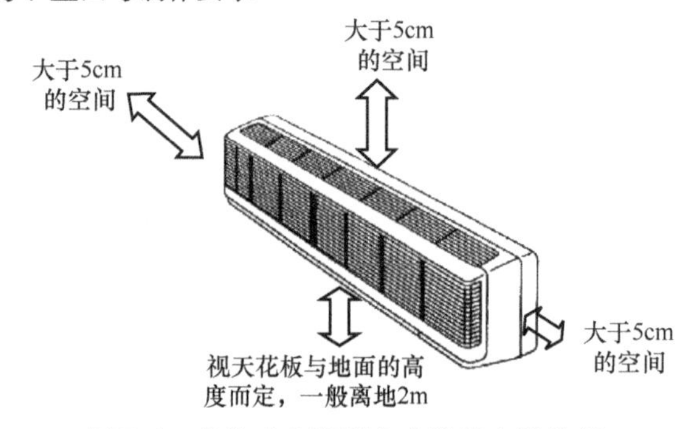

图 7-6　分体式空调器室内机的安装位置

5. 室外机的安装位置

1）室外机的安装示意图：如图 7-7 所示。

2）确定室外机的安装位置，要遵循以下几个原则：①四周要留一定的空间，利于维修，进、出风要通畅；②避免阳光直射和雨淋；③远离热源、蒸气源、油烟、易燃气体、灰尘及有硫化气体；④安装位置应不影响他人（例如排风、排水等应不影响邻居的生活）；⑤确保室外机设备的固定，以防跌落。

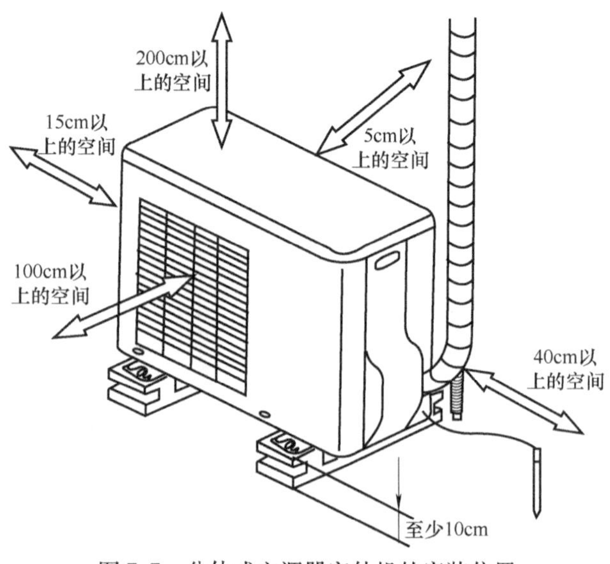

图 7-7　分体式空调器室外机的安装位置

6. 检查电源

1）电源电压为单相交流 220V、三相 380V，电源频率为 50Hz，电压波动范围为 ±10%。若电压不符合要求，就需要首先整改电源。

2）若配带有耦合器（耦合开关），则必须将原有插头、插座更换成耦合器的，如图 7-8 所示。

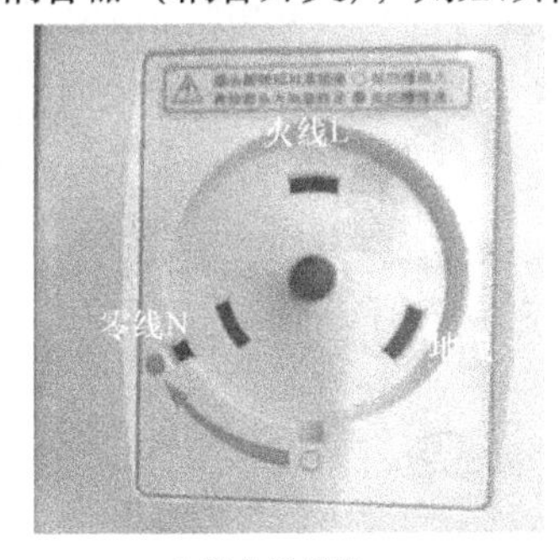

a) 耦合器插座

b) 耦合器插头

图 7-8　空调器耦合器

耦合器的安装步骤如下：

① 将插座的解锁钮对准插座的第一凹槽处（红色○标记处），插头、插销分别对准插座的插销孔向下插入到底，如图 7-9 所示。

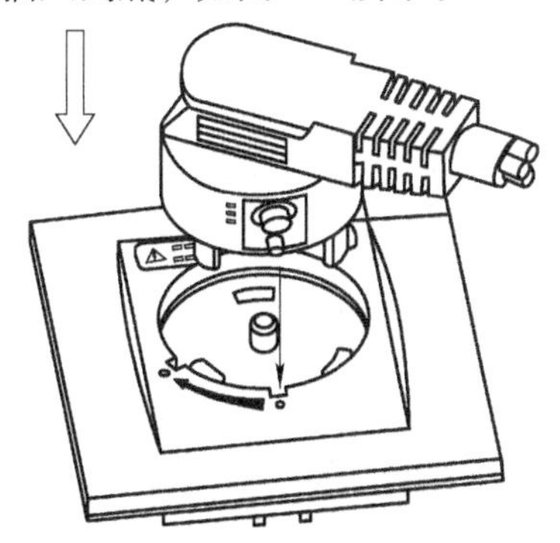

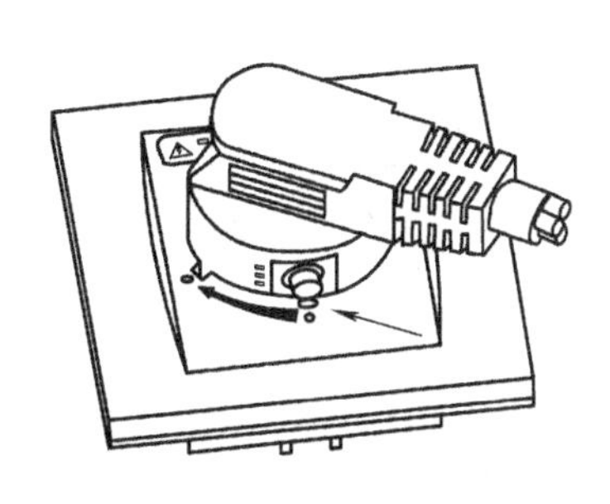

图 7-9　将耦合器的插头插入插座

② 将插头按箭头所示的方向（顺时针）旋转，使解锁旋钮旋至第二凹槽处（红色○标记处），解锁钮自动弹出并锁定，安装完成，如图 7-10 所示。如果旋转不到位，会导致插销和插座铜片之间接触不好（局部接触），长期使用由于接触处温度过高而烧熔塑料部位。

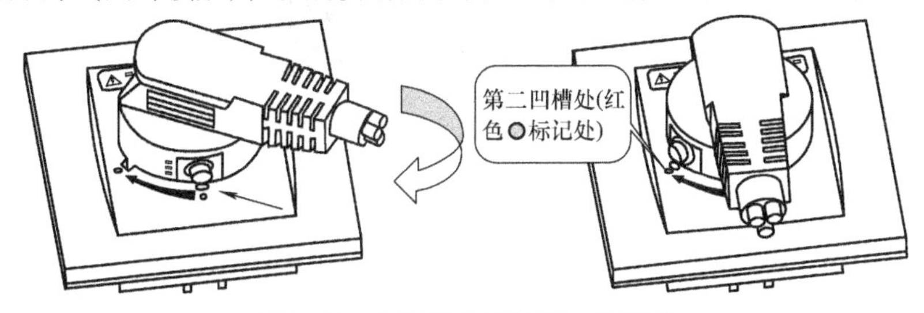

图 7-10　解锁旋钮旋至第二凹槽处

3）制冷量为 5000W 及以上的空调器必须使用断路器。

4）检查用户是否有可靠的接地措施，变频空调器必须接地。不允许将空调器电源线地线剪断或不接。图 7-11 所示就是错误的。

5）禁止使用移动电源插座给空调器取电。

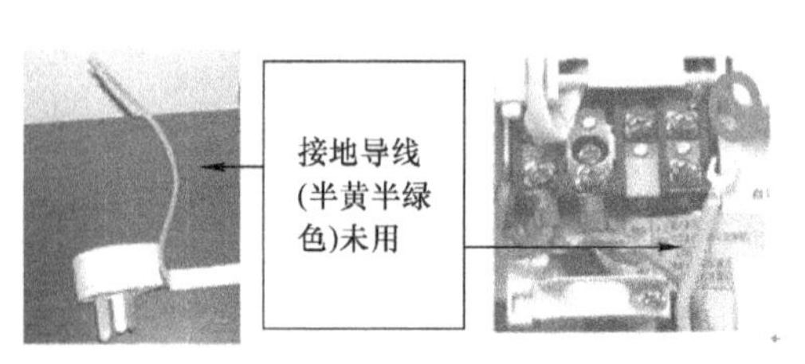

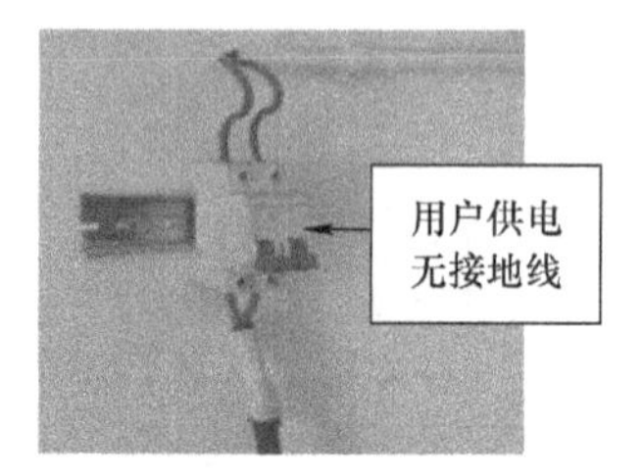

图 7-11　无接地线（示例）

7.2　室内机的安装

7.2.1　分体壁挂式空调器室内机的安装

1. 安装室内机的挂板

方法一：用膨胀管或硬木楔、A 型螺钉（自攻螺钉）固定，具体如图 7-12 所示。

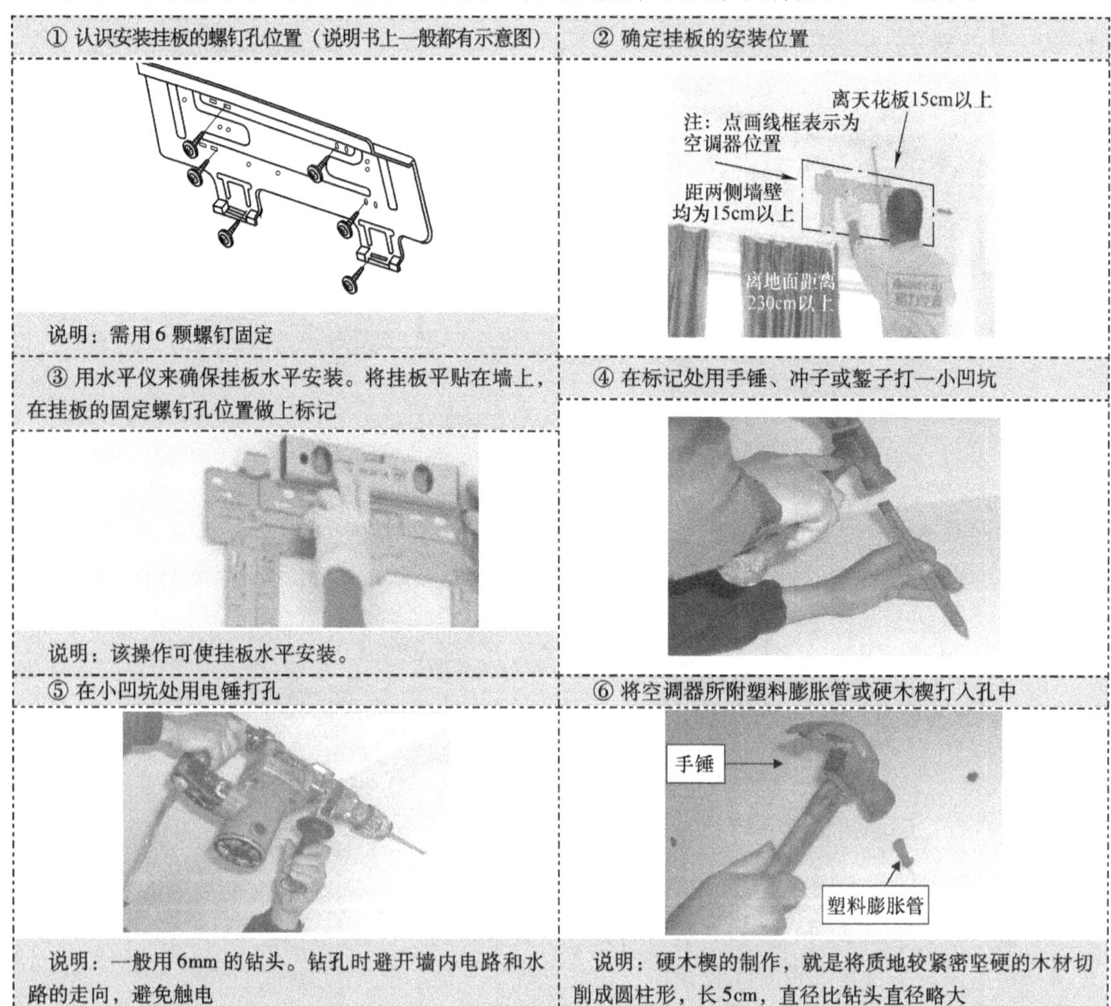

图 7-12　室内机的固定挂板的安装

⑦ 将挂板装在墙上

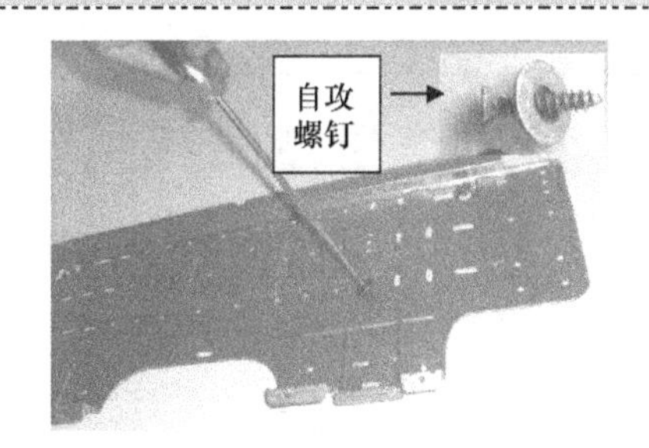

说明：将自攻螺钉穿过挂板的螺钉孔后，顺时针旋入膨胀管或硬木楔，将挂板固定

⑧ 需要时，也可以使用室内机万能挂板

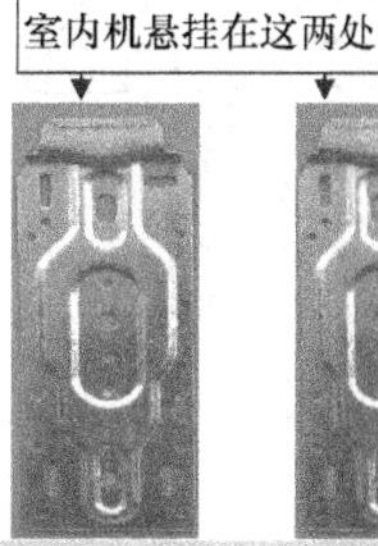
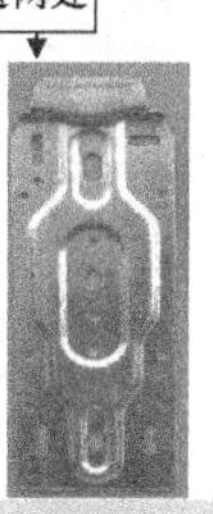

说明：这种挂板使用非常方便，适用于各种挂机的安装。每个室内机需要两块挂板，每块挂板至少要由4颗螺钉固定

⑨ 观察挂板的安装效果

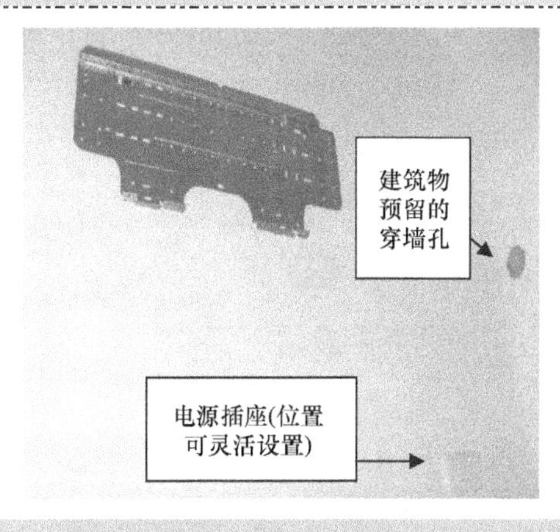

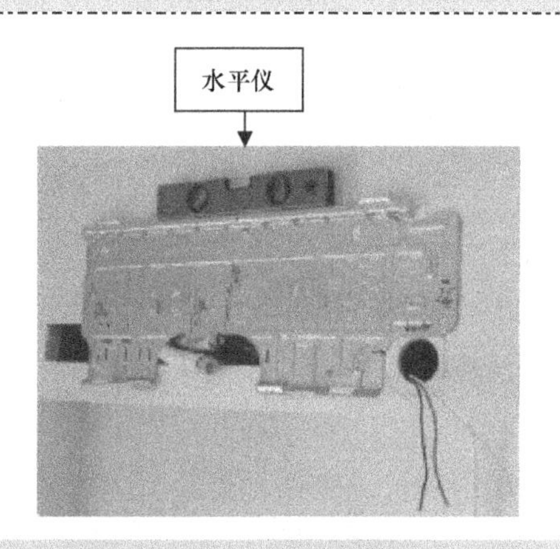

说明：挂板的高度要确保室内机悬挂后，下部要比穿墙孔高，以利于排水

图7-12　室内机的固定挂板的安装（续）

方法二：用4mm×50mm的水泥钢钉直接打入墙体将挂板固定，具体如图7-13所示。

① 认识4mm×50mm水泥钢钉

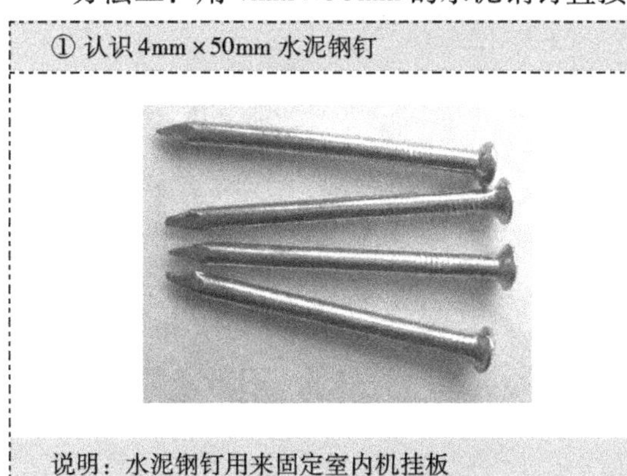

说明：水泥钢钉用来固定室内机挂板

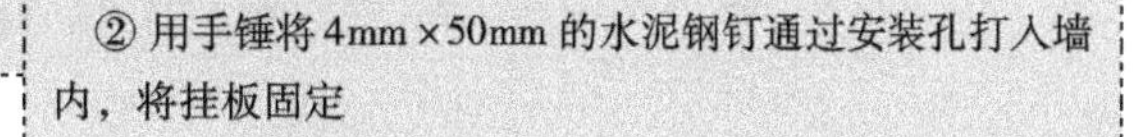
② 用手锤将4mm×50mm的水泥钢钉通过安装孔打入墙内，将挂板固定

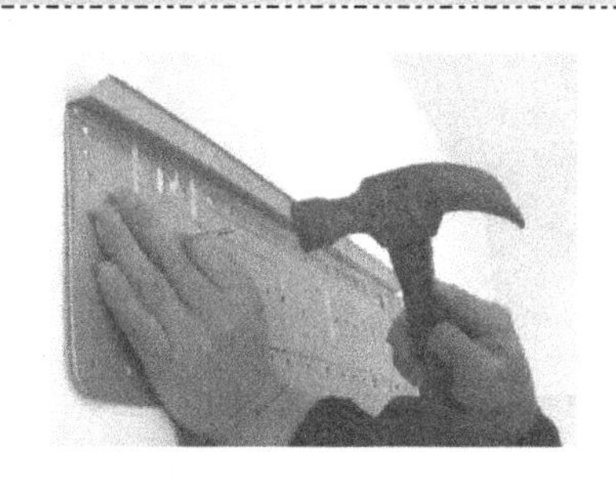

图7-13　用水泥钢钉固定挂板

2. 打穿墙孔

很多建筑物在建造时预留了安装空调器的穿墙孔，可以直接使用。若没有穿墙孔，需要用电锤打穿墙孔，具体如图7-14所示。

① 熟悉穿墙孔的结构和要求

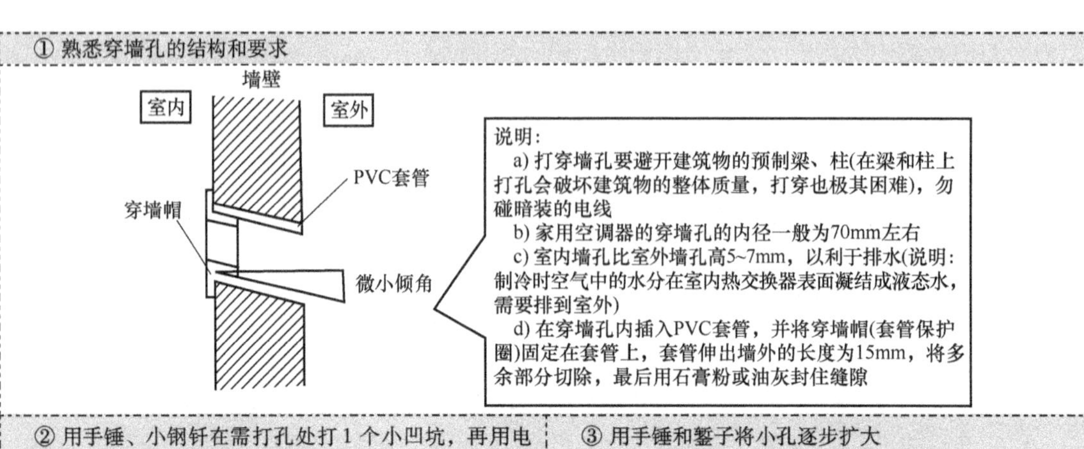

② 用手锤、小钢钎在需打孔处打 1 个小凹坑，再用电锤在小凹坑处打孔，酌情打 3 ~5 个小孔

③ 用手锤和錾子将小孔逐步扩大

④ 当孔扩大到直径为 70mm 左右时，停止打孔

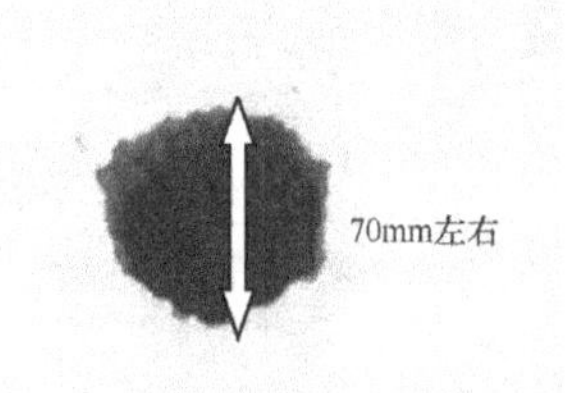

⑤ 用水平仪检测穿墙孔的倾斜程度须为 15°左右

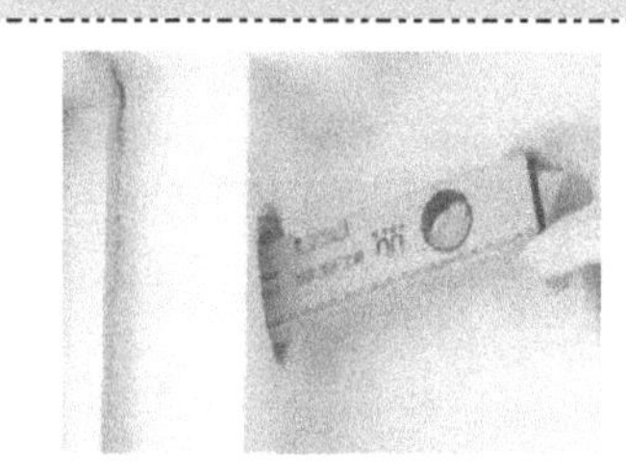

⑥ 插入 PVC 套管或其他塑料套管，安上随机所附的穿墙帽，并用油灰封住缝隙

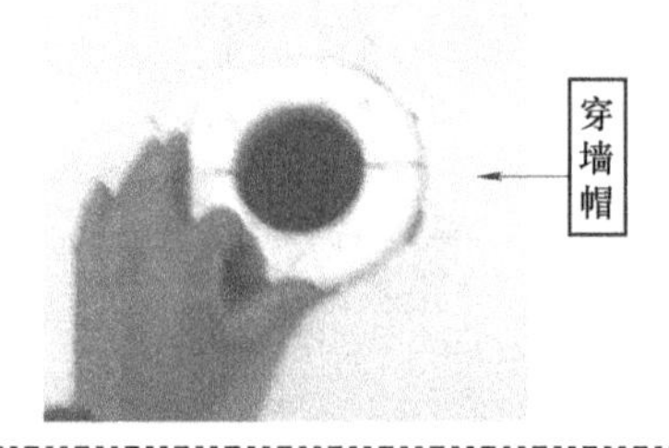

图 7-14　打穿墙孔示意图

3. 安装室内机的方法

(1) 卸掉室内机的配管孔挡板

卸掉室内机的配管孔挡板如图 7-15 所示。

(2) 使引出管从配管孔中伸出

轻轻掰引出管，使它从配管孔（切掉了挡板的那个配管）中伸出，如图 7-16 所示。

(3) 将室内、外机的连接电缆与室内机的接线柱相连

具体操作如图 7-17 所示。

① 看室内机的反面，认识室内机的配管孔

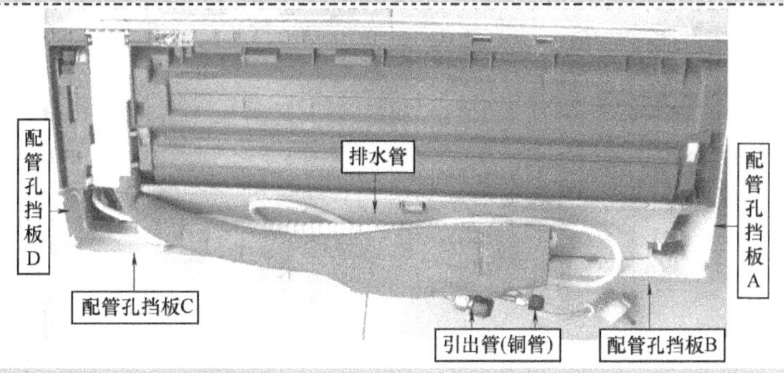

说明：所有空调器的室内机都有两根引出铜管。为了适应不同的安装需要，在室内机壳的下部设有4个配管孔，可使引出管和排水管从不同的方向伸出。为了美观，每个配管孔设有挡板，每个挡板由3个支撑点固定，切下3个支撑点，就可取下挡板

② 用小刀切掉或用锯条锯掉配管孔挡板的固定点，掰下挡板

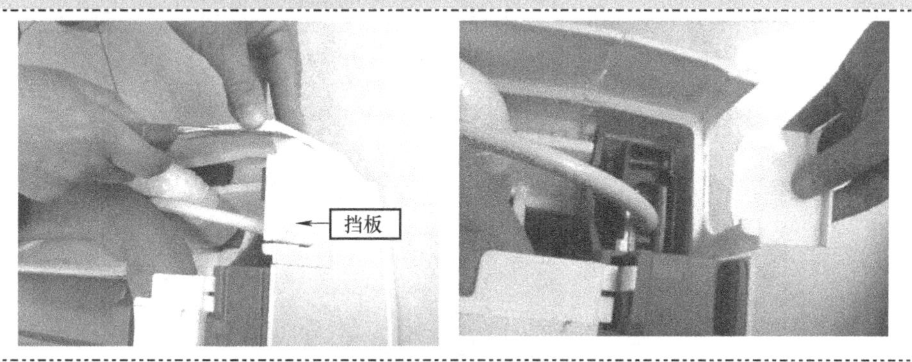

图7-15　卸掉室内机的配管孔挡板

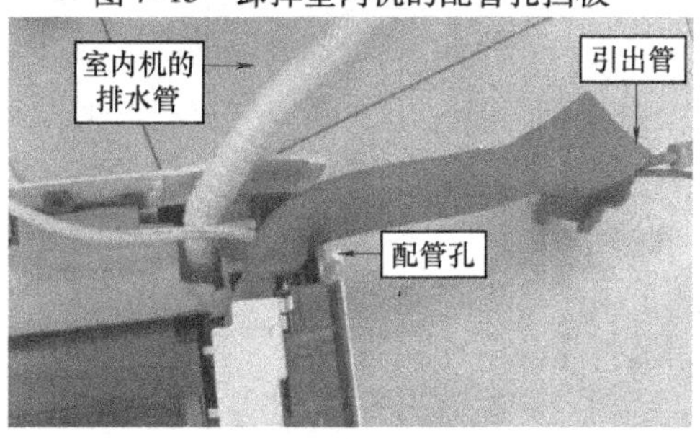

图7-16　轻轻掰动并使引出管从配管孔中伸出

① 撕掉排风的风向调节片与机壳之间的固定胶带（一般有两条）

② 掀起回风格栅（吸气栅），拆下接线柱的护盖螺钉，取下接线柱护盖

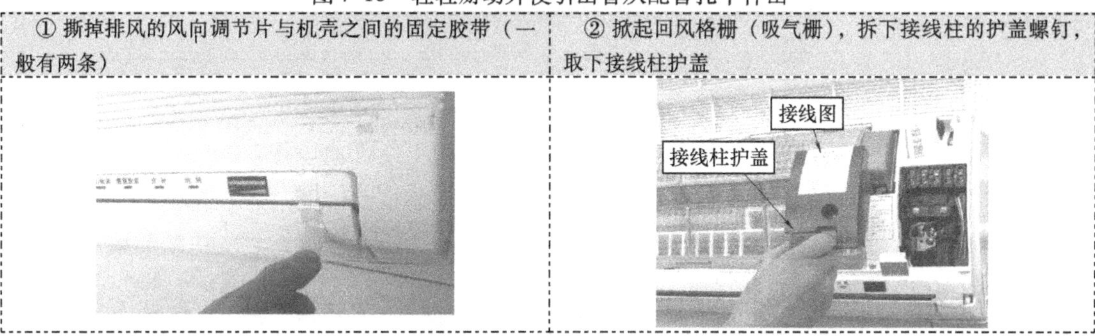

图7-17　室内、外机的连接电缆与室内机的接线柱的连接

③ 阅读室内机接线图（位于接线柱的护盖上或机壳某处，容易发现）

接线图

电源：单相交流 额定电压：220V 额定频率：50Hz

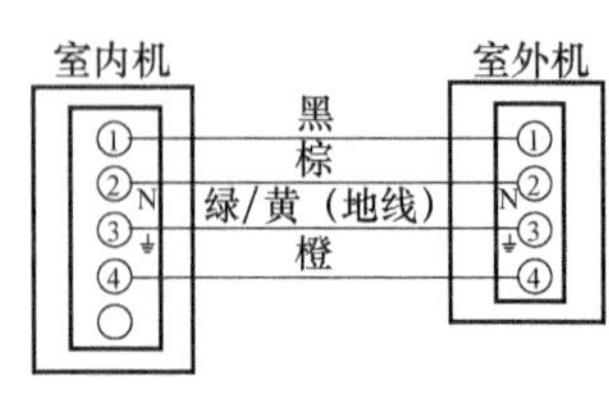

注意

说明：图上标明了每一颜色的导线应接在几号接线柱上

④ 将电缆从室内机的穿线孔道穿入

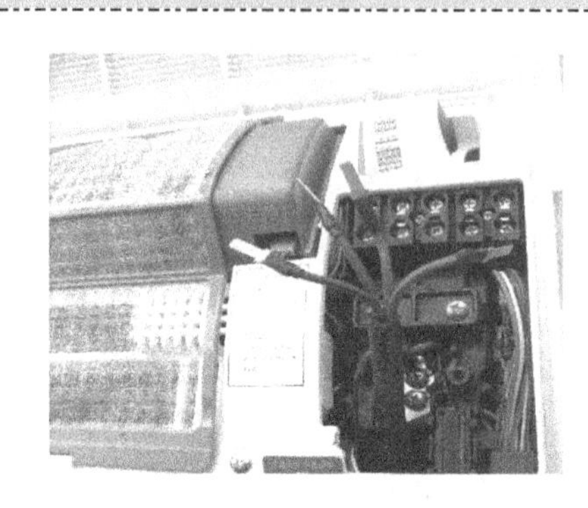

说明：不同机型的穿线孔道形状和位置有所不同，通过观察容易发现穿线孔

⑤ 将每一颜色的导线与相应的接线端子相连接，然后装上压线板。检查每一接线是否正确、牢固

说明：连接电缆时，不要绷紧，要略微留有一定的余量，以免长时间使用后接头断裂；接线完毕后，要进行复查

图 7-17 室内、外机的连接电缆与室内机的接线柱的连接（续）

(4) 连接引出管、配管和排水管

将室内机的引出管和随机所附的配管、排水管连接起来的具体操作如图 7-18 所示。

① 熟悉管道活接的方法

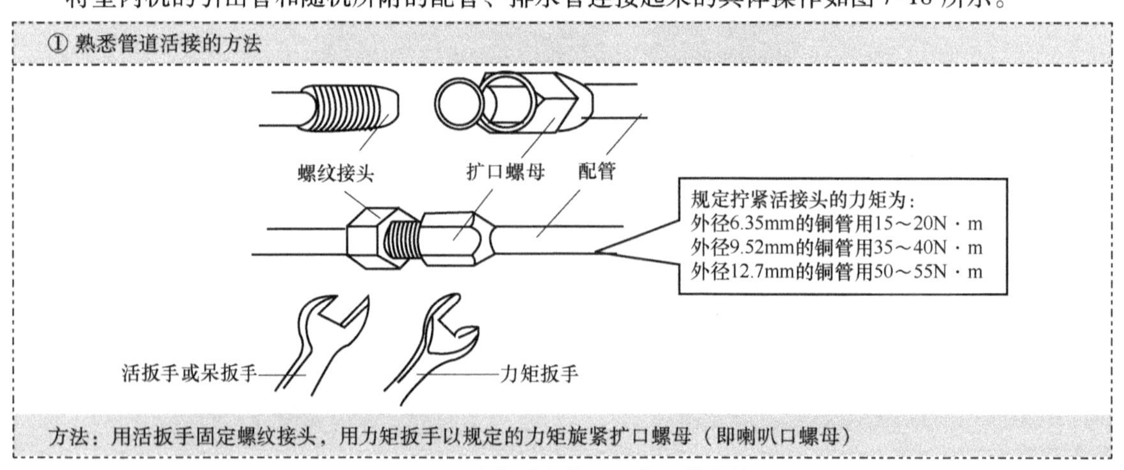

方法：用活扳手固定螺纹接头，用力矩扳手以规定的力矩旋紧扩口螺母（即喇叭口螺母）

图 7-18 连接引出管、配管和排水管

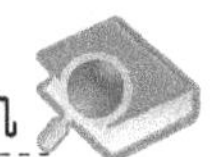

② 认识随机所附连接配管（一般为 3 ~5m 长）

说明：有粗、细两根配管，用于将室内机和室外机的制冷系统连接起来。管口有封闭塞，若封闭塞丢失，可用塑料薄膜卷筒后将管口塞紧

③ 将连接配管慢慢拉直

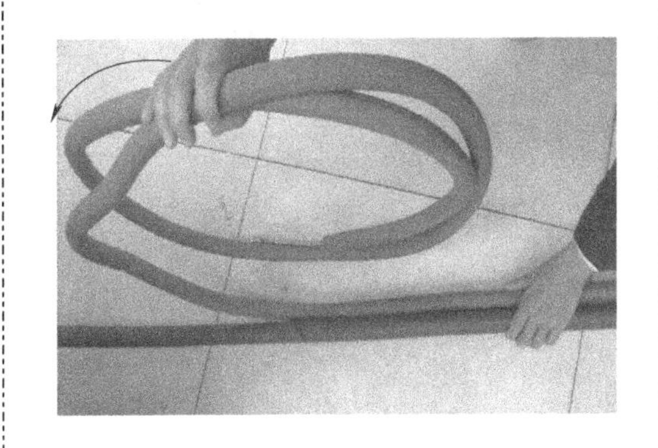

说明：一手按住配管的端部，另一手握住配管圈（包装时已卷成类似线圈的形状）在地上慢慢滚动，将配管逐渐拉直

④ 取下随机配管口的封闭塞

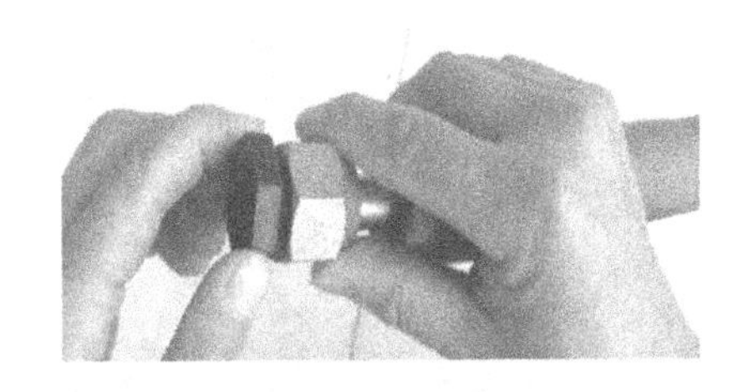

说明：为了防止水分、灰尘等杂物进入配管，逆时针转动，可取下封闭塞

⑤ 取下室内机两根引出管口的防护帽

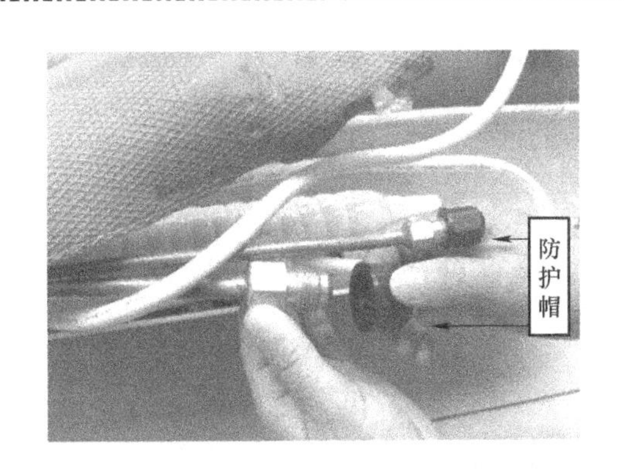

说明：逆时针旋转，可取下防护帽

⑥ 在喇叭口上抹上少许压缩机的冷冻润滑油

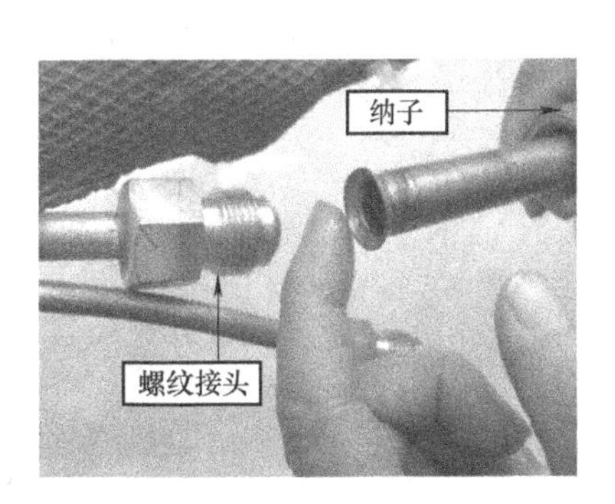

说明：抹上冷冻油后，可以增加活接头接触面的密封性。如果不涂抹冷冻油，则容易导致泄漏

图 7-18　连接引出管、配管和排水管（续）

⑦ 连接粗管（用手将扩口螺母旋在螺纹接头上，再用力矩扳手以规定的力矩旋紧）。再用同样的方法连接细管

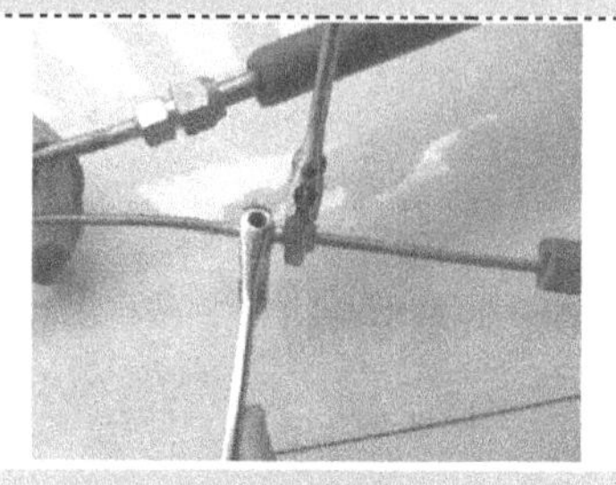

说明：熟练以后，也可以直接用活扳手旋紧

⑧ 用隔热套管遮住配管的连接处

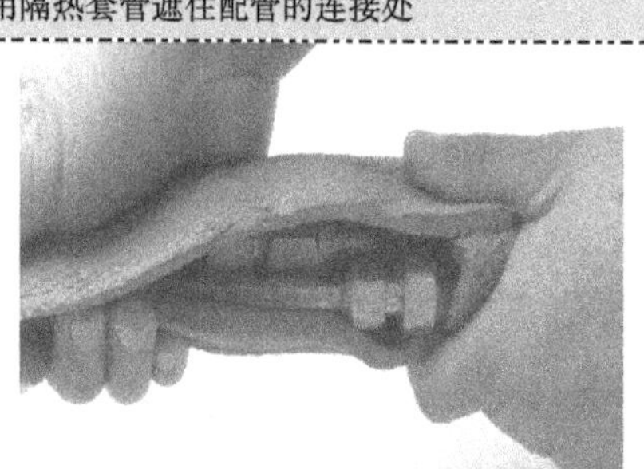

⑨ 用防水胶带缠绕连接处

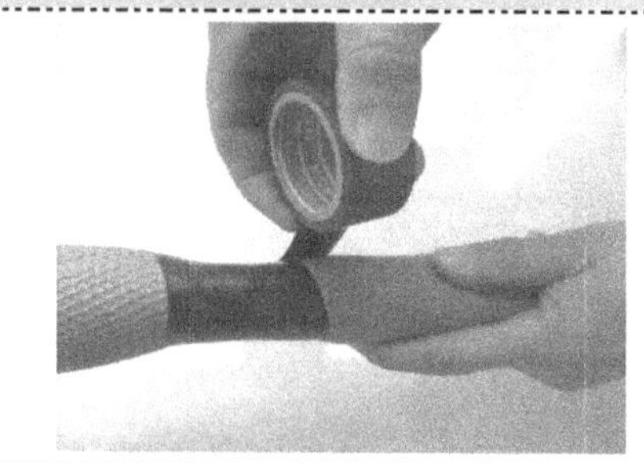

⑩ 认识随机所附的排水延长管

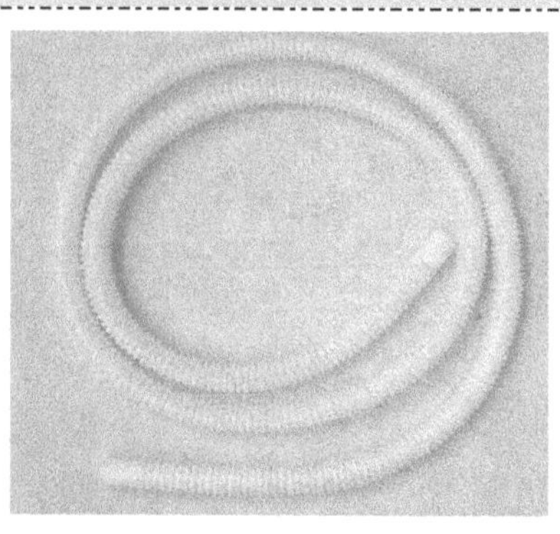

说明：制冷时，空气中的水蒸气凝结成水，需排至室外。从室内机排水槽引出的排水管长度一般不够长，不能将水排至室外，所以要接上延长管

⑪ 给排水管接上延长水管

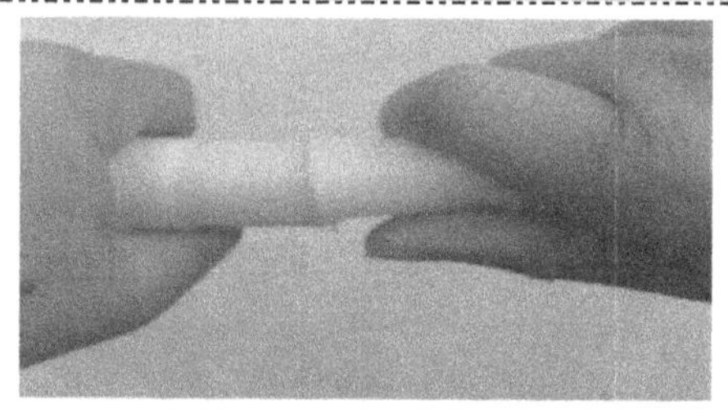

a) 将排水延长管与室内机的排水管套接

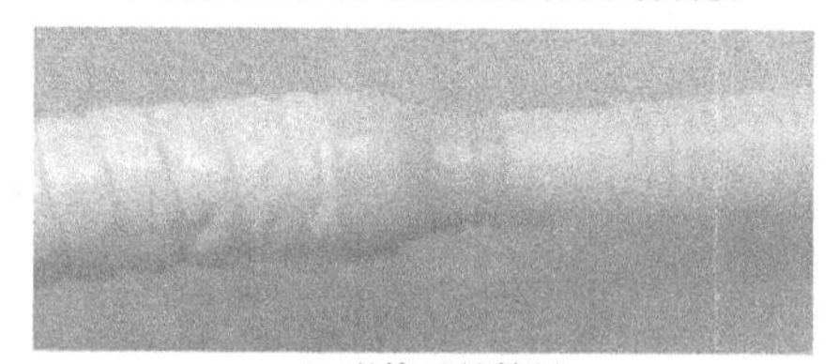

b) 套接后的情景

⑫ 在接口处用防水胶带缠紧

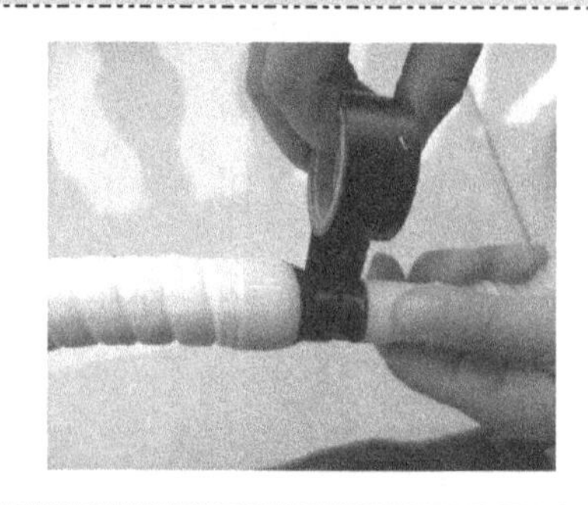

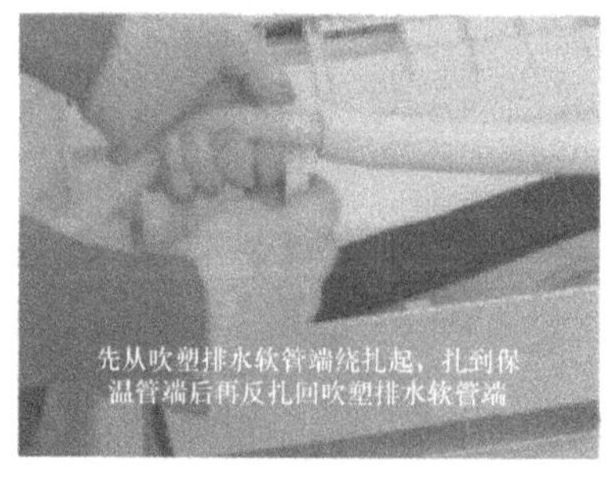

图 7-18　连接引出管、配管和排水管（续）

（5）将整个管路和电缆包裹、缠绕在一起

由于铜管、排水管和电缆三者在室外的安装位置各不相同，所以在包裹到室外部分时，要酌情在适当的位置将排水管和电缆置于包布外面。其操作如图 7-19 所示。

① 用随机所附的包扎带缠绕管路和电缆

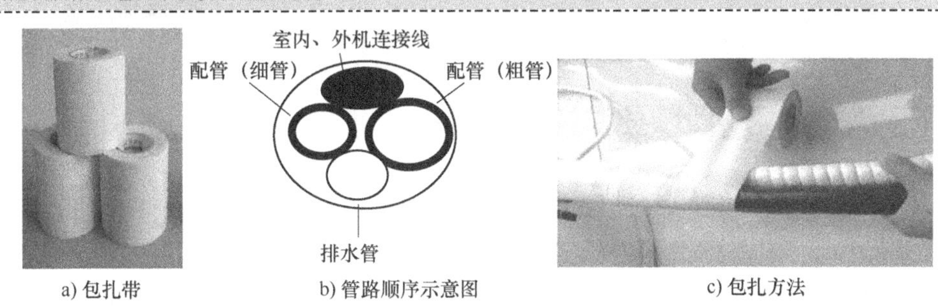

a) 包扎带　　b) 管路顺序示意图　　c) 包扎方法

说明：a）包扎时，电源线、信号线在上面，连接管在中间，排水管在下面（排水管不能向上拱和向下凹），利于排水。不得将连接管弯折压扁。b）包扎时要顺势布置，当空调器室外机高于室内机时，应从室内机往室外机方向包扎，避免雨水渗入保温棉而流入室内；当空调器室内机高于室外机时，则反方向包扎。包扎后的圆径要维持在包扎前的 95% 左右，包扎过紧，会使保温棉变形，降低保温效果

② 根据在室外选定的排水位置，包裹到室外某处时，露出排水管不包扎，以便将排出的水引至下水道

说明：排水管出墙后的包扎长度不得小于 10cm，方可与连接管分离

③ 根据室外机接线的需要，包裹到室外某处时，露出电线不包扎，以便接线

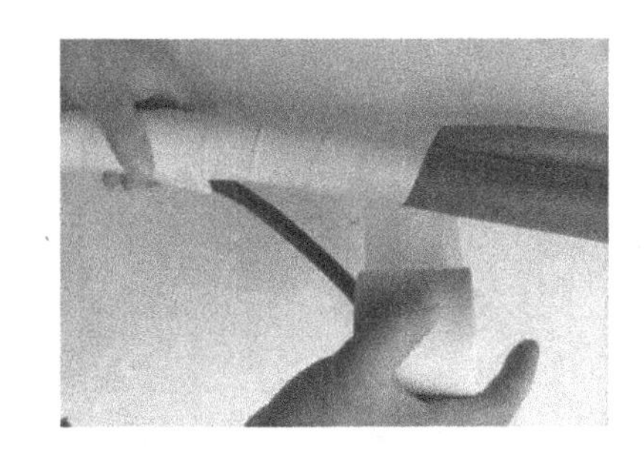

④ 分别包裹粗管（气管）、细管（液管）

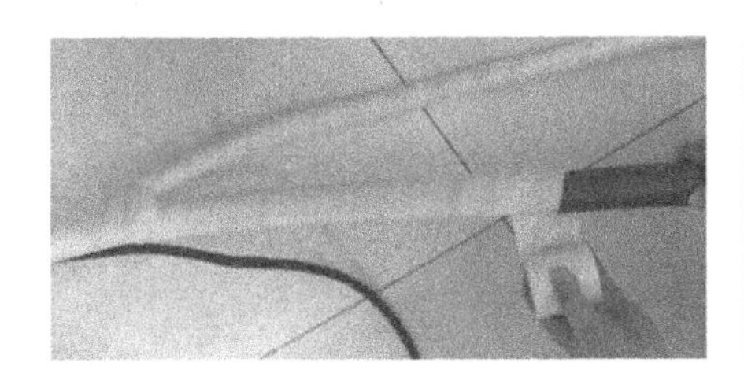

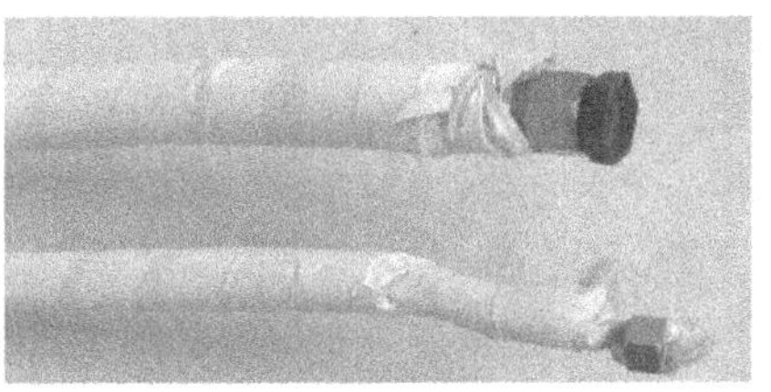

说明：两管的安装位置不同，所以要分别包裹

图 7-19　包裹、缠绕整个管路和电缆

（6）悬挂室内机

具体的操作如图 7-20 所示。

① 将包扎好的管路由室内穿过穿墙孔，伸出到室外（首先必须检查是否用封闭塞封闭了管口，否则，穿墙时灰尘或其他杂物有可能进入管道）。要避免以下不规范的操作

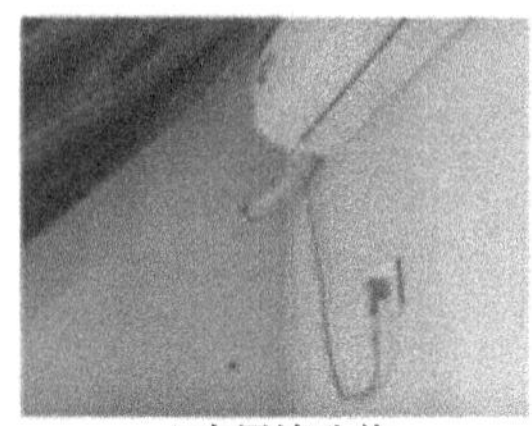

a) 未用墙孔盖

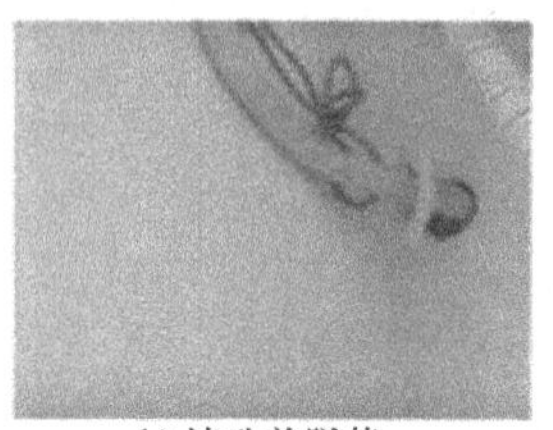

b) 墙孔盖脱落

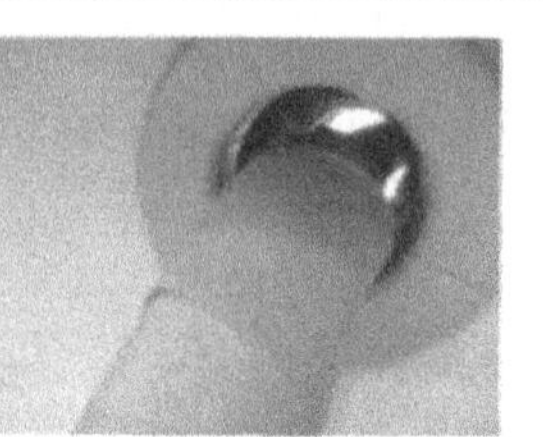

c) 没有将缝隙用油灰封闭

② 将室内机悬挂在挂板上

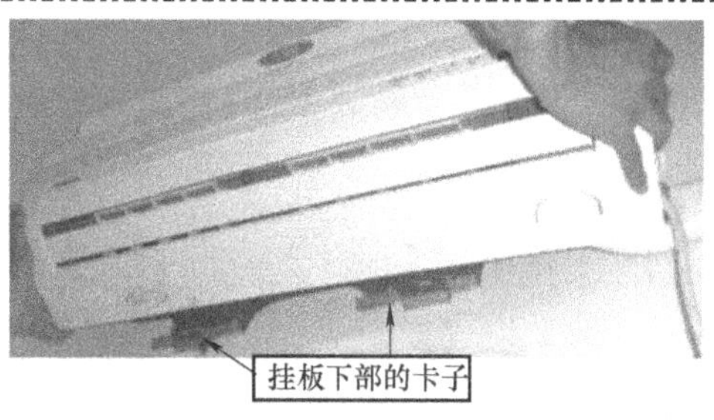

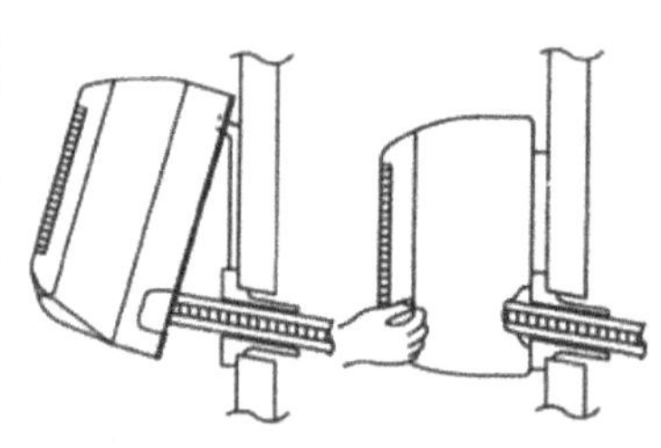

说明：先将室内机的上部挂在挂板上，再用手将室内机的下部垂直压向墙面，听见咔嚓声，则说明挂板下部的卡子已进入室内机下部的卡槽

③ 检查室内机的悬挂效果

说明：机身要基本水平，排水槽要略高于穿墙孔，要有利于排水；室内机的电源线不要加长和剪短，也不要绕成小圈，以免产生涡流发热

④ 检查排水效果（倒一杯水到排水槽，在室外看水要能沿排水管流入下水道，室内无漏水现象）

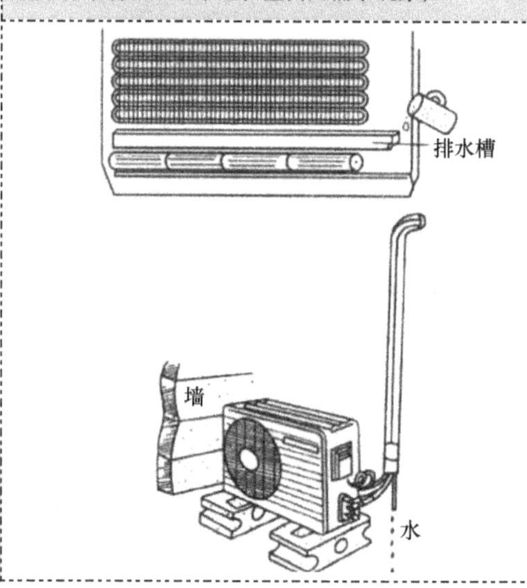

图 7-20　悬挂室内机

7.2.2　分体柜式空调器室内机的安装

1. 选择安装位置

安装位置的选择主要遵循以下原则：

1）选择不靠近热源、蒸气源、不受阳光直射的地方，以免机壳变形、效果不良、操作失控。

2）选择容易排水、与室外机靠近且容易与室外机连接、靠近电源的地方。

3）选择可以将冷风或热风均匀地送到室内各处的地方。

4）室内机周围应留有足够的空间，如图7-21c所示。

2. 安装方法

如果直接将柜机室内机立放在地面，容易向前倾倒，因此需采用防前倾措施，其方法是在室内机的顶部或背部安装防倒扣（见图7-21a），或者将室内机用地脚螺栓固定于地面（见图7-21b），或者做一个专用底座，将室内机固定在底座上。

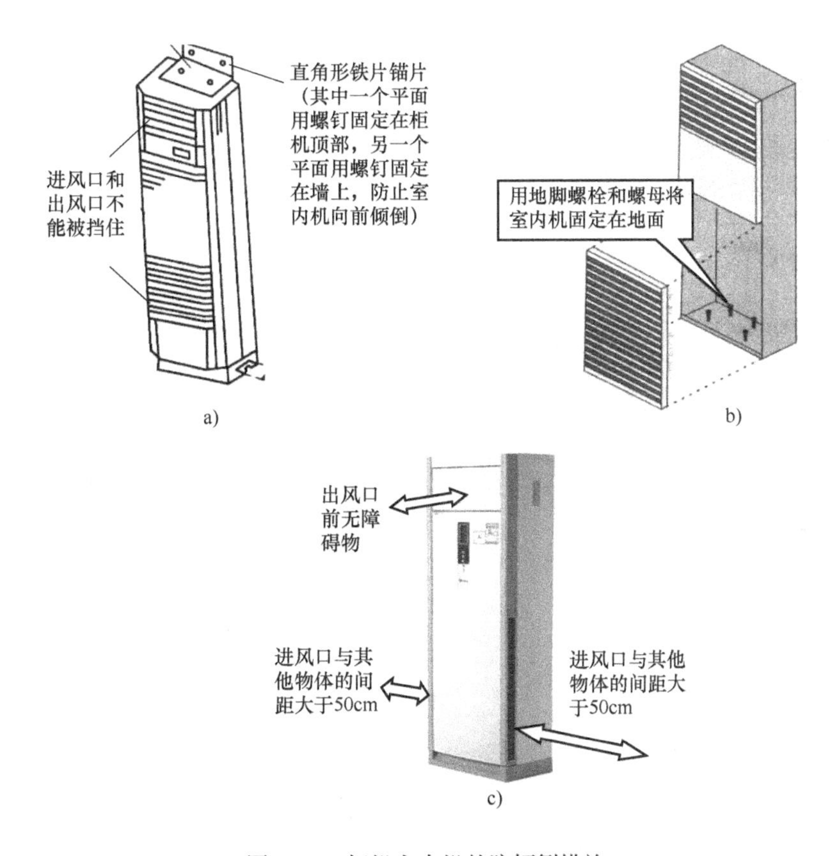

图7-21　柜机室内机的防倾倒措施

7.3　室外机的安装

7.3.1　一般安装位置

室外机可安装在建筑物预留的混凝土底座上（见图7-22），或用两个角钢支架安装在牢固的外墙壁上（见图7-23）。

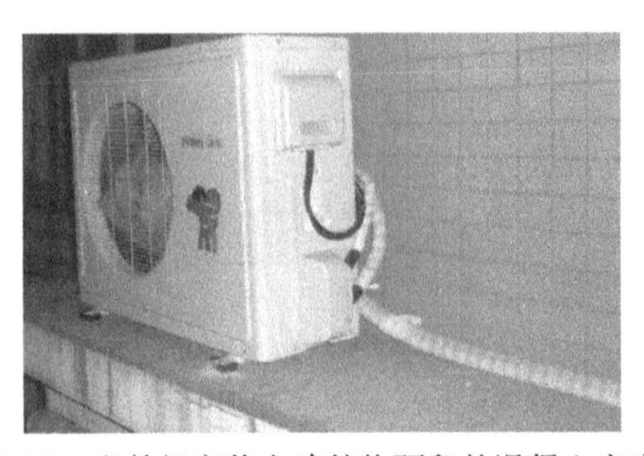

图 7-22　室外机安装在建筑物预留的混凝土底座上

图 7-23　室外机安装在角钢支架上

7.3.2　安装方法

1）如果将室外机安装在建筑物预留的混凝土底座上，可根据室外机的 4 个底脚螺栓孔（用于固定室外机）之间的间隔距离，在底座上用电锤打孔，再用膨胀螺栓将室外机固定在混凝土底座上。注意：要用 4 颗膨胀螺栓来固定，确保室外机不坠落。

2）如果将室外机通过角钢支架安装在牢固的外墙上，要用膨胀螺栓或长螺栓固定，螺栓要加上防松垫，墙壁较薄或强度不够时可用穿墙螺栓固定。固定后，支架应保持水平，能承受人和机器总重量的 4 倍。操作相对复杂一些，详情如图 7-24 所示。

① 认识角钢支架的几种常见形式

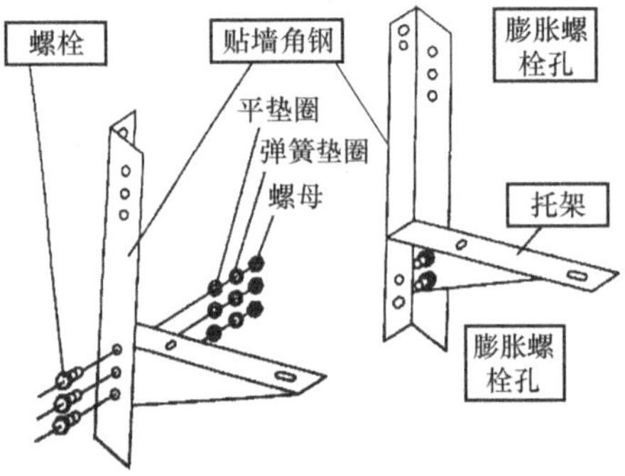

螺栓　贴墙角钢　平垫圈　弹簧垫圈　螺母　膨胀螺栓孔　托架　膨胀螺栓孔

a) 贴墙角钢与托架之间采用螺栓连接的示意图

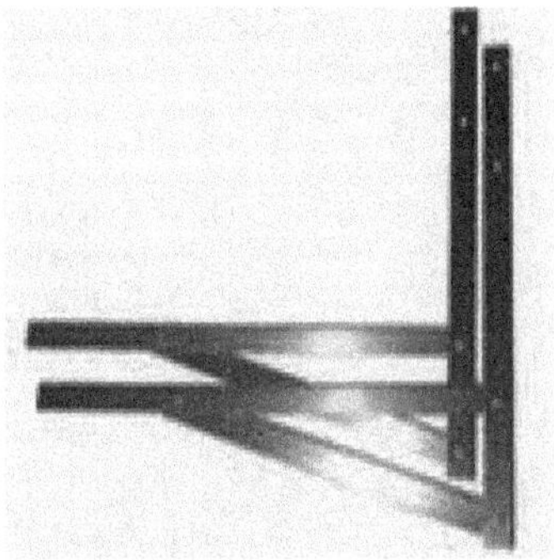

b) 贴墙角钢与托架之间采用电焊连接

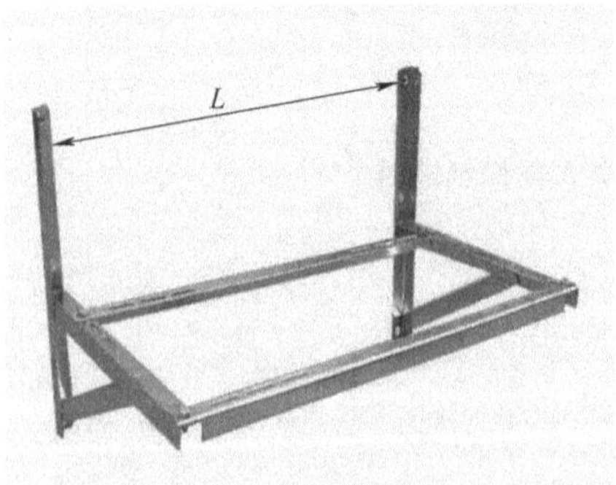

L

c) 有横向拉杆的角钢支架

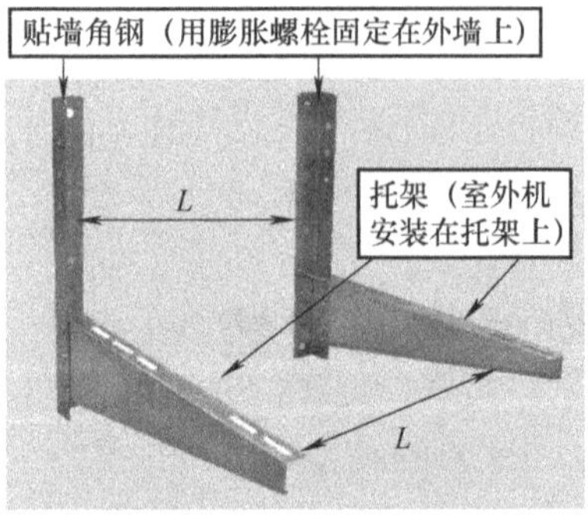

贴墙角钢（用膨胀螺栓固定在外墙上）　L　托架（室外机安装在托架上）　L

d) 三角架为实心的角钢支架

说明：在墙上安装支架时，两个支架贴墙角钢之间的距离应等于空调器两安装脚的距离 L

图 7-24　采用角钢支架安装室外机

② 量出室外机两安装脚间的距离 L（这个距离也就是两个角钢支架之间的距离）

③ 确定角钢支架的安装位置

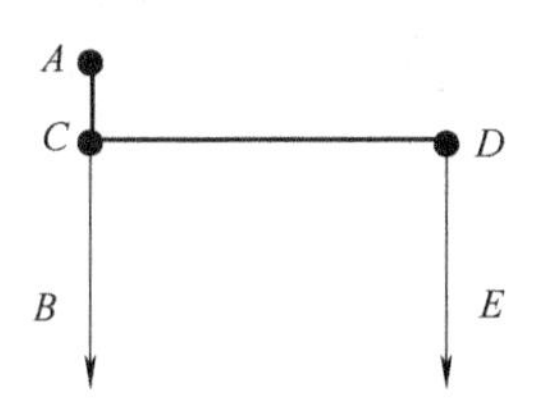

说明：a）目测，大致确定两角钢支架的位置；b）在其中一支架的大致安装位置用吊线锤确定并画出一条竖直线 AB；c）用三角板作一条与 AB 垂直且指向另一支架的直线 CD（量取 CD 的长度为 L）；d）在 D 处用吊线锤确定并画出另一条竖直线 DE

角钢支架的安装位置是上端分别与 C、D 点对齐，贴墙角钢与 CB、DE 对齐

④ 将支架的贴墙角钢放在墙上的安装位置，在每一膨胀螺栓孔处用笔做上标记

⑤ 在标记处用电锤打孔

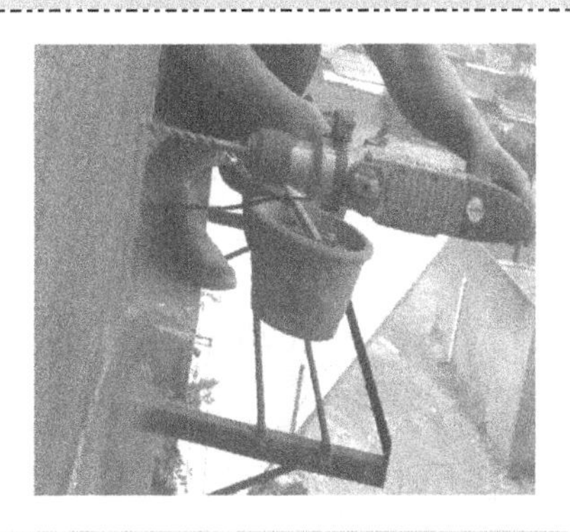

说明：必须系上安全带，移走杂物，同时防止工具跌落

⑥ 认识膨胀螺栓

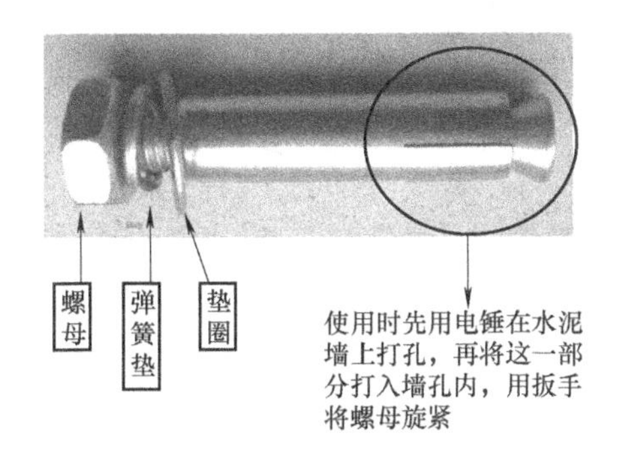

⑦ 将膨胀螺栓穿过贴墙角钢的膨胀螺栓孔，再将膨胀螺栓打入墙体

说明：安装挂机的室外机每个角钢要用4颗以上的膨胀螺栓，柜机的室外机要用6颗以上，螺栓的直径不得小于10mm

图7-24　采用角钢支架安装室外机（续）

⑧ 旋紧所有膨胀螺栓的螺母，用同样的方法装上另一支架，检查支架的牢固性是否符合要求

⑨ 将室外机安装在支架上（用4颗直径10mm的螺栓将室外机固定在支架上），并旋紧所有的固定螺栓的螺帽。注意螺栓要由上向下穿过螺孔

⑩ 安装室外机排水弯管和排水管

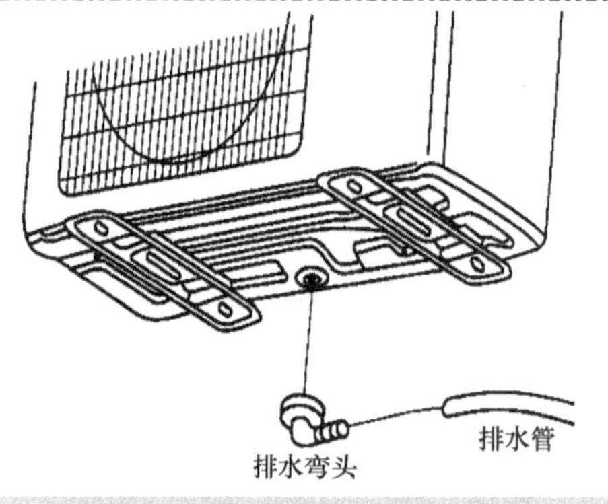

说明：制热状态室外机化霜时流下的水从该排水管流入下水道

⑪ 整理配管管路，妥善安置室内机排水管

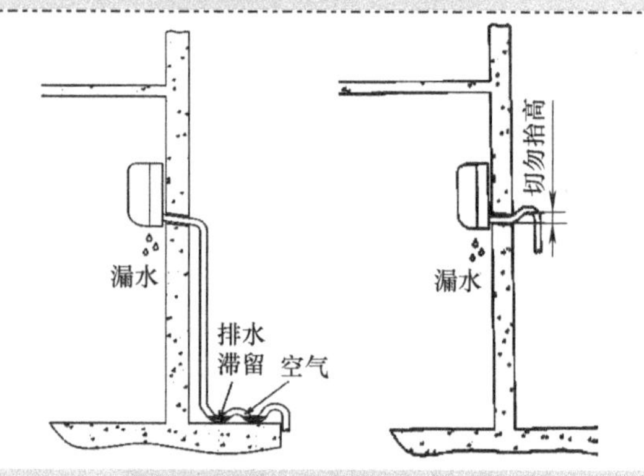

说明：a）合理地整理管路走向，基本保证横平竖直；b）将多余的管道放置在室外机后面，比较美观；c）排水管的处理应符合“水往低处流的原则”，避免出现让水路“爬坡”的情况

图7-24　采用角钢支架安装室外机（续）

3）室外机安装不规范的几种情况：室外机常见的不规范安装如图7-25所示。

a) 安装孔未用膨胀螺栓固定

b) 螺栓的数量不够

c) 螺栓的螺杆向上（应向下）

图7-25　室外机常见的不规范安装

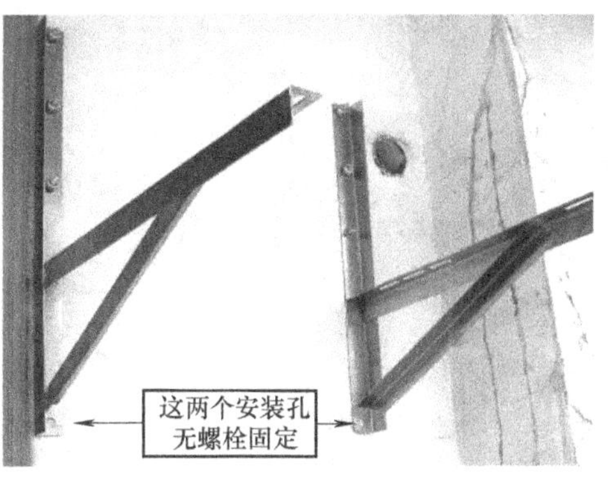

d) 安装位置不正确，相互影响热交换　　e) 贴墙角钢的固定螺栓数量不足

f) 装在防盗网上，易引起振动、噪声大，容易漏电，不安全　g) 室外机顶端紧贴屋顶，不便维修操作

图 7-25　室外机常见的不规范安装（续）

注意：安装室外机必须注意高空作业安全，2m 以上的高空须佩戴安全带，安全绳固定在可靠的固体上。确保有足够的安全措施，才能操作。

7.3.3　室内、外机的管路连接

在图 7-18 中，已将包扎好的配管由室内通过穿墙孔，伸出到了室外。接下来需将伸出到室外的配管与室外机相连，其操作如图 7-26 所示。

① 旋下三通截止阀上的活接头螺母（纳子）

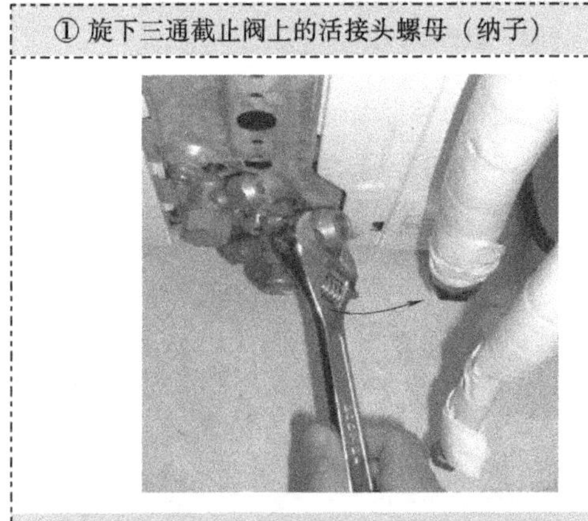

说明：不能用爆发力，以免使阀体出现裂纹

② 取下封闭塞

图 7-26　室内、外机的管路连接

③ 将较粗配管的螺母用手旋在三通截止阀上（不需旋紧，以便进行排空气的操作）

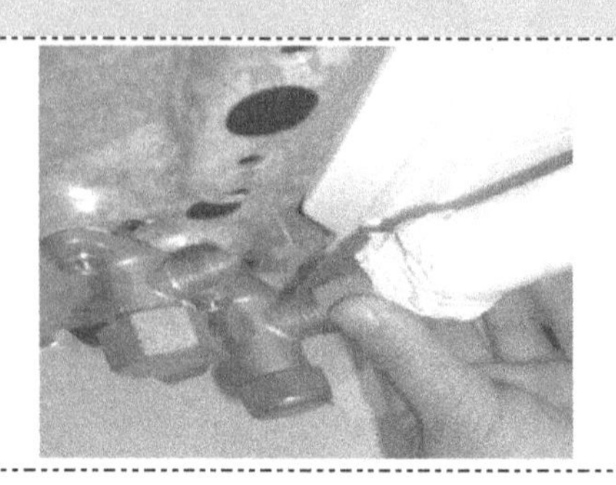

④ 用手将细管的螺母旋在二通截止阀上，再用力矩扳手旋紧（熟练后也可用活扳手）。拧紧后松开半圈再拧紧，有利于密封

图 7-26　室内、外机的管路连接（续）

7.3.4　排出室内机及室内、外机连接管内的空气

出厂时，制冷剂被回收在室外机中。在安装过程，由于室内机的管道和配管内有空气和水分，既影响制冷制热效果，又会逐渐损坏压缩机和其他制冷部件，所以必须将这一部分空气排出。对变频空调器和无氟空调器，安装时排尽管内的空气和水分特别重要，在本章 7.5 节详细介绍。

定频空调器安装时排空气的方法：一般采用从室外机内放出少许制冷剂来冲走管道内空气的方法（如果抽真空，效果更好），操作如图 7-27 所示。

① 旋下二通截止阀调节杆的封闭螺母

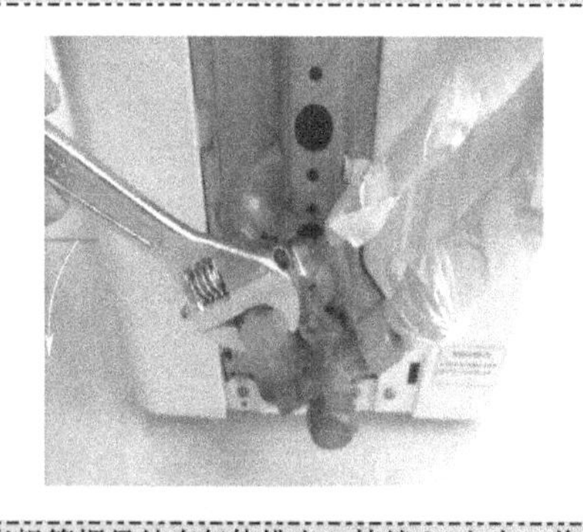

② 用内六角扳手逆时针转动半圈，使二通截止阀处于半开启状态，室外机的制冷剂经细管流向室内机

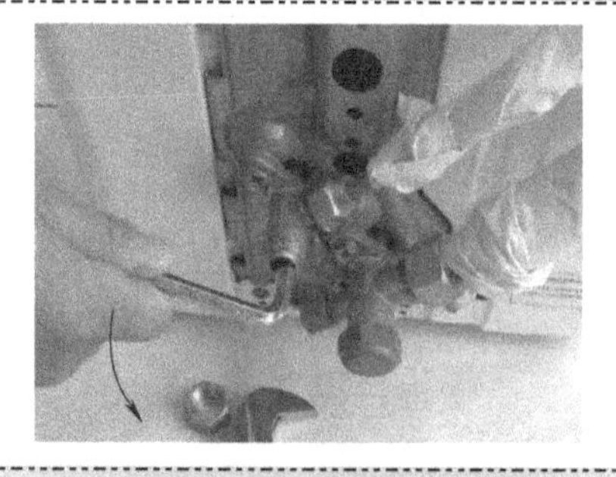

③ 当粗管螺母处有气体排出，持续 2s 左右，将粗管螺母旋紧

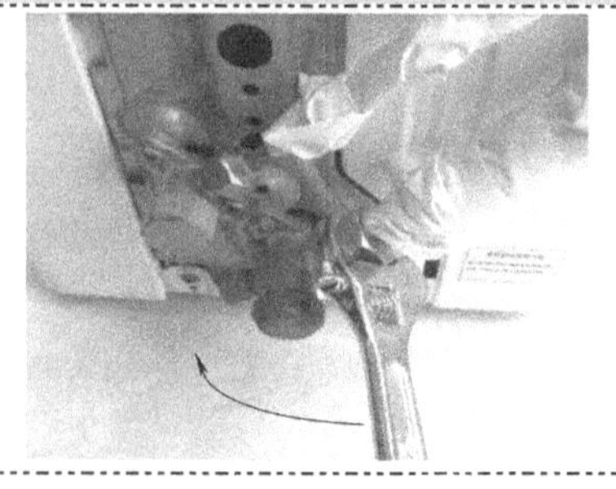

④ 旋下三通截止阀调节杆的封闭螺母

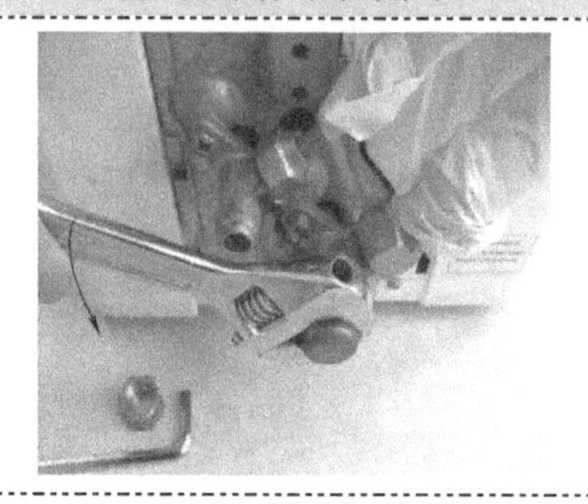

图 7-27　排出室内机及室内、外机连接管内的空气的操作

⑤ 内六角扳手逆时针转动，直到转不动为止，将三通截止阀开启；再用同样的方法将二通截止阀完全开启。对二通截止阀和三通截止阀进行检漏、确定不泄漏后将两个封闭螺帽旋上	⑥ 根据空调器上的接线图（室内、外机体上一般都贴有接线图），连接室内机和室外机的连接导线。注意一定要将压线夹压上
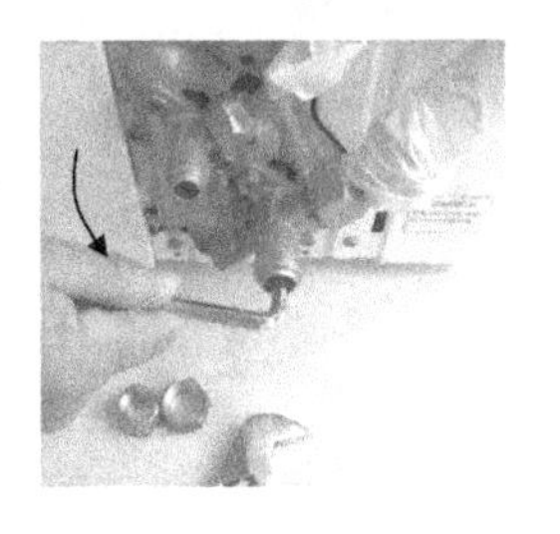	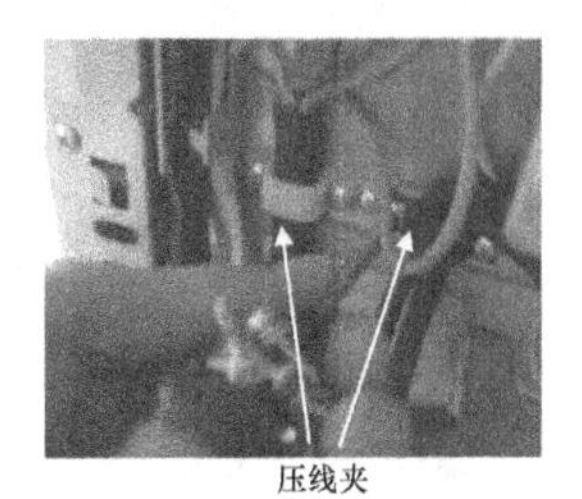
⑦ 整理管路走向，使管路平滑，尽量横平竖直，尽量将多余的管路设置在室外机的后面，这样比较美观	
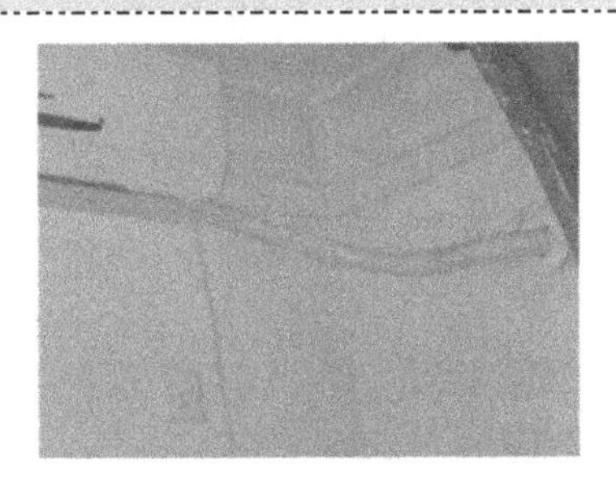	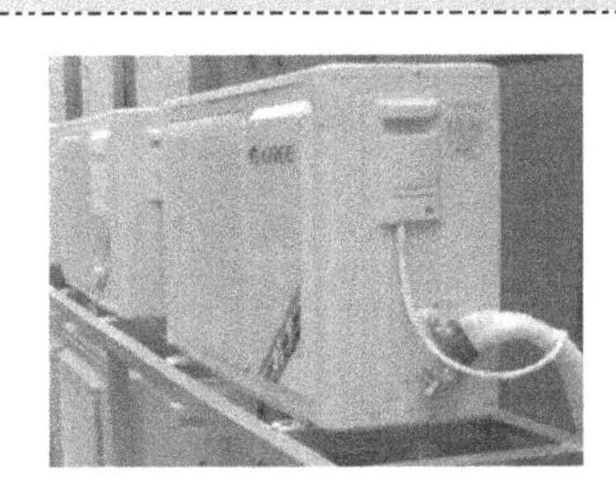

⑧ 用万用表10k档检查空调器的绝缘电阻（即分别检测相线、零线对接地线或机壳的绝缘电阻），应为∞。选择不同模式，检查室内机和室外机的风机是否运行正常。室内机产生的噪声应该很小，室外机不应有异常噪声和振动

⑨ 检查运行效果。a）开机1~2min后，应有冷（热）风吹出。b）开机10min后，室内应明显有凉（暖）的感觉。c）开机15min后，检测室内机进、出风口的温差，制冷方式下温差应大于8℃，制热方式下温差应大于14℃

⑩ 停机3min后，再次起动空调器，检查空调器的起动性能

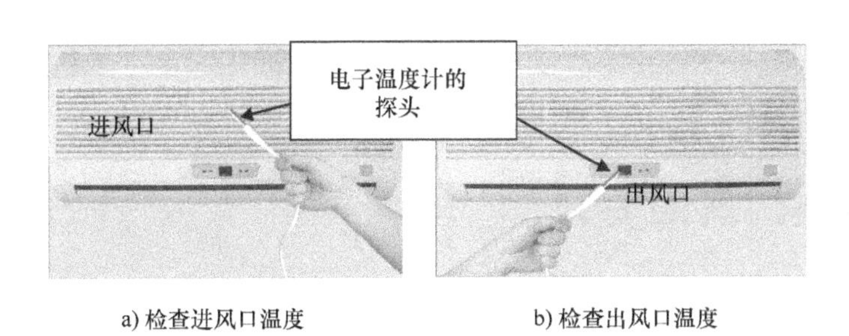

a) 检查进风口温度　　b) 检查出风口温度

图7-27　排出室内机及室内、外机连接管内的空气的操作（续）

7.4　空调器的移机

1. 回收制冷剂

移机时，若将制冷剂放掉，既浪费，又会对环境造成不良影响，所以需要将制冷系统的制冷剂回收（回收在室外机内，重新安装后，再将制冷剂放出），即通常所说的“收氟”。收

氟必须按规范操作，否则有可能损坏压缩机或者出现安全事故。其操作如图 7-28 所示。

① 拆下二通截止阀的封闭螺母，用内六角扳手关闭二通截止阀（顺时针转动）

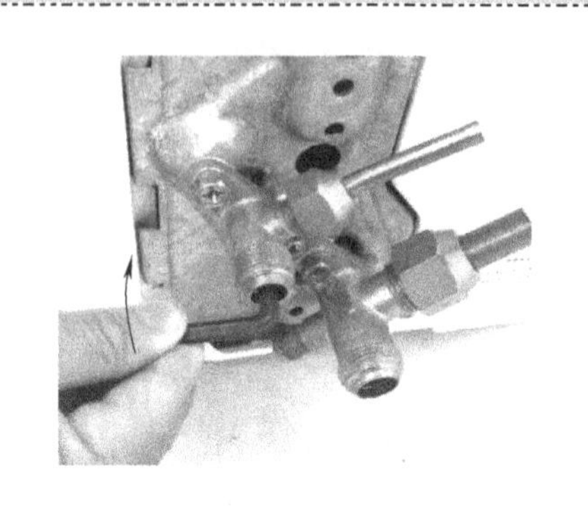

说明：该操作的目的是使制冷剂不再从室外机排出

② 拆下三通截止阀的封闭螺母后，起动空调器，运转 1min 左右（使制冷剂被吸入室外机），关闭三通截止阀，停机

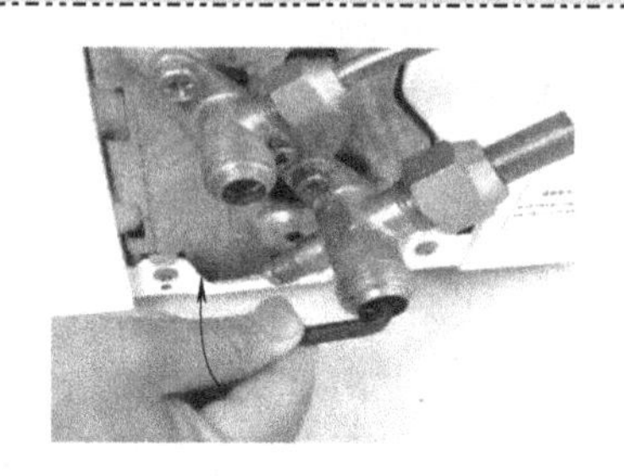

说明：经过该操作，已将整个系统的制冷剂回收在室外机

图 7-28　回收制冷剂的操作

2. 拆卸室外机和室内机

一般的拆卸顺序是，后装的，先拆；拆卸方法与安装相反，这里不再赘述。

步骤①：在室外机的接线柱上拆下室内、外机的连接电缆。

步骤②：拆下粗管的活接头螺母。

步骤③：拆下细管的活接头螺母，取下两管并将喇叭口用胶塞或用绝缘胶布缠绕管口进行封闭，以免灰尘和水分进入。

步骤④：从室内机挂板上取下室内机，并将连接管收回室内。

步骤⑤：拆下挂板。

步骤⑥：用绳拴住室外机，确保它不会坠落。

步骤⑦：拆下室外机的全部固定螺钉，再取下室外机，收回室内。

3. 安装

空调器移机后的安装与新机一样。

7.5　新型空调器的安装

使用 R22 制冷剂的变频空调器和使用 R410A 环保制冷剂的变频空调器的应用越来越多。这类空调器的安装方法和步骤与传统的定频空调器基本相同，但也有一些不同之处。下面着重介绍其不同点和注意事项。

7.5.1　R410A 空调器的安装

R410A 制冷剂比 R22 制冷剂的压力要高约 1.6 倍，所以，在施工与售后服务的过程中一旦发生错误的操作，将有可能发生重大的事故，所以必须规范地操作。

1. R410A 空调器系统的专用工具和材料

（1）R410A 系统的专用工具

1）压力表、压力软管、真空泵、检漏仪等，在第 6 章表 6-7 中已介绍。

2）扩管器。R410A空调器管道的扩管器的外形和工作原理与R22空调器的一样，但口径比R22的要大，如图7-29所示。不同管径铜管的口径见表7-1。

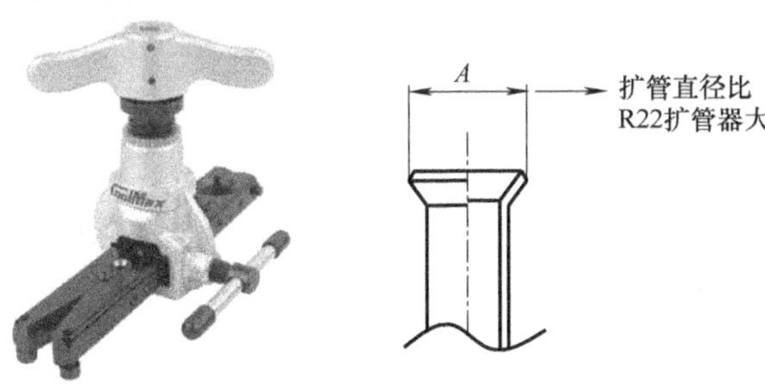

图7-29　R410A扩管器及扩管直径

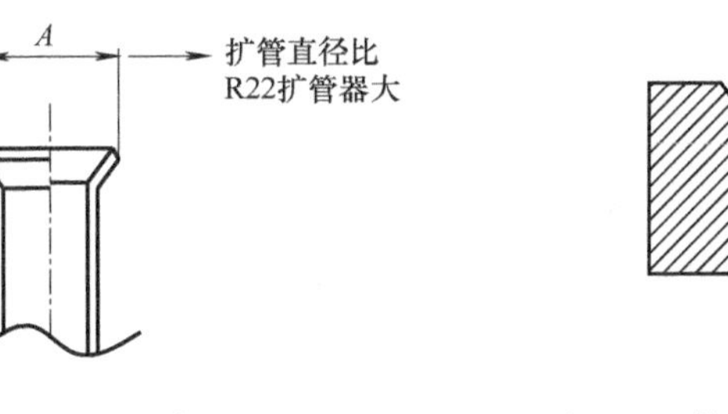

图7-30　扩管时铜管的伸出量

表7-1　R410A扩管器扩制管道的口径　（单位：mm）

铜管外径	$A^{+0}_{-0.4}$	
	R410A	R22
6.35	9.1	9.0
9.52	13.2	13.0
12.7	16.6	16.2

注意：使用原来的R22空调器管道扩管器也可以对R410A空调器管道进行扩口，但铜管的伸出量（见图7-30）不一样，详见表7-2。

表7-2　扩管时铜管的伸出量（图7-30中的*B*值）　（单位：mm）

铜管外径	使用R410A扩管工具		使用以前的R22扩管工具	
	R410A	R22	R410A	R22
6.35	0~0.5	同左	1.0~1.5	0.5~1.0
9.52	0~0.5	同左	1.0~1.5	0.5~1.0
12.7	0~0.5	同左	1.0~1.5	0.5~1.0

3）力矩扳手。由于R410A空调器的管道系统耐压强度高，其活接头喇叭口的纳子（螺母）的对角线尺寸要比R22的大，所以要使用尺寸较大的力矩扳手，其对比认识见表7-3。

表7-3　R410A系统与R22系统力矩扳手的对比认识（ϕ12.7mm铜管专用）

名　　称	对应的螺母对边尺寸	力矩（最大）
R410A系统力矩扳手	26mm	55N·m（5.5kgf·m）
R22系统力矩扳手	24mm	55N·m（5.5kgf·m）

注意：R22系统的专用工具不能用在R410A系统，但R410A系统的专用工具可以用在R22系统中。

（2）R410A系统的配管材料

空调器铜管可分为普通铜管（用于传统空调器）和R410A专用铜管。R410A专用铜管是压制的无缝管，其特点是导热性好、密度大、抗压能力强、洁净度高、壁厚均匀。R410A空调器专用铜管的规格（长度、管径、壁厚）、喇叭口加工尺寸不同。喇叭口螺母（纳子）的对角尺寸（见图7-31）与传统空调器也不一样，其对比认识见表7-4。

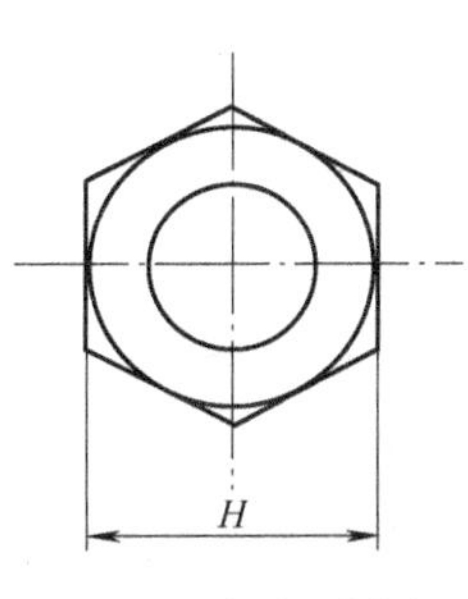

图7-31　螺母对角尺寸

表 7-4　喇叭口螺母水平对角尺寸 H　（单位：mm）

铜管外径	R410A	R22
6.35	17	17
9.52	22	22
12.7	26	24

要保持配管、喇叭口、纳子的洁净。若发现有裂纹、变形、变色（尤其是内壁面变色）不要使用，防止由于不纯物导致膨胀阀和毛细管堵塞。

（3）压缩机冷冻油

R22 系统压缩机使用的冷冻油都是矿物油（MO）。R410A 系统大多数压缩机使用的是合成冷冻油，一般为 POE（多元醇酯）类。冷冻油必须专用，如果混用，则会产生油泥，从而产生堵塞现象，也会影响润滑效果。

2. R410A 制冷剂相关安全注意事项（见表 7-5）

表 7-5　R410A 制冷剂相关安全注意事项

操作阶段	安全注意事项	说　明
操作之前	确认空调器使用的制冷剂的名称，然后对不同制冷剂实施不同的操作	在使用 R410A 制冷剂的空调器中，绝对不能使用 R410A 之外的制冷剂。在使用 R22 制冷剂的空调器中，也绝对不能使用 R410A 制冷剂
操作过程中	不能有制冷剂泄漏的现象	若室内有制冷剂泄漏，请及时进行通风换气，以免引起缺氧
	在进行安装或移动空调器时，不要将空气混入空调器的制冷剂循环管路中	如果混入空气等不凝气体，将导致制冷剂循环管路高压异常，是造成循环管路破裂、裂纹的主要原因
安装工作结束	再一次检漏确认，不得有制冷剂泄漏的现象	如果制冷剂泄漏在室内，一旦与电风扇、取暖炉等器具发出的电火花接触，将会形成有毒气体

3. 安装过程

（1）连接管道的操作的两个要点

1）检查喇叭口必须正常。打开随机附带的连接管包装，检查连接管喇叭口的外观、尺寸是否符合要求。若出现喇叭口口径过小、卷边、喇叭口歪斜、开裂等问题，必须将原喇叭口切除后重新加工喇叭口。

2）活接头螺母必须拧紧。R410A 空调器密封特别重要，因为其制冷剂一旦泄漏，就要放掉剩余的制冷剂，再以液态形式重新充注（轻微的泄漏，也可直接补充制冷剂）。不同管径的配管活接头螺母的拧紧力矩见表 7-6。

表 7-6　不同管径的配管活接头螺母的拧紧力矩

铜管外径/mm	R410A 系统	R22 系统
6.35	16 ~ 18N · m（1.6 ~ 1.8kgf · m）	同左
9.52	30 ~ 42N · m（3.0 ~ 4.2kgf · m）	同左
12.7	50 ~ 62N · m（5.0 ~ 6.2kgf · m）	同左

R410A 系统截止阀的阀帽和维修工艺口的紧固力矩与 R22 系统有所不同，需要使用表 7-7 所示的规定力矩进行紧固。

表7-7 R410A系统截止阀和工艺口阀帽的紧固力矩

类别		紧固力矩	
	管径/mm	R410A系统	R22系统
阀盖	6.35	16N·m（1.6kgf·m）	要求不是很严格
	9.52	30N·m（1.6kgf·m）	
	12.7	30N·m（1.6kgf·m）	
工艺口阀帽		9N·m（1.6kgf·m）	

说明：不同的产品或不同的型号，其紧固力矩会有所不同，使用时请参阅产品使用说明书。

（2）加长管的操作

当室内、外机的安装位置较远，随机所配的连接管长度不够，则可以将配管加长。加长管操作的基本步骤：割掉原连接管喇叭口部分——去毛刺扩杯形口——焊接加长——扩喇叭口并检查——对接接头螺母——用力矩扳手拧紧——包扎。

1）选择正确的铜管。①要选用R410A专用铜管，铜管内外表面都应该无损伤，否则R410A的高压容易使铜管破裂，造成泄漏甚至意外。②铜管必须干净，因为R410A系统对杂质非常敏感。

2）割管。连接管需加长时，不得在原有的喇叭口上直接配管焊接，须切割掉喇叭口重新扩管，切忌将毛刺、铜屑遗落进铜管内。

3）扩杯形口。将原喇叭口割掉后，扩制一个杯形口。

4）将延长管插入杯形口内，进行焊接。注意：焊接时要对管内充入氮气，如图7-32所示，充氮气时，减压器低压表的压力保持在0.02MPa左右。如果不充入氮气，焊接时配管内部会产生一些氧化膜，混入制冷系统后会影响压缩机和各种阀门的运行。

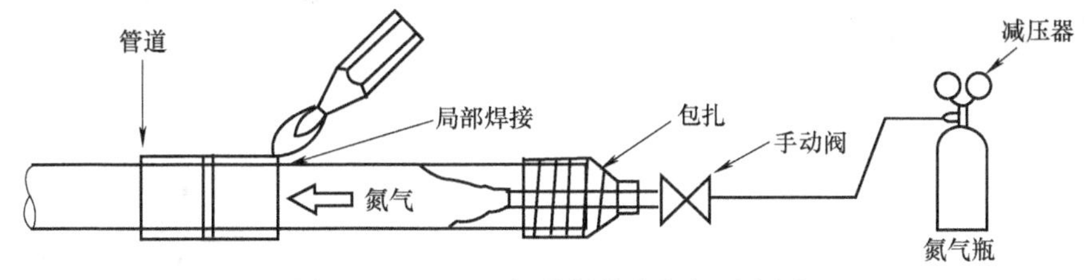

图7-32 R410A铜管焊接充氮气示意图

5）在延长管的端部套上喇叭口螺母（纳子），重新扩制合格的喇叭口。

（3）抽真空

当室内、外机之间的管道连接完毕后，须排除配管和室内机内的空气，但不能和传统R22空调器那样将收在室外机的制冷剂放出，用制冷剂冲走、排除配管和室内机内的空气，而必须用抽真空的方法。

1）二通截止阀、三通截止阀处于不开启（即顺时针旋到底）状态。将压力表、真空泵等器材通过连接管与空调器工艺口相连，如图7-33所示。

2）抽真空的过程详见第6章6.2节。

注意：抽真空完毕、确认无泄漏点后，①如果有加长管，则应按空调器的说明书补充一定量（少量）的制冷剂，注意要以液态形式定量充注；②如果没有加长管，则可以打开室外机二通截止阀少许，放出少量制冷剂，当压力（低压）达到0.05MPa时，关闭二通截止阀（注：此步骤

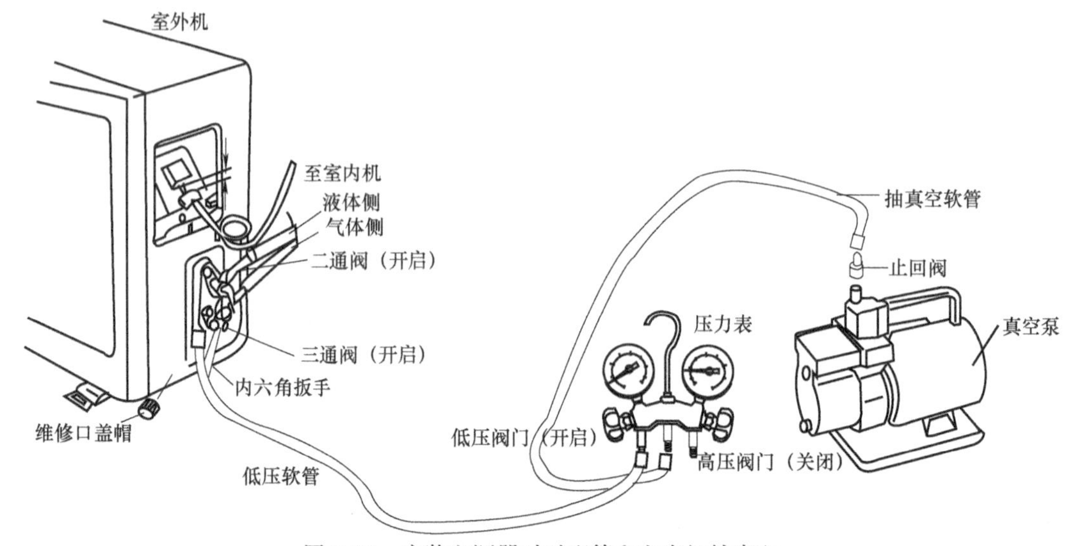

图 7-33　安装空调器时对配管和室内机抽真空

可使系统变为正压，避免拆去工艺口连接管时再次进入空气，使抽真空失效），快速拆下工艺口的连接管及压力表。

3）开启二通、三通截止阀。

4）室内、外机的连接电缆与室外机接线柱连接。为了防止接线错误，出厂时室内、外机的连接导线上设有编号，导线的颜色也不同，室外机接线柱上也设有编号。接线时，要将导线的编号与接线柱的编号一一对应（即把1号导线接在1号接线柱上，其他相同）连接，再装上压线板，检查接线是否牢固、是否有误，如图7-34所示。若无误，再装上接线盒盖。

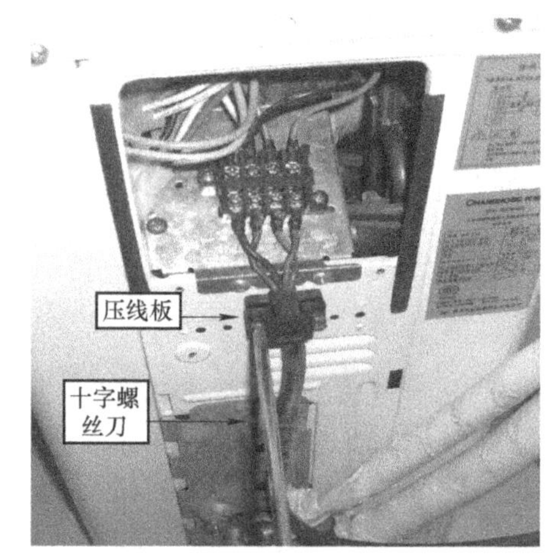

图 7-34　室内、外机的连接电缆接线

5）试机。安装完成后，开启空调器，检查是否有异常振动、风机是否正常运行、制冷或制热效果、排水情况等，还要用钳形电流表检测工作电流（工作电流与额定电流应相等）。都无问题，说明安装质量合格。

7.5.2　R22 变频空调器的安装

R22 变频空调器的安装与 R22 定频空调器的安装主要有以下两点不同：

1）变频空调器对真空度要求较高，所以要用抽真空的方法排除配管及室内机内的空气。

2）变频空调器对制冷剂的数量要求较严，故充注制冷剂时应用定量充注法。

其他操作与定频空调器的安装完全一样。

知识链接

1. R410A 空调器的维修注意事项（见表 7-8）

表7-8 R410A空调器的维修注意事项

类 别	注意事项	说 明
压缩机	压缩机为R410A专用。不允许压缩机对空气进行压缩	易引起爆炸
	在装机的时候，动作要迅速，在打开连接管的塞子后，一定要在5min内旋紧螺母、封闭管道系统 在装机时，严禁将其他杂质和水分混入系统	R410A压缩机使用POE润滑油（合成酯类油）。POE润滑油和水能反应，生成水和酸，而生成的水又能促使POE润滑油进一步反应，若此连锁反应长期进行，系统内的水分将越来越多，可能会使毛细管发生冰堵现象。同时系统内制冷剂的酸性会越来越高，会导致系统内零部件发生腐蚀和产生镀铜现象
干燥过滤器	R410A空调器都有一干燥过滤器 在维修时，只要是割开制冷系统，必须马上用封闭塞等封住断开口，以免空气中的水分进入系统内，并且必须更换干燥过滤器	R410A系统对无水分的要求很高，制冷系统暴露在空气中的时间不得超过5min
热交换器和管道系统	若需更换管道、阀门等，必须采用R410A系统专用的配件	R410A空调器的热交换器及系统配管虽然在外观上和R22的没有区别，但是它的制造工艺要求较高，系统内的含水量、杂质含量等都比R22的要低，且耐压性能要高
	移机时拆下的联机管若再次使用，要将联机管两端密封，以防灰尘等进入，若使用新联机管，必须使用壁厚0.8mm的铜管；室外机截止阀封帽要拧紧	
真空泵	R410A所使用的真空泵为专用真空泵，此泵的润滑油应用脂类油。不得用来为使用R22的空调器（压缩机使用矿物油润滑）抽真空	若用于R22空调器，将引起制冷剂的混合污染，降低空调器的性能
R410A制冷剂	应存放在30℃以下的环境中。若在高于30℃以上的环境中存放过，必须在30℃以下的环境中存放24h以上才能使用	否则充入空调器的制冷剂的组成成分的比例会发生变化，影响空调器的性能

2. R410A与R22空调器运行时的压力对比（见表7-9）

表7-9 R410A与R22空调器运行时的压力对比

工作状态	制 冷 剂	低压/（kgf/cm^2）	高压/（kgf/cm^2）	过冷度/过热度
制冷运行	R22	4~5	16~18	5~8℃（过冷度）
	R410A	6~8	26~29	4~5℃（过冷度）
制热运行	R22	3~4	18~20	1~2℃（过热度）
	R410A	5~7	29~32	1~2℃（过热度）

3. 铜管拧紧所需的力矩

使用力矩扳手将铜管拧紧进行活接所需力矩的大小详见表7-10。

表7-10 使用力矩扳手拧紧不同管径铜管所需力矩

六角螺母尺寸/mm	拧紧力矩/(N·m)	六角螺母尺寸/mm	拧紧力矩/(N·m)
$\phi6$	15~20	$\phi16$	60~65
$\phi9.5$	31~35	$\phi19$	70~75
$\phi12$	50~55		

使用普通扳手制作活接头时，在螺母拧紧过程中，到达某点后突然变紧，然后按表7-11所示的角度加以拧紧。

表7-11　使用普通扳手制作活接头拧紧六角螺母所需转过的角度

管径/mm	喇叭口大圆直径/mm	进一步拧紧角度（°）	建议使用扳手手柄长/mm	备注
ϕ6	8.0～8.4	60～90	150	连接完毕后要进行检漏
ϕ9.5	12.0～12.4	60～90	200	
ϕ12	14.8～15.2	30～60	250	
ϕ16	18.6～19.0	30～60	30	
ϕ19	22.8～23.2	20～30	450	

4. 连接管加长后制冷剂的追加量

连接管加长后，应增加制冷剂量，详见表7-12。

表7-12　连接管加长后制冷剂的增加量

制冷量/kW	配管直径/mm		附带配管/m	开始追加制冷剂长度/m	最大管长/m	室内、外机高度差/m	R22制冷剂增加量/(g/m)	R410A制冷剂增加量/(g/m)
	液管	气管						
2.0～2.6	6.35	9.52	3	5	12	5	20	22
3.1～5.0	6.35	12.7	3	5	12	5	20	22
6.0～6.2	6.35	15.88	3	5	15	5	20	22
7.0～7.2	9.52	15.88	4	5	18	10	50	54
10..0～14.0	12.7	19.05	5	10	30	15	100	110
24.0～28.0	15.88	28.58		10	40	25	170	170

复习检测题

1. 安装和维修空调器在安全方面要遵循哪些原则？
2. 安装空调器时，什么情况下要设置回油弯？
3. 室内机和室外机安装位置的选取应遵循什么原则？
4. 怎样检验空调器室内机的排水效果？
5. 包扎配管时，按图7-35设置配管、排水管和导线的位置是否正确？
6. 使用R410A的空调器的安装和维修时，有哪些工具是专用的？为什么这些工具是专用的？
7. R410A空调器与R22空调器的安装有哪些不同之处和相同之处？

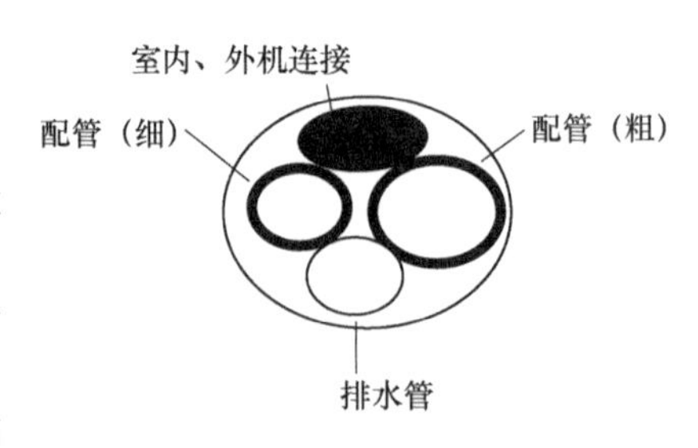

图7-35　题5图

第8章 定频空调器的检修方法和检修思路

本章导读

传统定频空调器出现故障后表现出来的直观现象主要有这样几大类：①不能起动，显示屏也无任何显示；②有显示、蜂鸣器能鸣响，但不制冷或者不制热；③制冷或制热效果差；④制冷与制热两种模式之间不能转换等。每一类故障的产生原因都是多种多样的，可能是制冷系统部分，也可能是电气控制部分，初学者或不熟练者往往感到茫然，所以迫切需要一个清晰、简明的方法和思路。阅读了本章，就能基本达到这一要求，再经思考、理解，就能应用自如。

8.1 空调器的常用检修方法

8.1.1 空调器的通用检测方法

1. 问

就是询问用户，了解故障发生前、后空调器的表现。例如用户是否进行了清洗，是否请他人维修过以及维修了哪些部位，还有是否进行了移机等。通过询问，有助于快速找到故障原因和部位。

2. 看

看，就是观察法，就是通过观察空调器各部件的外表是否正常来确认故障部位。该方法简单有效，具体说明如下。

（1）观察管道系统是否有故障（见表8-1）

表 8-1 观察管道系统是否有故障

项　目	图　示	说　明
① 观察室内、外机热交换器，空气过滤网是否脏污，散热翅片是否大量倒塌	 a) 室内机热交换器有丝网、灰尘等杂物 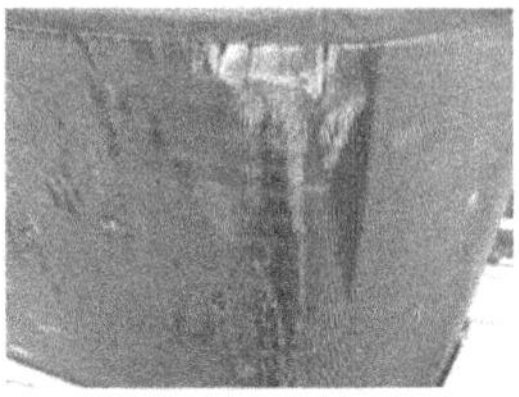 b) 室外机热交换器散热翅片大量倒塌  c) 室外机灰尘过多	若空气过滤网脏污或散热翅片大量倒塌，会导致热交换器换热不良，制冷、制热效果差。该故障很常见
② 观察管道及接头、阀门是否有破损、裂纹、压扁等物理损伤	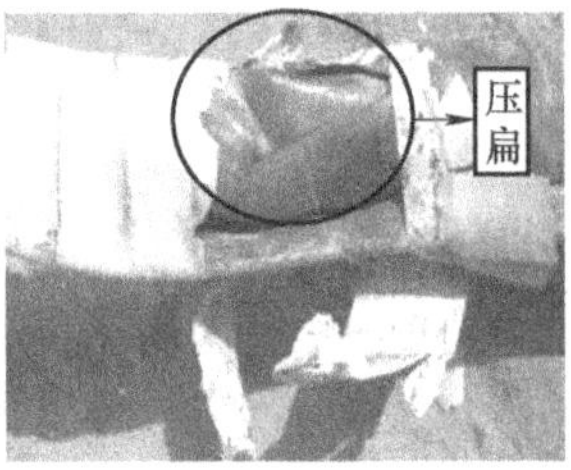 压扁 a) 管道压扁、变形 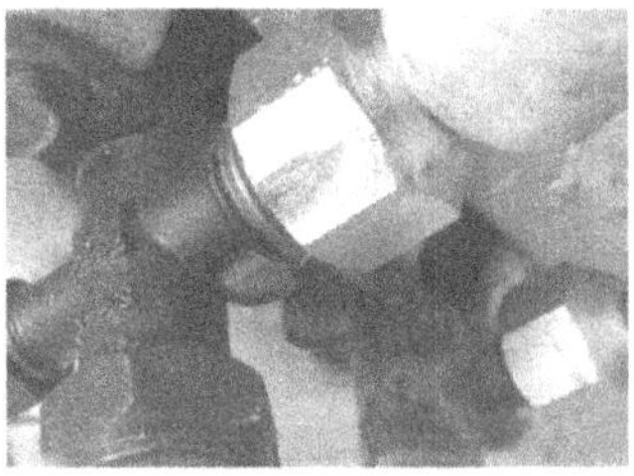 b) 阀门活接头螺母（纳子）有裂纹	若管道变形、压扁，会影响制冷剂的流量，从而导致制冷或制热不良；若管道、阀门破损或有裂纹，会导致制冷剂泄漏
③ 观察是否有漏油痕迹（主要看活接头、焊缝、阀门等处）	 a) 用白纸擦可能泄漏处 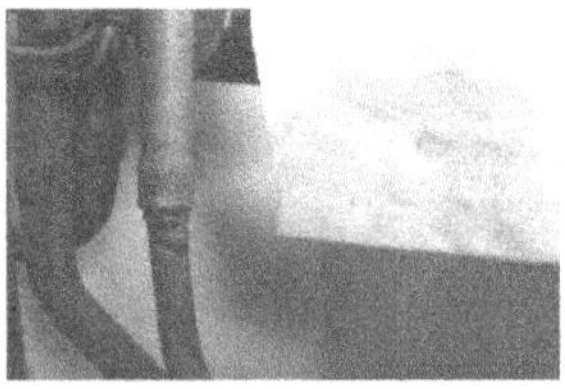 b) 擦后观察白纸上是否有油迹	因为冷冻油和制冷剂有一定程度的互相溶解，制冷剂泄漏时会把油携带出来，所以漏油处一定有制冷剂泄漏

还要观察以下内容：铜管是否擦到机壳。

（2）观察电路系统是否有故障

1）起动空调器后，观察指示灯的点亮、熄灭、闪烁情况以了解空调器的工作状态，还要观察显示屏是否有故障代码。

2）观察熔丝是否烧断，电线是否断裂，电源线插接件或接头处是否有松动、脱落、氧化，绝缘层是否破损等现象。

3）观察元器件有没有变色、烧焦、烧爆、因腐蚀而断脚的现象。

4）观察印制电路板是否有积尘过多、铜箔断裂、焊盘出现裂纹等现象，如图 8-1 和图 8-2 所示。

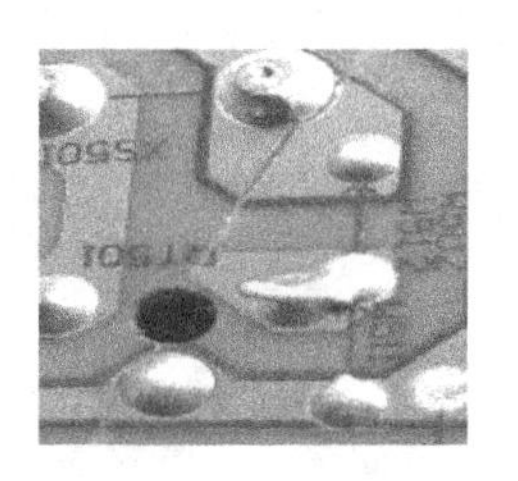

图 8-1　铜箔断裂

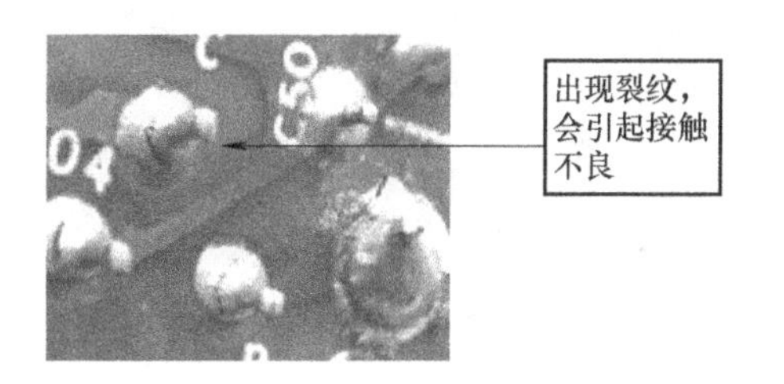

图 8-2　焊盘出现裂纹

（3）观察起动空调器后相关部件的表现

将空调器设置在制冷状态，过 20min 左右观察其表现，也可以发现某些故障及原因。详情如图 8-3 所示。

① 观察制冷状态下排水管滴水情况

说明：

a）若滴水不断，说明空调器正常；b）若滴水很少或无滴水，室内温度无明显下降，说明制冷系统有泄漏或堵塞现象

② 观察三通截止阀上各管道的结露情况

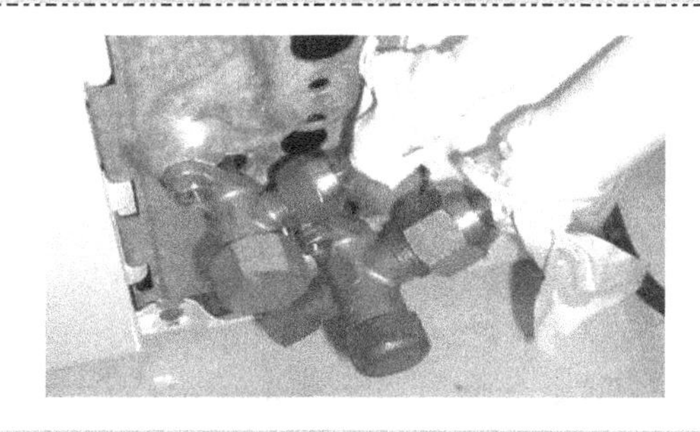

说明：

a）制冷时，往复式压缩机回气管到压缩机之间、旋转式压缩机回气管至压缩机旁的储液器之间应全部结露，该情况说明制冷剂量正常；b）若不结露，说明制冷剂量不足；c）若结露至压缩机半边壳体，说明制冷剂充注过量或室内机热交换器换热不良（应检查空气过滤网、热交换器是否脏污）

③ 观察干燥过滤器、毛细管是否有结霜现象

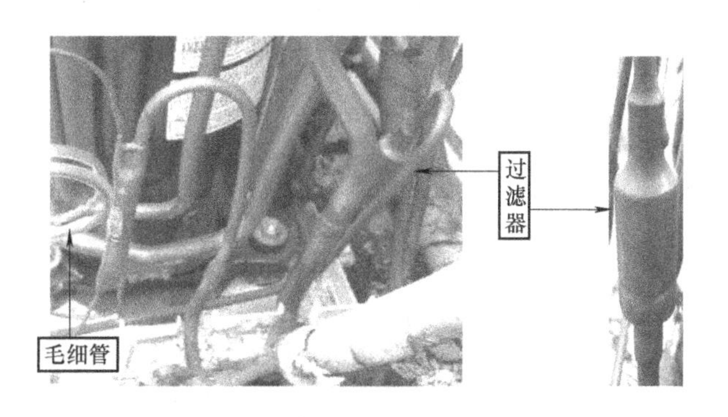

说明：若干燥过滤器或毛细管结霜或结露，说明有堵塞现象。一般是毛细管或过滤器内部的过滤网堵塞，应更换过滤器或毛细管

图 8-3　观察起动空调器后相关部件的表现

④ 通过视液镜观察制冷剂的流动状态（有些商用空调器在冷凝器出口处安装了视液镜）

说明：a）若视液镜中无气泡，则说明制冷剂充足；b）若出现少量气泡，说明制冷剂略缺；c）若气泡连续不断，说明制冷剂不足；d）若通过视液镜看不到液体，说明制冷剂全部泄漏；e）也可从液体的颜色判断润滑油的质量，有的视液镜还含有水湿变色指示，可判断系统内水的含量

⑤ 观察室外风机是否在运转

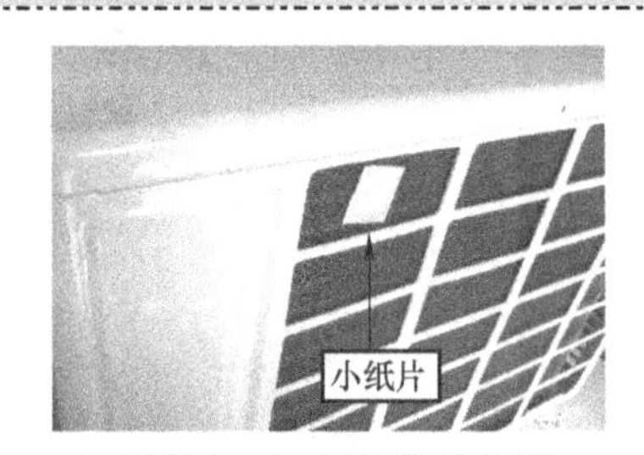

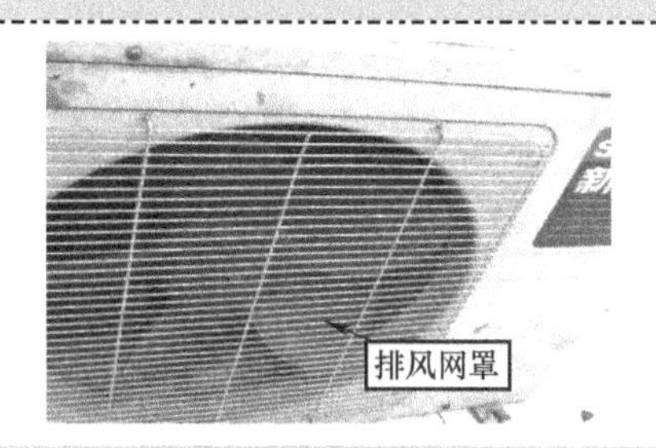

说明：

a）在室外机前面的排风网罩能感受到有无风吹出；向里看，也能看见风扇叶是否运转。b）若因安装位置导致观察不便，可在室外机背面的散热翅片上放一小纸片，若纸片被吸住，说明风机正在运转

图 8-3　观察起动空调器后相关部件的表现（续）

3. 听

听，就是指通过仔细听空调器开机后是否有异常的声音，来判断空调器是否有故障及故障部位的方法。检修人员平时要多听并熟悉正常空调器的各种声音，积累感性经验，作为检修时的参考。详情见表 8-2。

表 8-2　通过“听”判断空调器故障的方法

项　　目	图　　示	说　　明
听风扇运转的声音	压缩机的供电相线 a) 拆下压缩机的供电相线(看室外机的接线图，容易找到该导线) b) 听风机运转的声音	① 拆掉压缩机的供电相线，让压缩机停转，起动风机，能更好地听清风机有无异常声音 ② 风机正常工作的声音是轻微、均匀的嗡嗡声。若有咕噜声，说明轴承松旷，若有明显的金属摩擦声、撞击声，应立即停机检查风机的机械部分

（续）

项　　目	图　　示	说　　明
听压缩机运行的声音	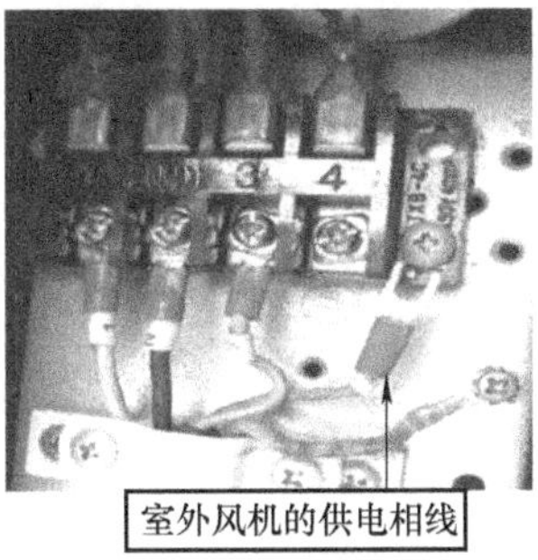 室外风机的供电相线 a)拆下室外风机的供电相线 　b)听压缩机运行的声音	① 拆掉风机的供电相线，让风机停转，起动压缩机，能更好地听清压缩机有无异常声音 ② 压缩机正常工作的声音是轻微、均匀的嗡嗡声；否则，说明压缩机内部机械部分有故障
听制冷、制热转换时四通阀换向的声音	 四通阀	模式转换的瞬间，应能听见阀体内动作器件发出的“咔嗒”声，若没有，说明四通阀线圈无供电或四通阀损坏 还有制热模式停机时，应能听见明显的制冷剂流动的气流声，若没有，说明四通阀没有换向
听制冷时蒸发器有无气流声	 蒸发器	空调器制冷时，听室内机（蒸发器）有无制冷剂流动时发出的流水声或气流声。若没有流水声或气流声，说明制冷系统有堵塞现象等

4. 摸

摸，就是在起动空调器 20 ~ 30min 后，用手摸那些温度特征明显的部件来感知其温度是否正常，从而判断是否有故障的方法。详情见表 8-3。

表 8-3　手摸温度特征鲜明的部件判断空调器故障的方法

项　目	图　示	说　明
摸截止阀上的粗管	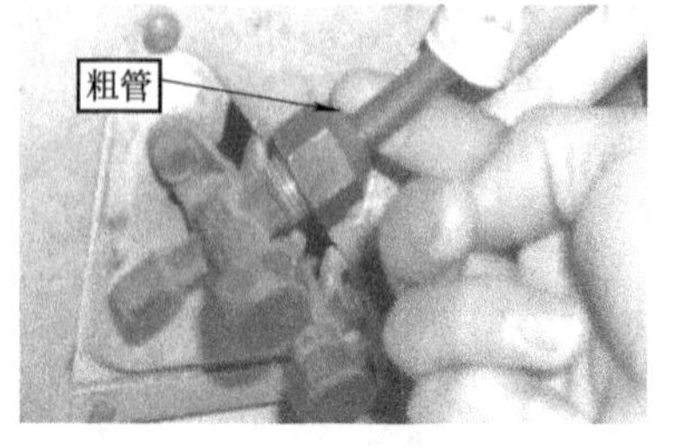	对家用空调器，节流装置一般都设在室外机：制冷正常时，粗管潮湿、带露、有冰凉感；制热正常时，粗管应有明显的烫热感；若粗管不具备以上温度特征，说明制冷剂可能泄漏或堵塞，也有可能是热交换器换热不良导致制冷效果差；另外，在制冷正常时，摸压缩机的排气管应能忍受约 10s（此时温度约 80℃），否则，压缩机的排气温度过高，应重点检查室外机热交换器是否换热不良，系统内是否混入空气，压缩机是否缺油
摸压缩机外壳	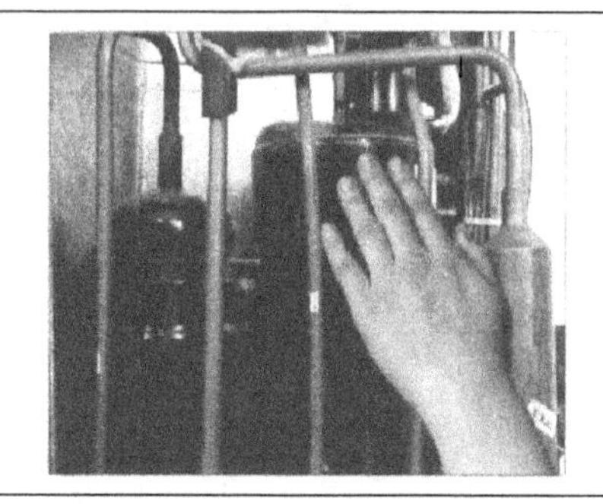	正常工作时，不同的压缩机外壳温度有所不同，旋转式压缩机、涡旋式压缩机的温度高于往复活塞式压缩机 安装位置不同，外壳的温度也会有所不同，一般来说，用手触摸能忍受 10s 左右为正常（温度约 70℃），吸气管有凉感（约 20℃） 外壳温度过高的原因有制冷系统换热不良、系统内混有空气等不凝气体、压缩机润滑不良等
摸干燥过滤器	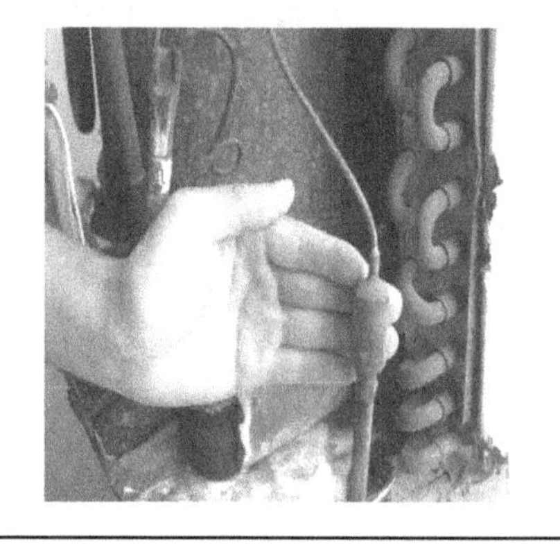	制冷正常时，或干燥过滤器的温度比环境温度略高，手摸应有微热感 若干燥过滤器及毛细管结露、有冰凉感，说明干燥过滤器（或毛细管）堵塞，应更换 若干燥过滤器温度过高，说明系统制冷剂充注过多，需放出一部分

5. 测

空调器出现故障后，如果部件的外表特征明显改变、声音和温度明显异常，可以通过“看、听、摸”的方法单独运用或综合运用来判断故障原因和部位，即使不能确诊，也能为进一步检测指明方向。对用“看、听、摸”的方法不能确诊的故障，或者不适用“看、听、摸”方法的故障，就要采用“测”的方法，即用压力表检测制冷系统的压力，用万用表、钳形电流表、绝缘电阻表等检测电气控制系统的电压、电流、电阻，用温度计检测室内机进、出风温度等，进而确定故障的原因和部位，这在后续章节中会详细介绍。

总之，在检修空调器的过程中，有时只用“问、看、听、摸、测”五种方法中的一种就能找到故障，有时要将这些方法中的两种或两种以上综合应用，才能找到故障原因和部位。

8.1.2　空调器电控系统常用检测方法

空调器电控系统常用检测方法见表 8-4。

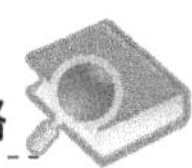

表 8-4　空调器电控系统常用检测方法

名　称	内　容	示　例	注意事项
直流电压测量法	对怀疑的故障点的直流电压进行测量，根据直流电压是否正常来判断故障的部位	在检修市电正常但空调器整机不工作故障时，可测 LM7805 的输出脚（或 CPU 的电源脚）是否有 +5V 的直流供电。若没有，则是直流供电部分的故障；若有，则为 CPU 部分的故障	要明白直流电压的极性 对于开关电源，输出的直流电压较高，要注意安全
代换法	对于不容易判断好坏的元器件，可用同规格的正常元器件代换	对容量可能下降或损坏的电容、稳压管、集成电路、晶振，性能较差的晶体管等，可采用代换法	也可以对电路板整块代换，如用空调器万能 CPU 板代换原来的 CPU 板
开路法	通过断开某个元器件的连接线路来判断故障的方法	如果断开供电滤波电容器后，供电正常，说明滤波电容器有故障（短路） 再如，对于当室温达到设定温度、压缩机停机后但室外风机不停止的故障，可断开反相驱动器与室外风机继电器线圈之间的连线，若室外风机仍然运转，说明继电器触点已烧结、粘连。否则说明 CPU 的驱动电路有故障	要选择容易断开和恢复的部位操作，操作过程不要对原电路板的印制线产生损伤
短路法	用导线将电路板上的某一部分线路或某个元器件直接进行短路（跳接），观察出现的现象来判断故障的一种方法	对某些按键失灵的故障，当短接按键的两个引脚的焊点时，故障消失，说明按键损坏 再如，对于冬天辅助电加热器不工作的故障，可短接晶体管的集电极和发射极，若辅助电加热器的继电器发出动作声，电加热器工作，说明是 CPU 或温度传感器故障，否则说明是继电器或电加热器故障	要用带绝缘皮的导线进行操作 要能预料短接后产生的后果。如果短接后可能产生不安全的现象，则不能短接
应急修理法	就是取消某部分电路或取消某个元器件而进行的一种检修方法	对于压敏电阻损坏而导致烧熔丝的故障，如果手头没有压敏电阻，可暂时不安装它，直接更换熔丝	有了配件后，应即时安装上去，否则空调器没有防雷击和防电压过高的功能
强制开机法	为强制起动空调器的一种检修方法	若空调器不能开机，怀疑遥控器、室内机遥控接收电路有故障，可按下室内机上的应急按钮，若空调器能正常运行，说明是遥控器或遥控接收电路故障，否则是空调器 CPU 板故障	该方法快捷、实用
故障代码法	新型变频空调器为了便于生产和维修，都具有故障自诊功能。当出现故障，CPU 检测到后通过指示灯或显示屏指示故障	海尔 KFR-25GW/RA（DBPF）空调器显示 E1、E2 代码，含义分别是室温传感器故障和热交换器传感器故障	要积累各类空调器的故障代码的资料，要善于利用网络等手段查询故障代码的含义

8.2　定频空调器的检修思路和检修步骤

检修思路，也就是检修的指导思想，它对初学者特别重要。初学者在了解空调器的原理、结构，掌握了一定的制冷维修技能后，就可以按照检修思路，有条不紊地检测并排除故障。若没有清晰的思路，则检修是盲目的，甚至是危险的。另外，需指出的是，首先检测发生故障可能性最大的部位和最容易操作的部位是通常采用的方法。下面就针对定频空调器常见的几种故障（普通用户能观察到的故障现象）类型，介绍其检修思路和方法。

故障类型一："用遥控器开机，不能起动，显示屏也无任何显示"的检修思路

故障分析：该故障只涉及电气控制部分，可能的原因有遥控器损坏、电池电量不足或接触不良、无 220V 供电、CPU 的工作条件不具备或 CPU 损坏。其检修思路如图 8-4 所示。

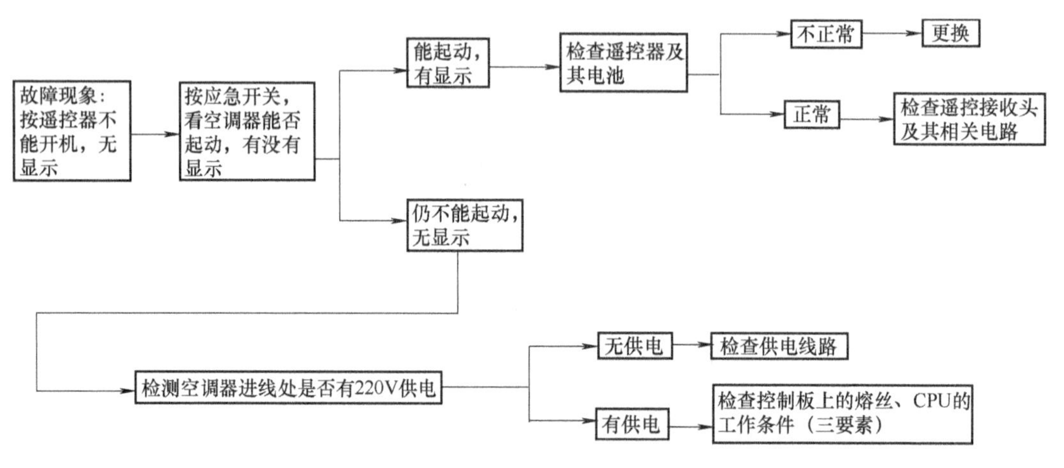

图 8-4　按遥控不能开机的检修思路

故障类型二："开机后有显示，按遥控键蜂鸣器鸣响，室内机无风吹出"的检修思路

故障分析：开机有显示、蜂鸣器有鸣响，说明室内机的 220V 交流供电、CPU 及其工作条件正常。故障原因主要是室内风机或驱动电路故障。其检修思路如图 8-5 所示。

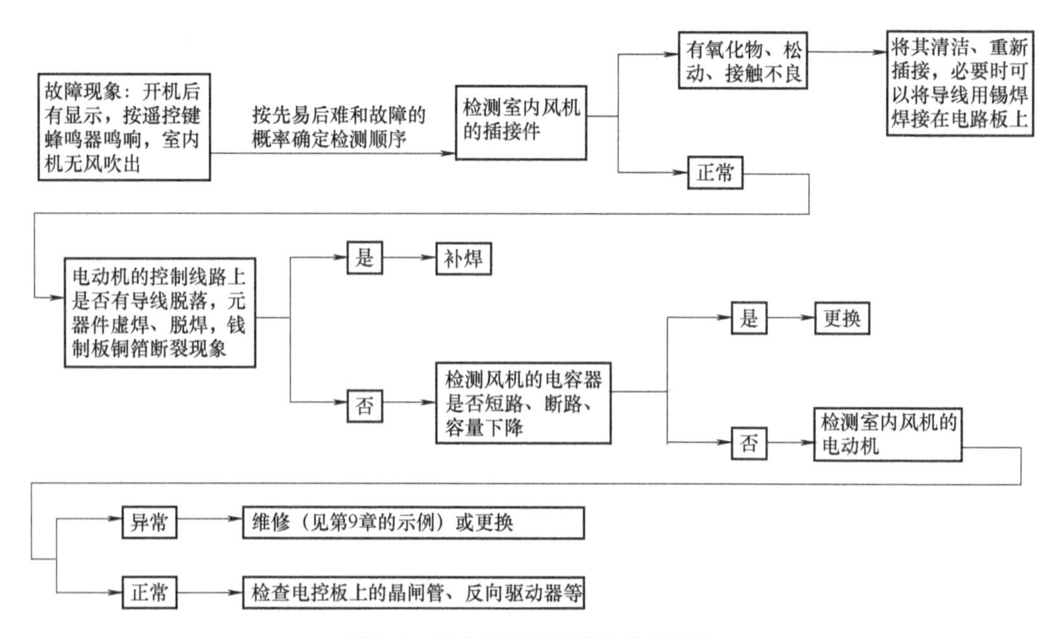

图 8-5　室内风机不运转的检测思路

故障类型三："开机后有显示，按遥控键蜂鸣器鸣响，室内机有风吹出，但室外风机不运转"的检修思路

故障分析：室外风机不运转，制冷剂不能在室外热交换器中冷凝，也就不可能在室内机热交换器中蒸发、吸热，会导致不制冷，故障原因是室外风机的电容器或电动机故障，也有可能是室外风机的驱动电路故障。其检修思路如图8-6所示。

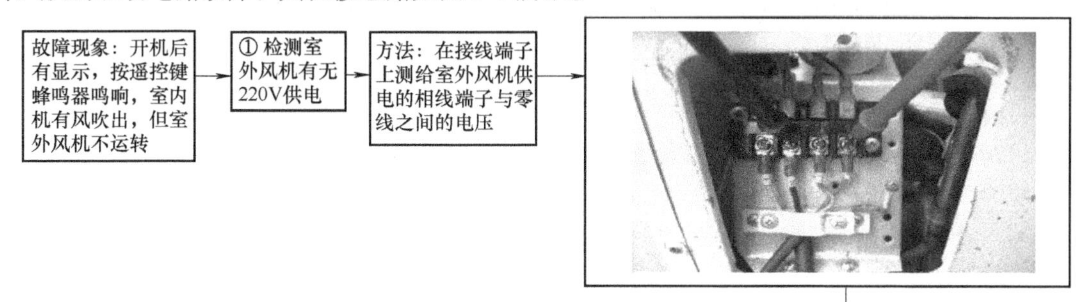

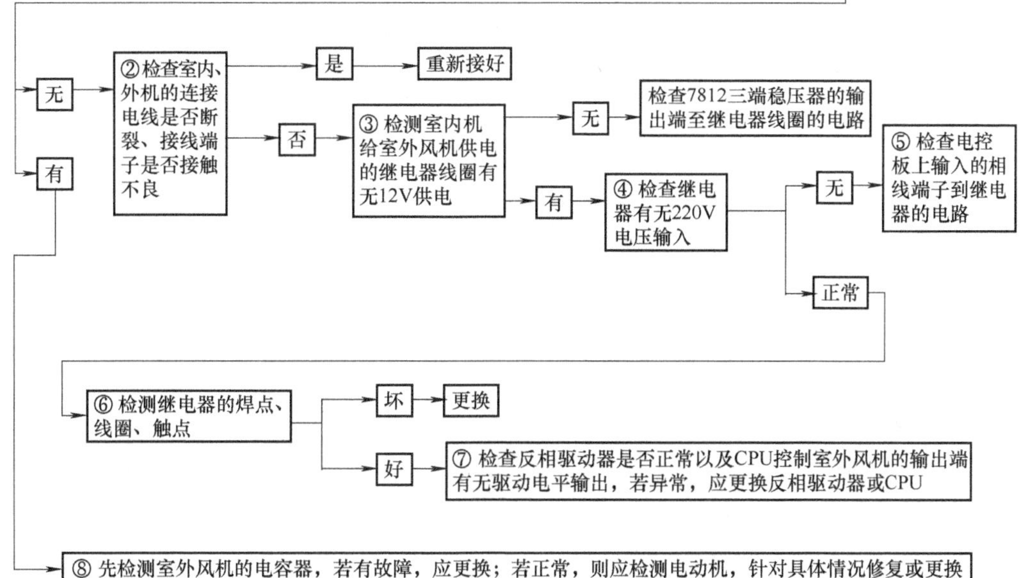

图8-6　室内机正常，但室外机不运转的检修思路

故障类型四："开机后室内、外风机都能运转，但不制冷"的检修思路

故障分析：该故障的原因有压缩机或其驱动电路故障（压缩机未转，自然就不能制冷了）、系统制冷剂量过少、堵塞等。其检修思路如下：

第一步：检测压缩机是否在正常运转。其方法见表8-5。

表8-5　检测压缩机是否运转的两种方法

方　法	图　示	说　明
用压力表检测开机前、后制冷剂压力的变化，确认是否在运转	a) 开机前的正常表压　b) 开机后的正常表压	开机前、后表压若有明显的变化，说明压缩机已运转；若表压相同，说明压缩机没有运转

（续）

方　　法	图　　示	说　　明
用“听、摸”的方法	a）听压缩机是否有运行的声音（拆掉室外风机的供电线，听得更准确） b）摸压缩机感觉是否有运转的振颤感［注意：机械部分卡住了的压缩机通电时也有振颤感，但和正常运转的压缩机明显不同，维修者要分别摸正常运转的压缩机和卡缸抱轴（指机械部分卡住了）的压缩机感觉振颤感，进行对比，积累经验，以免误诊］	该法简单实用

检测结果的处理：

1）若未运转，应进行第二步（检测导致压缩机不转动的原因，即检测压缩机的供电、电容器、绕组、机械部分等）。

2）若压缩机运转正常，则直接进行第三步（检查管道系统是否有泄漏或堵塞）。

第二步：检测压缩机的供电、电容器、绕组、机械部分等，见表8-6。

表8-6　检测压缩机的供电、电容器、绕组、机械部分

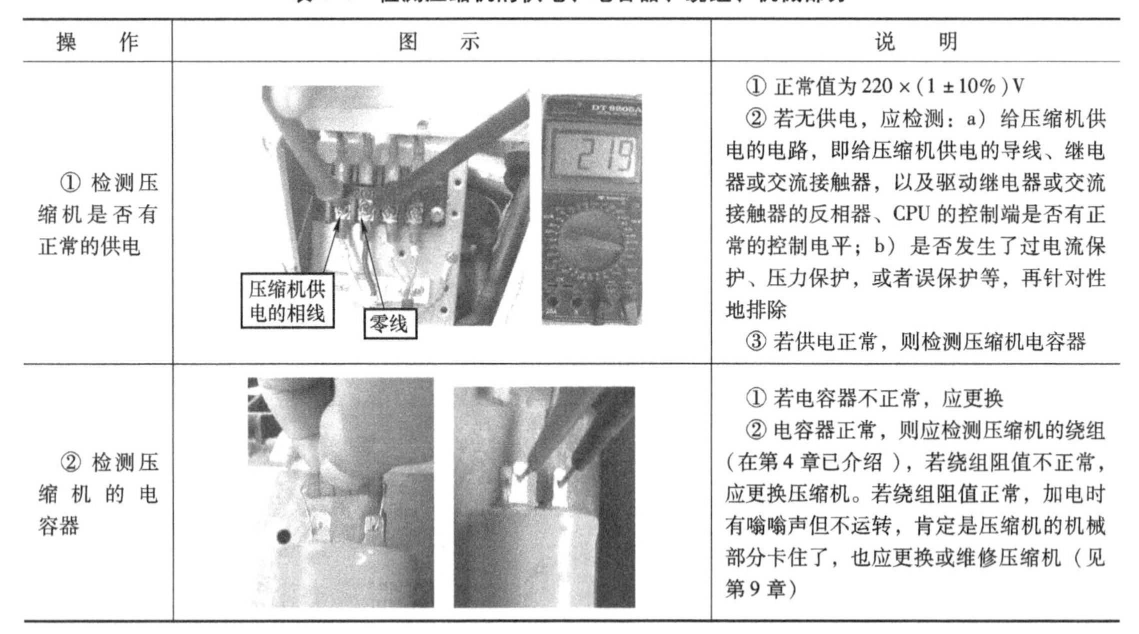

操　　作	图　　示	说　　明
① 检测压缩机是否有正常的供电		① 正常值为220×(1±10%)V ② 若无供电，应检测：a）给压缩机供电的电路，即给压缩机供电的导线、继电器或交流接触器，以及驱动继电器或交流接触器的反相器、CPU的控制端是否有正常的控制电平；b）是否发生了过电流保护、压力保护，或者误保护等，再针对性地排除 ③ 若供电正常，则检测压缩机电容器
② 检测压缩机的电容器		① 若电容器不正常，应更换 ② 电容器正常，则应检测压缩机的绕组（在第4章已介绍），若绕组阻值不正常，应更换压缩机。若绕组阻值正常，加电时有嗡嗡声但不运转，肯定是压缩机的机械部分卡住了，也应更换或维修压缩机（见第9章）

第三步：检查管道系统是否有泄漏或堵塞（因为第二步已确定压缩机运转正常，所以不制冷的原因就是制冷系统有泄漏或堵塞等），如图8-7所示。

故障类型五：“空调器开机后，周期性地间断开、停，制冷或制热效果差”的检修思路

该故障的表现是运行一段时间（十几分钟至数十分钟）后，自动停机一段时间，然后又能自动开机，重复进行该过程。故障原因一般为：①空调器的工作条件恶劣（主要是热交换器的热交换的条件差），导致开机工作一段时间后管道温度异常引起保护停机，当管温恢复正常后自然能自动开机；②管温传感阻值偏离了正常值，导致刚开机工作一段时间，CPU就误认为管温异常而停机，当CPU认为管温正常时，也能自动开机；③室温传感阻值偏离了正常值，导致刚开机工作一段时间，CPU就误认为室内温度达到了设定值而停机，当室温变化后，能自动开机。其检修思路如图8-8所示。

故障类型六：“开启空调器后，不制冷或不制热，压缩机不断地起动、停转”的检修思路

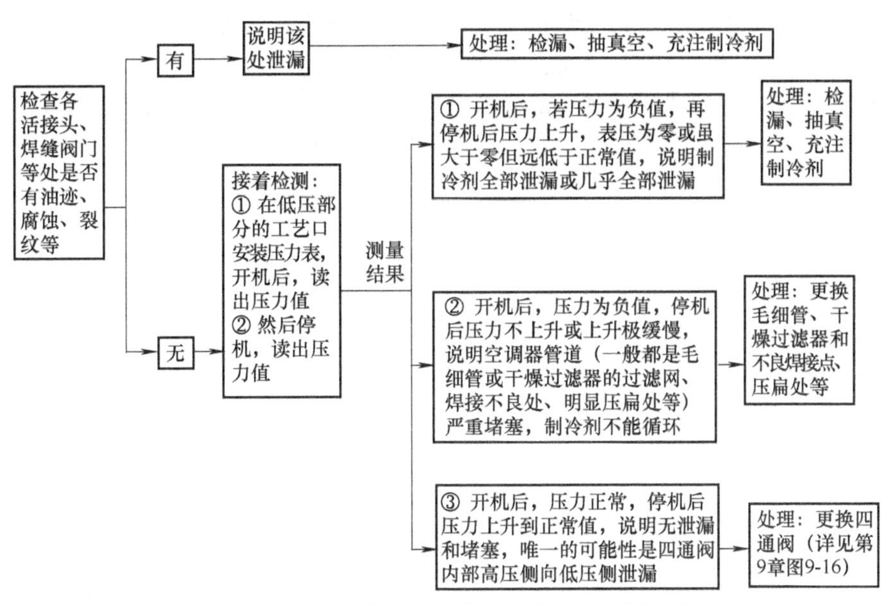

图 8-7 管道系统是否有泄漏或堵塞的检测思路

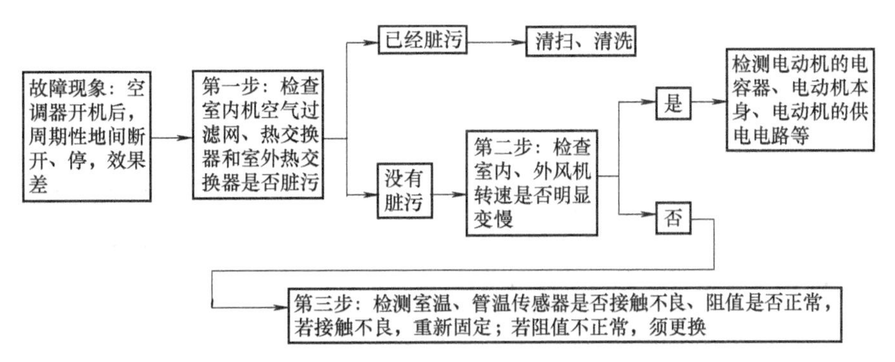

图 8-8 “空调器开机后，周期性地间断开、停，效果差”的检测思路

该故障的原因有：① 压缩机的过载保护器异常（不停地闭合、断开），导致压缩机的供电时有时无；②供电线路接触不良；③制冷系统异常，导致压缩机电动机过载，引起过载保护器周期性地动作；④ 压缩机的电动机或机械部分润滑不良。其检修思路如图 8-9 所示。

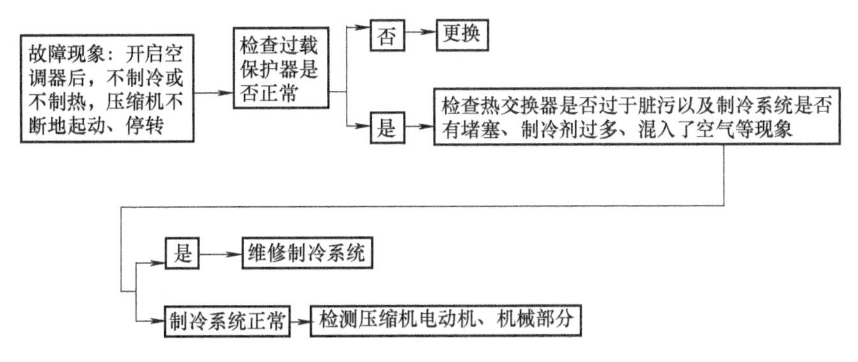

图 8-9 “开启空调器后，不制冷或不制热，压缩机不断地起动、停转”的检修思路

故障类型七："空调器能连续运转几十分钟以上但制冷或制热效果差"的检修思路

该类故障的原因主要有四种：①热交换器的换热条件差（主要是空气过滤网、热交换器表面脏污，室内、外风机转速明显变慢，热交换器内积油等）；②制冷剂有泄漏现象；③管道系统有一定程度的堵塞现象；④压缩机效率低。其检修思路如图 8-10 所示。

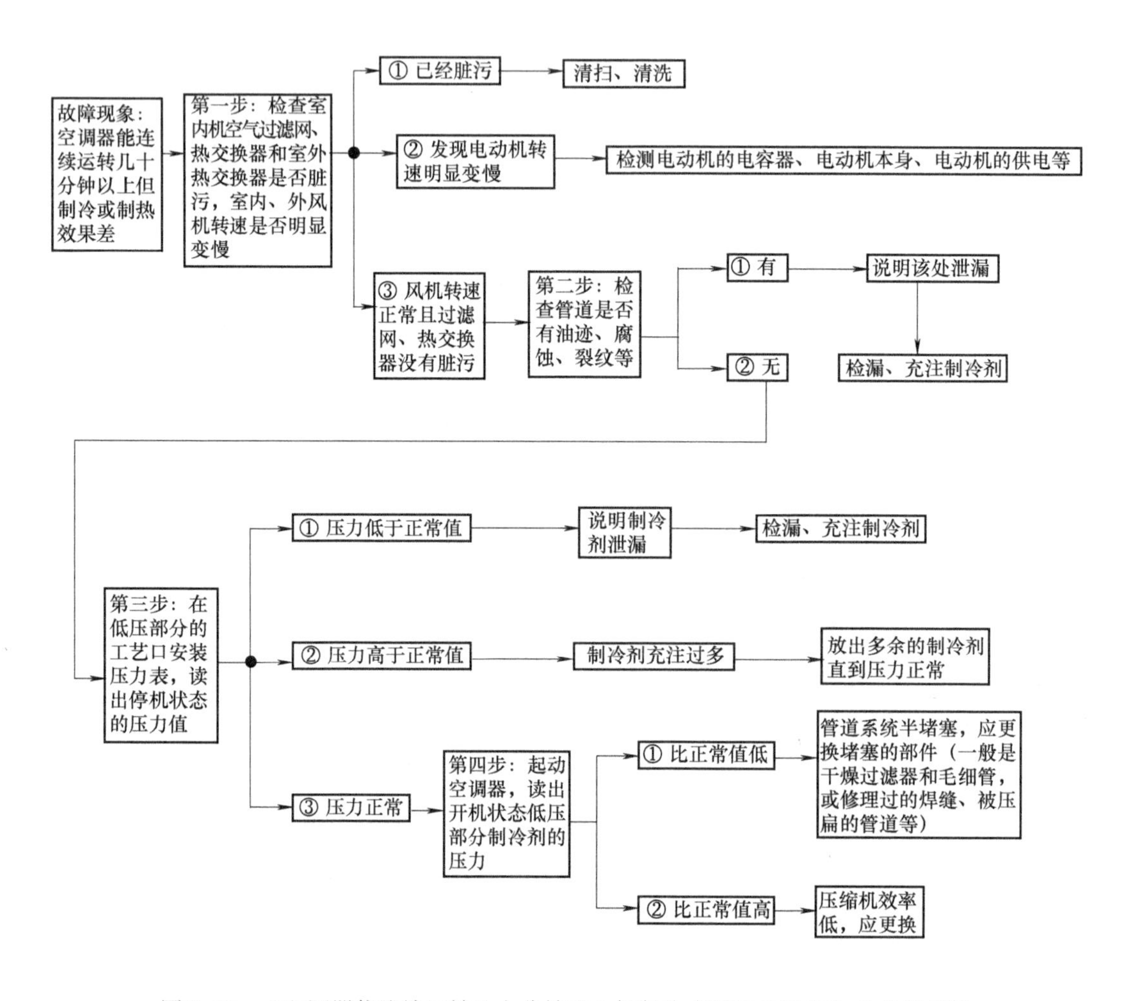

图 8-10 "空调器能连续运转几十分钟以上但制冷或制热效果差"的检修思路

说明：若空调器开始制热效果好，但工作一段时间后制热效果变差，一般是除霜电路故障，这时可以看见室外机上严重结霜。应着重检测除霜温控器及与其相连的电阻、电容等。

故障类型八："以制热模式开机有显示、按遥控器时蜂鸣器鸣响，室内、外风机能运转但不制热"的检修思路

该故障的原因可分为两类：一类是压缩机不运转或室内、外风机不运转或制冷剂有较严重泄漏或管道系统堵塞等，导致不制冷，自然也不制热；另一类是四通换向阀不能"换向"，即不能转换为制热模式。其检修思路如图 8-11 所示。

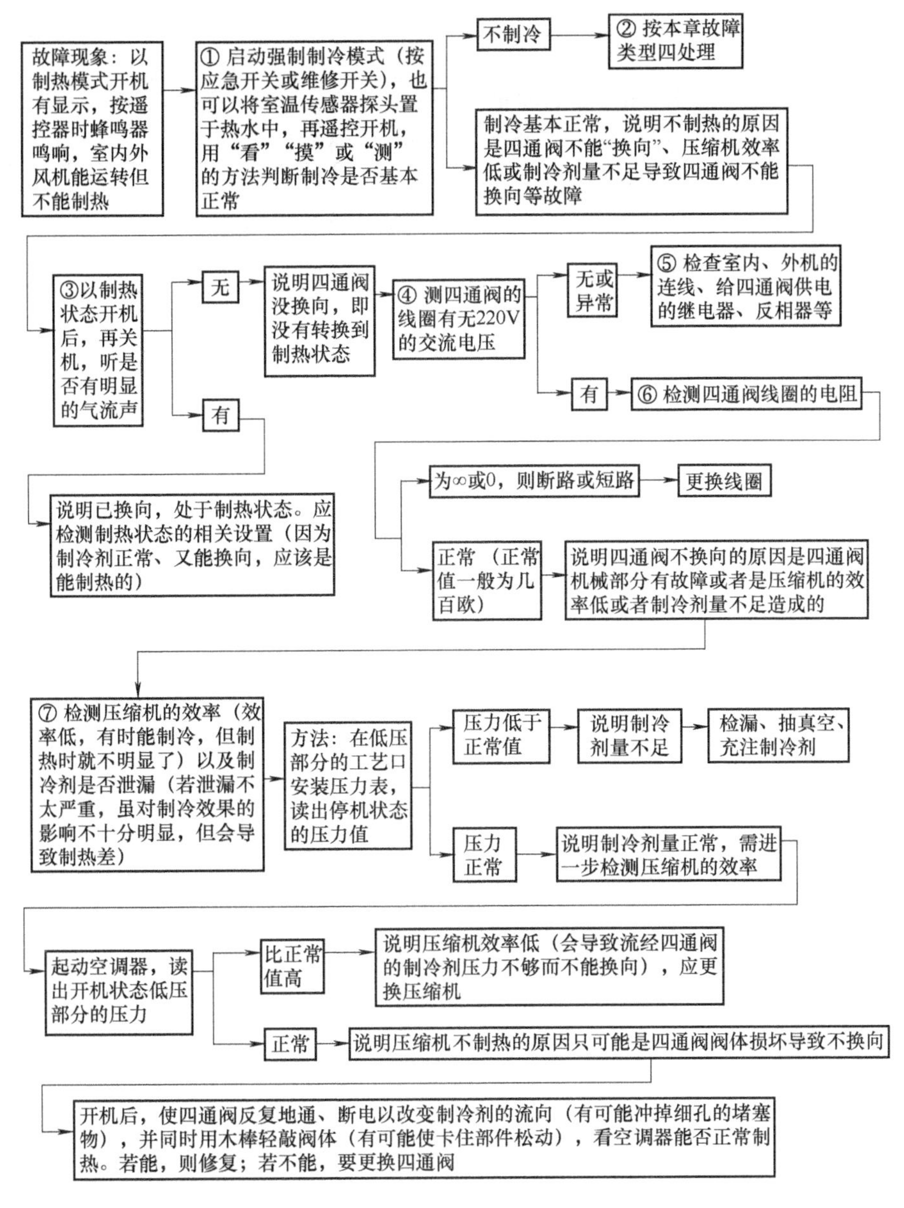

图 8-11　“以制热模式开机有显示、按遥控器时蜂鸣器鸣响，室内、外风机能运转但不制热”的检修思路

知识链接

分体式空调器维修后的测试：维修结束后，需要进行一些测试，以确定空调器是否真正修好，也可避免因失误而造成新故障，影响维修人员的声誉。测试的内容见表 8-7。

表 8-7　空调器维修后的检查测试项目与内容

检查项目	检查内容
电气配线	按照电路图检查接线有无错误，导线与其他凸起物是否接触，绝缘端是否破损
绝缘电阻	应在 2MΩ 以上

（续）

检查项目	检查内容
制冷剂泄漏	用肥皂水或检漏仪在各接头、焊接处检漏
压缩机	通电使压缩机起动，观察有无异常。停机 10min 后再起动，共试 3 次
冷凝器	运转 30min 后，空调器冷凝器出风温度达 40℃
蒸发器	空调器在压缩机运行初期，蒸发器会结一层薄薄的霜，随后就逐渐化掉
温控器	能正常调节温度
运转电流	用钳形电流表测运转电流是否过大
风扇电动机	通电使空调器风扇电动机起动，观察起动、运行有无异常，风量是否正常
机组及配管	检查空调器配管是否接对，分体式空调器室内、外机是否连接牢固
进、出风温差	空调器在强冷档运转 15min 后进风口与出风口温差应在 8℃以上。制热模式下进、出风口温差应在 12℃以上

第 9 章

定频空调器的故障检修实例

本章导读

定频空调器的电控系统检修有一定的难度，制冷系统检修相对容易，但维修工艺有一定的要求。在掌握了前面各章的内容后，就可以对定频空调器进行维修了。本章通过一些针对性较强的维修实例结合一些实用的维修技能、技巧、方法，力求使初学者或不熟练者对第 8 章介绍的检修思路有深刻的理解，并感受到维修空调器真的是“一学就会”。

9.1 定频空调器的电控系统检修

例 1 某空调器开机后不工作，无任何显示，按遥控器蜂鸣器也不鸣响。

故障分析：由于开机后整机不工作，也无任何显示，根据第 8 章的故障类型一，断定故障应在市电供电部分、微处理器及其工作条件（只要有任何显示或蜂鸣器有鸣响，说明市电和微处理器部分正常）。供电电路图如图 5-2 所示（该电路具有通用性）。

检修过程：如图 9-1 所示。

① 测量空调器的供电电压

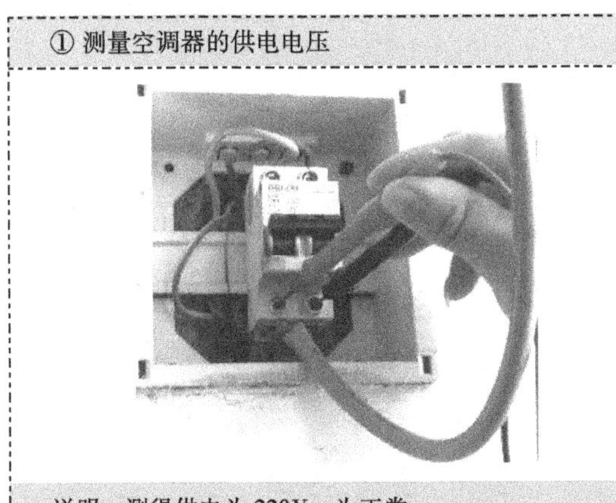

说明：测得供电为 220V，为正常

② 断电后，拆下室内机的外壳，露出电气部分，看是否有导线脱落、插接件锈蚀、接触不良等

说明：经检查，导线无异常，接触良好

图 9-1　定频空调器电控系统检修实例 1

③ 观察电路板有无断线、烧焦、元器件断脚、焊盘脱落等现象

说明：观察发现熔丝已烧坏，说明熔丝以后的电路有短路故障

④ 在路用万用表检测可疑元器件（损坏后会导致熔丝熔断的元器件，如压敏电阻、二极管等）

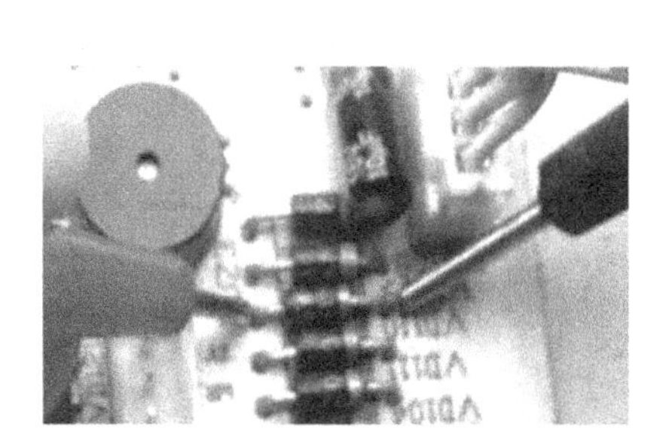

说明：发现有一个二极管的正、反向电阻均接近于0，已被击穿（该二极管为图5-2中桥式整流二极管即VD1～VD4中的一个），击穿后导致变压器的二次侧短路，变压器二次、一次电流都明显增大而熔断熔丝

⑤ 将电路板翻过来，找到已损坏二极管的焊点，用电烙铁熔化引脚的焊锡，同时用吸锡器吸走焊锡

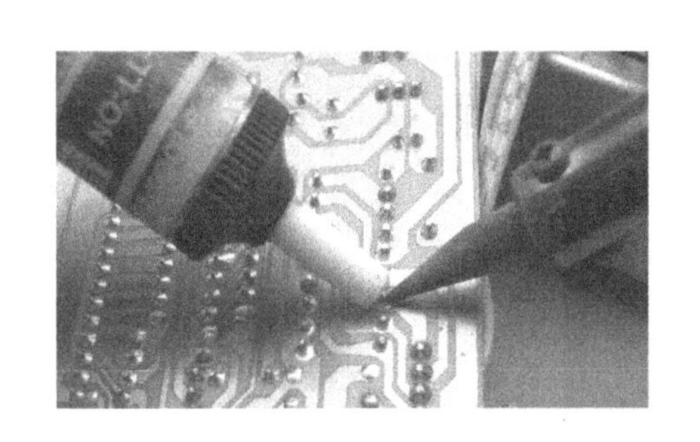

⑥ 当两引脚的焊锡被吸净后，取下二极管

⑦ 换一个新二极管并用焊锡将器件引脚焊在电路板的焊盘上，开机后正常（注：其他电子元器件的拆、装与此例相同，以后不再重述）

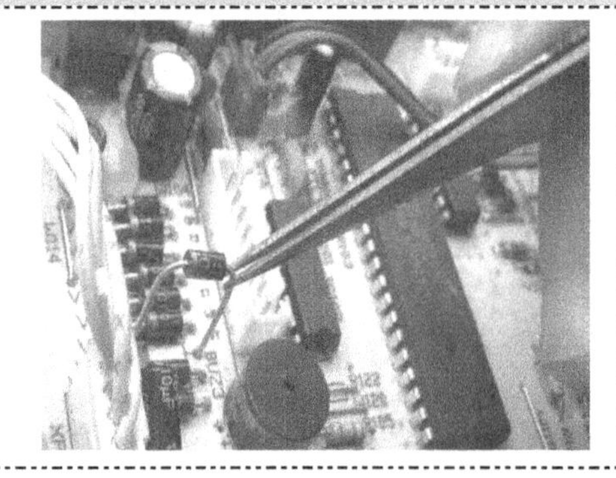

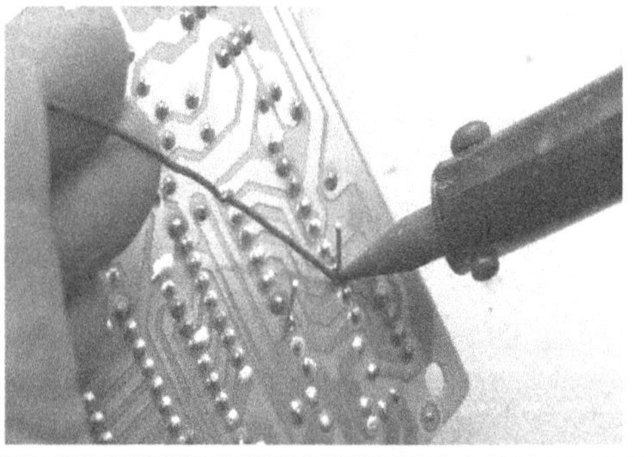

图9-1 定频空调器电控系统检修实例1（续）

例2 一台志高KFR32D/A空调器加电后遥控开机无任何显示，蜂鸣器不鸣响。

故障分析：同例1。

检修过程：如图 9-2 所示。

① 拆下室内机的外壳，露出电气控制板，测 220V 供电正常，熔丝完好。找到 7805 和 7812 三端稳压器的实物	② 将电路翻过来，找到 7805 的引脚焊盘，再测 7805 的输出脚（3 脚）电压
	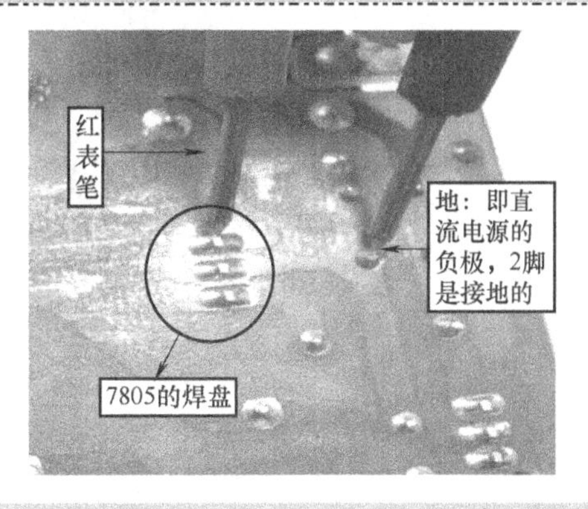
说明：7812 带有散热片，7805 一般没有散热片	说明：测得电压为 0V（而正常值为 5V），CPU 无供电，会导致整机无反应。该脚电压为零的原因是 7805 损坏或 7805 的 1 脚无 12V 电压输入
③ 测 7805 的输入脚（1 脚）电压	④ 测 7812 的输出脚（3 脚）电压
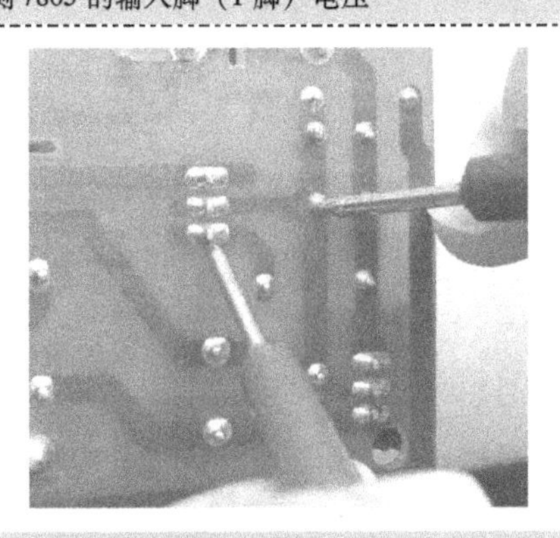	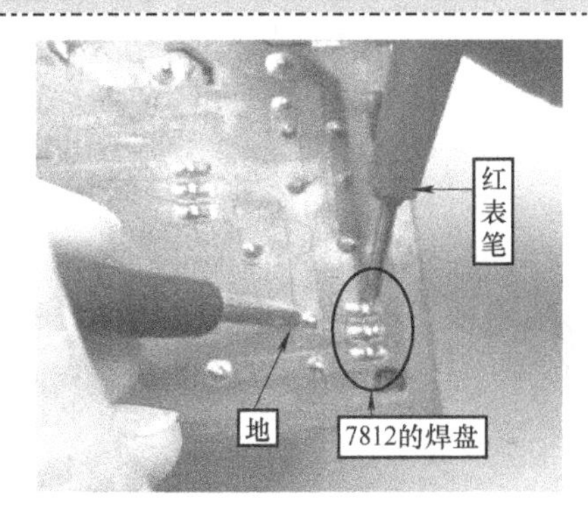
说明：测得电压为 0V（正常值应为 12V），其原因是 7812 及桥式整流电路故障	说明：测得电压为 0V（正常值应为 12V）
⑤ 测 7812 的输入脚（1 脚）的电压	⑥ 将它从电路板上拆下，再拆下稳压器与散热片间的连接固定螺钉
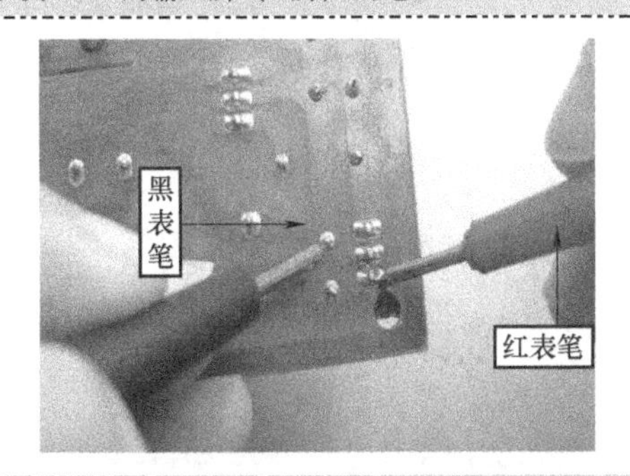	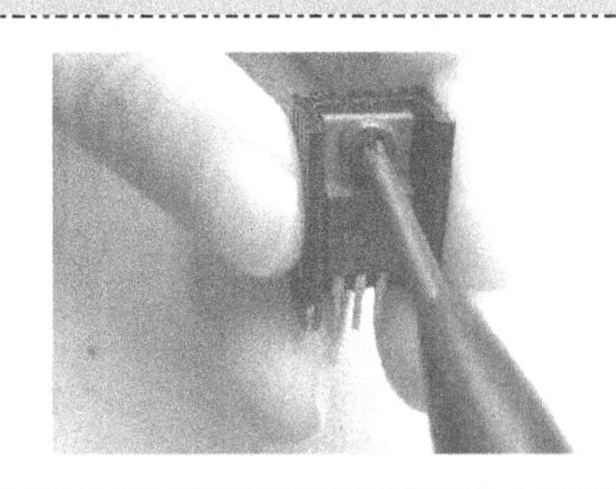
说明：测得电压为 15V。7812 的输入脚电压正常但无输出电压，而 7812 的焊盘良好，断定 7812 损坏	说明：该散热片较小，所以没有设置支撑脚焊在电路板上

图 9-2　定频空调器电控系统检修实例 2

⑦ 将新件的背面涂上散热硅脂，装在散热片上，旋紧固定螺钉，插在电路板上，焊接后，开机正常

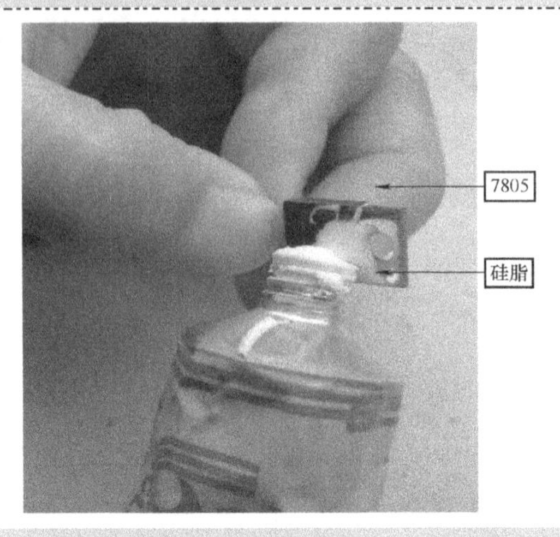

说明：硅脂起散热作用，如果不涂上，会导致集成块过热而损坏

图 9-2　定频空调器电控系统检修实例 2（续）

例 3　一台空调器开机后，室内风机运转正常，不制冷，经查，发现室外风机不转。

故障分析：与该故障有关的因素有室外风机供电部分故障；室外风机的运转电容器故障；室外风机的绕组故障；室外风机的机械部分被卡住。室外风机的典型控制电路如图 9-3 所示。这两个电路具有通用性，只是不同的机型，CPU、反相器的控制脚不一定相同，但从负载出发沿供电线路容易找到供电继电器、反相器及 CPU 的控制脚。

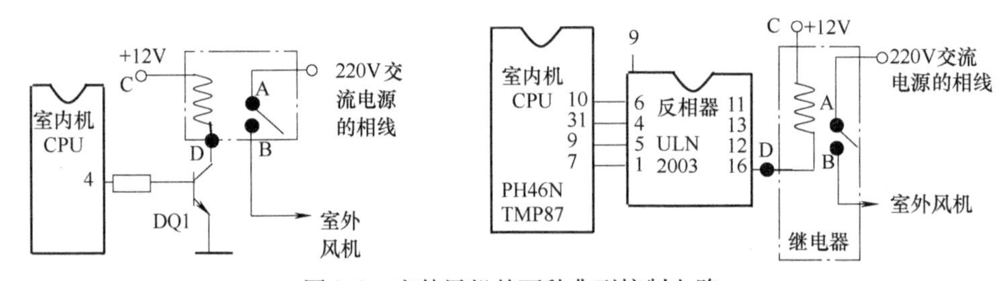

图 9-3　室外风机的两种典型控制电路

检修过程：如图 9-4 所示。

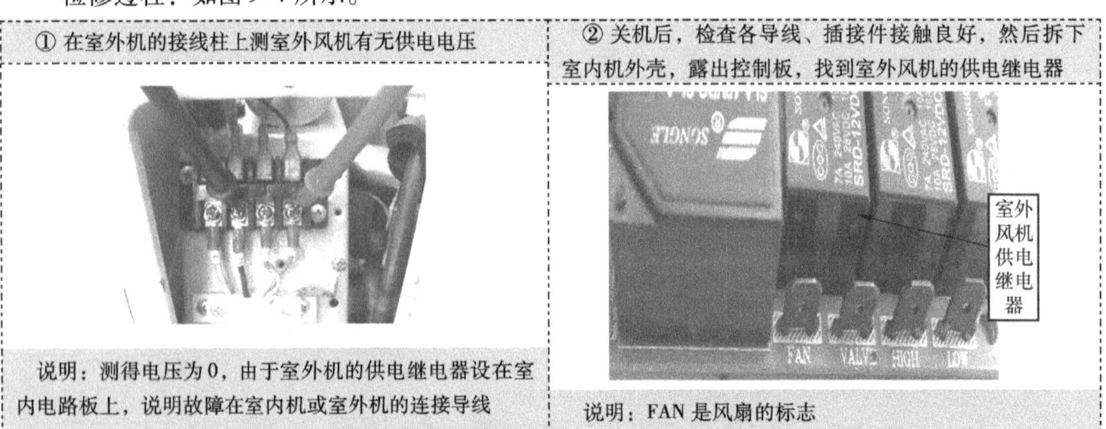

图 9-4　定频空调器电控系统检修实例 3

③ 把电路板翻过来，顺着室外风机的供电线路找到给室外风机供电的继电器的焊盘

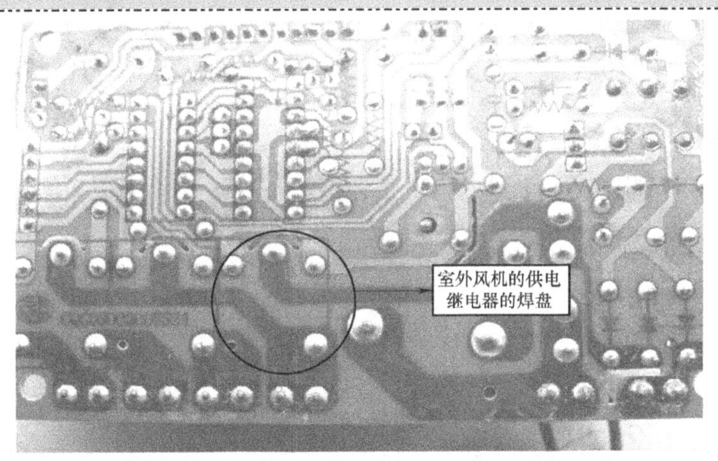

④ 开机后，用带绝缘皮的导线，将继电器的220V相线输入脚与输出脚（即图9-3中的A、B两点）短接

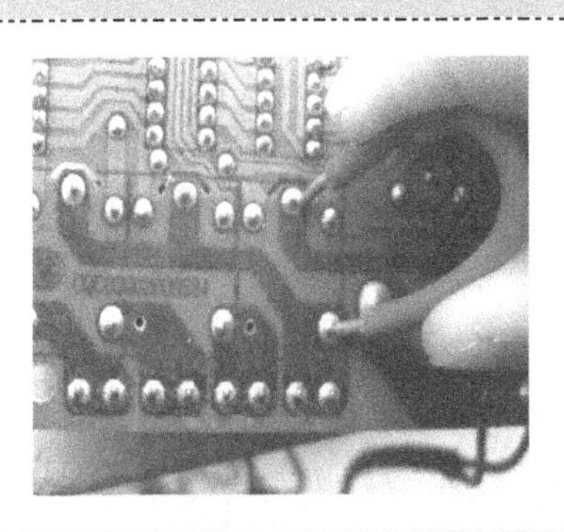

说明：短接后，室外风机转动，证明室内、外机导线连接良好

⑤ 测继电器线圈的供电脚（即图9-3中的C点）有无12V的电压

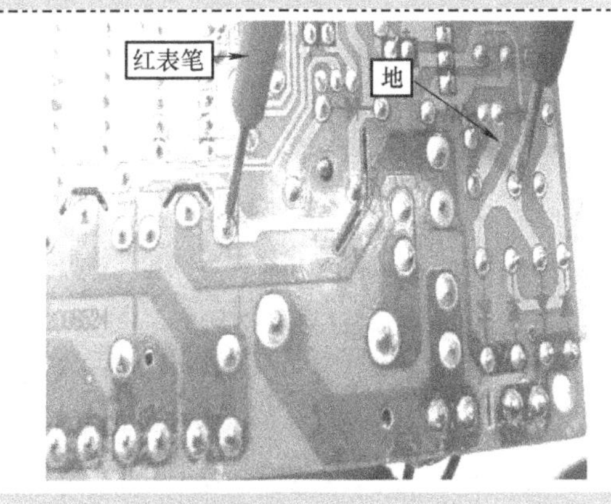

说明：测得有12V的电压

⑥ 将继电器线圈的另一脚（即图9-3中的D点）与地短接，看室外风机能否转动（若继电器正常，风机就应该能转动）

说明：风机仍不转，证明继电器的线圈损坏或触点接触不良，应更换继电器

⑦ 更换继电器，故障排除

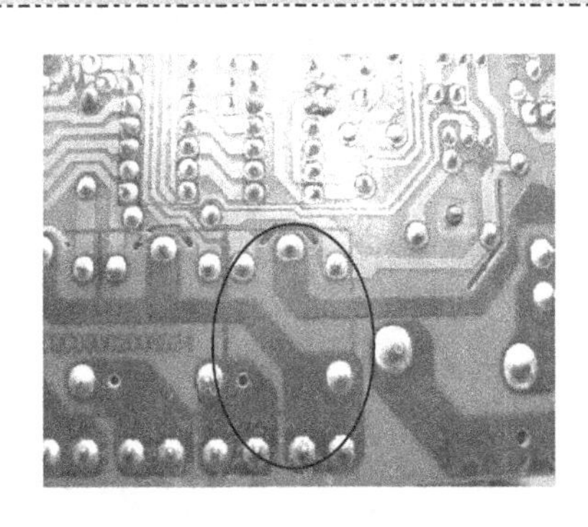

说明：用吸锡器吸掉这5个脚的焊锡，就可取下损坏件，再换上新件

图9-4　定频空调器电控系统检修实例3（续）

注：继电器是易损件，若怀疑它损坏，也可将其从电路板上拆下后，对它进行检测。

例4 一台空调器加电后，室内风机能正常运转，室外风机不转。

故障分析：同例3，电路如图9-3所示。

检修过程：经例3的步骤①至步骤⑥后，室外风机能运转，说明故障应在CPU、反相器与继电器之间的传送线路，也有可能是反相器或CPU出现故障，对它们的检测如图9-5所示（以通用代换板为例，其他机型的检修方法基本相同）。

① 从室内机上取下控制板，将它翻过来，从室外风机继电器的线圈引脚出发，沿铜箔（箭头方向）找到反相器控制室外风机的控制脚和CPU控制室外风机的控制脚，并观察是否有元器件虚焊、接触不良、焊盘裂纹等现象

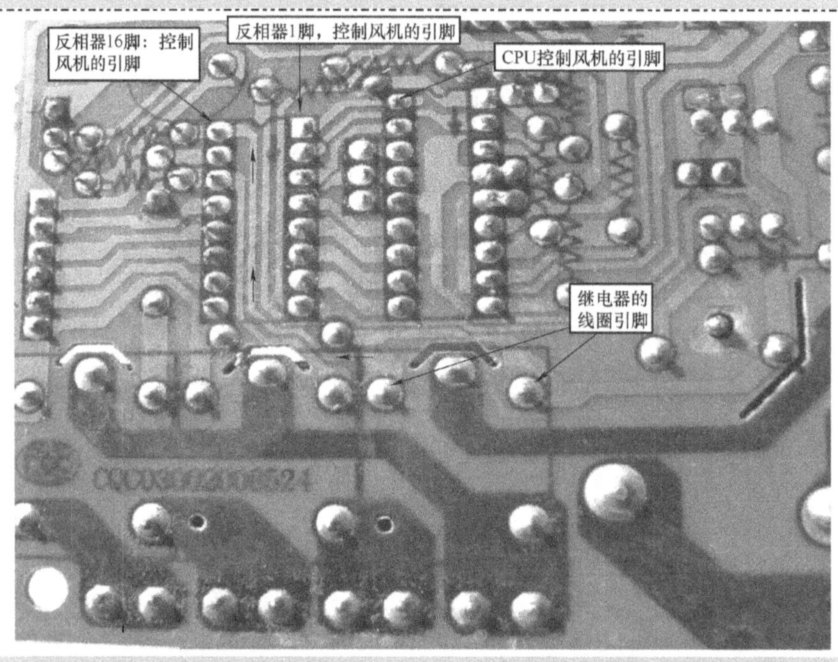

说明：经检查，CPU、反相器与继电器之间的传送线路无接触不良、虚焊、铜箔断裂等现象

② 单独给控制板接上220V电源（可以不接负载），用遥控器开机，用万用表的直流电压10V档，红表笔接反相器的16脚，黑表笔接地，测控制脚是否为低电平

说明：开机后该脚电压正常值应为0.2V左右的低电平，12V直流电压才能通过继电器的线圈、反相器接地（负极），形成回路；现测得的电压约为12V，说明反相器没有输出使室外风机运转的控制电平

图9-5 定频空调器电控系统检修实例4

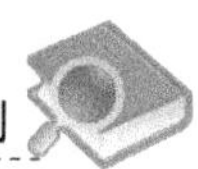

③ 红表笔接反相器的 1 脚，黑表笔接地，测该脚的电平

说明：测得该脚电压约为 5V 即为高电平，为正常，说明 CPU 的 7 脚输出了使室外风机运转的控制信号（高电平），并已传给反相器的 1 脚，而反相器的对应脚（16 脚）却没有输出低电平给继电器，所以，断定反相器没有工作

④ 检测反相器 9 脚的供电，为 12V，正常，所以断定反相器损坏。更换后开机，工作正常

图 9-5　定频空调器电控系统检修实例 4（续）

例 5　一台空调器，由于要移机，在收氟时，发现机壳带电。

故障分析：该故障涉及室内机和室外机的电路部分。可能性最大的是风扇电动机、压缩机电动机和四通阀线圈的绕组绝缘性能下降，但也有可能是导线安装不当导致导线破损、搭铁（即导体接触到了机壳的金属部分）。

检修过程：如图 9-6 所示。

① 在室外机的接线柱上拆下室内、外机的所有连接导线	② 测量各导线与金属外壳间的电阻，判断故障是否在室内机
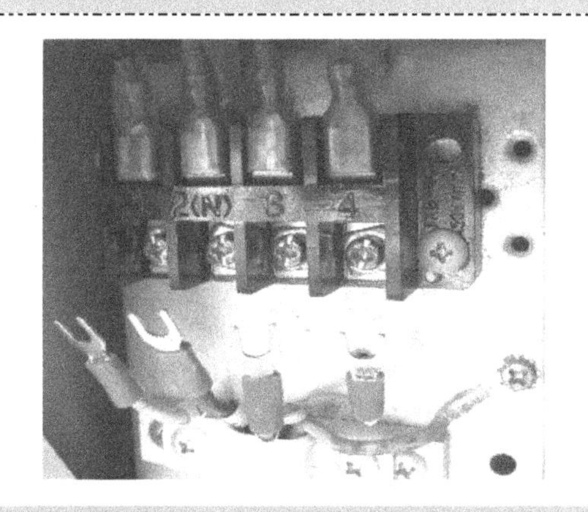	
说明：该操作的目的是便于检测是室内机漏电还是室外机漏电	说明：一表笔接导线的端子，另一表笔接铁壳；现测得为∞，说明室内机不漏电，故障在室外机

图 9-6　定频空调器电控系统检修实例 5

③ 检查室外机所有导线的外观（未发现烧焦、破损现象）。测四通阀线圈与外壳间的电阻	④ 测压缩机任一接线柱与外壳间的电阻值
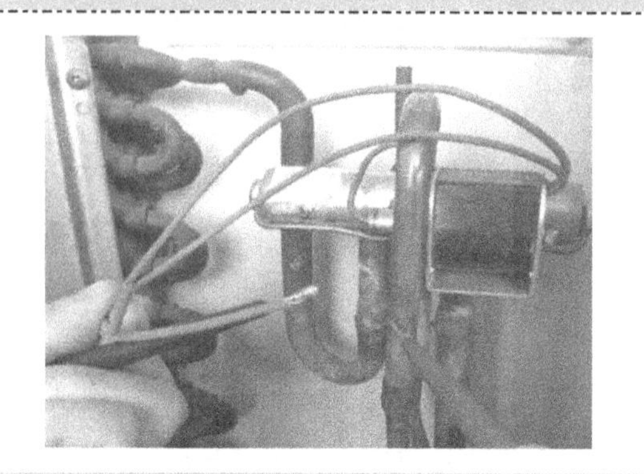	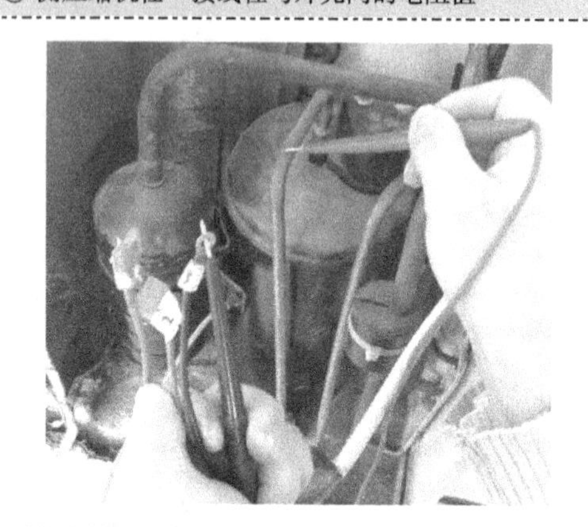
说明：测得阻值为∞，正常	说明：测得阻值为∞，正常
⑤ 测室外风机电动机的任一引出线与外壳间的电阻	⑥ 从室外机上拆下损坏电动机，再拆下其外壳，检查各引出线是否烧焦而搭铁（若是，更换各引出线就可排除故障）
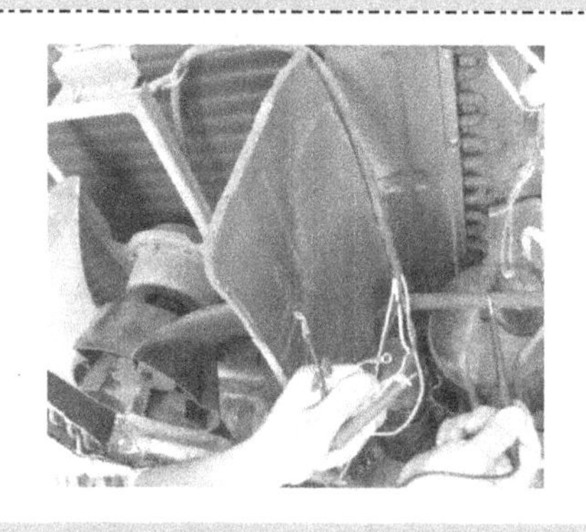	
说明：测得阻值接近于0，说明电动机绕组或引出线搭铁	说明：发现引出线完好，则说明是绕组搭铁，重绕绕组或更换电动机即可排除故障

图9-6　定频空调器电控系统检修实例5（续）

例6　某空调器，按遥控器不能开机，蜂鸣器不鸣响。按应急开关能开机，蜂鸣器能鸣响，空调器工作正常。

故障分析：该故障的可能原因是遥控器故障；遥控接收头及其相关电路故障。

检修过程：如图9-7所示。

① 将遥控器对准调到中波段的收音机，按遥控器时，听收音机是否发出呜呜声	② 检查遥控器内电池与弹片间是否接触良好
	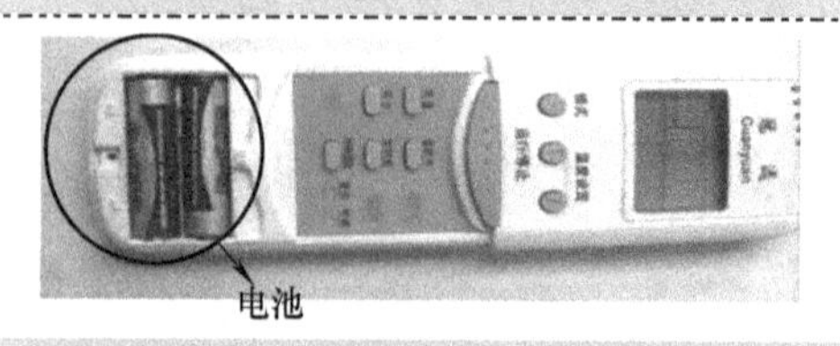
说明：按遥控器时，若收音机有呜呜声，说明遥控器是好的，故障在遥控接收头。现经检查，未听见收音机发出呜呜声，说明遥控器故障	说明：接触不良是常见故障之一，擦掉锈迹、氧化物及其他污物，用无水酒精清洗后即可使用

图9-7　定频空调器电控系统检修实例6

③ 检测遥控器电池电量是否不足（可测电池的电压，也可用代换法） ④ 若电池正常，再将遥控器分解，检查各元器件引脚有无虚焊，并用万用表检测电容器、二极管（用 R×10k 档）、晶体管	⑤ 用无水酒精清洗导电橡胶及相应电路板，风干后使用
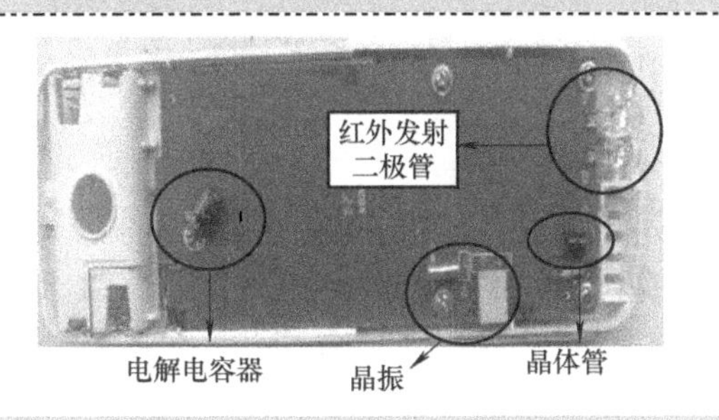	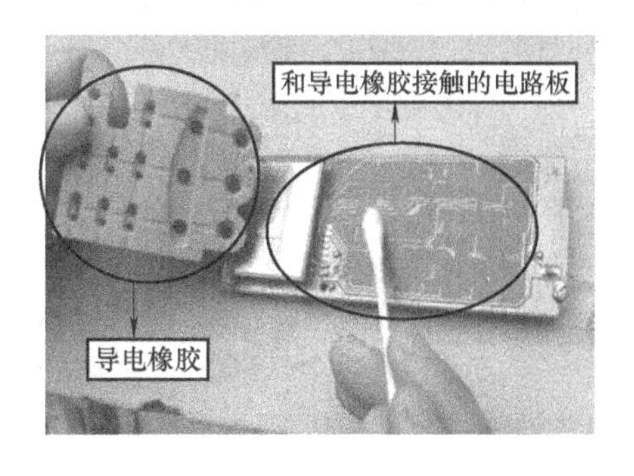
说明：若有虚焊，重焊后即修复；若元器件损坏，更换后即修复	说明：该操作非常实用，很多遥控器经清洗后即能正常使用

图 9-7　定频空调器电控系统检修实例 6（续）

例 7　某品牌 KFR-70LW/E2dS 空调器，开机后室内风机不转，显示故障代码“E1”（见图 9-8）。

图 9-8　显示故障代码“E1”

故障分析：有故障代码，说明该机很可能是进入了保护状态，既涉及电控部分，也涉及制冷系统。

检修过程：查该空调器说明书，知其含义为通信故障。目测室内机电路，发现电路板和各导线连接良好，元器件没有明显损坏的情况。室外机的接线端子上导线连接良好，室内、外机的导线没有断裂现象，打开室外机排风网罩，观察电控系统，没发现异常，用手拔下各插接件，当拔下一个三线插接件后，发现里面有一根导线的连接铜片断了。由于无插接件代换，就剪下插头，将三根导线用锡焊焊在电路板相应的插针上。再用防水绝缘胶将导线头包好，通电试机，运行正常，故障代码消失。

点评：该机室外机工作环境恶劣，特别是早期空调器的插接件容易锈蚀。一般有很多类似的故障可以用观察法发现。所以要不断总结经验，善用观察法，在检修故障的过程中就可以起到事半功倍的效果。

例 8　一台格力 KFR-25GW/E 分体式空调器不制冷，室内风机不运转。

故障分析：因为室内风机不转，所以应重点检测电气控制部分。

检修过程：打开室内机外壳，发现电控板上熔丝已烧坏，压敏电阻击穿，变压器和整流管良好，由此说明故障原因是雷电窜入或电源电压瞬时过高，把压敏电阻击穿。换一个3A熔丝和一个同型号的压敏电阻后，空调器恢复制冷。

点评：压敏电阻击穿后，相线和零线之间直接短路，导致大电流烧坏熔丝。更换熔丝时，应同时更换压敏电阻，以免再次出现过电压，损坏电路板上的其他元器件。

例9　一台科龙KFR-50LW柜式空调器不制冷，室内风机不转。

故障分析：因为室内风机不转，所以应重点检测电气控制部分。

检修过程：打开室内机面板，测电控板上的熔丝、压敏电阻良好，检查各插接件时，发现通往按键和显示屏的导线插件锈蚀，导致不能接收开机信号。把插件拔下，清理干净后用95%无水酒精清洗，再用电吹风机吹几分钟后，将插件插牢固。通电试机，空调器屏幕显示良好，并恢复制冷。

点评：插接件接触不良是常见故障之一，将其清洁后最好涂上导线专用的硅胶进行密封。

例10　一台东宝KFR-80LW冷暖型落地式空调器，移机后室内风机不转，不制冷。

故障分析：因为室内风机不转，所以应重点检测电气控制部分。

检修过程：

1）观察现象：开机后发现，室内风机不转，室内机显示板上的故障指示灯闪烁（不明含义）。用压力表测压力的方法发现室外压缩机也不运转，打开室内机外板，目测电控板上各元器件良好，各插接件牢固，未发现故障点。打开室外机外壳，发现室外机控制板上的红色信号灯闪烁。

2）找故障原因：从压缩机不转入手查找原因，经检查后发现给压缩机供电的交流接触器未吸合（压缩机无供电），检查交流接触器线圈的电压为0，因为该压缩机是涡旋式的，电路板上设有相序保护，以防压缩机反转，所以怀疑三相电的相序出错。于是将三相电源中任意两相调换顺序验证，空调器不运转故障排除，室内、外机故障灯闪烁消失，空调器恢复制冷。

点评：三相电的相序错误后，会导致CPU输出保护信号，使给压缩机供电的交流接触器的线圈失电，从而切断压缩机的供电。对涡旋式压缩机移机时要注意相序问题。

例11　故障现象：一台格力RFD-7.5LWPK柜式空调器室内风机不转，不制冷。

故障分析：应重点检测电气控制部分。

检修过程：通电通过按键设定为制冷状态，室内风机和室外压缩机都不运转，控制屏幕显示0℃。打开室内机外壳，测量电控板上的熔丝、压敏电阻良好，各插接件牢固，未发现控制板有问题。继续检查后发现，室温传感器探头电阻值偏移。更换后通电验证，空调器屏幕显示0℃现象消失，空调器恢复制冷。

点评：室温传感器阻值变化后，会导致CPU误认为当前室温为0℃或低于设定值，不需制冷而停机。

例12　一台格力RFD-7.5LWPK柜式空调器不制冷。

分析与检修：通电试机，用手触摸屏幕开关，设定制冷状态，室内风机和室外压缩机运转良好，1h后，室内风机和室外压缩机全停，控制屏幕显示“E1”。打开室内机外壳，测控制板上的各元器件良好，插接件牢固，初步确定控制屏幕显示“E1”与室内控制板无关。打开室外机外壳，发现高压开关已断开，冷凝器已被灰尘、污物堵住。用毛刷刷扫，再用压缩空气吹掉冷凝器上的污物后通电试机，空调器屏幕显示的“E1”消失，并恢复制冷。

点评：冷凝器换热严重不良，会导致压缩机的排气压力过大，工作一段时间后会使压力继电

器触点断开或因室外管温过高而使空调器停机。

例 13　一台格力 RFD-7. 5LWPK 柜式空调器不制冷。

分析与检修：通电后，触摸屏幕开关，设定为制冷状态，发现室内风机不运转，室外压缩机运转，控制屏幕显示“E2”。测电控板熔丝、压敏电阻良好，变压器二次侧有交流电压输出，测风机线圈阻值正常，但测风机电容无充放电过程。更换风机电容后，空调器室内机运转正常，控制屏幕显示“E2”现象消失，空调器恢复制冷。

点评：风机的电容因为长期处于通电状态，是易损件之一，一旦损坏，会使室内风机不转，不制冷。

例 14　一台三菱 PV-4YE5 柜式空调器不制冷。

分析与检修：通电试机，室内风机运转，室外压缩机及风机不运转。打开室外机侧面外板，测量压缩机上的三个接线端子线圈良好，测接线端子板有 380V 交流电压，交流接触器未被吸合。断电后测交流接触器线圈电阻为∞，说明交流接触器线圈烧断，使交流接触器不能吸合。换一个同型号的接触器后通电试机，室外压缩机运转正常，但室外风机上风机运转而下风机不运转。测下风机电容无充放电过程。换一个 6μF、耐压 450V 的电容后通电试机，上、下风机运转正常，空调器恢复制冷。

例 15　分体壁挂式空调器关机后，室内风机不停，一通电但未开机风机就运行。

检修过程：根据用户反映故障现象，通电即发现室内风机运行，用遥控器开机后关机，室内风机仍在运行，初步判断为室内电动机供电故障。检查室内风机供电电压，通电状态或关机状态下电动机上有 158V 电压输出，因此通电后室内电动机就运行，由此判定为风机控制晶闸管损坏。将晶闸管拆下后检测，确已损坏。

解决措施：更换同型号晶闸管后试机正常。

点评：分体壁挂式空调器室内风机转速是由晶闸管来控制的，当电源电压较低或波动较大时，会造成晶闸管击穿。

例 16　长虹某柜式空调器不制热。

检修过程：开机设为制热状态，发现室外风机转，压缩机不转，四通阀已吸合，测交流接触器线圈上的供电正常，强制按下交流接触器，压缩机起动，再测交流接触器线圈已断路。

解决措施：更换交流接触器后试机正常。

点评：对不制热的故障，如果室内机供电正常，室外风机、四通阀吸合正常，压缩机不动作，应首先检查接触器是否吸合，线圈阻值是否正常，然后再检查压缩机问题。交流接触器损坏一般都为线圈烧坏、触点松动、脏、烧焦等。

9. 2　空调器通用代换板的使用

9. 2. 1　认识空调器通用代换板

代换板在空调器配件市场上很普遍。它价格便宜、质量可靠、代换方便，在维修中主要应用于以下三个方面：① 空调器使用多年、电控板出现故障且多处损坏、整体性能下降的情况；② 电控板有故障、手头没有相关的配件，用户同意更换；③ 电控板有故障，但没查出具体原因，用户急用空调器并同意更换。

代换板大致可分为以下两类。

1. 壁挂式空调器代换板

这类代换板为采用三档风速的代换板（有的还带有电辅热功能，多一个控制电辅热的继电器，有的则不带电辅热功能），如图9-9所示。

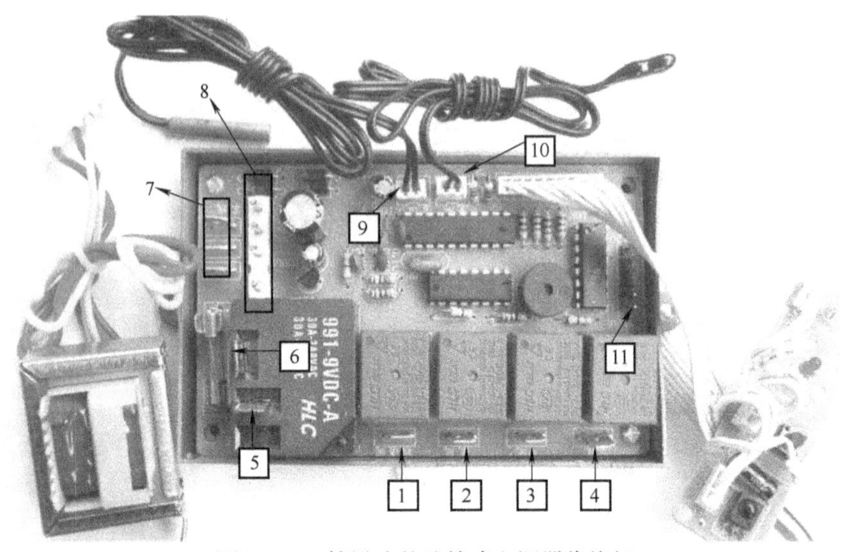

图9-9　三档风速的壁挂式空调器代换板

这类代换板可代换风机为抽头式的壁挂式空调器的电控板，操作很方便；也可以代换电动机为PG式的壁挂式空调器的电控板，在室内风机接线时稍复杂一些；还可以代换柜式空调器的电控板（不过要注意给压缩机供电的继电器的电流容量如果不够，就要更换合适的继电器或者采用原柜式空调器的继电器）。

说明：

1）6、7为电源进线（6为相线，7为零线，7也是给室外机供电的零线）。1、2、3、4分别为给室外机的四通阀线圈、室内风机的低风档、室内风机的中风档、室内风机的高风档供电的接线柱（提供相线），电路板上设有相应的标识符（例如，LO或L—低风；MEOA或M—中风；HI或H—高风；VR或V—四通阀；OUTFAN—室外风机；COM—压缩机继电器上的电源进线。也有很多代换板用中文表示）。5为给压缩机供电（提供相线）的接线柱。8为变压器插头的插桩（共有4根线）。9、10为室温探头和管温探头插接件。11为指示灯和遥控接收头排线的插接件。

2）给室外机供电的零线在电源进线的零线上设一分支（在室内机的接线柱组件上有专门的接线柱）。

3）该代换板上没有室外风机供电的继电器（而有的代换板有这个继电器），室外风机的供电相线可以接在给压缩机供电的相线上（注：接在室外机接线端子排上）。也没有辅助电加热器的供电继电器。如果空调器有电辅热功能并且用户需要电辅热功能，可选用具有电辅热功能的代换板（只是多一个电辅热继电器，其他基本相同）。

4）不同品牌的代换板上各接线柱、继电器的布局不一定相同，但掌握了特征后容易分辨出各接线柱、各继电器。这是换板所必须掌握的。

2. 柜式空调器代换板

柜式空调器代换板和原板在结构上基本相同。但是显示屏、遥控接收头、按键组件的形状有所差异，要考虑美观等因素，酌情安装。

某柜式空调器代换板如图9-10所示。图中编号说明：

1—接变压器二次侧（变压后的低压交流电进入电控板）；2—接变压器一次侧（220V交流市电进入变压器）；3—室温、管温探头插座；4—显示屏、遥控头、按键板的排线插针；5—给压缩机供电的进线（相线）接线柱；6—给压缩机供电的相线；7—给电路板供电的零线（注：给室外机供电的零线是单独的，没有在这里引出）；8—辅助电加热器的供电控制继电器。

另一个继电器和给压缩机供电的继电器相同，可用于电辅助加热器的供电或某些拓展功能的控制。

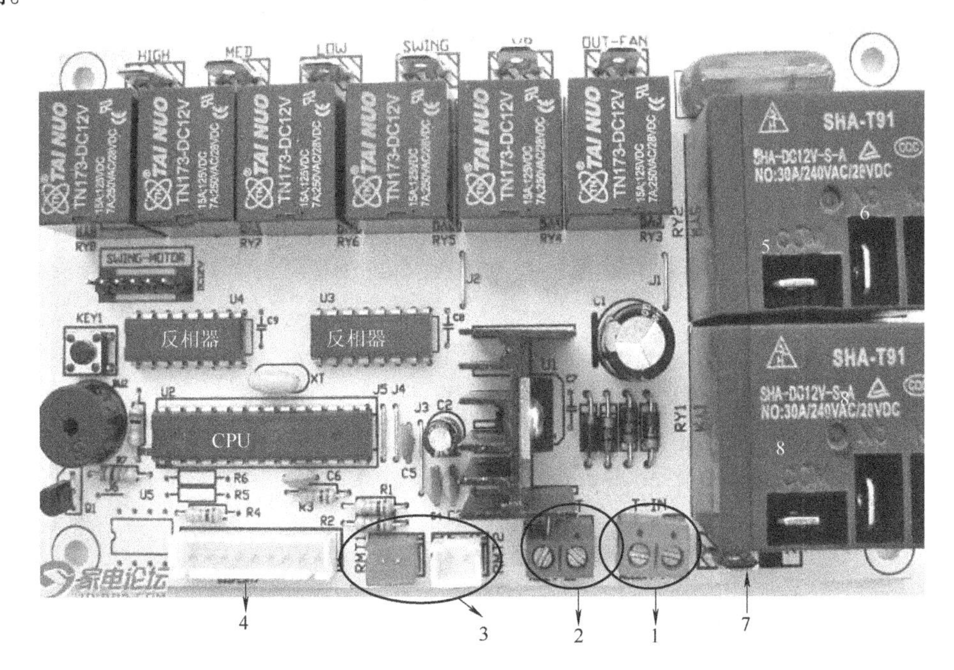

图 9-10　柜式空调器代换板

9.2.2　空调器通用代换板代换原板的方法

代换步骤（从第2步以后的步骤顺序可以酌情改变，以图9-10所示的代换板为例）：

1）断开电源。

2）拆下原板的电源进线（相线和零线），将其装在新板的相应位置。

3）拆下原板给压缩机供电的相线和零线，将其装在新板的相应位置（注意：柜式空调器给压缩机供电的零线是直接连接到室外机的接线端子上）。

4）分别拆下原板给室外风机、四通阀供电的相线，将其装在新板的相应位置。

5）室内风机接线。

对使用抽头式室内风机的壁挂式空调器，分别拆下原板的高、中、低风接线柱上的插子，插在新板上的相应位置。柜式空调器的室内风机也是抽头式的，也是这样操作。

对使用PG电动机的壁挂式空调器，则在原板上拆下PG电动机的两个插头（共6根线），如果只接成一档风（高风），可按图9-11a所示接线。如果要接成三档风，可串接合适的电容分压，改转速，具体按图9-11b所示接线。

6）分别拆下原板上的室温、管温传感器插头，插在新板相应位置。

7）拆下原板的摆风电动机插头，安装在新板的相应位置。

8）将新板的红外接收头、指示灯酌情安装在空调器的合适位置。

9）试机，成功后装上机壳。

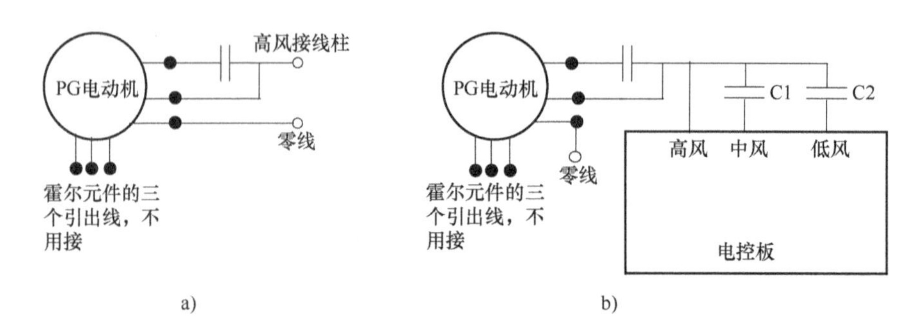

图9-11　三档风的代换板代换PG电动机电控板室内风机接线图

注：对1P分体式空调器，C1取400V、1.5μF，C2取400V、2μF；对1.5P或2P分体式空调器，可略微加大电容量。

9.3　定频空调器制冷系统的检修实例

9.3.1　制冷效果差的检修实例

例17　一台空调器，夏天开机后，室内、外风机均正常运转，但制冷效果差。

故障分析：室内、外风机均正常运转，制冷效果差，说明压缩机已在运转（压缩机不转就没有制冷效果），并且电气控制基本正常，故障的原因一般是制冷系统缺氟、半堵、热交换器换热不良等。经询问，得知该空调器不久前移机。那么故障可能性最大的原因是：①重新安装时没有将室内机内的空气排净；②回收制冷剂的过程有误造成了制冷剂的损失；③重装没有将各活接头螺母拧紧，或拧紧活接头螺母时用力过猛导致螺母出现裂纹，这两种情况都会导致制冷剂泄漏。

检修过程：如图9-12所示。

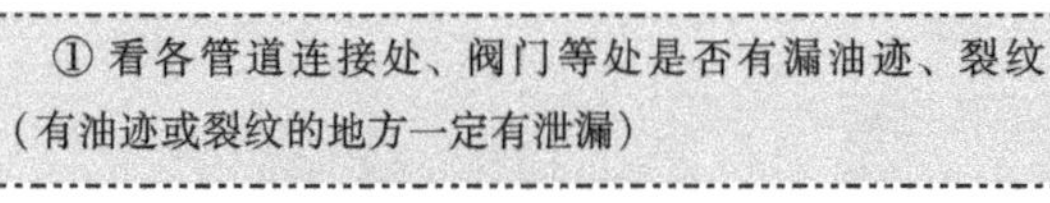

说明：发现三通阀及气管（粗管）的活接头螺母有油迹，经细看，发现螺母有一小裂纹，说明该处泄漏，需更换螺母

② 回收制冷剂；③ 用扳手旋松有裂纹的螺母

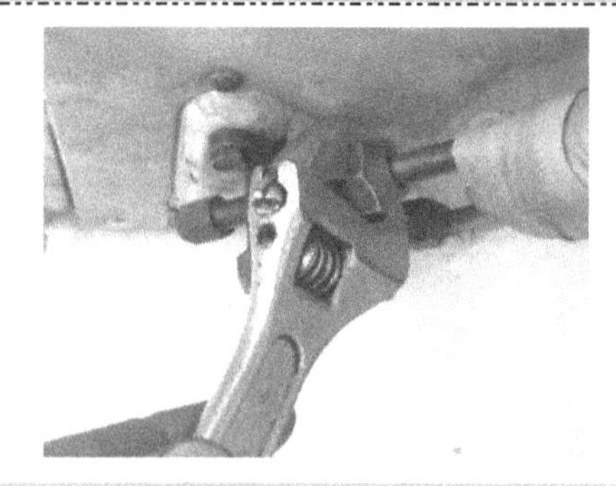

说明：维修室内、外机的连接管和室内机管道时，为避免制冷剂的损失，可将制冷剂收在室外机

图9-12　制冷效果差的检修实例1

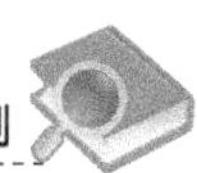

④ 在有裂纹的螺母附近，用割刀割断铜管	⑤ 将新螺母套在铜管上
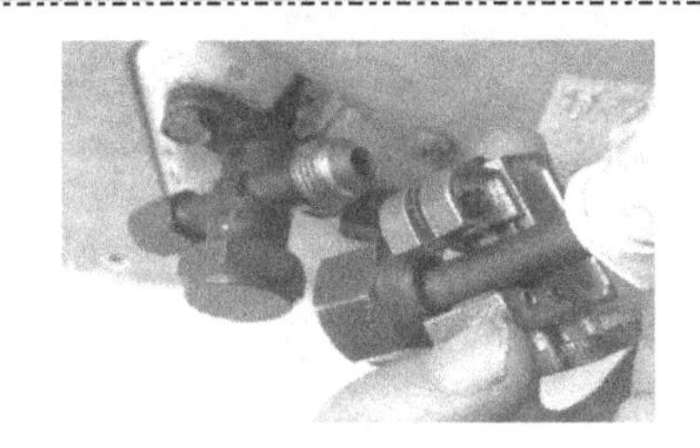	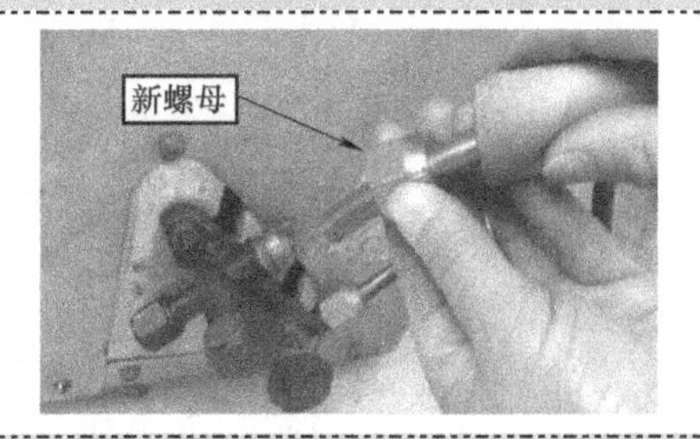
⑥ 用扩管器扩制喇叭口；⑦ 在喇叭口抹上少许冷冻油	⑧ 在三通阀上正确安装喇叭口、螺母，排空气后，采用控制低压压力配合观察法补充制冷剂后，制冷正常
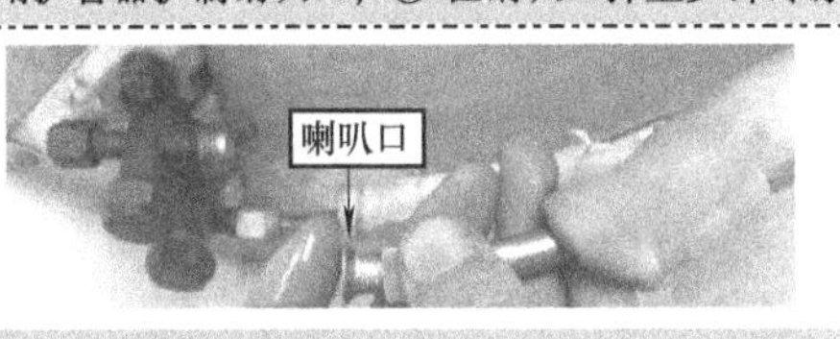	
说明：抹上少许冷冻油，可增加活接头的密封性	

图 9-12　制冷效果差的检修实例 1（续）

例 18　一台空调器，夏天开机后，室内、外风机均正常运转，但制冷效果差。

故障分析：见第 8 章故障类型七。

检修过程：如图 9-13 所示。

① 查看各连接处、阀门等是否有油迹（因为漏油处都有制冷剂泄漏）	② 用肥皂水对三通阀的活接头、阀门调节杆、工艺口等处检漏
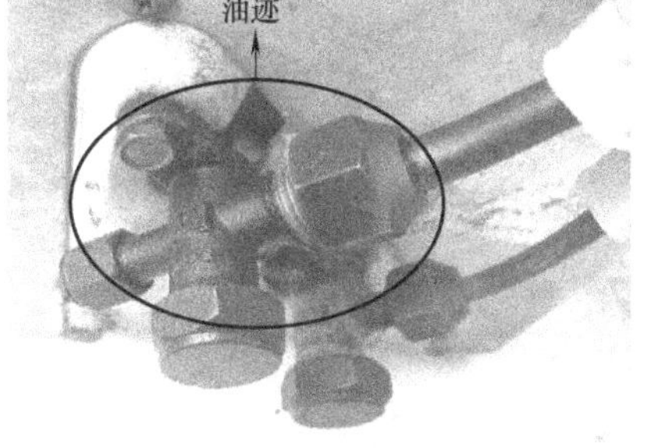	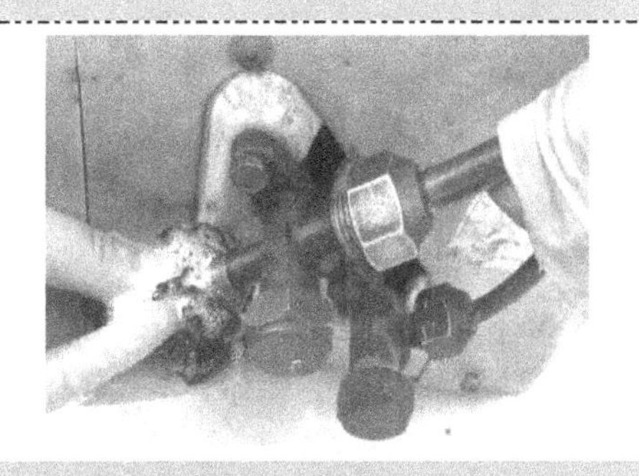
说明：发现三通阀的阀体有油污	说明：检查工艺口时有气泡产生，说明该处泄漏，需要更换该阀
③ 放掉制冷剂；若室外机的位置不便于焊接管道，可将室外机拆下，置于方便的位置	④ 旋下气管的活接头（喇叭口）上的螺母（图略），旋松三通阀的紧固螺钉

说明：更换室外机的制冷部件，不可能回收制冷剂；放掉制冷剂的方法是用一个光滑小棒向上顶动工艺口内的气门销	说明：三通阀和二通阀各由两颗螺钉固定

图 9-13　制冷效果差的检修实例 2

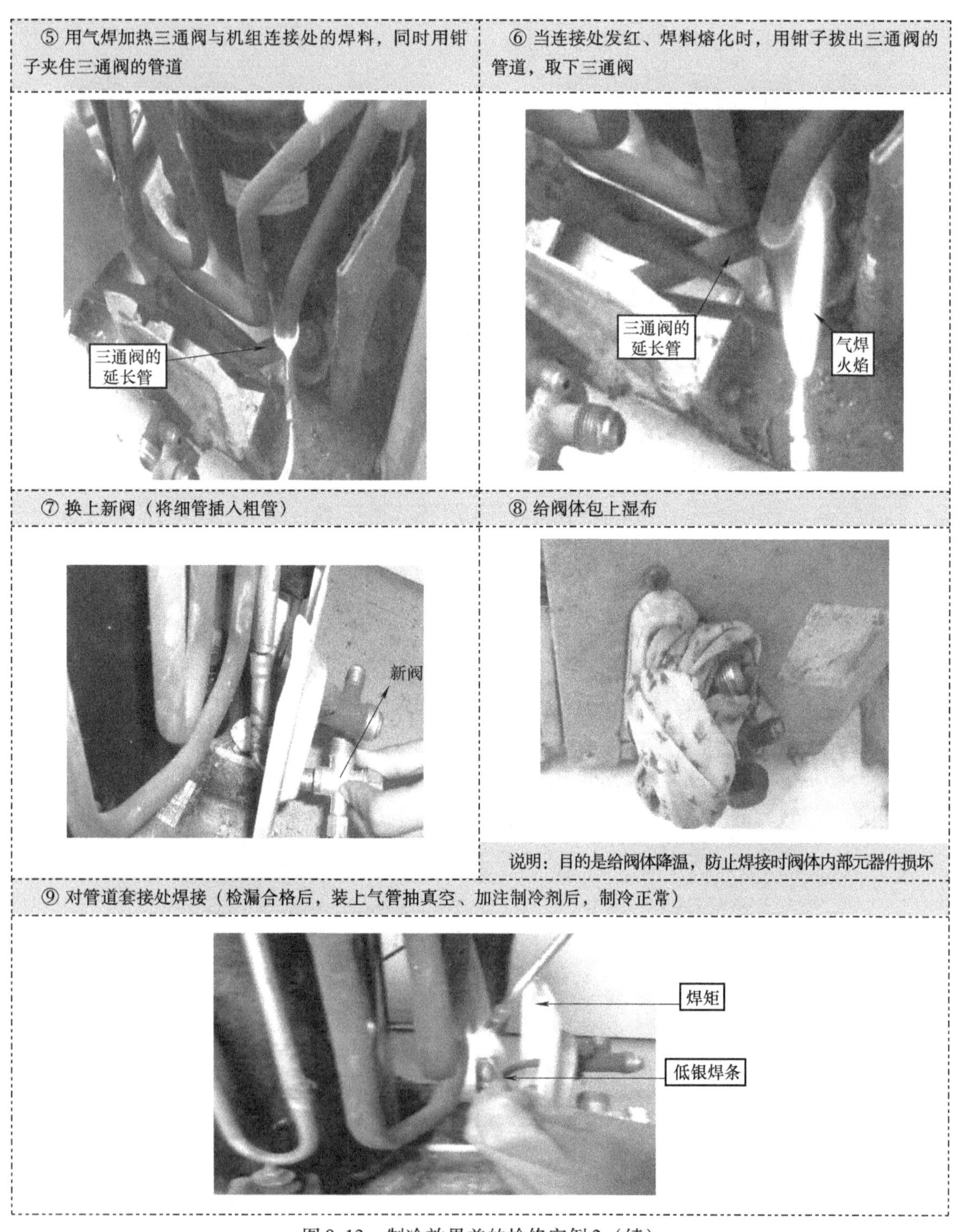

图 9-13　制冷效果差的检修实例 2（续）

9.3.2　压缩机机械故障的检修实例

例 19　一台空调器，夏季开机后室内、外风机正常运转，但不制冷。

故障分析：故障的原因可能有制冷剂全部泄漏、管道系统堵塞、压缩机不运转等。

检修过程：按“第 8 章的故障类型四”的思路检测后，发现系统不泄漏、无堵塞、压缩机供电正常但不运转；检测压缩机绕组的电阻值，发现正常，因此判定是机械部分卡住了。检修过程如图 9-14 所示。

① 找到压缩机的公共端子，按图示连接电路（增大了起动电容）

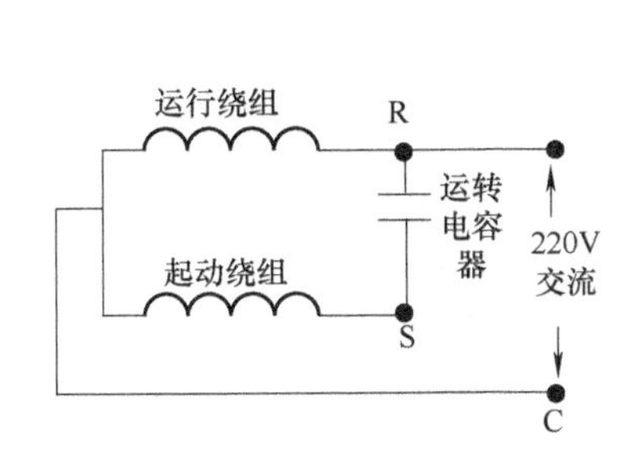

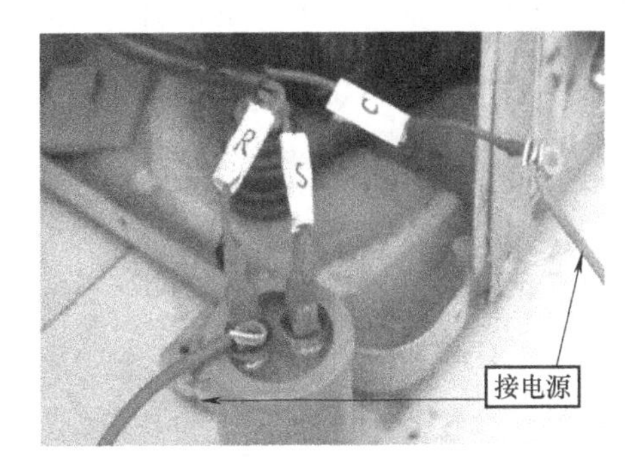

说明：将电容器加大为 200～250μF，可以增大起动转矩，有可能使卡住的机械部分松动

② 单独用 220V 电源给压缩机短时通电（10s 以内），通电的同时用木棒敲击压缩机（可能振松被卡住的机械部分），反复多次

说明：结果无效（说明机械部分被卡住较严重）

③ 按图示改动供电线的接线方式，使压缩机反转，也可能使卡住的部件松动。短时通电的同时敲击压缩机，反复多次

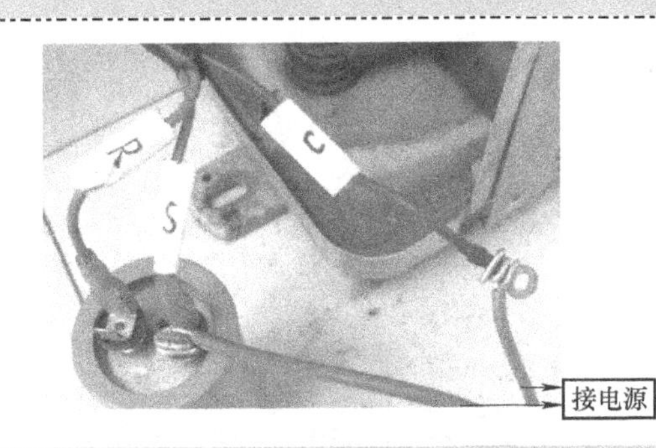

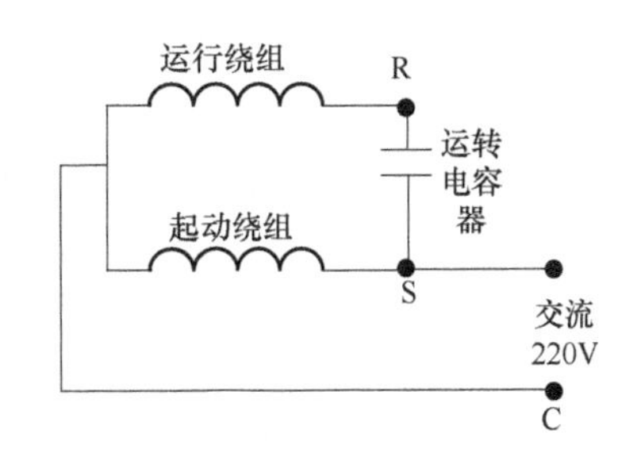

说明：a）经此操作，压缩机开始转动。将接线和电容器恢复为原状，开机，空调器能正常工作。b）如果经此操作后压缩机还不能运转，可将空调器的制冷剂放掉，取下压缩机，更换冷冻油后，将两管口封闭，倒置压缩机 1 天以上，再采用本例步骤①至步骤③的方法，看能否运转。若还不能运转，只有开壳维修或更换

图 9-14　压缩机机械故障的检修实例

例 20 某空调器开机后，室内、外风机运转正常，制冷效果差。

故障分析：见第 8 章故障类型五。

检修过程：按 8.2 节故障类型五的思路，发现压缩机的工作效率低，需更换。其操作如图 9-15所示。

① 放掉制冷剂，然后将室外机拆下，置于操作方便的位置；拆下接线柱的塑料护盖的固定螺钉

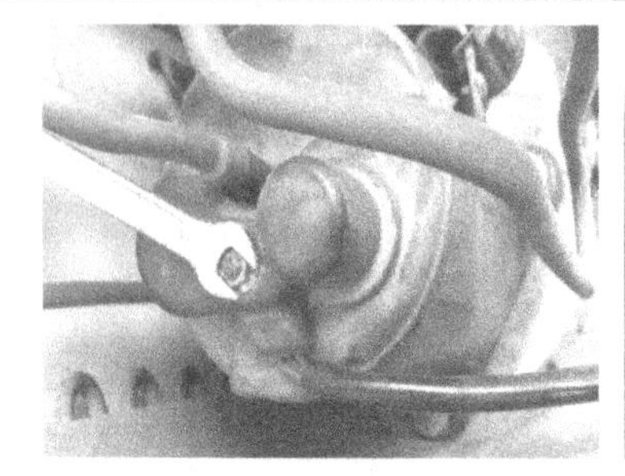

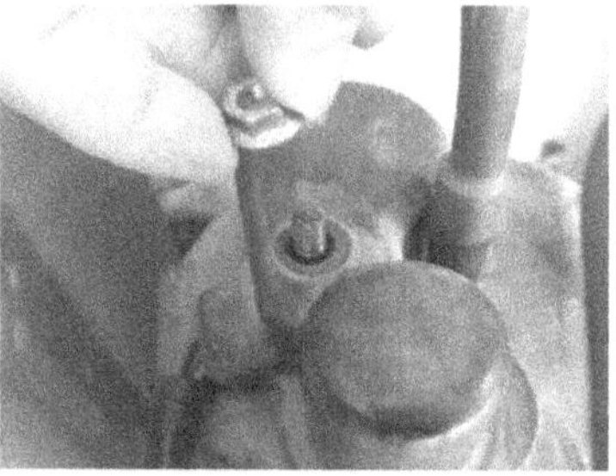

② 用手取下接线柱的护盖

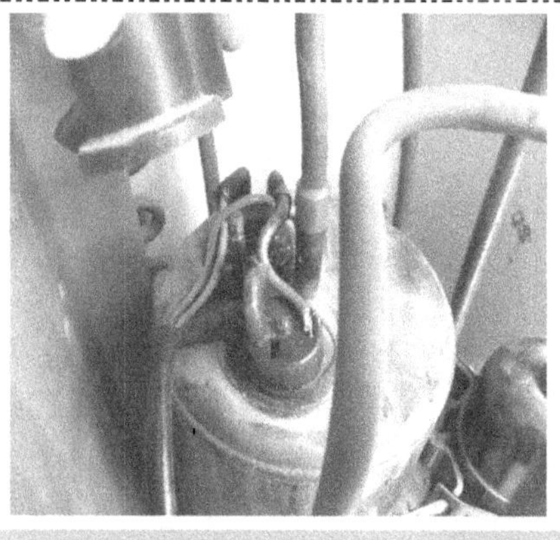

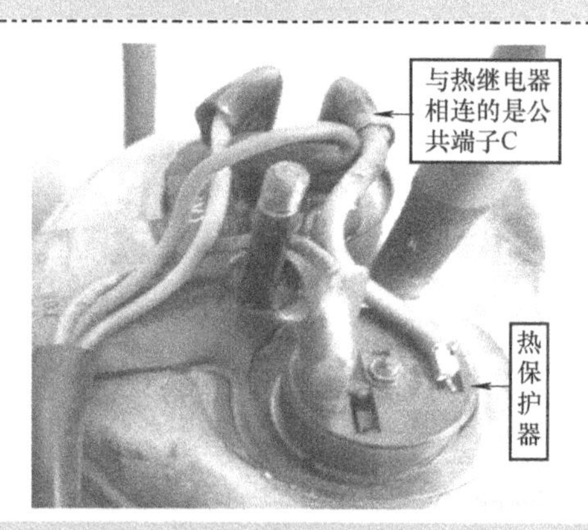

说明：取下护盖后，可以看见压缩机的 3 个接线柱。若电气控制板上设置了压缩机过电流保护电路，则压缩机一般没有安装热保护器；若电气控制板上没有设置过电流保护电路，则压缩机上安装了热保护器

③ 用手向上拆下三个接线柱上的导线

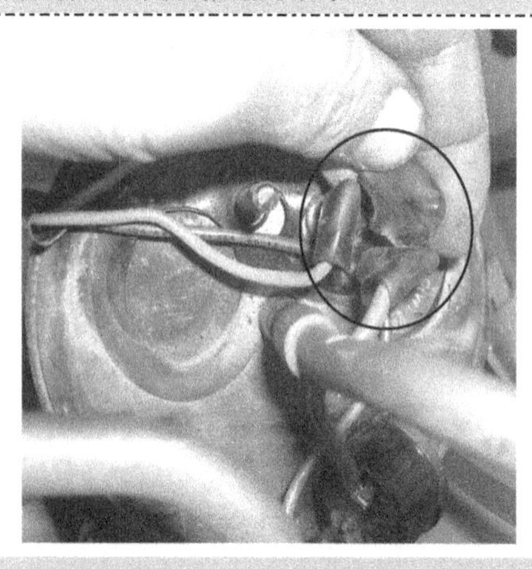

说明：三个接线柱一般有 R（U）、S（V）、C（W）标记

图 9-15　更换压缩机的实例

④ 用气焊熔化压缩机吸气管与机组连接处的焊料，同时用钳子拔出插入压缩机的铜管，用同样的方法拆掉排气管

说明：不能用割刀割管。若用割刀，经过维修，会使管道越来越短

⑤ 拆下压缩机的所有固定螺母（3 颗）

说明：若螺钉锈蚀，可用气焊火焰将螺母烧红后，再拆卸，或用手砂轮将其切掉

⑥ 取出压缩机

⑦ 装上新机（或功能正常的备用压缩机）

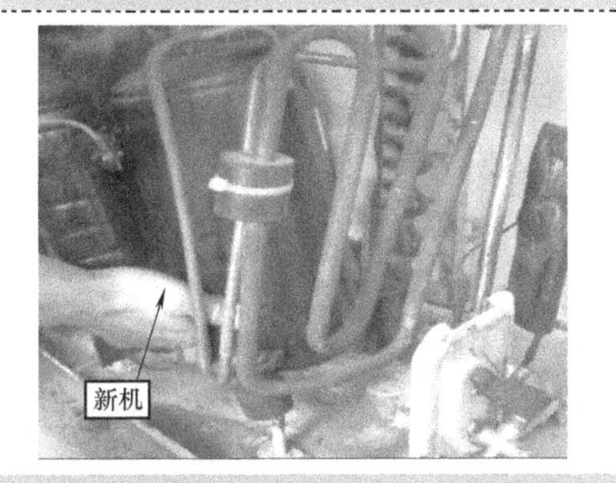

说明：将压缩机的 3 个底脚孔对准室外机底座的 3 个螺杆（用于固定压缩机），慢慢放下

⑧ 旋上压缩机的固定螺钉后，将机组较细管（液管）插入压缩机相应的管口

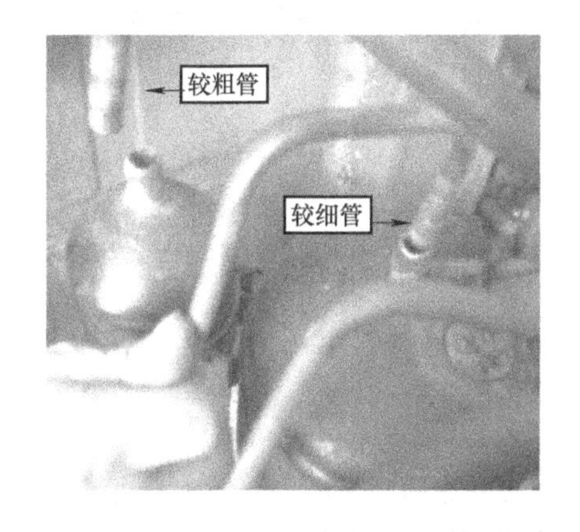

图 9-15　更换压缩机的实例（续）

⑨ 用中性焰加热接头，当管道发红时，可用钳子等工具将液管向下压，使液管插入得更深一些

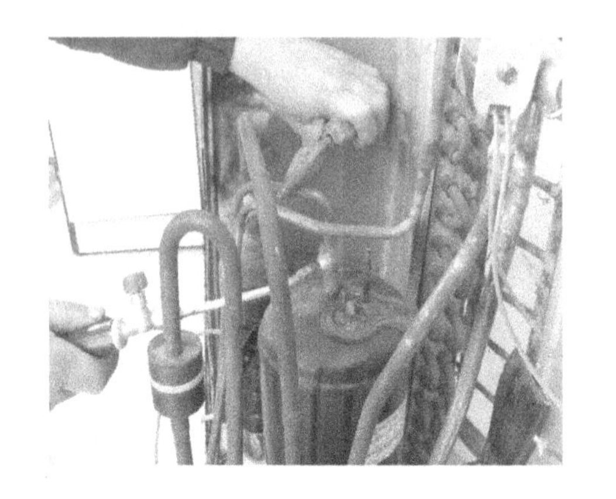

说明：该操作可减少焊接时间、提高焊接质量

⑩ 焊接液管与压缩机的接口

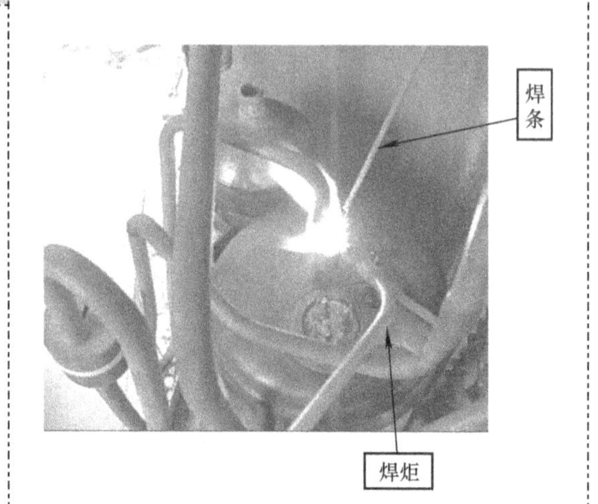

⑪ 将气管（较粗管）插入压缩机相应的接口，用中性焰加热接头，当管道发红时，用钳子等工具将液管向下压，使气管插入得更深一些

⑫ 焊接气管与压缩机的接头

说明：施焊完毕，对焊缝检漏，合格后，抽真空、充注制冷剂，即可正常运行

图 9-15　更换压缩机的实例（续）

9.3.3　制冷正常但在制热模式下不制热故障的检修实例

例 21　一台空调器，冬季以制热模式开机后，室内、外风机能够运转，但吹出的是比环境温度更低的冷风。

故障分析：从故障现象看，以制热模式开机后，空调器却在做制冷运行，这说明制冷系统正常，故障的原因只可能是四通阀没有“换向”。

检修过程：如图 9-16 所示。

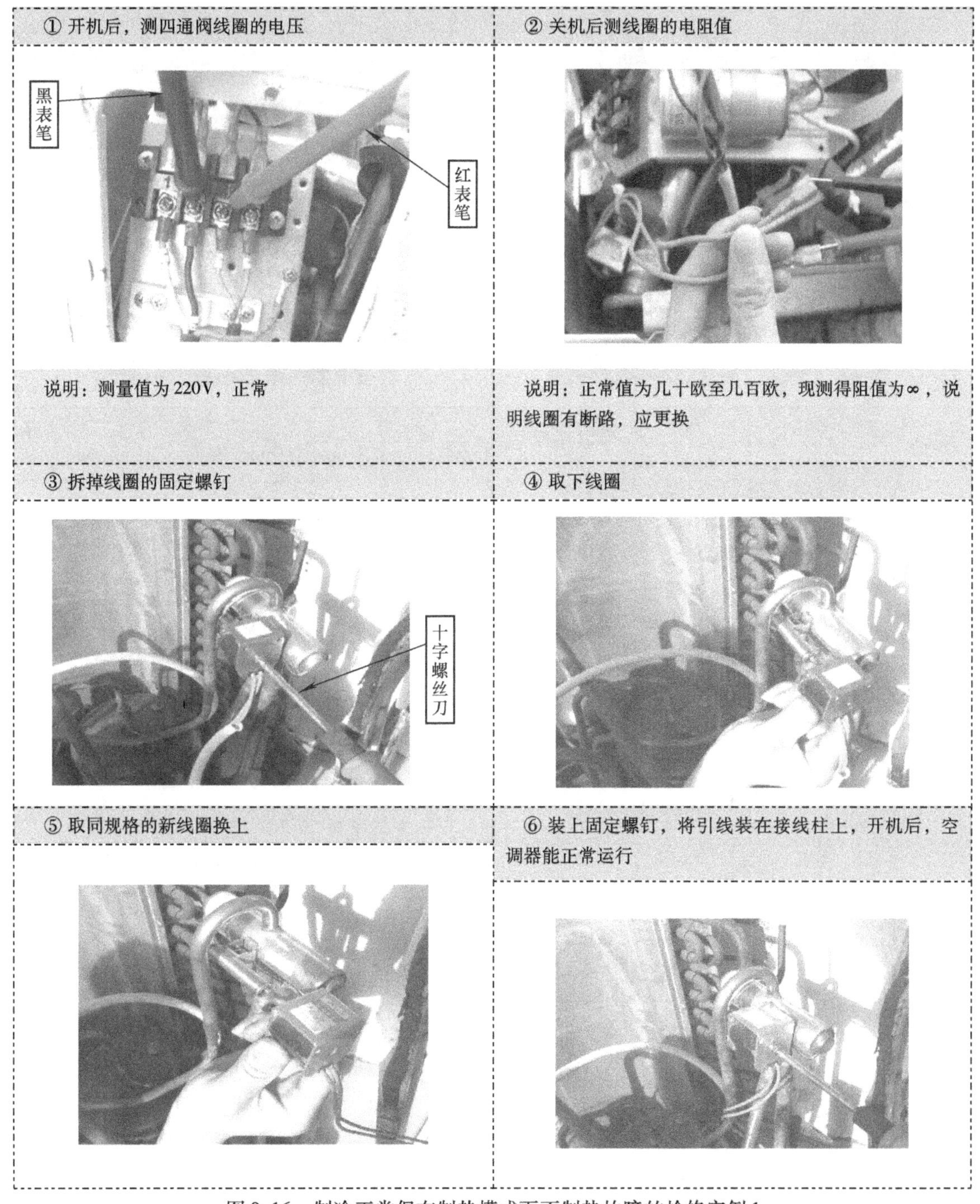

图9-16　制冷正常但在制热模式下不制热故障的检修实例1

例22　一台空调器，冬季以制热模式开机后，室内机吹出的是比环境温度更低的冷风。

故障分析：该机以制热模式开机，但空调器却在做制冷运行，故障的原因只可能是四通阀没有“换向”。

检修过程：按8.2节的故障类型八的思路，断定四通阀的阀体损坏，应更换，其操作步骤如图9-17所示。

① 先拆下线圈，再用气焊加热四通阀管口与机组连接处的焊料，同时用钳子夹住铜管，准备拔出

② 当焊料处发红、熔化时，立即拔出铜管。用同样的方法拆下其余3个铜管，取下四通阀

③ 拆下新阀的线圈，将新阀的阀体装在空调器上

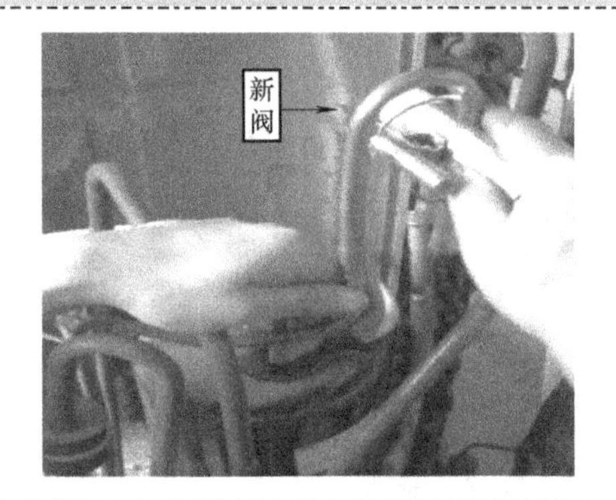

说明：将较细管插入较粗管内

④ 将新阀的阀体用湿布包裹，以防焊接时，温度过高损坏阀体内部的密封部位和动作机构

说明：焊接过程，阀体的温度应不超过120℃

⑤ 用低银焊条、氧化焰焊接各接头

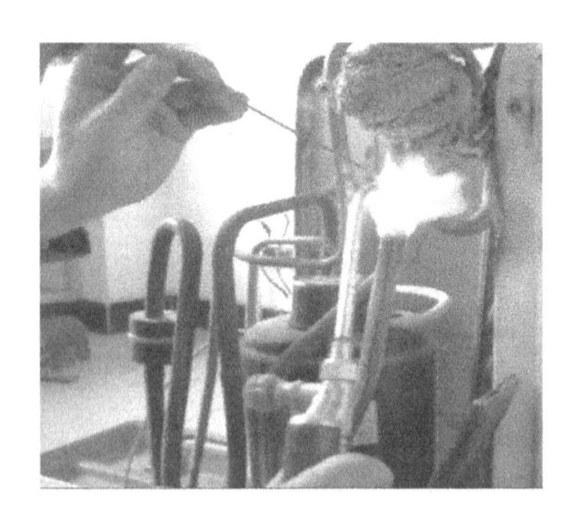

说明：用较大的火焰可缩短焊接时间，并且一个接头焊好后，需暂停片刻，给湿布浇冷水降温，以免损坏阀体

⑥ 全部焊接完毕后，充氮气对各焊缝检漏确保无泄漏后，装上线圈，试机

图9-17 制冷正常但在制热模式下不制热故障的检修实例2

注意：

① 如果焊接不是很熟练，更换四通阀的最佳方法是将整个四通阀组件焊下来，如图9-18所示。

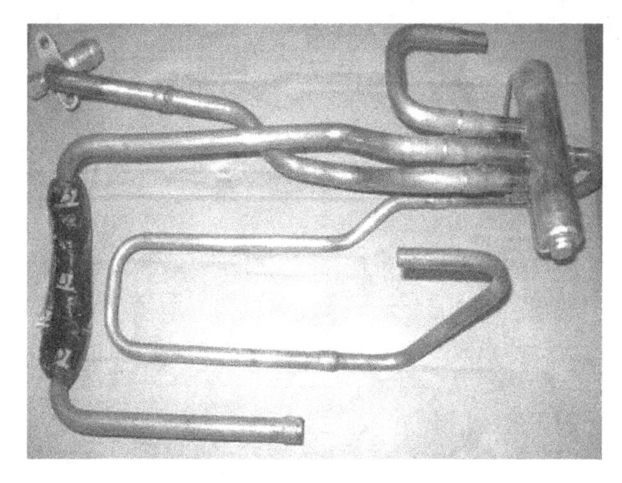

图9-18　拆下的四通阀组件

② 将组件中的四通阀用湿布包住或浸没在水中进行更换，水面高于阀体10～20mm，确保管阀中不会进水。

③ 为了控制四通阀组件管路件之间的相对角度，可以采取拆下一根管路件重新装新阀焊接好后，再拆换其他管路件的方法。更换过程中应保证新旧四通阀内部不被烧坏，确保新阀的焊接质量和旧阀退返后的效果。

④ 注意焊接时火焰的方向，不允许火焰对阀体进行加热。

⑤ 更换四通阀时，因铜管被焊接多次，尽量使用含银钎料，如无含银钎料，可用铜磷钎料加助熔剂进行焊接。

⑥ 焊接时在有可能的情况下应尽量充氮气保护，减少氧化皮的产生，焊接完成后，用氮气或压缩空气吹净四通阀内部氧化皮。

⑦ 焊接四通阀组件前必须放掉系统中的制冷剂。

例23　美的KFR－23GW/Y空调器不制冷、制热。

故障分析：该机在制冷调节功能下一开机就制热，打开室外机盖，测四通阀线圈两端无220V电压，因此断定四通阀阀块没有恢复到制冷状态。经分析引起此故障的原因一般是由于冬天制热时阀内尼龙阀块受热变形，不能回位而引起，或者是阀上毛细管堵塞，不能在阀内形成压力差，引起内部压差紊乱，或者是阀内阀块受外力阻塞引起。用橡皮锤敲打四通阀阀体，希望能以外力振动迫使阀片回位，敲击后还是不能解决问题，由此判断四通阀损坏。

解决措施：更换四通阀。

例24　美的KFR－71LW/SDY－S空调器不制冷。

故障分析：造成此类故障的原因有系统缺少或没有制冷剂；压缩机串气或四通阀串气。经上门检查系统工作时高压、低压压力基本平衡，工作电流远远低于额定电流，属串气现象。为了准确判断是压缩机串气，还是四通阀串气，首先切开压缩机，检测吸、排气是否正常，如果正常，可判断为四通阀串气。

经验总结：根据空调器能正常工作，但不能制冷（热）的情况，检查出系统无缺少制冷剂现象，高压、低压压力基本平衡，电流比额定电流偏小，可判断为串气。

例 25 美的 KF－51LW/Y－S 空调器制冷效果差。

故障分析：新安装后室内异常声音，在试机 3min 和送风模式下没有异常声音，当压缩机起动后室内蒸发器出现异常制冷气流声，而且比较响。经检查发现室内、外机连接处附近铜管弯扁。

解决措施：更换连接管。

经验总结：像这种情况气流声主要是制冷剂流通不畅导致的，只有详细检查才能知道哪里的铜管弯扁，这一点主要是在安装弯管时不专业操作导致的。

例 26 美的 KFR—32GW/Y 空调器单向阀密封不良。

故障分析：用户反映制热效果差，开机检查测气管压力偏低为 $9kgf/cm^2$。根据故障现象可能是系统缺少或进空气、单向阀密封不良所致。放掉制冷剂，重新抽空气，定量加注制冷剂，开机故障依旧。故断定故障为单向阀密封不严，制冷剂未通过辅助毛细管、单向阀未起作用，使气管压力偏低，制热效果差。

解决措施：更换单向阀，重新抽空气、加注制冷剂，机器工作正常。

经验总结：单向阀关闭不严时，在高压压力下，由尼龙阀块与阀座间隙泄放高压压力，回流制冷剂未全部进入毛细管，相当于缩短了毛细管的长度，导致制热高压压力下降，制热效果差，制冷时单向阀完全导通，不影响制冷效果。

例 27 美的 KFR－26GW/I1DY 空调器室内机不出风。

故障分析：开制热预热 10min 风机出风 30s 停止，空调器预热灯亮，室内机不出风，维修人员上门查室内机发现室内机蒸发器上半部分温热而下半部分无热量。测室外机压力正常，电流不稳定时小时大。当时判断室内机蒸发器堵，拆开蒸发器查无堵，拆开室外机查单向阀已坏。

解决措施：更换单向阀后正常。

经验总结：遇到空调器有奇怪故障时，要认真分析多方原因。

例 28 美的 KFR－32GW/Y－T 空调器能起动但不制冷。

故障分析：经检测空调器开机 10min 内，空调器制冷正常，测量压力、电流正常，空调器继续运转后，测量低压压力逐渐降低，电流随之减小，空调器制冷效果很差，判断系统可能有水分，因考虑为新装机，出厂不会存在问题，经询问用户空调器安装时是在雨天进行，可能连接管道时有水进入。

解决措施：放掉制冷剂重新抽空气、加注制冷剂，空调器工作正常。

经验总结：这种故障多数来自安装或维修过程，对于此类故障，应多问、多看、多摸才能快速找出故障原因。

例 29 美的 KF－71LW/Y－S1 空调器频繁跳机。

故障分析：一般来说，在盛夏时节多属散热不好和电压问题，但该空调器刚安装了一个多月，经检查该机安装在屋顶，散热效果不是很好，但应该不会引起频繁跳机，联想到该机刚安装一个多月，着手检查系统，发现表压不稳，压缩机过热，初步判断是安装时放空气不够引起的。

解决措施：收氟，根据空气比氟轻的原理，在放氟的时候用手明显感觉有空气攻击，后经重新加氟，该机制冷效果良，无跳停现象。

经验总结：三分制造，七分安装，安装时一定要遵守空调器安装程序，在维修时要根据制冷原理，善于联想，快速解决问题。

例 30 美的 KF－71LW/K2Y 空调器开机一段时间出现压缩机过热保护。

故障分析：出现过热保护可能原因有室内外机通风不畅，电源电压低，蒸发器、冷凝器脏，

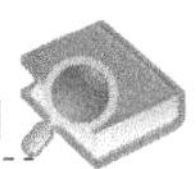

风机转速不够，制冷剂多或少，压缩机及系统本身问题。检测电压、电流、压力正常。冷凝器、蒸发器及室外机通风良好。开机一段时间后电流慢慢攀升。手摸冷凝器上下部都很热，判断为冷凝器散热不良，安装位置很好，怀疑室外风机转速不够，欲增大室外风机电容，此时忽然发现室外机吹向有点逆风，室外风机散热阻力较大，重新调整室外机方向试机正常未出现保护现象。由于福建地处沿海，夏季一般刮东南风，而此台机安装时未考虑风向，以致空调器工作时室外风机散热阻力很大引起冷凝器散热不良，造成保护。

解决措施：改变室外机的安装位置，故障消除。

经验总结：安装时一定要考虑空调器的安装位置及风向，维修有关过热保护的故障，最好先找外部原因，再考虑空调器本身的故障，从简单到复杂一步步排除，直至找出根本原因。

9.3.4　排水管故障的检修实例

例31　某分体壁挂式空调器，夏天制冷时正常，但室内机漏水。

故障分析：该故障的可能原因有室内机安装不正确（正确情况是室内机的出水端比另一端略低或在同一水平线上）；排水管破裂；排水管口有异物堵塞；制冷剂不足时，液态制冷剂会在蒸发器进口蒸发，引起进口处管道结霜，越结越厚，受外部热空气影响，霜外部融化成水，滴在室内。

检修过程：如图9-19所示。

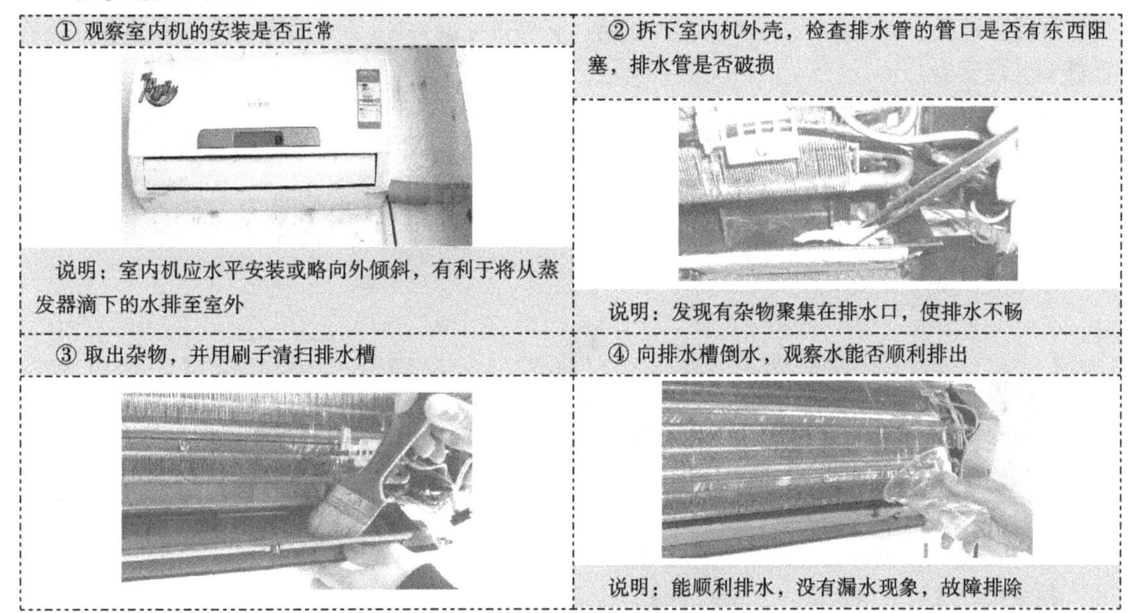

图9-19　室内机漏水的检修实例

补充说明：空调器室内机漏水的典型故障原因与维修如下。

1. 空调器安装不当造成的漏水

（1）加长排水管时中间有积水

空调器安装完毕后试机正常，但隔了几天后漏水，遇到这种现象一般是空调器排水管在安装时不是均匀的倾斜，排水管的后端有比前面高的地方，使排水管中间有形成积水的地方。

空调器在安装好使用时，因为排水管里面没有积水，所以排水正常。但空调器使用后停机，冷凝水汇集到排水管中间形成积水产生空气增加了排水压力，下次开机制冷时，冷凝水流经排水管积水的地方，由于空调器排水的压力小于排水管的压力而造成空调器漏水。

解决措施：安装排水管时要求有一定的向下倾斜度。如果排水管很长，应该在排水管 4～6m 的地方安装排气孔。

（2）铜管或排水管未包扎好

铜管或排水管未正确包扎或没有包扎，会产生结露、结霜导致漏水，如图 9-20 所示。

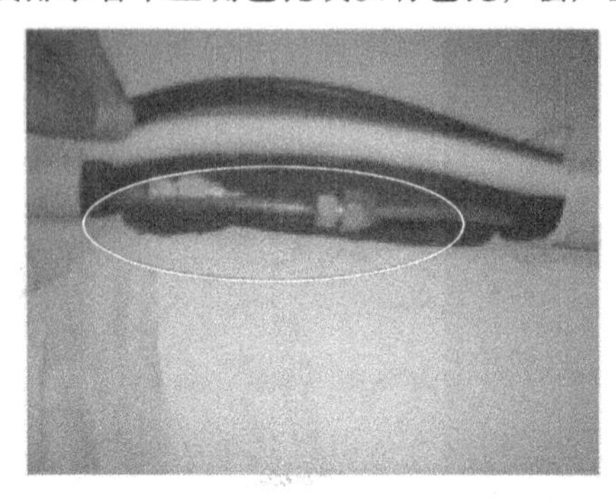
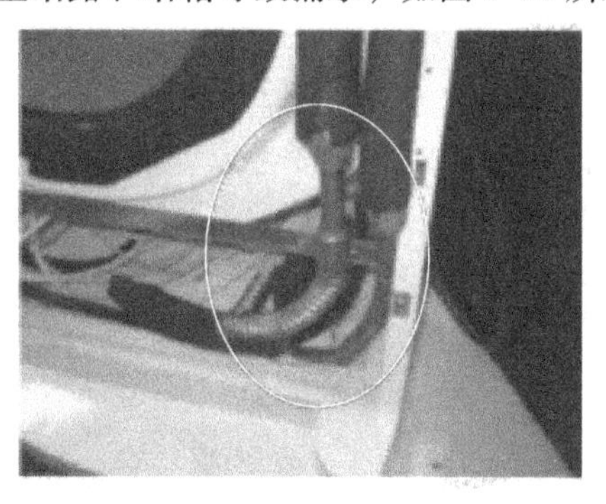

图 9-20　没有包扎的铜管

解决措施：裸露的铜管一定要用保温棉包扎好，两根铜管要分开包。

（3）保温棉安装不良

保温棉包扎太紧或者安装不当被伤、刺破，会导致保温失效，产生漏水。应重新包扎或更换已破损的保温棉。

（4）铜管被折扁

铜管被折扁，形成二次节流，在折弯处产生冷凝水，从而产生漏水现象，如图 9-21 所示。应更换。

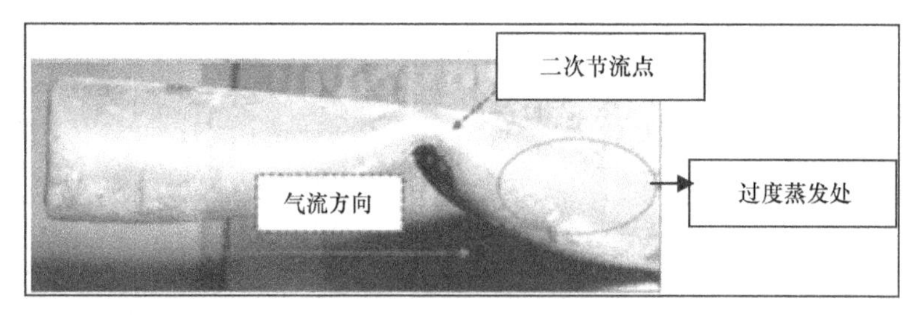

图 9-21　铜管被折扁，形成二次节流

2. 空调器长期没有清洗保养而造成漏水

很多用户从购买空调器后，长期不保养，空气中的灰尘、细菌汇集到空调器过滤网上，空气不能经过滤网到蒸发器释放热量，风量减小，蒸发温度降低使出风口结露出现水珠从正面盖板与出风口上檐处滴下形成漏水。

解决措施：把过滤网清洗干净，安装好。过滤网脏、堵引起漏水现象较多，在维修之后，应向用户介绍空调器的保养方法，定期清洗过滤网。

3. 空调器缺少制冷剂而导致漏水

空调器缺制冷剂会造成蒸发器结冰，使出风口温度低而结露形成漏水。空调器缺制冷剂后长期运行，因制冷剂流量不够，蒸发温度升高，制冷剂不能够为压缩机散热会造成过热保护停机。室内机蒸发器在空调器工作中造成的结冰会在化霜时产生大量冷凝水而漏水。

第 10 章

新环保制冷剂空调器的安装及维修

本章导读

由于 R32 新型环保制冷剂的特性与 R22、R410A、R134A 不同，而且具有一定的可燃性，所以使用 R32 环保制冷剂的空调器在安装、维修中具有一些独特的操作，这是必须严格遵守的。本章结合厂家维修手册，介绍这方面的内容。

10.1 R32 空调器安装和维修的基本知识

10.1.1 如何识别 R32 空调器

R32 空调器由于具有一些独特性，所以外包装箱上和室内外机身上都会有识别标识。下面以格力 R32 空调器为例进行说明。

1. 外包装箱上的标识

包装箱储运标识侧有（小火焰）标识，产品型号标有“Nh”字母，如图 10-1 所示。

图 10-1　R32 空调器包装箱上的产品标识

2. 室内、外机身上的标识

室内、外机身粘贴有小火焰状的防火标识，铭牌上也有防火标识，室外机阀门上方标注 R32 制冷剂，如图 10-2 所示。

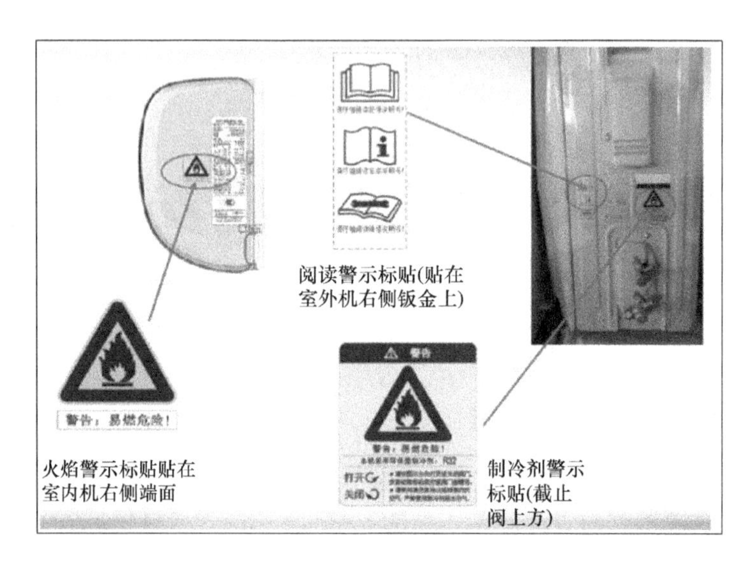

图 10-2　室内、外机上 R32 的标识

产品附件（大小连接管）贴有黄色标贴，提示安装时注意选择正确的对接端，接室内机侧必须与防拆螺母端对接，如图 10-3 所示。

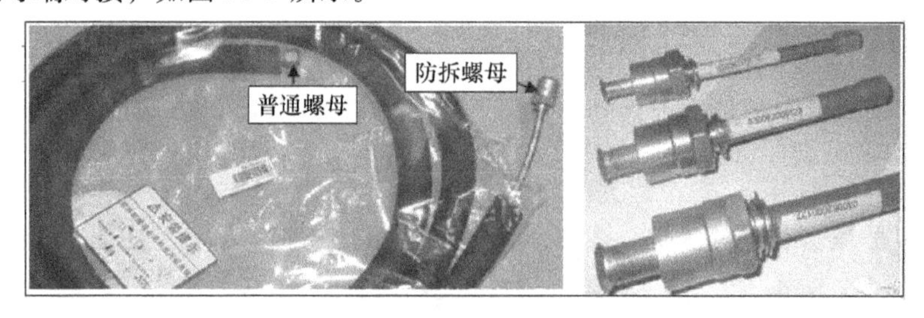

图 10-3　连接管贴有黄色标贴

10.1.2　R32 空调器与 R22、R410A 空调器的特性差异

1. R32 定频空调器与 R22 定频空调器的特性差异（见表 10-1）

表 10-1　R32 定频空调器与 R22 定频空调器的特性差异

类别	定频空调器差异点	R22 定频空调器	R32 定频空调器
制冷部件	压缩机	适用 R22 制冷剂	适用 R32 制冷剂
	制冷剂	R22	R32
	阀体类	R22 用四通阀、截止阀	R410A 用四通阀、截止阀
	工艺管封口	火焰封口	无火焰封口（如洛克环或超声波封口）
	室内外机连接管（室内侧）	喇叭口螺母连接	螺母外增加不可拆防拆帽（放在安装附件包）

（续）

类别	定频空调器差异点	R22 定频空调器	R32 定频空调器
电气件	电控板熔丝管	玻璃型	陶瓷型
	室外电气件	交流接触器	防爆继电器或塑封继电器
	正出风柜机电加热	电加热管	PTC
平面件	室外机包装袋	常规 HDPE	防静电功能（外观为红色）
	平面件	无特殊警示标识	室外钣金、室外纸箱、铭牌、说明书增加警示标识

2. R32 变频空调器与 R410A 变频空调器的特性差异（见表 10-2）

表 10-2　R32 变频空调器与 R410A 变频空调器的特性差异

类别	变频空调器差异点	R410A 变频空调器	R32 变频空调器
制冷件	压缩机	适用 R410A 制冷剂	适用 R32 制冷剂
	制冷剂	R410A	R32
	工艺管封口	火焰封口	无火焰封口（如洛克环或超声波封口）
	室内外机连接管（室内侧）	喇叭口螺母连接	螺帽外增加不可拆防拆帽（安装附件）
电气件	电控板熔丝管	玻璃型	陶瓷型
	正出风柜机电加热	电加热管	PTC
平面件	室外机包装袋	常规 HDPE	防静电功能（外观为红色）
	平面件	无特殊警示标识	室外钣金、室外纸箱、铭牌、说明书增加警示标识

注：R32 系统充注量比 R410A 系统大 20% ~30%。

10.1.3　R32 空调器的专用部件

R32 空调器典型的专用部件有压缩机、无火焰封口、具有灭弧功能的保护等，如图10-4所示。

a) R32制冷剂专用压缩机

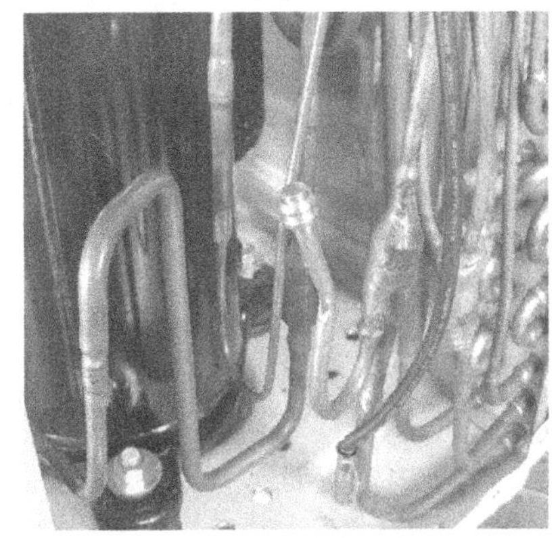

b) 无火焰的洛克林封口

图 10-4　R32 空调器典型的专用部件

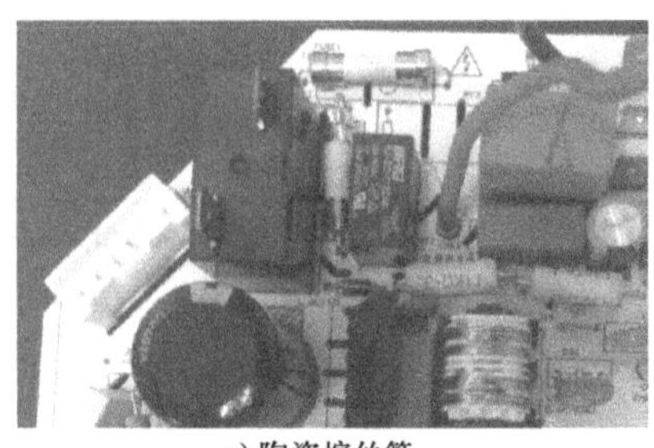

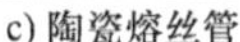

c) 陶瓷熔丝管　　d) 不可拆防拆帽(安装附件)

图 10-4　R32 空调器典型的专用部件（续）

10.1.4　R32 制冷剂的检漏、充注及回收

1. 检漏

采用专用检漏仪检漏。确保检漏仪不会成为潜在的点火源，检测泄漏所用的流体不要使用含氯的溶剂，以防止氯和制冷剂发生反应以及腐蚀铜制的管路。

检漏位置：室内机与连接的管路接口、室外机两个截止阀的连接管接口、阀芯、工艺口或焊接口等可能发生泄漏的部位。

检漏方法：前面介绍过的泡沫检测法仍然适用。

检漏仪检漏法：使用 R32 专用检漏仪，将探头对准可能发生泄漏的部位，按说明书要求进行检漏。

每处的检漏时间在 3min 以上，若发现有泄漏，需对螺母进行紧固，再次检漏，直到无泄漏为止。

2. 充注制冷剂

作为对常规程序的补充，增加以下要求：

① 在使用制冷剂充注设备时，不会发生不同制冷剂之间的互相污染。充注制冷剂的管路应当尽可能最短，以减少制冷剂在其内的残余量。

② 储罐要保持垂直向上。

③ 确保制冷系统在充注制冷剂前已采取接地措施。

④ 充注完成后（或尚未完成时）在系统上贴上 R32 专用标签。

⑤ 必须注意不可过量充注。

⑥ 在向系统再次充注之前，用无氧氮气进行压力测试。充注完成后，要在试运行之前进行泄漏测试。在离开该区域时，应再进行一次泄漏测试。

加长连接管后，制冷剂的追加量详见表 10-3。

3. 回收制冷剂

不能凭经验来确定关闭大阀门的时间，因为拆室外机或移机回收制冷剂，回收时间受整机运行频率、运行风速、气候等的影响，凭经验很难准确判断制冷剂恰好回收完毕的时间点。当系统为负压后，若此时低压侧有泄漏，则会吸入空气，存在较大安全隐患。

正确方法是接上压力表，如图 10-5 所示，根据压力表显示的压力来确定关闭大阀门的时间。

具体操作步骤如下：

① 拧紧压力表所有旋钮。

② 首先将连接管接在带负压检测的压力表上，稍微拧松，以便能排出管中的空气。

表 10-3　使用 R32 制冷剂的空调器连接管加长后制冷剂的追加量

序号	制冷量/W	室内外机落差/m	连接管长度/m	加注制冷剂量
1	2300 ~ 3500	≤5	5 ~ 10	铭牌值 + 16g/m（管长每增加 1m 增加制冷剂 16g）
2	5000	≤5	5 ~ 10	铭牌值 + 20g/m（管长每增加 1m 增加制冷剂 20g）
3	7200	≤5	5 ~ 10	铭牌值 + 30g/m（管长每增加 1m 增加制冷剂 30g）
4	12000	≥5	5 ~ 15	单冷机铭牌值 + 20g/m（管长每增加 1m 增加制冷剂 20g） 冷暖机铭牌值 + 30g/m（管长每增加 1m 增加制冷剂 30g）

③ 将连接管的另一端接在室外机大阀门上，旋紧。

④ 当压力表端软管螺母处有空气排出约 2s 后，拧紧压力表端软管螺母，如图 10-6 所示。

当有气体排出约2s，拧紧该螺母

图 10-5　压力表接至低压阀（大阀）　　图 10-6　拧紧压力表端软管螺母

⑤ 关闭小阀门，起动空调器，开始回收。当低压压力降至 0.05MPa 时，马上关死大阀门，同时切断压缩机电源。

禁令：家电产品回收制冷剂的时间严禁超过 1min。

10.2　安装操作规范

10.2.1　安装前准备

1）对安装场地的选择：

① 安装前请先阅读说明书，根据说明书要求选择合适安装场所（例如，50 机型运行、安装的房间面积不大于 $10m^2$，72 机型大于 15 m^2）。

② 安装场所应保持通风。

③ 空调器周围 2m 范围内禁止出现明火或易产生明火的高于 370℃ 的高温热源，包括焊接、吸烟、烤箱等。

④ 安装产品时，应采取防静电措施，如穿着纯棉服装、双手戴上纯棉手套等；安装过程中禁止在空调器2m范围内使用手机。

⑤ 选择便于安装或维修的地方，室内外机进出风口周围不得有障碍物、不得靠近热源和易燃易爆的地方。

⑥ 安装过程室内机制冷剂泄漏，应立即关闭室外机阀门，所有人员应离开室内。待制冷剂泄漏完15min之后再进行处理。产品如已经损坏，必须运回维修点进行处理，禁止在用户场所进行制冷剂管道焊接等操作。

⑦ 选择室内机进、出风调节均匀的地方。

⑧ 避开室内机两侧边线范围内正下方有电器产品、电源开关插头插座以及橱柜、床、沙发等贵重物品的地方。

2）安装前需做防静电处理，如戴防静电手套或棉布手套。

3）除螺丝刀、扳手、内六角、压力表等常规工具外，还需R32制冷剂专用检漏仪、防爆真空泵。

10.2.2 安装过程

安装过程和第7章所述基本一样，需要特别注意的事项如下：

1）安装前要用检漏仪检测有无制冷剂泄漏。

2）包扎连接管前，根据蒸发器大、小接头的错位尺寸，预留好连接管防拆螺母端的错位尺寸（暂时不包扎），再包扎，如图10-7所示。

图10-7 预留大、小接头错位尺寸

3）接连接管，先确保喇叭口与蒸发器接头锥面垂直，然后再拧紧接头，如图10-8所示。

注意：在连接管室内侧要采用防拆螺母，安装时参照说明书或图10-9所示进行连接。

4）抽真空：参考R410A产品要求，抽真空、保压和打开大小阀芯、固定好后盖螺帽。严禁采用机内制冷剂排空（因为该制冷剂具有可燃性）。具体抽空步骤如下：

① 将歧管阀充注软管连接于低压阀充注口（注氟嘴），高低压阀此时都要关紧。

② 将充注软管接头与真空泵连接。

③ 完全打开歧管阀低压（Lo）手柄，开动真空泵抽真空。

④ 一般23~35机型抽真空约15min，45~65机型抽真空约20min，70及以上机型抽真空约30min。

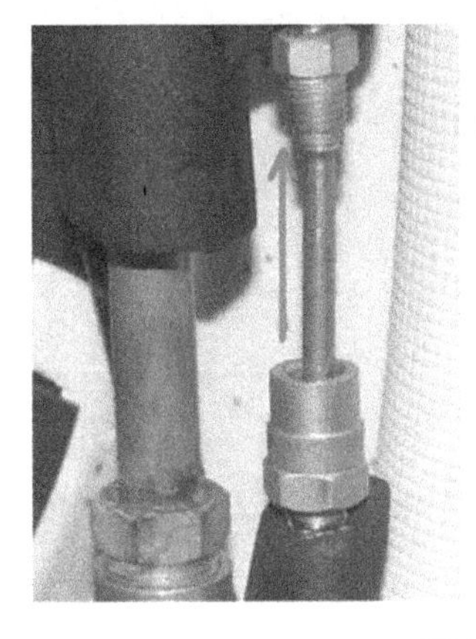

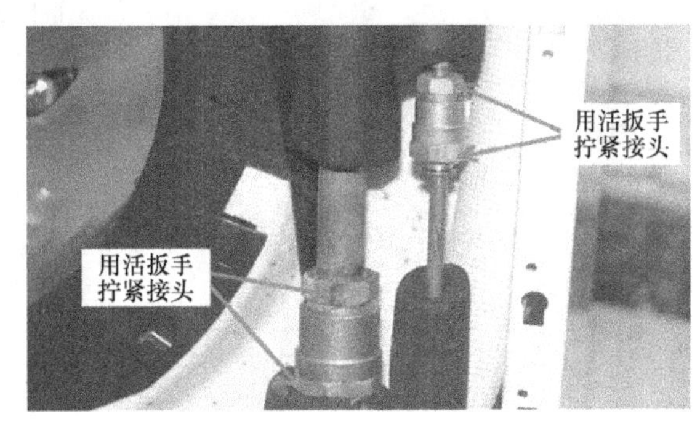

图10-8 将连接管与室内机连接

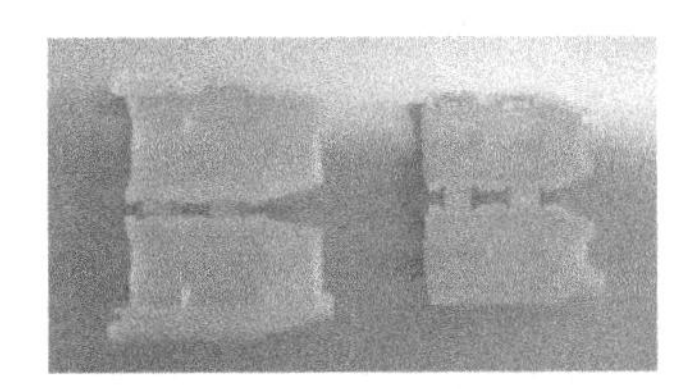

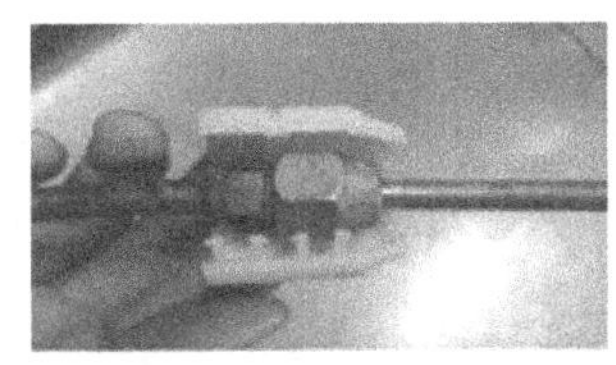

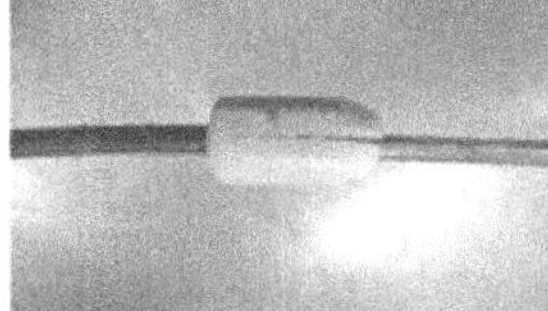

a) 防拆帽(不可拆卸)一对，放在附件包内

b) 装好防拆帽

图10-9 安装防拆螺母

确定压力表指针指在 -0.1MPa（-76cmHg）处。抽真空完成后，完全关紧歧管阀低压手柄，关闭真空泵。

⑤ 抽真空完成后需要保压一段时间，以检查系统是否有泄漏。一般45机型以下保压3min，45及以上机型保压5min，保压期间检查压力回弹不能超过0.005MPa。

⑥ 检查真空后，稍微打开液阀放气，以平衡系统压力，防止拆管时空气进入，拆下软管后再完全打开高低压阀。

⑦ 拧紧高、低压阀阀帽以及充注口（注氟嘴）阀帽。

5）加长连接管后对制冷剂和冷冻油的追加量：

① 制冷剂的追加量：连接管超过5m需要追加R32制冷剂，按18g/m追加。要求：挂机最多加长10m，柜机最多加长15m。

② 冷冻油的追加量：连接管在产品标准配管长度的基础上增加10m后，需每加长5m增加5mL冷冻油。

6）安装后试运行：

① 整机运行前，按照前面提到的检漏方法进行系统检漏。

② 电气检验方法及要求：检验方法与普通机型相同，因出厂时已保证整机安全性，因此只要检测系统有没有泄漏即可。

7）拆机维修时请注意：

由于室内侧连接管外安装有不可拆卸的防拆帽，所以当需要将室内机制冷系统拆至专业网点维修时，必须破坏防拆帽，操作要求如下：

① 先对制冷剂进行回收，关紧大小阀芯。

② 用剪刀或斜口钳把大、小连接管处的防拆帽剪断，如图 10-10 所示。

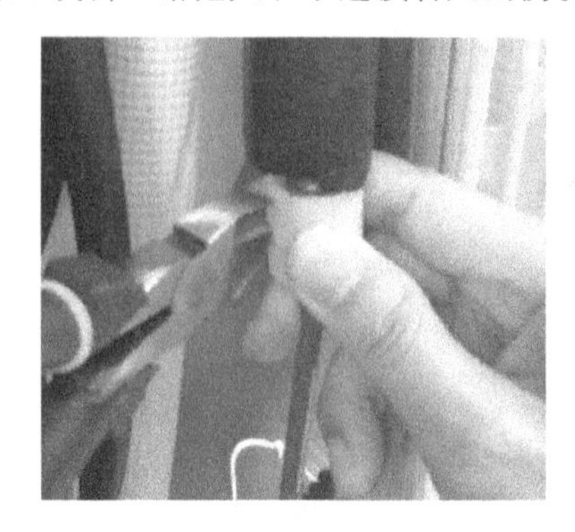
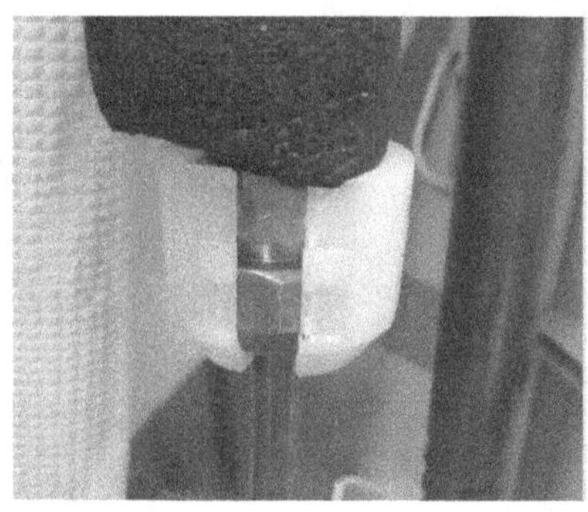

图 10-10　剪断防拆帽

用割刀把大小连接管在距离防拆螺母 15mm 位置处割断。在连接管上焊上新的防拆螺母配件，如图 10-11 所示。拆下管口，盖上防尘盖。

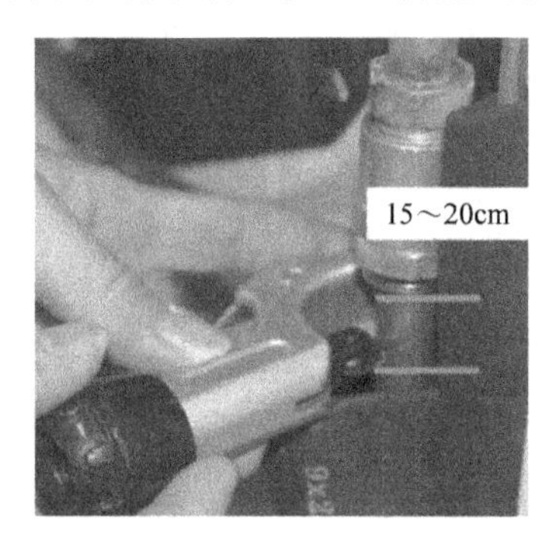

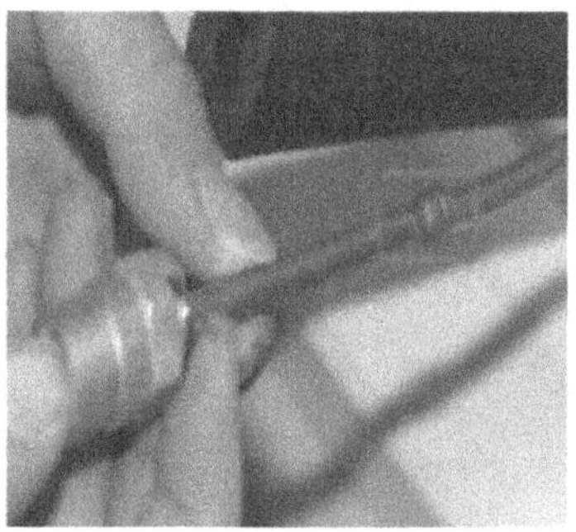

图 10-11　割断管子，焊上新的防拆螺母配件

10.3　故障诊断、排查流程

1. 安全禁令

① 严禁 R32 系统不抽真空运行；

② 严禁在阀门打开的情况下压缩机空载运行；

③ 严禁将连接管拆下排查压缩机有无吸排气（小阀门有无气体排出）；

④ 严禁在阀门未打开的情况下开机运行；

⑤ 严禁使用空调器自身压缩机进行打压检漏；

⑥ 严禁压缩机自身抽真空；

⑦ 严禁在真空状态下开机运行；

⑧ 严禁追加不同工质的制冷剂或劣质制冷剂；

⑨ 制冷剂回收严禁超过 2min（适用家用空调器）；

⑩ 严禁将过载保护器、排气高温保护、过电流保护、高低压保护等保护装置屏蔽。

2. 常见排查系统是否有堵、压缩机有无吸排气的方法（见表 10-4）

表 10-4　常见排查系统是否有堵、压缩机有无吸排气的方法

类别	方法	检测结果说明
制冷效果差	怀疑系统有焊堵时，首先查看系统压力及电流是否正常，可以用压力表测量吸气压力	对于 R32 工质，若整机运转时压力在 0.9MPa 左右（室外环温在 33～36℃间），电流接近额定电流，基本确定充注量正常、系统不存在焊堵 若吸气压力、电流偏低较多，首先查看电子膨胀阀开度是否正常，可以在关机、开机时细听膨胀阀开启或关闭的声音，若有"嗒嗒"的动作声音，则电子膨胀阀是正常的。还可以观察电子膨胀阀节流后那段管温，若膨胀阀卡死无法打开，大小管、蒸发器翅片上感觉不到有冰冷的感觉，室内出风温度接近常温。若膨胀阀步数只能打开一点，可以观察节流后那段管路是否有结霜的现象。要是有结霜，则和电子膨胀阀的打开步数或充注量不足有关 R32 空调器室内机风档为最高风档，制冷吸气压力在 0.70～1.10MPa，电流值在铭牌标称 ±30% 以内为正常
排查室内机蒸发器有无焊堵	开机制冷工况，拔出室内机管温感温包（防止出现防冻结保护），将室内风机的贯流风叶取出，待蒸发器表面结满霜后查看各管路结霜是否均匀	是否有个别分液支路没有出现结霜的现象，若分液支路没有出现结霜，那条支路就有出现焊堵的可能，一般蒸发器出现焊堵，制冷能力不足，功率、电流、压力都会出现下降，吸排气温度也比正常的偏低 若贯流风叶很难取出，也可采用以下方式验证结霜：除湿模式或制冷模式下开风档最低档，且用胶布或其他物料将室内机进风口全部堵住，看蒸发器表面是否结霜
排查室外机冷凝器有无焊堵	开机制热工况，在超强风档下运行，取掉室外风叶轴流风叶，查看冷凝器表面及各支路是否有结霜	与室内机的检查相似 哪一条支路表面没有结霜，则这条支路可能焊堵
排查压缩机有无吸、排气	首先接上压力表，测试停机后的平衡压力，然后开机制冷运行	R32 系统平衡压力一般有 1.5MPa 左右（环境温度 30～35℃），开机运行后能下降到约 1.0MPa 以下，表明压缩机吸、排气良好

3. 室内机泄漏维修方案

① 室内机泄漏时，从连接管一侧割断连接管，将蒸发器拆回维修点后进行泄漏点检测与维修。

② 维修完成后，将管接头段从蒸发器一侧割断（割断长度比配件长度短 15～20mm），并将维修配件与蒸发器焊接在一起。

③ 将连接管穿过维修配件（不可拆卸接头螺母）后用扩口器进行扩口，并检查扩口处边缘是否均匀。

④ 将连接管与蒸发器连接在一起。

⑤ 对整机进行抽真空。

4. 更换压缩机、蒸发器和冷凝器及管路后抽真空的注意事项（时间要求）

更换压缩机、蒸发器和冷凝器及管路，要求售后维修用 8L 真空泵，增加快速接头，从双侧进行抽真空。抽真空时间确保 1h，可以保证水分控制在 60ppm 以内，以此确保维修后的产品品质。详细操作步骤如下：

① 将已返修（已经更换系统零部件并完成管路焊接）的空调器产品分别在大小截止阀上对接专用的弯角充气阀（相关规格见表 10-5），如图 10-12 所示。

将真空管接头同弯角充气阀进行对接，开启真空泵进行抽真空操作，抽真空时间 1h。

② 完成抽真空后拔掉真空管，对整机进行充注，关闭大小截止阀阀芯，取下弯角充气阀。抽真空设备零部件组成清单见表 10-5。

5. 与电子元器件有关的问题维修方案

如果采用了交流接触器，则放在密封盒中密封，如定频 72/120 柜机交流接触器。维修或更换时需打开密封盒（见图 10-13），更换好交流接触器后需要盖好密封盒盖，旋紧 4 个螺钉（先对角拧紧两个，再拧另外两个）。若密封结构损坏，需更换整个密封盒组件。

电加热器组件已更改为陶瓷 PTC，如图 10-14 所示。若损坏，则更换整个件。

其余元器件维修方法与普通 R22 柜机相同。

图 10-12　安装弯角充气阀

表 10-5　弯角充气阀规格

名称	数量	备注
防错快速接头（母）（R32）（工装）3S－V－GN	2	
防错弯角充气阀（R32）（工装）7/16	1	对应 1/4 截止阀
防错弯角充气阀（R32）（工装）5/8	1	对应 3/8 截止阀
防错弯角充气阀（R32）（工装）3/4	1	对应 1/2 截止阀
防错弯角充气阀（R32）（工装）7/8	1	对应 5/8 截止阀
防错弯角充气阀（R32）（工装）17/16	1	对应 3/4 截止阀
工装（抽真空转接头）	2	同弯角充气阀对接用
真空管（日本）1 寸 TS－25（25×33 50m/卷）	2	要求每条 2～3m
喉箍 D18－D32（配 1 寸管用）	4	
卡环 KF－16	2	
卡环 KF－20	2	

图 10-13　交流接触器的密封盒

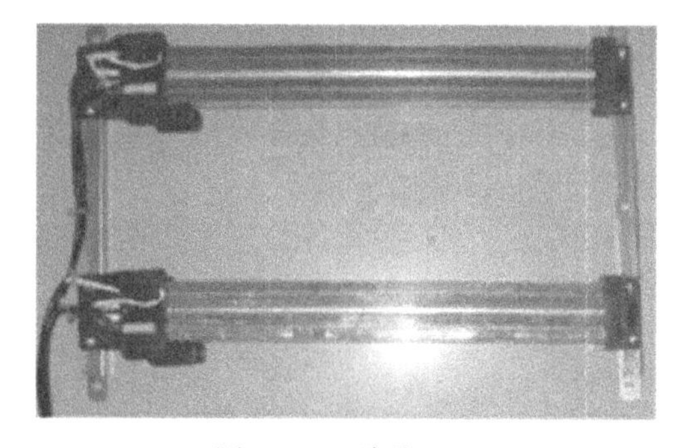

图 10-14　陶瓷 PTC

10.4　安全注意事项

1. 防火措施

维修站点应建立应急处理的预案，日常工作中应做好防范措施，例如禁止带火种入场、禁止穿戴易产生静电或者碰撞火花的衣物、鞋物。

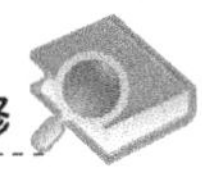

出现可燃制冷剂大量泄漏的情况的处理建议：

① 应立即打开独立通风设备，同时切断其他电源，人员紧急撤离现场；

② 通知附近居民有序疏散，远离现场 20m 以上拨打报警电话，设置紧急区域，禁止无关人员和车辆接近；

③ 由专业消防人员身穿防静电服现场处理、切断泄漏源；

④ 火灾排除后，打开独立通风设备，使用氮气进行吹扫，尤其是低洼处，对泄漏点临近区域和周围区域清除可燃制冷剂残留气体，使用手持式探测仪进行检测，直至浓度为零，方可解除警报。

2. 维修、报废与回收空调器时制冷剂清除注意事项

维修、报废、回收空调器时需清除系统中的制冷剂，在空旷的通风区域进行制冷剂排放，在排空 R32 制冷剂后应使用真空泵进行抽真空（尤其是吸气管端），以彻底排干净残存的 R32 制冷剂。

对怀疑制冷剂有泄漏的空调器进行维修时，直接用内六角钥匙锁紧室外机截止阀芯，然后松开截止阀处连接管，将室内机内制冷剂直接排放到大气中，严禁开机回收制冷剂，以免压缩机中混入空气压缩。

3. R32 制冷剂的储存管理要求

制冷剂贮罐应单独放置在 −10 ~ 50°C 的环境中，通风良好，并贴警示标签。

维修工具中与制冷剂接触的维修工具应单独存放和使用，不同制冷剂的维修工具不得混用或混放。

第 3 篇

变频空调器维修篇

第 11 章

变频空调器维修基础

本章导读

变频空调器由于具有明显的节能性、舒适性而逐渐在社会上普及。其维修方法和技能有很多与定频空调器相同，但也有很多不同之处，从本章起至第 14 章着重介绍不同之处，以及变频空调器维修的规律，使初学者或不熟练者“有方法可依照”“有规矩可参照”。本章是基础内容，首先简述变频空调器的基本原理，然后通过拆卸变频空调器的过程，引导读者认识各部件的实物及其工作原理和相关注意事项。

11.1　变频空调器的基本概念

传统的定频空调器的工作特点是：① 工作过程中压缩机供电电压的幅值和频率固定不变，压缩机的转速也固定不变；② 在调温过程中，空调器通过“起动和停止”压缩机来调节温度，这种方式使得压缩机随着室温的变化频繁地起动和停机，不仅耗电较多，也易造成压缩机零部件的损坏。

变频空调器的工作特点是，通过改变压缩机的转速，达到调节室温的目的。变频空调器起动时频率较低，压缩机转速较慢，当起动后利用较高的频率使其转速增加，快速达到设定温度，然后以较低的转速运转，维持室内温度的恒定，因而较省电。因为变频空调器不会频繁地停机，所以舒适性也较好。

根据控制方式，可将变频空调器分为交流变频和直流变频两类。其主要区别如下：交流变频空调器使用交流变频压缩机（其电动机仍是三相感应电动机），其调速本质是通过改变加于压缩机的模拟三相交流电的频率来改变压缩机的转速；而直流变频压缩机采用无刷直流电动机，通过改变送给电动机的直流电压来改变电动机的转速，直流变频压缩机克服了交流变频压缩机的电磁噪声与转子损耗，而且比交流变频压缩机效率高 10% ~30%，噪声低 5 ~ 10dB，但是成本也相对较高。

11.2　变频空调器的基本原理

11.2.1　电动机变频调速的方法

1. 占空比的概念

如图11-1所示，V_m为脉冲幅度，T为脉冲周期，t_1为脉冲宽度。t_1与T的比值称为占空比。脉冲电压的平均值与占空比成正比。

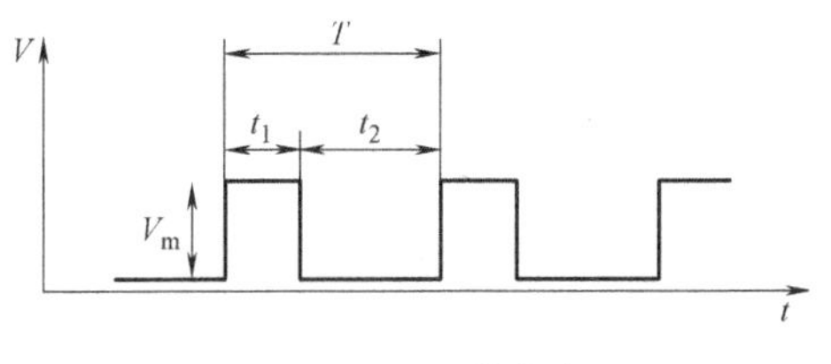

图11-1　矩形脉冲

2. 正弦脉宽调制方式

变频器加在压缩机上的电压是很多个矩形脉冲，通过改变脉冲的频率，就能改变电动机的转速；在变频的同时，不改变脉冲幅度，而改变脉冲的占空比，可以改变电压的平均值。这种既变频同时也变压（通过改变占空比）来调节压缩机转速的方法称为脉宽调制（PWM）方式。

由于PWM加在电动机的电压波不是正弦波，具有许多高次谐波成分，这样就使得输入到电动机的能量不能得到充分利用，增加了损耗。为了使加在电动机上的电压接近于正弦波，现在普遍采用正弦脉宽调制（SPWM），就是在进行PWM时，使脉冲的占空比按照正弦波的规律进行变化，即当正弦波幅值为最大值时，脉冲的宽度也最大；当正弦波幅值为最小值时，脉冲的宽度也最小，如图11-2所示。这样，加到电动机的脉冲序列就可以等效为正弦交流电（模拟交流电），最高转速可达7000r/min（而异步电动机的转速为2880r/min），提高了电动机的效率。交流变频空调器都是采用这种方式（SPWM方式）。

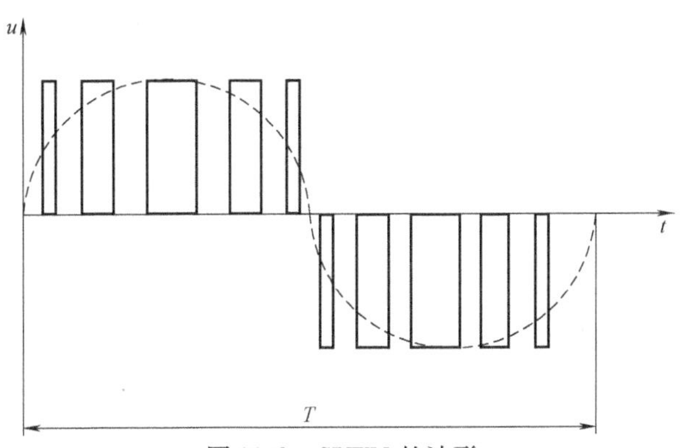

图11-2　SPWM的波形

3. 脉冲幅度调制（PAM）方式

该方式就是通过改变加在电动机上脉冲电压的幅度，来改变电动机的转速。该方式使压缩机转速提高到SPWM方式的1.5倍左右，可以较大程度地提高制冷制热能力。直流变频空调器已逐步采用PAM方式或者PWM+PAM方式。

11.2.2　变频空调器控制系统组成

1. 交、直流变频空调器控制系统的组成部分

交、直流变频空调器控制系统的组成部分基本相同，如图11-3所示。

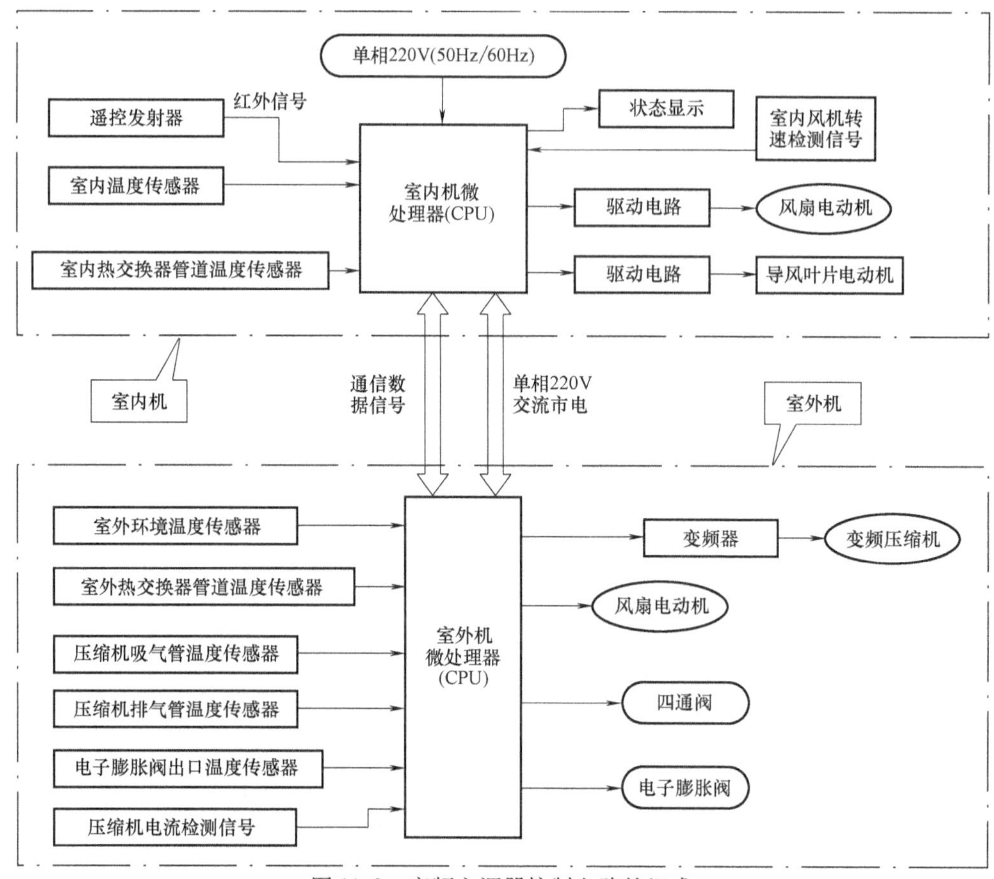

图 11-3　变频空调器控制电路的组成

2. 变频空调器控制电路框图解释

变频空调器起动后，室内机微处理器接收到下列各路信号：①遥控器发出的设定运转状态的信号；②室温传感器送来的室温信号；③室内机管温传感器送来的热交换器管道温度信号；④室内机风扇电动机转速的反馈信号等。微处理器收到这些信号后，经运算，确立相应的工作状态，发出指令，其中包括室内机风扇电动机的转速控制信号、显示部分的控制信号（用于工作状态显示和故障诊断显示）、给室外机供电的信号、压缩机运转频率的控制信号（传给室外机）、控制室外机的其他信号。

室外机的微处理器收到的信号有：①室内机传来的各种信号；② 室外机各类传感器送来的电流传感信号、电子膨胀阀出口温度信号、压缩机吸气管和排气管的温度信号、室外环境温度信号、室外热交换器温度信号等。室外机微处理器根据接收到的上述信号，经运算后发出指令，包括室外机风扇电动机的转速控制信号、压缩机运转频率的控制信号、四通电磁阀的切换信号、电子膨胀阀制冷剂流量控制信号、各种安全保护监控信号、用于故障诊断的显示信号以及控制室内机除霜的串行信号等。

11.2.3　交流变频调速的基本原理

1. 交流变频空调器调速的框图

典型交流变频空调器调速的框图如图 11-4 所示。

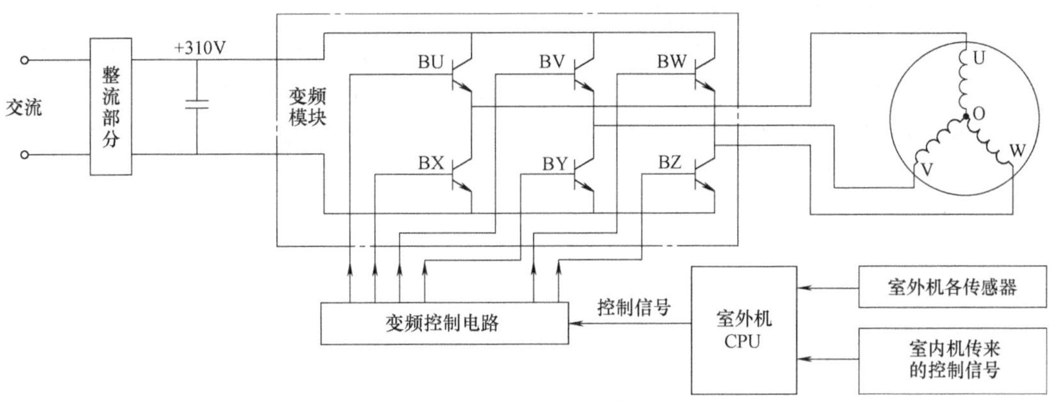

图 11-4　交流变频空调器调速的框图（不同机型的电路大同小异）

2. 框图解释

在室外机，220V 交流市电经过桥式整流、滤波，产生 310V 左右的直流电，分为两路，一路加在变频模块（即功率模块）上，另一路加在开关电源部分。

室外微机部分根据从室内机传来的控制信号和室外机各传感器传来的信号，输出控制信号（控制压缩机的运转频率）给变频控制电路，变频控制电路再输出 6 路控制信号作用于变频模块中 6 个大功率晶体管，控制这 6 个晶体管工作在开关管状态（按设定的规律周期性地导通和截止），于是变频模块的 3 个输出端子输出如图 11-2 所示的 SPWM 矩形脉冲（可等效为三相交流电，用万用表交流电压档测一般为 50 ~ 220V，频率受 CPU 的控制），加到变频压缩机的三相感应电动机上，压缩机运转。总之，室温与设定温度的差值越大，变频模块输出的模拟三相交流电频率就越高，压缩机的转速也就越快，反之亦然。

可见，变频模块是给变频压缩机供电的关键器件，工作电压高、电流大、内部元器件工作在开关状态、发热量大，相对来说是个易损件。

11.2.4　直流变频调速的基本原理

“直流变频空调器”，准确地说是使用了无刷直流电动机的直流调速空调器。

1. 无刷直流电动机的结构

无刷直流电动机的结构及特点见表 11-1。

表 11-1　无刷直流电动机的结构及特点

结构特点	图　示	换向方式	性　能
转子由永久磁钢制成，定子为三相绕组，如图中 U1U2、V1V2、W1W2，多数为星形接法	U1 V1 W2 N S W1 V2 U2 说明：①定子绕组的 U2、V2、W2 三个端子在电动机内连接在一起；U1、V1、W1 三个端子引出到压缩机的机壳接线柱上，采用星形接法；②NS为永磁转子	CPU 不断检测转子的位置，并控制变频模块，使变频模块输出周期性通、断的直流电，加在定子绕组上，实现了换向，使转子连续稳定地转动，无需普通直流电动机的电刷和换向器	克服了传统直流电动机的缺陷，又具有交流电动机所不具有的一些优点，如运行效率高、调速性能好、无涡流损失等

2. 无刷直流电动机的运转和调速

1）转子的位置检测。检测转子的位置有两种方法：一是利用电动机内部的位置传感器（通常为霍尔元件）提供的信号；二是检测出无刷直流电动机绕组的电压，利用采样信号进行运算后得出。由于压缩机电动机无法安装位置传感器，所以直流变频空调器的压缩机都采用后一种方法检测转子的位置。

2）运转和调速的电路框图，如图 11-5 所示。

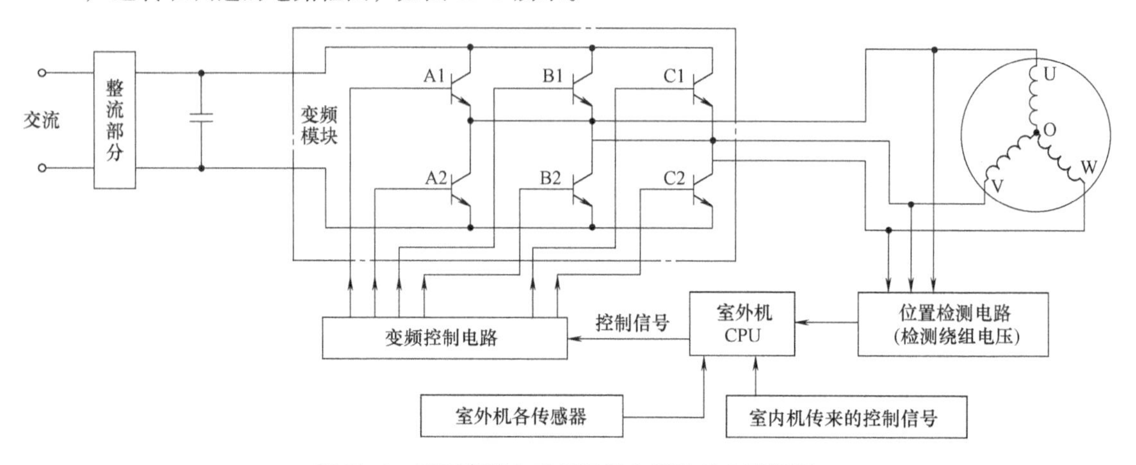

图 11-5　无刷直流电动机运转和调速的电路框图

框图解释：CPU 输出控制压缩机转速的信号，作用于变频控制电路，变频控制电路输出 6 路控制信号，控制变频模块中 6 个大功率开关管按设定的规则导通和截止。规则是，任一时刻 A1、B1、C1 这一组和 A2、B2、C2 这一组都只能各导通 1 个，即任一时刻只导通 2 个开关管（且 A1、A2 不能同时导通，B1、B2 不能同时导通，C1、C2 也不能同时导通）。

例如，当转子在某一位置时，转子的位置检测信号传给 CPU，使 A1、B2 两个晶体管导通，直流电由正极依次流经晶体管 A1、电动机 U 相绕组、电动机 V 相绕组、晶体管 B2，回到负极，U 相和 V 相两相绕组通电，驱动转子运转（另一相线圈即 W 相不通电，但有感应电压，该感应电压可以用作该位置的位置检测信号）；当转子转过 120°时，其位置感应信号传给 CPU，CPU 输出控制信号，使 B1、C2 两个晶体管导通，直流电由正极流经晶体管 B1、电动机 V 相绕组、W 相绕组、晶体管 C2，到电源负极（U 相绕组不通电，感应电压当作该位置的位置检测信号）；转子再转过 120°时，则是晶体管 C1、A2 导通，直流电由正极流经晶体管 C1、电动机 W 相绕组、U 相绕组、晶体管 A2，到电源负极（V 相绕组上的感应电压当作该位置的位置检测信号），如此周期性循环。总之，变频模块输出的是断续的、极性不断改变的直流电。

加在绕组上的平均直流电压越高，电动机转速越快。加在每相绕组上的电压如图 11-6 所示。

3. 直流变频空调器的实质

直流变频空调器可分为两类：一类是只有压缩机采用无刷直流电动机；另一类是压缩机、室内风机、室外风机都采用了无刷直流电动机，这就是全直流变频空调器。

11.2.5　交流变频空调器和直流变频空调器的比较

交流变频空调器和直流变频空调器的比较见表 11-2。

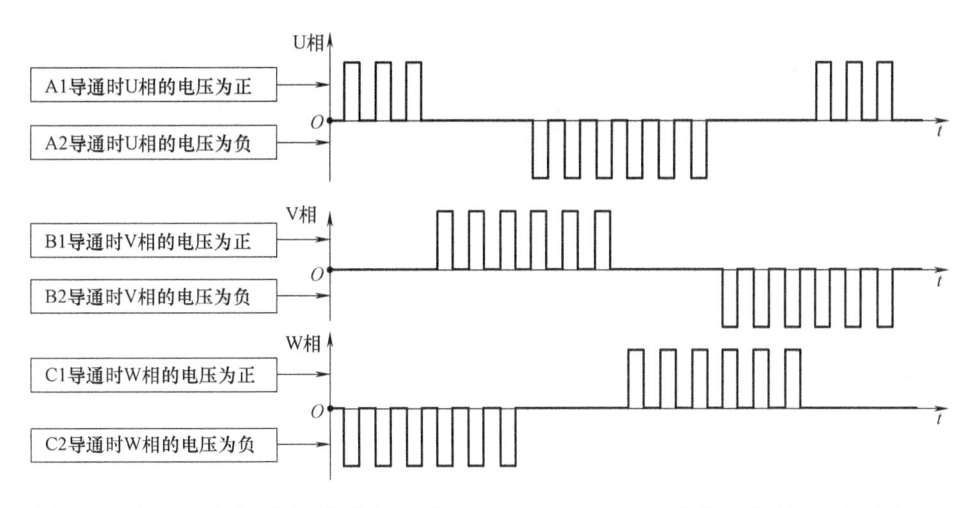

图 11-6　加在直流变频压缩机绕组上的电压（规定 U、V、W 点的电位高时，电压为正）

表 11-2　交流变频空调器和直流变频空调器的比较

名　　称	不　同　处	相　同　处
交流变频空调器	① 压缩机采用三相感应电动机 ② 变频模块的 3 个输出端子输出频率可变的模拟三相交流电，加在压缩机上。模拟三相交流电的频率越高，压缩机的转速越快	① 制冷系统基本相同（主要是压缩机不同） ② 在电气控制系统方面，整流、滤波、开关电源、CPU 的工作条件、CPU 的输入输出部分、室内外机的通信基本相同（只有对变频模块的控制信号不同）
直流变频空调器	① 压缩机采用无刷直流电动机 ② 变频模块的 3 个输出端子输出断续的、极性不断改变的直流电。在任一时刻，只有两相绕组有电流通过（另一相绕组的感应电压当作位置检测信号）。电压越高，压缩机的转速越快 ③ 必须设置压缩机转子的位置检测电路 ④ 直流变频空调器比交流变频空调器更节能、噪声更低、给人的舒适性更好	

11.3　变频空调器的拆卸和部件的认识与检测

与定频空调器相比，变频空调器的部件较多，有些部件也与定频空调器有差异。为了学会检修变频空调器，在了解变频空调器基本原理后，还需要在拆卸的过程中来认识、检测各部件，这样就为在后续章节中学习、掌握变频空调器的检修方法奠定良好的基础。现以某直流变频空调器为例进行介绍（重点介绍与定频空调器不同的器件）。

11.3.1　室外机拆卸及部件认识

1）拆下顶盖，找到接线图的位置，如图 11-7a 所示。认识室外机电气控制板与各传感器、各被控器件之间的连接关系图（见图 11-7b）。根据该图，能迅速找到各相关器件，对初学者很实用。

说明：不同的空调器，接线图所在位置有所不同，但容易发现

a) 室外机端盖拆卸图

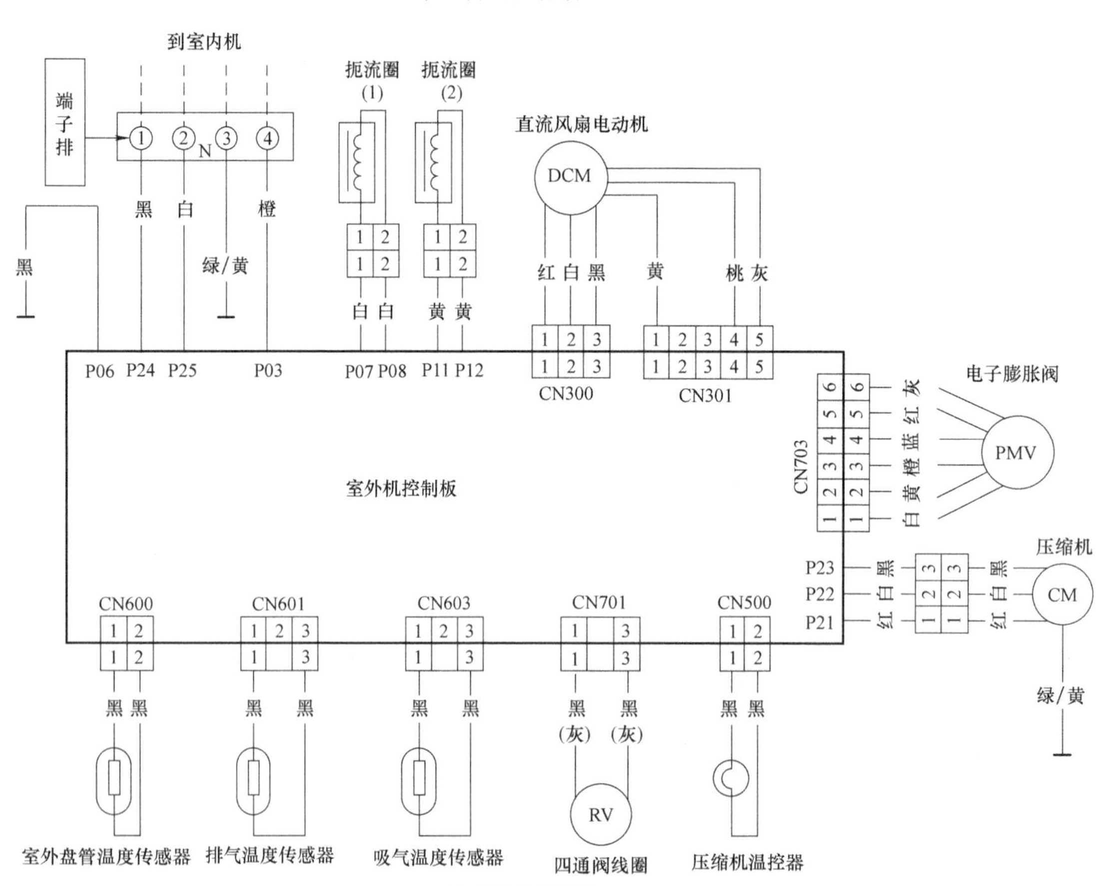

b) 室外机接线图

说明：接线图标明了控制板与各被控器件之间的连接关系，在维修中一目了然；端子排的作用是，从室内机引出的4根导线必须接在端子排上，1、2、3、4号接线端子分别为相线、零线、地线（一端与机壳可靠相连，另一端可靠接地）、通信线

图 11-7　室外机端盖拆卸图及接线图

2）拆下前面板（含排风网罩）。

3）端子排及其安装板的拆卸，如图 11-8 所示。

① 拆下接线柱上的全部导线、安装板的紧固螺钉及安装板上的地线，如图 11-8a 所示；

② 取下接线柱及安装板，如图 11-8b 所示。

a)

b)

图 11-8　接线柱安装板的拆卸

4）拔下电气控制板上的各插头，取出控制板，如图 11-9 所示。

① 取下固定控制板的金属盒，认识控制板与各器件连接的插接件，如图 11-9a 所示；

② 拔下所有的插接件（插接件带有锁扣，要松开后才能取下），取下固定控制板的金属盒，如图 11-9b 所示；

③ 分解电气盒，取下并认识电气控制板，如图 11-9c 所示。

a）电气盒与各器件的连接关系

b）室外机电气盒

图 11-9　室外机控制板的拆卸

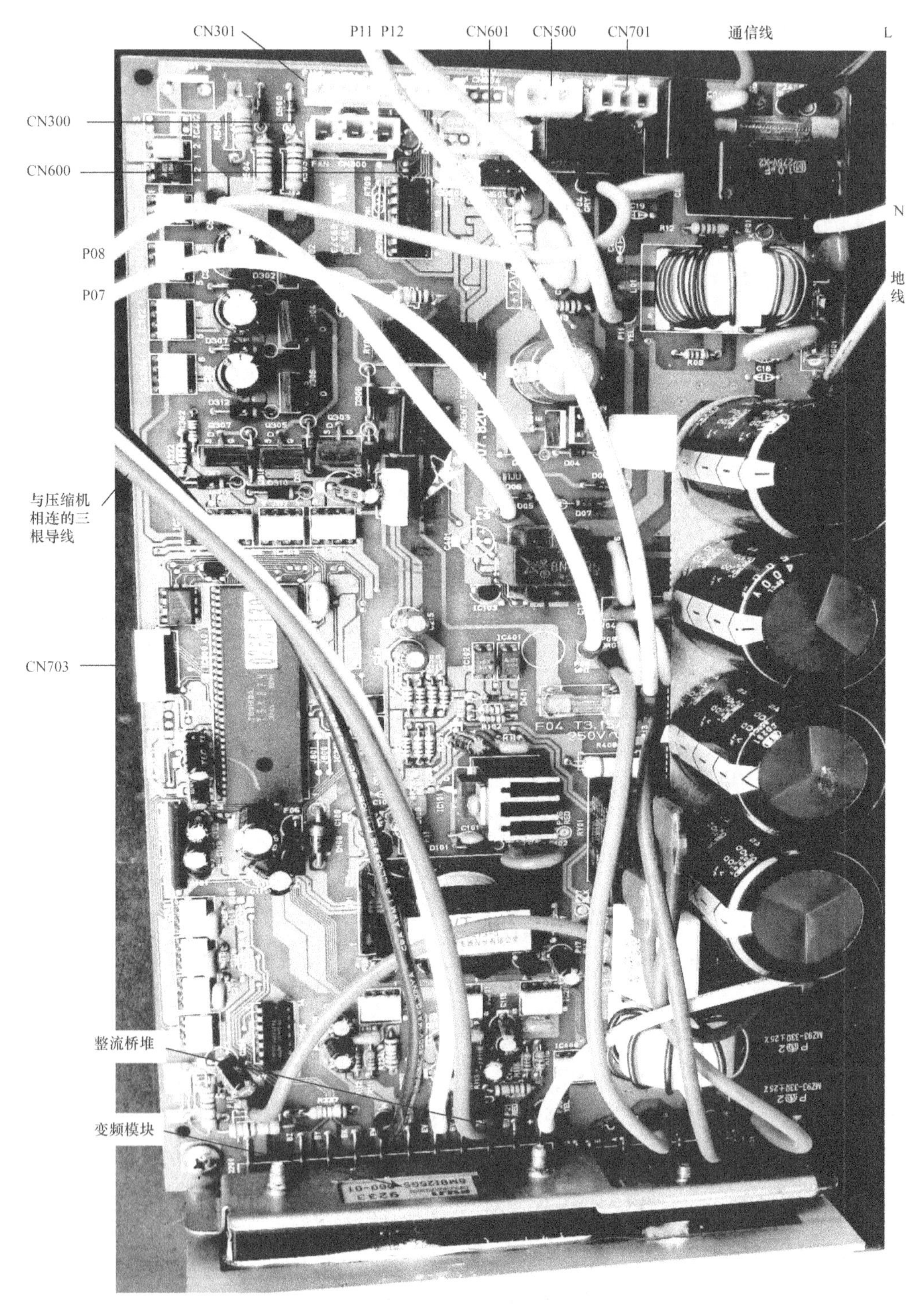

c）室外机电气控制板（室外机的控制部分全部设在一块电路板上，包括桥式整流桥堆、开关电源、室外CPU的输入和输出部分、变频模块、通信电路等）

图 11-9　室外机控制板的拆卸（续）

说明：将该实物图与接线图（见图11-7）对照起来，可以看出各插接件与哪些器件相连。这样在维修中就能轻松地找到相关部件。

11.3.2　电子膨胀阀的认识与检修

1. 认识实物

变频空调器为了精确控制制冷剂的流量，用电子膨胀阀取代了毛细管。电子膨胀阀在空调器中的安装位置及实物认识，如图11-10所示。

1）拆卸室外机的后机壳，露出电子膨胀阀，观察电子膨胀阀与哪些部件相连，如图11-10a所示。

2）拆掉卡子，取下绕组，观察电子膨胀阀的脉冲电动机绕组，如图11-10b、c所示。

3）认识电子膨胀阀的配件，如图11-10d、e所示。

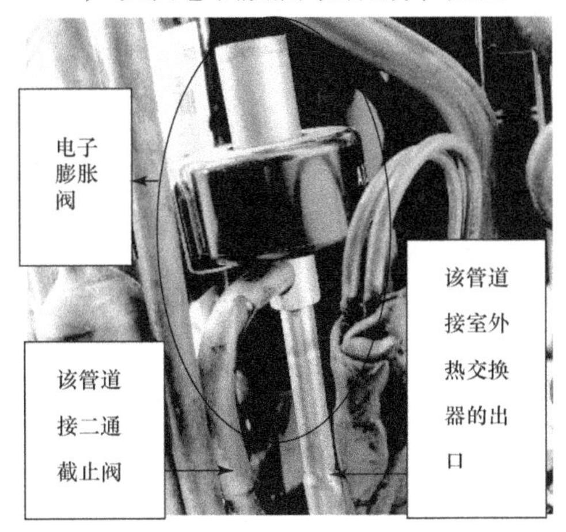

a）电子膨胀阀

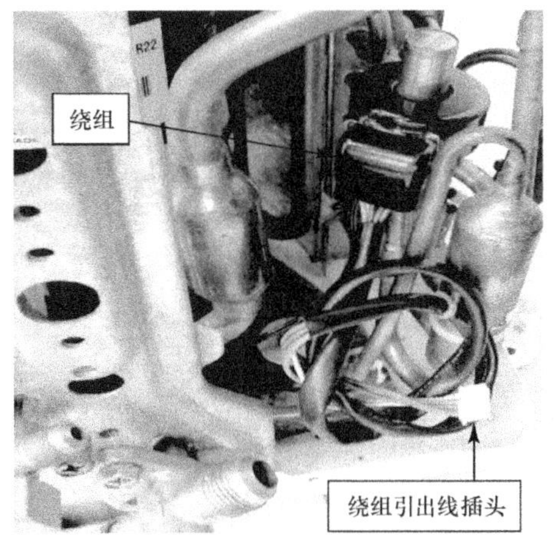

b）电子膨胀阀的脉冲电动机绕组1

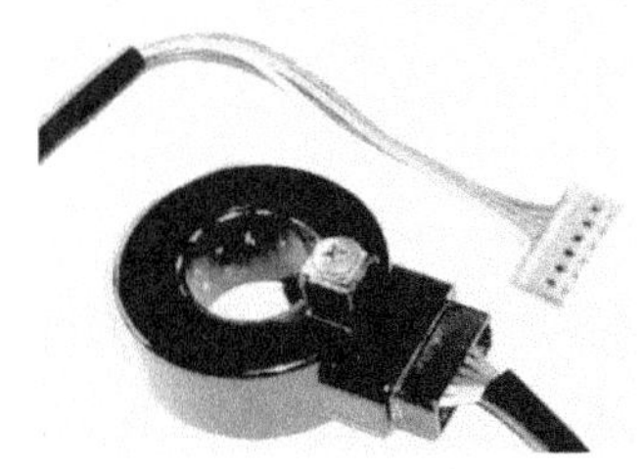

c）电子膨胀阀的脉冲电动机绕组2

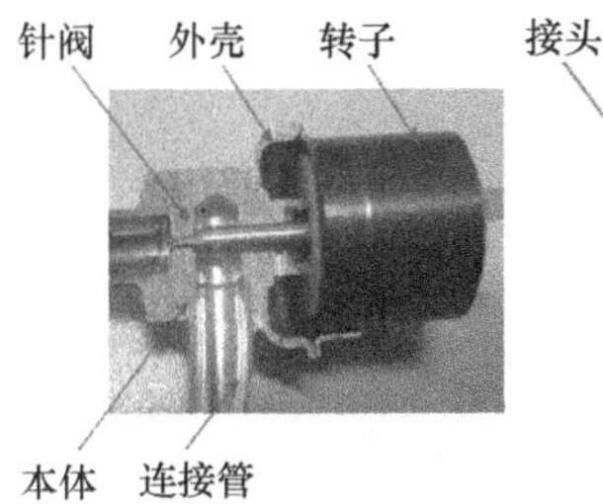

d) 阀体结构1

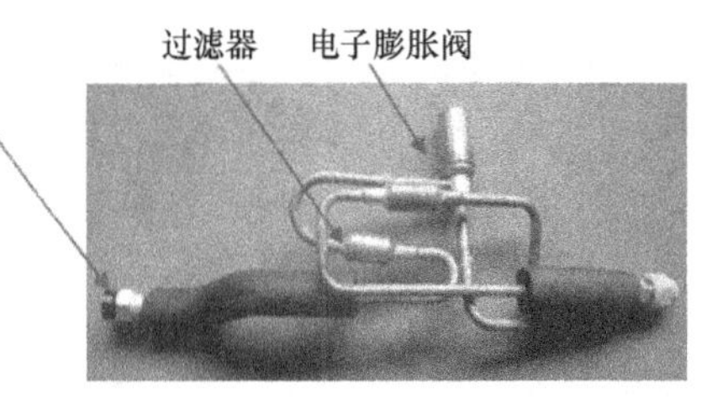

e) 阀体结构2

图11-10　认识电子膨胀阀实物

2. 电子膨胀阀的工作原理

电了膨胀阀由步进电动机、传动机构、阀针和阀体等构成。CPU根据用户的设定温度、工作模式以及温度传感器传来的信号，经运算后生成当前膨胀阀的目标开度，输出控制信号（即一系列的脉冲电压），加在电子膨胀阀的电动机（为脉冲步进电动机）绕组上，电动机按脉冲个数成比例旋转（可正转、反转），通过减速机构，带动膨胀阀的阀针上移或下移，从而改变阀的流通截面积，达到精确调节制冷剂流量和压力的目的。阀体最大开度和最小开度由相应限位机构控制。可以说，它是高低压侧的“分界线”。制冷剂的流动方向可逆。它克服了采用毛细管节流时自动调节制冷剂流量能力差的缺点，常用于变频空调器以及由一台室外机带动多台室内机（即“一拖多”）的空调器上。采用电子膨胀阀后，在制热模式，化霜时不需要停机，而是将压缩机排气的大部分热量供给室内，少部分送到室外热交换器，为热交换器加热，使热交换器上的冰霜化掉，实现不停机化霜功能。

3. 电子膨胀阀的控制模式

了解电子膨胀阀的控制模式，对判断和检测电子膨胀阀的故障有一定的帮助。例如，海信空调器（部分）制热模式时的电子膨胀阀的控制模式如下：

1）上电复位控制。首次上电后，膨胀阀复位，将电子膨胀阀全部打开（全开位置）。

2）初期控制。初期控制是指压缩机停机后再次起动的一段时间内对电子膨胀阀的控制，这可分为两种情况：首次上电和强制停机后的初期控制。初期控制阶段电子膨胀阀的开度为定值，在压缩机等其他执行器件运行之前，将膨胀阀的开度调节到初始开度。初始开度由开机时压缩机的目标频率来决定。

3）在完成初期控制后，便根据室外温度和压缩机的运行频率来确定目标排气温度，根据此排气温度来控制膨胀阀的开度。

4）停机控制。可分为自动停机和强制停机两种：①自动停机的控制是指非遥控关机的情况（如温度超出工作范围、保护停机等）。这种情况膨胀阀的开度维持原有的位置和状态不变，开机后按初期控制方案确定开度。②强制停机控制是指遥控停机或模式切换导致的压缩机停机。此时电子膨胀阀全开、复位。

不同厂家芯片内的控制程序不一定相同，因而电子膨胀阀的控制模式有一定的差别。

4. 电子膨胀阀的故障表现

引起空调器系统中节流不畅的主要原因在于电子膨胀阀失效，主要有以下几点：

1）电子膨胀阀线圈引线断或者接插件松脱。

2）电子膨胀阀线圈未卡到位。

3）电子膨胀阀线圈部分损坏，电阻异常，导致调节失效。

4）空调器系统主板故障，输出有误。

5）电子膨胀阀阀体被杂质卡滞，不能正常转动。

6）电子膨胀阀管路或本体泄漏。

7）电子膨胀阀阀体部分碰撞，转子部分被卡住。

5. 电子膨胀阀故障检修流程

（1）按流程分析与检修

怀疑电子膨胀阀故障引起制冷、制热效果差，首先检测各温度传感器是否正常，各热交换器的换热条件是否良好，然后再按照操作先易后难的顺序进行分析及检测，其流程如图 11-11 所示。

（2）采用电子膨胀阀检修修复器进行检测与维修

为了快速方便地判断、检修电子膨胀阀的相关故障，可以使用专用的检测修复器。电子膨胀阀检测修复器的品牌、型号很多，一般都具有故障检测、手动调阀、自动修复三大功能。某检测修复器（示例）及关键特征部位如图 11-12 所示。

1）故障检测功能。可以用修复器现场判断是电子膨胀阀驱动电路故障还是阀体故障，避免判断失误造成拆阀、换阀、抽真空、充制冷剂等操作。

2）手动调阀功能。在空调器维修或组装时，由于空调器处于关机状态，给抽真空和充注制冷剂造成了一些不便，通过手动调阀功能，可以方便地将阀打开到任意开度。当空调器主板驱动膨胀阀的电路出现故障后，也可以用该手动调阀功能将阀调节到合适的开度，然后拔下电子膨胀阀线圈插头，电子膨胀阀将保持当前的开度，变成了固定节流部件，机组可以运行。

3）自动修复功能。电子膨胀阀堵死、打不开、关不死的故障较为常见。可以通过修复器的自动修复功能，直接在空调器上修复（修复进入自动修复逻辑，强制驱动电子膨胀阀进行全开、全关操作，驱动电子膨胀阀体摆脱卡死位置，根据卡死的程度不同可以重复进行修复操作，逐步

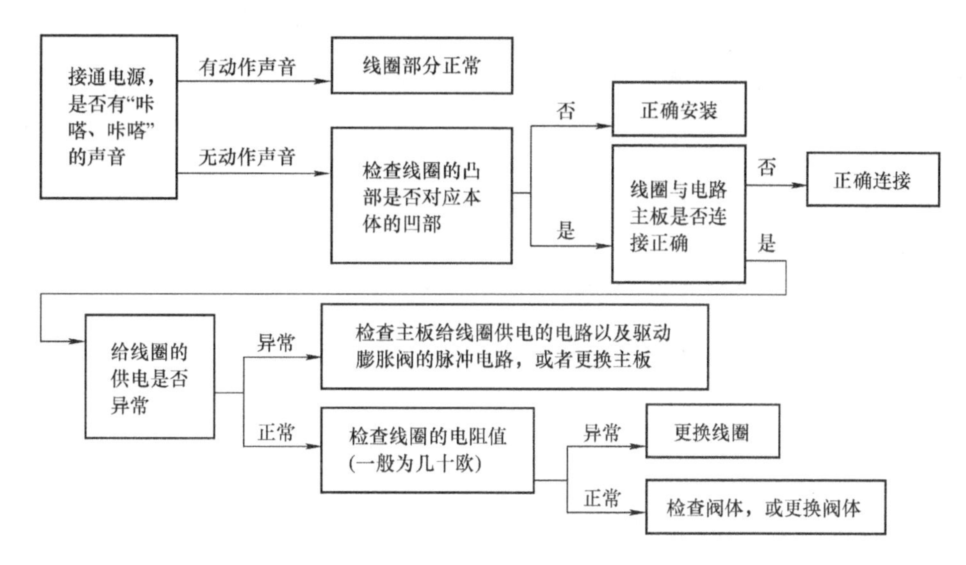

图11-11　电子膨胀阀线圈的故障分析及处理流程

图11-12　电子膨胀阀检测修复器（示例）

让阀体摆脱卡死状态）。不过，对堵死严重的膨胀阀在空调器上修复不了，需拆下后，注入除锈剂，再启动修复过程。

具体的使用方法详见产品使用说明书。

6. 电子膨胀阀在维修和使用中的注意事项

1）不同品牌电子膨胀阀阀体和线圈不能混用，否则会引起调节失效。

2）电子膨胀阀的额定电压和输入电压必须一致，否则会引起线圈烧坏（冒烟、着火）、动作不良等现象。

3）不要手提线圈的导线部分，可能会导致断线。

4）不要对本体部分的不锈钢外壳和焊接部位施加外部压力（碰撞），否则会引起限位机构卡死或泄漏，要保持轻拿轻放。

5）钎焊时，必须将线圈拆卸，并用湿毛巾包裹本体或放入水中，保持阀体在120°以下，要防止水进入阀体的内部，由于冰冻或生锈会引起动作不良。另外，火焰不要直对本体。

6）焊接前将阀体全开，焊接时向阀体内部充入非活性气体（氮气、二氧化碳等），防止内部产生氧化物。

7）阀体动作过程中线圈会发热，所以不要为线圈保温或在线圈周围放置易燃物，否则可能引起燃烧。

8）焊接完成后，必须将管内杂物清除。使用时，按要求在入口和出口侧安装110目以上的过滤网。

9）安装线圈时，要垂直插入本体的外壳，线圈托架的凸部必须完全进入本体外壳的凹部。

11.3.3 认识各类传感器

变频空调器的传感器比定频空调器多。室外机传感器的认识如图11-13所示。

检测方法：这些温度传感器都是负温度系数热敏电阻。其原理和检测方法与前面学过的定频空调器的温度传感器一样。

①认识室外机盘管的温度传感器（安装在室外热交换器的盘管上，其作用是将热交换器表面的温度转化为电信号，传给CPU）

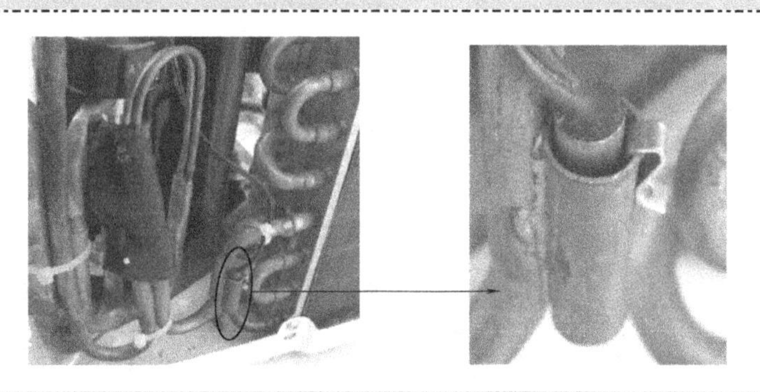

作用：a）制热时用于室外机除霜；b）制冷（或制热）时用于过热保护（或防冻保护）

②认识压缩机排气温度传感器（安装在排气管上，其作用是将压缩机的排气温度转化为电信号，传给CPU）

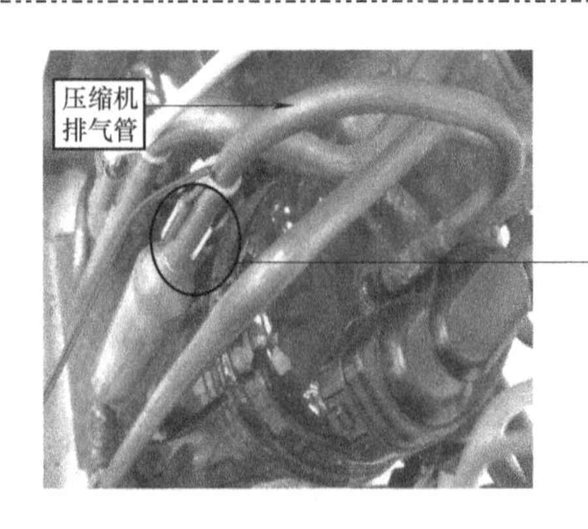

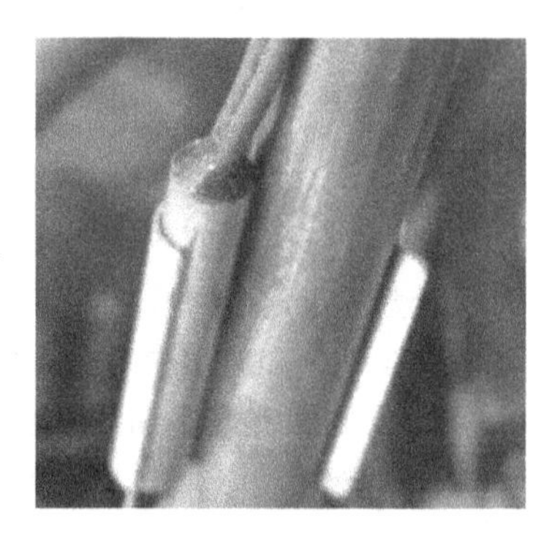

作用：a）压缩机排气管温度过高时系统自动进行保护；b）在变频空调器中用于控制电子膨胀阀开启度以及压缩机运转频率的升降

图11-13　认识各类温度传感器

③ 认识压缩机的吸气温度传感器（安装在吸气管上，其作用是将压缩机的吸气温度转化为电信号，传给CPU）

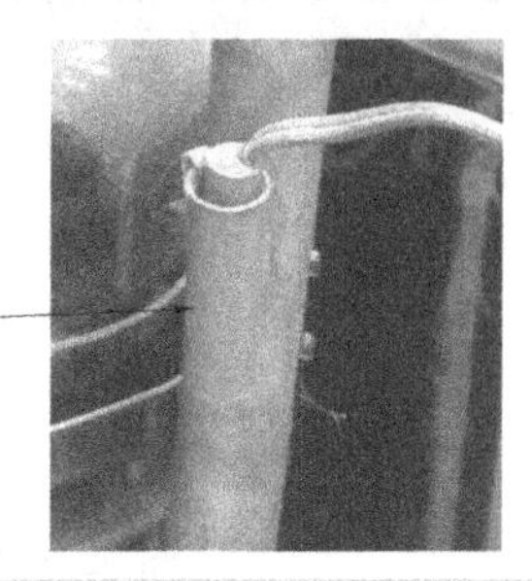

作用：与排气温度传感器共同用于控制电子膨胀阀开启度以及压缩机运转频率的升降

图11-13　认识各类温度传感器（续）

11.3.4　认识扼流圈

扼流圈（实质是电感）的作用是滤波、消除干扰。

1）拆下两颗固定螺钉，取下扼流圈，如图11-14a所示。

2）观察扼流圈的结构，如图11-14b所示。

a)

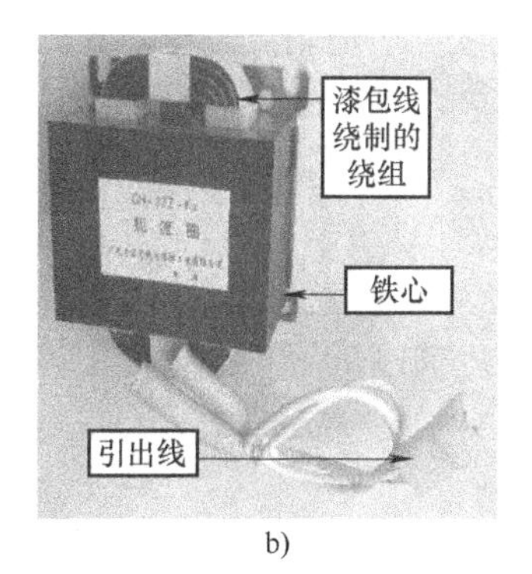

b)

图11-14　认识扼流圈

11.3.5　认识直流变频压缩机（见图11-15）

① 观察压缩机的整体外观

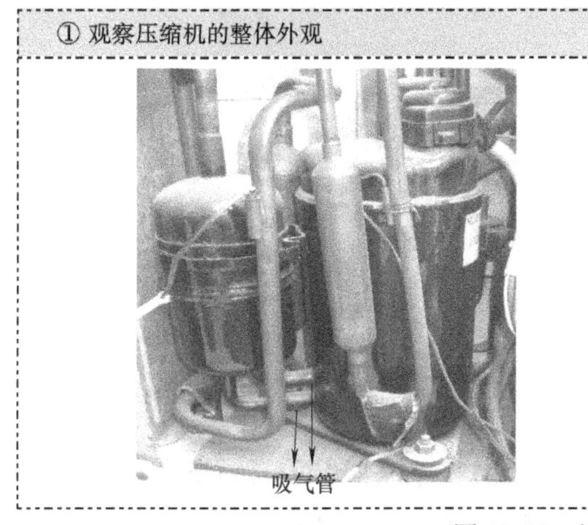

② 拆下压缩机接线柱的保护盖（用一字螺丝刀向上轻轻撬开卡子，用手向上取下保护盖）

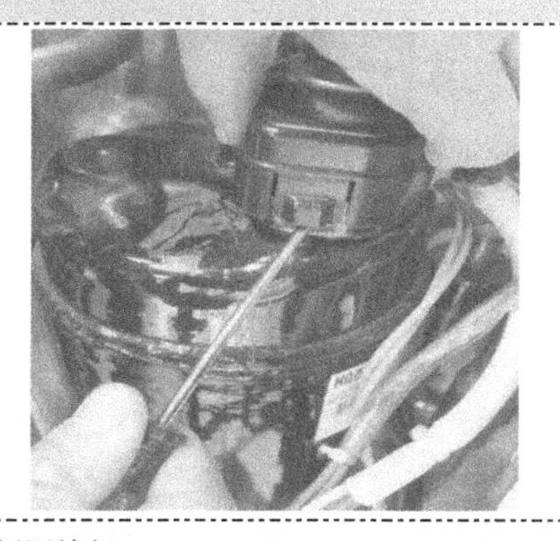

图11-15　认识直流变频压缩机

③ 拆下、认识热保护器

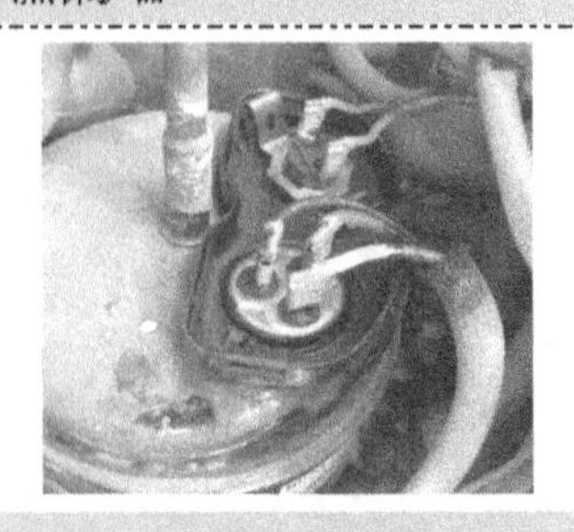

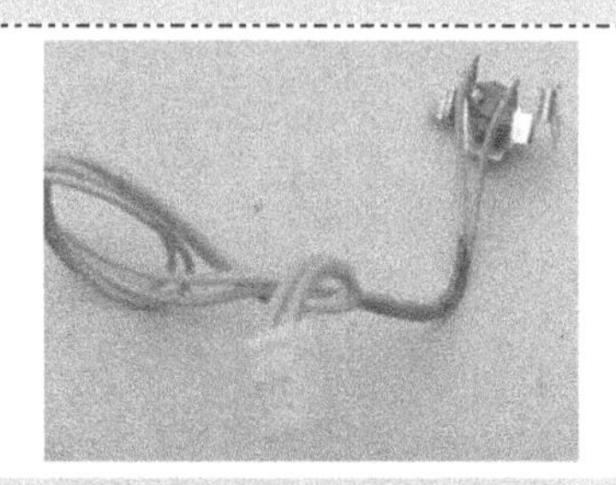

说明：压缩机表面的温度达到一定程度，热保护器里面的双金属片动作，触点分开，两端呈断路状态，此信息传给CPU，CPU输出控制信号，停机保护

图 11-15 认识直流变频压缩机（续）

11.3.6 直流风扇电动机的拆卸、原理与检测

直流变频空调器室外机风机采用直流风扇电动机（无刷直流电动机），其拆卸方法与定频空调器相同。拆下的实物如图 11-16 所示。

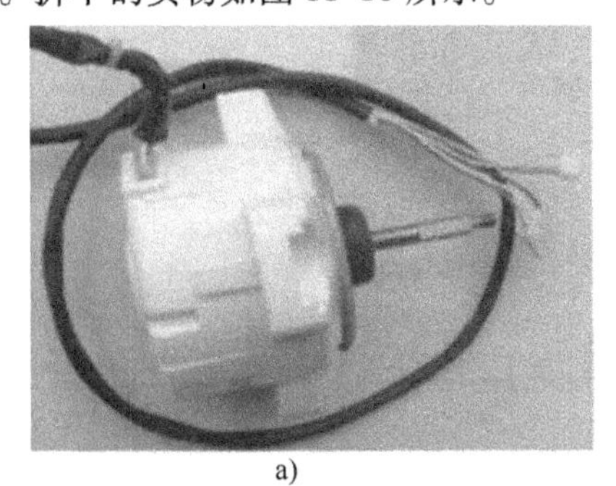

a)

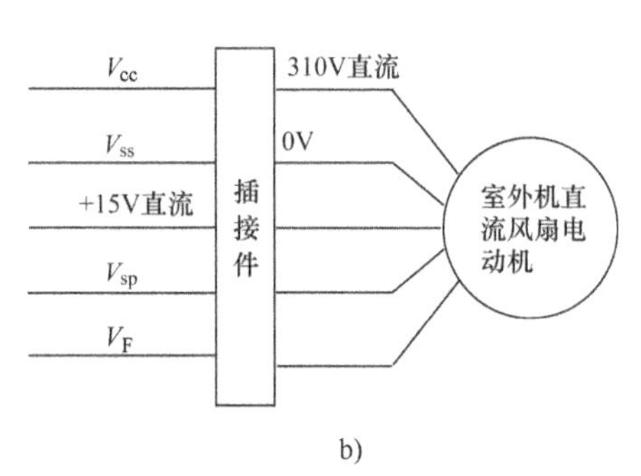

b)

图 11-16 室外机直流风扇电动机的实物和接线图

1. 工作原理

风扇无刷直流电动机的驱动板设置在电动机内部，如图 11-17 所示。

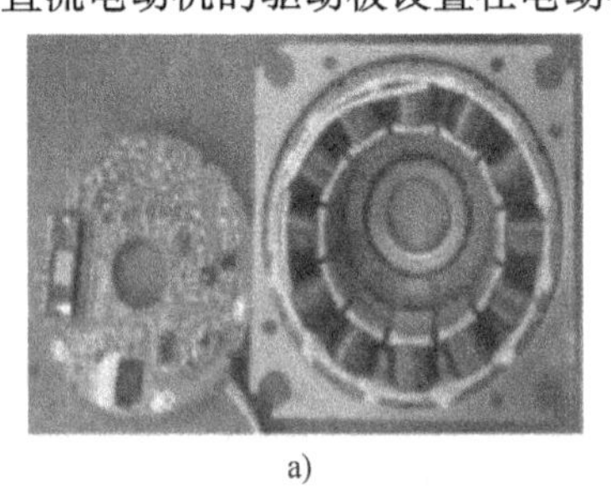

a)

b)

图 11-17 无刷直流电动机的驱动板、定子绕组、永磁转子

直流风机的驱动用到两信号：一路是输出的 PWM 信号，用来控制风机的转动，根据目标转速给定 PWM 占空比值，PWM 占空比值越高，风机转速越快。另一路是风机转速反馈信号。例如海信的部分空调器风机每旋转一圈反馈 12 个高电平脉冲信号（对于不同品牌产品，该脉冲的个数不一样，例如格力空调无刷直流风机反馈脉冲个数是 4 每转 4 个），CPU 通过计算两个脉冲

之间的时间来计算当前的实际转速。调速时，根据目标转速和实际测得风机转速的差值来改变PWM脉冲的占空比，实现调速。当目标转速不为0，但在125s内检测不到反馈信号时，则判定风机堵转，显示故障代码。

室外机直流风扇电动机的工作原理与直流变频压缩机基本相同，不同处是将PWM波形形成电路设置在电动机内部。V_{cc}为由高压直流供电部分提供的直流电源，供风扇电动机绕组工作使用，为311V左右，由于用户电源电压有高有低，因而V_{cc}实际在200～375V之间。V_{ss}为接地（直流电的负极）电压。+15V直流电压为风机内电路板的工作电源电压。V_{sp}为风机转速控制信号。室外机CPU发出的风扇电动机风速控制信号为+5V的脉冲数字信号，经过转换电路转换成最大电压为0～6.5V的电压，即V_{sp}，控制电动机内电路板工作，产生直流电动机运转所需的PWM电压波形。V_F即风速反馈信号，脉冲幅值为+15V，因为主控板芯片工作电压为+5V，所以需在电路板上将其转换成+5V的信号后，才能供给CPU以检测室外风机转速。由于采用了闭环控制，风机转速很稳定。

2. 检测

空调器直流风机的故障可分为内部原因和外部原因：内部原因有线圈断路、短路、内置驱动板损坏；外部原因有主板损坏、电压保护等 。有以下两种检测方法：

1）测量法。开机后，测各引线（转速反馈引线除外）的电压，若电压正常，而风扇电动机不转，则说明直流风扇电动机损坏。

2）运转法。采用直流电源，对风机的引出线加上相应的直流电压，观察风机的运行情况。开启时按以下顺序进行：①V_{sp}调到0V；②+15V直流电源接入电动机；③V_{cc}直流（300V）接入电动机；④调节V_{sp}电压，看转速能否上升到希望值。

11.4　室内机的拆卸及相关部件认识

1）拆下机壳，找到室内机电气控制板与各器件之间的接线图所在位置，如图11-18所示。

图11-18　室内机电气控制板与各器件之间的接线图所在位置

2）认识室内机电气控制板与各器件之间的接线图，如图11-19所示。与室外机接线图一样，利用该图可以快速找到、认识各部件实物，并找到相关测试点。

3）拆卸、认识电子集尘器，如图11-20所示。有些空调器的过滤网采用了静电处理技术，对空气中的烟尘、花粉、化学物质等有害物质具有较强的清除作用。

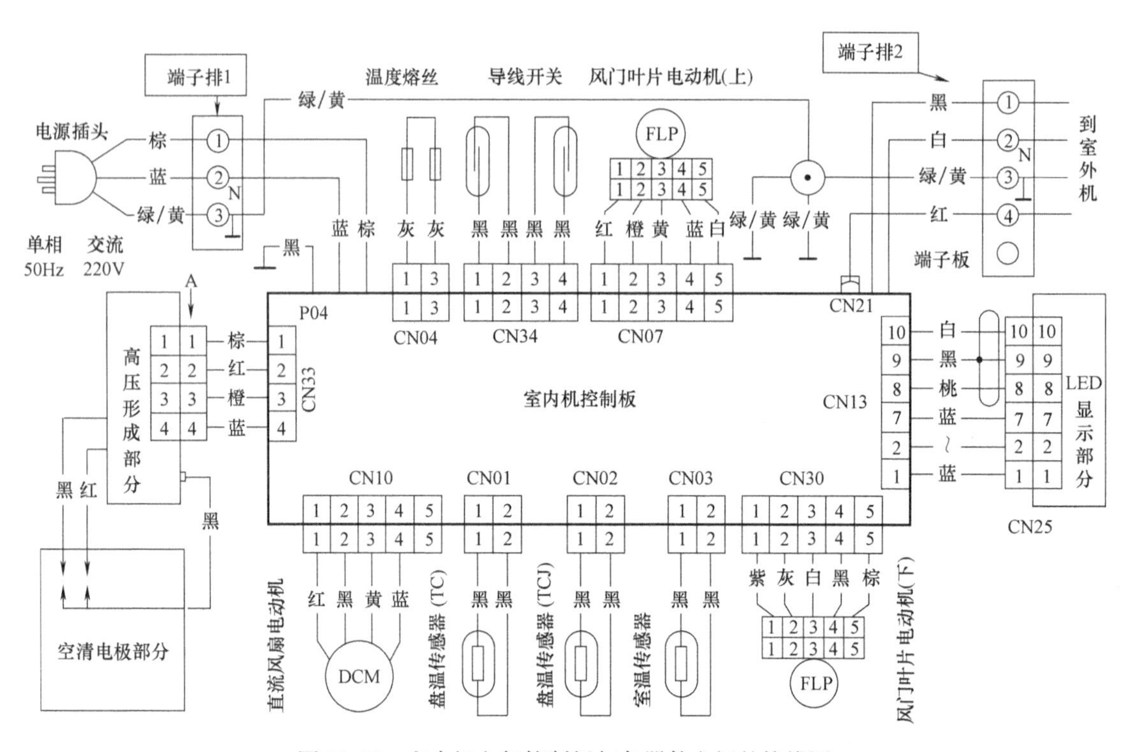

图 11-19　室内机电气控制板与各器件之间的接线图

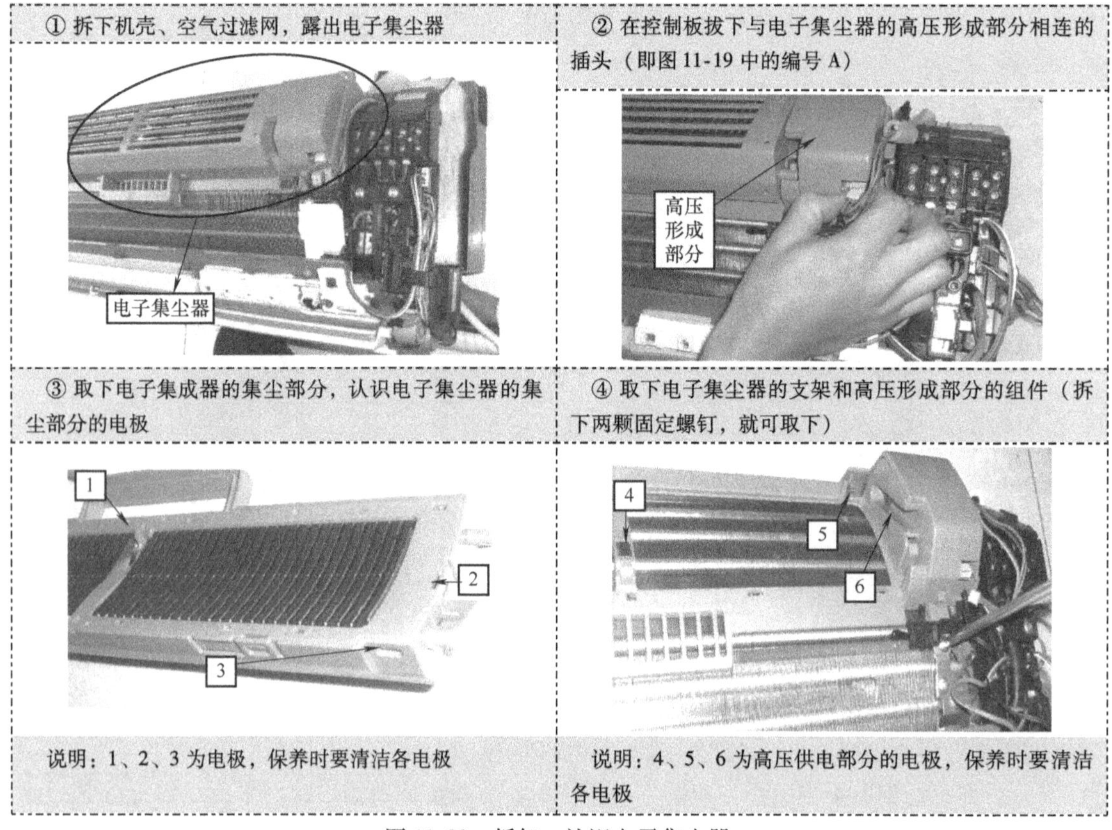

图 11-20　拆卸、认识电子集尘器

4）电气控制板的拆卸和相关部件认识：

① 拆下红外接收头和指示灯组件（通过图11-19中的插接件CN25插在电路板上）；

② 拆下接线端子［即图11-19中端子排2上的导线和搭铁线（地线）］；

③ 拆下室内热交换器进、出口的管温感温探头、室温感温探头（即盘温传感器、室温传感器，通过图11-19中的插接件CN01、CN02和CN03插在控制板上）；

④ 拆下两个摆风电动机的固定螺钉（或拔下电动机在电路板上的插头，即图11-19中的CN07和CN30）；

⑤ 拔下控制板的所有插头，取下电气盒（控制板装在金属盒内），如图11-21所示；

⑥ 拆下接线柱，松开有关卡扣，从电气盒中取出电气控制板，如图11-22所示。

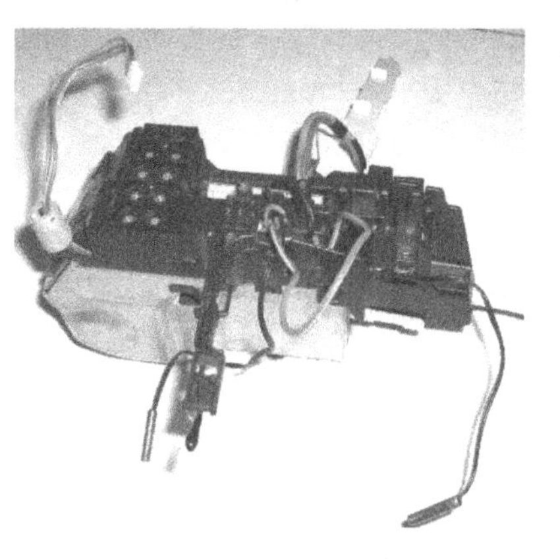

图11-21　室内机电气盒

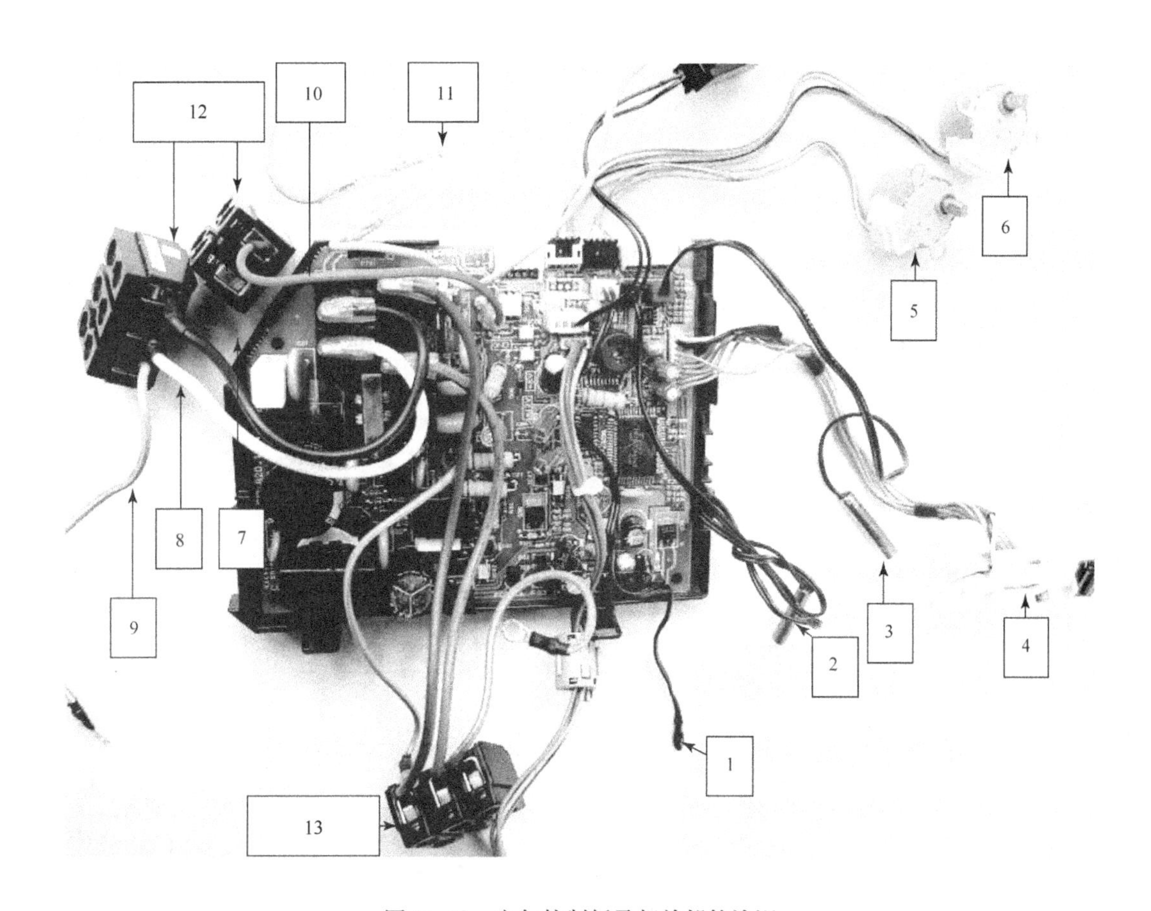

图11-22　电气控制板及相关部件认识

说明：可将该图与图11-19对比认识，可迅速找到、认识各元器件。图中各编号的元器件的名称和作用见表11-3。

表 11-3　变频空调器室内机电气控制板（见图 11-22）各元器件的认识

图中编号	名　称	说　明
1	室温传感器	安装在空调器室内机的空气吸入口，采集空气温度值，送给 CPU 处理，决定起停机（对定频空调器来说）或变频（对变频空调器来说）。变频空调器根据设定的工作温度和室内温度的差值进行变频调速，差值越大，压缩机的工作频率越高，因此压缩机刚起动后转速提升很快
2、3	热交换器管温传感器	位于热交换器的进、出口。起保护作用，如室内盘管制冷过冷（低于 +3℃）保护检测，制冷缺乏检测，制热防冷风吹出、过热保护检测。变频空调器还通过该传感器来控制压缩机的转速（变频）
4	红外接收头和显示器件的组件	功能和作用与定频空调器相同
5、6	上、下风门叶片的驱动电动机（即摆风电动机）	为步进电动机，与定频空调器相同
7、8	给室外机供电的相线和零线	由室内机 CPU 控制继电器触点的接通或断开来给室外机供电或断电
9	接地线（搭铁线）	将室内、外机的金属外壳接通，再可靠接地
10	室内机和室外机通信的导线	通信线非常重要，接触不良会带来很多奇怪的故障
11	熔丝	
12	端子排 1	为给室外机供电的相线和零线以及室内、外机通信线的接线端子
13	端子排 2	给空调器提供市电的接线端子

知识链接

变频空调器的工作模式：变频空调器的控制模式与定频空调器有很多不同。检修时，须对这些模式有一定的了解。下面以某 1.5P 交流变频壁挂式空调器为例讲述。其他品牌、机型的控制模式与此机基本相同。

1. 变频空调器的控制模式（见表 11-4）

表 11-4　变频空调器的控制模式

名　称	说　明
自动模式	用遥控器将空调器的运行模式设置为自动模式后，空调器的 CPU 根据室内温度传感器检测到的温度来确定自动控制空调器是工作在制冷模式，还是制热模式。当室内温度高于设定的温度时，进入制冷模式；当室内温度低于设定温度时，进入制热模式。工作模式确定后，30min 内不可切换
制冷模式	四通阀处于断电状态 当风速设为“自动”时，室内风机的转速可根据设定温度与室温差值的改变而改变 为了便于维修变频空调器，变频空调器通常具有标准实验制冷模式。进入的方法是，每秒按遥控器的“高效”键 2 次，经多次（超过 6 次）按“高效”键就可以进入标准实验制冷模式。进入该模式后，压缩机的工作频率固定不变，室内风扇电动机、室外风扇电动机的转速都为高速。进入该模式后，若微处理器连续 4s 检测到室内盘管温度低于 -1℃，会控制压缩机停止工作，并通过显示屏或指示灯提示室内盘管冻结或过冷

（续）

名　　称	说　　明
制热模式	四通阀处于通电状态 压缩机开始运转后，至少运转5min才可以切换运转模式 在制热模式下，变频空调器设有防止冷风的功能 空调器起动时，室内风机不立即起动，当热交换器温度大于28℃但小于38℃时，室内风机以微风运转；当室内机管温大于38℃或运转4min后，风机才以设定风速运转。当室内机管温降到23℃以下时，室内风机停机。空调器关机时，压缩机停止后，室外四通阀延时1min后断电，室内风机延时运转40s后关断，吹出盘管的剩余热量。空调器运行过程中，达到设定温度时压缩机停机40s后，室内风机停机。当室内盘管温度大于70℃时，压缩机停止运转；当室内盘管温度大于60℃但小于70℃时，室外风速转为低速风，压缩机降频运转；当室内盘管温度大于56℃但小于60℃时，CPU禁止压缩机的频率上升
除湿模式	在设定为除湿模式后，CPU根据室温和设定温度的差值决定运转方式： ① 当室温比设定温度高出2℃时，按制冷模式运转 ② 当室温比设定温度高但温差不超过2℃时，进入除湿模式。此时，压缩机以低频和高频两个频率交替运行，低频运转10min，高频运转6min。室外风机按以下控制运转：a）当室外环境温度大于28℃时，高速旋转；b）当室外环境温度小于28℃且冷凝温度大于40℃时，高速旋转；c）当室外环境温度大于28℃但小于40℃，且冷凝器温度大于等于35℃时，中速旋转；d）当室外环境温度小于28℃时，低速旋转
除霜模式	空调器必须在制热模式运转持续30min以上，或运转时室外盘管温度－室外温度小于7℃并持续5min后，才可以进入除霜模式。除霜的过程如下： 压缩机、室外风扇电机停止→50s后四通阀失电（此时为制冷模式）→5s后压缩机起动→当室外盘管温度>12℃或压缩机运行超过6min后→压缩机停止运行→30s后四通阀得电→5s后起动压缩机→3s后开室外风机→除霜结束

2. 变频空调器的保护模式

当空调器出现故障或过载时，CPU收到由监测电路传来的故障信息后，输出控制信号，使空调器停机或降频运转，并将故障内容用代码形式显示出来，便于检修。某变频空调器的保护模式见表11-5，其他品牌的与此基本相同。

表11-5　变频空调器的保护模式

名　　称	作　　用	说　　明
过载保护	制热时，为防止室内热交换器的盘管温度过高	当压缩机连续运转10min后，当室内盘管温度≥70℃时，压缩机停止运转；当60℃≤室内盘管温度<70℃时，室外风速转为低速风，压缩机降频运转；当56℃≤室内盘管温度<60℃时，禁止压缩机的频率上升
压缩机排气温度保护	对压缩机排气温度进行控制（因为排气温度过高会损坏压缩机）	当压缩机的排气温度≥104℃时，压缩机降频运转；当排气温度≥110℃时，停机保护
室外机除霜保护	制热时，将室外机热交换器表面的霜化掉，提高热交换器的换热效率	除霜时，压缩机最大运行频率为90Hz，时间为3～8min。除霜时，空调器将切换到制冷状态，室内、外风机停转。当室外盘管温度>12℃或压缩机运行超过6min后，停止除霜
室内蒸发器防冻结保护	制冷时，防止室内蒸发器冻结（若冻结，会影响蒸发器的换热效率）	当5℃<室内盘管温度≤7℃时，CPU禁止压缩机频率上升；当－1℃<室内盘管温度≤5℃时，压缩机频率下降；当室内盘管温度≤－1℃时，压缩机停转，进行故障报警
过电流保护	防止电流过大（一般因短路引起）而损坏电气控制器件	当室外机总电流值超过10A时，压缩机的频率将会降低；当电流值超过12A时，压缩机停机保护；当电流值降到10A以下时，停止降频；当电流值小于9A时，解除电流保护状态
高低压保护	防止电压过高或过低而损坏电气控制器件	由于变频空调器具有高低压补偿功能，空调器运行的供电范围为AC 160～260V。如果空调器电源电压大于260V或者低于160V，空调器将停止运转并进行报警

复习检测题

1. 画图题

① 画出变频空调器控制电路的组成框图（含 CPU、CPU 的输入部分、输出部分及负载等）。

② 画出直流变频空调器控制压缩机运行和调速电路的框图。

2. 问答题

① 变频空调器有哪些运行模式？

② 变频空调器有哪些保护模式？

③ 怎样检测电子膨胀阀？

④ 变频空调器有哪些传感器？各起什么作用？

⑤ 变频空调器与定频空调器相比有哪些不同点？

3. 判断题

① 变频空调器工作电压的频率随温度的变化而变化。（　）

② 所有变频空调器的节流装置全部采用电子膨胀阀。（　）

③ 变频空调器对制冷剂的充入量的准确性要求比较严格。（　）

④ 变频模块受 CPU 的控制。（　）

⑤ 变频空调器电子膨胀阀的开启度受步进电动机的驱动，摆风叶片受直流电动机的驱动。（　）

⑥ 无刷直流电动机的驱动系统必须含转子的位置检测电路。（　）

⑦ 全直流变频空调器就是压缩机采用无刷直流电动机的空调器。（　）

⑧ 变频空调器的各种温度传感器感受的温度信号都传给了 CPU。（　）

⑨ 交、直流变频空调器的压缩机都是三相的。（　）

第12章 变频空调器控制电路及检修

本章导读

变频空调器与定频空调器的最大区别是电气控制系统，而变频空调器的电气控制系统与定频空调器的相比，在交直流供电、CPU的输入（遥控、按键、传感器等）、输出（如控制蜂鸣器、电加热器、交流风机等的工作）电路等方面大体相同，主要区别是，变频空调器设置了对压缩机的变频控制系统；直流电的获得采用了开关电源；自动监测系统更多、更完善；室内机与室外机之间设置了通信电路（而多数定频空调器不需要室内、外机的通信电路）。本章主要介绍这些不同点。通过对本章的学习，可对变频空调器的电气控制系统及检测形成较为完整的认识。

12.1 室内机电路

变频空调器的室内机电路与定频空调器的相比，除设有通信电路外，还有以下不同点：①由于CPU的控制功能增多，控制程序的容量增大，所以很多变频空调器在CPU之外设有存储器；②在直流供电方面，如果采用变压器降压、电容滤波、三端稳压器稳压的方式，则允许的交流市电的电压范围较小，直流电的带负载能力也较差，所以变频空调器采用了开关电源。下面分别详细介绍。

12.1.1 存储器电路

1. 典型电路

变频空调器的外置存储器属于电可擦可编程只读存储器（E^2PROM），它保存数据的时间很长。它不仅存储了CPU正常工作所需的各种数据，还存储了用户操作后CPU发出的各项指令。

存储器型号也有多种，多为8脚集成块，多为双列直插式，也有表面安装式。空调器存储器的典型电路如图12-1所示。93C46存储器各引脚功能见表12-1。

2. 常见故障及检测

存储器损坏的原因一般是电路放电打火使数据丢失，还有直流供电不稳等。

存储器出现故障后，主要表现为整机不工作，或者某个功能不正常，例如风扇转速异常、控制的温度异常等。

对存储器电路的检测，首先测供电脚电压是否正常，若不正常，则检测5V直流的产生电路，若正常，则需检查存储器与CPU之间的连接线路。连接线路若正常，则可代换存储器（注：须用写有数据的存储器），如果代换后仍不正常，则应检测CPU。

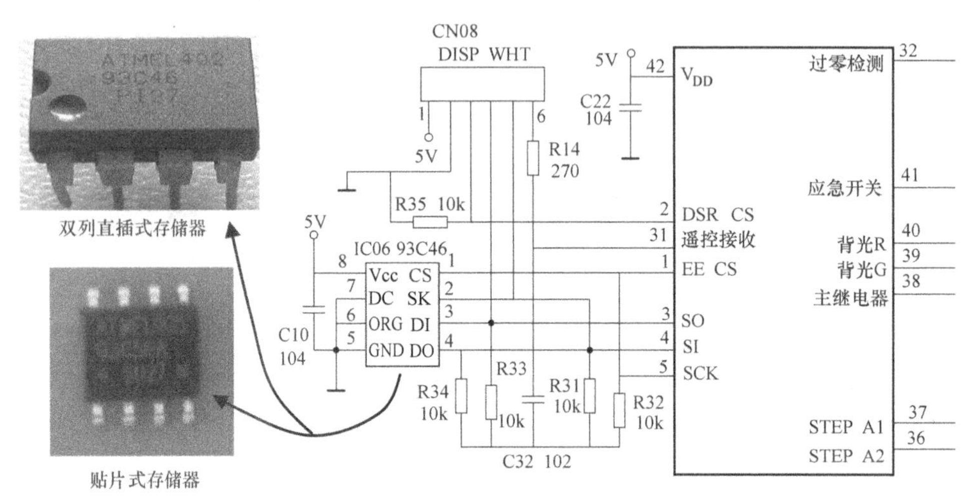

图12-1 变频空调器存储器电路（示例）

表12-1 93C46存储器各引脚功能

引脚号	名　称	功　能	引脚号	名　称	功　能
1	CS	片选信号输入（低电平有效）	5	GND	接地
2	SK	时钟信号输入（低电平有效）	6	ORG	存储器结构选择（当6脚接地后，存储器为8位数据；当6脚悬空时，存储器为16位数据）
3	DI	串行信号输入	7	DC	状态控制，可接地，也可通过上拉电阻接供电
4	DO	串行信号输出	8	V_{CC}	供电

12.1.2 开关电源

变频空调器采用的开关电源有由分立元件构成的自激式和由电源模块构成的他激式两种。

1. 分立元件构成的自激式开关电源

（1）原理图

变频空调器采用的自激式开关电源一般采用分立元件，如图12-2所示。

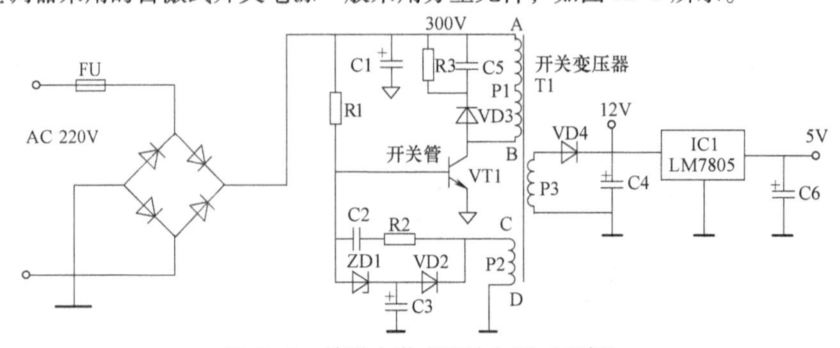

图12-2 并联自激式开关电源（示例）

（2）关键器件

自激式开关电源的关键器件有开关变压器（为高频变压器）和开关管，如图 12-3 所示。

原理图解释：

a) 开关变压器

b) 开关管（场效应晶体管）

图 12-3　开关变压器和开关管

工作（起振）过程：220V 交流电经桥式整流、电容 C1 滤波后产生 300V 直流电，一路经开关变压器的一次绕组加至开关管的集电极，另一路经起动电阻 R1 限流后为开关管 VT1 的基极（B）提供起动电压→VT1 导通，集电极有电流通过，使 P1 的绕组产生上（A 端）正、下（B 端）负的感应电动势，正反馈绕组 P2 产生上（C 端）正、下（即 D 端）负的脉冲，经过 R2、C2 加到 VT1 的基极→VT1 迅速进入饱和状态，开关变压器 T1 存储能量→VT1 由于饱和，集电极电流不再增大，T1 的绕组 P1 产生下正、上负的电动势，使 P2 也产生下正、上负的电动势，经过 R2、C2 加到 VT1 的基极→ VT1 迅速截止，T1 存储的能量经过整流、滤波后向负载释放。随着 T1 能量释放到一定程度，T1 各绕组产生的电动势又反向→P2 产生的脉冲电压又使 VT1 饱和导通，这样周期性地循环，形成自激振荡。T1 二次侧产生的交变电压经整流滤波后，形成 12V 的直流电压，传至三端稳压器或给继电器的线圈供电。

稳压过程：当市电不稳或负载变化后→引起 T1 各个绕组的电压相应变化→绕组 P2 变化的脉冲电压经 VD2 整流、C3 滤波获得的取样电压（对输出电压的监控）也相应地变化→使稳压管 ZD1 的击穿导通程度变化→为开关管 VT1 的基极提供的电压发生变化→改变了 VT1 的导通时间，从而改变了输出电压，使之稳定。

（3）常见故障（见表 12-2）

表 12-2　分立自激式开关电源常见故障

故障现象	可能的原因（部位）	检测方法	说　明
开关电源无输出（熔丝 FU 烧断）	整流二极管、开关管 VT1、滤波电容 C1 击穿	用指针万用表的 R×1 档测开关管集电极 C（或漏极 D）与发射极 E（或源极 S）间的电阻，正常值在几千欧以上，若很小，说明开关管或滤波电容击穿；若正常，说明开关管和滤波电容正常，整流二极管击穿	① 若开关管击穿，应同时检测由 VD3、C5、R3 构成的尖峰电压吸收电路（也叫浪涌电压吸收电路）和误差取样电路中的 C3、VD2、ZD1，以免更换的开关管再次损坏 ② 即使在断电后，C1 两端仍可能存储有一定的电能，所以检修时要将其放电
开关电源无输出（熔丝 FU 完好）	起动电阻 R1 开路，导致 VT1 无起动电压，不能进入振动状态；开关管、开关变压器等有引脚脱焊、虚焊等	首先听开关变压器是否有高频叫声，若有，说明开关电源已起振，只是振荡频率较低，应检测 VD4、VD3 是否击穿，C5 是否漏电，C2、R2 是否开路等；若没有，说明开关电源没有起振，则应检测开关管是否完好，300V 电压的形成电路、开关管上是否有 300V 电压，以及振荡信号环路的元器件，如 R2、C2 和开关变压器	
输出电压高或低	稳压环路故障	将 C3、C2 拆下，用电容表或数字万用表的电容档检测其容量是否下降或失容；在路检测稳压管 ZD1 和电阻 R2 是否正常	

2. 由电源模块构成的他激式开关电源

（1）原理图

由电源模块构成的他激式开关电源如图 12-4 所示。

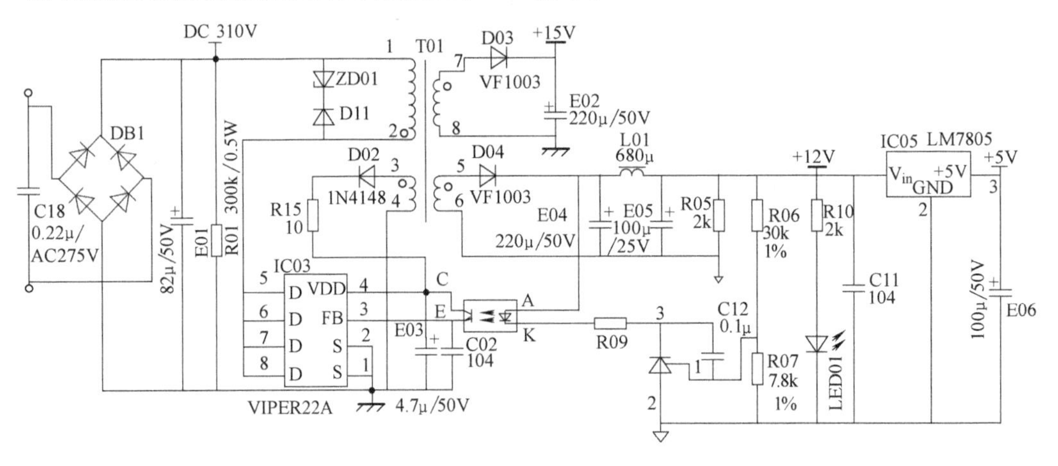

图 12-4　由电源模块构成的他激式开关电源

（2）关键器件

本节只介绍在前面章节中没有出现过的新器件。

1）TL431 三端误差放大器

TL431 三端误差放大器有 8 脚和 3 脚两种封装形式，其实物、等效电路和电路符号如图 12-5 所示。

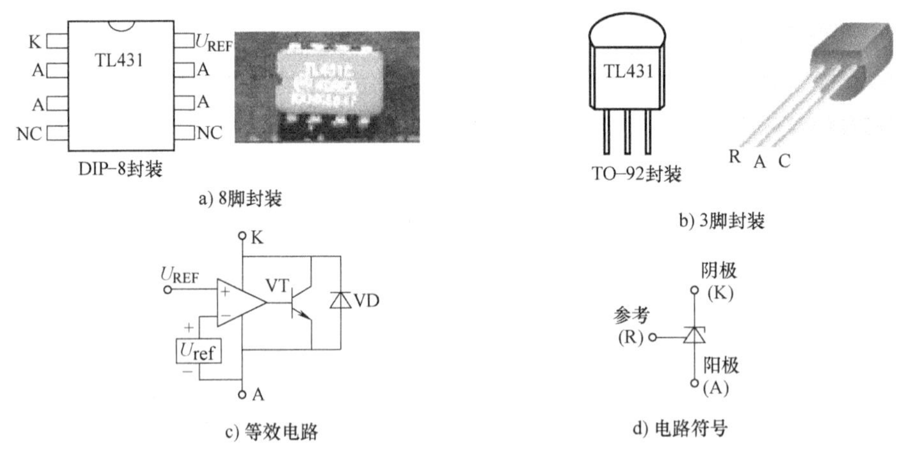

图 12-5　TL431 实物、等效电路和电路符号

阳极 A 在使用中需接地，阴极 K 需经限流电阻接正电源，参考极 R 外接电阻分压器取得的取样电压。

该器件内的电压比较器同相输入端接从电阻分压器上得到的取样电压（即 U_{REF}），反相输入端接内部 2.5V 基准电压 U_{ref}。电压正常的情况下，$U_{REF}=U_{ref}$，取样电压升高（由开关电源的输出电压升高引起）时，$U_{REF}>U_{ref}$，比较器输出高电平，使晶体管 VT 导通，输出电压下降。

2）VIPER22A 电源集成电路（模块）

VIPER22A 是一个常用的开关电源模块，其引脚功能如图 12-6 所示。1、2 脚（S）表示该脚

与集成块内部场效应晶体管源极（相当于晶体管的发射极）相连，在使用中通常接地；3 脚（FB）（与内部场效应晶体管的栅极相连）是取样电压输入端；4 脚（VDD）是供电电压端；5～8 脚（D）表示该脚与内部场效应晶体管的漏极（相当于开关晶体管的集电极）相连。

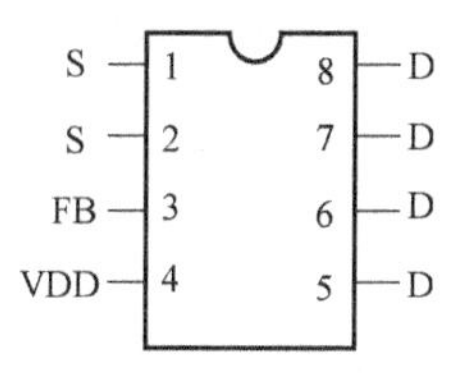

图 12-6　VIPER22A 引脚功能

（3）原理图解释

工作过程：桥式整流、电容滤波形成的 300V 直流电压经开关变压器的一次绕组加到电源模块的 5～8 脚，即为内部的开关管供电，又可使内部的控制电路开始工作。内部的控制电路产生的脉冲信号使开关管工作在开关状态，于是开关电源开始工作。开关变压器各二次绕组有电压输出，经整流可产生所需的各种直流电。

稳压过程：当电压升高时，由取样电路的电阻 R06 和 R07 将一路输出电压分压而产生的取样电压升高，该电压经 TL431 三端误差放大器放大后输出，使光耦 K 端的电压下降，使光耦的光敏器件的导通程度加强，从而使加到电源模块 FB 脚的电压增大，经模块内的控制电路处理，使开关管的导通时间减小，于是输出电压可下降到正常值。

（4）常见故障

由电源模块构成的他激式开关电源常见故障见表 12-3。

表 12-3　由电源模块构成的他激式开关电源常见故障

故障现象	可能的原因（部位）	检测方法	说明
开关电源无输出（熔丝 FU 烧断）	整流二极管、模块内开关管和 300V 滤波电容击穿	与表 12-2 相同	若模块内开关管击穿，应同时检测尖峰电压吸收电路（ZD01、D11 等）和误差取样电路
开关电源无输出（熔丝 FU 完好）	① 从市电输入到模块的接 300V 电压的引脚之间有断路，如开关管、开关变压器等有引脚脱焊、虚焊等 ② 模块内有断路（较少见）	测模块上是否有 300V 电压，若有，则应重点检测模块；若无，则应检测供电通路（300V 的形成及传输通路） 也可灵活应用测电阻的方法	
输出电压高或低		主要检测电源模块、开关变压器二次侧的整流二极管、取样电阻 R06、R07 和稳压环路的其他元器件	

（5）用电源模块修复开关电源

开关电源电路损坏后，如果较难查出故障元器件，或者没有配件更换，也可以用维修彩电开关电源的通用电源模块来快速修复空调器的开关电源。

1）通用电源模块实物。通用电源模块一般有三根（红、黑、蓝或灰）引出线，有一个调节输出电压的电位器，如图 12-7 所示。

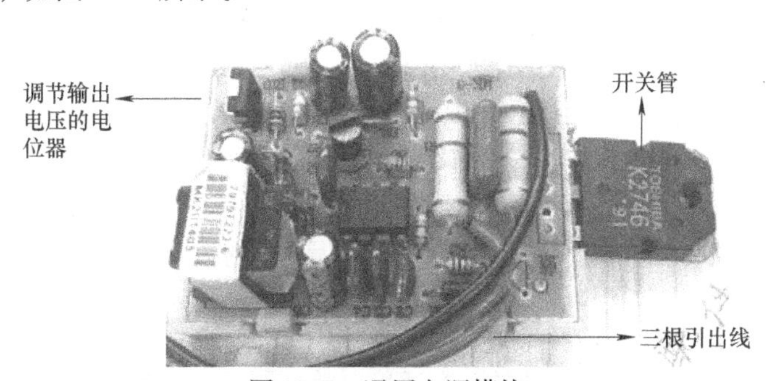

图 12-7　通用电源模块

2）使用方法。使用通用电源模块维修开关电源的方法见表 12-4。

表 12-4　使用通用电源模块维修开关电源的方法

步　骤	操作内容	说　明
1	检测确认原来的开关电源的 +310V 直流电压、开关变压器、开关变压器的整流电路、开关管集电极的尖峰电压吸收电路正常	这是用通用电源模块维修的前提
2	断电，拆除原机的开关管或开关电源模块，在开关电源的一次侧只保留开关管的尖峰电压吸收电路	一次侧只要尖峰电压吸收电路正常，配上通用电源模块后，整个开关电源就能正常工作
3	装上通用电源模块	在通用电源模块的开关管的背后要涂上散热硅脂
4	a）将红线接在原开关管（或电源集成电路）的集电极（或漏极）原来的接入处，这样，直流 +300V 经开关变压器的一次侧后进入通用电源模块 b）黑线接一次侧的地线，即 +310V 的负极 c）蓝线（或灰线）可做好绝缘处理后悬空即可	蓝线（或灰线）在彩电开关电源维修中起作用，而在空调器开关电源维修中不起作用
5	调节输出电位器至初始状态。为了防止开机后开关电源的输出电压过高而损坏元器件，须在开机之前将通用模块上的电位器逆时针旋到初始位置。开机后，再逐渐顺时针转动电位器，同时监测开关电源的输出电压（须监测输出的 +15V 电压，当该电压合适后， +5V 电压可以自适应）	电位器共可转动 30 圈

12.2　室内机与室外机之间的通信电路

变频空调器在室内机和室外机都设有 CPU，它们之间相互传递信息的电路叫通信电路。其作用是，通过通信电路，室内机 CPU 将室内机的运行情况（如保护状态、风机转速、室温、管温等）和室外压缩机的目标转速等信息传给室外机 CPU；室外机 CPU 将反映室外机工作情况的各种信息反馈给室内机，使室内、外机相互配合、协调工作。

12.2.1　典型通信电路

根据通信电路供电电源的取得方式，可将通信电路大致分为以下 3 类。

第 1 类：利用电阻分压、半波整流、稳压管稳压获得 24V 直流电压供电的通信电路（用一根专用的通信线 SI 和零线 N 将室内、外机的通信电路连接起来）。这一电路应用很普遍。

（1）电路图（见图 12-8）

（2）原理解释

1）供电部分：220V 交流电经 R1 和 R2 分压、D1 半波整流、ZD1 稳压、C1 滤波后，得到 24V 直流电压，给通信电路供电。R5 和 R6 为限流电阻，ZD2 在电压异常时，能保护室外机的两只光耦 IC3 和 IC4 在电压异常时不被击穿。

2）特点：不管室内机 CPU，还是室外机 CPU，当它接收信息时，它的发送信息引脚总是输出合适的电平（高电平或低电平），目的是使它的发送光耦导通。

3）当室内机发送、室外机接收信息时，室外机 CPU 的发送信息引脚即图中的 c 脚输出高电平，IC3 始终处于导通状态。当室内机 CPU 的发送信息引脚即图中的 a 脚发送高电平时，IC1 的红外发光二极管导通发光，光敏晶体管的基极端受光后，晶体管导通，室外机 IC4 的发光二极管得到正向电压而导通发光，光敏晶体管导通，室外机 CPU 的 d 脚（即接收信息引脚）得到高电平（原来为低电平），此时通信环路是闭合的，有通信电流。同理，当室内机 CPU 的 a 脚发送低电平

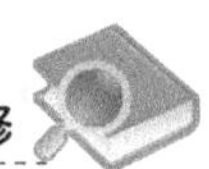

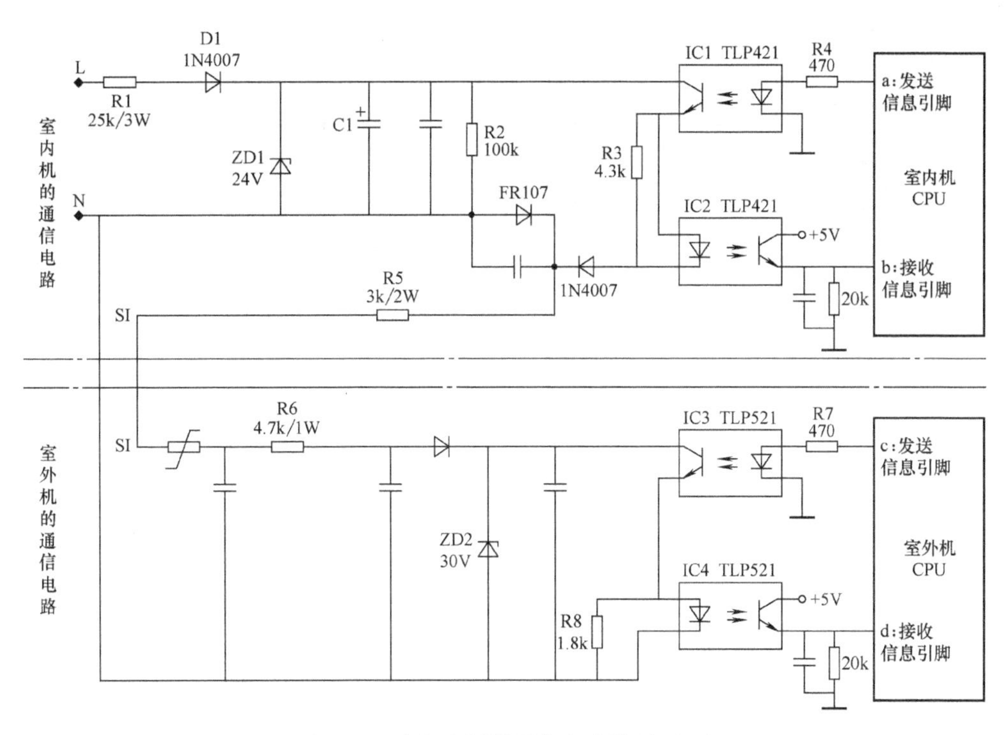

图 12-8　变频空调器通信电路类型（一）

说明：SI 为室内、外机的通信线，L 为相线，N 为零线（也充当了通信线），IC1 和 IC2 为室内机的通信光耦，IC3、IC4 为室外机通信光耦。

时，光耦 IC1 截止，通信环路断开，室外机 CPU 的 d 脚得到低电平。

4）对 24V 直流电压形成的理解：在通信环路闭合时，形成了 24V 直流电压；在通信环路断开时，不能整流形成 24V 直流电压。

室外机发送、室内机接收信息的过程与 3）原理相同。

注意：由于室内、外机通信电路共用了市电零线，所以室内、外机端子板上的相线和零线不能接错。如果接错，通信电路不能工作。

第 2 类：直接使用直流电源供电的通信电路（用两根专用通信线将室内、外机的通信电路连接起来），其电路图如图 12-9 所示。

原理解释：直接使用 15V 或其他电压值的直流电源给通信电路供电，与 220V 交流完全隔离（没有利用零线和相线充当通信线），所以设有两根专用通信线，室内、外机 CPU 的发送信息引脚都与反相器相连，发送的高、低电平经反相器反相后去控制通信光耦的导通和截止，使接收方 CPU 的接收信息引脚接收到由高、低电平组合的信息。

第 3 类：采用相反方向的半波整流电路获得两个大小相等的直流电压供电的双回路通信电路（用通信线 SI、零线 N 和相线 L 将室内、外机的通信电路连接起来），如图 12-10 所示。

原理解释：

1）当交流电处于正半周时，只能由室内机向室外机发送信息。此时 D1、D2 正向导通（D3、D4 截止），经 D1 整流，R1 分压，在 R1 下端的 A 点与零线 N 间得到了 100V 左右的直流电压（A 点相当于正极），为通信电路供电。室内机 CPU 的发送信息引脚发出的高、低电平的组合（信息）控制光耦 IC1 和 IC4 的导通和截止，使室外机 CPU 的信号接收引脚收到高、低电平的组合（信息）。此时通信线 SI 和零线 N 将室内、外机通信电路连接成回路。

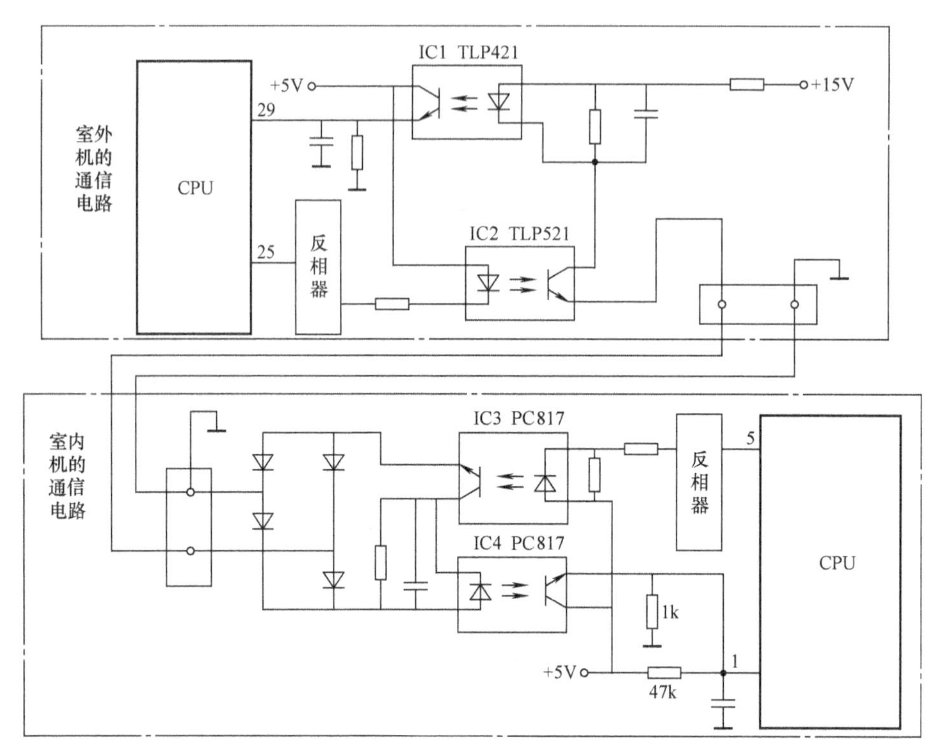

图 12-9　变频空调器通信电路类型（二）

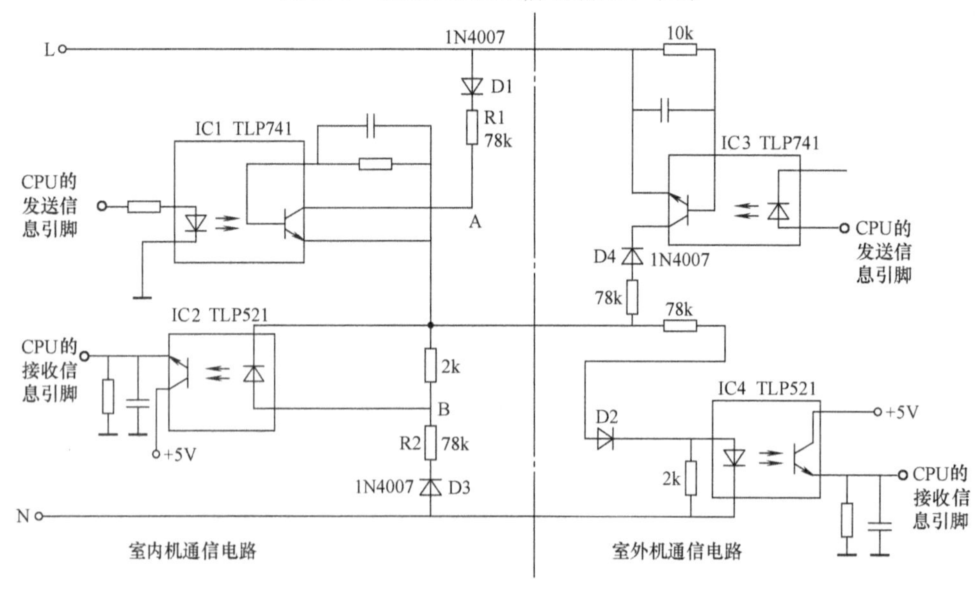

图 12-10　变频空调器通信电路类型（三）

2）当交流电处于负半周时，只能由室外机向室内机发送信息。此时 D3、D4 正向导通（D1、D2 截止），经 D3 整流、R2 降压，在 B 点与相线 L 间得到 100V 左右的直流电压，为通信电路供电。传送信息的过程与前面一样。此时，SI 与 N 将室内、外机的通信电路连接成回路。

12.2.2　通信规则简介

开机后，室内机首先向室外机发送信号后等待接收，如 50ms 仍未收到从室外机返回的信号，

则再发送当前的命令，如果直流变频1min、交流变频2min内未收到对方的应答（或应答错误），则出错报警（显示通信故障），同时发送停机等命令给室外机；室外机未接收到室内机的信号时，则一直等待，不发送信号。

若通信正常，室内机和室外机能收到对方发出的信号，则在收到对方信号并处理完毕50ms后再向对方发出信号。

12.2.3　通信电路的检测与元器件认识

通信电路常见的故障有：①室内、外机通信线的连接点接触不良，焊点脱焊、断开；②电路板上的元器件脱焊、断脚、焊盘出现裂纹等；③通信光耦击穿或开路；④通信电压（直流）形成部分的电解电容器容量下降或断脚、二极管击穿或开路、电阻开路或阻值变大等；⑤CPU的工作条件不具备（CPU不工作，自然不能通信）。下面重点介绍通过对通信电压和通信光耦的测量来判断故障的方法。

项目一：通信线间电压的测量

1. 测量方法

可以使用数字万用表直流电压档或示波器，在室内机或者室外机接线端子排上测量。以使用第1类通信电路的空调器为例，其室内、外机接线端子如图12-11所示。测量时，万用表的红表笔接通信端子，黑表笔接零线端子。

a) 室内机接线端子

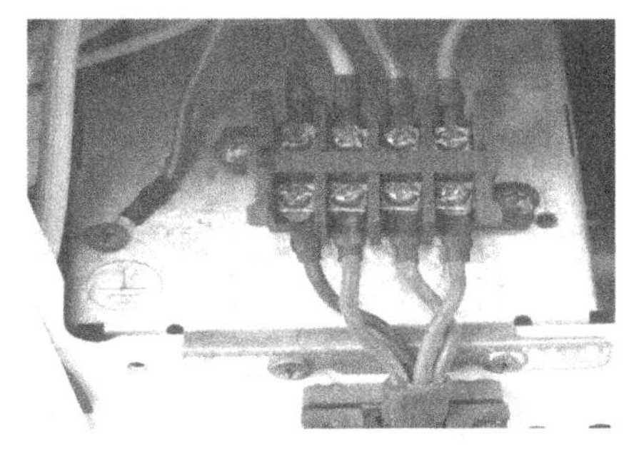

b) 室外机接线端子

图12-11　通信线与零线间的电压的测量点

说明：由机壳上的接线图可以看出，从左到右依次为相线L、零线N（也充当了通信线）、地线、通信线SI。

2. 测量结果分析与处理

1）第1类通信电路的通信线SI与零线N间电压测量的结果及分析见表12-5。

表12-5　第1类通信电路的通信线SI与零线N间电压测量的结果及分析

测量结果	结果说明及解释
1. 0~14.5~24V之间波动	说明通信正常。原因是 ① 当由室内机CPU向室外机CPU发送高电平时（或室外机CPU向室内机CPU发送高电平时），4个光耦都处于导通状态，24V电压由R5、R6、IC2和IC4的二极管分压，所以SI与N间电压约为14.5V；当室内机CPU向室外机CPU发送低电平时，光耦IC1截止，通信环路断开（断开点在室内机），所以SI与N间电压为0V 总之，室内机向室外机发送信息时，SI与N间的电压在0~14.5V之间跳变 ② 当由室外机CPU向室内机CPU发送高电平时，整个通信环路闭合，所以SI与N间电压为14.5V；当室外机CPU向室内机发送低电平时，光耦IC3截止，通信环路断开（断开点在室外机），所以SI与N间的电压等于电源电压（24V） 总之，室外机向室内机发送信息时，SI与N间的电压在14.5~24V之间跳变

（续）

测量结果	结果说明及解释
2. 0～24V 之间波动	说明室外机通信电路断开。原因是在室外机通信电路断开的情况下： ① 当由室内机 CPU 向室外机 CPU 发送高电平时，室内机通信电路闭合，所以可测得 SI 与 N 之间的电压为电源电压（24V） ② 当由室内机 CPU 向室外机 CPU 发送低电平时，室内机通信电路断开，所以可测得 SI 与 N 之间的电压为 0V
3. 0V，不变	说明室内机通信电路断开，原因参考本表测量结果 1 的原因②
4. 14.5V，不变	说明室内机发送光耦即 IC1 的晶体管侧击穿。原因是 室内机的通信电路总是闭合的，室内机 CPU 向室外机 CPU 发送时，由于室外机 CPU 的 c 脚此时输出高电平，使光耦 IC3 导通，于是整个通信环路闭合。由于室外机 CPU 不能收到信息，也就不会发出信息，一直处于等待状态，所以 SI 与 N 之间的电压为 14.5V 不变
5. 0～13.8V 之间波动	说明室外机接收光耦 IC4 的二极管侧击穿。原因是 室内机还能向室外机发送信息，并且环路导通时，IC4 的二极管不能分压，所以有 0～13.8V 的电压波动，但室外机收不到信息，也就不能发出信息
6. 0～15.2～24V 之间波动	说明室内机接收光耦 IC2 的二极管侧击穿。原因是 室内机还能向室外机发送信息，室外机收到后，也能向室内机发送信息，只是室内机不能收到，所以 SI 与 N 间的电压也在类似正常情况波动。不同的是，由于 IC2 的二极管已击穿，不能再分得 0.7V 的电压，所以当整个通信环路闭合时，SI 与 N 间的电压不再是 14.5V，而变为 15.2V 左右
7. 0～16.5V 之间跳变	说明室外机接收光耦 IC4 的二极管断路。原因是 虽然 IC4 的二极管断路，但有电阻 R3 与它并联，室内机能向室外机发送信息，但由于室外机不能收到信息，也就不会发送信息，所以 SI 与 N 之间有类似本表测量结果 1 的原因①所述的电压波动。不同之处是，此时 R3 分得的电压要比二极管分得的电压（0.7V）大得多
8. 0～9V 之间波动	说明室内机接收光耦的二极管断路。原因参考本表测量结果 7

2）第 2、3 类通信电路的通信线间的正常电压测量值见表 12-6。

表 12-6　第 2、3 类通信电路的通信线间的正常电压测量值

类　别	测量方法	通信正常时的电压	通过测量值判断故障的方法
第 2 类	看空调器上的接线图，了解通信线的正、负，红表笔接正、黑表笔接负	若在 0～7.5～15V 之间波动，则为正常	与第 1 类即表 12-5 所述基本相同
第 3 类	红表笔接 SI，黑表笔分别接 N、L 各测一次	若 SI 与 N、SI 与 L 间电压均在 0～100V 之间波动，为正常	

3. 总结

1）确定通信电路是属于哪一类的方法：①查看空调器的接线示意图或随机所附资料。②平时遇到正常工作的变频空调器，专门测量一下其通信线之间的电压，与表 12-5 和表 12-6 所述的第 1、2、3 类通信电路通信线间的正常电压对照，就知道该空调器的通信电路属于哪一类了。把空调器的型号、通信电路的类别记录下来，积累资料，在以后维修中可直接查用。③凡只有一根专用通信线，并且测得通信线与零线间电压在 0V 和 X（X 小于 24V）间波动，则肯定是第 1 类；凡设有两根专用通信线的，肯定是第 2 类；若测得通信线 SI 与零线 N 或 SI 与相线 L 间电压均在

0～100V 之间波动（SI 为正），一般是第 3 类。

2）只要能确定通信电路是属于哪一类，就能通过测量通信线间的电压来确定故障是在室内机还是在室外机，甚至能确定故障的部位和原因（分析方法见表 12-5）。

项目二：通信光耦的认识与检测

1. 通信光耦的认识（见表 12-7）

表 12-7　通信光耦的认识

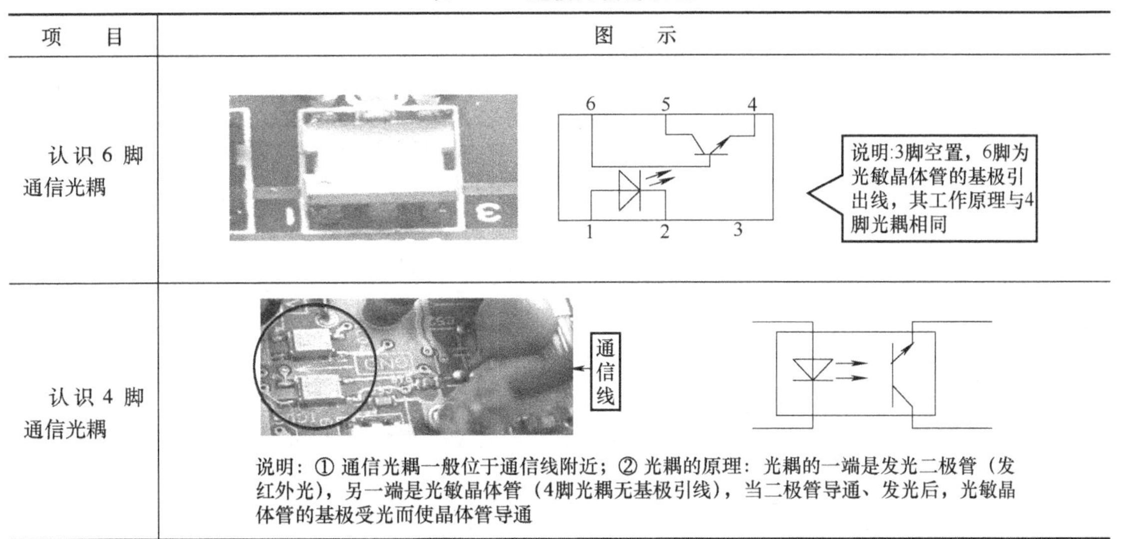

项　目	图　示
认识 6 脚通信光耦	6　5　4 1　2　3 说明:3脚空置，6脚为光敏晶体管的基极引出线，其工作原理与4脚光耦相同
认识 4 脚通信光耦	通信线 说明：① 通信光耦一般位于通信线附近；② 光耦的原理：光耦的一端是发光二极管（发红外光），另一端是光敏晶体管（4脚光耦无基极引线），当二极管导通、发光后，光敏晶体管的基极受光而使晶体管导通

2. 通信光耦的检测

1）鉴别光耦的引脚，如图 12-12 所示。

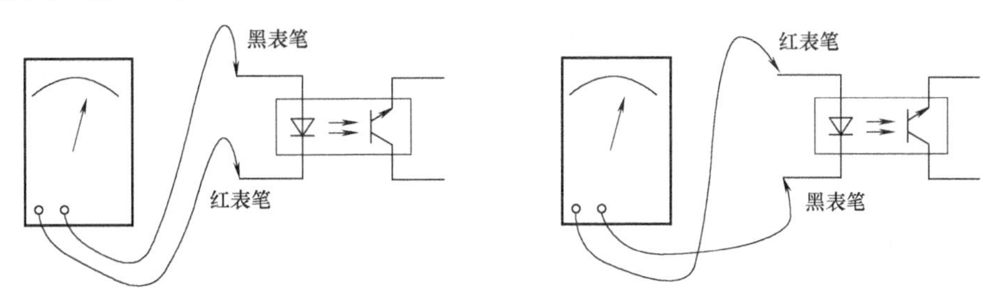

图 12-12　鉴别光耦的引脚

说明：关机后，可以不拆卸光耦，用万用表的电阻档测光耦任意两脚间的正、反向电阻，找出具有单向导电性的两脚，这两脚为发光二极管端（若找不出，则光耦损坏），另两脚为光敏器件端（如图光耦有多个引脚，则可用两个指针式万用表，用一个万用表的电阻档使光耦的初级导通，同时用另一万用表测次级各脚之间的电阻，两脚之间处于导通状态的则为光敏器件端）。

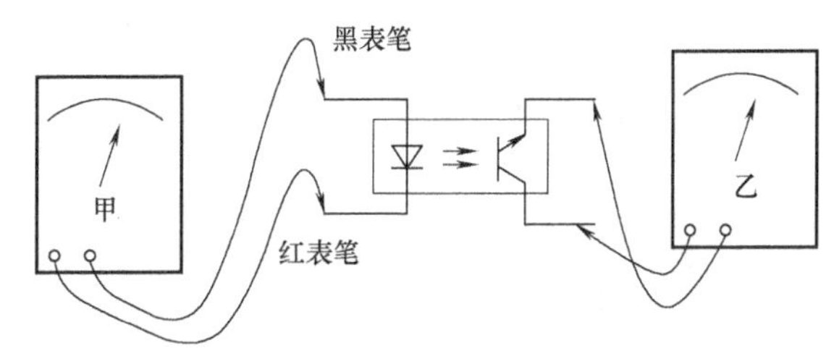

图 12-13　通信光耦的拆机检测

2）通信光耦的拆机检测，如图 12-13 所示。

说明：用万用表测晶体管 c、e 极的正、向反电阻，均应为高电阻，接近无穷大；用一块万用表（甲）的 R×1 档，黑表笔接发光二极管的正极，红表笔接负极，使二极管导通，用另一万用表（乙）测光敏器件两极（c、e）间的电阻，若电阻较小（数百欧左右），说明晶体管已导通，光耦是好的，否则，说明光耦已损坏。

3）通信光耦的在线检测。测量点如图 12-14 所示。

通信光耦的在线检测的方法和检测结果说明见表 12-8。

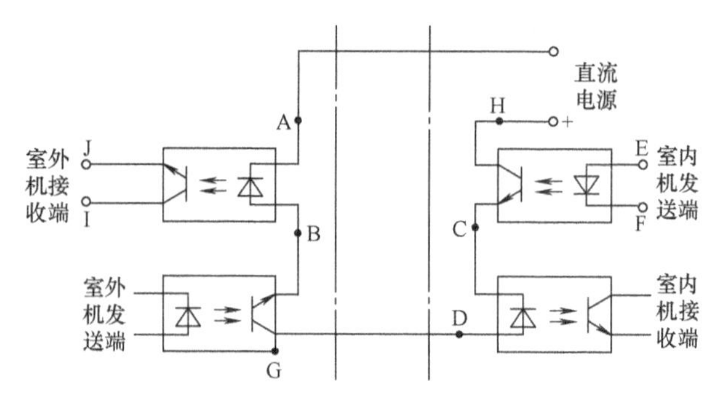

图 12-14 通信光耦的在线测量点

表 12-8 通信光耦的在线检测的方法和检测结果说明

步 骤	说 明
1. 用万用表直流电压档测在通信环路中的二极管（光耦的二极管侧）两端的电压，例如，红表笔接图 12-14 中的 B 点，黑表笔接 A 点	若测量值是在 0～0.7V 之间的脉冲电压，为正常 若测量值为 0V 且不变，可能是二极管击穿，也可能通信环路无供电或通信环路断路 若测量值在 0V 至几伏之间变化，说明二极管断路
2. 测与 CPU 相连的二极管两端电压，例如，测图 12-14 中 E、F 两点间的电压	若测量值是在 0～5V 之间变化的脉冲电压，为正常 若测量值为 0V 且不变，可能是二极管击穿或 CPU 未有输出通信信号（一般是由于 CPU 的工作条件不具备，CPU 未工作） 若测量值为 5V 且不变，说明二极管断路
3. 测在通信环路中的晶体管两端的电压，例如，红表笔接图 12-14 的 H 点、黑表笔接 C 点	若测量值为 0.3V（光敏晶体管导通时电压约为 0.3V）至通信供电电压之间变化，为正常 若测量值为 0V 且不变化，说明光敏晶体管击穿，或通信环路断路 若测量值等于通信供电电压，说明光耦断路或该光耦的输入端无信号
4. 测与 CPU 相连的晶体管两端的电压，例如，测图 12-14 中 I、J 两点间的电压	若测量值为 0.3V（光敏晶体管导通时电压约为 0.3V）至 5V（即电源电压）之间变化，为正常 若测量值为 0V 且不变化，说明光敏晶体管击穿 若测量值等于 5V，说明光耦断路或该光耦的输入端无信号

12.3 室外机电路

室外机电路是变频空调器检修的重点和难点，其电路组成框图如图 12-15 所示。

12.3.1 市电电压检测电路

市电电压检测电路是用来检测室外机供电的交流电源（例如，工作电压是否在允许的范围之内，或在运行时电压是否出现异常的波动等）。若室外供电电压过低或过高，则系统会进行保护。

1. 利用电压互感器检测市电电压

利用电压互感器检测市电电压的典型电路（海信 KFR-2601W/BP 等）和实物如图 12-16 所示。

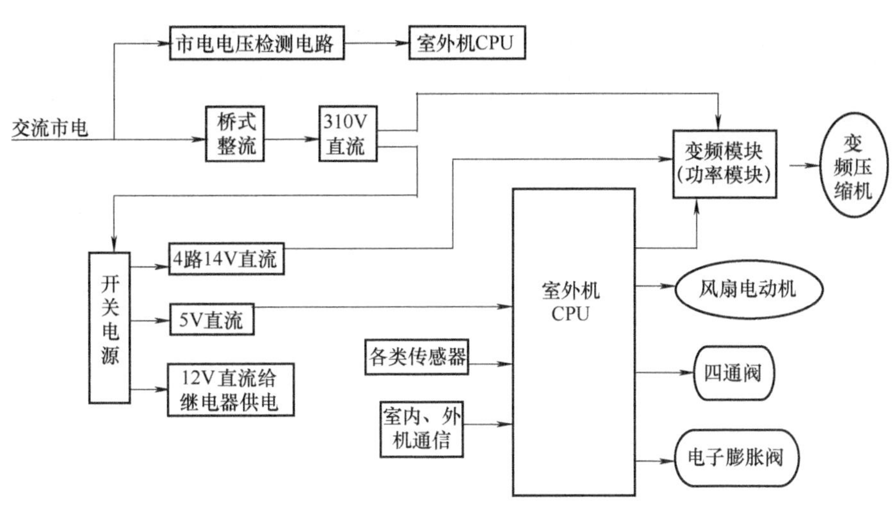

图12-15 变频空调器室外机电路的组成框图

检测电路原理分析：室外机交流220V电压经电压互感器T01输入，电压互感器便输出交流低电压，经D08、D09、D10、D11桥式整流，再经R26、R28、C10滤波之后，输出直流电平，此电平与输入的交流电成一定的函数关系（见表12-9）。该电平（经A-D转换）传到CPU，CPU根据电压的高低就知道市电电压的高低了。

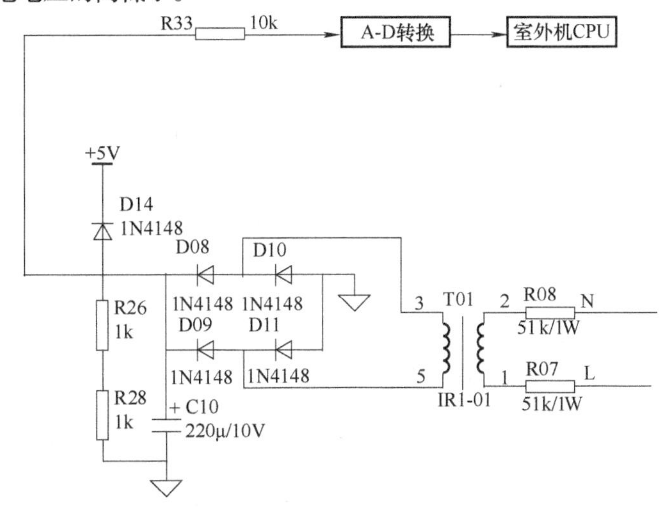

a) 原理图

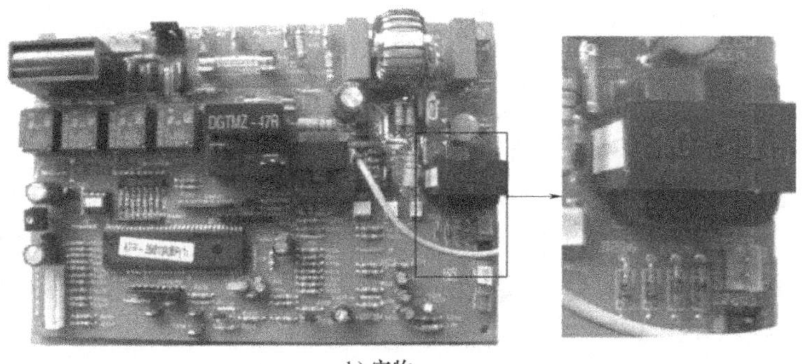

b) 实物

图12-16 利用电压互感器检测市电电压的典型电路

表 12-9 电压检测电路（海信 KFR-2601W/BP）的电气参数

输入电压/V	输出直流电压/V	输入电压/V	输出直流电压/V
160	1.36	220	2.08
170	1.49	230	2.20
180	1.61	240	2.32
190	1.73	250	2.44
200	1.85	253	2.47
210	1.96		

2. 利用直流母线电压检测市电电压

室外机交流 220V 电压通过桥式整流、滤波电路滤波后产生 300V 直流电压输出到 IPM 的 P、N 端，电压检测电路从直流母线的 P 端通过电阻进行分压，检测直流电压进而对交流市电电压进行判断。其典型电路（如海信 KFR-50W/39BP 等）如图 12-17 所示。CPU 检测到的直流电压与输入的交流市电电压的关系见表 12-10。

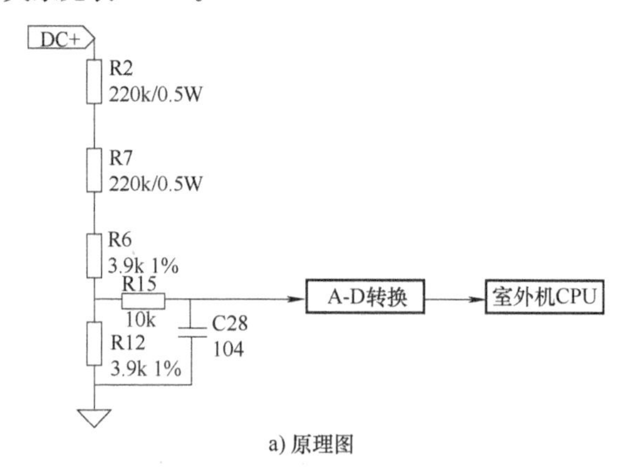

a) 原理图

电压检测电路

b) 实物

图 12-17 利用直流母线电压检测市电电压的典型电路

表 12-10　CPU 检测到的直流电压与输入的交流市电电压的关系

输入电压/V	CPU 检测到的直流电压/V	输入电压/V	CPU 检测到的直流电压/V
176	2.28	220	2.84
180	2.34	230	2.98
190	2.47	240	3.12
200	2.59	250	3.25
210	2.72	260	3.37

3. 市电电压检测电路的故障检测

出现市电电压异常的报警后，检修步骤见表 12-11。

表 12-11　出现市电电压异常报警的检修步骤

序　号	检 测 步 骤	检 测 方 法	可能出现的问题及维修措施
1	检测电源电压是否太低，太高，或不稳	用万用表的交流电压档检测用户的电源电压	如电源不良，改善供电电源或供电材料
2	检测电源线、开关等部件是否符合要求	检查电源线是否太细或太长、开关老化、压线接线是否接触不良	若电源线和开关容量不符合要求，调整或更换
3	检测电路板电源检测电路是否不良	检查印制电路板电源检测电路是否正常（注：异常可导致 CPU 误认为供电电源异常）	若有脱焊、接触不良，可重新焊接 若元器件损坏，可更换

12.3.2　300V（或 310V）直流电的形成及压缩机电流检测电路

1. 电路图

+300V（有的空调器是 +310V）直流电的形成及压缩机电流检测电路如图 12-18 所示。

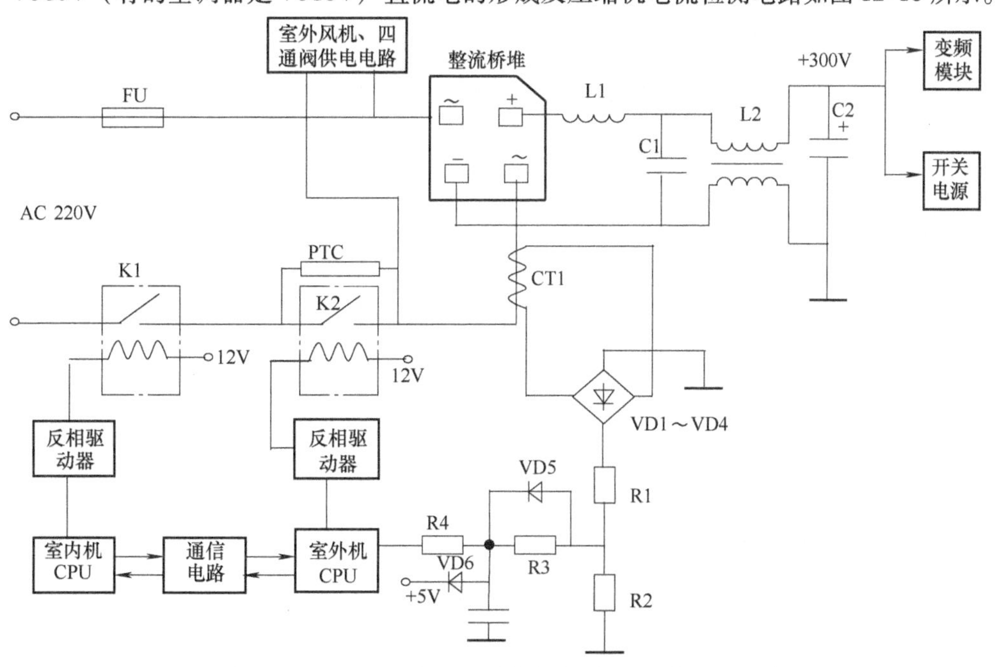

图 12-18　+300V 直流电的形成及压缩机电流检测电路

2. +300V 形成电路的解释

室外机供电电路由室内机 CPU、继电器 K1、限流电阻（PTC）、整流桥堆、滤波元件（C1、

C2、L1、L2）等组成。

开机后，室内机 CPU 工作，并发出给室外机供电的信号（高电平），经反相驱动器后使继电器 K1 吸合，220V 市电经继电器 K1、PTC 元件给室外机电路板、室外风机、四通阀供电。

PTC 元件和继电器 K2（该继电器又叫功率继电器）组成延时、防瞬间大电流电路。刚开机时，220V 交流市电通过 PTC 元件加至整流桥堆，从桥堆输出直流电，再经 L1、C1、L2、C2 滤波，得到 +300V 直流电压，给变频模块（功率模块）和开关电源部分供电。

开机片刻后，开关电源已产生 12V 直流电压加至继电器的线圈，如果室内、外机通信正常，则 CPU 输出高电平作用于反相驱动器，反相驱动器对应的引脚变为低电平，使继电器的线圈得电，触点闭合，将 PTC 元件短路。

设置 PTC 元件的原因是，室外机电路板上的 +300V 滤波电容 C2 容量较大，开始加电时，会有较大的电流冲击，易损坏元件，而 PTC 元件具有这样的特性：刚加电时电阻很小（接近于 0），加电后电阻迅速增大到稳定值，所以设置 PTC 元件可防止开机瞬间的大电流冲击，但当 C2 充电结束后应立即将 C2 短路。

3. +300V 形成电路的常见故障及表现

+300V 形成电路的常见故障及表现见表 12-12。

表 12-12　+300V 形成电路的常见故障及表现

故障元器件	引起的后果	表现出的现象
继电器 K1 或其驱动电路故障	使室外机电路板无市电电压输入	在室内机显示通信异常的故障代码等
整流桥堆内的整流管或滤波电容 C2 击穿短路	使熔断器 FU 熔断，室外机电路板无供电	
整流桥堆内的整流管开路或滤波电容 C2 容量下降	使 +300V 供电电压不足、纹波大	压缩机不能正常运转或保护性停机、显示压缩机或变频模块（IPM）异常的故障代码，甚至使开关电源部分的开关管损坏
PTC 元件开路	不能形成 +300V 电压	室外机不起动，在室内机显示通信异常的故障代码等
PTC 元件漏电或热敏性能差	使滤波电容 C2 充电电流过大，熔断器熔断	在室内机显示通信异常的故障代码等

4. +300V 直流电的形成部分的易损器件认识与检测

+300V 直流电的形成部分的易损器件认识与检测见表 12-13。

表 12-13　室外机 +300V 直流电的形成部分的易损器件认识与检测

名　称	图　示	检　测
PTC 元件	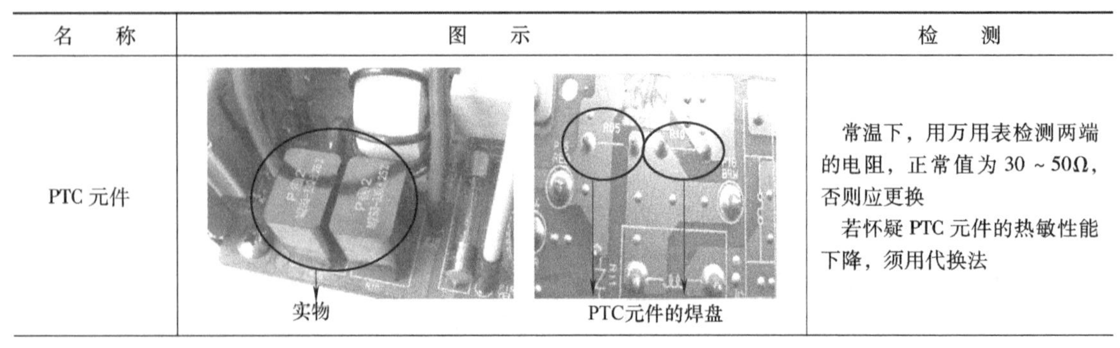 实物　PTC元件的焊盘	常温下，用万用表检测两端的电阻，正常值为 30 ~ 50Ω，否则应更换 若怀疑 PTC 元件的热敏性能下降，须用代换法

（续）

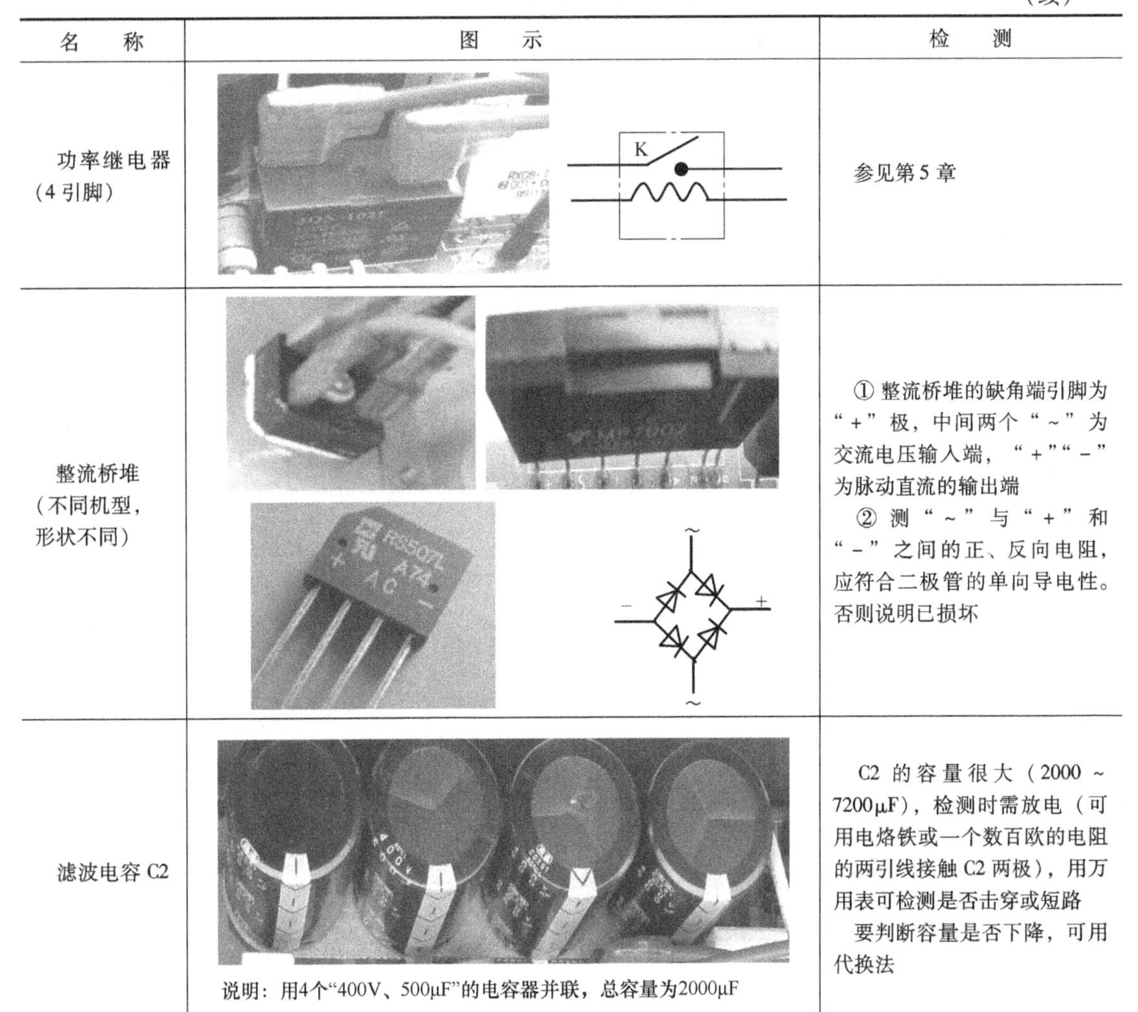

名　称	图　示	检　测
功率继电器（4引脚）	K	参见第5章
整流桥堆（不同机型，形状不同）	RS507L A74 + AC − ; ~ − + ~	① 整流桥堆的缺角端引脚为“+”极，中间两个“~”为交流电压输入端，“+”“−”为脉动直流的输出端 ② 测“~”与“+”和“−”之间的正、反向电阻，应符合二极管的单向导电性。否则说明已损坏
滤波电容C2	说明：用4个“400V、500μF”的电容器并联，总容量为2000μF	C2的容量很大（2000~7200μF），检测时需放电（可用电烙铁或一个数百欧的电阻的两引线接触C2两极），用万用表可检测是否击穿或短路 要判断容量是否下降，可用代换法

5. 压缩机电流检测电路

为了防止压缩机过电流损坏，变频空调器设置了压缩机电流检测电路。典型的压缩机电流检测电路以电流互感器CT1、室外机CPU为核心组成，如图12-18所示。

（1）工作原理

一根交流市电电源线穿过电流互感器CT1，CT1的次级感应出与市电电流成正比的交流电压，经VD1~VD4整流，经R1和R2转换成电压、取样，再经R3、VD6降压后由R4传送到室外机CPU。当压缩机运行电路正常时，由R4传到CPU的电压值在正常范围内，CPU将该电压与存储器内存储的压缩机过电流数据进行比较后，判定压缩机电流正常，输出控制信号使空调器继续工作；否则，若压缩机过电流使CT1次级输出的电压过高，传送到CPU的检测电压值过高，CPU根据该电压值判断压缩机过电流，于是输出压缩机停转信号，使压缩机停止运行，实现了过电流保护。

（2）常见故障及检测

若出现压缩机过电流而停机（有故障代码），则应首先用钳形电流表检测压缩机的工作电流（可测整机的交流电流），若过大，可检测整流桥堆、+300V滤波电容器、变频模块、压缩机等；若测得工作电流正常，则可检测压缩机电流检测电路的元器件及印制线，若损坏，则会引起误保护。

12.3.3 开关电源

1. 电路图

室外机开关电源的原理、结构与室内机的是一样的，只是输出的电压种类不同。现做一示例性简介。电路简图如图12-19所示。

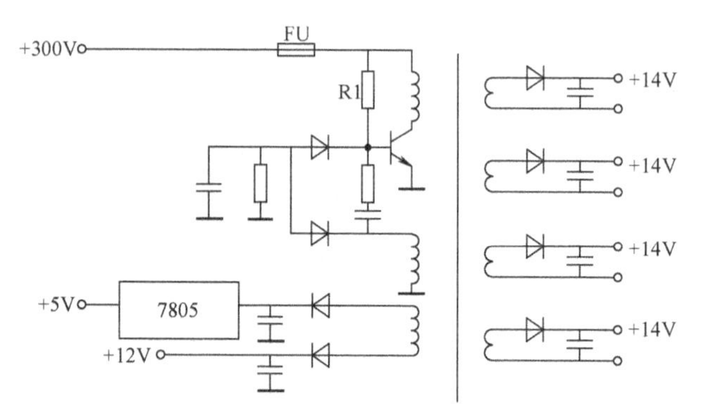

图12-19 开关电源部分电路图

2. 电路图解释

+300V直流电压分成两路，一路给变频模块供电，另一路经开关变压器的一次绕组加至开关管（为大功率晶体管或结型场效应晶体管）的集电极，开关管工作在开关状态，开关变压器的各二次绕组的感应电压经二极管整流、电容器滤波，得到了+5V（给CPU供电）、+12V（给继电器的线圈供电）、4路+14V（或15V）电压（给变频模块的微电路供电）。

3. 易损器件认识与检测

与室内机开关电源一样。

12.3.4 微处理器、变频模块和压缩机电路

1. 交流变频空调器的CPU、变频模块和压缩机电路简介

（1）交流变频空调器的CPU、变频模块和压缩机的电路框图

交流变频空调器的CPU、变频模块和压缩机的电路框图如图12-20所示。

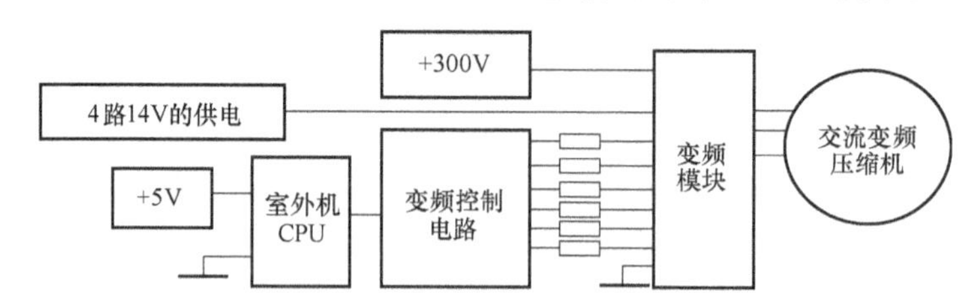

图12-20 交流变频空调器的CPU、变频模块和压缩机的电路框图

（2）电路框图解释

CPU根据用户的设定和各传感器输入的信号，经运算后输出控制信号（即控制压缩机运转频率的信号）作用于集成的变频控制电路，使它输出6路控制信号，经隔离电阻或者光耦传送到变频模块，作用于变频模块内部6个大功率开关管上，控制6个开关管依次导通和截止，使变频模块输出模拟三相交流电（其频率可在CPU的控制下变化），驱动压缩机运转。模拟三相交流电频率增大，压缩机转速变快；频率减小，压缩机转速变慢。

变频模块具有较为完善的保护功能，如图12-21所示。当变频模块（PM20CTM060）出现过热、过电流、欠电压、短路等现象时，变频模块的15脚就会输出一故障信号给室外机CPU，进

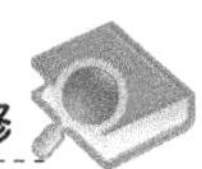

行报警和保护处理。

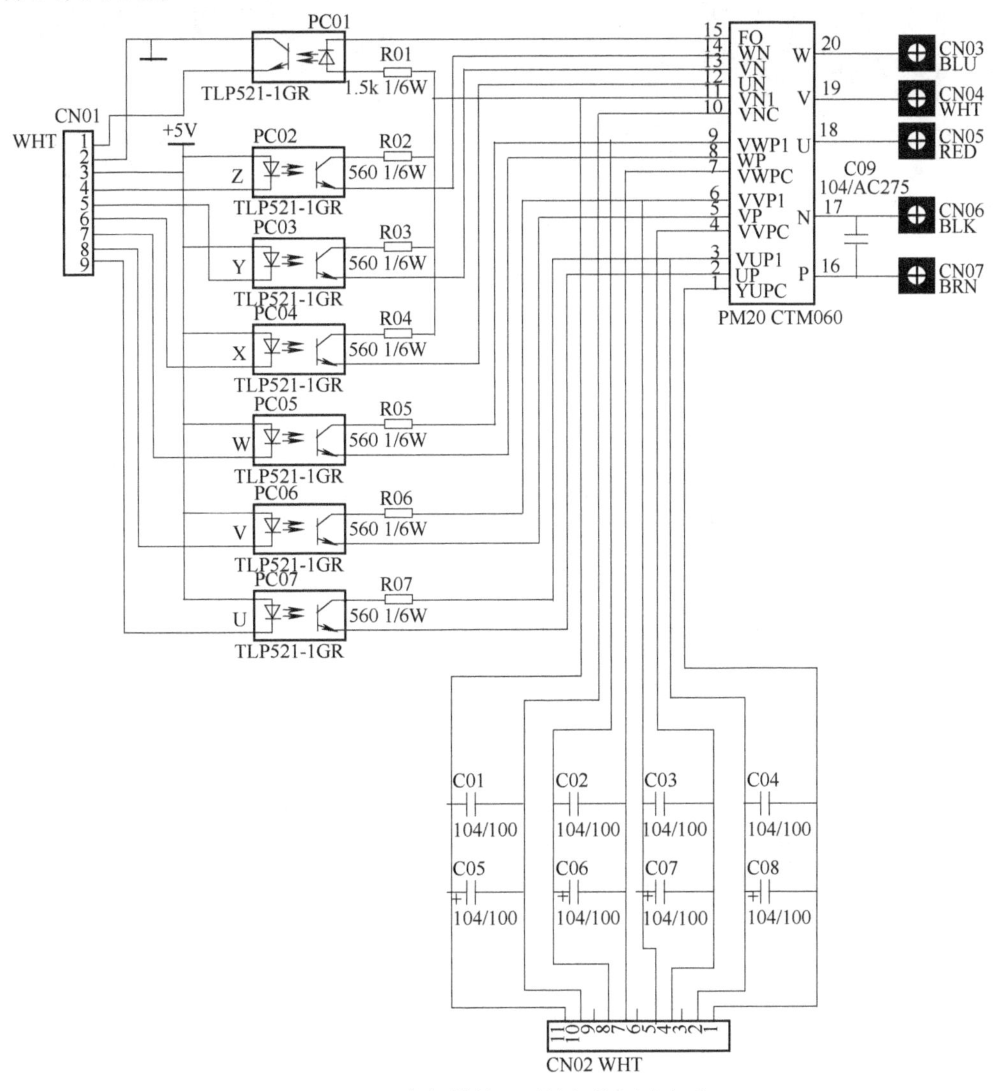

图 12-21　变频模块、压缩机的驱动电路

在图 12-21 中，变频模块电路是通过主控制板的插接件 CN01 的 4～9 脚提供 6 路控制信号，通过 6 个光耦进行隔离接到变频模块上，分别控制 6 个大功率晶体管的通断，输出三路分别相差 120°的可变频率的正弦波电压，驱动变频压缩机运转。CN01 的 3 脚接 +5V 供电，2 脚接地，1 脚为从变频模块反馈回来的故障（报警）信号（传送给 CPU）。

（3）器件认识与检测

1）变频模块的外形因不同机型而不同，但接线端子的功能相同。对维修者来说，关键要掌握各接线柱的名称。多数模块上标有各接线柱的名称，如图 12-22 所示。P（+）接 300V 直流的正极，N（−）接 300V 直流的负极，U、V、W 为给压缩机供电的端子。

还有一些模块上没有标出各接线柱的名称，但在所接的导线上有标识符或可以从导线和印制板的走向也可以轻易看出来，这样的模块如图 12-23 所示。图中编号 1、5 为 300V 直流输入端子，1 为正极，5 为负极；2、3、4 为模拟三相交流电的输出端子；6 为频率可变的运转信号从该

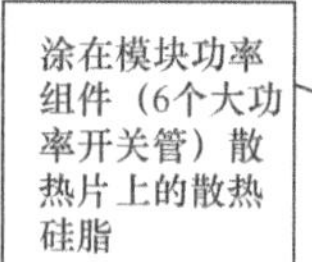

图 12-22　变频模块（标有接线端子名称）

插接件输入端子；7 为 4 路 14V 直流从该插接件输入端子。

2）变频模块的检测：

方法一、关机后测静态电阻（在路测量和拆卸后测量均可）。

a）正面

涂在模块功率组件上的散热硅脂

b）正面

图 12-23　变频模块（没有标接线端子名称）

① 用万用表 R×100 档，黑表笔接 2 或 3 或 4，红表笔接 1（正端），阻值均应为 500～1000Ω，交换表笔测量，阻值应为∞；

② 黑表笔接 2 或 3 或 4，红表笔接 5（负端），阻值应为∞，交换表笔测量，阻值应为 500～1000Ω。

如果不是同时满足上述测量结果，可以判定变频模块损坏。

方法二、测量电压。

用测电压法判定变频模块好坏的方法如图 12-24 所示。

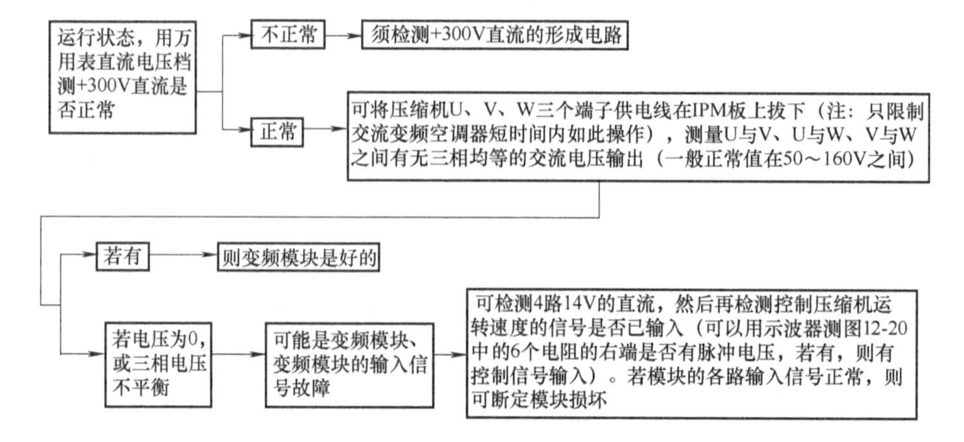

图 12-24　测电压法判定变频模块好坏的方法

2. 直流变频空调器的CPU、变频模块和压缩机部分

（1）直流变频空调器的CPU、变频模块和压缩机的电路框图（见图12-25）

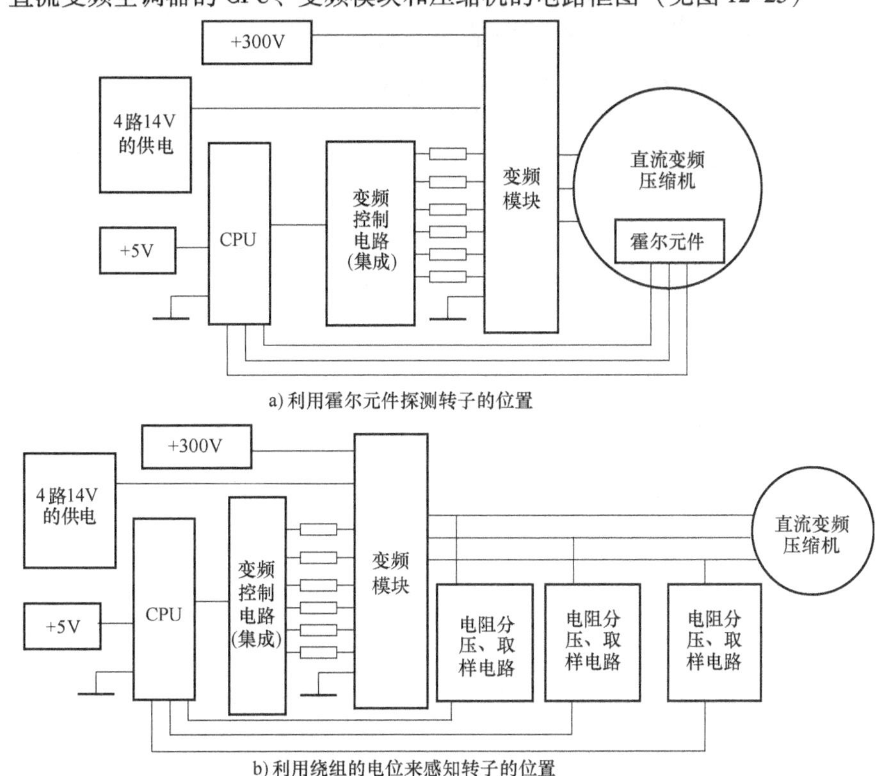

图12-25　直流变频空调器的CPU、变频模块和压缩机的电路框图

（2）电路框图解释

和交流变频空调器相比，不同之处是设置了位置检测电路，利用绕组的电位来感知转子位置的方法较简单一些，应用较多。

CPU根据用户的设定、各传感器输入的信号和位置检测信号，经运算后输出控制压缩机转速的信号作用于集成的变频控制电路，使它输出6路控制信号，经隔离电阻或者光耦传送到变频模块，控制变频模块内部的6个大功率开关管的导通和截止，使变频模块输出极性不断改变且占空比也可以改变的直流电，驱动压缩机运转。直流电电压的平均值升高，压缩机转速变快；电压的平均值降低，压缩机转速变慢。

（3）直流变频模块的认识与检测

直流变频模块实物外形与交流变频模块基本一样，其认识与检测见表12-14。

表12-14　直流变频模块的认识与检测

项　目	图　示
认识直流变频模块的散热片	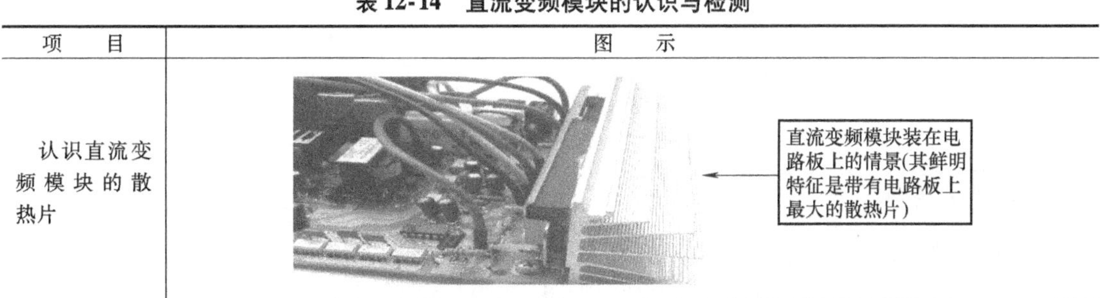

（续）

项　　目	图　　示
认识直流变频模块的各引脚	 说明:"+、-"为310V直流电压的输入端子；"BU、BV、BW、BX、BY、BZ"为6路控制信号(控制模块内部6个大功率晶体管的导通和截止)的输入端子；"EU、EV、EW"三个端子输出极性和方向都不断改变的直流电，驱动直流变频压缩机运转
拆卸	 a）拆变频模块的支架的固定螺钉，取下支架  b）拆散热片与变频模块之间的固定螺钉 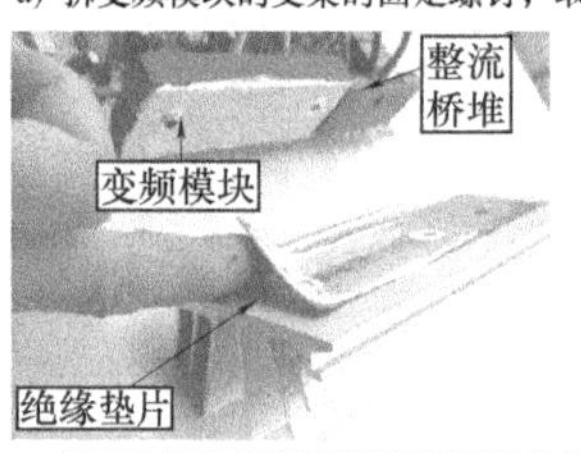 c）拆下散热片后的情景(变频模块和散热片之间要涂上适量硅脂，有利于散热)  d）用电烙铁(金属外壳要可靠接地)和吸锡器吸净模块各引脚的焊锡或采用堆锡法，同时加热各引脚，当锡熔化时，就可以取下模块
检测	1. 断电情况下，用万用表的电阻挡分别测量"+""-"端子到"EU、EV、EW"（注：多数产品标号为U、V、W）三点的电阻值，应为几十千欧以上，并且应基本相等。如果阻值非常小，说明IPM（智能功率模块）内部异常 2. 断电情况下，先用万用表的二极管挡测量P点到U、V、W的正向导通压降。测量时，数字万用表黑表笔接P点，红表笔分别与U、V、W接触；再用万用表红表笔接N点，黑表笔分别与U、V、W接触，测其压降，正常值0.3～0.7V，且各次测得的导通电压都应相等，否则，可以判定模块损坏

3. 交、直流变频压缩机的检测

变频压缩机与定频压缩机从外形看基本上没有区别。绕组和内部的机械部分是不同的。

（1）测电阻法

由于交、直流变频压缩机都是三相绕组，没有主、副绕组之分，所以对交、直流变频压缩机的检测方法相同，就是用万用表的最小电阻档，测压缩机（3个端子）中任意两个端子之间的电阻，若阻值相等（一般很小，只有几欧），说明压缩机的绕组正常。

（2）测电压法

用万用表的交流电压档测压缩机（3个端子）中任意两个端子之间的电压，若电压相等且在正常范围（一般60～260V）内，而压缩机不转，说明压缩机损坏（说明：由于直流变频压缩机的绕组上所加的是极性不断改变的直流电，所以测量其绕组的电压也要用交流电压档）。

知识链接

变频空调器完整电气控制原理图（示例）：长虹KFR-28GW/BP空调器室内机电气控制原理图如图12-26a所示，室外机电气控制原理图如图12-26b和图12-26c所示。

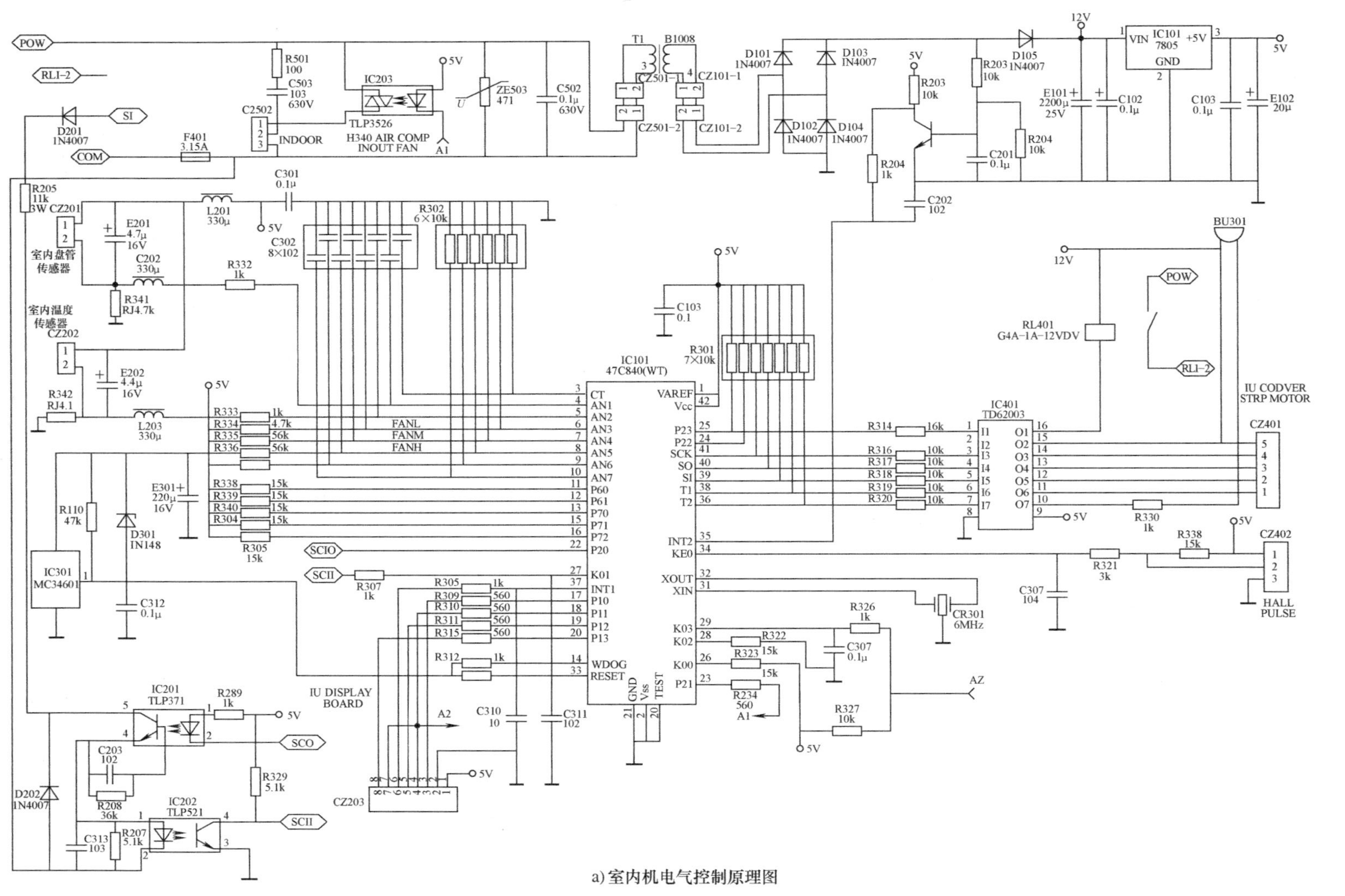

a) 室内机电气控制原理图

图 12-26 长虹 KFR-28GW/BP 空调器室内、外机电气控制原理图

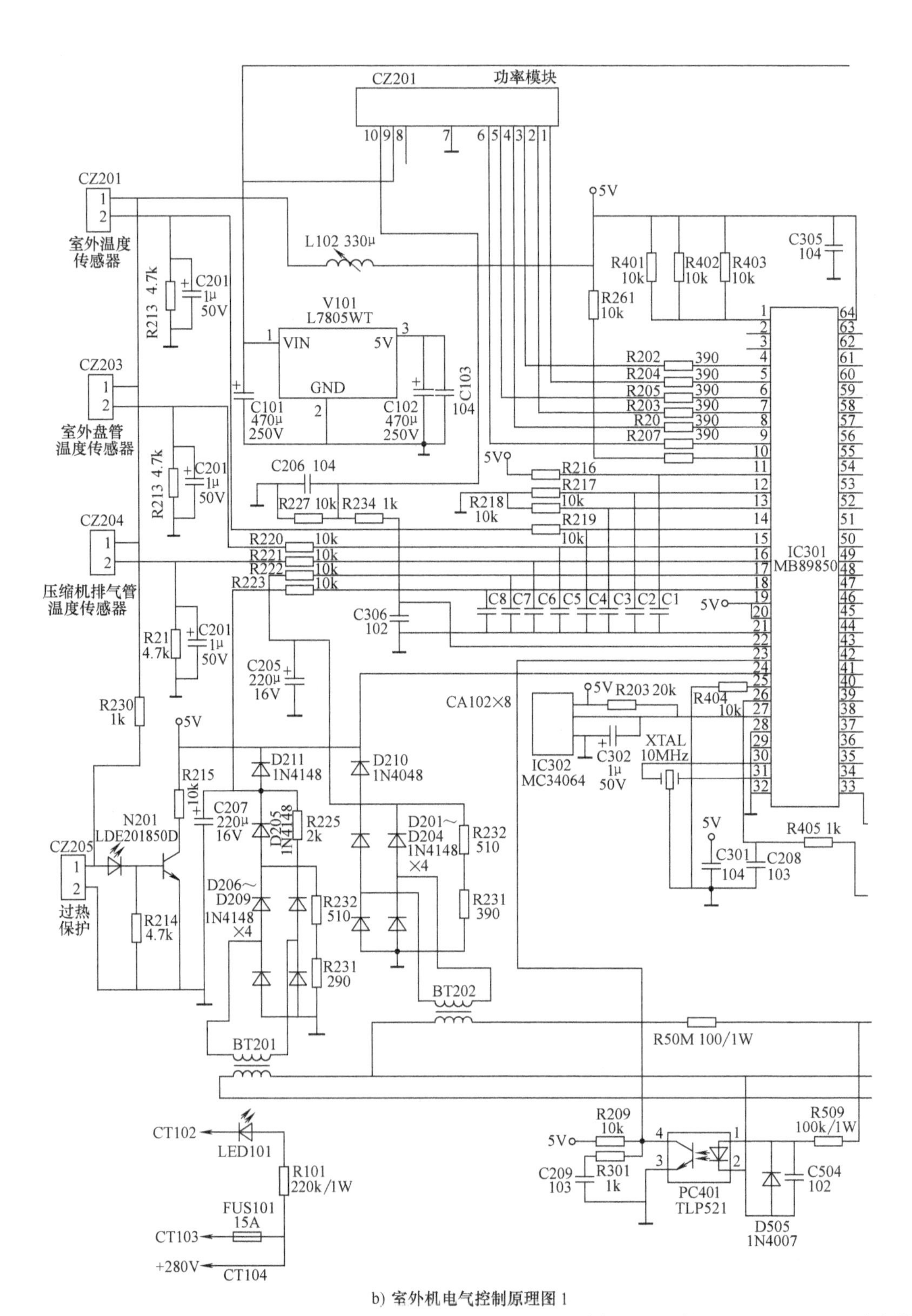

b) 室外机电气控制原理图 1

图 12-26 长虹 KFR-28GW/BP 空调器

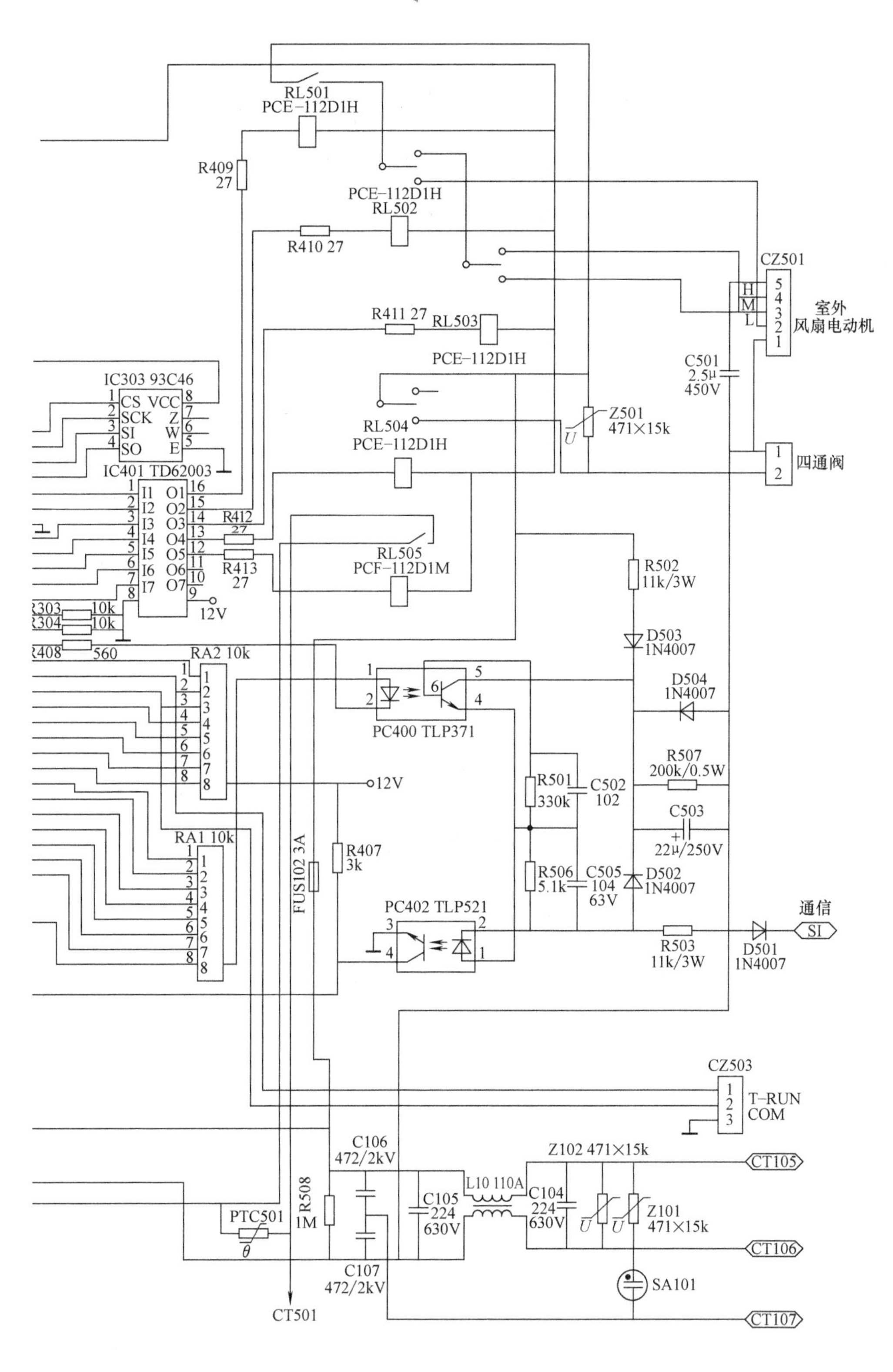

c) 室外机电气控制原理图2

室内、外机电气控制原理图（续）

复习检测题

1. 指出图 12-27 中 +300V 直流的接线端子和给压缩机供电的端子。

图 12-27　题 1 所示实物电路

2. 怎样检测变频模块的好坏?
3. 画出变频空调器驱动压缩机运行的电路框图。
4. 画出变频空调器监测市电电压的电路框图。
5. 画出开关电源电路的简图。
6. 简述变频空调器室内、外机通信电路的构成。
7. 判断题

① 开关电源的开关管或电源模块损坏，有可能是尖峰吸收电路故障导致的。　（　　）

② 直流变频空调器压缩机必须有转子的位置检测电路。　（　　）

③ 使用单相电源的变频空调器，其压缩机电动机也是单相供电的。　（　　）

④ 室外机 +300V 滤波电容器的容量较大，检测前须对它进行放电。　（　　）

⑤ 室外机的 PTC 元件可防止上电时充电电流过大。　（　　）

⑥ 变频压缩机的运转速度受 CPU 的控制。　（　　）

第13章 变频空调器常见故障的检修思路和方法

本章导读

变频空调器的制冷和制热原理与定频空调器相同，但电气控制方式和出现故障后表现出来的特征与定频空调器有较大的差别。所以变频空调器的检修，在某些方面可以套用定频空调器的检修思路，但在很多方面则不能套用。本章详细介绍变频空调器常见故障的检修思路，力求使初学者和不熟练者阅读后对变频空调器的故障不再感到茫然，能够有条不紊地进行检修。

13.1 变频空调器的检修特点

13.1.1 变频空调器与定频空调器检修的比较

变频空调器与定频空调器检修的比较见表13-1。

表13-1 变频空调器与定频空调器检修的比较

名　称	内　容
相同处	① 使用R22的变频空调器检漏、抽真空的方法相同，充注制冷剂的工具、器材与使用R22的定频空调器相同，充注方法也基本相同（但变频空调器对制冷剂量的准确性要求较高，所以宜采用定量充注法或将空调器设置在定频制冷的运转状态，采用控制低压压力配合观察法充注）。注意：使用R410A的变频空调器有专用的维修工具和器材，不能和使用R22的定频空调器混用，充注制冷剂的方法也只能使用液态充注法 ② 空调器的维护方法相同 ③ CPU的工作条件相同，CPU的信号输入（含人工输入的控制信号、传感器进行自动监控而产生的信号）电路、输出电路（用于控制继电器、蜂鸣器等工作）的检测方法也基本相同 ④ 常用于定频空调器检修的“问、看、听、摸、测”等方法，同样适用于变频空调器
不同处	① 出现故障后的现象有较大差异：定频空调器出现故障后，表现出的故障特征较明显，容易诊断。但变频空调器由于保护电路多于定频空调器，所以出现故障后，大多表现为通电无任何反应、一起动就停机、短时运转后停机等，故障特征不明显。有些故障有代码显示，也有些故障没有代码显示 ② 所有的变频空调器都设有室内、外机通信电路，而多数定频空调器没有通信电路 ③ 对变频空调器压力、工作电流的测量：变频空调器的压缩机运转频率是可变的，工作电流、制冷剂的压力也是可变的，所以要将空调器设置在定频运转状态，以在该状态的测量值作为判断依据 ④ 变频空调器电气控制部分的检修要比定频空调器复杂，难度要大

13.1.2 将变频空调器设为定频运转的操作方法

维修中，常将变频空调器设为定频运行，测量一些参数，根据这些参数来判断空调器是否有故障及其故障部位。不同的机型，方法不同（由设计的控制电路、控制芯片的程序决定），有的是通过某两个或三个键组合同时按下或依次按下来实现；有的则是通过某一个键按下多长时间或多少次数来实现；有的是用强制制冷键来实现；有的设有专用键。部分变频空调器进入定频运行的操作方式见表13-2。

表13-2　部分变频空调器进入定频运行的操作方式

品牌	型号	操作方式
海信	KFR-65LW/D	
	KFR-35GW/ABP、KFR-40GW/BP、KFR-32GQ/BP、KFR-36GW/BP、KFR-36GW/BP	用遥控器设定制冷模式开机，将开关面板上的拨动开关由“开”拨至“试运转”，进入强制制冷模式，此时为定频运行
	KFR-28GW/BP、KFR25GW/99SZBP、KFR35GW/99SZBP	在关机状态，按住显示面板上的应急开关5s以上，蜂鸣器响三声，进入强制制冷模式，定频运行，风机风速为高风，空调器的运行状态与室温无关
	KFR-50LW/BP、KFR-60LW/BP、KFR-50LW/ABP	按住显示面板上的应急开关5s以上进入强制制冷模式。连续按遥控器上的高效键6次以上（每秒2次，蜂鸣器声响为一次）进入标准制冷、制热模式（65/85Hz）
	KFR—3601GW/BP、KFR-3602GW/BP、KFR-4001GW/ZBP、KFR-4501GW/BP	空调器强制开机方法： 1）按住应急开关一次为开机，再按一次为关机。控制器根据室温自动判断进入相应的工作模式。工作模式一旦确定，不能改变，除非切断电源重新上电 ① 室温>26℃时，制冷运行，室内温度设定为26℃，室内风速设定为自动 ② 室温<23℃时，制热运行，室温设定为23℃，室内风速设定为自动 ③ 23℃<室温<26℃时，送风运行，室内风速设定为自动 2）空调器通电后按住应急开关停留5s以上，控制器进入试运行，试运行为强制制冷，与室温无关 3）按住应急开关后接通电源，空调器室内机蜂鸣器响两声后，进入自检
海尔	KFR-28GW/U（DBPZXF）（额定制热68Hz，额定制冷55Hz）； KFR-35GW/U（DBPZXF）（额定制热75Hz，额定制冷68Hz）； KFR-28GW/R（DBPQXF）（额定制热68Hz，额定制冷55Hz）； KFR-35GW/R（DBPQXF）（额定制热77Hz，额定制冷70Hz（也适用于柜机））	当变频空调器设定为制冷模式运行时，定频运行操作方法如下： 1）将遥控器设定制冷模式； 2）室内机风速设定为高风速； 3）设定温度为16℃； 4）先用手按住遥控器的“温度下降”键不动，再同时按住“设定”键，室内机蜂鸣器连续响两声，即进入制冷定频运行 当变频空调器设定为制热模式运行时，定频运行操作方法如下： 1）将遥控器设定制热模式 2）室内机风速设定为高风速； 3）设定温度为30℃； 4）先用手按住遥控器的“温度上升”键不动，再同时按住“设定”键，室内机蜂鸣器连续响两声，即进入制热定频运行
长虹	KFR-28GW/BP、KFR-28GW/BMF	短接CZ503中的1、3脚进入强制制冷状态
	KFR-40GW/BM、KFR-36GW/BMF	短接CZ10中的1、2脚进入强制制热状态；断开后进入强制制冷状态
	BQ系列	按住应急开关10s中，听到蜂鸣器响两声后松开按键，整机自动进入强制制冷状态
	KFR-45LW/BQ、KFR-45LW/BP、KFR-50LW/BQ	短接CN307进入强制制冷状态，短接CN308进入强制制热状态

退出定频状态，改变为变频状态的方法是：关机重启，通过遥控器改变工作参数。

13.1.3　变频空调器的故障代码

1. 故障代码的概念

所谓故障代码，就是厂家将变频空调器的一部分常见故障及故障部位的信息存储在存储器内，当这些故障出现后，就会显示故障代码（其表现方式是在显示屏上显示荧光字符或发光二极管点亮、熄灭、闪烁），指示故障的具体内容。应用故障代码时，既要充分利用故障代码的指示作用，又要考虑到故障代码的局限性，有的代码只指示了故障的粗略情况，有些故障 CPU 无法检测，也就没有代码显示。

注意：故障代码的含义可查阅厂家提供的资料、相关维修手册。上网查询也是常用、实用、有效的方法。

2. 故障代码示例

（1）通过 LED（发光二极管）的点亮、熄灭、闪烁表示故障的原因和部位

海信 KFR-25GW/99SZBP 等变频空调器，当压缩机停止运转时，室外机的 LED 用于显示故障的内容，详见表 13-3。

表 13-3　海信 KFR-25GW/99SZBP 变频空调器室外机故障代码的含义

编　号	LED1	LED2	LED3	故障代码含义
1	灭	灭	灭	正常
2	灭	灭	亮	室内环温传感器短路、开路或相关检测电路故障
3	灭	亮	灭	室内热交换器（管温）传感器短路、开路或相关检测电路故障
4	亮	灭	灭	压缩机温度传感器短路、开路或相关检测电路故障
5	亮	灭	亮	室外热交换器（管温）传感器短路、开路或相关检测电路故障
6	亮	亮	灭	室外环温传感器短路、开路或相关检测电路故障
7	闪	亮	灭	CT（互感器绕组）短路、开路或相关检测电路故障
8	闪	灭	亮	室外电压互感器短路、开路或相关检测电路故障
9	灭	灭	闪	通信故障
10	灭	闪	灭	功率模块（变频模块）故障
11	亮	闪	亮	最大电流保护
12	亮	闪	灭	电流过载保护
13	灭	闪	亮	压缩机排气温度过高
14	亮	亮	闪	过、欠电压保护
15	亮	闪	闪	室外环温保护
16	灭	亮	亮	功率模块通信故障
17	闪	亮	亮	制冷剂泄漏
18	灭	亮	闪	压缩机壳体温度过高
19	亮	亮	亮	室外机存储器故障
20	灭	闪	闪	室内风机运行异常
21	闪	灭	灭	室外机 PFC 保护
22	闪	闪	灭	直流压缩机起动失败
23	闪	灭	闪	直流压缩机失步
24	闪	闪	亮	室外直流风机故障

（2）通过室内机显示屏上显示数字、字符表示故障的原因和部位

海信 KFR-25GW/99SZBP 等变频空调器，如果室内机使用 LCD 显示屏或 VFD 显示屏，则连续按遥控器上的“传感器切换”键或“高效”键 4 次，若有故障时就会将故障代码的字符显示在屏上，若没有故障，则显示 0，显示时间为 10s，详见表 13-4。

表 13-4 海信 KFR-25GW/99SZBP 变频空调器室外机故障代码的含义

代　码	故障部位（原因）	代　码	故障部位（原因）
0	无故障	15	压缩机壳体温度保护
1	室外热交换器管温传感器	16	防冻结或防过载保护
2	压缩机温度传感器	17	室外 PFC 保护
3	电压互感器	18	直流压缩机起动失败
4	CT（互感器绕组）	19	直流压缩机失步
5	功率模块保护	20	室外直流风机
6	交流输入电压过、欠电压保护	33	室内环温传感器
7	室外通信异常	34	室内管温传感器
8	电流过载保护	35	室内排水泵
9	最大电流保护	36	室内通信异常
10	四通阀切换异常	37	室内机与线控器通信异常
11	室外机 EEPROM（存储器）	38	室内机 EEPROM
12	室外环温过低保护	39	室内机风扇电动机
13	压缩机排气温度过高保护	40	格栅保护状态报警（柜机）
14	室外环温传感器	41	室内机过零检测异常

3. 哪些故障会导致显示故障代码

1）传感器开路：原因有插接件接触不良、插座脱焊、引线断线、短路（电阻值减小到 200Ω 以下），电路板漏电或元器件漏电等。若传感器的电阻值偏离正常值，不会显示故障代码。

2）制冷系统故障：包括高压部分压力过高保护、低压部分压力过低保护、缺少制冷剂保护、四通换向阀保护等。

3）电源故障：包括过电压、欠电压、三相电的断相、三相电的相序错误保护等。

4）运行时检测到的参数不正常：有两种情况，一是各类传感器感受的温度过高或过低、工作电流不正常、风机转速不正常、通信不正常、压缩机的热保护器动作；二是这些参数相应的检测电路出现了故障。

说明：不是每个空调器都显示所有上述故障的代码。

4. 显示故障代码的方法

有的机型出现故障后故障代码自动显示出来，有的机型则需要通过自检的操作才能显示。例如，对海信 KFR-25GW/99SZBP 等变频空调器，连续按遥控器上的“传感器切换”键或“高效”键 4 次，则进行自检、显示故障代码。海信 KFR-3601GW/BP、KFR-3602GW/BP、KFR-4001GW/ZBP、KFR-4501GW/BP 等变频空调器，按住应急开关后接通电源，空调器室内机蜂鸣器响两声后，进入自检状态。

注意：各品牌显示故障代码的方法以及故障含义可查阅厂家提供的维修资料、相关维修手册。上网查询也是常用、实用、有效的方法。格力、美的、志高等厂家提供的维修手册、资料见本书《资料》。

13.1.4 熟悉变频空调器异常运行时相关参数的变化规律

变频空调器异常运行时相关参数的变化规律，对分析、查找和排除故障有很大的帮助。该变

化规律详见表 13-5。

表 13-5　变频空调器异常运行时相关参数的变化规律

测定参数	故障现象											
	制冷剂不足		制冷剂过多		蒸发不良		冷凝不良		毛细管堵塞		压缩不良	
压缩机电流	因制冷剂少，压缩机负荷小	↓	因制冷剂少，压缩机负荷大	↑	因低压侧压力下降，吸入气体较少，压缩机负荷小	↓	因高压侧压力升高，压缩机负荷大	↑	因制冷剂流动阻力大，压缩机工作效率降低	↓	因不能压缩，压缩机负荷小	↓
高压侧压力	因循环系统绝对制冷剂少，冷凝压力低	↓	因循环系统绝对制冷剂多，冷凝压力高	↑	因低压侧压力低，高压侧压力跟随下降	↓	因冷凝器换热能力差，压力上升	↑	因制冷剂循环量少，冷凝压力低	↓	无压缩，高、低压无压差	↓
低压侧压力	蒸发压力低	↓	蒸发压力高	↑	蒸发压力小，液体成分增多，压力下降	↓	因高压侧压力上升，低压侧压力跟随上升	↑	进入低压侧的制冷剂少，低压压力低	↓	同上	↑
吐出温度、壳体温度	因制冷剂循环量少，制冷效果差，吸入温度高，压缩机冷却条件差，导致吐出温度、壳体温度上升	↑	因吸入温度低，循环量大，冷却效果好，所以吐出温度和壳体温度降低	↓	可能液击，冷凝温度低	↓	因高压压力上升，温度上升	↑	吸入温度高，循环量小，压缩机冷却条件差	↑	同左	↑
吸入温度、过热度	制冷剂少，蒸发完成早，吸入气体温度高	↑	因制冷剂量多，蒸发完成迟，无过热度	↓	蒸发少，过热度小	↓	不变或下降	→↓	因制冷剂循环量小，蒸发完成早，过热度大	↑	制冷剂循环量小，低压压力升高	↑→

13.2　变频空调器常见故障的检修思路

变频空调器的故障主要有以下几类，每一类故障都有相应的检修思路。

故障类型一：空调器开机后，工作一段时间（数十分钟）后自动停机，制冷或制热效果差，过一段时间又能自动开启。无故障代码显示。

故障原因：

1）室内机的室温传感器或管温传感器的电阻值偏离了正常值，会导致室温尚未达到设定值时，CPU 就误认为已达到了设定值而停机，当室温变化后，又可开机。

2）空调器的工作条件不良，导致保护电路的取样电压、电流或温度慢慢偏离正常值（偏离幅度不大）而产生限制性保护而停机。停机一段时间后，由于引起保护动作的温度、电压、电流能自行恢复正常，自然就解除了保护而又自行开机。可能性最大的原因有市电电压偏离额定值（偏离不太大）、热交换器换热不良、制冷剂有较轻微的泄漏等。

其检修思路如图 13-1 所示。

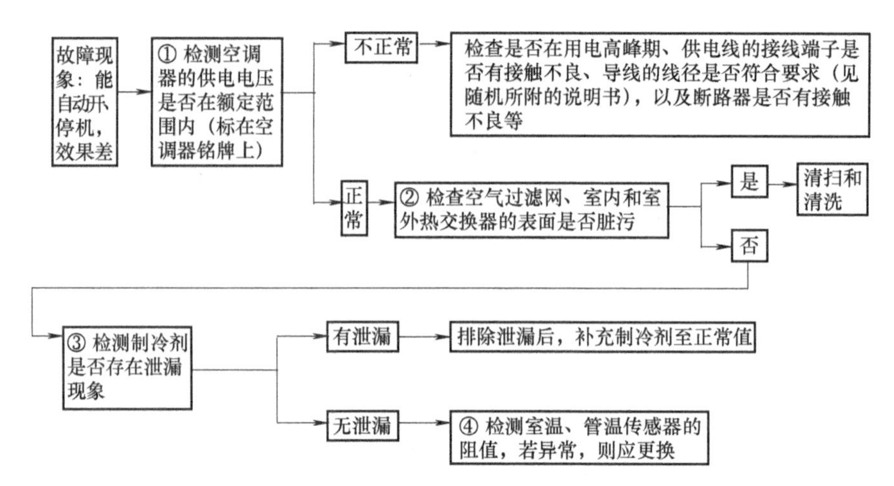

图 13-1　故障类型一的检修思路

故障类型二：遥控和手动均不能开机，无任何显示和反应。

故障原因：室内机无交流市电供电、室内机 CPU 的工作条件不具备，重点检测室内机。其检修思路如图 13-2 所示。

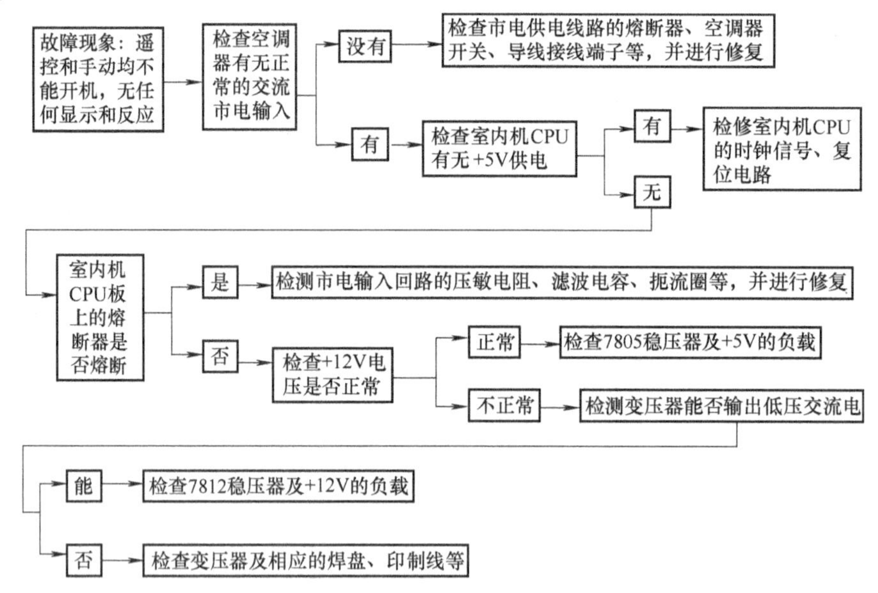

图 13-2　故障类型二的检修思路

注意：该检修流程按室内机是采用线性电源（即变压器降压、桥式整流、滤波、三端稳压器稳压）的情况介绍的，如果采用开关电源，则要检测开关电源的元器件，如开关管、开关变压器、300V 滤波电容器等。

故障类型三：工作状态指示灯点亮，但相应的负载不工作或显示与相应负载有关的保护代码。例如，室外风机不转、压缩机不转、四通换向阀不动作等。

故障原因：① 负载元器件无供电；② 负载元器件本身损坏。其检修思路如图 13-3 所示。

故障类型四：经过一次或几次停机保护后，不再自动开启。有故障代码显示保护的内容。

故障分析：这是元器件损坏或者其他严重故障而产生强制性保护而停机。若能知道故障代

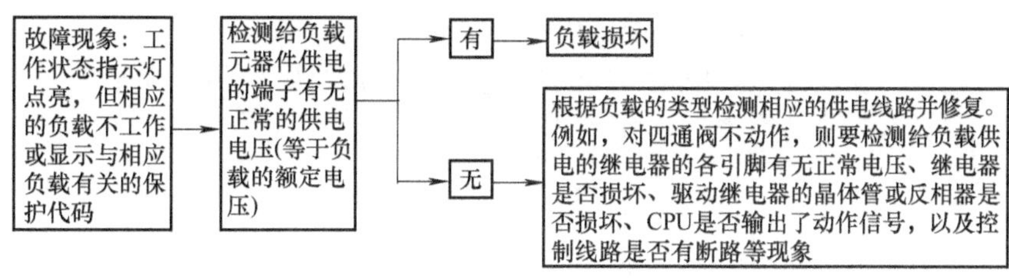

图 13-3　故障类型三的检修思路

码的含义，可采用以下的思路一；若不知道故障代码的含义，则可以采用以下的思路二。

思路一：根据故障代码指示的保护内容确定相应的检修流程。

1. 故障代码显示的内容是“过电流保护”故障的检修思路

故障原因：

1）市电供电电压过低。

2）热交换器严重换热不良。

3）制冷剂过多。

4）室外机直流主电压故障。

5）压缩机回路故障。

其检修思路如图 13-4 所示。

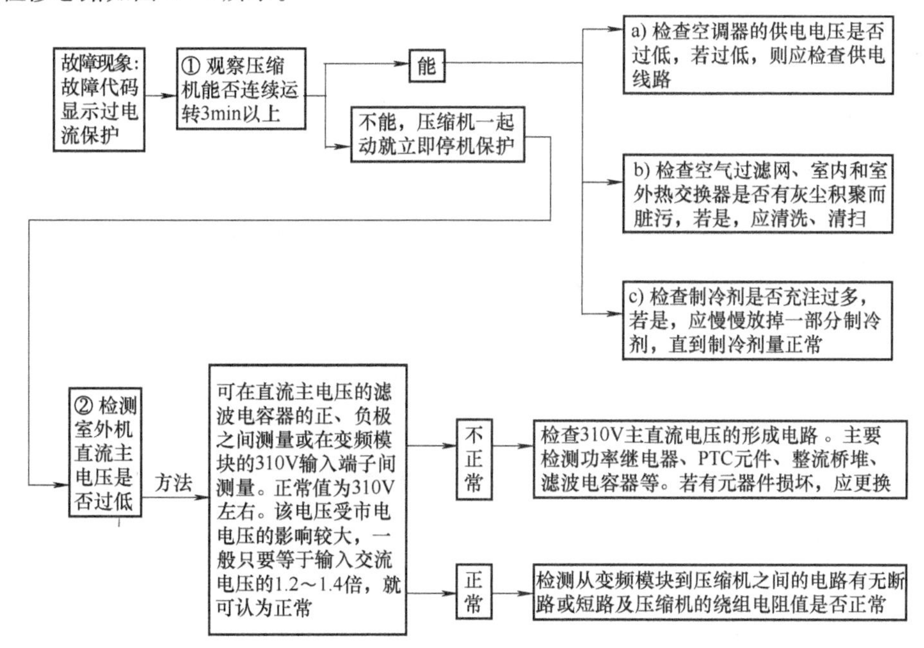

图 13-4　故障代码显示的内容是“过电流保护”故障的检修思路

2. 故障代码显示的内容是“变频模块异常”故障的检修思路

故障原因：

1）变频模块损坏。

2）CPU 输出的控制信号（用于控制模块内 6 个大功率开关管的导通和截止）没有传送至变频模块，变频模块不能正常工作。

3）加至变频模块的各直流电压异常。

4）压缩机有故障，导致给压缩机供电的变频模块工作异常等。

变频模块及其相关的电路框图如图 13-5 所示。其检修思路如图 13-6 所示。

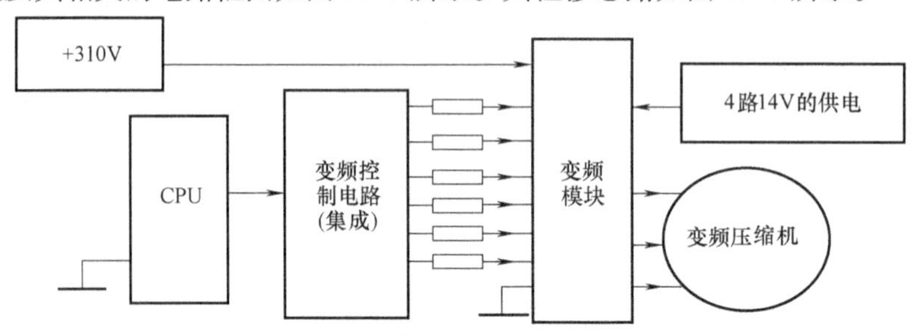

图 13-5　变频模块及其相关的电路框图

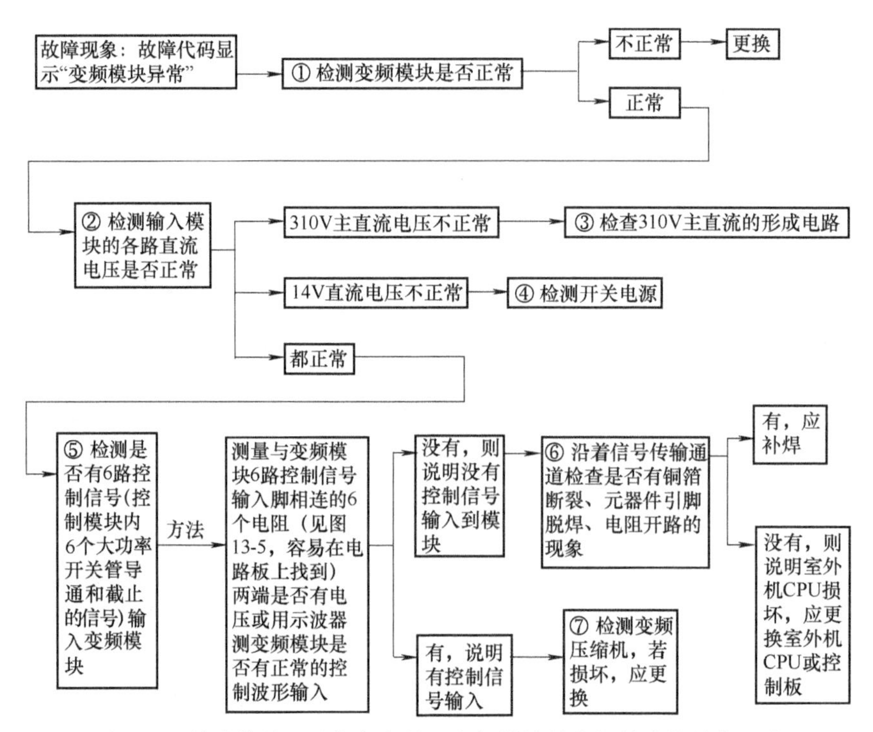

图 13-6　故障代码显示的内容是“变频模块异常”故障的检修思路

3. 故障代码显示的内容是“室内温度传感器异常”故障的检修思路

故障原因：

1）热敏电阻与电路板之间的接插件接触不良或断路。

2）热敏电阻的阻值变值。

3）阻抗信号/电压信号的转换电路的阻值变值、电容漏电等。

4）室内机 CPU 或存储器异常。

其检修思路如图 13-7 所示。

说明：显示其他传感器故障代码的检修思路和该示例一样。更换存储器，必须用原厂写有数据的存储器。

4. 故障代码显示的内容是“通信异常”故障的检修思路

故障原因：

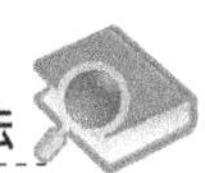

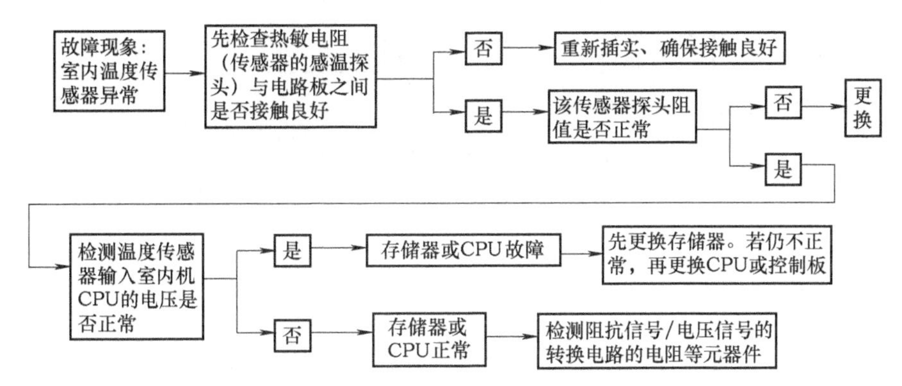

图 13-7　故障代码显示的内容是“室内温度传感器异常”故障的检修思路

1）室内、外机的通信线路接触不良、断路或室内、外机接线错误。

2）通信环路的元器件有故障。

3）室外机 CPU 不工作（CPU 本身损坏的可能性不大，一般是 CPU 无供电、复位电路或晶振等出现故障）导致不能通信（说明：既然有故障代码显示，说明室内机 CPU 正常）。

4）变频模块损坏。

5）室外机无交流市电供电。

6）室外机无 +300V（或 +310V）直流产生。

7）电磁干扰。

说明：变频空调器室外机 CPU 所需的 +5V 供电一般是由 +12V 经过三端稳压器稳压而得到的，而 +12V 由开关电源产生，开关电源是由 +300V 直流供电的，所以，由于变频模块内部功率管击穿而导致交流市电输入回路的熔断器熔断时，不能形成 +300V 电压，或 +300V电压形成电路发生故障而不能形成 +300V 电压，室外机 CPU 不工作，会导致室外机通信电路不工作而产生通信异常的故障代码。

该故障的概率很高，是检修的重点和难点。其检修思路如图 13-8 所示。

技巧：如果室外机电路板上有指示灯（发光二极管），可根据发光二极管的闪烁情况对通信异常的故障部位进行大致的判断。通信期间，若指示灯闪烁，基本可以判定是室外机电路板异常。如果发光但不闪烁，一般为室内机电路板异常；如果不发光，一般为室外机电路、CPU 电路或通信电路故障。这是因为室外机电路板只有接收到室内机电路板发来的脉冲信号后才能发光，室外机接收到通信信号后才能向室内机电路板发出脉冲信号，这样，室内机与室外机才能进行通信。

5. 故障代码显示的内容是“压缩机高温保护”故障的检修思路

故障原因：

1）空调器的空气循环不良（导致压缩机过载、排气压力过大、温升过高，引起压缩机高温保护）。

2）制冷剂过少、管道有堵塞（不能正常制冷或制热，压缩机的回气管温度偏高，压缩机得不到冷却，导致温度过高而引起保护）。

其检修思路如图 13-9 所示。

思路二：不知道故障代码的含义，检修变频空调器的思路。

第一步：不知道故障代码的含义并不是特别重要，但一定要明白哪些故障会导致显示故障代码（见本章 13.1.3 节），确定故障的范围。

第二步：检测故障率较高的部件，具体内容见表 13-6。如果经第二步未修复，则进行第

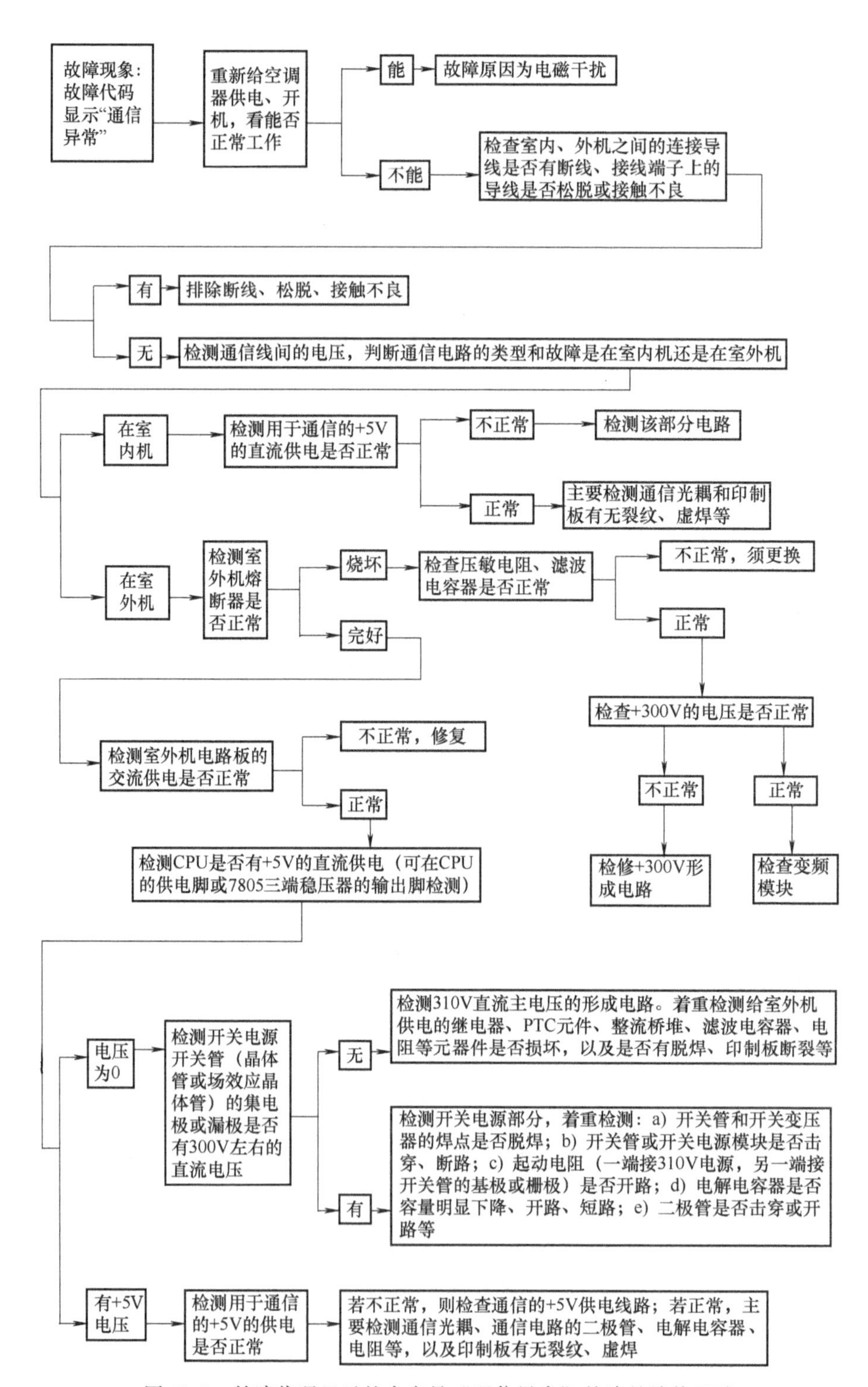

图 13-8　故障代码显示的内容是"通信异常"故障的检修思路

三步。

第三步：检测室内、外机的通信是否正常，若不正常，按图 13-8 的思路进行检修。若正常，则进行第四步。

第四步：根据通电后空调器表现出的现象来确定可能性最大的故障部位，见表13-7。

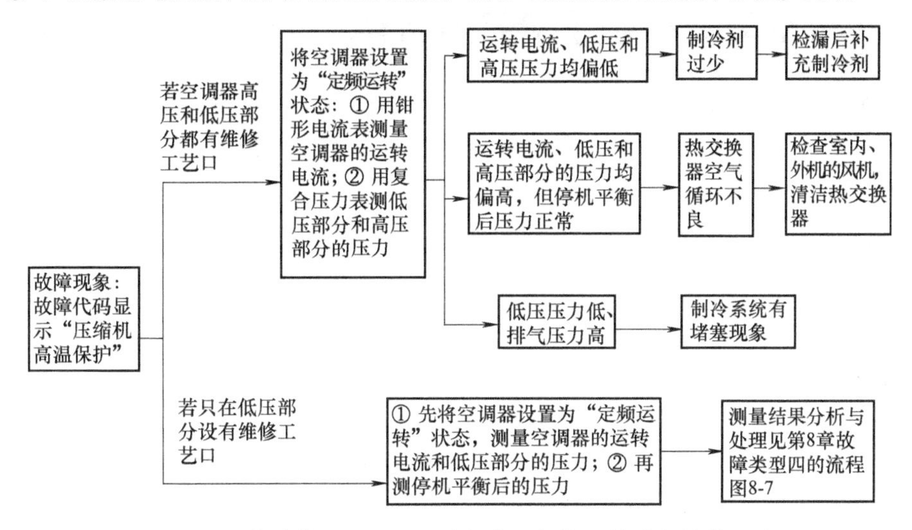

图13-9　故障代码显示“压缩机高温保护”故障的检修思路

表13-6　检测变频空调器的故障率较高的部件

名　称	说　明
空气循环系统	检查风机是否正常，室内和室外热交换器是否洁净、是否有大量散热翅片倒塌
室内、外机的连接导线，控制板与各被控部件的连接导线	检查是否有断线、松脱、接错现象，若有，重新接好后试机
各传感器	特别是室内热交换器的管温传感器故障率很高。检测传感器，通常采用3种方法：①在出现故障代码后，逐一拔下传感器的插头，当拔下某传感器插头后，故障代码不变，则可断定故障就是在该传感器或该传感器的相应电路；②测量电阻；③用替换法
是否缺少制冷剂	对空调器工作一段时间后停机保护的故障，可检查能工作的那段时间的制冷或制热效果，若效果差，则很可能是缺少制冷剂，可通过压力和工作电流检测加以确诊
供电	检测空调器有无交流市电供电，供电电压是否在额定范围内
各种插接件	检查是否有断线、松脱、氧化现象，若有，重新接好后试机

表13-7　通电后空调器表现出的现象及其故障范围

故障现象	故障的一般范围
通电后不起动，但有显示，按动遥控器时蜂鸣器能鸣响	该故障现象说明主机（若室内机给室外机供电，则室内机就是主机）的CPU工作正常。故障部位一般是传感器开路或短路、通信故障等
通电起动后在短时间内（数秒至数十秒）保护	应检测室外机PTC元件及功率继电器、310V直流主电压的形成电路、开关电源、变频模块、室内、外风机故障，压缩机漏电、堵转、绕组短路，过电流检测电路故障。着重检测工作在大电流或高电压的器件、大功率器件、工作环境恶劣（离热源、腐蚀性物质近，或潮湿、灰尘多）的器件、各插接件、各电线或管道的接头、各动作器件等
过3～15min保护	这是空调器的工作条件不良而引起的限制性保护，见本章图13-1
不定时地自动停机	电源线或电路板上有接触不良

13.3 利用空调器维修手册检修故障

维修手册详细介绍了该品牌空调器（一类或几类或者某些特定产品）的特性、参数、故障代码以及出现故障代码的处理流程、安装规范、收费标准等。利用维修手册进行维修，可以快速找到故障点。

13.3.1 利用美的空调器维修手册进行维修示例

下面以美的（2019 版）维修手册为例进行介绍。

1. 美的 2019 统一版 4 位故障代码表

（1）统一版 4 位故障代码规则解释

故障代码由 4 位构成，每一个都有独特的意义，如图 13-10 所示。

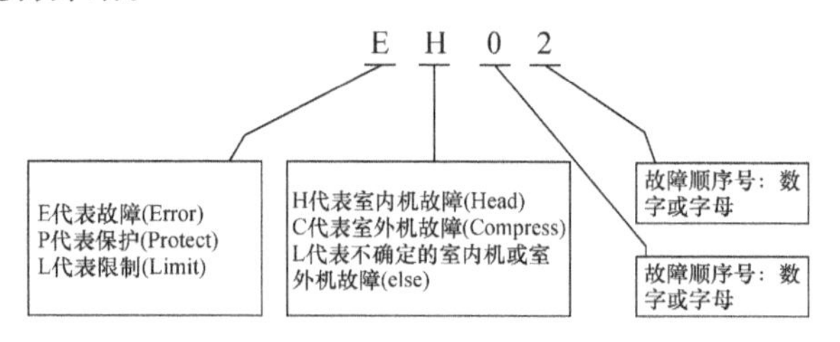

图 13-10 美的 2019 统一版 4 位故障代码规则解释

（2）故障代码指示的故障及检修方法

通过维修手册，可以看到每一个故障代码指示的故障内容及检修方法，见表 13-8。

表 13-8 美的 2019 统一版 4 位故障代码指示的故障内容及检修方法（只列入了部分典型的）

代码	指示的故障内容	故障检修方法
EH00	室内机 E 方（存储）故障	更换室内主板
EH0A	室内机 E 方（存储）故障	更换室内主板
EL01	室内外机通信故障	见本表后说明（维修手册上是见附录 76 页）
EC50	室外温度传感器故障或室外 E 方故障	使用变频检测小板（变频检测仪）查看具体故障代码：E51 为室外 E 方故障，则直接更换室外电控板。E52 为室外 T3 传感器故障，E53 为室外 T4 传感器故障，E54 为室外 Tp 传感器故障，E55 为室外 TH 传感器故障
EC52	室外盘管温度传感器 T3 故障	① 检查传感器本体线组是否破皮或者断裂。若有，则进行更换 ② 检查传感器本体与电控主板之间的接线是否牢固，若存在问题，则进行调整 ③ 用万用表测传感器阻值，若为 0 或无穷大，则说明传感器故障，否则可判定为主板故障
EC53	室外环境温度传感器 T4 故障	
EC54	室外排气温度传感器 Tp 故障	
EC55	IPM 温度传感器故障	
EC07	直流风机失速故障（变频）或者室外风机失速或压缩机起动异常或室外机被盗	① 检查空调器风轮是否破损，电动机及风轮装配是否存在故障，同时检查空调器风道系统是否存在堵或者破裂的情况，若有，则进行调整、修复 ② 用万用表测空调器主板是否有 310V 直流母线电压输出，若无，则说明空调器主板故障 ③ 用万用表测空调器主板是否有 15V 直流电压输出，若无，则说明空调器主板故障 ④ 测风机驱动端口黄线与黑线之间是否有 2.7～4.6V 之间的直流电压存在，若存在此电压，则说明直流风机故障；若不能测出该电压，则为空调器主板故障
EL0C	制冷剂检测故障	检查系统制冷剂有无泄漏

（续）

代码	指示的故障内容	故障检修方法
EHb4	室内机语音模块通信故障	检查语音模块连接线是否松脱 尝试更换语音模块看故障是否排除 更换对接的主板
EH0E	室内水位报警故障	检查水位开关连接线组是否破皮或断裂，水位开关接头是否接触可靠，若存在故障，则进行相应的调整 将水位开关拨至下方，检测水位开关是否处于短路状态（两端电阻为0）；然后将水位开关拨至上方，检测水位开关是否处于断路状态（两端电阻为∞）。若两者有一项不符合，则判定水位开关故障 将主板上水位开关接头短接，若水满故障不消失，则可判定空调器主板故障
FH0A	过滤网复位故障	检查过滤网复位开关连接线组是否破皮、断裂或连接不可靠，若有问题，对应地进行调整，排除故障 检查过滤网除尘机构是否存在卡死、动作不畅的情况，若有问题，则对应地进行调整 短接电控主板上的复位开关，若故障代码不消失，则判定为室内机主板故障 将复位开关所用的光挡住，用万用表检测复位开关端子，若测得光电开关开路，则判定复位开关开路
PC01	室外机电压保护	接上变频空调器检测仪，查看检测仪上 U0 直流电压母线值 用万用表检测室外电控盒中大电解电容两端直流母线电压值，并与变频空调器检测仪上 U0 的数值进行比较 若 U0 的值与用万用表测得的值一致且电压值都较高或很低，则用户电源异常；若若 U0 的值与用万用表测得的值明显不一致，则判定室外机电控盒故障
PC06	室外压缩机排气温度过高	检查传感器本体线组是否破皮，若是，则更换 检查传感器本体与电控主板连接是否牢固可靠，若存在问题，则对应进行调整 用万用表测传感器的阻值，用该阻值对应的温度与压缩机的实际温度相比较，若两者相差较大，则说明为传感器故障；若两者一致且压缩机本身的温度并不过高，则可判定为室内机主板故障；若两者一致且压缩机温度偏高，则说明是性能系统（制冷系统）故障
PH90	室内蒸发器高温保护	检查传感器本体线组是否破皮，若是，则更换 检查传感器本体与电控主板连接是否牢固可靠，若存在问题，则对应进行调整 用万用表测传感器的阻值，用该阻值对应的温度与蒸发器的实际温度相比较，若两者相差较大，则说明为传感器故障；若两者一致且蒸发器本身的温度并不过高或过低，则可判定为室内机主板故障；若两者一致且蒸发器温度过高或过低，则说明是性能系统（制冷系统）故障
PH91	室内蒸发器低温保护	

说明：

对于定频空调器室内外机通信故障的处理如下：

① 检查连接线是否存在加长，或者连接线是否接触可靠或破损等问题，若有，则进行对应调整、确保连接可靠、绝缘良好。

② 检查是否有向室外机输出 220V 交流电压。若无，则直接判定为室内机电控故障。

③ 测量接线座 S、N 之间直流电压，若测量的电压无跳变或者跳变幅度较小，则说明室内机故障；若跳变幅度较大，则为室外机电控故障。

对于变频空调器室内外机通信故障的处理如下：

① 检查连接线是否存在加长，或者连接线是否接触可靠或破损等问题，若有，则进行对应调整、确保连接可靠、绝缘良好。

② 上电初始2min内，检查室内机电源主继电器是否向室外机输出220V交流电压，若无，则说明室内机主板故障。

③ 测量接线座S、N之间直流电压，若电压为固定值或者跳变幅度较小，则为室内机电控故障；若跳变幅度较大，则为室外机电控故障。

④ 检查室外机电控盒指示灯的工作情况：a）若室外机电控盒指示灯不亮，则需要将所有的负载插头拔掉再观察，若指示灯变亮，说明室外机负载故障，需要逐一排查；若指示灯仍然不亮，则需要检查电抗器或者电感，若有问题，则需更换，若无问题，则可以判定为室外机电控故障。b）若室外机电控盒指示灯微亮，则需要将所有的负载插头拔掉再观察，若指示灯变亮，说明室外机负载故障，需要逐一排查；若指示灯仍然微亮，则可以判定为室外机电控故障。c）若室外机电控盒指示灯亮，则为室外机电控故障。

⑤ 若测量N、S之间电压跳变幅度较大，且室外机刚开始工作正常，则可将变频空调器检测仪接到电控盒上，查询室内T1、T2温度传感器的温度值，若能正常查询到，则说明室内机主板故障；若查询到T1、T2传感器的温度值为-66℃，则为空调器室外机电控故障。

2. 2019年以前的故障代码及相应的检修方法示例

2019年以前的定频挂机的故障代码有采用数码管、液晶显示方式，也有采用两个LED灯（工作灯、定时灯）常亮、闪烁、熄灭状态的组合来指示，还有采用三个LED灯（工作灯或者清新灯、定时灯、化霜灯）、四个LED灯（工作灯、自动灯、定时灯、化霜灯）、五个LED灯（运行灯、定时灯、自动换气灯、连续换气灯、除霜灯）的常亮、闪烁、熄灭状态的组合来指示。定频机和变频机、挂机和柜机的代码表示的含义也有所不同。例如，定频柜机的“E9”表示开关门故障，变频柜机的“E9”表示开关门故障或者室内主板E方故障。

对于代码指示为室内主板E方故障，可以更换主板。对于代码指示为开关门故障的处理如下：

① 在室内主板光电开关测试位置检测是否有5V输出，若无，则为室内主板故障。

② 分别短接光电开关检测脚位置1-2、3-4引脚，然后上电开机，观察是否还会出现E9故障代码，若仍然存在，则为室内主板故障。

③ 待室内机正常起动后关机，用万用表检测开关门红、黄线之间的电压（应为220V），黑黄线之间的电压（应为265V），若电压值不符合，则为室内主板故障。

④ 分别短接光电开关检测脚位置1-3、2-4引脚，上电待机，若故障代码仍然存在，则为室内主板故障。

⑤ 开机，用万用表检测开关门红、黄线之间的电压（应为260V），黑黄线之间的电压（应为220V），若电压值不符合，则为室内主板故障。

⑥ 若以上检测的电压值均正确，则可判定为出风框故障。

注意：美的2019统一版4位故障代码表中的其他代码、2019年以前的故障代码以及相应的检修方法见本书《资料》。

13.3.2 利用格力空调器维修手册进行维修示例

格力变频空调器为了保护空调器长期稳定运行，增加了多重保护，这些保护具有以下特点：

① 有的保护是空调器的正常运行状态的显示。

② 有的保护与安装、维修操作和用户环境有关，如LP（室内外机不匹配保护）、C5（跳线

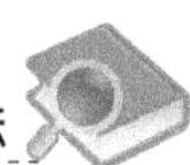

帽保护)、E6（通信故障)、P8（模块温度过高保护）等。

③ 有的保护是正常的保护，可以自动恢复，如过电流、欠电压保护。有的保护需要经维修才能恢复。

④ 部分保护无代码显示，通过室外机指示灯显示。

格力较新家用空调器维修手册对各种代码的读取、代码的含义以及相应的检修流程做了详细的介绍。限于篇幅，以下介绍两个示例。

例 1　室内机显示代码“PU”。

含义：电容充电电路故障。产生故障代码的原因是室外机控制器检测到大电解电容的电压异常。

可能的故障点：电抗器松脱（使用电抗器的机型）；电源输入电压过低；电网电压突变。

标准的检修流程：如图 13-11 所示。

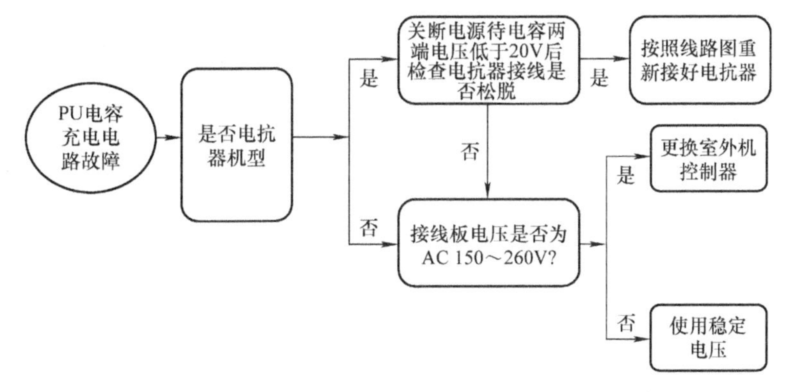

图 13-11　格力空调器室内机显示代码“PU”的检修流程

例 2　室内机显示代码“U7”。

含义：检测到的温度不符合四通阀的换向条件。产生故障代码的原因是室外机控制器检测到大电解电容的电压异常。

可能的故障点：室内外机环温、管温包故障；四通阀线圈或四通阀体故障。

注：控制器根据室内外机环温、管温传感器检测到的温度综合判断是否达到换向条件，这与传统的定频空调器不同，目前绝大多数 U7 故障均是由感温包阻值异常造成的。

标准的检修流程：如图 13-12 所示。

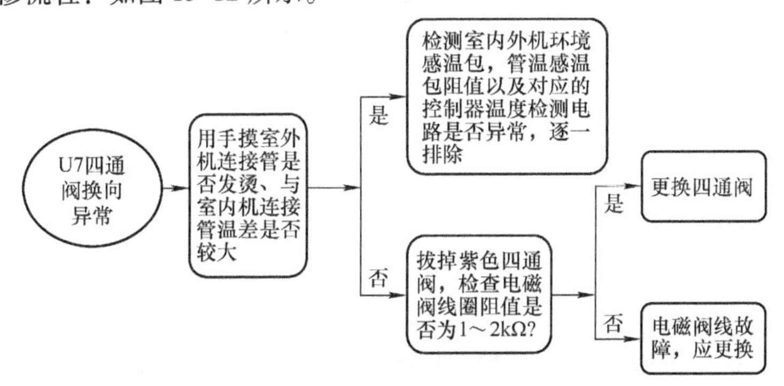

图 13-12　格力空调器内机显示代码“PU”的检修流程

注：格力家用空调器、天井机、多联机、冷水机等系列产品的维修手册见《资料》。

13.4 利用变频空调器检测仪检修故障

为了快速诊断排除故障，各厂家都推出了相应的变频空调器检测仪。不同厂家的检测仪不能通用。

13.4.1 认识变频空调器检测仪

下面以格力 GT2D3AAa 变频空调器检测仪为例进行介绍，如图 13-13 所示。

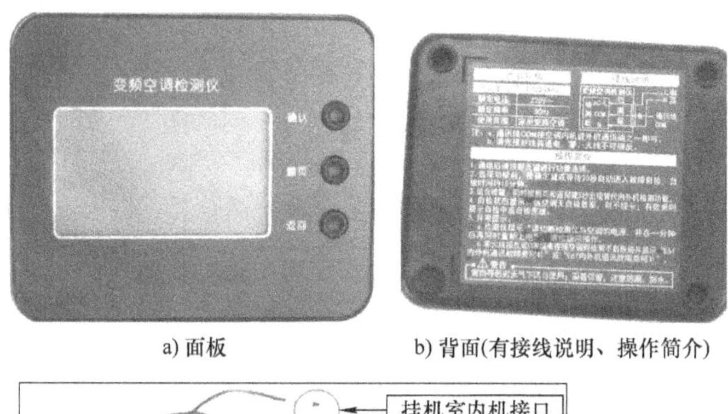

a) 面板　　　　b) 背面(有接线说明、操作简介)

挂机室内机接口
检测仪电源接口
用户电源接口

c) 用于检测仪与挂机连接的电源线(下文中简称电源线1)

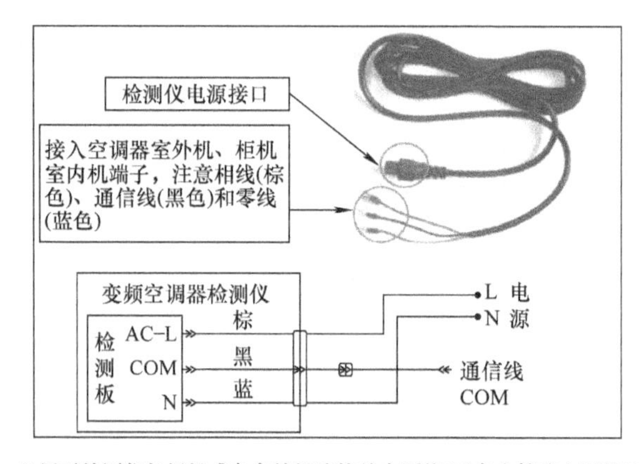

d) 用于检测仪与柜机或者室外机连接的电源线(下文中简称电源线2)

图 13-13　格力 GT2D3AAa 变频空调器检测仪

注：①检测仪的通信线 COM 接室外机或室内机通信端之一即可；② L（相线）、N（零线）不可接反，请先接好线，再通电，检测仪和空调器上电的时间差不要超过 90s，否则检测仪会检测不到数据或检测异常。

13.4.2　接线步骤与方法

1）选择电源线，并与检测仪连接。若接挂机，则选择图13-13c所示的电源线；若接室外机或柜机，则选择图13-13d所示的电源线，并接入检测仪电源接口，如图13-14所示。

2）检测仪与空调器连接：

① 与挂机连接（该方法适用于2016年9月之后的产品。将黑色通信线接入室内机预留的售后检测端子），如图13-15所示。

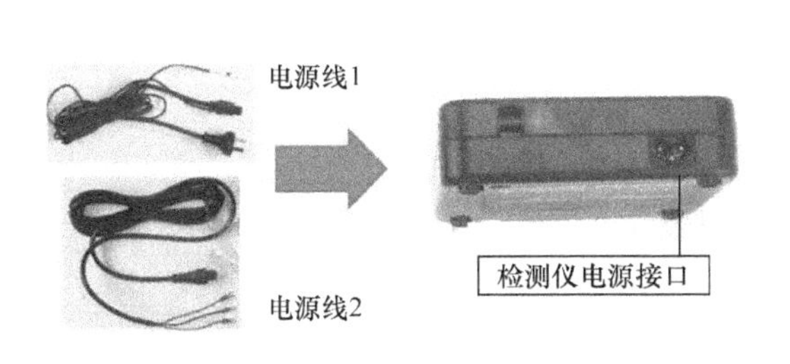

图13-14　选择、连接电源线

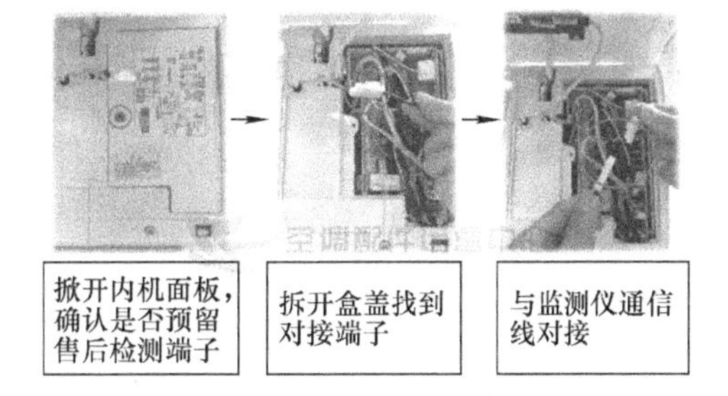

图13-15　检测仪与挂机相连接

② 与柜机连接。将电源线2接线端子接入室外机或柜机并联的接线端子，如图13-16所示。

3）检测仪、空调器上电，显示图13-17所示的内容。

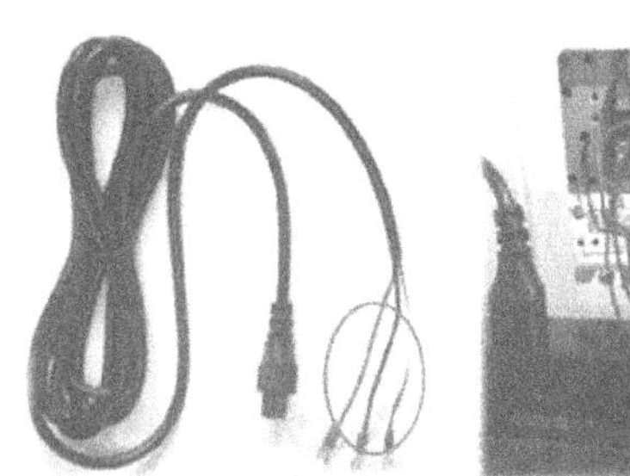

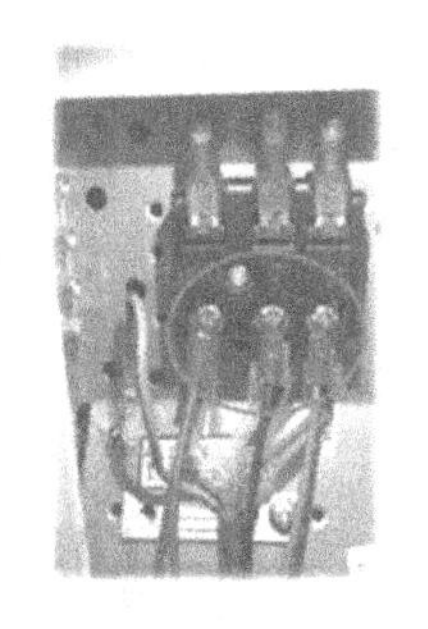

图13-16　检测仪与室外机或者柜机相连接

故障自检[按确认键进入]
数据监控
替代内机检测外机
替代外机检测内机

图13-17　检测仪初始界面

13.4.3　操作简介

1. 选定功能

在初始界面，按“翻页”键可在各功能之间切换。功能选定后，按“确认”键进入所选的功能。若在30s内未按“确认”键，则自动进入“故障自检”功能，故障自检最长需15min以上的时间完成。

2. 故障自检功能显示内容

通过分解和检测可判断出90多种故障信息。若室内、外机没有故障，则只显示运行数据；若有故障或保护，则先显示故障或保护信息，以及维修指导，最后一页显示运行数据。

例如，将室外机H5故障代码分解成10种判断信息，通过自检完成（注：老机型不适用），详见表13-9。

表 13-9 格力 GT2D3AAa 变频空调器检测仪显示的故障信息及维修指导（室外机示例）

序号	空调器显示代码	故障名称	检测仪显示信息
1	U9	压缩机过零故障	故障：U9（压缩机过零故障） 排除方法： 1. 检测电源电压是否正常 2. 更换室外机主板
2	7E	压缩机 IPM 电路开路	故障：7E（压缩机 IPM 电路开路） 排除方法： 1. 检查压缩机接线是否插接到位 2. 检查压缩机接线是否良好 3. 更换室外机主板
3	7d	压缩机 IPM 短路	故障：7d（压缩机 IPM 电路短路） 排除方法： 1. 更换室外机主板 2. 更换压缩机
4	7C	压缩机对外壳短路	故障：7C（压缩机对外壳短路） 排除方法： 1. 检查压缩机端子与外壳是否短路，若是短路，则更换压缩机 2. 若无以上问题，则更换室外机主板
5	7b	压缩机卡死	故障：7b（压缩机卡死） 排除方法： 更换压缩机
6	6d	PFC 升压异常故障	故障：6d（PFC 升压异常故障） 排除方法： 更换室外机主板
7	79	系统异常	故障：79（系统异常） 排除方法： 检查、更换室外机
8	7B	室外风机退磁电路故障	故障：7B（室外风机退磁电路故障） 排除方法： 更换室外机主板
9	77	室外风机线松脱	故障：77（室外风机线松脱） 排除方法： 接好室外风机线
10	76	室外风机 IPM 电路开路	故障：76（室外风机 IPM 电路开路） 排除方法： 1. 检查室外风机端子是否插接到位 2. 检查室外风机线是否连接良好

说明：

① 从变频空调器检测仪厂家售后服务的角度看，其对故障维修的指导做得不够详细（例如，常出现“更换室内机主板”“更换室外机主板”“更换风机”等）。如果要进行更细致的维修（器件级维修），可参考本章 13.2 节的流程图。

② 格力 GT2D3AAa 变频空调器检测仪和美的、海信、长虹等变频空调器检测仪的使用方法见本书《资料》。

13.5　变频空调器的维修规范

变频空调器的维修比定频空调器更加严格，必须遵循表 13-10 所示的维修规范。

表 13-10　变频空调器的维修规范

序号	维修规范	隐患
1	严禁使用焊枪割管，应使用割刀切割	容易产生氧化皮堵塞系统，也可能引起火灾
2	必须在系统制冷剂完全排空的情况下才能更换压缩机	可能引起冻伤事故和压缩机油大量喷出
3	禁止使用压缩机抽真空	烧损压缩机电动机
4	禁止压缩机在空气中运行	可能引起系统爆炸
5	严禁短接各种压缩机的保护	不能从根本上解决问题，会引起压缩机的损坏
6	更换压缩机后应按照规定清洗系统	引起杂质进入新压缩机，导致新压缩机损坏或性能下降
7	压缩机和系统的管口不能长期敞开。压缩机吸、排气管管口胶塞在拔出 10min 内应保证系统焊接完成，防止空气和水分进入系统	影响制冷效果，并有可能损坏压缩机
8	不允许以任何原因添加冷冻机油	添加的油不一定适用原压缩机
9	变频空调器若更换压缩机，则一定要更换同型号压缩机	不同型号变频压缩机内电动机的参数是不一样的，电控参数一定要与压缩机内电动机的参数对应才能运行
10	更换压缩机后，压缩机的 U、V、W 一定要与主板上的 U、V、W 保持对应	否则压缩机反转，不能压缩制冷剂，可能烧坏压缩机
11	室外机主板上的大容量电解电容及与其并联的元器件（PFC、IPM、分压电阻等）都是高压达 380 余伏的元器件，断电后还有高压残压，需要几分钟甚至十几分钟才能放电完毕，因此，维修时必须进行放电。其方法是将放电电阻或电烙铁的插头分别接触到放电位置的两个点（刚接触时有火花产生），保持 30s 左右	在这些元器件未放电完毕前，人体接触它，会受到电击
12	带电运行时人体不能接触弱电部分。目前的变频空调器控制板大都是热地设计，弱电部分（检测、控制输出部分）的地与强电部分没有隔离，弱电控制部分的地也是不安全的	人接触到也可能触电
13	直流变频控制器要与压缩机匹配。变频控制需依赖于压缩机电动机的具体参数，但不同规格的变频压缩机的参数不一致，因此更换配件时必须保证电气盒与压缩机一一对应	否则可能造成压缩机不能起动、模块保护、运行中失步等问题
14	更换变频空调器的室外机控制器配件前，必须确认其是合格品之后方可进行更换 测试 IGBT 的三个引脚中任意两脚之间是否存在短路现象，如有，则此室外机主板不能使用 测试直流母线的 P、N 之间是否短路。如有，则此室外机主板不能使用。测试 U、V、W 与 P 之间，U、V、W 与 N 之间是否存在短路现象。如果六次测试中任意一次短路，该主板均不能继续使用	如果更换的主板本身就有故障，空调器肯定不能正常运行，也会影响后续的维修

（续）

序号	维修规范	隐患
15	直流变频电气盒的装配必须装配到位 检查电气盒是否安装到位，卡扣是否卡在正确的位置	没装到位会导致电气安全距离（带电部件与金属部件之间或带电部件之间的距离）不足，影响变频空调器的长期可靠运行
16	维修完成后需接好所有地线，每根地线需单独接在一个地线螺钉上，不能一个地线螺钉上接多根地线	可能会造成：接地不可靠，产生漏电等电气安全隐患；干扰信号无法流经大地，引起误动作或保护停机
17	注意静电防护 变频控制器的半导体器件和集成电路较多，对静电比较敏感，一般耐 ESD（静电释放）能力为 2000V，如果周围有强电场，将会击穿氧化栅极。而人体静电有时高达上万伏 因此维修过程中须带静电环或先触摸接地金属片等释放人体的静电再进行维修，不得用手触摸主板上的半导体器件）特别是芯片！包装、运输和仓储时也需注意静电防护	静电很可能损坏半导体器件
18	各线的插簧必须插到位，不得虚插、错插、漏插。扎线，不得将配线的两端拉得过紧，要求留有一定的松度，以免配线因被拉过紧脱离插片、连接器或感温包套管等。线扎头留长 3 ~ 5mm，防止线扎头过长摩擦盖板发出异响 更换配件后，应注意各电气连接线不能碰管、不能碰四通阀体、不能碰压缩机体、不能碰钣金件锐边，不能碰如散热片等表面比较粗糙有锐边角的电子元器件，不能把比较高细引脚的元器件碰倒。需严格按照变频电气盒部件维修指导页图示的走线以及扎线方式布线、扎线 特别注意强电线（电源、电动机、四通阀、电抗器、压缩机）与弱电线（感温包、过载）分离，各线不能跨主芯片，否则可能带来强干扰	容易接触不良，也可能产生电磁干扰

第 14 章 变频空调器常见故障的检修实例

本章导读

本章介绍的典型示例，其检修方法是前面章节所介绍的内容的具体应用。阅读本章，能使读者对前面章节所述的方法有一个更深入的理解，能起到联系实际的作用。

例 1 某变频空调器在强雷雨天气后，使用时室内机指示灯不亮、蜂鸣器不鸣响、遥控器失灵。

故障分析：该故障可能性最大的原因是室内机的防雷击电路发生了动作，也可能是交流市电的供电故障、室内机 CPU 因工作条件不具备而未工作。

检修过程：如图 14-1 所示。

① 测量空调器的供电电压（在室内机的接线端子上测量）

说明：测得供电为 241V，为正常。所以下一步应重点检测室内机的电气控制板

图 14-1　例 1 的检修过程

② 认识变频空调器典型的室内机防雷击电路

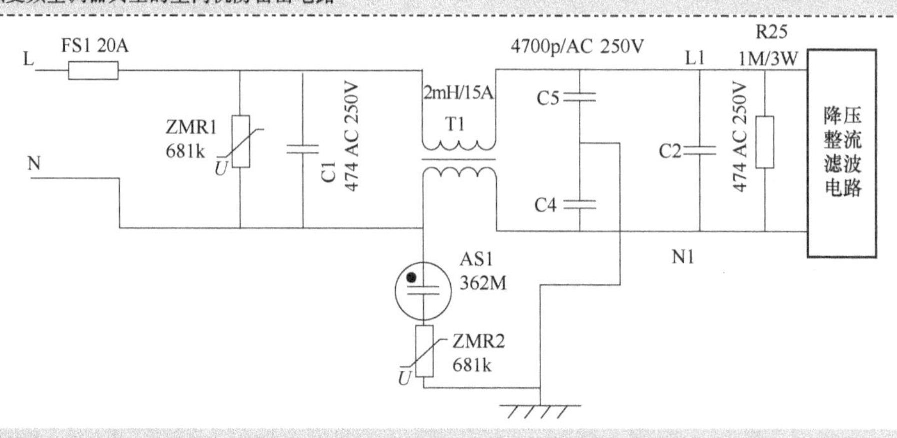

电路图解释

FS1 为延时熔丝，可以防止电控器的长时间过电流或短路，同时，又可在输入电压过高时，与 ZMR1 一起保护后续电路免受冲击而损坏

AS1、ZMR2 共同组成防雷击电路，当雷电由相线或零线串入时，压敏电阻就会被击穿短路，烧坏熔丝，同时高压放电管呈短路状态，将雷电由地线泄放到地，保护了电路板上的元器件

C1、T1、C4、C5、C2 组成有效的电磁干扰滤波器，该滤波器有双向作用，即能吸收电网对控制板电路的干扰，也能阻止控制板电路产生的谐波进入电网

③ 拆卸室内机的外壳，露出电气控制板，检测熔丝、压敏电阻、高压放电管

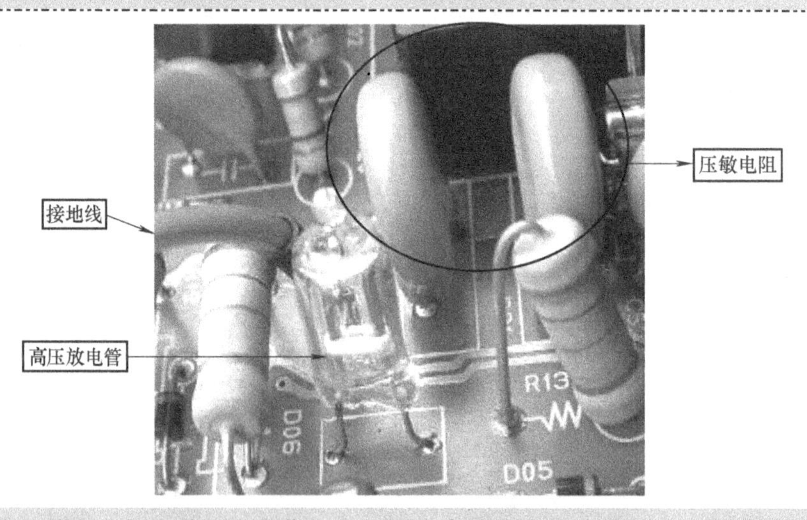

说明：发现熔丝已烧坏；检测压敏电阻的阻值为 0，已损坏；高压放电管的电阻为∞，正常。更换同规格的熔丝和压敏电阻后，故障排除

图 14-1　例 1 的检修过程（续）

例 2　某变频空调器开机后，室内风机能运转，但不制冷。有故障代码，但不知其含义。

故障分析：该故障涉及面很广，故障最大的原因是室外机没有起动、制冷剂泄漏、传感器故障、通信故障等。

检修过程：如图 14-2 所示。

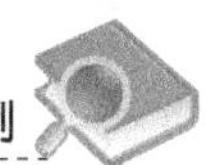

<table>
<tr><td>① 拆掉室外机的顶盖，必要时拆掉室外机的前面板，露出风机和压缩机，重新起动空调器，检查室外风机和压缩机是否运转（采用看、听、摸的方法）</td><td>② 在压缩机上拆下 3 根供电线，重新起动空调器，测量压缩机的供电电压（注意：3 个端子不能短路，否则会损坏变频模块，手不能触及端子，以免触电）</td></tr>
<tr><td>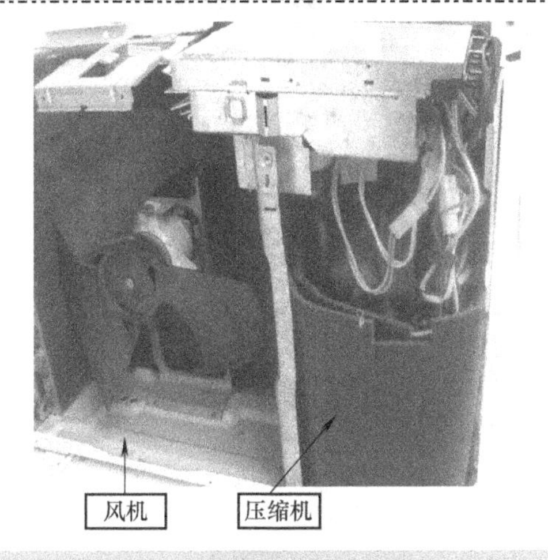
</td><td></td></tr>
<tr><td>说明：检查后发现，压缩机和室外风机都能起动，但经十几秒后压缩机和室外风机都停止运转。这表明压缩机或室外机控制板上有故障</td><td>说明：经检测，3 个供电端子任意两个之间的电压均为 146V，正常。这表明室外机控制板正常。应检测压缩机是否正常</td></tr>
<tr><td colspan="2">③ 用钳形电流表监测从开启到停转的过程压缩机电流的变化（在给室外机供电的相线上测量，较方便）</td></tr>
<tr><td colspan="2">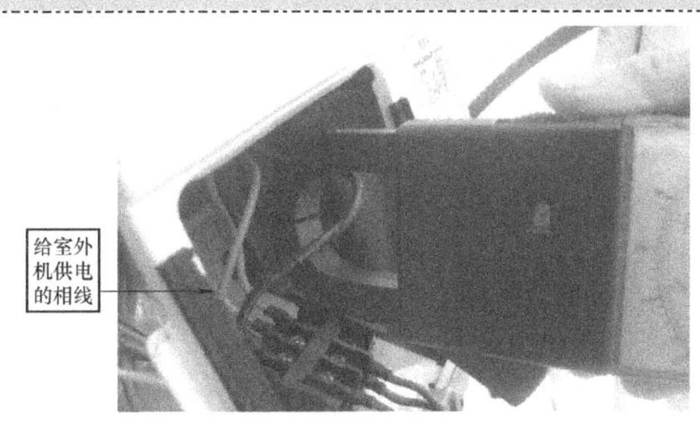
</td></tr>
<tr><td colspan="2">说明：检测结果为在十几秒内，从 5A 左右上升到 21A，超过了压缩机的额定电流，引起了过电流保护而停机，其原因是压缩机的绕组或机械部分有故障</td></tr>
<tr><td colspan="2">④ 给压缩机绕组引出线端子编号为 1、2、3，测 1 和 2 间的电阻 R12</td></tr>
<tr><td colspan="2">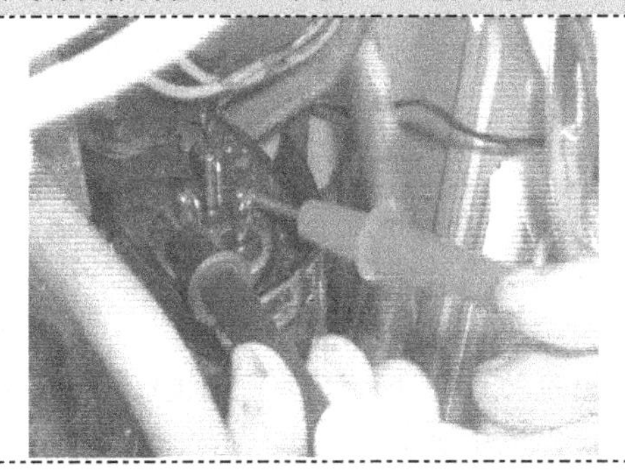 
</td></tr>
</table>

图 14-2　例 2 的检修过程

⑤ 测 1 和 3 间的电阻 R13

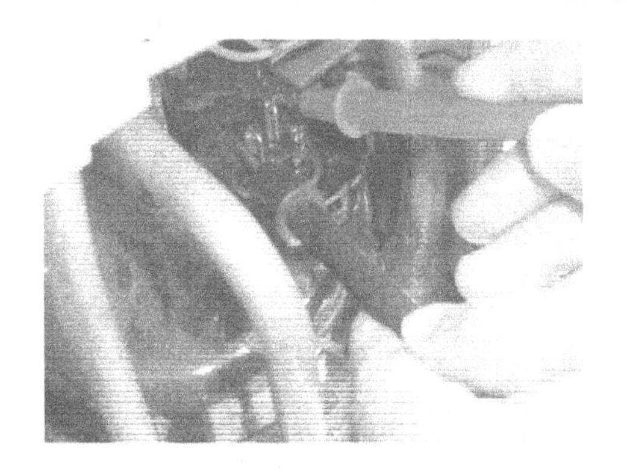

⑥ 测 2 和 3 间的电阻 R23

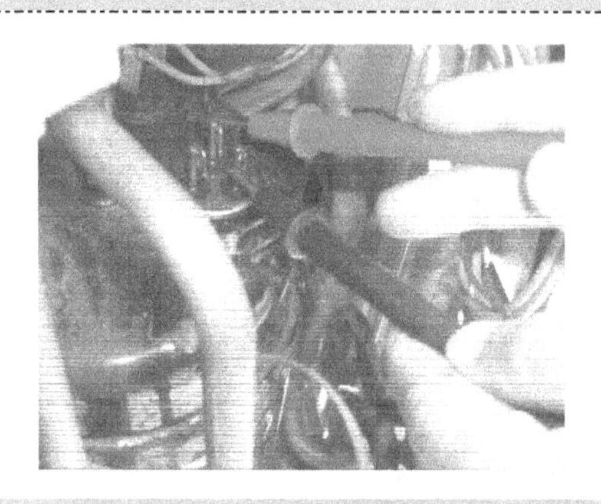

说明：测得 R12、R13、R23 均为 2Ω，且相等，说明绕组正常。故障的原因应该是压缩机的机械部分有故障，更换压缩机，充注制冷剂后，开机正常

图 14-2　例 2 的检修过程（续）

例 3　某品牌 KFR-3501GW/BP 空调器开机后，室内风机能连续运转，能周期性地间歇吹出冷风，总体制冷效果差，有故障代码，不知含义。

故障分析：根据第 13 章的故障类型一（即图 13-1）的分析，故障的原因应该是温度传感器阻值改变或室内、外机热交换器的换热条件差等。

检修过程：

1）开机后，发现室内、外机都在运转，但几分钟后，室外风机和压缩机停转，停转一段时间后又能自动开启。

2）室外机运转时，用压力表测制冷剂压力正常，说明制冷系统正常，测交流市电电压正常，室外机的工作电流也正常，说明故障不是由过电流、过电压引起的保护。

3）检查空气过滤网和室内、外机热交换器有无灰尘、脏污现象。

4）检测室内、外机温度传感器阻值。发现室内机的管温阻值在 25℃时约为 45kΩ，按第 4 章图 4-25 的方法，读出了与该传感器相串联的电阻为 15kΩ，知道该管温传感器在 25℃时的正常阻值约为 15kΩ，更换该管温传感器后，开机制冷正常。

小结：该故障代码的含义实为室内机过冷保护。过电流引起保护的原因，大多是压缩机、变

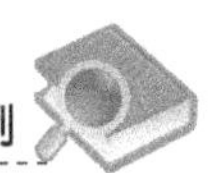

频模块故障。

例 4　某品牌 KFR-5001LW/BP 空调器开机后，室内机能正常运转，但完全不制冷，有故障代码。

故障分析：该故障原因可能是室外机没有起动、制冷剂严重泄漏、通信故障等。

检修过程：

1）开机的同时，测功率模块的输出电压，测得值很小，接近于 0V。

2）关机后再开机，同时测功率模块的输入电压，测得值为 285V，基本正常，怀疑功率模块损坏。

3）关机后，拆下功率模块，用测电阻法检测模块，发现已损坏。更换后，开机正常。

例 5　夏普 AY-249 空调器室外机风扇运行正常，压缩机起动 10s 后，自动停机，自检灯显示直流过电流异常。

故障分析：导致直流过电流异常故障现象的原因不在电路部分，主要是压缩机负载过大。

检修过程：测停机状态时制冷剂压力，发现为 1.0MPa，超过正常值，放掉一部分，开机后工作正常。

点评：变频空调器不能依照一般空调器的充氟工艺充氟，在充氟时绝不能充注过多，否则当压缩机在高速运转时，系统压力会猛然升高，电流猛增，而变频模块过载能力较差，在过电流下会烧损击穿。加氟应选择环境气温高的晴天进行，加注时用钳形电流表监测室外机电流（压缩机在起动时为 3A，中速时为 6A，高速时为 9A 左右），高速时当电流超过 9A 时应放氟，不足 9A 可略缓慢加注，监测 1h，电流在 9A 时表针不左右摆晃属正常。在更换过压缩机的空调器中，若烧模块，是因所换压缩机功率较大，可用电流较大的模块，如 20A 或 30A（市场上有 15A、20A、30A 三种规格）来代换，其驱动电路均能正常驱动。代换时，注意在其散热面上涂一层导热硅脂。

例 6　海尔 KFR-50LW/BPF 变频空调器制冷状态下吹热风。

故障分析：用户反映，前几天天晴，空调器制冷正常，这几天下过雨后再使用时，空调器出现制冷出热风现象。产生此种故障的原因有：①室内机输出错误的控制信号作用于四通阀；②室外机的控制板出现混乱；③四通阀的阀体损坏。

检修过程：仔细观察，发现该机在安装时，曾加长过连接管和连接线，怀疑连接线接头处有问题，找到接头处一看，果然是由于接头未处理好，导致雨水进入接头内，且接头没按标准规定的方法（一长一短交错，见图 14-3）连接，导致接头处绝缘下降，输送给室外机的信号发生错乱，造成室外机处于制热工作模式。剥开接头，重新按标准的一长一短法连接好，在接头处用防水胶布缠好，试机，空调器制冷正常。此种故障是由于安装人员在安装时马虎造成的。

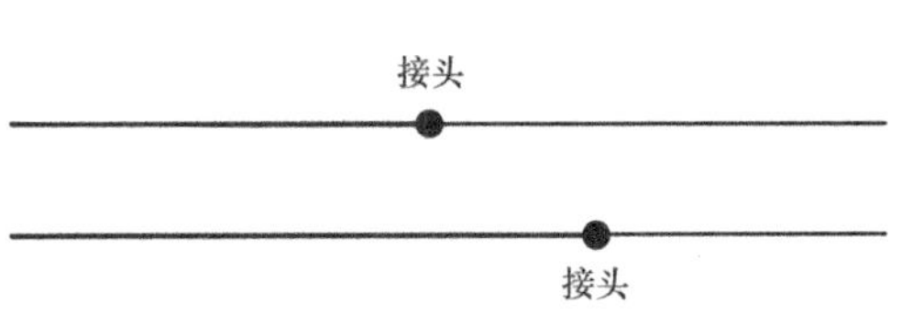

图 14-3　导线的一长一短连接法

例 7　海尔 KFR-25GW×2/BP 空调器出现电源灯灭、定时灯灭、运转灯闪烁及遥控器失灵的现象。

检测过程：上门试机，发现室内机和室外机工作 2min 左右，开始出现报警显示，由故障代码可知，应为高频干扰或通信回路不良。检查用户电源正常，室内机与室外机连线牢固，接线端子电压正常。用户附近又无发电动机和无线电设备，排除高频造成的干扰。测量变频模块有 310V 直流电压输入，测三相输出发现电压不相等，怀疑变频模块不良，用测电阻法进行检测，确定模块损坏。更换后，试机运行正常。

例 8 海信 KFR-2608GW/BP 空调器不制热，刚起动时室内、外机风扇工作，过一会停止。

检修过程：测量功率模块 P、N 与 U、V、W 之间的电阻值正常，重新上电起动空调器后，测 P、N 间电压正常，U、V、W 间有正常电压输出（任两相之间的电压相等，且在小于 160V 的范围内），压缩机不运转，所以怀疑压缩机损坏。关机后测量压缩机任两个接线端子之间的电阻值约为 1.3Ω，为正常，所以怀疑压缩机卡缸，排出系统制冷剂后试机，空调器压缩机仍不工作，确定为压缩机卡缸。换上新压缩机插上 U、V、W 后再试机，压缩机可以起动，定量加 R22 后试机空调器制热正常。

例 9 海信 KFR-3501GW/BP 空调器开机后，室内风机能运转，制冷效果差，故障代码显示“过冷保护”。

检修过程：试机检查发现开机几分钟后，室外风机和压缩机均停止运转。重新起动空调器，测室外机运转时的压力和工作电流，均为正常值。继续观察，经过几分钟室外机自动停机，过 10min 后室外机又自动开机，但运转几分钟后室外机又停止。由于故障代码为“过冷保护”（实际上并没有过冷），所以怀疑室内机的管温传感器有故障。测室内机管温传感器阻值在 25℃时大约为 50kΩ，明显偏大。更换室内机管温传感器，试机后正常。

例 10 美的 KFR-35GW/BPY-R 空调器上电开机，无法起动，显示故障代码“E1”。

检修过程：“E1”的含义为通信异常。检查室内、外机的连线，为正常。询问用户该机出现故障的具体情况，用户反映该机一直正常，有电工对楼梯的电线维修后，该机就出现故障了。怀疑相线与零线接反（因为零线参与通信），将相线和零线交换后试机，正常。

例 11 美的 KFR-50LW/FBPY 空调器开机后不制冷，显示故障代码“09”。

检修过程：查资料获知故障代码“09”的含义为压缩机排气温度过高。摸压缩机排气管温度，有很烫的感觉。用压力表测制冷系统压力，为 0MPa，说明该故障是由制冷系统缺少制冷剂而引起压缩机排气温度过高。仔细观察室外机的各管道，发现四通阀处有油迹。更换四通阀后，抽真空、定量充注制冷剂后开机，工作正常。

例 12 海信 KFR-7001LWBP 空调器断路器一合上就立即跳开。

检修过程：该故障现象说明断路器后面的线路有严重的短路。检查供电电压，为正常。检测断路器至空调器室内机和室外机的各线路，均完好。检查室外机压缩机曲轴箱加热器短路。更换后，故障排除。

说明：压缩机的电加热器紧贴在压缩机下部的外围，其作用是加热后，使压缩机冷冻油内的液态制冷剂蒸发出来，以免起动后造成压缩机液击，同时也可以给冷冻油预热，提高润滑效果，避免压缩机卡缸或抱轴。

例 13 志高 KFR-30GW/BP 空调器不能起动，故障灯闪烁。

检修过程：将该空调器室内机的选择开关置于试运行，发现能起动、运行，制冷效果良好，因此怀疑传感器有故障。检测管温传感器，为正常。再检测室温传感器，发现其阻值已偏离较大，更换后，该故障排除。

说明：置于试运行状态时，CPU 会向变频模块发出一个频率为 50Hz 的信号，使空调器定频运行。若此时能运行，说明控制系统一般没有问题，应着重检测各传感器。若在试运行状态还不能运行，说明控制系统有故障。

例 14 美的 KFR-35GW/BPY-R 空调器不工作，显示故障代码“E1”。

检修过程：上门检查，室外机电源板上的 LED 熄灭，说明室外机控制部分的电源工作不正常，初步估计是室外机故障。检查室外机接线座上的 220V 电压正常，测电源板 310V 直流滤波

电容器上的直流电压为0V，测电源板到整流桥的交流220V电压正常，初步判定为整流桥损坏。用万用表电阻档测整流桥，发现内部有两个二极管开路，造成无直流310V电压，开关电源不工作，室外机CPU无供电，形成室内、外机通信故障。更换整流桥后，整机工作正常，故障排除。

例15　美的KFR-35GW/BP3DN1Y-C空调器室内机显示故障代码“E1”（室内、外机通信故障）。

检修过程：

1）上门检测220V交流电压稳定，接地线安全可靠，各连接线没有松动和脱落，零线和相线没有错位，没有安装加长管和加长线。初步排除用户供电异常、接地不良、信号连接线不良或接错造成E1保护。

2）上电2min内检测室外机L、N接线端子电压为220V，说明室内机电源输出正常。检测零线N与通信线S之间有直流2~24V波动电压（即通信电压），进一步排除室内机故障，确定故障点在室外机（注：若零线N与通信线S显示0V或24V的固定不变电压，或低于5V以下的波动电压，则可判断为室内机电控板损坏）。

3）通过观测室外机电路板的LED灯是否亮和闪烁判断5V芯片通信工作电压是否正常。经仔细观测发现室外机指示灯微亮，测量室外机直流5V芯片工作电压仅为3.5V，且稳压集成块发热严重。测量变频模块（功率模块）P、N之间的直流300V输入电压稳定，说明功率模块、变频压缩机正常。将室外机负载依次去除，当去除室外机直流风扇电动机时，5V芯片工作电压恢复正常，说明故障为室外机直流风扇电动机短路，引起室外机直流5V工作电压下拉至3.5V，导致室外机CPU不能工作，室内机与室外机不能建立正常的通信，最终显示E1。

处理措施：更换室外机直流风扇电动机，空调器运行正常。

例16　美的KFR-35GW/BP2DY-M（4）空调器，用户购买空调器安装使用3个月后，反映空调器开机室内、外机工作6min后室外机停机，反复3次后室内机显示故障代码“E1”（室内、外机通信故障）。

检修过程：

1）上门检测室内、外机交流电压为220V，接地安全可靠，连接线没有松动和脱落，零线和相线没有错位，初步排除电压、接地及信号连接线问题造成E1保护。

2）上电2min内检测室外机L、N接线端子电压为220V，室内机电源输出正常，检测零线N与通信线S之间有直流2~24V波动电压，进一步排除室内机故障。确定故障点在室外机。

3）检测室外机电控板供电线路。整流桥有300V直流电压输出，当检测到功率模块（变频模块）P、N端的电压时，发现室外机在运行5min（升高频）后，模块P、N电源输入端310V直流电压突然下降到30V、电源板电源及故障指示灯灭，反复3次后室内机显示E1故障。经详细分析，影响310V直流电源的元器件有整流桥、滤波电容，还有电抗器、变频模块等。升高频过程中310V直流电压突然下降到30V、指示灯灭很有可能是电源电路中部件存在接触不良现象（当整机高频运行时，电流过大，虚接点出现供电不可靠的情况）。

4）断开整机电源，待放电完毕后，仔细检测室外机供电回路中电源继电器、整流桥、电抗器、电容焊点有无虚焊以及插子松紧情况，当检查到电抗器插子时，发现电抗器接线插子有生锈氧化现象，导致插子接触不良，在整机高频运行时出现断路，模块P、N电源输入端310V直流电压突然下降，显示E1。

处理措施：更换室外机电抗器后，试机正常。

例17　美的KFR-26GW/BP2DN1Y-E（3）空调器室内机显示故障代码“E1”（室内、外机通信故障）。

检修过程：

1）打开室外机外盖，用万用表测 L-N 之间电压为 225V，说明从室内机输出给室外机的电源正常。

2）测通信线 S 与零线 N 之间的电压（正常时应为 3～40V 左右波动的直流电压）。检测发现通信线 S 与零线 N 间的电压仅零点几伏，确定故障点在室内机电控板上。

3）检测室内机电控板，发现通信电路无供电（正常值为 24V）。

处理措施：更换室内机电控板，试机正常。

注：对该故障也可以进一步检测直流 24V 的供电电路，重点检测熔丝、桥式整流电路、稳压管等，容易修复。

例 18 美的 KFR-23GW/BP2DN1Y-M（3）空调器制冷效果差，整机不定期显示故障代码“E1”（室内、外机通信故障）。

检修过程：

1）多次上门检测，故障时有时无，更换室外机电控板，运行一天后用户再次报修，再次上门打开室外机外盖，连接变频空调器检测仪，整机各项参数正常，未出现任何保护，机器可正常运行。

2）用万用表测室外机 L-N 之间电压为 225V，确定室内机电源输出电路正常。测通信线 S 与零线 N 间的电压为 3～40V 波动直流电压，通信信号正常，维修再次陷入迷茫状态。正当无从下手时，室外机在高频运行状态下突然断电停机，电源及故障指示灯不亮，用万用表测 L-N 之间电压为 0V，经监测过几分钟后，室内机又有 225V 输出，整机又可正常工作。根据此现象，初步确定故障点在室内机电源供电线路上。

3）断开整机电源，等放电完毕后拆开室内机面框及电控盒盖，取出室内机电控板，仔细观察，发现电控板主电源继电器有焊脚虚焊，导致功率继电器输出电压不稳定，不定期出现无 225V 电源输出，造成室外机无电源，显示 E1。

处理措施：对虚焊部位补焊后，试机正常。

例 19 美的 KFR-51LW/BP2DY-E 空调器开机不制热，室内机有显示，室外机无反应，整机显示故障代码“P0”（模块保护）。

检修过程：

1）开机检查室内机 L、N 有 230V 电源电压输出到室外机，N、S 之间有直流 2～24V 脉冲电压（通信电压），故判定故障在室外机。

2）打开室外机壳，发现指示灯亮，压缩机、风机都不转。用万用表测得整流桥有 306V 直流电输出，可以判定室外机电路板整流滤波电路正常。

3）断开整机电源，待指示灯全部熄灭后，把压缩机输入 U、V、W 插件拔下，测得压缩机三相绕组阻值平衡，均为 1.8Ω，绝缘良好，无短路及漏电现象。

4）用万用表二极管档检测变频模块。测量电控板上 U（蓝）、V（红）、W（黑）端子之间的电阻（需测量 U 与 V、V 与 U、U 与 W、W 与 U、V 与 W、W 与 V 之间的电阻），正常情况下模块 6 个组合电阻应在 300～800kΩ 之间，且阻值平衡，若其中出现电阻小于 100kΩ 或大于 3MΩ，或阻值不平衡（差值大于 30kΩ），则说明模块损坏。经检测，模块 6 路阻值为 450kΩ，阻值正常。

分别测量模块 U（蓝）、V（红）、W（黑）与 P（正极）之间的电阻，将万用表黑表笔接模块 P，红表笔分别接 U、V、W，正常情况下测得的 3 个电阻阻值应平衡（阻值差值小于 10kΩ），阻值范围在 200～800kΩ 之间，当测到 P 与 W 之间的阻值时，阻值为 0，故障点为模块 W 与 P 端

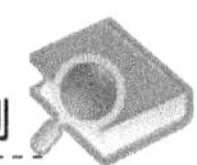

击穿短路，显示P0。

处理措施：更换变频模块后，工作正常。

例20　KFR-32GW/BP2DY-M（4）空调器不制冷，压缩机不能运转。

检修过程：

1）连接变频空调器检测仪进行故障查询，检测仪显示P43，经核对故障代码表，P43为压缩机断相保护故障。

2）用万用表检测模块P、N端有直流300V整流电压输入，说明室外机电源电路正常。

3）断开整机电源，待室外机放电完毕后，用万用表电阻档检测压缩机三相绕组阻值，三相绕组阻值相同，未出现漏电、短路或开路现象，压缩机本体正常。

4）再次上电，当用万用表检测模块U、V、W三相输出电压时，发现插在模块U、V、W三个端子上的给压缩机供电的线组有一相虚插，轻轻一拔就松脱，导致压缩机供电不可靠，整机出现断相保护。

处理措施：重新插好线组插子，确保可靠连接后通电试机正常。

例21　美的KFR-35GW/BP2DY/M空调器制冷效果差，室外机跳停。

检修过程：

1）打开室外机壳，发现指示灯亮，用万用表测得整流桥有310V直流电压输出，可以判定室外机电路板整流滤波电路正常。

2）断开整机电源，待指示灯全部熄灭后，用测电阻法检测变频模块，未发现异常。

3）测量压缩机三相绕组阻值，测量U与V、U与W的阻值均为1.6Ω，当测量到V与W阻值时，仅为0.5Ω，阻值明显偏小，初步判定为压缩机绕组匝间短路造成电流过大，显示P0。

处理措施：更换压缩机，通电试机正常。

例22　美的KFR-72LW/BP2DY-E空调器开机运行，整机频繁显示故障代码“P1”（电压过高或过低保护）。

检修过程：

1）查故障代码确定此机显示P1是电压过高或过低保护。上门测量用户电源电压，待机状态为225V，满足变频空调器运行要求。

2）用万用表检测室外机L、N接线端子，室内机主板有225V电压输出，当测量模块P、N直流300V输入端时发现直流母线电压不稳定，经监测模块P、N间电压反复地由300V慢慢下降，当降到低于113V时，整机显示P1，最后模块P、N间电压为0V。过几分钟后，模块P、N间又有300V直流输入电压。

3）根据此现象，初步判定故障点在室外机主电源供电线路，经进一步测试发现室外机主电源继电器（功率继电器）无吸合，输入端有220V输入，输出端无220V电压，且旁边的PTC热敏电阻发热严重，测量继电器绕组阻值为无穷大，线圈开路。

处理措施：更换功率继电器后，空调器上电运行正常。

例23　美的KFR-35GW/BP2DY-M空调器可以正常制冷，但不能制热，整机无故障显示。

检修过程：

1）从能正常制冷看，可以初步排除室内、外机主板模块、压缩机、室外机电源部分电路故障。由于不能制热，所以需检测四通换向阀。

2）拆开室外机外壳，在制热模式下用万用表检测四通阀线圈，发现已通电，并且四通阀体已换向。

3）仔细观察发现，遥控制热一开机，室内风机就转，根本无防冷风控制过程，而此时室外机根本还没有起动。因此怀疑是室内机管温传感器 T2 阻值变小，使得室内机 CPU 检测到虚假的过高管温而导致不起动制热运行。

处理措施：更换室内机管温传感器后，试机正常。

例 24 海信 KFR-50W/26VBP 空调器通电以后压缩机不起动，风机正常运转，故障自诊断显示（亮、亮、灭）为传感器故障。

检修过程：

1）用万用表 DC 20V 档检测排气、盘管及环境传感器的分压电阻分得的电压（该电压传送给 CPU，CPU 根据该电压的大小就可以知道温度的高低。请读者参考图 5-26和图 14-4）为 0V，正常应为 2V 左右（此电压随温度的变化而变化，此数值仅供参考，请以实测值为准），说明传感器开路或没有 5V 电压。因为 3 个传感器的电压都为 0V，不可能是 3 个传感器都开路，所以断定是传感器的供电电路有故障，导致整个传感器电路不工作。

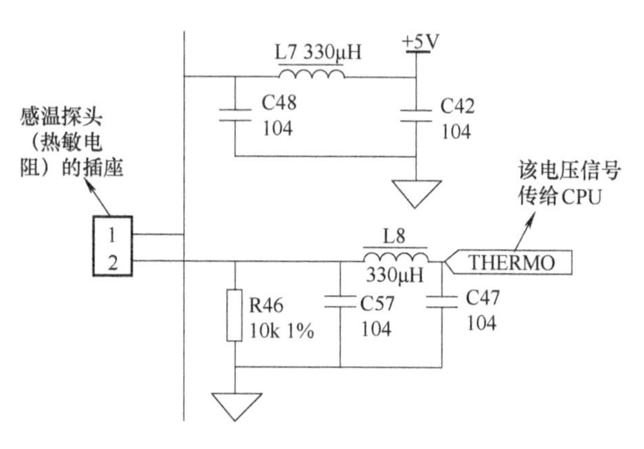

图 14-4　变频空调器传感器电路

2）用万用表 DC 20V 档检测电感 L7 电压，测量电感输入端的电压为 5V，电感输出端电压为 0V，说明电感开路。为了进一步验证电感是否存在问题，断电后用万用表 R×2k 档测 L7 已无穷大，导致整个温度传感器电路无法工作。

处理措施：更换电感后，空调器运转正常。

例 25 美的 KFR-35W/BN1-L186（X）变频空调器不制冷，不定时显示故障代码“P0、P46”。

检修过程：

1）了解空调器的基本工作情况：空调器安装在 17m^{2}的房间内，使用的制冷剂为 R410A，测得空调器供电为 220V，整机总电流为 11A，出风口温度为 29℃，进风口温度为 31℃。

2）根据以上情况，初步判定室内机正常，故障在室外机。将机器设定为额定制冷状态，检测系统低压侧压力为 0.2MPa，电流为 11A，停机测静态压力为 1.6MPa，初步判定系统不缺制冷剂。

3）根据回气压力偏低、运行电流过大的现象，怀疑系统高压侧堵塞。

4）检测高压侧是否堵塞：检测空调器安装情况，无加长管路、无管路折扁现象。开机，关闭低压阀，慢慢地松开高压纳子，看是否有制冷剂排出，经查只有少量制冷剂排出。初步判定室外机高压侧堵塞。

5）切开室外机过滤器与毛细管接口，发现无制冷剂排出，再次割开过滤器的进口，仍无制冷剂排出。割开四通阀与冷凝器连接口有制冷剂液体排出。判定为室外机冷凝器堵塞。

6）仔细观察发现冷凝器上部 U 形管有焊接过的痕迹，怀疑此处堵塞，焊开后发现焊口堵塞。

处理措施：清理堵塞部位，重新焊接，抽真空、加制冷剂。以制冷模式开机运行，回气压力为 0.9MPa，运行电流为 3.1A，运行正常。无保护故障代码出现，制冷效果良好。

例 26 美的 KFR-32GW/BP2DY-H（4）空调器整机制冷正常，但制热效果差。

检修过程：

1）检测用户电源电压为 220V，电源正常，安装环境符合要求。

2）设定制热模式、目标温度 30℃、高风，开机后室内、外风机、压缩机运转正常。刚开始室内机吹热风，效果良好，过一会后室内机不吹热风。

3）断开整机电源，将室温传感器置于 30℃水中，设定制冷模式、目标温度 17℃，开机后制冷效果良好。

4）设定制热模式、目标温度 30℃、高风，开机运行，用复合式压力表测量系统低压阀侧压力，检测发现刚开机时压力升至 1.5MPa，整机制热效果良好，过一会儿压力慢慢下降至 0.8MPa，用手摸压缩机排气管比较烫手，为正常，可以排除压缩机的问题。用手摸四通阀的各个连接管，感觉基本上没有温差，可以断定故障点在四通阀上（四通阀串气）。

处理措施：更换四通阀，抽真空、加制冷剂，开机运行，制热正常。

例 27　海信 KFR-2602GW/BP 空调器制冷效果差。

检修过程：开机 1h 左右，工作良好，制冷正常，但随后风速逐渐变慢，没有冷风吹出，打开室内机面板，蒸发器已沾满霜，且风扇电动机工作。测制冷剂压力正常，并不缺少制冷剂。仔细观察发现室内机风扇叶轮转速逐渐降低。检测风机电容器正常。

处理措施：试着更换风扇电动机，开机后工作正常。该故障是由风扇电动机转速变慢，引起蒸发器热交换效果变差，并直接导致蒸发器表面结霜而使制冷效果变差。

例 28　海信 KFR-2606GW/BP 空调器室内机漏水。

检修过程：上门检查发现室内机与延长管接头保温效果不良导致凝露而产生漏水。将该机连接管部位做好充分的保温、包扎，使用几天后又发现用户室内机中部墙壁上漏水，上门拆下机器详细检查，发现室内机与延长管连接纳子帽附近的保温套未密封好，只是扎带缠绕在表面，这是产生漏水的根本原因。

处理措施：用保温套重新包扎连接管部位处（用扎带多扎几圈效果更好），试机正常。

例 29　海信 KFR-3602GW/BP 空调器开机运行 30min 后，制热效果差。

检修过程：经检查发现该机运行 30min 后，没有达到设定的制热效果，开始降频运行。降频前市电电压为 210V，应该可保证空调器正常使用，出风口温度为 41℃。降频 5min 以后，再测出风温度为 36℃，明显偏低，再测电流为 4A（明显小于额定电流），初步判断空调器缺氟，导致压缩机排气温度过高而降频保护。用压力表测压力的方法，证明空调器确实缺少制冷剂。

解决措施：加注制冷剂、检漏。对系统加注制冷剂检漏后，该机运行正常（经验总结：变频空调器的频率变化，是由很多因素决定的，如电压、电流、室内外环境温度、遥控器设定温度、压缩机排气温度、热交换器温度等。其中温度是一个重要的参数）。

例 30　海信 KFR-50LW/BPA 空调器室外机起动，工作几分钟后制热没效果，显示故障代码“20”。

检修过程：“20”这个故障代码在自诊断表里查不到，但从现象可以初步判断空调器可能缺少制冷剂，接上压力表后以制热模式开机，检测的压力为 0.7MPa，基本上为静止时的压力，换成制冷模式后开机，压力仍为 0.7MPa。由此可见空调器不是缺少制冷剂，可能为压缩机无吸、排气。拆下室外机高低压连接管，单独开机检测压缩机吸、排气情况，发现无明显的吸、排气现象，由此可以断定压缩机损坏。

解决措施：更换压缩机后，试机正常。

例 31　海信 KFR－50LW/BP 空调器，开机制冷 35min 左右，室外机停机，十几分钟后又正常运转，如此反复。

检修过程：根据用户反映情况，上门检查工作电压正常，电源电压正常，运转电流正常。因此怀疑功率模块和室外机热保护。经过仔细检查发现室外风机转速偏慢，由于气温较高导致散热不良造成停机保护。经测室外风机阻值正常，再测室外机盘管温度传感器的阻值，发现阻值变化。由于室外风机转速的快慢是通过室外环境温度和室外机盘管温度决定的，盘管传感器阻值变化导致 CPU 误判而输出不正常的控制信号使风机转速过低，造成空调器过热保护。

解决措施：更换室外机盘管传感器后，试机工作一切正常。

例 32 美的 KFR-50LW/BM（F）空调器开机后，3min 左右出现保护灯亮，故障自诊断为保护“4”，室内通信异常。

检修过程：此机已使用一年之久，不可能为接线错误引起，用万用表测量信号线与零线之间电压只有直流 8V 左右，因通信电源由室内机提供且电压低于 14V，确定把重点维修对象放在室内，经测量检查通信供电部分的一只整流二极管击穿，引起通信异常。

解决措施：更换二极管后，试机正常。

例 33 美的 KFR-50LW/BM（F）空调器开机后不制冷不制热，粗管很快结霜，关机后，在粗管三通截止阀处测压力为 $8kg/cm^2$，开机后，压力迅速降为零。

检修过程：开机盖检查，发现四通阀电磁线圈螺钉脱落，导致四通阀工作不到位，出现高低压串气。

解决措施：用螺钉固定四通阀线圈，回收部分制冷剂即使压力正常，开机后工作正常。

例 34 美的 KFR-50LW/BM（F）空调器开机制冷，室外风机工作，压缩机不工作，3min 后出现保护灯亮，自诊断无任何故障信息。

检修过程：此机只有压缩机不工作，说明故障在压缩机及其供电部分，断电测量压缩机各端子电阻值正常，测量 IPM 各端子电阻正常，后又通电测量，测 IPM 有 300V 直流供电输入，却没有交流输出，由此判断为 IPM 损坏。

解决措施：更换 IPM 后，空调器工作正常。

经验总结：维修空调器时，对元器件的测量不能一味地测量它本身的阻值变化，也要测其工作电压和输出电压是否正常，这样才不至于走弯路。

例 35 美的 KFR-32GWA/BP 空调器开机后室内风机便以最高风运转，且不可调。

检修过程：该空调器室内风机采用交流 PG 电动机，其转速是由控制电路通过改变晶闸管的导通角的大小来调整的，由后级电路向前级电路查起，测量晶闸管良好，而测量反相驱动晶体管发现其集电极和发射极短路，导致风机高风运行。

解决措施：更换反相驱动晶体管后，工作正常。

例 36 美的 KFR-32GWA/BP 空调器开机，室外机工作几秒后立即停止，室内机无故障显示。

检修过程：打开室外机，在室外机工作时，发现室外板上的几个指示灯立即变暗，等室外机停止后，立即又恢复正常。根据此现象可以分析出室外板上的上电继电器（即与 PTC 元件并联的继电器）故障的可能性较大，因为变频模块的工作方式是将 220V 交流电整流滤波形成一个 300V 的直流电，再由变频模块产生出一个三相频率与电压均可变的等效交流电供给压缩机。由于 220V 整流滤波所用的滤波电容较大，直接用继电器给室外机上电会造成触点烧坏的故障，对电网的冲击也较大。因此变频模块对室外上电采取的方法是在上电继电器的触点上并联一只 PTC 电阻，首先经过 PTC 电阻给电容充电，等电容两端的电压建立起来了，开关电源便工作，输出 12V 与 5V 电压给室外板，室外板有了工作电压后，上电继电器才吸合。由此可知，如果上电继电器不能正常吸合，室外板上先有 +5V 电压使芯片能工作，从而输出压缩机驱动信号，压缩机

工作回路中便串联了一只PTC电阻，造成300V电压迅速下降，从而使开关电源不能正常工作，断开+5V与+12V电源，使芯片无压缩机驱动信号输出，压缩机又断电，300V电压又会使开关电源重新工作。

解决措施：更换该继电器后，开机试机一切正常。

经验总结：在维修过程中应根据故障现象，结合机器的工作原理进行分析，才能快速地解决问题，使维修水平得到提高。

例37 美的KFR-32GWA/BP空调器制冷效果差。

检修过程：开机测量工作电压、工作电流、管路压力均正常，进风口与出风口温差只有6℃，怀疑机器频率没升上去，用万用表交流电压档测U、V、W三相电压，发现也能升频。由于用仪表没有发现问题，用手摸气管很凉，打开室内进风栅，用手摸蒸发器，发现上半部分很凉，下半部分却不凉，仔细分析蒸发器回路（是一进二出的回路），可能是下段蒸发器焊堵。

解决措施：更换蒸发器，机器正常，出风口温度只有9℃，进出风温差达到17℃，效果很好。

经验总结：维修过程中，不能单靠仪表来解决问题，还应多听、多看、多摸，还要仔细询问用户机器故障时出现过的现象，从而快速确定故障部位。

例38 美的KFR-32GWA/BP空调器制热效果差。

检修过程：经检查发现该机能进行制热运行，出风口温度能达到40℃，但当设定温度为25℃，机器在室温19℃就停机，通过分析该机无大故障，应该是温度传感器有误差。

解决措施：测量室内机两个探头阻值正常，把室温探头往下移，调试工作正常。

经验总结：在维修空调器时，如有用户反映空调器制热效果差，而出风口温度正常，只是达不到设定温度，那首先考虑空调器的安装高度，再移一下探头就可解决问题。

例39 美的KFR-32GW/BP2DY-H（4）空调器整机制冷正常，但制热效果差。

故障范围：室外机电控、单向阀组件、感温传感器、压缩机、四通阀体、四通阀线圈。

检修过程：

1）检测用户电源电压为220V，电源正常，安装环境符合要求。

2）设定制热30℃高风开机运行，室内、外风机、压缩机运转正常。刚开机1~2min，室内机吹热风，效果良好，过一会后室内机不制热。

3）断开整机电源，将室温传感器调整到30℃，设定制冷17℃模式运行，制冷效果良好。

4）设定制热30℃高风开机运行，用复合式压力表测量系统低压阀侧压力，检测发现刚开机时压力升至1.5MPa，整机制热效果良好，过一会儿压力慢慢下降至0.8MPa，用手摸压缩机排气管比较烫手，电流正常，可以排除压缩机的问题。用手摸四通阀几个连接管没有温差，由此可以断定故障点在四通阀上。

处理措施：更换四通阀，抽真空、充注制冷剂后开机运行，制热正常。

例40 美的柜机室内显示板显示故障代码“Eb”，分体显示故障代码“E3”（室内风机失速故障）。

故障范围：室内电控、室内风机、室内风叶。

检修过程：

第一步：开机看风机是否能转，若风机一直高速运转，直至室内报故障，则室内电控故障，直接更换室内电控；

第二步：若风机不转，或间歇性的转，则按以下步骤排查：

1）上电开机，模式调为送风模式，为方便测试，将风速调为高风档，检查电压点，如图

14-5 所示。

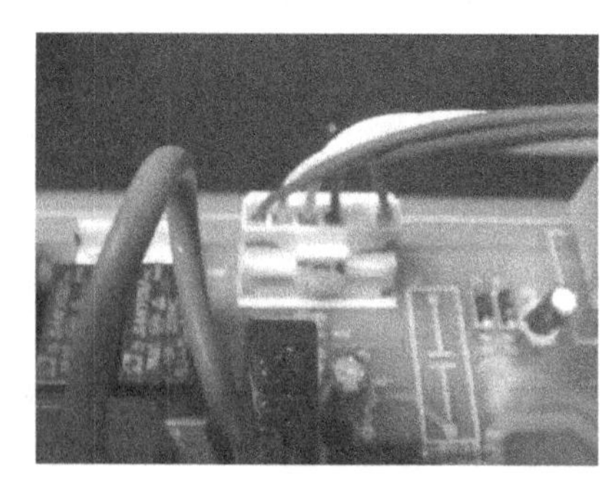

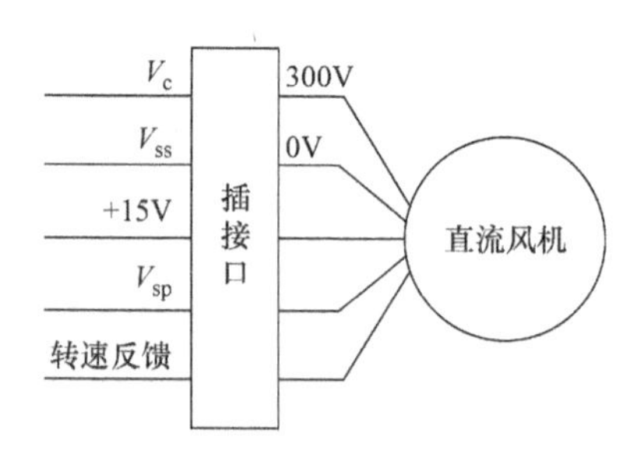

图 14-5 美的直流风机电压检测点

正常的检测数据见表 14-1。

表 14-1 美的直流风机电压检测点测得的电压

线序	1 脚（红色）	3 脚（黑色）	4 脚（白色）	5 脚（黄色）	6 脚（蓝色）
引脚作用	风机电源	风机电源	风机控制电路电源	风机驱动	风机反馈
对应直流电压	+310V	地	+15V	0 ~ 5.6V	0 ~ 15V

测量工作电压：1 脚（红色）、4 脚（白色）分别与 3 脚（黑色）地之间的电压是否满足上面表格电压，若不能满足，则室内电控故障，更换室内电控。

2）在确定电源输入正常后，测量 5 脚（黄色）驱动电压是否正常：正常运转时，风机驱动电压在 2.7 ~ 4.6V 之间。驱动电压是一个比较平稳的直流电压，且电压波动较小，若出现以下 3 个情况之一：① 电控没有风机驱动电压或驱动电压小于 2V；② 驱动电压大于 +6V；③ 驱动电压跳变、波动范围大于 1V。则确定风机驱动异常，室内电控故障，更换室内电控；若驱动电压正常，风机仍不转或者间歇性的转，则检查内机风叶是否正常，不正常，则更换风叶，否则可判定为风机故障，更换风机。

例 41 海信 KFR－32GW/39BP 变频空调器遥控器操作开机时整机无反应。

检修过程：连续按遥控器上的“传感器切换”键 4 次，显示故障代码为 7（电源灯和运行灯亮、定时灯闪、高效灯灭），表示内容为室外通信异常。此机型室外机通信电路如图 14-6 所示，用数字表直流电压档测量室外机接线端子 SI、N 之间的电压，24V/0V 交替变化，证实故障确实在室外机部分。打开室外机，检查室外机电源板，测量光耦 PC04 输出端 4、3 间电压为 24V/0V 变化，3、N 间电压 0V 不变，说明光耦 PC04 无输出，再测 PC04 输入端，1、2 间为 0V 不变，判定故障不在光耦。沿 R68 往前逐点测量对公共地端电压，在室外机控制板上插件 CN02 焊点（5）对地有 4.8V/0V 变化电压，而 CN02（5）引线对地无电压，仔细观察发现 CN02（5）焊点脱焊。

解决措施：重新焊接后，试机故障消除。

经验总结：电子电路检修中经常会见到焊点虚焊、脱焊的情况，所以检测过程中一定要细心，不然很容易出现误判而增加麻烦，像上述的故障，在检查出光耦无输出的时候，不能轻易就判定是光耦损坏，检测一下光耦输入端，发现连输入信号也没有，就可以排除光耦损坏的原因了；沿信号来源往前逐点检测，就很容易找出确切的故障点和真正的故障原因，排除故障也就是轻而易举的了。

例 42 海信 KFR－2806GW/BP 变频空调器不开机。

检修过程：传感器设置为本体传感器的方式下，连续按两次遥控器上的“传感器切换”键，显示故障代码为 5（电源灯、运行蓝灯闪，运行红灯、定时灯灭），表明为室外通信故障。按照

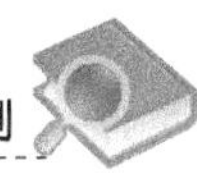

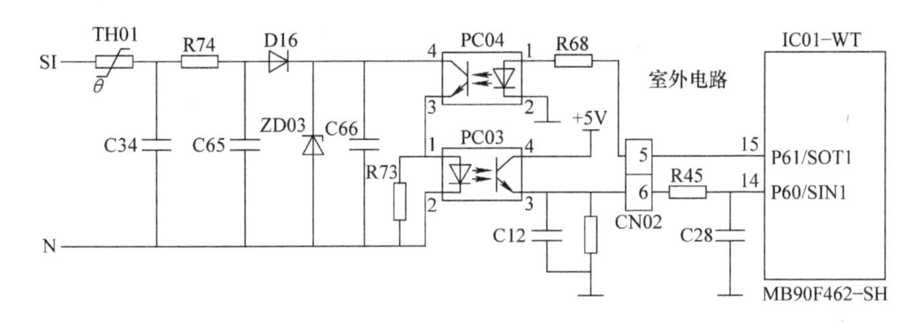

图 14-6　海信 KFR-32GW/39BP 变频空调器通信电路

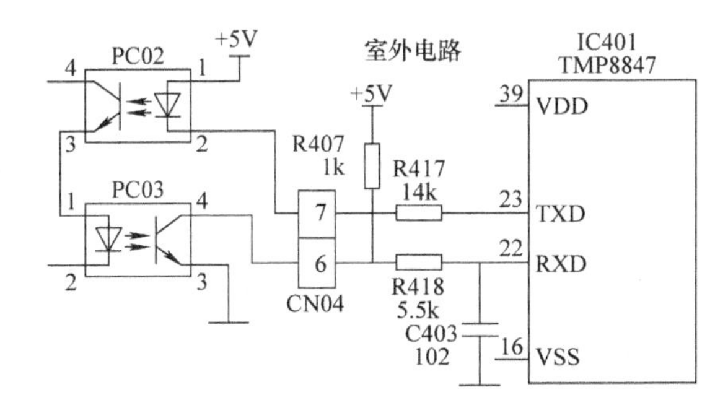

图 14-7　海 KFR-2806GW/BP 变频空调器通信电路

与例 41 相同的检修思路，检测至电源控制板上 PC02（见图 14-7）1、2 脚间无电压，继续检测发现 PC02 的 1 脚对地、IPM 板上 IC401 的 23 脚及 39 脚对地均无 +5V 电压，说明室外机电路中缺少 5V 供电。回头再检查电源控制板，发现开关电源部分 LM7805（IC02）稳压器表面有被烧变色的现象，测其输入端有 +12V，而其输出端无 +5V，判定 LM7805 损坏，同时发现并测定出 LM7805 输出电路一滤波电容击穿。

解决措施：更换 LM7805 和滤波电容后试机，空调器恢复正常。

经验总结：由于缺少供电电源，室外机 CPU 电路不能工作，PC02 无驱动信号，输出端始终保持截止状态，通信回路中断，无信号电流通过，因此室内机 CPU 做出通信故障的判断。判断依据在于 PC2 输出端处于断路状态，而实际故障原因却与通信电路根本无关，所以说，当出现通信故障代码时，检查范围不能局限于通信电路之内，即使在通信电路当中发现故障位置，也还应该在包括 CPU 电路、电源电路等相关电路在内的各外围电路中分析查找与故障现象有关的各种因素，通过仔细检测对各因素造成该故障的可能进行一一排除，最终找出真正的故障原因。

例 43　海尔 KFR-50LW/BP 变频空调器开机无反应，电源灯连续闪 7 次。

检修过程：故障显示内容为通信回路故障，表明通信回路中某一处出现断路。该机室内通信电路如图 14-8 所示，用万用表直流电压档分别检测室内机接线端子中 3 端（S）对 L 端及对 N 端的电压值（红表笔接 3 端），测得 3-L 为 107V/0V 变化值，数值正常，判断室外机发送信号时通路正常；3-N 为 0V 伴有小幅度变化，判断室内机发送信号时回路不通，根据图 14-8 电路分析，故障在室内机电路，应该是没有 D302 整流电流。检查室内机电路，测量光耦 D305 输出端 5-4 间（红表笔接 5）电压幅值为 214V，判定光耦 D305 输出端内部断路。

解决措施：更换光耦后试机，空调器恢复正常。

经验总结：此检修过程的要点是通过接线端子的测量判断出故障所在的部位，由于直接做

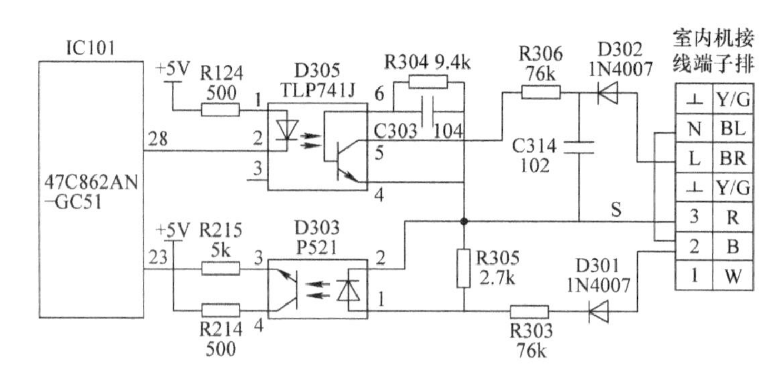

图 14-8 海尔 KFR－50LW/BP 变频空调器通信电路

出了故障应在室内机部分的判断，避免了拆查室外机的无谓操作。此机的通信电路中双向信息采用交叉线路的特点，使得在测量时能够分别以 S－N 间和 S－L 间的测量值单独判断出室内机向室外机发送信号或室外机向室内机发送信号的传输状况，并且在测出某一方向不正常时，根据实测参数及该方向信号回路的电路结构（主要是室内侧、室外侧光耦的连接方式），即可判定故障位置是在室内机还是在室外机。

例 44 美的 KFR－51LW/BP2DN1Y－K（3）空调器整机制热效果差。

故障范围：用户设定温差偏小、房间结构不合理、电源质量差、环境温度高、排空不干净、系统管路有堵、四通阀串气、压缩机吸排气不足、空调器限频、传感器故障、电控故障、制冷剂质量问题。

检修过程：

① 变频小板检测整机未出现限频，第一次检测数据如下：设定温度 30℃，T1 6.5℃、T2 10.5℃、T3 6℃、T4 7℃、TP 25℃、TH 25℃，电流 2.67A、母线电压 240V、运行频率 82Hz、目标频率 83Hz、压力 0.89MPa，初步判断为系统缺少制冷剂。

② 加注制冷剂后运行 15min 再次测得：设定温度 28℃，T1 7℃、T2 7℃、T3 7℃、T4 7℃、TP 53℃、TH 25℃、电流 2.3A、母线电压 220V、运行频率 82Hz、目标频率 83Hz、压力 1.9MPa、出风口温度 18℃。

③ 怀疑系统制冷剂不纯，放掉制冷剂，抽真空加制冷剂后测得：设定温度 28℃，T1 7℃、T2 23.5℃、T3 －4℃、T4 7℃、TP 69℃、TH 25℃、电流 4.5A、母线电压 244V、运行频率 83Hz、目标频率 83Hz、压力 3.1MPa、出风口温度 19℃，但 3min 后系统压力又变成 1.1MPa，T1 7℃、T2 8℃、T3 5℃、T4 7℃、TP 28℃、TH 25℃、电流 2.32A、电压 247V，敲打四通阀没有什么变化，后又稍许加了一点制冷剂，系统压力上升到 3.2MPa，电流上升到 14.2A，出现电流限频，Fr 66Hz、FT 66Hz、T1 7℃、T2 12℃、T3 5℃、T4 7℃、TP 59℃、TH 25℃、电流 2.09A、电压 246V、压力 1.4MPa、出风口温度 16℃，一直工作 40min 没有太大的变化。根据以上测试的电流及传感器温度及系统压力，确定故障原因为毛细管和单向阀处堵。

④ 焊下毛细管，发现毛细管存在半堵。

处理措施：更换毛细管部件，抽真空、加注制冷剂，试机、效果马上好转，工作正常。

例 45 美的 KFR－35GW/BP3DN1Y－K（1）空调器开制冷模式出风口温度过高，制冷效果差。

故障范围：用户设定温差偏小、房间结构不合理、电源质量差、环境温度高、排空不干净、系统管路有堵、四通阀串气、压缩机吸排气不足、空调器限频、传感器故障、电控故障。

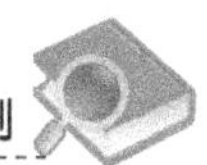

检修过程：

① 开机30min后，检测系统压力为0.5MPa，变频小板测试Fr = 72Hz、Ft = 72Hz、T1 = 35℃、T2 = 19℃、T3 = 27℃、T4 = 33℃、TP = 67℃、TH = 25℃、dl = 2.1A、Uo = 296V、Lr = 370。

② 根据T3、T2及dl测试数据可以分析得出系统管路有堵的情况，考虑到该机型使用电子膨胀阀，首先应该排除电子膨胀阀堵的故障，利用小板调节电子膨胀阀开度LA = 400，10min后制冷效果仍无改变；再调节LA = 300，效果依然无任何变化。可以判断电子膨胀阀有卡死的情况。

③ 将电子膨胀阀焊下，利用高压氮气进行冲洗，重新焊上后效果依然不明显。最后更换电子膨胀阀阀体，开机20min测试Fr = 72Hz、Ft = 72Hz、T1 = 35℃、T2 = 12℃、T3 = 40℃、T4 = 33℃、TP = 67℃、TH = 14℃、dl = 3.8A、Uo = 288V，制冷正常。

处理措施：更换电子膨胀阀阀体，试机正常。

例46　美的KF－23GW/IY空调器高低压连接管结冰。

故障分析：用户反映经常使用到半夜室内机结霜，出风口无吹风，关机漏水，室内机经常结冰，有时室外机高低压连接管都结冰。分析现象特点：①室内机结冰；②不是每次都出现故障现象；③故障时室内机无风；④低压管也结冰。维修人员仔细检查了空调器，发现该室内机风扇电动机电容接触不良，有时正常有时不正常，有时转速非常慢。

解决措施：重新焊接电容接触头后风速提高，空调器可以正常使用了。

经验总结：判断出故障所在，避免走弯路。像例46，很容易让人认为是系统的问题。但只要认真分析现象就可判断出故障是因室内蒸发不够造成高低压结冰。蒸发不够主要是室内机散热不良引起，一般问题为室内电动机损坏、蒸发器脏、通风不顺、主板损坏。再一步步排除即可。

例47　美的KFR－33GW/CY空调器制热状态下，经常吹冷风，不够热。

故障分析：经上门试机证实，开始制热时，吹热风，温度上升正常，但约30min即改为吹冷风（证实为室外机压缩机是温控正常停机），此时，能明显感到有阵阵冷风吹来，空调不制热。分析原因有三：其一，因房间面积小，空调器相对匹数太大，压缩机工作很短时间就已达到所设定的温度的制热总量，即达到设定的温度而停机。其二，因操控者将风向调节成直吹人身，而不是往地面吹（忘了热气只往上升腾的），还是使用“低风速挡”，而不会使用“高风速档”，这样致使①热量容易积聚于温控感温头附近而控制压缩机停机；②当压缩机停机时，冷风吹到身上而倍感寒冷。其三，机型的控制电路设计问题，空调器在制热状态下，室内机风机要在常温20℃以下才能停转，当压缩机停转时，室内温度为30℃，需要较长时间（10～20min）后室内风机才能满足关闭的条件。

解决措施：调整空调器导风方向；根据此空调器使用环境，试改变75028主芯片的23脚化霜温差后，就可提前关闭室内机的风机。经过这两方面的改进，空调器的制热效果明显改善。

经验总结：因特殊的使用环境，更需要注意空调器的“适应性”使用。所谓“适应性”使用，首先是耐心地教会用户能根据特殊的使用环境去操作空调器，若能见效即达到目的；若未见效，则更是考验维修人员对机器的熟悉程度，只有平时多学习，善于钻研，达到一定的熟悉程度，才能“巧妙”地略加改进，而收到明显的效果。

例48　美的KFR－35GW/BP2DN1Y－IA（3）空调器用户来电反映新装机不制冷，室内机显示故障代码“E1”，断开电源重新开机能够正常工作，但是过一段时间后故障现象依旧。

故障范围：室内电控、室内外机连接线组、室外电控、电抗器、整流桥、电源接地。

检修过程：

① 检测用户家电源电压，电压212V正常，插座接触良好。

② 检测用户家接地线是否可靠接地，将万用表量程调到AC 750V，红表笔接用户插座接地端，黑表笔接用户铝合金窗户，万用表显示存在AC 69V电压（正常情况下零线与地线电压差为0V），判定用户家接地异常。

③ 检测用户配电箱电源连接线，发现用户家接地线和零线为同一接线端子，造成通信电路零线受地线干扰，电流环通信信号不能可靠形成回路，无法正常工作。

处理措施：重新规范地线安装，将地线单独安装在配电箱外壳上，试机正常。

例49 美的KFR－35GW/BP2DN1Y－JM5（3）空调器开机运行时室外机不起动，几分钟后显示故障代码“E1”（通信故障）。

故障范围：用户电源质量、室内外机主控板、室内外机连接线、电抗器、整流桥、外部干扰、安装原因。

检修过程：

① 检查用户电源电压217V正常，开机3min后测量室外机接线座N与L电压为209V符合要求，测量N与S电压在5～34V之间跳动，判定室内机电控板电源继电器工作正常，室内机有信号输出。

② 打开室外机顶盖发现室外机运行指示灯亮，测量5V直流电压正常。联想到有加长线，故拆开接头重新连接，试机后故障依旧。

③ 更换整根S信号线，故障依旧。

④ 断开电源，将室外机L、N、S短接后，单独测量连接线阻值。分组测量N与L电阻为3.8kΩ、N与S为3.5kΩ、L与S为4.6kΩ，三组连接线阻值异常（正常值应小10Ω），最终断定室内外机连接线有问题。

⑤ 经仔细观察安装时使用的加长线为一根5P柜机5芯电源线，且经过长时间的使用，连接线铜芯线已发黑老化，导电性能下降，从而导致通信信号异常。

处理措施：更换新的接线后，试机正常。

例50 美的KFR－35W/BP2DN1Y－M（3）空调器开机制冷，整机不定期显示故障代码“PO”（模块保护）。

故障范围：冷凝器脏堵、散热不良、制冷剂不足、模块本身故障、负载短路或漏电、压缩机故障。

检修过程：

① 开机1min后检测室外机接线座L、N间电压为218V，N与S间直流电压为2～24V变化，初步判断室内机正常，故障应在室外机。

② 检查冷凝器比较干净，室外风机电容为2.43μF（标准2.5μF），风机转速正常，可以排除散热不良引起模块保护。

③ 开机10min后检测系统低压压力为0.83MPa，模块P、N之间有300V直流电压，+5V和+12V输出也正常，检测U、V、W三相阻值相同。进风口温度30℃，出风口温度11℃，制冷效果良好，可以排除由制冷剂不足引起回气温度过高而保护，室外电控电源电路正常。但机器还是会不定时地出现P0，此时维修陷入迷茫状态。

④ 断电待外主板上指示灯熄灭后仔细检查各线路，发现电抗连接线绝缘层与外壳及铜管发生摩擦，绝缘受损，铜芯线破导致外壳漏电，整机不定期出现P0。

处理措施：重新包扎好破损连接线组，调整走线位置，机器恢复正常。

例51 美的KFR-72LW/BP2DN1Y-H（3）空调器新装机制冷运行2h左右，显示故障代码“P2”。

故障范围：系统堵、室外风机运行或风速过低、换热器进风堵塞、制冷剂充注过多或过少、压缩机故障。

检修过程：

① 观察机器安装规范，连接管没有明显折扁部位，室内外风机散热正常。

② 检查用户供电使用的电线符合标准，安装时无加长管道。

③ 开机运行，测量市电电压在正常范围内，电流逐渐升高，低压压力由0.5MPa下降至0.3MPa，室内机显示P2，摸压缩机很烫。断电10min后，可重启空调器。

④ 此现象与系统冰堵现象吻合，详细咨询用户机器有没有抽真空安装时，用户反应安装当天下着小雨。根据用户反映，判断机器可能是系统冰堵。

⑤ 拆开室外机，发现毛细管部位结霜严重，最终确定为毛细管冰堵。

处理措施：焊开节流装置，用氮气冲洗系统，在高压侧并接干燥过滤器，定量加注制冷剂制冷循环，抽真空、定量加液后，试机制冷效果良好。

例52 美的KFR-51LW/BP2DN1Y-JE3（3）空调器制冷效果很差，工作一会儿空调器显示故障代码“P7”。

故障范围：房间选型不合理、电源质量差、环境温度高、排空不干净、系统管路有堵、四通阀串气、压缩机吸排气不足、空调器限频、传感器故障、电控故障、制冷剂质量问题。

检修过程：

① 连机运行检测，回气压力1.2MPa，出风温度21℃，进风温度31℃。根据空调器显示P7可知是压缩机排气温度过高关压缩机。

② 连接变频维修小板查看TP 98℃，目标频率65Hz，运行频率50Hz，维修小板闪烁L2（压缩机排气高温限频）。

③ 从以上检测的参数判断，该机器安装及用电环境正常，但排气温度过高，室内进出风温差过小，补加制冷剂故障依旧，放掉制冷剂30min抽真空，定量再次加注制冷剂试机故障依旧。

④ 更换同一型号室外电控板故障依旧。此时把TP传感器从压缩机排气管上暂时去除，小板不再显示L2，压缩机运行频率有所上升，但压缩机发热很快，压缩机运行噪声很异常，制冷效果依旧。

⑤ 更换室外机试运行，制冷效果正常。再次分析此空调器故障就在室外机。

⑥ 根据维修经验判断冷凝器、节流组件均无堵塞处和故障疑点，电控已更换过。思路再次回到故障空调器与正常空调器的对比，制冷剂！当时买时销售人员说是最好的R410A制冷剂，查阅资料得知与工厂提供的制冷剂就价格上还是有很大差距。初步判断就是制冷剂的问题。

处理措施：用工厂提供的制冷剂再次加注，装机试验（回气压力0.8MPa左右，电流7.1A，T1 30℃，T2 14℃，TP 85℃，TH 15℃）2个多小时没有发现异常问题，空调器运转正常交付用户使用。

例53 美的KFR-72LW/BP2DY-E空调器，用户反映机器安装一个月开机运行12min后显示故障代码“E8”。

故障范围：室内电控、室内外机连接线组、室外电控、PFC模块、整流桥、接地。

检修过程：

① 测试室内机接线座L、N线电压227V正常，测N、S线有直流2~27V波动电压，初步判断室内机主板正常，故障在室外机。

② 空调器刚开机时室外机能正常工作，说明室外机主板外围控制件基本正常，应是室外机主板通信线路或供电部件性能不良所致。

③ 仔细观察室内外机直线距离达到了 4m，询问用户空调器安装时加了 2m 管线。由于室内机与室外机之间有一房间隔离，安装时连接管采用预埋管走线方式，初步怀疑连接线驳接存在问题。

④ 将室外机 L、N、S 短接后，分组测量连接线电阻，将三组测量的阻值进行对比，其中的 S 线与 N 线之间的阻值达到了 340Ω（正常值应小于 10Ω），判定 S 线驳接头电阻过大导致通信保护，空调器不定时显示 E8。

处理措施：重新走线，更换整根室内外机连接线后，试机正常。